U0856216

大亚湾核电运营管理有限责任公司年鉴

YEARBOOK OF DAYA BAY NUCLEAR POWER OPERATIONS AND MANAGEMENT CO.,LTD.

2009

原子能出版社

图书在版编目（CIP）数据

大亚湾核电运营管理有限责任公司年鉴．2009 / 卢长申主编．— 北京 ：原子能出版社，2010.5
ISBN 978-7-5022-4906-9

Ⅰ．①大… Ⅱ．①卢… Ⅲ．①大亚湾核电－运营管理－2009－年鉴 Ⅳ．①TM623.7-54

中国版本图书馆CIP数据核字(2010)第099183号

大亚湾核电运营管理有限责任公司年鉴 2009

出版发行 原子能出版社（北京市海淀区阜成路43号 100048）
责任编辑 杨树录
技术编辑 丁怀兰
责任印制 潘玉玲
装帧设计 赵 杰
印　　刷 保定市中画美凯印刷有限公司
经　　销 全国新华书店
开　　本 787 mm×1092 mm 1/16
印　　张 31　　插　页 12　　字　数 768千字
版　　次 2010年5月第1版　　2010年5月第1次印刷
书　　号 ISBN 978-7-5022-4906-9
印　　数 1-2000　　定　价：150.00元

发行电话：010-68452845

前　言

1994年，中国大陆首个大型商用核电项目——大亚湾核电站投入商业运行。2002年，岭澳核电站一期投入商业运行。2003年，中国第一家专业化核电运营管理企业——大亚湾核电运营管理有限责任公司（以下简称“运营公司”）成立。多年以来，运营公司始终坚持“安全第一、质量第一”，确保了在运机组的安全、稳定、经济和可靠运行，创造了令国内外同行瞩目的运营业绩。

年鉴的编辑、出版始自1994年，一直以来主要定位在电站层面，目的是全面、系统、客观地记载电站运行情况，提炼和沉淀可资借鉴的经验及教训。近年来，在国家“积极发展核电”方针的指引下，中国广东核电集团、运营公司迎来了全新的历史发展机遇，继续将年鉴局限于电站已不能满足公司专业化运营发展的实际需求，也不能完整展现公司经营变革的整体面貌。有鉴于此，2009年，年鉴编辑委员会开始编辑、出版《大亚湾核电运营管理有限责任公司年鉴》。

新版年鉴继承了年鉴的固有风格和编写理念，仍然将运营公司所营运核电站的生产运行作为主体内容，包括电站安全运行、设备维修、技术支持、监督、培训等领域的信息、数据和经验总结。为适应公司发展形势，全面记载公司各领域的实际面貌，新增了第六、七、八三章，第六章反映了岭澳核电站二期、阳江核电站、防城港核电站等相继开展的生产准备情况，第七、八章则主要记录了公司在专业化运营、组织管控、企业文化等方面的实践与探索成果，以及人资、财务、审计、行政、党工团等领域的工作开展情况。与此同时，还对年鉴部分章节的结构、内容进行了优化，以实现新版年鉴整体架构的协调一致。

年鉴供稿人员众多，写作风格各异，内容繁简有别。编审工作在确保符合年鉴总体编写要求的前提下，尽量保持文章的原貌，同时力求整体风格、详略安排及名词术语等全书统一。年鉴中所涉及的电站基本系统的缩写、一些专业术语及机构的缩写、厂房和构筑物代号以及设备名称代码，由于出现频率较高，未能在正文部分一一给出注释，读者可以在附录中查阅。

由于编审人员专业水平及表达能力有限，不当之处在所难免，敬请读者指正。

编　者

居安思危 持续提升 实现公司发展新突破

大亚湾核电运营管理有限责任公司

总经理 卢长申

2009年是大亚湾核电运营管理有限责任公司（以下简称“运营公司”）的“攻坚克难”年。全体干部员工深入贯彻中国广东核电集团发展战略，积极行动，团结协作，奋力进取，不仅较好地完成了年初的各项工作任务，而且多项生产经营指标实现了突破！

大亚湾核电站、岭澳核电站一期（以下简称“两电站”）全年累计上网电量达304.86亿千瓦时，超过2008年300.50亿千瓦时的纪录，再创历史新高。

9项WANO指标整体完成情况创电站商运以来最好结果。四台机组36项WANO指标，有25项进入世界先进水平，平均每台机组超过6项；平均能力因子93.18%，达到世界先进水平，为历史最优。特别值得一提的是，大亚湾核电站2号机组9项WANO指标全部达到世界先进水平（2008年全世界434台机组中仅有两台机组9项WANO指标全部进入先进水平）。

大亚湾核电站1号机组自2002年1月12日以来，一直无非计划自动停堆，截至2009年底，已安全运行达2692天，这是国内最高、也是世界级较长的纪录；岭澳核电站1号机组也有1601天的连续安全运行纪录。

作为2009年中广核集团唯一一家获得“五星”等级考核结果的子企业，运营公司在经营方面，不仅为业主创造了较好的发电收入和利润，自身还实现了9亿多元的营业收入、1亿多元的利润。

回顾2009年的工作，运营公司克服年初电力市场波动、强台风来袭等外部不利因素，较好地完成了全年各项任务和总体目标。我们深刻认识到，这些成绩的取得主要得益于以下几个方面：

（一）责任为先，坚持安全第一

“安全第一、质量第一”是我们生存的根基，也是我们实现业绩持续创优、不断发展专业化运营的根本保障。要实现安全，思想要到位，行动要到位，责任落实是关键。

责任始于管理者的承诺和亲身示范。2009年，公司持续深入开展全员安全文化震撼教育，以“5·19”事件5周年回顾为主题的讲座，参加人数达3000余人·次，各执行处处长走上讲台，结合本部门实例，分析、讲授经验反馈。

责任根植于浓厚的企业文化氛围。公司翻译了《核安全手册》，举办了安全文化小品大赛和防人因失误技能比武，建立了防人因失误训练课程体系，深入开展安全文化示范班组建设。

责任落脚于全体员工的行为实践。公司针对6张人因工具卡分别开发了14个训练场景，启动了“处长讲课计划”，对现场13个执行处的1600余名员工、部分承包商实施了防人因失误理论培训和人因工具卡单项培训。维修部门每日班组早会示范一次唱票，在许可票或工作通知书上记录唱票结果，以此强化唱票制，规范作业人员的现场行为。

从管理层到员工的“统一语言”，从“言传”到“身教”的深切感悟，促使每一位干部和员工在思想上始终保持对安全和质量的“神圣感”、“新鲜感”，做到“敬畏安全”；在行动上自觉遵守科学的标准、严格的要求，做到“知行合一”。“思”与“行”的有机结合，切实构筑起一道道坚实的安全屏障。

2009年，公司有4个运行值实现无人因执照运行事件（LOE）/内部运行事件（IOE）超过1500天，其中运行二处一值达到2172天。

（二）管好设备，有效控制风险

确保设备长期可靠运行，是我们保持良好运营业绩的关键。

2009年，公司继续深化设备管理工作。按照单一故障准则，识别出第一组Io关键敏感（CCM）设备，制定了维修关键点参数控制单及运行状态监测标准，CCM设备数量由2008年的5000余项增至6000余项；建立了设备失效模式的外部反馈机制，投用了CCM设备可靠性时钟，系统工程师进入工作流程，主泵及发电机监测平台和预警系统投入使用。以CCM设备为主线的设备管理体系逐步完善，并进一步向性能试验、燃料管理等多个领域扩展，以切实提高电站设备的可靠性。

公司采取多种措施，不断优化安全、质量管理。综合各专业反馈，编写了日常与大修闭环管理规范，确定了大修前、中、后期接口管理标准；根据风险分类，研究制定了对核安全、职业安全、机组运行安全的风险控制决策管理规范；分别建立了设备短、中、长期缺陷跟踪评分标准，实施量化管理。将35项设备中长期关注问题纳入管理改进计划进行跟踪管理，有效加强了执行专业对电站“老大难”问题的攻关力度。

严密的设备管理体系和风险控制措施，确保了日常生产风险100%可控、100%受控。2009年，公司通过CCM设备状态监测，及时发现和处理了大亚湾核电站2号机组棒控系统仪表指示（D2RGL404GD）下漂、主给水泵小汽轮机进汽端轴承振动上涨、大亚湾核惠线C相出线套管顶部热点等多个隐蔽性故障，避免了可能对机组稳定运行造成严重影响的事件发生。

（三）运用TOP，强化任务落实

2009年是在集团范围内推行全员绩效行动（TOP）的“元年”。运营公司全体员工积极行动，扎实推进，创新执行，全年经集团采纳的良好实践19项，先后获排行榜第一名11次，较好完成了TOP技能比武、绩效管理指引手册升版等任务。

更重要的是，公司通过采用逐级承接分解法（DOAM）这把“利剑”，实现了“任务到人”、“融入日常”，各项工作目标更加清晰，责任主体更加明确，责任链条更加完整，有效促进了公司各项重点战略目标和任务的落实，这是公司2009年整体业绩获得提升的重要支撑。

（四）培育文化，固守价值理念

公司自成立以来，高度重视并持续坚持企业文化建设实践。

2008年，在继承优良传统和借鉴国内外优秀企业文化建设经验的基础上，我们以文化理念系统的建立为重点，完成了企业文化梳理，立足于企业实际，丰富了企业文化内涵。

2009年，我们通过出版专业化运营和核安全文化著作，编制企业文化手册，拍摄企业文化宣传片，开展全员企业文化宣教等多种活动，进一步提高了全员对企业文化的认知水平（认知率达到93.14%），让员工充分认识到自身的价值和对安全生产的贡献。“安全发电、诚信透明、团队合作、追求卓越”的企业价值观更加深入人心，“三位思考”成为分析、解决问题的实用指引，“讲同样的话，做同样的事”成为员工普遍认可的行为模式。

文化传承历史经验，理念引领未来发展。通过坚持不懈地培育优秀的企业文化，积极倡导价值理念，我们把员工的精神、思想和行动统一到了公司的发展战略上来，在增强内部凝聚力和向心力的同时，促进管理水平的提高，强化公司竞争优势，鼓舞干部员工以高度的责任心和舍我其谁的气魄，努力拼搏，无愧于时代使命。2009年，公司各级管理层和员工始终坚持以“保四、干二、带X”（保证大亚湾核电站和岭澳核电站一期四台机组的安全运行，干好岭澳核电站二期的生产准备工作，对其他基地核电站的生产准备提供强有力的支持）”为中心，始终坚持责任落实和强势管理，始终坚持“本位、他位、高位”思考，始终坚持团结协作、相互补台，始终坚持高标准、严要求，使得公司倡导和推行的管理思路在实践中收到了良好效果。这些宝贵经验需要我们在未来的工作中长期巩固、做好做优。

2010年是运营公司的“高端稳定、持续提升”之年。安全生产方面，要努力实现在运机组高水平业绩的稳定，两电站达到294.1亿千瓦时的上网电量目标，对应的能力因子均超过90%；岭澳核电站二期上网电量14.9亿千瓦时，负荷因子达到85%。生产准备方面，要努力实现岭澳核电站二期高起点起步，确保在运机组从“4”到“5”的平稳过渡。经营和发展方面，要签署大修总承包实质性的合同、湖北咸宁项目生产准备委托协议，研究确定红沿河、宁德项目的运营管理模式，组织好大修总承包模拟运作和针对宁德、红沿河项目的调试启堆技术支持准备。

从更宽的视角来看，2010年是具有特殊意义的一年，将在运营公司发展历程上具有标志性的意义。2008年我们统一了认识，2009年理顺了股权结构等内部基础，2010年随着岭澳核电站二期实现“高点起步、业绩稳定”、大修承包业务的准备就绪、“总—分”模式的明确、标准化产品系列的日益成熟，我们的专业化运营在2010年将基本“成型”。

面对以上重要的任务，我们在2010年要坚持以“保四、干二、带X”为主线，做好防人因失误、设备管理、大修策划和实施等几方面的工作，强化优势，持续改进，保证5台机组安全发电；以高度的责任心，充分认识到多基地生产准备工作的紧迫性，提前制定和落实有效的风险应对措施，充分发挥各个流程、机制的促进作用和各个层面的联系、纽带作用，形成多项目、多基地生产准备全面铺开的良好局面；巩固核心技术优势，完善市场经营机制，加强经营能力，做好人才储备，稳步推进专业化运营发展；依托TOP这一抓手，更加充分、细致地运用DOAM等工具，实现“任务全覆盖”、“管理精细化”，将各项工作做实，确保2010年公司各项任务目标不打折扣地完成；加强组织和制度建设、标准化建设和队伍建设，加快观念和意识的转变，筹划好组织模式和运作机制的演变，适应管理变革带来的改变，巩固市场优势，加快向世界一流迈进的步伐。

在可以预见的将来，运营公司和我们每个人所处的发展环境可概括为“三大”，即发展空间大，内部变革、外部环境变化大，挑战大、压力大。为了实现企业与员工的共同发展，适应这些变化，我们提倡全体干部员工坚持树立廉洁高效意识、成本意识和市场化意识，时刻保持自律、自省、自警、慎独。通过管理标准化的方法、资源集约化的思路，抓主干、抓核心、抓焦点，提高工作效率；将成本管理提升到战略高度，进一步完善和落实成本管理制度，以具有竞争力的产品和服务，赢得客户的满意和市场对企业能力的承认；树立“抓紧苦练内功”的紧迫感和“市场竞争日益逼近”的危机感，进一步转变观念，做好迎接市场化的思想准备和能力准备。

中国核电的快速发展、集团的高速发展，对运营公司提出了更高的要求和期望。未来一段时期，是运营公司实现从单一的核电站运营者向专业化运营者角色转变，从单基地、单技术路线运营向跨基地、跨主体、跨技术路线运营转变的关键时期；也是公司夯实运营基础，提高管理水平，向世界一流企业加速迈进的关键时期。

持续提升核电站安全运行业绩和管理水平，树立专业化运营标杆和品牌，构建核岛大修总承包、备品备件供应在内的集约化运营平台，借助管理标准化实现大亚湾核电运营经验的快速复制，实现核电多基地项目的业绩高起点起步和同步提升，推动核电规模化发展，这些都已经成为我们当前的紧迫任务。

在新的一年，我们的规划更加宏伟，我们的目标更富有挑战。让我们团结一心，戒骄戒躁，居安思危，踏实工作，迎接挑战，为早日成为世界一流的专业化核电运营企业而努力奋斗，为集团又好又快地发展贡献更大的力量！

总经理部成员：

卢长申　总经理　（前排右二）
刘达民　第一副总经理　（前排左二）
殷　雄　副总经理　（前排右一）
郭利民　副总经理　（前排左一）
黄小平　总会计师　（后排中）
任俊生　安全总监　（后排右）
朱闽宏　总经理助理　（后排左）

公司使命：

一切为了客户、股东、员工和社会的利益，确保长期安全、环保、可靠和经济发电；提升核心能力，为中广核可持续发展培育人才、贡献技术和经验。

公司愿景：

成为世界一流的专业化核电运营企业。

公司价值观：

安全发电、诚信透明、团队合作、追求卓越。

方曦 供

9月29日，中共中央政治局常委、国家副主席习近平出席大亚湾核电站延长合营期合同签字仪式。

方曦 供

2月7日，中共中央政治局常委、国务院副总理李克强在中共中央政治局委员、广东省委书记汪洋，财政部部长谢旭人，国务院副秘书长尤权，广东省省长黄华华的陪同下视察大亚湾核电基地。

方曦 供

4月22日，法国国民议会议长M.Bernard Accoyer访问大亚湾核电基地。

方曦 供

4月11日，全国人大常委会副委员长、九三学社中央主席韩启德率九三学社中央“低碳经济”考察团到大亚湾核电基地调研。

方曦 供

▲ 5月9日，国家电监会主席王旭东视察大亚湾核电基地。

方曦 供

▲ 2月5日，国家商务部副部长蒋耀平视察大亚湾核电基地。

方曦 供

4月18日，大亚湾核电运营管理有限责任公司防城港分公司成立暨揭牌仪式在防城港市举行。

方曦 供

5月6日，大亚湾核电站安全运行十五年媒体通气会召开。

曹丽苹 供

11月17日至12月3日，国际原子能机构对岭澳核电站二期进行机组运行前安全评审。

方曦 供

7月16日，大亚湾核电运营管理有限责任公司与阿海珐核能公司签署新一轮工程和维修服务框架合同。

方曦 供

2月23日，国家核安全局核电培训班开学典礼在大亚湾核电基地举行。

方曦 供

▲ 10月30日，泰国能源部部长Wannarat Channukul率泰国媒体报道团访问大亚湾核电基地。

方曦 供

▲ 9月9日，南非公共企业部副部长Enoch Godongwana访问大亚湾核电基地。

方曦 供

▶ 11月2日，大亚湾核电运营管理有限责任公司与日本海外电力调查会进行运行管理交流。

方曦 供

▲ 7月9日，大亚湾核电运营管理有限责任公司与韩国电力维修公司进行维修领域技术交流。

方曦 供

▲ 大亚湾核电运营管理有限责任公司开展全员绩效行动标准课程培训。

雷明亮 供

▲ 6月2日，大亚湾核电基地举行海域溢油应急演习。

方曦 供

▲ 岭澳核电站3号机组核岛冷试

叶永东 供

▲ 主变压器检修

叶永东 供

▲ 现场工前会

高飞 供

▲ 岭澳核电站二期操纵员培训

曹春江 供

▲ 岭澳核电站二期

方曦 供

▲ 大亚湾核电运营管理有限责任公司第一届运动会

方曦 供

▲ 安全文化小品大赛

方曦 供

▲ 国庆60周年文艺晚会

方曦 供

大亚湾核电运营管理有限责任公司总部大楼

方曦 供

“爱在中广核、情定大亚湾”——集体婚礼

方曦 供

古榕

荣涛 供

白鹭

彭松 供

大亚湾海景

运营公司安全生产业绩取得多项历史性突破

余　萌

虎年伊始，大亚湾畔再传喜讯：大亚湾核电站和岭澳核电站一期（以下简称“两电站”）延续2008年的辉煌业绩，2009年度上网电量再创历史新高，累计上网电量突破性地实现304.86亿千瓦时！大亚湾核电站1号机组安全运行2 692天，自2002年1月12日以来连续近6个燃料循环无非计划自动停堆，不断刷新国内核电站单机组安全运行最高纪录！

同时，2009年两电站WANO指标实现商运以来整体最优水平：大亚湾核电站8项达世界先进水平，其中2号机组9项全部达到世界先进水平；岭澳核电站一期3项达到世界先进水平。部分WANO单项指标取得突破性进展：四台机组平均能力因子创造历史最高，达到世界先进水平；两电站自2003年后再次同时实现全年无非计划自动停堆；两电站连续两年同时实现无工业安全事故；大亚湾核电站化学指标连续6年保持在世界先进水平；大亚湾核电站安全系统性能指标首次进入世界先进水平。

这些闪光的业绩，是全体运营人咬紧牙关、攻坚克难，努力深化安全管理理念和深入落实改进行动的成果。近年来，电站的安全管理更趋于精细化和标准化，努力加固纵深防御的多层制度屏障，不断完善细节，强调实践意义，追求安全管理的长远效应。日常生产管理牢牢把握“风险控制”这一指导思想，不断优化运作模式，以大修前后查漏消缺、迎峰度夏、节日保电为主线，形成贯穿全年的、持续性的消除缺陷活动；电站根据风险分类，研究制定对核安全、职业安全及机组运行安全的风险控制决策管理规范；电站还分别建立了设备短、中、长期缺陷跟踪评分标准，对设备缺陷实施量化管理。2009年，电站将35项设备中长期关注问题纳入管理改进计划进行跟踪管理，各个问题有专人专项负责，有效加强了执行专业对电站“老大难”问题的攻关力度。

在人因管理方面，电站有重点、有针对性地建立了不同专业人员行为规范，改进了人因事件根本原因分析方法，积极在现场推广使用6张人因工具卡，多次组织安全管理外部交流或评审活动。尤其是运行部门，实施小偏差管理，要求重要操作提前演练、鼓励工作中质疑。这些措施收效明显，2009年两运行处共8个值实现连续无人因执照运行事件（LOE）/内部运行事件（IOE）天数1 000天以上，其中运行二处一值更达2 172天！“平时想战时”，防人因工作需要坚持不懈地进行日常训练。2009年培训中心开发了综合性训练场景，针对各类人员的工作特点模拟设计环境，完成6张人因工具卡共14个训练场景的开发，并进行了1 750余人·次的演练。为了使广大员工始终保持思想警觉，运营公司高度重视核安全文化理念在现场的实际落地，开展了持续两个月、覆盖全员的核安全文化震撼教育，使员工能结合“前车之鉴”，从经验与教训中得到切实的领悟。

2009年，电站继续深化设备管理工作，将工作重心逐渐由“救火”向“防火”转移。在2008年基础上，进一步识别出第一组Io关键敏感（CCM）设备和红区不可达设备清单，对维修策略进行了全面梳理，制定了维修关键点参数控制单，确定日常运行的状态监测标准，同时引入了设备失效模式的外部反馈机制，投用了 CCM 设备可靠性时钟。与此同时，以 CCM 设备为主线的设备管理体系逐步成熟，并进一步向性能试验、燃料管理等多个领域扩展，切实提高了电站设备的可靠性，逐步具备了整体转化的能力。2009 年 4 台机组产生 CCM 设备缺陷数量 12 项，比 2008 年 29 项有大幅度下降。系统工程师进入工作流程后，在纠正性工作票确认、不符合项管理、外部经验反馈等领域继续发挥重要作用；通过 CCM 设备状态监测，及时发现和解决了多起隐蔽性故障，有效避免了对机组控制造成影响的事件发生。

2009 年的辉煌业绩，也充分验证了前一轮大修的检修质量。岭澳核电站 2 号机组第六次大修、岭澳核电站 1 号机组第七次大修、大亚湾核电站 1 号机组第十三次大修等 3 次大修的成功实施，较计划工期共节省 13.23 天，大修标准窗口工期取得全面突破。大修工期的不断刷新也表明了大修整体管理能力的持续提升，为机组能力因子等关键业绩指标作出了贡献。维修自主核心能力建设也在 2009 年取得新突破，首次自主实现大型主泵水力部件本地化去污，首次自主完成有裂纹燃料棒的抽换。全年大修坚持以质量管理为中心，通过不断优化大修管理，提炼、固化以往大修中的良好实践，各类风险控制措施不断完善，建立三级风险分析体系，从整体上对大修活动的安全、质量、工期和资源风险进行全面的审视，强化对设备检修质量的控制力度，3 次大修的核岛、常规岛设备再鉴定一次合格率均达到 98% 以上。这些措施的实施，有力提升了电站的安全管理水平和风险控制能力，为 2009 年安全生产取得全面胜利奠定了坚实基础。

鲜花与荣誉已成历史，运营人将时刻牢记“核安全重于泰山”的神圣使命，居安思危，戒骄戒躁，在运行管理实践中坚持精益求精，确保在运机组的安全稳定运行，实现安全生产“高位稳定”，在提高专业化运营水平及安全生产核心能力建设方面迈出坚实的步伐！

岭澳核电站二期 Pre-OSART 评审顺利完成

余太平

2009 年 11 月 17 日至 12 月 3 日，由 IAEA（国际原子能机构）组织的岭澳核电站二期 Pre-OSART（运行前安全评审团）评审顺利完成。本次 Pre-OSART 评审为 IAEA 第 154 期（岭澳核电站一期 Pre-OSART 评审为 111 期），评审团有来自 11 个国家的 14 名专家。评审范围包括组织管理、培训、运行、维修、技术支持、辐射防护、化学、应急准备、经验反馈等 9 个领域。

Pre-OSART 评审一般安排在核电站首次装料前 3 至 6 个月之内进行。因为在这个时间段里，电站与安全相关的流程和程序已经建立，电站员工也已招聘和培训，一些系统也已经临时移交或者投入最终运行。这使得检查的主题可以集中在电站如何为首次装料做好准备。在运行前阶段由 Pre-OSART 评审检查提出的建议，仍然可以通过纠正行动在商业运行开始前付诸实施，从而提高电站的安全运行业绩。

为顺利完成此次 Pre-OSART 评审活动，运营公司未雨绸缪，进行了充分的准备。

2009 年 2 月 17 日，运营公司召开了岭澳核电站二期 Pre-OSART 评审动员会。会上制订了一系列的 Pre-OSART 行动计划，包括集团外部评估纠正行动落实，岭澳核电站一期 Pre-OSART 评审结果普查与纠正，预审文件包（Advance Information Package，AIP）编写等一系列行动。之后，会务组出版了 Pre-OSART 宣传手册，各领域负责人对照 IAEA 验收准则编写了 AIP 文件并寄送给评审专家，Pre-OSART 评审前各领域组织实施了自我评估活动，安全质保部组织了一次岭澳核电站一期 Pre-OSART 评审结果纠正行动落实情况专项监查。

2009 年 3 月，运营公司派员远赴日本美浜核电厂交流，利用在美浜核电厂参加 Pre-OSART评审的机会，向 IAEA 官员进行虚心请教，与其一起阅读岭澳核电站一期的 Pre-OSART 评审报告，并制订出下列几条措施：

1. 向 IAEA 正式发文，此次 Pre-OSART 评审活动涵盖运营公司管理系统和工程参与的工作，评审范围限于运营公司。

2. 各领域对口人认真阅读岭澳核电站一期的 Pre-OSART 评审报告和跟踪报告，针对当时存在的问题，检查其解决情况并落实后续行动。

3. 由于 Pre-OSART 评审时岭澳核电站二期还没有装料，各领域都会有正在开展或即将开展的工作，因此必须做到有正规的计划和必要的管理程序。

4. 各领域对口人对照 IAEA 安全审查标准，编写 AIP，提前发现自己领域的不符合项并在 Pre-OSART 评审前予以纠正。

11 月 17 日，评审正式开始。评审期间，专家对岭澳核电站二期 9 个领域按照 IAEA 评估标准进行了全面、深入的评审，对评审过程中发现的问题共提出了 14 条纠正建议、12 条项改进建议、5 条良好实践。

对比 2001 年岭澳核电站一期 Pre-OSART 评审，共产生 43 个问题和 12 个良好实践，43 个问题中有 32 个纠正建议和 11 个改进建议。岭澳核电站二期 Pre-OSART 评审所发现的问题，与岭澳核电站一期 Pre-OSART 评审的重复率为 2.3%，达到了总经理部提出的低于 10% 的要求。针对 Pre-OSART 评审的纠正行动计划，运营公司开展了分三个阶段的消除缺陷活动：第一阶段，完成岭澳核电站 3 号机组装料前应消除的缺陷；第二阶段，完成岭澳核电站 3 号机组临界前应消除的缺陷；第三阶段，Pre-OSART 评审跟踪检查前，消除全部缺陷。

12 月 3 日，岭澳核电站二期 Pre-OSART 评审举行了隆重的闭幕仪式，标志着为期三周的评审活动圆满结束。本次 Pre-OSART 评审取得了圆满成功，为进一步搞好岭澳核电站二期生产准备工作增强了信心，为下一阶段推动移交接产并实现机组商运后安全、稳定、经济运行创造了有利条件。

运营公司圆满完成国庆 60 周年保电任务

张库国

2009 年 10 月 1 日是中华人民共和国诞辰 60 周年的喜庆日子。运营公司提前准备，周密部署，将 2009 年国庆保电提升至 2008 年奥运保电同等重要的级别，围绕机组安全、抵御自然灾害和应急预案准备、防人因失误、安全保卫与反恐等几大领域开展工作。整个保电准备及实施时间长达近 50 天，分为 8 月 17 日至 9 月 24 日的准备和检查阶段、9 月 24 日至 10 月 8 日的国庆正式保电阶段，其中 10 月 1 日至 3 日为加强保电期。

在准备和检查阶段，日常生产方面，按照上级相关文件的精神和要求，电站于 8 月 17 日启动“迎峰度夏及国庆前查找、消除机组缺陷”专项活动，活动一直延续至 9 月 16 日，期间实际缺陷消除率达 91.4%，未消除缺陷均得到了有效控制以及持续跟踪管理。9 月 17 日至 24 日，在稳定机组状态的前提下，消除了大亚湾核电站 2 号机组电动主给水泵驱动端机械密封漏水等多个重要缺陷。安保方面，大亚湾核电基地安全委员会办公室 8 月 21 日召开了国庆 60 周年保电专题会议，部署国庆安保的各项具体措施，其后又隆重召开了保卫力量国庆安保誓师动员大会，将国庆安保工作推入临战状态。

在正式保电阶段，大亚湾核电站、岭澳核电站一期分别消除纠正性工作票 235 张和 207 张，包括大亚湾核电站主变压器 450JA B 相油回路—高压油管线接头渗油处理等项目，暂停安排非监督大纲要求的 A 类预防性维修及定期试验，调整预防性维修项目。9 月 30 日两电站平均周转工作票达到 15 张的历史最低。安全保卫方面，采取了加强电站出入口控制与检查，保护区主出入口 UD/LUD 门全面启用安检门，随身物品加强检查等措施。同时各保卫力量加强待命值班，对第二、三责任区在保持日常管理措施的基础上，针对 10 kV 环网及配电设施、公司总部大楼、水库等重点区域采取了加强措施。

综合而言，本次国庆保电工作具有以下三大特点：

1. 目标要求明确，组织机构严密。运营公司国庆安全与保电的工作目标是“零有瞬态异常发生、零人因误操作、零有影响的事件、零有影响新闻”。以国庆保电工作组为核心，编织了一张纵横交错、细致严密的防护网，行政线是经线，工作组是纬线，一切行动听指挥，不折不扣地落实国庆保电的行动和要求。

2. 保电准备充分，狠抓工作落实。运营公司从 2009 年初就开展了国庆安全与保电的各项准备工作，通过对关键领域的安全隐患排查，及时发现并解决问题，巩固薄弱环节。电站对于影响核安全和机组可用率的重要遗留设备缺陷，如柴油机、制冷系统等，各专项小组均提前制订应急预案，并通过现场演练和验证来保证工具、备件、人力等资源完全满足预案要求。

在保电准备阶段，电站十分注重追求实效。以防雷防台和线路消缺为例，受台风“莫拉菲”影响，220 kV 坪核线和风岭线跳闸后，电站与电网开展充分的沟通协调，积极进行故障原因分析和整改方案制订，在9月13日至14日对风岭线进行停电整改，大大降低了坪核线检修时风岭线单一电源供电的风险。安全保卫方面，自7月份以来，共进行公安、武警武装响应演练3次；9月24日还举行了含有两个场景的基地反恐年度演习。

3. 全员参与，集中各方优势力量。公司调动生产线相关部门、经营管理部、大亚湾公安分局、武警部队等单位力量，保证了保电工作覆盖全盘，不留盲区。公司明确要求，保电期间保电组织机构成员的通信设施必须随时保持畅通，行政组人员接到通知后须24小时内到达现场，专家组人员接到通知后须4小时到达现场。电站针对机组上需要等待处理窗口的缺陷，保电期间都安排有专人进行跟踪监测，确保机组始终处于平稳、安全状态。

随着国庆60周年活动的圆满落幕，本次“国庆安全与保电工作”也顺利结束。在此期间，大亚湾核电基地四台机组保持安全稳定运行，未发生安全保卫事件。这次保电工作也锻炼和检阅了公司的保电能力，为适应集团快速发展积累了宝贵财富。

运营公司生产准备专业化建设迈出重要步伐

——生产准备专业化办公室成立

张晓峰

2009 年 11 月 6 日，运营公司人力资源部通告“生产准备专业化办公室”成立。12 月 3 日，首批 8 人到岗，生产准备专业化办公室正式开始运作。生产准备专业化办公室的成立，标志着多基地生产准备支持工作从幕后走到了台前，生产准备专业化工作正式全面展开。

早在 2008 年初，运营公司卢长申总经理就提出：“运营公司的总任务是‘保四、干二、带 X’（保证大亚湾核电站和岭澳核电站一期四台机组的安全运行，干好岭澳核电站二期的生产准备工作，对其他基地核电站的生产准备提供强有力的支持）。”随着多个核电站开始建设，生产准备部肩负起两大任务，在干好岭澳核电站二期的同时，为多基地提供支持。

2009 年 7 月，伴随着公司多基地、多项目生产准备任务的展开，运营专业化的发展格局已经形成。为积极落实专业化发展战略，有效解决任务紧迫和资源紧张等客观性问题，生产准备专业化建设势在必行。由卢长申总经理主持的首次核电厂厂长协调会决定：“生产准备专业化建设必须依靠实体化的组织体系来保障。鉴于现阶段情况，建议成立生产准备专业化办公室，其主要职责是统筹生产准备专业化建设，归口管理和移植生产准备标准化产品，支持各基地的生产准备工作。”

2009 年 11 月，第二次核电厂厂长协调会明确了生产准备专业化办公室的主要职能是：统筹生产准备专业化工作计划与接口管理；归口管理和移植生产准备标准化产品；支持各基地的生产准备工作。成立生产准备专业化办公室，目的就是专门负责推动公司专业化建设，各分公司对于专业化成果的引入也由局部试点进入全面推广阶段。公司希望在推进过程中不断固化成果和良好实践，逐渐总结出一条从核电站生产准备到生产运营的成功演绎之路。

从酝酿到成立的两年时间内，在公司总经理部的领导下，生产准备部一边努力做好“干二”的工作，一边承担着部分多基地支持的任务，逐步摸索着生产准备专业化的道路，明确了生产准备专业化就是“标准化的产品” + “专业化的人员”，高效、高质量地准备核电站商业运行所需的技术条件的过程。生产准备专业化发展的重要依托是岭澳核电站二期生产准备业已积累的实践经验和标准化成果，并作为标准化工作的起点，通过后期项目的建设不断丰富和扩展专业化建设的内涵。

在生产准备部的统一协调下，经过公司各部门的努力，首批 CPR1000 生产准备标准化产品共 88 类已经出版。如何利用好现有的生产准备标准化成果，在分公司进行标准化产品移植，是摆在刚刚成立的生产准备专业化办公室的首要任务。

专业化办公室成立伊始，负责人就带领人马到运营公司阳江分公司召开了“生产准备专业化首批技术程序移植方案”讨论会。这次会议是生产准备专业化办公室成立后召开的第一次重要会议，旨在探讨第一批技术程序（生产准备标准化产品）向阳江核电移植的方式和方法，为更快、更好和更省地大规模移植铺平道路。在阳江分公司东平现场，生产准备专业化办公室介绍了生产准备专业化运作与技术程序移植总体思路。生产准备专业化办公室各项目负责人分别介绍了运行程序、状态导向法事故程序（SOP）、设备运行维修手册项目推进、合同包审查、维修程序移植、职业安全生产准备以及技术支持程序移植七个项目的推进方案。

新成立的生产准备专业化办公室目前只有8人，运营公司朱闽宏总经理助理在成立大会上说：“你们这几个人就是生产准备专业化的‘种子’，要做优良的‘种子’，在不久的将来，生根、开花、结果，要立足岭澳核电站二期，服务阳江核电站，放眼防城港核电站，把岭澳核电站二期的经验很好地传承给其他分公司！”有了总经理部确定的方向，生产准备专业化办公室的任务就明确为三大任务：

（1）生产准备标准化产品的集成、维护和升级管理——管理标准化（Standardization）

（2）生产准备标准化产品的移植——服务（Service）

（3）支持各基地的生产准备工作——支持（Support）

通过生产准备专业化的实践，不断促进中国广东核电集团专业化能力的增强，形成在世界范围内具有行业开创和借鉴意义的运作模式，打造出中国广东核电集团自主的生产准备品牌。舞台已经就绪，大幕已经拉开，让我们全力以赴，在专业化运营的大舞台上，演出一幕幕精彩大戏，实现多基地生产准备“更快、更好、更省”的战略目标！

运营公司深入开展学习实践科学发展观活动

朱　洁

按照国资委党委和集团党组的统一安排，运营公司党委于2009年3月11日正式成立学习实践活动组织机构，全面启动科学发展观学习实践活动。

从3月至8月，运营公司党委及各级党群组织、各职能部门，按照学习调研、分析检查、整改落实三个阶段，周密部署、广泛发动，努力确保“安全生产与学习实践活动两不误”，做到了“规定动作不放松，自选动作有特色”。

在学习调研阶段（3月14日至4月14日），公司党委领导班子及各基层党支部以理论学习、深入调研、解放思想大讨论三个环节为主线。公司全部1 376名党员中，有90%以上的党员参加了集体理论学习，包括公司党委书记、副书记在内的400多名党员干部撰写了学习体会。为更好地开展调研工作，找出影响和制约运营公司科学发展的焦点、难点问题以及广大职工群众关心的热点问题，在公司党委领导班子的统一部署下，由党委委员带队，组成体制机制、资源瓶颈、党建及班子建设、核心能力、做大做强的关系5个专题调研小组，深入基层了解情况，并召开了12场专题调研会议，查找问题，收集资料。

另外，为了更广泛地了解情况，公司开展了网上调查，公司员工近千人参与；召开了合作伙伴座谈会，从不同视角获取信息。4月14日，公司党委成功召开解放思想大讨论成果交流会，胜利完成了学习调研阶段的全部工作任务。本阶段，公司全部51个党支部均按要求组织了集体学习和解放思想大讨论活动，累计收集了公司干部员工、合作伙伴、上级单位的303条意见，形成了5份专题调研报告，以及解放思想大讨论成果交流报告，为分析检查阶段的工作打好了铺垫。

分析检查阶段（4月15日至6月2日）的核心任务是组织召开公司领导班子民主生活会、党员组织生活会以及撰写分析检查报告。51个党支部均按照学习实践活动的有关要求，召开了组织生活会，向公司党委领导班子提出了66条意见和建议。公司党委在广泛收集群众意见，相互开展交心谈心的基础上，召开了党委班子民主生活会，从自身查找影响和制约运营公司科学发展的主观原因，确定了体制机制、核心能力、队伍建设以及党建四个关键问题领域，最终形成了《巩固基础，开拓创新，向世界一流专业化核电运营企业努力迈进》的学习实践活动分析检查报告。

5月26日上午，公司党委召开职工代表会议，宣读《学习实践活动分析检查报告》并开展民主评议。公司领导班子根据职工代表会议民主评议的实际情况，又重新修订了《学习实践活动分析检查报告》，为顺利制订整改落实方案奠定了基础。

整改落实阶段（6月3日至8月31日）的主线是撰写整改落实方案以及逐步落实整改项目。为更有成效的开展方案编写工作，公司党委书记召开党委扩大会议，组成体制机制、队伍建设、核心能力、党建四个战略小组，由党委委员担任组长，分头制订整改措施，将整改思路与措施，以及群众关心的热点问题转化为具体的、可执行的项目。整改方案中的每个项目都由公司党委成员担任责任领导，并明确配合部门及责任人、时间节点、项目目标。6月22日，公司党委征求集团党组及董事长意见后，形成整改落实方案终稿，方案分近期、短期、中长期三个阶段，共24个整改项目。近期的6个整改项目主要为员工岗位聘任、绩效考核、就餐、工地住宿、交通、流程优化等热点问题；短期的14项主要为公司体制机制调整、领导班子建设、设备缺陷管理、人才培养、成本控制、党建及企业文化传承等整改项目；中长期的4项主要为电站业绩水平提升、提高设备的可靠性、优化大修管理、CPR1000核心技术的全面掌握等整改项目。在整改落实阶段，公司党委“边学习边整改”，理顺了公司总部与分公司的管控模式调整思路以及公司股权关系，为运营公司走向“经营型”企业奠定了管理基础；实行了与工程公司错峰上下班及就餐制度，改善了基地交通拥堵状况及员工就餐排队时间长等现象；顺应广大职工群众呼声，开展了技术岗位年度补聘工作，修订了《员工绩效管理规定》，加强了员工的职业发展建设……卓有成效的学习实践活动获得了广大职工群众的认可和拥护，在8月底的测评大会上，群众满意度达到了99.5%，为学习实践活动画上了一个圆满的阶段性句号。

深入学习实践科学发展观活动是公司的一项长期行动。公司建立了项目跟踪制度，近期、短期项目进入行动督办系统，并建立了定期汇报工作制度，跟踪实施情况；中长期整改项目整合进入《运营公司中长期发展战略与2010—2015年发展规划》，建立了整改落实的长效机制。这一系列措施的实施，将确保公司科学发展的最终目标“成为世界一流的专业化核电运营企业”的早日实现。

目　　录

第一章　公司与电站组织机构

第二章　大亚湾核电站安全运行

第三章　岭澳核电站一期安全运行

第四章 电站维修

第五章 电站设备管理与技术支持

第六章 生产准备

第七章 公司治理与综合支持

第八章 企业文化及队伍建设

第九章 统计指标

第十章 专题报告

第一章　公司与电站组织机构

1.1　公司简介

大亚湾核电运营管理有限责任公司（以下简称“运营公司”或“DNMC”）于2003年3月成立，由广东核电合营有限公司（GNPJVC）和岭澳核电有限公司（LANPC）共同投资设立。2009年9月，经股权结构调整，广东核电投资有限公司和中电核电运营管理（中国）有限公司分别拥有运营公司87.5%和12.5%的股权。运营公司注册资本为5亿元人民币，经营范围为核电站运营和管理其他电力设施、环保及与电力相关业务，经营进出口业务。目前负责大亚湾核电站和岭澳核电站一期的运营管理，岭澳核电站二期、阳江核电站和防城港核电站的生产准备及其投运后的运营管理。

运营公司是我国核电行业第一个专业化的运营管理公司，是大亚湾地区核电站群堆管理发展的产物，是在借鉴国外核电运营管理良好实践的基础上建立起来的，也是对国家进一步深化改革、实现产权和运营管理权分离的有益尝试。运营公司对多业主、多电站的核电机组实施专业化、集约化管理，优化资源利用，发挥协同效应，实现规模经济。

运营公司是独立法人企业，实行董事会领导下的总经理负责制，严格按照现代企业管理制度运作。公司坚持“安全第一、质量第一”的工作原则，坚持务实、团结、高效、向上、廉洁的理念，持续推行以安全文化为核心的企业文化，强调诚信透明，为成为世界一流的专业化核电运营企业而努力奋斗。

公司使命：一切为了客户、股东、员工和社会的利益，确保长期安全、环保、可靠和经济发电；提升核心能力，为中国广东核电集团（以下简称“中广核集团”或“集团”）可持续发展培育人才、贡献技术和经验。

公司愿景：成为世界一流的专业化核电运营企业。

公司价值观：安全发电、诚信透明、团队合作、追求卓越。

运营公司是在广东核电合营有限公司成功运营大亚湾核电站近10年的基础上成立起来的，具有完整的组织机构，拥有两电站46堆·年安全运行过程中积累起来的技术、经验和文化。在国家积极发展核电的新形势下，在中广核集团“创业、创新、创优”精神的指引下，运营公司将一如既往地坚持“安全第一、质量第一”，确保安全生产基础，稳步提升安全生产业绩和管理水平，加强运营核心能力建设，为集团的快速发展做好坚实后盾。

1.2　公司组织机构

运营公司依照《中华人民共和国中外合资经营企业法》、《中华人民共和国公司法》成立，依法自主经营，自负盈亏，按现代企业管理制度运作，设立了由董事会、监事会和管理机构组成的法人治理结构。董事会是公司的决策机构，监事会是公司的监察机构。管理机构由总经理部、党群工作部、科技办、生产部、维修部、技术部、安全质保部、生产准备部、培训中心、财务部、审计部、人力资源部、经营管理部、阳江分公司、防城港分公司组成。其中，党群工作部接受公司党委和总经理部的领导，履行党、纪、工、团办事机构的职能。阳江分公司成立于2008年4月，防城港分公司成立于2009年3月。图1.2-1显示了运营公司2009年底的组织机构。

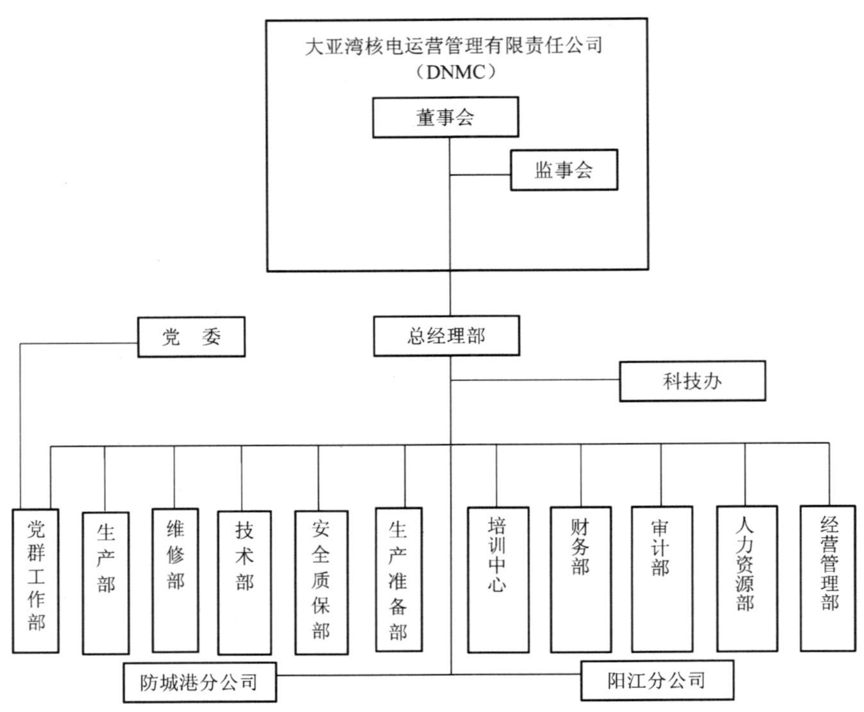

图1.2-1　运营公司组织机构图

运营公司董事会由6名中方董事和1名港方董事组成，监事会由2名中方监事和1名港方监事组成。2009年底，公司总经理部由1名总经理、3名副总经理、1名总会计师、1名安全总监和1名总经理助理组成。

1.3　电站简介

大亚湾核电站和岭澳核电站一期位于中国广东省深圳市东部大亚湾畔，距深圳市45公里，距香港50公里。两座核电站均由大亚湾核电运营管理有限责任公司负责运营管理。

大亚湾核电站是我国大陆引进国外资金、先进技术和管理经验建设和运营的第一座大型商业压水堆核电站，拥有两台装机容量为984 MW的压水堆核电机组。广东大亚湾核电站于1987年8月7日开工建设，两台机组相继于1994年2月1日和5月6日投入商业运行，所生产电力70%供应香港，30%供应广东。

岭澳核电站一期是继大亚湾核电站之后，按照国务院确定的“以核养核，滚动发展”的方针在广东地区兴建的第二座大型商用核电站。岭澳核电站一期距大亚湾核电站约1公里，拥有两台装机容量为990 MW的压水堆核电机组，是大亚湾核电站的“翻版加改进”。岭澳核电站一期于1997年5月15日开工建设，两台机组相继于2002年5月28日和2003年1月8日投入商业运行，所生产电力全部供应广东。

大亚湾核电站和岭澳核电站一期自投入商业运行以来，一直保持安全稳定运行，安全生产业绩持续进步，为优化粤港地区能源结构、推动地区经济社会发展和环境保护作出了积极贡献。

岭澳核电站二期是继大亚湾核电站、岭澳核电站一期之后，在广东地区兴建的第三座大型商用核电站。岭澳核电站二期毗邻岭澳核电站一期，规划建设两台百万千瓦级压水堆核电机组，采用岭澳核电站一期“翻版加改进”技术方案，是中广核集团CPR1000系列机组的第一个项目。岭澳核电站二期于2005年12月15日开始浇灌核岛第一罐混凝土，两台机组计划于2010年和2011年投入商业运行。根据岭澳核电站二期业主公司即岭东核电有限公司与运营公司达成的协议，由运营公司负责其生产准备和商业运行后的运营管理。

阳江核电站位于广东省阳江市东平镇，是在广东地区兴建的第四座大型商用核电站，也是中广核集团在广东地区的第二个核电基地。阳江核电站规划建设6台百万千瓦级CPR1000系列压水堆核电机组，所生产电力全部供应广东。2008年4月，运营公司阳江分公司成立，负责阳江核电项目的生产准备和商业运行后的运营管理。

防城港核电站位于广西壮族自治区防城港市港口区光坡镇，由中广核集团与广西投资集团有限公司共同投资，以中广核集团为主负责工程建设和运营管理。防城港核电站一期工程建设两台百万千瓦级压水堆核电机组。2009年3月，运营公司防城港分公司成立，负责防城港核电项目的生产准备和商业运行后的运营管理。

1.4　电站组织机构

大亚湾核电运营管理有限责任公司生产线包括总经理部领导下的生产部、维修部、技术部、安全质保部、生产准备部和培训中心6个部门级机构。

1. 生产线组织机构的优化调整

2009年11月，为积极落实专业化发展战略，促进生产准备专业化建设，在生产准备部下增设生产准备专业化办公室，负责统筹生产准备专业化建设，包括：生产准备标准化产品集成、维护和升级管理；生产准备标准化产品的移植；各基地生产准备工作的支持等。

2. 生产线组织机构图

组织机构图见图1.4-1。

3. 生产线组织机构的管理范畴和管理层次

2009年生产线组织机构的管理范畴包括大亚湾核电站和岭澳核电站一期的日常生产和大修，岭澳核电站二期的生产准备，大亚湾核电基地的培训和其他基地委托的培训。生产线管理层次包括公司、部、处、科4级，日常生产和大修采取项目式管理。各级管理层逐级获得授权，对授权范围内的工作做出决策，并担负相应的计划、组织、协调、监督和控制等管理责任。

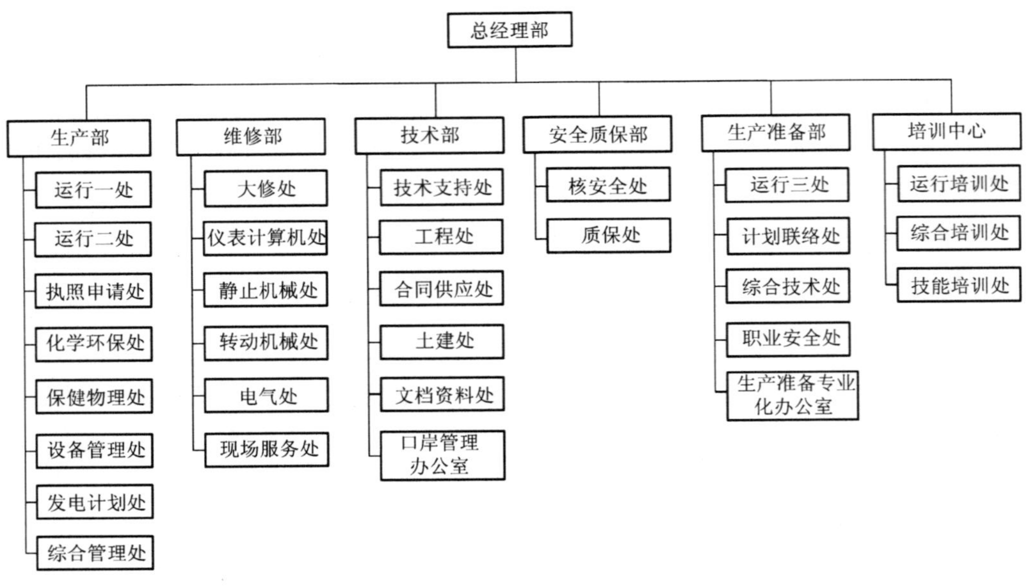

图 1.4-1　生产线组织机构图

1.5　2009 年主要业绩

2009 年是运营公司攻坚克难、再创辉煌的一年。全体干部员工根据年初确定的“1331”工作思路（落实一项行动——全员绩效行动，完成三项任务——保证四台机组安全发电、做好岭澳核电站二期生产准备、推进统一运营支持，提升三项能力——专业化运营能力、成本控制能力、干部带队伍能力，实现一个转变——观念意识的转变），以全员绩效行动为抓手，以“保四、干二、带 X”为中心，以安全文化建设为基础，始终坚持“安全第一、质量第一”的原则，积极行动，强化责任，团结协作，顺利完成了集团赋予的战略任务，创造了多项里程碑式的优异业绩，在世界一流专业化核电运营企业的征程上又迈出了坚实的一步。

安全方面继续保持高水平。其中，大亚湾核电站 1 号机组实现了自 2002 年 1 月 12 日以来连续安全运行 2 692 天，这是国内最高，也是世界级较长的纪录；同时，岭澳核电站 1 号机组连续安全运行天数也突破了 1 600 天。

发电业绩再创历史新高。大亚湾核电站、岭澳核电站一期实现上网电量 304.86 亿千瓦时，连续两年突破 300 亿千瓦时。

生产业绩国际对标方面，四台机组 36 项 WANO 指标，有 25 项进入世界先进水平，整体完成情况创电站商运以来最好结果。平均到每台机组，9 项 WANO 指标中达到先进水平的超过 6 项。四台机组平均能力因子达到 93.18%，达到世界先进水平，为历史最优。其中，大亚湾核电站 2 号机组 9 项 WANO 指标全部达到世界先进水平，创造了卓越。

经营发展并驾齐驱。2009 年，公司不仅为业主创造了较好的发电收入和利润，自身还实现 9.37 亿元的营业收入，1.04 亿元的利润；防城港分公司应时而生，专业化运营走出了广东省。

经集团评审，运营公司 2009 年度经营业绩考核结果为“五星”等级（集团唯一一家），获集团总经理部专项奖两项（运营公司四台机组2009年同时实现无非计划自动停堆、岭澳核电站二期模拟机项目），获集团2009年TOP行动优胜奖，“安质环（安全、质量、环境）”考核结果为“A”，党风廉政考核结果为“合格”。

回顾全年工作，运营公司整体创造了优良的生产经营业绩，各领域工作亮点频现。

1. 安全生产，持续改进，再上台阶

安全方面，2009年两电站四台机组自2003年后，再次同时实现“零”非计划自动停堆，连续两年同时实现“零”工业安全事故。大亚湾核电站化学指标连续第6年保持在世界先进水平、安全系统性能指标首次进入世界先进水平。

发电方面，除两电站合计上网电量超过300亿千瓦时，大亚湾核电站还实现全年上网电量156.62亿千瓦时，再创历史新高。

2009年完成的3次大修平稳有序、质量良好，确保了机组全年实现4个“零”（四台机组无非计划自动停堆）；局部窗口工期持续创优，比计划累计节省13.23天，为在年初电力市场严峻的情况下圆满完成全年发电任务创造了重要条件。

工程改造项目未完成数量出现下降“拐点”，实现了完成数量大于新增数量。

2009年，公司顺利完成了包括“两会”、国庆60周年、东亚运动会、澳门回归10周年等在内的一系列、几乎覆盖全年的保电任务，实现了“零有影响的事件，零有影响的新闻”的目标。

公司成立了科技创新中长期规划领导小组、经验反馈协调组、人因事件独立调查组、机电仪老化项目小组，制订并实施与合作伙伴高层交流协调方案，开展了岭澳核电站一期18个月换料和设备老化管理相关研究，进一步优化经验反馈体系运作，巩固多基地合作伙伴战略联盟。

2. 生产准备，攻坚克难，不辱使命

2009年，岭澳核电站二期生产准备多个领域工作量超出岭澳核电站一期同期水平。公司上下群策群力，5项生产准备里程碑全部按期或提前实现，配合工程公司，提前14天攻克“3号机组冷试启动”里程碑。

从外部来看，Pre-OSART（运行前安全评审团）评审活动共提出14个纠正建议、12个改进建议、5个良好实践（岭澳核电站一期分别为32个、11个和12个）；2010年1月结束的国际核保险共同体岭澳核电站二期风险查勘提出改进要求7个，改进建议2个（岭澳核电站一期分别为21个和5个），整体均优于岭澳核电站一期。

公司针对岭澳核电站二期生产准备的难点问题，从组织和制度层面进行了精心部署和充分准备。先后与工程公司联合颁布了《岭澳核电站二期工程调试与生产准备相互支持协议》、《工程生产协调会管理规定》等制度；依托生产准备委员会和工程生产协调会“两大中枢”，形成了各单位协同推进的新局面；妥善协同各方资源，形成了移交接产分级决策、专项工作组协作、专项协调会协商等机制，遗留项清除率由2009年上半年的不足65%稳步提升至年底的90%以上。

全年累计完成各类技术程序5 661份，达程序总量的89.4%，按计划组织开展人员培训，先后完成开盖冷试支持和冷试准备，联合工程方解决重要系统设备的技术问题，18项工程专项委托项目总体进展良好。

阳江分公司按照“组队伍、建制度、留轨迹”的要求，建立了党团组织，成立了安全

委员会；建立了生产准备重大项目识别与评审机制，其中“运行程序编写”等7个已进入实施阶段，发布了《CPR1000标准电站组织机构及人力资源配置方案》；编制了岗位培训大纲，实施了核心岗位培训规划。全年顺利实现了7项生产准备里程碑。

防城港分公司成立了党支部和处级机构，制订了总部派遣、执照人员培养等工作计划，有序安排新员工招聘和入职培训；编制了生产准备大纲，制订了工程参与规划；建立了与业主、工程的协调联络接口，积极参与初步安全分析（PSAR）、可研评审等项目，全年完成9项生产准备标准化产品的移植引入。

3. 专业运营，奋力开拓，攻城拔寨

2009年3月，运营公司防城港分公司注册成立，专业化运营走出了广东。2009年7月，集团基本确定了专业化运营发展方向。2009年11月，集团正式决定咸宁AP1000项目实施专业化运营。

2009年9月，公司完成股权与治理结构调整，与业主签订了新的营运管理合作协议（OMCA），明确收入将与生产业绩直接相关，标志着运营公司完成了由成本中心向利润中心的机制转变。

集团内核岛大修市场全部锁定，市场开拓取得成绩。公司与红沿河、宁德、台山公司签署了核岛大修总承包协议，与台山公司签署运营人员培训服务合同，向红沿河提供了7批12人·次的专家支持服务。

生产准备集约化支持取得实质性进展。88类标准化产品包全部完成，成立了生产准备专业化办公室，以统筹生产准备标准化产品的创新、集成、维护、移植，以及各基地生产准备工作的支持、协调。

运营管理标准化完成了8大领域产品包评审，发布了“作业管理”、“培训管理”两大领域产品包。

公司建立了“核电厂厂长协调会”机制，明确了“立足长远，推动专业化发展，充分发挥核心资源的集约效应”的议事原则，积极促进各基地共享专业化运营管理经验。

2009年，在集团公司的指导下，公司积极推进备品备件统一平台建设工作，明确了工作方案和“四统一”（统一分级、统一编码规则、统一编码、统一数据库）原则。

区域运营培训逐步铺开，全年累计为分公司培训372人，其中运行人员213人，非运行人员159人。统筹培训流程日益完善，公司自行设计开发了“模拟机辅助教学教具”，建立了模拟机辅助教学室，进一步拓宽了统筹培训途径。

4. 科学发展，文化建设，有声有色

按照国资委党委和集团党组的统一安排，从3月中旬开始，运营公司党委以“创建世界一流的专业化核电运营企业”为主题，深入开展学习实践科学发展观活动。公司党委、各级党群组织认真研究群众提出的303条意见和建议，按短期、近期、中长期三个阶段，制定和落实在体制机制、核心能力、队伍建设以及党建四个关键领域共24个整改项目。在8月底的测评中，群众满意度达到了99.5%；截至2009年12月底，24个整改项目有6个近期和2个短期的已经完成，2010年至2011两年内计划解决的12个整改项目正扎实推进，计划未来五年内解决的4个中长期项目已落实到公司战略发展计划，学习实践活动取得了阶段性成果。

2009年，公司编撰和出版了《大亚湾核电专业化运营》和《大亚湾核安全文化建设》

两本书，宣传了以安全文化为核心的企业文化，倡导了专业化运营品牌价值；印刷了公司企业文化手册，拍摄了企业文化宣传片和企业文化教学片，组织了全员安全文化震撼教育、企业文化培训、运营公司成立6周年、大亚湾核电站商运15周年纪念等系列活动，均取得良好效果。

5. 支持保障，适应发展，平稳有力

2009年，在岭澳核电站二期模拟机项目计划进度延期11个月的情况下，公司接受任务，克服困难，实现了岭澳核电站二期执照申请人员模拟机培训启动里程碑；全范围模拟机（FSS）也于8月15日投入使用，并完成了91名CPR1000操纵员的培训，确保了2010年1月岭澳核电站二期的取照考试按计划进行。

全年各项培训任务按计划完成，并有152名反应堆操纵员、20名高级操纵员通过了执照考试。执照考试参加人数、通过率均为历年最高。

公司加强人力资源分析和规划，开展了“总—分”组织结构和标准电站模型研究，梳理了运营领域核心岗位，完成了薪酬结构调整，颁布了《公司外派人员管理规定》。

财务管控目标全部实现，重点围绕经营模式的转变，开展了“总—分”模式财务管控研究，依据股权调整完善财务模型，搭建配套的制度，与电力行业成本协会(EUCG)开展成本对标。

2009年，公司按计划开展董事会批准的12项专项审计，通过优化人力资源配置，创新调整审计计划，在保证审计质量的基础上缩短了驻地审计时间。

2009年，公司荣获“国家级高新技术企业”、“全国电力行业优秀企业”、“国家高技能人才培养示范基地”、“国家技能人才培育突出贡献奖”、“2009全国企业文化优秀成果奖”、“2009年度广东省优秀企业文化单位”等多项荣誉称号。生产部运行二处一值被授予“中央企业先进集体”荣誉称号。黄小平总会计师荣获“2009中国总会计师年度人物”奖，冯平、周创彬获得“全国技术能手荣誉称号”奖章。

1.6　公司管理大事记

1月

1月5日　岭澳核电站二期首批执照人员DCS验证平台适应性培训顺利开课。

1月7日　运营公司组织与管控模式调整项目启动会召开，会议听取了公司组织与管控模式调整启动工作汇报，审查了《公司组织与管控模式调整项目指导书（初稿)》，并就项目组织机构、实施安排、行动计划节点等问题进行了讨论。

1月13日　运营公司党群工作年度会议在大亚湾核电基地召开。

1月16日　运营公司在阳江举行2009年经营管理目标与重点战略任务评审会暨高级管理人员2009年绩效合约签约仪式。

1月19日　人力资源和社会保障部向运营公司颁发“国家高技能人才培养示范基地”称号和“国家技能人才培育突出贡献奖”奖项，并向运营公司的冯平和周创彬同志颁发“全国技术能手荣誉称号”奖章。

1月20日　运营公司2009年度工作会议在大亚湾核电基地召开。运营公司卢长申总经理代表运营公司党委、总经理部向大会作题为《积极行动，攻坚克难，开创运营工作新局面》的工作报告，并与公司各部门签署了2009年度综合绩效责任制。

2月

2月3日　运营公司2008年经验反馈工作总结表彰会召开。

2月10日　运营公司对红沿河核电站运行程序编写专家支持项目正式启动，标志着运营公司多基地支持工作进入新的阶段。

2月26日　运营公司生产部运行二处一值获“广东省2008年度企业安全生产工作先进单位”荣誉称号。

3月

3月3日　运营公司纪检监察工作会议在大亚湾核电基地召开。

3月10日　运营公司2008年度质量管理评审工作会议在大亚湾核电基地召开。

3月10日　运营公司荣获广东电网公司“2008年度继电保护管理工作优胜单位”称号。

3月10日　大亚湾核电基地口岸联检楼正式投入运行。

3月12日　以“回眸历史、传承文化、共同发展”为主题的运营公司成立6周年座谈会召开。

3月26日　运营公司防城港分公司注册成立，标志着运营公司在落实集团专业化发展战略，推进专业化运营工作上迈出了重要的一步。

3月27日　国家原子能机构批准大亚湾核电站核材料许可证、岭澳核电站一期核材料许可证的换证申请，同意换发大亚湾核电站和岭澳核电站一期核材料许可证。

4月

4月2日　法国电力公司（EDF）2008年度安全业绩挑战赛颁奖仪式在法国巴黎举行。运营公司在参加的五项评比中，获得了“工业安全”、“厂房管理”和“能力因子”三项第一名，“辐射防护（900 MW组别）”第二名和“自动停堆”第三名。

4月10日　运营公司第一届运动会决赛成功举行。

4月16日　运营公司与福建宁德核电有限公司在深圳签署《宁德核电站核岛大修总承包框架协议》。

4月27日　国家核安全局在深圳组织召开了国家核安全局与运营公司2009年核安全监督管理协调会议。

5月

5月6日　大亚湾核电站安全商运满15周年。

5月7日　运营公司全面风险管理领导小组2009年度第一次会议在大亚湾核电基地召开。

5月10日 大亚湾核电站、岭澳核电站一期四台机组商运后累计上网电量达到3 000亿千瓦时。其中，大亚湾核电站上网电量2 051.98亿千瓦时，供香港1 401.50亿千瓦时；岭澳核电站一期上网电量948.02亿千瓦时。

5月15日 运营公司召开岭澳核电站二期移交接产分级决策研讨会。

5月18日 运营公司召开L107/D113大修总结暨表彰大会。

5月19日 运营公司2009年首场全员核安全文化震撼教育成功举行，拉开了本年度安全月活动的帷幕。

5月21日 岭澳核电站二期3号机组主控制室操作终端（OT）操作权限由工程公司正式移交运营公司。

5月22日 运营公司发展战略领导小组在大亚湾核电基地召开了2009年度第一次发展战略领导小组会议，会议原则上审议通过了公司第二个五年规划编制安排、2009年战略规划修订纲要，并审议通过战略管理改进的各项制度。

5月25日 运营公司在大亚湾核电基地对黄河水电公司35名中高层管理人员实施安全管理培训。此项经营业务是运营公司在集团外的国内第一单，实现了经营业务国内市场的突破。

6月

6月1日 运营公司举办首期生产线13个处长的“防人因失效理论和工具卡训练”培训课程。

6月2日 运营公司与深圳海事局联合举行了首次“大亚湾核电基地海域溢油应急演习”。

6月10日 运营公司牵头组织召开多基地生产备件管理委员会第二次工作会议。与会人员在各基地的统一编码、统一管理备件采购工程、共享备件的备件库存控制等方面达成一致意见。

6月18日 运营公司生产线第二季度管理干部大会召开，本次会议旨在回顾2009年上半年安全生产工作，总结经验，分析形势，为夺取全年安全生产全面胜利做出重要部署。

6月25日 运营公司在大亚湾核电基地举办2009年安全文化小品大赛。

6月26日 运营公司与工程公司在大亚湾核电基地签订《岭澳核电站二期工程调试与生产准备相互支持协议》。

6月27日 运营公司与广东台山核电有限公司签署《台山核电厂核岛大修总承包服务框架协议》。

7月

7月1日 运营公司党委在大亚湾核电基地召开庆祝中国共产党建党88周年暨工作总结表彰大会。

7月16日 运营公司与阿海珐核能公司在大亚湾核电基地签署新一轮的工程维修服务框架合同。

7月23日 运营公司与法国MGPI公司在大亚湾核电基地签订大亚湾核电站、岭澳核电站一期 KRT 系统整体改造项目设备采购及技术支持合同。

7 月 24 日　运营公司召开 2009 年多基地生产准备研讨会。会议审议了生产准备专业化实施方案（草稿）的主要内容，明确了生产准备专业化的运作模式和组织形式，研讨了多基地核心岗位人员需求和配置策略。

7 月 29 日　运营公司 2009 年度技能比武开幕式暨生产部事故规程知识竞赛成功举行，标志着运营公司 2009 年度技能比武正式拉开帷幕。

7 月 30 日　运营公司卢长申总经理代表中广核集团出席在英国伦敦举行的 WANO CC 执委会。经会议表决，WANO CC 执委会各董事成员一致同意中广核集团为 WANO 2011 年双年会的承办单位。

8 月

8 月 4 日　运营公司召开公司总分组织与管控模式管理务虚会，会议审议了公司总分组织架构与管控模式调整初步方案；对公司未来的总分组织与管控模式进行了讨论；明确了公司总分组织与管控模式设计的相关原则、总分基本职能划分初步建议，以及总分组织与管控模式调整的关键推进节点。

8 月 17 日　兴原认证中心有限公司在大亚湾核电基地对运营公司质量、环境、职业健康安全管理体系（三合一管理体系）进行了审核。根据审核情况，兴原公司对运营公司监督审核的结论为通过。

8 月 19 日　运营公司与辽宁红沿河核电有限公司在大亚湾核电基地签署《生产准备体系文件移植合同》。

8 月 21 日　岭澳核电站二期 CPR1000 全范围模拟机完成现场安装调试并投入培训。

8 月 26 日　运营公司与战略合作伙伴首次高层交流会在安徽召开，运营公司与各单位签署核电设备维修战略合作框架协议。

8 月 28 日　大亚湾核电站 1、2 号机组百万千瓦核电机组数据集中处理系统/安全监督盘系统通过国家技术鉴定。

9 月

9 月 5 日　运营公司与福建宁德核电有限公司在深圳签署《生产准备体系文件移植合同》。

9 月 8 日　中电核电运营管理（中国）有限公司和广东核电投资有限公司并购运营公司股权，运营公司完成注册资本、经营范围、投资总额、企业类型、实收资本、股东的工商登记变更和董事、监事的工商登记备案。

9 月 8 日　第八届六电厂交流会在大亚湾核电基地举行，秦山核电公司、核电秦山联营公司、秦山第三核电公司、江苏核电公司及运营公司共 70 余人参加了交流活动。

9 月 10 日　运营公司生产线“干二”暨冷试动员大会召开。

9 月 28 日　运营公司召开 2009 年度日常生产管理研讨会。

10 月

10 月 12 日　DNMC-EDF 人因与经验反馈研讨会在大亚湾核电基地召开。

10 月 13 日　运营公司召开主题为“认清形势，进一步统一思想，倒计时‘80 天’，顺利拿下 2009‘攻坚克难’年”的 2009 年度管理务虚会。

10 月 20 日　运营公司卢长申总经理代表运营公司作为 WANO 巴黎中心董事会成员之一出席在阿根廷举行的第 44 次董事会。

10 月 23 日　运营公司在大亚湾核电基地召开生产线冷试总结及 2010 年“干二”工作专题研讨会。

10 月 26 日　运营公司与红沿河核电有限公司签署《红沿河核电站核岛大修总体支持与服务框架协议》。

11 月

11 月 2 日　广东核电合营有限公司、岭澳核电有限公司、岭东核电有限公司与运营公司《营运管理核电站合作协议》及《相互支持协议》批准生效。

11 月 2 日　运营公司与广东台山核电有限公司在台山签署《运营人员培训服务合同》。

11 月 4 日　运营公司核电厂厂长协调会 2009 年第二次会议召开。

11 月 12 日　运营公司在大亚湾核电基地召开了公司 2010 年重点战略任务讨论会。会议就运营公司 2010 年各项战略焦点、目标和行动进行了逐项讨论，对计划、预算、考核“三位一体”（PBA）改进方案提出了要求。

11 月 17 日　岭澳核电站二期 Pre-OSART（运行部安全评审团）评审活动开幕式在大亚湾核电基地举行。评审团由来自 11 个国家的 14 名专家组成，对岭澳核电站二期生产准备的组织管理、培训、运行、维修、技术支持、辐射防护、经验反馈、化学、应急准备等 9 个方面进行评审。

11 月 24 日　运营公司召开 L207/L108 大修动员会。

12 月

12 月 3 日　由 IAEA（国际原子能机构）组织的岭澳核电站二期 Pre-OSART 评审闭幕，标志着为期三周的评审活动圆满结束。期间，各专家对岭澳核电站二期按照 IAEA 评估标准进行了全面、深入地评审，对评审过程中发现的问题共提出了 14 条项改进要求、12 条项改进建议、5 条良好实践。

12 月 16 日　运营公司获得中外合资企业进出口业务经营资质。

12 月 20 日　运营公司与广东省环境保护厅 2009 年度环保协调会召开。

12 月 24 日　大亚湾核电站和岭澳核电站一期年度上网电量累计达 300 亿千瓦时，提前 7 天实现 2009 年上网电量目标。

12 月 25 日　运营公司第一届信息化领导小组会议在大亚湾核电基地召开。会议讨论并通过了《DNMC 信息化领导小组章程》，审阅了《2010 年信息化工作计划预算》，审议并通过了《信息化管控方案》、《多基地信息化部署方案》、《信息化总体规划概要》。

12 月 30 日　运营公司 2010 年重点战略任务宣讲及部门战略任务签字仪式在大亚湾核电基地举行。

12 月 31 日　大亚湾核电站全年实现上网电量 156.62 亿千瓦时，能力因子为 95.61%；岭澳核电站一期全年实现上网电量 148.25 亿千瓦时，能力因子为 90.74%。两电站 2009 年度上网电量合计达 304.86 亿千瓦时，在圆满完成 300 亿千瓦时年度发电任务的同时，上网电量继 2008 年后再创历史新高。

第二章　大亚湾核电站安全运行

2.1　电站运行

2.1.1　电站运行组织

1. 组织机构及功能

运行一处的组织机构如图 2. 1. 1-1 所示。在处长的领导下，生产副处长主管白班值并负责日常生产管理，技术副处长主管大修组和支持科，并负责技术及中长期改造项目管理，处长助理主管党务工作和培训组，6 个运行值由运行处长直接管理。

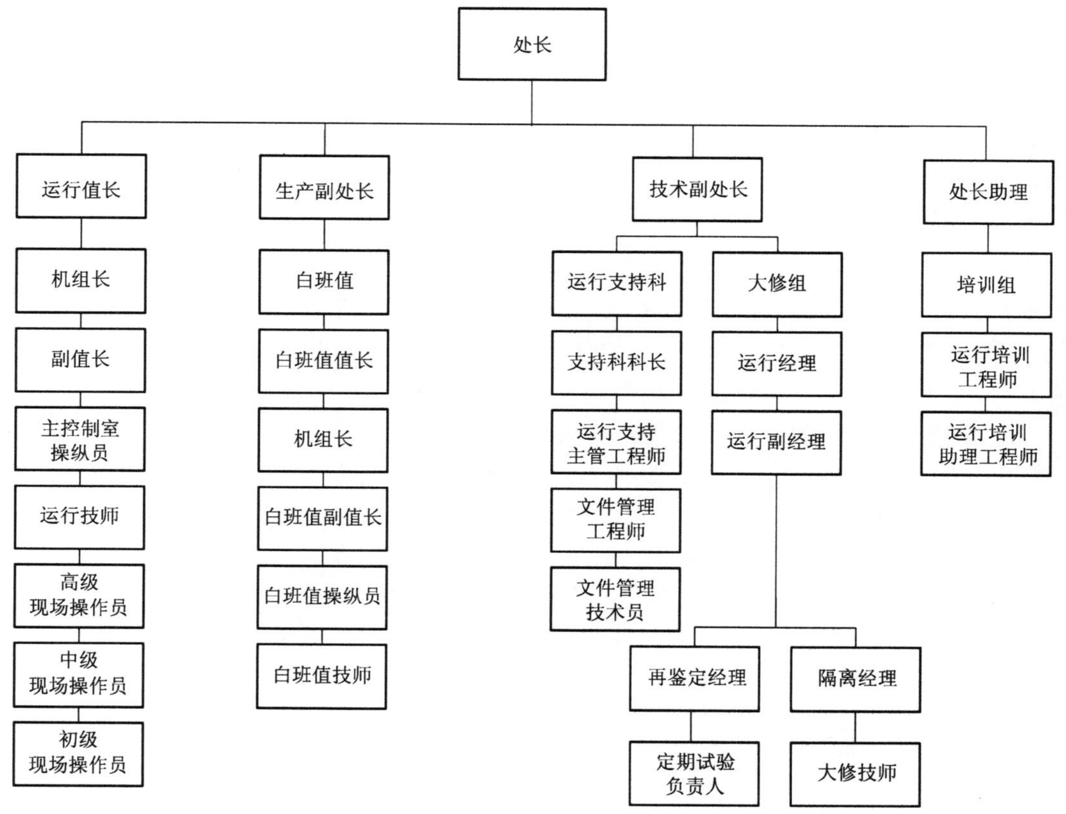

图 2. 1. 1-1　运行一处组织机构

2. 运行管理改进

根据生产线2009年度经营与管理计划和公司绩效管理的要求，结合2009年处内管理改进计划，运行一处的管理重点主要有：确保大亚湾核电站两台机组的安全稳定运行，减少人因失误，加强培训，特别是强化已经授权人员的技能水平培训，顺利完成年度发电任务和大亚湾核电站1号机组第十三次换料大修（D113大修）。

运行一处工作计划的改进项目包括：核心能力建设、日常生产管理、大修管理、技能提升与人力资源四个方面。

（1）核心能力建设

提升运行管理能力，全面落实防人因失效“三大法宝”，以及防人因失效工具卡的推广工作。继续完善重要瞬态导则及培训考核体系，加强对事故规程的学习、考核。2009年补充瞬态导则2份，经模拟机演练验证后，和2008年已经演练过的瞬态控制导则一起正式投入使用。

（2）日常生产管理

继续完善并推广应用运行定期试验数据库。编写日常生产风险控制决策管理程序中机组运行安全相关部分。建立第一组Io关键敏感设备运行状态的监测任务。2009年相继完成内部改造管理、行为规范（监护制）、钥匙管理、运行规程使用等自我评估活动。

（3）大修管理

2009年大亚湾核电站只进行了D113换料大修。为实施好本次大修，运行一处对大修管理工作进行了优化，重点改进项目主要有：收集并整理D213/D112大修执行过的再鉴定文件，根据执行情况拟定优化方案并进行演练；建立大修活动风险分析及应对预案并进行培训学习；把大修期间对现场、主控制室、隔离办公室的相关管理规定汇总成册；建立大修考试题库供运行人员学习使用。

（4）技能提升与人力资源

运行一处2009年积极落实全员培训计划。特别加强了已授权人员的再培训、现场巡视示范培训；开展隔离经理、操纵员防人因失误在岗培训（OJT）；编写“工前会”、“三段式”沟通、“监护制”操作的教材并强化训练，全面实现年初制订的培训计划。通过开展这些基础性的工作，运行培训取得实质性进步，为实现安全生产打下基础。

授权考核方面，2009年共授权值长5人、机组长6人、隔离经理7人、主控制室操纵员25人、高级运行技师1人、运行技师4人、高级现场操作员6人、中级现场操作员二级32人、中级现场操作员一级15人、初级现场操作员17人，按计划向公司其他部门分流9名授权人员，授权的数量和考核的质量都比2008年有较大的提高。

2009年运行一处继续承担中广核集团的多基地培训任务。全年为红沿河核电公司培训主控制室操纵员38人，为宁德核电公司培训授权初级现场操作员36人；为阳江核电公司培训授权初级现场操作员30人。

2.1.2 机组运行状态

2009年大亚湾核电站1号机组运行状态见图2.1.2-1。

2009年大亚湾核电站2号机组运行状态见图2.1.2-2。

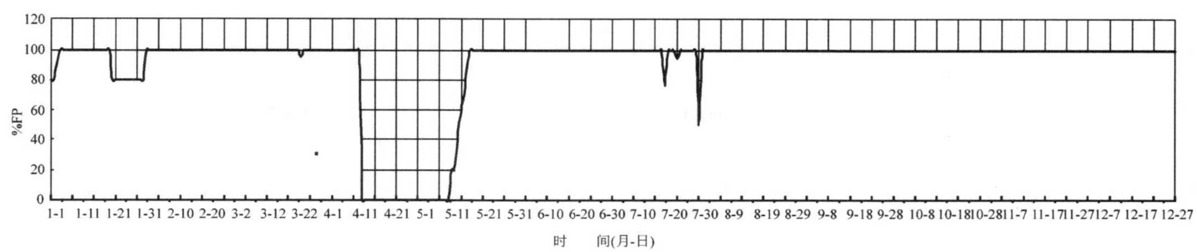

图 2. 1. 2-1　大亚湾核电站 1 号机组运行状态

说明：

（1）1 月 1 日 03：10，应电网要求机组降功率到 760 MW 运行，1 月 3 日 14：10，恢复满功率运行。

（2）1 月 21 日 00：00，应电网要求机组降功率到 760 MW 运行，2 月 1 日 09：54，恢复满功率运行。

（3）4 月 12 日 03：10，机组按计划与电网解列，开始第十三次大修。5 月 11 日 11：52，机组并网，大修结束。5 月 16 日 06：30，机组升至满功率运行。

（4）7 月 19 日 01：45 至 09：00，受台风“莫拉菲”影响，机组降功率至 760 MW 运行。

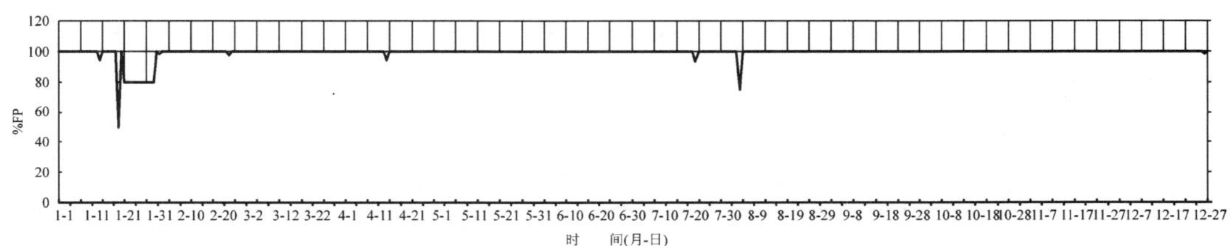

图 2. 1. 2-2　大亚湾核电站 2 号机组运行状态

说明：

（1）1 月 21 日 00：00，应电网要求机组降功率到 760 MW 运行，2 月 1 日 10：00，恢复满功率运行。

（2）2 月 24 日 15：40 至 16：10，因处理 D2GRE010VV 的 LVDT 插针故障，机组短时降功率到 977 MW。

（3）8 月 5 日 00：00，受强热带风暴“天鹅”影响，机组降功率至 760 MW 运行，05：40 升至满功率运行。

（4）8 月 27 日 09：54，因 D2GSE004VV 异常关闭故障，机组短时降功率至 960 MW。

（5）12 月 30 日 16：35，因更换 D2GRE003VV 定位器，机组短时降功率至 982 MW，12 月 31 日 00：46，恢复满功率运行。

2. 1. 3　售电及外购电

2009 年大亚湾核电站实际完成上网电量 156. 62 亿 kW·h，完成了年初制定的 153. 3 亿 kW·h 的上网目标，其中送中华电力 109. 63 亿 kW·h，占香港中华电力 2009 年总发电量 356. 98 亿 kW·h 的30. 7%，送广东电网 46. 99 亿 kW·h，占广东省 2009 年全社会用电量 3 609. 4亿 kW·h 的1. 3%。详细售电情况见表 2. 1. 3-1。

外购电指通过 220 kV 坪（山）核（电）线购电电量。由坪核线通过大亚湾核电辅助站两台变比为 220 kV/6. 6 kV、容量为 32 MVA 的辅助变压器向机组辅助安全设施供电，通常在主变压器停电时投入运行。另外，还通过 220 kV 大亚湾北区变电站 1 台变比为 220 kV/10. 5 kV、容量为 18 MVA 的辅助变压器向厂区内生活用电及岭澳核电站二期施工用电供电。

2009 年大亚湾核电站的外购电情况基本正常，外购电费年累计约为 4 169 万元。外购电主要包括机组正常运行外购电、大修外购电和岭澳核电站二期工程施工外购电。详细外购电量、电费情况见表 2. 1. 3-2。

表 2. 1. 3-1 2009 年大亚湾核电站发电、售电情况

月份	发电量/（MW·h）		上网电量/（MW·h）					售电比例/%	
	1 号机组	2 号机组	1 号机组	2 号机组	合计	送香港电网	送广东电网	送香港电网	送广东电网
1 月	659 373. 0	678 539. 8	630 626. 6	648 957. 7	1 279 584. 3	757 115. 9	522 468. 4	59	41
2 月	658 844. 0	666 591. 8	632 829. 4	640 271. 3	1 273 100. 7	582 023. 2	691 077. 5	46	54
3 月	732 334. 0	740 594. 5	702 983. 0	710 912. 5	1 413 895. 5	713 794. 5	700 101. 0	50	50
4 月	259 849. 0	716 085. 2	248 307. 5	684 279. 4	932 586. 9	764 721. 3	167 865. 6	82	18
5 月	426 883. 8	738 475. 3	402 913. 3	697 008. 2	1 099 921. 5	1 017 427. 4	82 494. 1	92	8
6 月	706 581. 5	708 251. 5	676 908. 6	678 508. 5	1 355 417. 1	1 084 333. 7	271 083. 4	80	20
7 月	727 556. 6	730 548. 7	695 715. 9	698 577. 0	1 394 292. 9	1 289 720. 9	104 572. 0	92	8
8 月	728 144. 9	728 870. 7	695 474. 7	696 168. 0	1 391 642. 7	1 113 314. 2	278 328. 5	80	20
9 月	703 640. 4	703 028. 9	672 593. 8	672 009. 2	1 344 603. 0	1 169 804. 6	174 798. 4	87	13
10 月	731 184. 3	732 887. 1	699 571. 1	701 200. 3	1 400 771. 4	1 120 617. 1	280 154. 3	80	20
11 月	708 661. 4	714 660. 1	679 077. 3	684 825. 6	1 363 902. 9	750 146. 6	613 756. 3	55	45
12 月	732 280. 6	740 381. 1	702 125. 7	709 892. 5	1 412 018. 2	600 199. 1	811 819. 1	43	57
合计	7 775 333. 5	8 598 914. 7	7 439 126. 8	8 222 610. 3	15 661 737. 1	10 963 218. 4	4 698 518. 7	70	30

表 2. 1. 3-2 2009 年大亚湾核电站外购电情况

月份	计费电量/（kW·h）	2008 年同期计费电量/（kW·h）	同比增长/（kW·h）	当月最高需求量/kVA	支付电费/元	2008 年同期支付电费/元	同比增长/元
1 月	3 816 120	2 164 800	1 651 320	8 448	2 687 290. 8	1 571 887. 7	1 115 403. 1
2 月	3 828 000	1 964 160	1 863 840	9 372	2 741 986. 9	1 436 768. 3	1 305 218. 6
3 月	3 065 040	2 393 160	671 880	9 504	2 284 076. 6	1 711 651. 7	572 424. 9
4 月	5 771 040	2 324 520	3 446 520	14 678. 4	4 160 139. 8	1 706 235. 4	2 453 904. 4
5 月	3 527 040	2 251 920	1 275 120	13 912. 8	2 758 332. 8	1 675 264. 3	1 083 068. 5
6 月	7 062 000	2 379 960	4 682 040	15 259. 2	4 953 697. 7	1 810 727. 4	3 142 970. 3
7 月	5 910 960	4 356 000	1 554 960	15 523. 2	4 282 354. 3	3 721 766. 4	560 587. 9
8 月	5 639 040	5 023 920	615 120	12 513. 6	3 972 533. 4	3 624 570. 0	347 963. 4
9 月	4 480 080	5 043 720	-563 640	12 355. 2	3 271 468. 5	3 673 853. 6	-402 385. 1
10 月	5 203 440	4 457 640	745 800	10 032	3 587 479. 3	3 226 197. 2	361 282. 1
11 月	4 084 080	3 388 440	695 640	10 111. 2	2 957 475. 7	2 706 096. 4	251 379. 3
12 月	5 575 680	4 981 680	594 000	12 777. 6	4 038 428. 3	3 381 716. 1	656 712. 2
合计	57 962 520	40 729 920	17 232 600	144 487. 2	41 695 264. 1	30 246 734. 5	11 448 529. 6

2.1.4　机组性能指标

2009 年，大亚湾核电站两台机组发电情况良好，全年上网电量达到 156.62 亿 kW·h，能力因子为 95.61%。1 号机组能力因子为 91.23%，负荷因子为 90.2%，比 2008 年有所降低，主要受 4 月份 D113 大修的影响；2 号机组 2009 年运行状况比 2008 年好，能力因子达到 99.99%，负荷因子达到 99.76%，主要是因为 2009 年 2 号机组无意外停机停堆和计划停机检修。

大亚湾核电站 2009 年的主要性能指标见表 2.1.4-1。

表 2.1.4-1　大亚湾核电站机组主要性能指标

	毛发电量/(MW·h)	负荷因子/%	能力因子/%	计划能力损失因子/%	非计划能力损失因子/%	强迫损失率/%
1 号机组	7 775 333.4	90.20	91.23	8.75	0.01	0.02
2 号机组	8 598 914.4	99.76	99.99	0.01	0.00	0.00
全厂	16 374 247.8	94.98	95.61	4.38	0.01	0.01

1 号机组和 2 号机组 2009 年度每月及全年性能指标结果见表 2.1.4-2 和表 2.1.4-3。

表 2.1.4-2　1 号机组性能指标统计　%

月 份	1 月	2 月	3 月	4 月	5 月	6 月	7 月	8 月	9 月	10 月	11 月	12 月	年度
能力因子	99.85	99.92	99.98	36.82	58.20	99.99	99.97	100	100	100	100	100	91.23
计划能力损失因子	0.06	0.00	0.02	63.18	41.80	0.00	0.03	0.00	0.00	0.00	0.00	0.00	8.75
非计划能力损失因子	0.08	0.08	0.00	0.02	0.00	0.01	0.00	0.00	0.00	0.00	0.00	0.00	0.01
强迫损失率	0.08	0.08	0.00	0.00	0.00	0.01	0.00	0.00	0.00	0.00	0.00	0.00	0.02

影响 1 号机组性能指标的主要事件：

(1) 1 月 1 日至 3 日因元旦保电，应电网要求降功率，电量损失 12 785 MW·h。

(2) 1 月 21 至 2 月 1 日，应电网要求降功率至 760 MW 运行，电量损失 65 088 MW·h。

(3) 3 月 23 日，执行 PT1GRE001/002 试验，降功率至 930 MW 运行，电量损失161 MW·h。

(4) 4 月 2 日至 12 日，机组进入延伸运行，电量损失 1 063.8 MW·h。

(5) 4 月 12 日，机组进入 D113 大修，历时 29.36 天，5 月 11 日 11：52 重新并网发电。

(6) 6 月 3 日，为消除 D1GFR050AQ 漏点，更换 O 形环，降功率 20 MW 运行，电量损失 82 MW·h。

(7) 7 月 19 日，受台风“莫拉菲”影响，机组降功率至 760 MW 运行约 7 小时，电量损失 1 191 MW·h。

(8) 7 月 23 日，执行 PT1GRE001/002 试验，降功率至 930 MW，电量损失 80 MW·h。

(9) 7 月 30 日，执行 PT1RGL004 试验，电量损失 112 MW·h。

表 2. 1. 4-3　2 号机组性能指标统计　%

月 份	1 月	2 月	3 月	4 月	5 月	6 月	7 月	8 月	9 月	10 月	11 月	12 月	年度
能力因子	99. 92	99. 96	100	99. 98	100	100	99. 99	100	100	100	100	99. 99	99. 99
计划能力损失因子	0. 00	0. 00	0. 00	0. 02	0. 00	0. 00	0. 01	0. 00	0. 00	0. 00	0. 00	0. 00	0. 01
非计划能力损失因子	0. 08	0. 04	0. 00	0. 00	0. 00	0. 00	0. 00	0. 00	0. 00	0. 00	0. 00	0. 01	0. 00
强迫损失率	0. 00	0. 04	0. 00	0. 00	0. 00	0. 00	0. 00	0. 00	0. 00	0. 00	0. 00	0. 01	0. 00

影响 2 号机组性能指标的主要事件：

（1）1 月 14 日，执行 PT2GRE001/002 试验，降功率到 930 MW，电量损失 261 MW·h。

（2）1 月 21 日至 31 日，应电网要求降功率至 760 MW 运行，电量损失 66 240 MW·h。

（3）2 月 2 日，因 D2GSS201VL 滴漏，D2GSS230BA 正常输水切至应急输水，电量损失 110 MW·h。

（4）2 月 24 日，因 D2GRE010VV 异常关闭，降功率至 977 MW 运行 4 小时，电量损失 136 MW·h。

（5）4 月 15 日，执行 PT2GRE001/002 试验，降功率至 930 MW 运行，电量损失 147 MW·h。

（6）7 月 22 日，执行 PT2GRE001/002 试验，降功率至 930 MW 运行，电量损失 86 MW·h。

（7）8 月 6 日，受台风“天鹅”影响，降功率至 760 MW 运行，电量损失797 MW·h。

2. 1. 5　反应堆物理试验

1. 启动物理试验

（1）启动物理试验情况

2009 年度物理启动试验部分仅有大亚湾核电站 1 号机组第十四循环启动物理试验。

大亚湾核电站 1 号机组第十四循环在完成装料及其他大修项目后，机组从 2009 年 5 月 9 日 14：30 开始物理启动试验，19：38 达到临界。2009 年 5 月 18 日完成满功率平台稳定 48 小时的氙振荡试验。

（2）启动物理试验结果

大亚湾核电站 1 号机组零功率物理试验结果见表 2. 1. 5-1（a 至 d）。试验结果表明实际测量值都满足堆芯物理设计准则的要求。

大亚湾核电站 1 号机组升功率物理试验结果见表 2. 1. 5-2。机组升功率过程中各个功率台阶的堆芯特性参数测量结果表明，堆芯参数核安全准则和核设计准则都得到满足。

表 2. 1. 5-1a　大亚湾核电站 1 号机组零功率物理试验结果——控制棒价值　pcm

棒组名称	设计值	测量值	误差	标准/%
SA	547	572	4. 60	±10
SB	880	866	－1. 60	±10
SC	552	570. 5	3. 35	±10

续表

棒组名称	设计值	测量值	误差	标准/%
SD	783	805.5	2.87	±10
G1	281	282	0.35	±10
G2	606	618.5	2.00	±10
N1	943	995.2	5.53	±10
N2	349	345	-1.00	±10
R	905	917.4	1.37	±10

表 2.1.5-1b 大亚湾核电站 1 号机组零功率物理试验结果——临界硼浓度 mg/kg

控制棒位置	设计值	测量值	误差	标准
ARO	2 096	2 098.4	+2.40	±50

表 2.1.5-1c 大亚湾核电站 1 号机组零功率物理试验结果——等温温度系数 pcm/℃

状态	设计值	测量值	误差	标准
ARO	-4.54	-5.46	-0.92	±5.4

表 2.1.5-1d 大亚湾核电站 1 号机组零功率物理试验结果——硼微分价值 pcm

棒位	计算值	测量值	误差	标准
ARO 至 R_{in}	-6.47	-6.34	+0.13	±1

表 2.1.5-2 大亚湾核电站 1 号机组中子注量率图测量结果

试验日期			2009-05-12	2009-05-15	2009-05-18
功率/% FP			29.471	73.854	98.88
燃耗/(MW·d/t)			30	80	150
MAP/%	$P\geq0.9$	C	<10	<10	<10
		M	3.3	1.8	2
	$P<0.9$	C	<15	<15	<15
		M	4	2.4	3.1
F_{xy}		C	1.756	1.577	1.642
		M	1.557 7	1.526 9	1.512 4
QT (Z)		C	2.45	2.45	2.45
		M	0.628	1.476	1.967
$F_{\Delta H}$		C	1.922 2	1.710 9	1.591 9
		M	1.515 3	1.471 5	1.449 3
DA/%		C	9	5	2
		M	0.95	0.92	0.62

注：F_{xy}——径向功率峰因子；QT（Z）——总轴向最大功率分布因子；DA——象限功率倾斜因子；$F_{\Delta H}$——焓升因子；MAP——组件平均功率因子；C——标准值；M——测量值。

（3）启动试验结果分析

1）零功率物理试验结果分析

物理试验结果均满足核安全及核设计准则的要求。

等温温度系数测量：零功率、无氙毒、ARO 实测的 α_{iso}^{M}（ARO）= −5.46 pcm/℃，α_{Dopple} = −2.86 pcm/℃，因此 α_{mod} = −2.60 pcm/℃ <0。

2）升功率物理试验结果分析

30% FP 注量率图测量结果显示，象限倾斜因子（DA）为 0.95%，小于 9%；且所有安全指标和设计指标满足要求，根据质量安全计划（QSP），可以升功率到 75% FP。

75% FP 注量率图测量结果显示，象限倾斜因子（DA）为 0.92%，小于 3%，且所有安全指标和设计指标满足要求，根据 QSP，可以升功率至 100% FP。

100% FP 注量率图测量结果显示，象限倾斜因子（DA）为 0.62%，小于 2%，满足验收准则的要求，且所有安全指标和设计指标满足要求。

3）RPN 系统精度控制及保护定值设定

在物理启动试验前，按《物理启动试验大纲》要求，用上循环（D1C13）启动试验 100% FP 时堆外核测量系统（RPN）的测量系数经过修正作为本次启动的预设值。

75% FP 功率台阶试验后根据机组情况调整了 RPN 系统系数。

100% FP 功率台阶试验后，确定出本循环首次实际测量的 RPN 系统系数，见表 2.1.5-3。100% FP 试验最大的堆外与堆内功率偏差及 ΔI 偏差为：

$$P_{MAX} = | P_{EX} - P_{IN} | = 0.54\% < 5\% \text{（标准）}$$

$$\Delta I_{MAX} = | \Delta I_{EX} - \Delta I_{IN} | = 0.08\% < 3\% \text{（标准）}$$

试验结果都满足验收标准的要求。

表 2.1.5-3　大亚湾核电站 1 号机组 RPN 系统校刻系数

序号			1	2	3
日期			2009-04-20	2009-05-15	2009-05-18
功率/% FP			0	73.854	98.88
燃耗/（MW·d/t）			0	80	150
RPN 系统校验系数	K_U	C1	0.496 6	0.525 0	0.504 1
		C2	0.506 2	0.548 4	0.526 0
		C3	0.523 8	0.550 2	0.527 5
		C4	0.501 8	0.528 4	0.504 8
	K_L	C1	0.465 3	0.493 4	0.476 7
		C2	0.485 6	0.501 1	0.483 0
		C3	0.501 8	0.527 1	0.505 9
		C4	0.480 7	0.498 5	0.479 3
	α	C1	1.652 3	1.601 7	1.663 5
		C2	1.647 7	1.633 9	1.668 3
		C3	1.637 2	1.594 3	1.649 6
		C4	1.609 4	1.628 6	1.671 3

注：C1、C2、C3、C4 为 RPN 功率量程的第一、第二、第三、第四通道。

RPN 系统中间量程的定值根据《堆外核测量系统中间量程定值给定程序》的要求分别在临界前、零功率试验后、8% FP 功率水平、30% FP 功率水平和 48% FP 功率水平对中间量程的定值进行了数据测量和验证。整个过程符合技术规范要求，并且在各个阶段均能保证堆外核测量系统的中间量程定值拥有足够的精度。堆外核测量系统中间量程定值给定结果见表 2.1.5-4。

表 2.1.5-4　大亚湾核电站 1 号机组 RPN 系统中间量程定值设置

日期	功率/%FP	燃耗/(MW·d/t)	RPN 系统中间量程定值					
			IRC1 (Amp)			IRC2 (Amp)		
			C1	RT	ATWT	C1	RT	ATWT
2009-05-10	0	0	2.25×10^{-4}	2.87×10^{-4}	3.50×10^{-4}	1.93×10^{-4}	2.46×10^{-4}	3.00×10^{-4}
2009-05-11	8.2	0	2.727×10^{-4}	3.409×10^{-4}	4.090×10^{-4}	2.698×10^{-4}	3.372×10^{-4}	4.047×10^{-4}
2009-05-13	47.627	50	2.669×10^{-4}	3.402×10^{-4}	4.136×10^{-4}	2.574×10^{-4}	3.270×10^{-4}	3.966×10^{-4}

4）LSS 参数结果修改分析

30% FP，75% FP，100% FP 功率平台注量率图测量处理后的 LSS 参数均及时改入 LSS 计算机，满足堆芯检测的要求。零至 100% FP 升功率的过程中，ΔI_{ref}设为 −0.5%，使 C21 保护线不突破绝对限制线。

2. 周期性物理试验

（1）周期性物理试验状况

2009 年度的周期性物理试验包括大亚湾核电站 1 号机组第十三、十四循环部分周期性物理试验项目，2 号机组的第十四循环部分周期性物理试验项目。大亚湾核电站两台机组 2009 年共完成周期性物理试验 35 项，其中 1 号机组 16 项，2 号机组 19 项。周期性试验项目完成率 100%，无超期现象发生。两台机组在升降功率运行期间，及时修改了运行图以及失水事故监测系统（LSS）有关参数。对堆芯核安全参数进行监测以及定期修改运行参数得到了有效地执行，确保了大亚湾核电站机组连续、安全和稳定地运行。

（2）机组第十四循环长期低功率运行（ELPO）

1 号机组于 2009 年 1 月 1 日 03：00 到 2009 年 1 月 3 日 08：00 进入长期低功率运行，功率由 100% FP 降到 76% FP 运行；于 2009 年 1 月 20 日 22：00 到 2009 年 2 月 1 日 10：00 进入长期低功率运行，功率由 100% FP 降到 76% FP 运行。

2 号机组于 2009 年 1 月 20 日 22：00 到 2009 年 2 月 1 日 10：00 进入长期低功率运行，功率由 100% FP 降到 76% FP 运行。

2.1.6　电站化学

2.1.6.1　化学监督

1. 一回路水化学

2009 年大亚湾核电站 1 号机组和 2 号机组一回路水质控制良好：硼-锂含量和溶解氢全年都控制在正常运行区间内，一回路冷却剂中的杂质含量全年也都控制在极低水平，见表

2.1.6.1-1 和表 2.1.6.1-2。

表 2.1.6.1-1　2009 年大亚湾核电站 1 号机组一回路水质情况

月　份	1月	2月	3月	4月	5月	6月	7月	8月	9月	10月	11月	12月
1 号机组运行天数（$P_n>30\%$）	31	28	31	11	20	30	31	31	30	31	30	31
D1RCP F^- 平均值/(mg/kg)	<0.01	<0.01	<0.01	<0.01	<0.01	<0.01	<0.01	<0.01	<0.01	<0.01	<0.01	<0.01
D1RCP Cl^- 平均值/(mg/kg)	<0.01	<0.01	<0.01	<0.01	<0.01	<0.01	<0.01	<0.01	<0.01	<0.01	<0.01	<0.01
D1RCP SO_4^{2-} 平均值/(mg/kg)	<0.01	<0.01	<0.01	<0.01	<0.01	<0.01	<0.01	<0.01	<0.01	<0.01	<0.01	<0.01
D1RCP Na^+ 平均值/(mg/kg)	<0.01	<0.01	<0.01	<0.01	<0.01	<0.01	<0.01	<0.01	<0.01	<0.01	<0.01	<0.01
D1RCP 溶氢值范围/(mL/kg)	27~36	27~32	32~38	35~39	26~35	26~29	26~32	24~30	26~28	26~29	26~29	27~30

表 2.1.6.1-2　2009 年大亚湾核电站 2 号机组一回路水质情况

月　份	1月	2月	3月	4月	5月	6月	7月	8月	9月	10月	11月	12月
2 号机组运行天数（$P_n>30\%$）	31	28	31	30	31	30	31	31	30	31	30	31
D2RCP F^- 平均值/(mg/kg)	<0.01	<0.01	<0.01	<0.01	<0.01	<0.01	<0.01	<0.01	<0.01	<0.01	<0.01	<0.01
D2RCP Cl^- 平均值/(mg/kg)	<0.01	<0.01	<0.01	<0.01	<0.01	<0.01	<0.01	<0.01	<0.01	<0.01	<0.01	<0.01
D2RCP SO_4^{2-} 平均值/(mg/kg)	<0.01	<0.01	<0.01	<0.01	<0.01	<0.01	<0.01	<0.01	<0.01	<0.01	<0.01	<0.01
D2RCP Na^+ 平均值/(mg/kg)	<0.01	<0.01	<0.01	<0.01	<0.01	<0.01	<0.01	<0.01	<0.01	<0.01	<0.01	<0.01
D2RCP 溶氢值范围/(mL/kg)	29~37	31~34	31~32	31~33	29~33	29~31	30~34	29~32	30~33	31~34	31~34	32~35

2. 二回路水化学

2009 年大亚湾核电站两台机组二回路水质控制良好。D113 大修期间，对 1 号机组二回路进行了保养，确保了大修后二回路的良好水质。2009 年大亚湾核电站 WANO 化学指标连续 6 年达到世界先进水平。二回路水质参数见表 2.1.6.1-3 和表 2.1.6.1-4。

表2.1.6.1-3 2009年大亚湾核电站1号机组二回路水质情况

月份	1月	2月	3月	4月	5月	6月	7月	8月	9月	10月	11月	12月
1号机组运行天数（$P_n > 30\%$）	31	28	31	11	20	30	31	31	30	31	30	31
D1APG λ^+ 平均值/（μs/cm）	0.10	0.09	0.08	0.07	0.11	0.08	0.09	0.09	0.09	0.09	0.08	0.09
D1APG Na^+ 平均值/（μg/kg）	0.39	0.44	0.46	0.24	1.17	0.43	0.27	0.46	0.41	0.36	0.48	0.38
D1APG Cl^- 平均值/（μg/kg）	0.2	0.2	0.2	0.2	0.9	0.4	0.3	0.3	0.3	0.2	0.2	0.2
D1APG SO_4^{2-} 平均值/（μg/kg）	0.8	0.6	0.6	0.6	1.3	0.7	0.3	0.2	0.3	0.4	0.4	0.4
D1ARE Fe 平均值/（μg/kg）	2.0	2.4	3.4	3.8	2.5	1.8	2.4	2.3	2.6	1.9	2.6	2.2
D1CEX O^{2-} 平均值/（μg/kg）	1.0	1.2	1.3	1.4	2.4	1.6	0.7	0.4	0.4	0.4	0.5	0.6

表2.1.6.1-4 2009年大亚湾核电站2号机组二回路水质情况

月份	1月	2月	3月	4月	5月	6月	7月	8月	9月	10月	11月	12月
2号机组运行天数（$P_n > 30\%$）	31	28	31	30	31	30	31	31	30	31	30	31
D2APG λ^+ 平均值/（μs/cm）	0.08	0.08	0.08	0.09	0.08	0.08	0.08	0.08	0.08	0.08	0.08	0.08
D2APG Na^+ 平均值/（μg/kg）	0.66	0.57	0.48	0.49	0.31	0.32	0.42	0.44	0.23	0.49	0.32	0.33
D2APG Cl^- 平均值/（μg/kg）	0.3	0.2	0.2	0.2	0.3	0.3	0.3	0.3	0.2	0.3	0.3	0.2
D2APG SO_4^{2-} 平均值/（μg/kg）	1.0	0.7	0.5	0.6	0.7	0.6	0.4	0.3	0.3	0.4	0.4	0.3
D2ARE Fe 平均值/（μg/kg）	0.8	2.0	1.5	3.0	1.8	2.3	2.0	1.9	2.8	1.8	2.3	2.0
D2CEX O^{2-} 平均值/（μg/kg）	2.3	2.9	2.4	2.3	1.8	1.3	0.5	0.9	1.4	1.3	0.9	1.2

2009年对大亚湾核电站两台机组的发电机定子冷却水系统（GST）实施氮覆盖运行，D1GST在D113大修期间进行在线冲洗，效果良好，D113大修后启机不久冷却水流量一度达到设计最大值。2009年，D1/2GST由在线氧表对定子冷却水中的氧含量进行在线连续监测，冷却水中的氧含量控制在极低水平。2009年D1/2GST定子冷却水中铜离子含量很低，冷却水水质控制良好。

3. 放射化学监督与控制

2009 年大亚湾核电站两台机组反应堆冷却剂中裂变产物和腐蚀活化产物的放射性活度都处于极低水平，两台机组的燃料包壳保持完整，废液系统排放控制良好。

4. 油务监督与管理

2009 年大亚湾核电站的油务监督按计划圆满完成，两台机组的主变压器、厂用变压器、辅助变压器和联络变压器的绝缘油分析结果均未发现异常，D1/2GFR 抗燃油、汽轮机系统润滑油、循环冷却水泵润滑油、柴油发电机润滑油和燃油的定期分析结果也均未发现异常。

2.1.6.2 淡水资源及化学系统制水

1. 淡水资源

2009 年初，因天气少雨，两水库库容下降迅速，为此电站采取节水宣传、加强查漏消漏、限制绿化用水和连续运行渗漏水反抽系统等措施，有效控制水库储水。自雨季以来降雨量整体丰沛，两水库总可用库容一直比较充足。12 月底两水库总可用库容为 534 万 m^3。2009 年，圆满完成基地范围内生活用水、两电站生产辅助供水和岭澳核电站二期工程施工用水的供应，完成大坑水库和岭澳水库安全管理、水厂及渗漏水反抽系统的设备维护、一二级管网维护及多次抢修、两水库间调水和多项基建工程供水设计审查等工作。具体统计数据见表 2.1.6.2-1 和 2.1.6.2-2。

表 2.1.6.2-1 水库可用库容统计 万 m^3

月 份	1月	2月	3月	4月	5月	6月	7月	8月	9月	10月	11月	12月
大坑水库	80	72	65	61	87	93	114	113	116	113	109	107
岭澳水库	376	353	337	329	306	401	481	494	498	483	457	428
总计	456	425	402	390	393	494	595	607	614	596	566	534

表 2.1.6.2-2 工业用水消耗指标统计 $10^{-5}m^3$/ (kW·h)

月 份	1月	2月	3月	4月	5月	6月	7月	8月	9月	10月	11月	12月
数据	3.55	3.02	3.32	3.25	3.16	3.06	2.97	2.90	2.87	2.84	2.81	2.91

注：工业用水消耗指标计算方法为大亚湾核电站与岭澳核电站一期生产月度用水总量之和除以两电站月度总上网电量。

2. 化学系统制水

2009 年大亚湾核电站制水车间共处理生水约 37.2 万 m^3，生产除盐水约 10.04 万 m^3，饮用水约 15.75 万 m^3，其他为循环水泵轴封用水及自用水。2009 年 9 月 10 日至 12 月 20 日，多部门共同完成 D0SER 供水安全综合整治，其间更换水箱出入口母管腐蚀严重的膨胀节，将原碳钢管道更换为不锈钢材料，并完成 30 余项设备消缺，大大提高了机组供水的安全可靠性。具体制水数据统计见表 2.1.6.2-3。

3. 凝结水净化处理系统运行

2009 年，大亚湾核电站两台机组凝结水净化处理系统（ATE）设备整体状态良好，净化功能完好，圆满完成 D113 大修的机组启动二回路水质净化工作，D113 大修期间 D1ATE

表 2.1.6.2-3　化学系统制水统计　m³

月　份	1月	2月	3月	4月	5月	6月	7月	8月	9月	10月	11月	12月	累计
SEA	34 016	27 159	30 609	34 702	38 606	27 576	29 336	28 009	29 230	29 796	31 902	31 105	372 046
SEP	15 123	13 865	14 462	13 129	11 579	12 546	13 035	12 040	13 605	11 698	13 772	12 681	157 535
SER	6 710	5 241	5 825	9 054	15 336	4 874	3 992	4 483	4 355	7 563	6 776	6 579	80 788
SED	1 313	1 845	1 784	2 227	2 225	2 546	2 020	1 581	1 057	1 203	780	1 002	19 583

说明：其中 SEP 水量数据中包含水厂供水，全年水厂供水总量约 9 600 m³。

总计运行 161 小时，处理水量约 36 万 m³。

2009 年 1 月 4 日至 2 月 28 日，完成 D1ATE 系统遗留的两套阳床树脂更换，并开展约 30 项设备消缺工作，后于 3 月 3 日至 7 月 25 日又完成 D2ATE 系统全部 5 套阳床树脂更换，同期也完成了近百项设备消缺。阳树脂型号均由原先的 R&H AMBERJET 252H 更改为 R&H Amberjet 1600H。至此，D1/2ATE 除盐床树脂更换工作全部结束，有效提高了除盐床周期处理水量和杂质去除能力，有利于二回路水质净化。

D1/2ATE 系统因原型号电磁阀的设计存在缺陷和厂家停产无法采购备件，导致压缩空气泄漏严重。自 2007 年以来多次影响系统正常运行，进而可能影响机组启动阶段的二回路水质净化。经多部门努力，完成电磁阀的重新选型及采购，2009 年 3 月至 7 月陆续完成 D1/2ATE 系统共 350 个电磁阀的更换，有效改善了系统设备可用性。

4. 大宗化学试剂消耗

2009 年，大宗化学试剂消耗量正常，主要用于化学系统制水、二回路加药调控水质和机组大修蒸汽发生器保养。具体统计数据见表 2.1.6.2-4。

表 2.1.6.2-4　化学试剂消耗统计　t

试　剂	盐　酸	50% 氢氧化钠	32% 氢氧化钠	三氯化铁	次氯酸钠	亚硫酸钠	氨水	联胺	磷酸三钠
SDA	30	40	—	30	12	0.93	0.24	—	—
ATE	11.16	—	9.27	—	—	—	—	—	—
SIR	—	—	—	—	—	—	45	13.1	0.68

5. 制氢站接产及运行

2009 年初，电站明确由化学环保处化学系统科负责新建制氢站的运行管理。在完成运行责任移交、系统设备调试跟踪、人员技能培训、建立运行管理模式和机组供氢管线切换后，D0SHY 制氢站系统于 2009 年 11 月 9 日正式移交。之前电站推动成立移交专项小组，陆续完成储罐氢气湿度高、机组供氢管线漏氢、机组供氢管线外套管漏氮、制氢站设备多处漏氢、制氢站设备腐蚀和设备预防性维修大纲等问题的处理，同时推动厂房管理标准化，就 DZB 区域安全保卫问题提出建议。接产近两个月来制氢站系统设备运行基本正常，满足机组供氢需求。

2.1.7 重要机械设备运行维护

2.1.7.1 静止机械设备

1. 日常生产

2009 年，大亚湾核电站静止机械设备运行状况良好，全年未出现因静止机械设备故障而导致的停机、停堆事件。全年日常执行维修工作票数量 7 835 张，其中，预防性维修（PM）工作票 1 170 张，纠正性维修（CM）工作票 1 998 张，服务支持（GS）工作票 4 639 张，其他工作票 28 张。日常消缺处理的主要缺陷和技术问题如下：

（1）D2GSS201VL 阀盖喷汽因无法隔离而实施带压堵漏；

（2）D0SER004/005RJ 管道及膨胀节腐蚀严重，因无法隔离处理，通过实施相关改造，利用临时专用（TSD）措施进行全部更换；

（3）D0JPD 泵站与油库之间消防管道因腐蚀严重进行了全部更换；

（4）D2LLS001VV/D2ASG137VV 电磁阀因开关时间超标进行了更换；

（5）D1/2SEC 全部生物捕捉器排放阀解体检查及润滑。

2. 机组大修

2009 年度大亚湾核电站进行了 D113 大修，机组解列前静止机械处（MSM）共完成 2 855张工作票的准备工作，包括 PM 工作票 1 262 张、非 PM 票 1 593 张，其中关键敏感（CCM）设备相关工作包共 103 份。大修前大修指挥部对全部 CCM 工作包进行了检查，其中，F1 缺陷工作包 0 份，F2 缺陷工作包 5 份；另外，电站质保监查（QA）对预防性工作包准备质量进行了抽查，其中 F1 缺陷工作包 0 份、F2 缺陷工作包 3 份。大修结束后 MSM 共完成工作票 3 478 张，其中 PM 工作票 1 262 张，CM 工作票 682 张，GS 工作票 1475 张，工程项目（EP）工作票 59 张。大修整体工作按计划、高质量地顺利完成，总体上实现了大修的预期目标。

（1）D113 大修重要检修项目

VVP 主蒸汽安全阀检修；反应堆、蒸汽发生器及指套管检修；低低水位阀门检修；冷凝器检修及“狗骨”更换；GST 系统整治；GRV 系统检修；核岛调节阀检修；PX 泵站检修；SEC/RRI 检修；SEBIM 安全阀检修；蒸汽发生器二次侧水压试验；RRA 死管段 B 列改造；常规岛金属膨胀节检修等。

（2）D113 大修中处理的主要技术问题

D1APA101JD 膨胀节护罩固定螺栓断裂、膨胀节护罩支撑块脱落问题；根据 EDF 反馈，检查凝汽器内 ABP 低压抽汽膨胀节表面状态，对表面有冲刷的膨胀节波纹管加装保护罩；D1CFI031/032TF 旋转鼓网支架螺栓/螺母氢脆情况；D1GCT182VL 电动阀阀瓣和阀座冲蚀严重问题；D1GRV007VY 内漏问题；D1GST 系统 D113 大修整治；D1RRI 相关软管（主泵油冷器相关）鼓包、凹坑等缺陷；SEC 侧进口管底部法兰及螺栓腐蚀、D1RRI002RF 底部滴漏问题；D1ACO102VL 上游水锤现象；D1ARE053MN 正压侧一次阀上游管线与蒸汽发生器连接处堵塞问题；D1RCP320VP 解体检修；D1STR001DZ 内部蒸汽分布管系（鼓泡管）冲蚀及穿孔问题。

3. 存在的主要问题

（1）D1SEN001FI 泄漏问题，虽然已对泄漏管道进行包裹，但后续又发生滴漏，该问题未得到根本解决。

（2）大修前承包商人员确定时间较晚，而且不是 Project 版本的计划安排，这给人员审查带来困难，无法对某个人的具体工作量进行审查和评价。

2.1.7.2　转动机械设备

2009 年，转动机械处（MRM）完成大亚湾核电站工作票共 5 724 张（包括日常和大修），其中 PM 工作票 2 207 张，CM 工作票 1 573 张，其他工作票（GS、EP、PP）1 944 张；纠正性维修比例为 27.5%；自主维修工作票 1 178 张，承包商执行工作票 3 256 张，快速响应小组（FINT）和 MRM 处理工作票 1 290 张，承包商维修工作票比例为 56.9%。

1. 2009 年完成的主要检修工作

（1）主泵：D1RCP001PO 泵 2C（两循环）检查及电机油冷器漏油处理，D1RCP002PO 泵 4C 检查及电动机更换，D1RCP003PO 泵 4C 检查/电机油冷器 O 形密封圈更换；主泵 2 号和 3 号密封、轴承备件翻新；主泵电动机解体及水力部件解体检查。

（2）各类泵组：D1EAS001PO 4C 检查；D1APP/APA 主给水泵年度检查；D1JPP002PO/D2JPP001PO 泵组 5 年解体检查；D1RCV001/002/003PO 泵组年度检查；D1ASG001PO 1C 检查，D1ASG002/003PO 2C 检查；日常期间完成两次 D2APP 泵组抢修。

（3）柴油机组：D1LHP 6 年检及凸轮轴检查；D1LHP001MO 柴油机更换；D1LHQ 柴油机 3 年检查；D1/2LHQ/LHP254/754 软管更换；根据外部反馈完成 D1LHP/D2LHP 轴瓦更换。

（4）制冷机组：协助完成 D1DEG101/301GF 改造；D1/2DEL 制冷机综合性整治性小修，包括压缩机解体更换；协助完成 D0SAP313/314BA 水塔改造；D0DWN050/051GF 冷凝器更换。

（5）风机类：D1/2DVM 8 台大风机 40 000 小时解体大修和防腐，解决 D1DVW002/003ZV 风机轴承温度高问题。

（6）汽轮机、发电机：D1GPV202KO 汽轮机低压缸 4C 全面检查，D1 汽轮机 1～5 号轴承座、1～9 号轴承及推力轴承 1C 全面检查；D1LLS001TC 水压实验泵汽轮机轴承、汽封、油箱、过滤器 3C 检查；D2APP B 泵汽轮机前箱振动高缺陷处理。

（7）调速：D1GRE 低压调节汽门 4C 解体大修，D1GRE001/010ZM 4C 解体大修，D1GFR 蓄能器漏油处理。

（8）主蒸汽阀组：D1VVP001/003VV 主蒸汽隔离阀驱动头 2C 全面检查。

2. 2009 年解决的设备长期遗留问题

（1）D1/2DEL 压缩机振动高、三通裂纹问题经过冬季整治性小修，得到有效处理。2009 年制冷机组运行稳定，DEG 制冷机未发生跳机事件，DEL 制冷机偶发 2 次不明原因的跳闸事件，较 2008 年大幅度下降。

（2）D1/2GFR121/221PO 机封泄漏问题，经过更换新型机封后得到有效控制。

（3）柴油机除轴瓦备件原因进行隔离检修外一直保持可用，整体状态较好。

（4）主泵电动机因 O 形密封圈原因漏油，在 D113 大修中进行彻底处理，设备状态较好。

2009 年转动设备存在很多隐患，特别是关键敏感设备出现了一些长期未能解决的缺陷，主要表现在：

（1）D2GRV002CW 频繁排油问题。

（2）D2APP 泵组状态不佳，2009 年共隔离检修 5 次。

（3）D2GFR112/212FI 滤网频繁堵塞问题。

（4）柴油机 254/754FL 软管鼓包问题。

（5）D2GRE002/003/004VV 油动机漏油问题。

以上设备问题，均已列入 2010 年转机处的改进计划和攻坚项目加以研究解决。

2.1.8 继电保护

2009 年度全厂继电保护装置保持了良好的稳定运行状态，继电保护各项考核指标均达到了良好的水平，完成了继电保护专业的各项工作任务和指标。

1. 全厂继电保护投入运行情况

（1）全厂继电保护和自动装置中，6.6 kV 以上共配置 344 套，投入运行 344 套，投运率为 100%；其中继电保护装置 311 套，投入运行 311 套，投运率 100%；自动装置 33 套，投入运行 33 套，投运率 100%。

（2）220 kV 系统继电保护装置共配置 20 套，投入运行 20 套，投运率 100%。

（3）400 kV 系统继电保护装置共配置 112 套，投入运行 112 套，投运率 100%。

（4）500 kV 系统继电保护装置共配置 71 套，投入运行 71 套，投运率 100%。

（5）大亚湾核电站 1 号机组发电机－变压器组保护装置共配置 57 套，投入运行 57 套，投运率 100%。

（6）大亚湾核电站 2 号机组发电机－变压器组保护装置共配置 57 套，投入运行 57 套，投运率 100%。

（7）自动重合闸装置共配置 7 套，投入运行 7 套，投运率 100%。

（8）同期并网装置共配置 8 套，投入运行 8 套，投运率 100%。

（9）故障录波装置共配置 10 套，投入运行 10 套，投运率 100%。

（10）励磁调节装置共配置 11 套，投入运行 11 套，投运率 100%。

2. 全厂继电保护运行情况

（1）220 kV 保护装置共动作 0 次，误动作 0 次，保护装置均正常稳定运行，正确动作率 100%。

（2）400 kV 线路保护装置共正确动作 4 次，误动作 0 次，保护装置均保持正常稳定运行，正确动作率 100%。

（3）500 kV 线路保护装置共正确动作 7 次，误动作 0 次，保护装置均保持正常稳定运行，正确动作率 100%。

（4）自动重合闸装置共正确动作 6 次，误动作 0 次，重合闸装置均保持正常稳定运行，正确动作率 100%。

（5）大亚湾核电站 1、2 号发电机－变压器组保护共正确动作 0 次，误动作 0 次，发电机－变压器组保护装置均保持正常稳定运行，正确动作率 100%。

（6）故障录波器应评价动作次数 3 次，录波完好 3 次，录波完好率 100%。

（7）大亚湾核电站 1、2 号机组励磁装置自动调节器完好率 100%。

3. 全厂继电保护装置运行分析

（1）400 kV 开关站电网保护装置运行分析

2009年，400 kV系统线路共发生2次线路接地故障。2009年7月19日01:10，大埔Ⅱ线路发生C相瞬时接地故障，线路保护正确动作跳开D0GEW252/250JA断路器，切除故障后，自动重合闸正确动作，断路器自动重合成功，线路恢复送电。2009年7月19日01:13，大埔Ⅱ线路又发生C相瞬时接地故障，线路保护正确动作，跳开D0GEW252/250JA断路器，切除故障后自动重合闸正确动作，断路器自动重合成功，线路恢复送电。

2009年度整个400 kV开关站电网保护及控制装置均保持正常的稳定运行状态。

（2）500 kV开关站电网保护装置运行分析

2009年，500 kV系统线路共发生了1次线路接地故障。2009年6月10日14:34，核惠线路发生C相瞬时接地故障，线路保护正确动作跳开D0GEW551/550JA断路器，切除故障后，自动重合闸正确动作，断路器自动重合成功，线路恢复送电。

2009年度500 kV开关站电网保护及控制装置均保持正常的稳定运行状态。

（3）发电机-变压器组保护装置运行分析

2009年度大亚湾核电站1、2号发电机-变压器组保护装置均保持了良好的运行状态，没有发生任何误动作或误报警的情况。

发电机-变压器组保护装置已连续11年保持正确动作率100%。

（4）发电机励磁调节系统的运行分析

2009年度大亚湾核电站1、2号发电机励磁调节装置AVR均保持了良好的运行状态。励磁调节装置发挥了正常的电压和无功调节功能，保证了机组和电网的安全稳定运行。

（5）应急柴油发电机系统保护和励磁控制装置运行分析

2009年，5台柴油发电机组均保持正常稳定的运行状态，柴油发电机组保护和励磁控制装置均保持稳定安全可靠的运行状态，没有发生任何误动作或误报警的情况。继续保持应急柴油发电机系统保护和励磁控制装置运行的历史最好水平。

（6）其他系统保护和控制装置运行分析

2009年，220 kV辅助变压器保护控制系统、6.6 kV厂用电保护控制系统、KCO厂用电倒电系统、RAM保护控制装置等均保持稳定安全可靠的运行状态，保证了电站机组的安全稳定运行。

4. 2009年继电保护专业在大亚湾核电站的主要工作

2009年度全厂继电保护装置投运率继续保持为100%，继电保护装置正确动作率为100%。针对电站保护和控制系统重大敏感设备的老化问题，进行了全面的老化治理，保障了机组的安全稳定运行。

2009年继电保护专业主要完成了以下工作。

（1）完成D113大修的继电保护检修任务。

（2）完成超高压开关站的大浦Ⅰ线路保护改造和D0GEW351/350/352/252JA断路器失灵保护的改造。

（3）完成超高压开关站的保护和控制装置的所有年检。

（4）完成D1GPA发电机-变压器组保护装置的改造。

（5）完成大亚湾核电站1号机组的6.6 kV系统保护装置电容更换和卡件更换检查等老化处理。

（6）完成了D9LGR系统辅变差动保护的改造。

（7）完成相关系统的保护维修程序完善和升版。

（8）完成大亚湾核电站继电保护专业的日常维护。

2.1.9 电气设备的运行与维护

1. 电气设备的年度维护与检修

2009 年，大亚湾核电站按照电气设备的维修导则和预防性维修大纲，共完成电气设备日常预防性维修工作 1 118 项，纠正性维修工作 465 项，设备巡检 762 项，服务支持 1 278 项，工程改造项目 15 项。2009 年，大亚湾核电站 1 号机组进行了第十三次换料大修，在机组的换料大修中，共完成电气设备预防性维修工作 575 项，纠正性维修工作 146 项，服务支持类工作 606 项，工程改造项目 78 项；2009 年大亚湾核电站电气设备共完成 4 281（未计入巡检）项维修工作。

2009 年度电气设备的年度检修与试验工作完成情况良好，全厂电气设备的年度预防性试验工作完成率 100%。大亚湾核电站电气设备缺陷情况见表 2. 1. 9-1。

表 2. 1. 9-1 高压电气设备典型缺陷统计

序号	设备名称及型号	电压等级	缺陷部位	缺陷情况	缺陷原因	制造厂
1	1 号主发电机	26 kV	定子线圈水电接头	水盒焊缝漏氢	制造焊接缺陷	GEC-ALSTOM
2	1 号主发电机	26 kV	定子线圈	定子线圈温度高	定子线圈水电接头出水室水管氧化铜沉积物堵塞	GEC-ALSTOM
3	1 号和 2 号主发电机	26 kV	转子导电杆	密封泄漏	设计结构缺陷	AREVA
4	1 号和 2 号主变压器	500 kV/26 kV	变压器油	介损缓慢增长超标	不明	AREVA

2009 年，大亚湾核电站在电气设备上完成的重大检修工作是 1 号机组第十三次换料大修。在大修中进行了主变压器、厂用变压器年检试验，发电机年检试验、励磁机 4C 解体检修，主变压器出口 GIS 设备 10C 解体检修，发电机负荷开关 6C 解体检修，A/B 列 6. 6 kV 中压配电盘 6C 检修及 380 V 低压配电盘的 3C 检查试验，LCA/LBA/LBB/LCB/LBD/LBF 直流盘的 6C 检查试验和 LBM 直流盘 3C 检查试验，GEX 励磁调节器的检查等预防性维修项目。

大修中处理的发电机设备缺陷有：发电机定子线棒气水两相吹扫（使线棒的流量恢复到设计流量），发电机定子线棒漏点补漏，发电机内侧导电杆密封更换，发电机出线套管密封更换，发电机 GRH 测振探头密封处理以及发电机冷却水管间隙调整等。处理的其他主要设备缺陷有：负荷开关气体泄漏量超标，D1KCO 继电器故障导致 D1LBA 失压保护逻辑错误以及主变压器 C 相顶部盖板油漆底层腐蚀等。

在日常维修过程中完成的重大检修工作是：D0GEW 核惠线 SF_6 空气出线套管 C 相顶部连接热点及 A/C 相固定螺栓过热处理，D2PTR001MO 电动机更换，D2GSS210MO 电动机绕组短路、接地故障处理，D0GEW551JA 泵启动控制接点损坏导致开关操作后泵无法启动，D2LNE003DL 的 102CD 中电容器故障，D1ACO302MO 电动机风扇松脱故障，D2GST101MO 电动机驱动端轴承温度达到 90 ℃时对电动机进行更换等。

2. 过电压、防雷与防污工作

（1）防雷与接地保护

1）2009 年，电气处（MEE）按照大亚湾核电站防雷接地系统的维修大纲要求，根据防雷工作的特点，在年初和雷雨季节到来之前完成对大亚湾核电站防雷设施和接地装置的年度检查与维护工作。检查结果表明，接地系统状况良好，大亚湾核电站发供电设备全年内未发生雷害事故。

2）通过统计大亚湾核电站避雷器全年动作情况，220 kV 及以上避雷器动作共 11 次，其中 500 kV 避雷器动作 11 次，220 kV 动作 0 次。避雷器的可靠动作保证了核电站系统和设备的安全运行。

（2）过电压防护工作

2009 年大亚湾核电站 220 kV 和 500 kV 各级电压系统运行工况正常，全年未发生因过电压而造成的设备损坏事故或失效事件。系统在防护过电压能力方面保持着良好的状态。

（3）防污工作

1）大亚湾核电站 500 kV 开关站（SF_6 GIS 全封闭组合电器设备）、220 kV 厂用辅助电源（SF_6 GIS 全封闭组合电器设备）等出线端的户外绝缘设备（出线套管、出线支柱绝缘子和电容式电压互感器等），在 2009 年度的各种气候条件下，设备运行情况均表现良好。

2）大亚湾核电站遵循“逢停必扫”的防污工作原则。在 2009 年大埔Ⅰ线、大埔Ⅱ线、核深线、核惠线等线路的年度停电检修中，对超高压户外设备均按照程序进行了检查和全面的清扫。2009 年深圳地区阴雨天气较多，海边盐雾及岭澳核电站二期施工污染加大，但大亚湾核电站所属的 500 kV 和 220 kV 开关站的户外设备全年未发生污染事故。

3. 电气主设备运行情况

（1）主发电机组

1）1 号发电机组于 2009 年 4 月 12 日 03：10 与电网解列，开始第十三次大修，工期 29.36 天，于 2009 年 5 月 11 日 11：52 并网发电。2009 年 1 号发电机组实际上网发电运行天数为 335.94 天，机组年可用率为 92.04%。

2）2009 年，2 号发电机组没有停机大修，实际上网发电运行天数为 365 天，机组年可用率为 100%。

（2）主变压器

1）1 号主变压器全年运行稳定，未出现设备故障或绝缘损坏事故。1 号主变压器在第十三次大修中于 2009 年 4 月 16 日开始停运检修，2009 年 4 月 30 日投入运行，全年累计运行 350 天，年可用率为 95.89%。

2）2 号主变压器全年运行稳定，未出现设备故障或绝缘损坏事故。本年度 2 号主变压器没有停运检修工作，全年累积运行 365 天，年可用率为 100%。

（3）SF_6气体绝缘变电站 GIS 和封闭母线 GIC 的运行情况

1）2009 年，大亚湾核电站 500 kV 和 220 kV 变电站 GIS 系统运行工况正常，全年未发生任何故障或事故。

2）2009 年度，GIS 系统 SF_6气室出现过 1 次压力低报警事件，查出 D0GEW410GS 的 B 相气室与避雷器气室之间连接法兰处有漏气，导致压力低一级报警。出现过 SF_6压力高报警 1 次，主要是由于开关操作时压力振荡引起，现场处理后恢复正常。

3）在大埔Ⅰ线、大埔Ⅱ线、核深线、核惠线年检中，未发现 GIS 气室 SF_6 气体微水超标。

（4）厂用 6.6 kV 系统

2009 年，对 1 号机组厂用 6.6 kV 系统的 A/B 列配电盘 D1LGC001TB，D1LGB001TB，D1LHA001TB，D1LHB001TB 进行了停电检修。在停盘检修期间，对这 4 块配电盘上的断路器的分合闸操作机构进行了解体检查和润滑。

其他 6.6 kV 开关设备和母线运行工况良好，未发生系统障碍或故障事件，保持了良好的可用性。

（5）6.6 kV 电动机

1 号机组第十三次大修中对 27 台 6.6 kV 电动机进行了年检，检修中未发现主绝缘缺陷。全年 6.6 kV 电机运行工况良好。

2.1.10 发供电系统可靠性

1. 发电机组的可靠性

2009 年，大亚湾核电站 1 号和 2 号发电机组在换料周期内可用，全年无非计划停机。1 号机组按计划停机检修 29.36 天，2 号机组无大修，运行时间分别为 335.64 天和 365 天。

存在影响发电机组可靠性的因素主要包括：

（1）1 号发电机在第十三次大修中对定子线棒进行了正反冲洗、气水两相吹扫，定子冷却水总流量从停机前 112 m^3/h 恢复到 133 m^3/h。但运行后，水流量下降，多数线棒温度上涨，特别是 D1GRH093MT。定子冷却水总流量和 D1GRH093MT 温度随时间变化如图 2.1.10-1 所示。

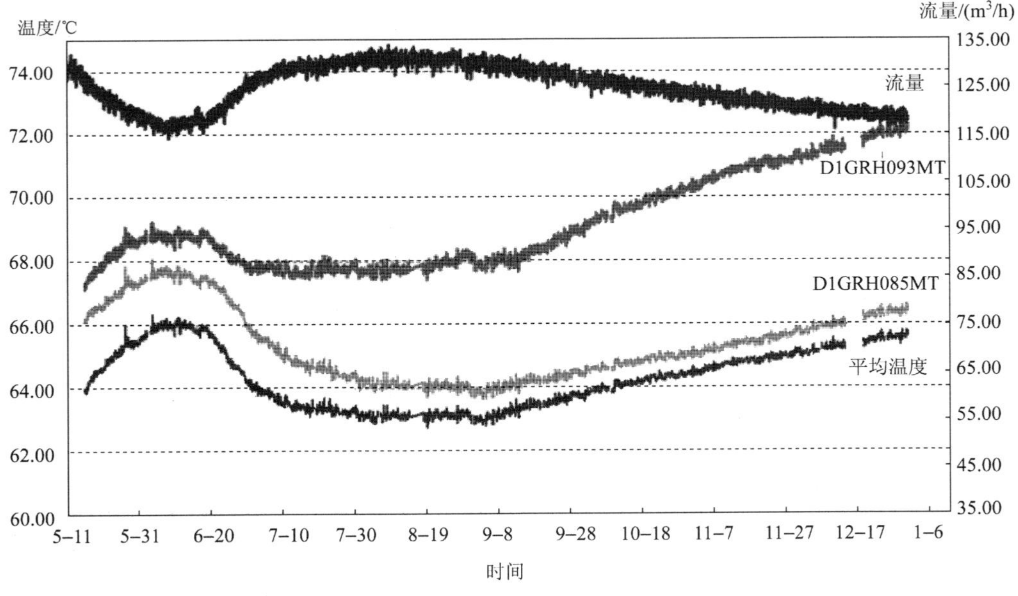

图 2.1.10-1 大亚湾核电站定子冷却水总流量和 D1GRH093MT 温度变化趋势

（2）1 号发电机在第十三次大修中对线棒查漏并对漏点进行抽真空注厌氧胶堵漏，排氢报警试验时间从 2009 年 5 月 22 日的 46 小时 41 分钟下降到 2009 年 11 月 23 日的 29 小时 44 分钟，其他机组排氢报警时间都比较长，说明 1 号发电机存在漏点。

（3）在第十三次大修中，发现 1 号发电机出口负荷开关的空气气源高压气管接头微漏，由于没有足够备件，对漏点采用填胶并用环氧玻璃布带包扎方法处理，气密试验合格，计划下次大修彻底处理。

（4）2009 年 9 月 2 日和 3 日，大亚湾核电站 2 号机组出现发电机出口封闭母线出口空气温度高报警 D2GSY003AA。原因是海水温度高，导致冷却封闭母线的空气冷却效果下降，空气温度升高，达到报警定值 46 ℃。海水温度下降后，恢复正常。

（5）2009 年 11 月 26 日，大亚湾核电站 1 号机组发电机出口封闭母线 1 号冷却风机（D1GSY001ZV）进口布袋式滤网破损、积灰，更换后恢复正常。

2. 输变电系统 GEV 的可靠性

2009 年度，主变压器和厂用变压器 GEV 系统在换料周期内可用，全年无非计划停电。1 号机组大修 GEV 系统按计划停电检修 15 天，运行时间为 350 天；2 号机组无大修，运行时间为 365 天。需关注如下问题。

（1）受电力系统直流输电设备调试和故障的影响，主变压器中性点直流电流跃升，主变压器处于偏磁状态下运行，噪声增大，振动升高。全年大亚湾核电站主变压器中性点直流电流不大，影响不明显。

（2）大亚湾核电站主变压器、厂用变压器内部均存在 150 ~ 300 ℃低温过热，在换料大修中须对绝缘油进行油再生处理，维护绝缘油的性能。因原绝缘油的劣化和原型号油停产，在 1 号机组第十三次大修中，完成主变压器 A 相绝缘油国产化替代换油处理，目前运行状态良好。

（3）在第十三次大修中，完成 1 号机组主变压器三相高压套管换型改造，提高了套管可靠性。

（4）大亚湾核电站主变压器区域低压电缆外层表皮出现老化开裂现象。已进行临时包扎处理，计划在 2010 年更换电缆。

（5）2009 年 11 月 16 日，对 2 号机组厂用变压器 A 取油样进行月度定期色谱分析时，发现油中单值氢气含量从 13.99 mg/kg 上涨至 22.64 mg/kg，绝对产气速率达 0.31 mg/kg d^{-1}，略高于标准 0.3 mg/kg d^{-1}。缩短取样频率，加强监视，后续数据表明氢气含量稳定，其他特征气体含量和水分含量无明显变化，说明变压器内部无异常。

3. 400 kV 和 500 kV GIS 开关站的可靠性

2009 年，400 kV 和 500 kV 开关站未发生设备损坏停运事件，高压开关正确动作率为 100%，但全年共发生 3 起向电网申请非计划停电检修事件。

（1）2009 年 2 月 27 日，核惠线龙门架出线绝缘子与四分裂导线之间的耐张线夹（金具串）有过热现象，低功率下温度达 100 多摄氏度。原因是架空线引下线夹存在松动和腐蚀，引起四分裂导线传输容量有偏差，部分功率经金具串传输，导致金具串过热，3 月 15 日停电检查，恢复正常。

（2）2009 年 6 月 11 日，核惠线 C 相出线套管与架空导线连接头出现热点，运行功率在 400 MW 时同一位置比其他相高 13 ℃。2009 年 9 月 5 日停电检修，恢复正常。

（3）2009 年 9 月 20 日，断路器 450JA 的 B 相操作机构液压油高压回路管接头漏油，原因是油管接头松动。9 月 24 日下午停电卸压，紧固后恢复正常。

主接线使用二分之三的接线方式，可靠性高，维护方便。

存在影响 400 kV/500 kV 开关站可靠性的因素有：

（1）联络变压器 490TR 500 kV 侧的气室未进行解体更换密封，计划 2010 年完成。

（2）核惠线的电压互感器未按老化处理，其他已完成国产化产品替代。

（3）根据外部经验反馈，同型号断路器在国内电厂运行 10 年、操作次数大约 3 000 次后，易出现断路器拒分现象。原因是液压操作机构的泄流阀故障，需解体改造处理。大亚湾核电站断路器目前操作次数最多的为 669 次。计划 2010 年执行该项目。

（4）2009 年 8 月 15 日，联络变压器 490TR 高压套管油压高报警。现场确认套管 GIS 侧的 SF_6气体没有漏入套管引起油压高，报警原因是 2008 年高压套管更换油表时补油压力偏高，在联络变压器带功率上升和环温升高的影响下，压力接近报警值，另外，油压表定值也存在漂移现象。

（5）2009 年 9 月 30 日，联络变压器 490TR 内部出现异常噪音，经油样色谱分析未发现异常，即电、磁回路无异常。分析其原因为壳式变压器内铁芯与箱壁间垫木发生形变，振动产生噪音，已处理。

4. 辅助电源 LGR 系统的可靠性

2009 年，220 kV 辅助电源 LGR 系统因隔离检修、线路电源切换、停电消缺、线路故障跳闸等引起 LGR 不可用累计 17 次，累计不可用时间 77 小时。

全年发生 1 起因 LGR 系统站内设备故障申请非计划停电检修事件：2009 年 4 月 27 日，辅助电源 LGR 系统 A 相电压互感器的引线与架空线间连接 U 形卡扣线夹出现间断性放电现象。原因是该线夹左侧上部、右侧下部断裂松散，不但影响电连接，而且存在引线松落的风险。停电对三相 U 形卡扣全部更换后，恢复正常。但该 U 形卡扣是铸铝件，铸件内部存在砂眼孔洞，为防止重发 U 形卡扣断裂事件，准备在 2010 年计划停电检修窗口将 U 形卡扣线夹换成压接结构线夹。

5. 6.6 kV 厂用电系统的可靠性

2009 年，大亚湾核电站中压 6.6 kV 电气设备运行状态良好，全年无因设备损坏或绝缘故障导致的停运事件发生。

为了提高断路器的可靠性，防止因运行周期内断路器操作少，机构润滑油脂干枯卡涩，除了每三个循环 1 次停盘进行断路器解体检修之外，对不解体断路器增加每循环 1 次不解体检查及操作试验。全年未发生断路器异常事件。

6. 6.6 kV 柴油发电机 LHP/LHQ 的可靠性

大亚湾核电站每台机组的两台 6.6 kV 应急柴油发电机组（LHP/LHQ）是电站最后一道应急供电电源，改造增加的第五台柴油发电机可以替代其中 1 台运行（替代操作过程视为被替代柴油发电机不可用），以提高应急电源可用率。

全年未发生电气一次设备失效引起柴油发电机不可用事件。

7. 直流电源、蓄电池组和不间断电源的供电可靠性

电厂直流电源系统有 230 V，125 V，48 V 和 30 V 共 4 个电压等级，由相应的直流配电盘（TB）、整流充电器（RD）和蓄电池组（BT）等组成，运行正常、可靠。

2009 年，220 V 交流不间断电源故障事件如下。

（1）2009 年 7 月 11 日，大亚湾核电站 2 号机组主控制室出现 D2LNE001AA 报警。原因是逆变器内滤波电容器 102CD 被击穿，电容值为 0，导致过电流跳闸。更换电容后，恢复正常。

（2）2009 年 9 月 22 日，对 220 V 交流不间断电源 D1LNE 的电容进行红外成像测温，发现局部最高温度达 68 ℃，其他在 35 ℃左右，更换电容后恢复正常。

不间断电源的电解电容已运行 9 年，接近 10 年使用寿命，计划在 2010 年进行批量更换。

2.1.11 仪控系统设备运行及评价

1. 总体评价

（1）核岛控制保护测量系统

核岛控制测量系统（KRG）在 2009 年除个别板件出现漂移进行通道调整以外，该系统上的维修量依然很少。KRG 保护通道的可用性验证是通过周期为两个月的 SIP 试验来验证，2009 年定期试验（SIP 试验）合格率为 100%。但是，D1KRG141AR RACK A 机架 28 V 直流供电出现瞬时失电导致闪发多个 RGL/RCP 报警，D1RGL403EN 上的一回路平均温度最大值有瞬间的向下波动，R 棒自动上提两步半，经检查确认为 D1KRG141AR A 机架的 28 V DC 供电保险和保险底座接触不良导致，为此，D113 大修期间安排了相关的保险检查。

堆外中子注量率测量系统（RPN）在 2009 年年初出现了调整参数过程当中的连接电缆异常，除此之外没有特别重大的维修工作；在 D113 大修中更换 D1RPN023/024MA 探头，更换所有探头电缆和连接盘，进行 RPN 机柜的老化处理，以保障后续的系统稳定运行。但是，D1RPN006AR 上的电源老化现象突显，加上 D1RPN436AA 曾经闪发，需要仪表计算机处（MIC）进行后续的改造推动。RPN 系统周期试验合格率为 100%。全年的纠正性维修行动次数还是保持在比较低的水平。

棒控系统（RGL）由棒控系统和棒位测量系统两部分组成。2009 年 RGL 系统故障相对来说偏高，主要是 D1RGL019AA 报警和 D1RGL001AA 报警，其中 D1RGL001AA 报警的处理颇费周章，最终发现 2009 年 2 月更换的 LCS 机架的 UC1 卡质量不好，导致 D1RGL001AA 经常闪发并且无法捕捉，再次更换 UC1 卡后正常；另外，在 RGL 系统的故障报警分析中，发现 RGL 报警继电器的故障概率大大增加，在 D113/D213 大修中已经更换相关的报警继电器。值得注意的是，2009 年再次出现 RGL 动力保险烧毁事件，需要电站后续做许多分析工作。

反应堆保护系统（RPR）全年没有出现重大的故障，但是前几年一直存在的试验开关接触不良问题依然存在。这种故障模式是设计问题引发，即使大修更换新的备件也不能彻底解决问题，法国电力公司（EDF）目前维持现状。但是电站仪表人员根据运行试验的特点，有针对性地提出不同试验出现不同异常的措施，以便运行人员加快试验故障确认并缩短 Io 时间。RPR 系统上的 T2/T3 试验全年周期试验合格率 100%。

（2）常规岛控制测量和保护系统

总体上说，汽轮机调节系统（GRE）的故障不多，但是与 2008 年相比有明显上升。GRE 系统的触摸屏出现多次故障，因 LVDT 接头线路电阻异常出现过 1 次 D2GRE/GSE010VV 关闭事件，因 LVDT 失效出现过 1 次 D2GRE/GSE004VV 关闭事件，出现过多次

GRE 风扇机架导致的 GRE001AA 报警异常。经过前几年的 GRE 电源模块老化处理、电缆接头处理，GRE/GSE 阀门关闭的故障大大减少，但是 2009 年出现的这几次关阀故障反映了现场 GRE 接头的问题又开始集中出现，需要在后续的大修中安排进行统一处理。

2009 年，APP/APA 泵方面出现较多的机械问题，多次配合进行拆装探头和启停泵操作，影响到仪表探头的寿命。

汽轮机监测系统（GME）的故障不多，但是种类较多。2009 年出现多起不同类型探头指示漂移的现象，而且阀位测量系统漂移问题依然存在。经过上几轮大修对就地电容接线进行焊死后，该故障明显减少，但还有发生。从维修的角度来说，只有尽量减少接触电阻和加强电容品质检查并定期更换电容，来缓解故障出现的频度，而一旦出现了漂移，功率运行情况下可以通过对测量板件零点进行简单调整来临时解决。另外，还有 GME 通道 TEST 开关接触不良导致 MV 指示异常的故障占有较大比例。

（3）电站工业计算机部分

2008 年，D213 大修期间完成 D2KIT 的改造；2009 年 5 月，D113 大修期间完成 D1KIT 的改造。2009 年，KIT 系统的运行稳定性大大加强，为电站各项数据监视的可靠作出了贡献。

总体而言，在 KIT 改造后期出现的相关问题和各个改造遗留项是电站关注的焦点，例如 D2KIT 系统异常闪发 D2EVC001AA/JPI025AA/KIT005AA 报警，KIT 系统内集成的报警卡的升版问题，运行人员不断查找暴露出来的 MIMIC 图异常、KIT 定义错误等问题，说明一个新系统改造后到稳定运行存在一个过渡期，但是经过相关专业的不断努力，2009 年 12 月已经将发现的所有问题处理完毕。

（4）消防探测系统

2009 年，消防探测系统工作票数量与前几年相比略有上升（2009 全年共发生约 106 张火警系统的维修工作票，2008 年和 2007 年分别发生 89 张和 90 张）。虽然系统和设备故障绝对次数依然比较大，但是 JDT/JPV/JPW 系统是全厂分布最广、单个设备最多的系统，所以从数量上来看并没有故障大幅增加的趋势。尽管如此，火警系统的故障还是对机组的 Io 控制造成不小的影响，电站目标依然还是提高火警系统的可维修性及可靠性。目前，大亚湾核电站 2 号机组线缆火警探测机柜正在实施改造，核岛火警整体改造也正在推动中。

（5）变送器

变送器包括核岛使用的 8000 系列和 6000 系列，以及常规岛使用的 1151 系列和 FISHER 浮筒系列变送器，在大亚湾核电站两台机组第十三次大修中，改进大部分的常规岛水位变送器，将 FISHER 浮筒系列变送器改成导播雷达式变送器，目前运行良好。根据全年的变送器故障工作票来分析，2009 年变送器的总体运行情况稳定，故障率极低。值得注意的是，反应堆厂房内的 D1RCP015MP 变送器出现多次漂移，更换两次后还是出现漂移，分析认为，可能是最近批次的 8000 系列的变送器质量有问题，已经走完替代流程，准备使用 ROSMOUNT 公司的核级变送器更换。

（6）气动阀门执行机构

从纠正性维修的工作票数量上来看，2009 年气动阀门的运行情况比 2008 年的情况有所改观。除了漏气故障以外，因为气动元件缺陷引起的阀门故障也不少，故障面比较普遍，但是涉及 ARE/GSS/AHP 等重要系统调节阀门的工作票大大减少，其中较为典型的是 ARE 的主给水阀以及旁路给水阀在改造后没有出现一次缺陷，常规岛气动调节阀的 TZID 改造正在进行中。但是，以常规岛 D1ABP404/402VV 为代表的大型阀门气动元件的老化漏气导致机组短时降功率给电站敲响警钟，需要加强对这些大型气动阀门元器件的研究和备件采购，做好预防性更换措施。

（7）显示仪表和记录仪

显示仪表在2009年运行比较稳定，没有出现突出的问题。但是记录仪的老化问题和2008年一样逐步突出，尤其是运行人员加强记录仪记录时间的记录，发现较多的记录仪出现记录时间不准确，全年的维修工作票超过200张。但是，2008年在一些系统上开始试用的无纸记录仪故障率比较低，体现了数字化记录仪的优势，今后将逐步推动全面替代改造，降低记录仪故障的概率。

2. 几个遗留问题的解决

（1）困扰多时的D1RGL001AA报警问题彻底解决

2009年2月，主控制室出现D1RGL001AA报警，确认为SD2棒组UC1卡向量地址芯片故障。综合考虑故障，更换向量地址芯片，同时也更换了UC1卡。但是自9月以来，主控制室多次闪发D1RGL001AA报警，就地UPAT机柜出现5.2报警，但是EEC机柜无异常。现场做了大量的检查工作，最终定位到SD2棒组的UC1卡性能不稳定导致D1RGL001AA报警出现，更换SD2棒组的UC1卡后再也没有闪发无EEC机柜故障的D1RGL001AA报警。

（2）D9TEG001MG氧表故障处理

D9TEG001MG闪发不可用信号的处理历经一个月以上的时间才结束。从最初的氧表取样泵电动机更换到流量开关更换，再到取样泵本体解体检查和轴承喷涂，发现在氧表检修领域还有一些仪表专业未知的领域。鉴于此，推动与转机、电气等专业在D9TEG001MG上的分工，电动机由电气负责，取样泵由转机负责，其他由仪表负责，并建立各自的维修大纲。

（3）D1KRG141AR RCAK A保险烧毁处理

2009年7月，大亚湾核电站1号机组主控制室闪发多个RGL/RCP报警，D1RGL403EN上的一回路平均温度最大值有瞬间的向下波动，R棒自动上提两步半。经检查分析认为，此故障为D1KRG141AR RACK A机架28 V直流供电短时丧失导致，最终确认为28 V DC保险及保险座接触故障。随后，仪表处研究开发新方法，使用热成像仪对核岛KRG机柜的所有保险进行检查，找出异常点并处理，并制定大修处理预防方案。

（4）两台机组KIT改造顺利完成

从2008年的D213大修开始进行2号机组KIT系统改造，刚完成改造时出现不少问题，例如软件不稳定、D2EVC001SD/相关MT通道的报警异常、D2JPI007MN液位异常报警、D2KIT005AA报警等问题。通过不断的跟踪改进，已经基本稳定下来。目前，大亚湾核电站的KIT系统已经全部完成改造，后续遗留项全部处理完毕，现场使用效果良好。

2.1.12　燃料循环及燃料管理

大亚湾核电站1号机组在2009年4月进行第十三次换料大修，进入第十四循环。大亚湾核电站2号机组没有大修。

1. 燃料管理

（1）1号机组

大亚湾核电站1号机组第十三循环（D1C13）于2009年4月12日停堆进行换料大修，

实际停堆燃耗为 20 347. 19 MW·d/t,设计长度为 19 883 MW·d/t,延伸运行 10 天。该循环停堆前功率为 98. 2% FP，堆芯平均温度为 307 ℃，R 棒在 222 步。

大亚湾核电站 1 号机组第十四循环在 2009 年 5 月 3 日装料，2009 年 5 月 9 日首次达临界。堆芯装载情况如下：

1）新组件（76 组）

① 16 组富集度 4. 45%，含 0 根钆棒的 AFA-3G 组件；

② 4 组富集度 4. 45%，含 8 根钆棒的 AFA-3G 组件；

③ 56 组富集度 4. 45%，含 20 根钆棒的 AFA-3G 组件。

2）旧组件（81 组）

① 1 组 AFA-3G 组件：富集度 4. 45%，来自第十一循环，作为中心组件；

② 20 组 AFA-3G 组件：富集度 4. 45%，来自第十二循环；

③ 60 组 AFA-3G 组件：富集度 4. 45%，来自第十三循环。

堆芯装载方案如图 2. 1. 12-1 所示。

	R	P	N	M	L	K	J	H	G	F	E	D	C	B	A	
01							G13	H06 12	J13							01
02					C12 12	F13 12	NEW 0GD	NEW 20GD	NEW 0GD	K13 12	N12 12					02
03				E09	NEW 0GD	NEW 20GD	NEW 20GD	H06	NEW 20GD	NEW 20GD	NEW 0GD	L09				03
04			G11	NEW 8GD	N05	NEW 20GD	G02	NEW 20GD	J02	NEW 20GD	C05	NEW 8GD	J11			04
05		D13 12	NEW 0GD	L03	NEW 20GD	L04	NEW 20GD	G07	NEW 20GD	E04	NEW 20GD	E03	NEW 0GD	M13 12		05
06		C10 12	NEW 20GD	NEW 20GD	M05	NEW 20GD	K03	NEW 20GD	F03	NEW 20GD	D05	NEW 20GD	NEW 20GD	N10 12		06
07	C09	NEW 0GD	NEW 20GD	P09	NEW 20GD	N06	NEW 20GD	D12	NEW 20GD	C06	NEW 20GD	B09	NEW 20GD	NEW 0GD	N09	07
08	K08 12	NEW 20GD	K08	NEW 20GD	J07	NEW 20GD	D04	H04 11	M12	NEW 20GD	G09	NEW 20GD	F08	NEW 20GD	F08 12	08
09	C07	NEW 0GD	NEW 20GD	P07	NEW 20GD	N10	NEW 20GD	M04	NEW 20GD	C10	NEW 20GD	B07	NEW 20GD	NEW 0GD	N07	09
10		C06 12	NEW 20GD	NEW 20GD	M11	NEW 20GD	K13	NEW 20GD	F13	NEW 20GD	D11	NEW 20GD	NEW 20GD	N06 12		10
11		D03 12	NEW 0GD	L13	NEW 20GD	L12	NEW 20GD	J09	NEW 20GD	E12	NEW 20GD	E13	NEW 0GD	M03 12		11
12			G05	NEW 8GD	N11	NEW 20GD	G14	NEW 20GD	J14	NEW 20GD	C11	NEW 8GD	J05			12
13				E07	NEW 0GD	NEW 20GD	NEW 20GD	H10	NEW 20GD	NEW 20GD	NEW 0GD	L07				13
14					C04 12	F03 12	NEW 0GD	NEW 20GD	NEW 0GD	K03 12	N04 12					14
15							G03	H10 12	J03							15
	R	P	N	M	L	K	J	H	G	F	E	D	C	B	A	

注：12: 来自第十二循环的组件；11: 来自第十一循环的组件

图 2. 1. 12-1　大亚湾核电站 1 号机组第十四循环堆芯装载图

（2）2 号机组

2009 年 2 号机组没有大修。

2. 其他与燃料管理相关事情

（1）升降功率 ΔI 模拟计算，对现场技术支持。

（2）2009 年 12 月运营公司与国家核安全局（NNSA）举行大修、燃料管理、工程改造等项目审评对话会，燃料管理相关议题有取消二次中子源项目，岭澳核电站一期 18 个月换料项目，岭澳核电站 2 号机组第八循环执照申请审评问题，全 M5 组件 57 GW·d/t 铀燃耗限值执照申请补充说明等。NNSA 认为取消二次源的理由不够充分，暂不同意大亚湾核电站的申请。确定在 D214/D114 大修中检查二次源，如有问题再提特许申请。其他三个议题在 3.1.12 节叙述。

3. 核燃料操作活动管理

2009 年，大亚湾核电站的核燃料操作活动主要包括 1 号机组新燃料接收、1 号机组大修换料、乏燃料组件外观检查，以及 2 次乏燃料运输期间的核燃料操作活动。

（1）新燃料接收

2009 年 2 月 17 日至 22 日，1 号机组接收由中核集团建中燃料元件公司生产的 AFA-3G 新组件 72 组，富集度为 4.45%，其中，71 组存放在乏燃料贮存水池，1 组存放在干贮存间。同时，将 1 号机组干贮存间内原有的 5 组新燃料组件放入 1 号机组乏燃料水池。

（2）控制棒卡涩事件处理

2009 年 4 月 12 日，大亚湾核电站 1 号机组第十三次大修停堆过程中，R2 棒组的 4 组控制棒卡在 32 步的位置，无法继续下插。电站执行控制棒卡涩处理预案，完成了 R2 棒组卡涩情况下的停堆操作和反应堆开盖后的控制棒脱扣。4 月 17 日，换料人员使用专门设计的控制棒吊装工具，在 1 号机组反应堆厂房成功实施从堆芯直接抽取 4 组 R2 棒组的操作；抽出的控制棒分别装入贮存容器，通过燃料传输装置送至燃料厂房，贮存于 1 号机组乏燃料水池。

（3）大修换料操作

大亚湾核电站 1 号机组第十三次大修换料操作时间是 2009 年 4 月 17 日至 5 月 3 日。

在相关组件倒换期间，对第十三循环堆芯的 2 组次级中子源组件和 56 组控制棒组件进行了涡流检查，发现 15 组控制棒存在肿胀、裂纹或磨损等缺陷。根据检查结果，在十四循环堆芯中，将 F24AA122J，F24AA122Y，F24AA123D 等 3 组磨损超标的控制棒调换了堆芯位置，对其余 12 组缺陷控制棒进行了更换。此外，还按照控制棒更新计划，对 4 组 R1 控制棒和 4 组 R2 控制棒进行了更换。1 号机组反应堆堆芯控制棒更换情况见表 2.1.12-1。

表 2.1.12-1　2009 年大亚湾核电站 1 号反应堆控制棒更换情况

堆芯位置	棒　组	更换前的控制棒编码	更换后的控制棒编码
B08	R1	F24AA122D	F24AA140S
H14	R1	F24AA122M	F24AA140V
P08	R1	F24AA122U	F24AA1412
H02	R1	F24AA122Z	F24AA1413

续表

堆芯位置	棒　组	更换前的控制棒编码	更换后的控制棒编码
K06	R2	F24AA122F	F24AA140T
F06	R2	F24AA122L	F24AA140U
K10	R2	F24AA122Q	F24AA1410
F10	R2	F24AA122T	F24AA1411
M08	G1	F8AA10HW	F8AA10RK
H12	G1	F8AA10JZ	F8AA10GP
D08	G1	F8AA10K6	F8AA10RG
F12	G2	F8AA10HS	F8AA10RH
D06	G2	F8AA10HT	F8AA10U8
K04	G2	F8AA10HV	F8AA10U9
H10	N1	F24AA11VQ	F24AA122J
K08	N1	F24AA11VT	F24AA140W
H06	N1	F24AA122E	F24AA140X
B10	N2	F24AA122J	F24AA1415
H08	SA	F24AA124M	F24AA122Y
N05	SA	F24AA122Y	F24AA1416
E03	SA	F24AA123D	F24AA11VR
J03	SB	F24AA122C	F24AA123D
C09	SB	F24AA122R	F24AA140Z

两台机组历次大修换料操作的卸料用时和装料用时统计见表 2. 1. 12-2 和表 2. 1. 12-3。

表 2. 1. 12-2　历次大修换料操作的卸料用时　　h

机组	第一次大修	第二次大修	第三次大修	第四次大修	第五次大修	第六次大修	第七次大修	第八次大修	第九次大修	第十次大修	第十一次大修	第十二次大修	第十三次大修
1 号机组	82	69. 5	78	72	93. 5	61. 5	53. 5	56	58	74	61	37	35. 3
2 号机组	72	78	69	74	69	65	58. 5	55. 6	53	75	48	52. 5	48. 8

表 2. 1. 12-3　历次大修换料操作的装料用时　　h

机组	第一次大修	第二次大修	第三次大修	第四次大修	第五次大修	第六次大修	第七次大修	第八次大修	第九次大修	第十次大修	第十一次大修	第十二次大修	第十三次大修
1 号机组	99. 5	79	103	86	69. 5	74	73	77	60	66	50. 5	40	40
2 号机组	89	150. 5	81	86. 5	81	78	64. 5	75. 3	51	63	50	40	41

（4）乏燃料运输

2009 年，大亚湾核电站第一次乏燃料运输工作于 3 月 17 日至 4 月 3 日在 2 号机组进行，一共运出乏燃料组件52组，其中，3月20日进行1号容器26组乏燃料组件的装料，3月30日进行2号容器26组乏燃料组件的装料。

大亚湾核电站第二次乏燃料运输工作于6月12日至6月30日在1号机组进行，一共运出乏燃料组件52组，其中，6月16日进行2号容器26组乏燃料组件的装料，6月26日进行1号容器26组乏燃料组件的装料。

（5）乏燃料组件外观检查

为了深入调查燃料组件定位格架受损原因，现场服务处（MGS）对大亚湾核电站两台机组的乏燃料组件进行了抽查。在2009年3月至8月期间，总计完成424组燃料组件的外观检查，没有发现定位格架损伤情况。具体检查情况见表2.1.12-4。

表2.1.12-4　大亚湾核电站两台机组燃料组件外观检查数量统计

	1号机组	2号机组	说　明
日常期间在乏燃料水池抽查	26	—	2009年3月30日至4月1日，检查1号机组第十四循环计划入堆使用的燃料组件26组，其中5组为紧急堆芯设计备用组件
	7	—	2009年3月30日至4月1日，抽查1号机组第九次大修装料组件2组，抽查1号机组第十一次大修装料组件5组
	156	—	2009年8月，检查1号机组第十次大修装料组件156组
卸料同步检查	157	—	2009年4月，1号机组第十三次大修卸料期间进行同步外观检查
乏燃料运输期间同步检查	52	26	2009年3月检查2号机组乏燃料运输组件26组；2009年7月检查1号机组乏燃料运输组件52组
总计	398	26	两台机组总计检查424组，所有被查组件未见异常

4. 燃料厂房乏燃料贮存水池库存

截至2009年12月31日，大亚湾核电站两台机组燃料厂房乏燃料贮存水池内的库存见表2.1.12-5。

表2.1.12-5　燃料厂房乏燃料贮存水池内库存　　件

种　类	1号机组	2号机组
乏燃料组件	460	446
假组件	1	1
模型组件	1	0
控制棒贮存盒（或控制棒适配器）	4	5
可燃毒物贮存盒	7	8
指套管贮存盒	0	1
其他	0	1[1)]
空燃料格架	222	238
可用燃料格架	222	238

注：1）位于R31位置的1个阻力塞YQBN07G及组件YQ00X9的上管座。

5. 核材料管制

（1）核材料衡算账目管理

利用国家《件料衡算账目管理软件》，进行上报国家核材料管制办公室的相关数据的管理和录入，包括核材料的内部转移管理，新燃料接收和乏燃料外运的数据管理，燃料组件跟踪卡的持续录入和总账、分类账的管理。

（2）核材料衡算报表管理

2009 年度，核材料衡算工作方面坚决贯彻和执行账务工作“完整、正确、及时、规范”的八字方针，按要求使用国家核材料衡算通用软件《件料衡算账目管理软件》，完成并向核管办上报 2009 年大亚湾核电站 4 个季度核材料衡算报表（包括 R01 ~ R09）和数据光盘，以及 2009 年 4 月（2 号机组）、7 月（1 号机组）的乏燃料外运交接统计报表、2009 年 2 月大亚湾核电站 1 号机组第十四循环换料新燃料接收统计报表。

（3）核材料数据库管理

使用 SQL-SERVER 数据库管理系统进行大亚湾核电站的核材料内部管理，按时完成大亚湾两台机组所有燃料组件运行历史的管理，为换料设计提供了可用组件数据，也为乏燃料外运提供了相应的数据信息。

（4）核材料实物盘存

按核材料衡算相关管理规程进行了大亚湾核电站 1 号机组第十三次换料装卸料工作，并且在卸料后对 1 号机组乏燃料水池进行了实物盘存，装料后进行了堆芯照相。实物盘存和堆芯照相表明，1 号机组均无任何核材料的不平衡差和核材料的损失。核材料的消耗都用于发电，所产生的钚都存在于燃料组件中。堆芯照相工作也验证了实际的装料与堆芯装载图的一致性，包括燃料组件、控制棒组件、阻力塞组件、中子源组件的正确性。

（5）铀消耗及钚产生量计算

完成 1 号机组第十三循环卸料铀消耗和钚产生量计算，并将相应的结果更新到件料衡算软件和核材料数据库中。

（6）乏燃料管理

2009 年，大亚湾核电站 1、2 号机组乏燃料运输概况见表 2. 1. 12-6。

表 2. 1. 12-6 大亚湾核电站 2009 年乏燃料运输概况 组

	1 号机组	2 号机组	总和
2009 年 4 月	0	52	52
2009 年 7 月	52	0	52

所有乏燃料在运输前都进行了源项计算，并向中核集团清原环境技术工程有限责任公司提供相应的乏燃料技术资料以及重金属重量确认表，向国家核管办通报并上报核材料交接统计报表。

所有已外运的乏燃料信息都纳入了相应机组的乏燃料数据库。

6. 组件订货与其他

2009 年度，为大亚湾核电站 1 号机组第十五循环和 2 号机组第十五循环分别采购了 76 组和 75 组富集度为 4. 45% 的 AFA-3G 燃料组件。

2.2 核安全

2.2.1 三道屏障完整性

2009 年，大亚湾核电站的三道屏障完整性保持完好。三道屏障的监测数据分析如下。

1. 燃料元件包壳

为了保障第一道屏障的完整性，限制工作人员在电站内所接受的放射性剂量，及时发现任何可能的燃料元件破损，电站按照运行技术规范对一回路放射性水平提出了具体限制，对一回路放射性水平参数进行了监测。

表 2.2.1-1 和表 2.2.1-2 给出了 1 号机组和 2 号机组 2009 年一回路放射性指标气体 γ 谱。从表中可以看到，该项指标在 2009 年均保持稳定，并且一直在限值以下。

表 2.2.1-1　2009 年 1 号机组一回路放射性气体总量（比活度）　MBq/t

取样日期	1月7日	2月28日	3月9日	4月8日	5月25日	6月15日	7月22日	8月26日	9月14日	10月5日	11月25日	12月21日
^{85m}Kr	5.1	0.81	3.3	1.9	0	0	0	0	0	0	1.4	1.7
^{87}Kr	0	6.2	5.7	3.2	0	0	0.77	0	0	11	0	0
^{88}Kr	3.5	0	0	12	4.3	0	0	1.4	0	0	22	0
^{133}Xe	24	22	21	20	4.3	7.2	11	8.7	11	13	19	18
^{133m}Xe	0	1.8	0	0	0	0	0	0	8.7	0	0	4.9
^{135}Xe	30	31	31	29	9.1	11	14	13	18	17	21	25
^{138}Xe	34	35	40	28	11	15	17	21	20	16	0	22
气体总量	97	97	101	94	29	33	43	44	58	57	63	72

表 2.2.1-2　2009 年 2 号机组一回路放射性气体总量（比活度）　MBq/t

取样日期	1月27日	2月26日	3月31日	4月2日	5月5日	6月30日	7月30日	8月20日	9月24日	10月29日	11月12日	12月8日
^{85m}Kr	0	0	0	0	1.6	0	2.9	1.6	3	0	0	2.7
^{87}Kr	0	0	6.2	0	0	0	4.5	0	0	5.8	8.1	0
^{88}Kr	0	5.8	0	0	0	0	0	0	0	0	5	3.6
^{133}Xe	9.4	7.3	8.8	15	16	11	7.9	16	13	14	7.4	20
^{133m}Xe	0	0	0	6.8	0	0	0	0	0	19	0	0
^{135}Xe	10	15	17	15	18	16	18	17	18	19	20	20
^{138}Xe	11	14	12	15	16	26	13	18	19	17	27	21
气体总量	30	42	44	52	51	53	47	53	53	75	68	67

注：（1）所取样点为当月气体总量最大值的取样点；

（2）6 小时内停堆气体总量限值为 2.96×10^{6} MBq/t，48 小时内停堆气体总量限值为 1.48×10^{6} MBq/t；

（3）个别月份机组处于大修或检修状态，故无相关数据；

（4）表中数据若为“0”，则表明其实际值低于测量仪表量程的下限。

表 2. 2. 1-3 和表 2. 2. 1-4 给出了 1 号机组和 2 号机组 2009 年的碘同位素 γ 谱。从表中可以看出，该项指标在 2009 年也保持稳定，并且一直在限值以下。

表 2. 2. 1-3　2009 年 1 号机组一回路放射性碘比活度　　MBq/t

取样日期	1 月 23 日	2 月 18 日	3 月 30 日	4 月 8 日	5 月 25 日	6 月 15 日	7 月 27 日	8 月 24 日	9 月 16 日	10 月 5 日	11 月 18 日	12 月 23 日
^{131}I	0. 96	0. 68	0. 93	1. 01	0. 40	0. 20	0. 42	0. 29	0. 33	0. 38	0. 40	0. 33
^{132}I	14. 1	16. 1	21. 6	21. 5	7. 2	8. 8	5. 8	8. 5	5. 2	4. 3	4. 6	4. 2
^{133}I	11. 2	11. 2	13. 2	12. 2	3. 5	7. 0	5. 3	5. 6	4. 8	4. 8	4. 6	5. 0
^{134}I	27. 1	30. 1	37. 1	38. 0	21. 8	24. 0	15. 0	36. 1	11. 0	12. 0	13. 0	9. 7
^{135}I	18. 2	17. 2	21. 0	24. 9	0	0	8. 6	9. 4	6. 6	7. 1	7. 0	5. 9
^{131}I 当量	6. 58	6. 33	7. 79	8. 02	1. 94	2. 73	3. 09	3. 63	2. 57	2. 66	2. 65	2. 49

表 2. 2. 1-4　2009 年 2 号机组一回路放射性碘比活度　　MBq/t

取样日期	1 月 6 日	2 月 26 日	3 月 24 日	4 月 28 日	5 月 14 日	6 月 30 日	7 月 2 日	8 月 20 日	9 月 24 日	10 月 27 日	11 月 3 日	12 月 31 日
^{131}I	0. 21	0. 45	0. 19	0. 44	0. 36	0. 35	0. 35	0. 41	0. 48	0. 44	0. 42	0. 37
^{132}I	3. 8	4. 8	4. 5	5. 5	7. 0	5. 5	5. 0	7. 1	7. 3	5. 4	8. 0	4. 3
^{133}I	4. 2	3. 9	3. 3	5. 0	5. 5	5. 1	5. 9	6. 1	6. 1	6. 9	6. 9	5. 4
^{134}I	23. 0	26. 1	48. 1	14. 0	14. 0	11. 0	10. 0	13. 0	13. 0	15. 0	13. 0	14. 0
^{135}I	0	0	5. 9	8. 0	9. 5	9. 6	11. 1	11. 1	11. 1	8. 9	10. 1	7. 0
^{131}I 当量	1. 84	2. 09	2. 73	2. 94	3. 19	2. 98	3. 30	3. 54	3. 62	3. 53	3. 68	2. 83

注：(1) 所取样点为当月 ^{131}I 当量最大值的取样点；

(2) 6 小时内停堆 ^{131}I 当量限值为 3.70×10^4 MBq/t，48 小时内停堆 ^{131}I 当量限值为 1.85×10^4 MBq/t，15 天内停堆 ^{131}I 当量限值为 2.96×10^3 MBq/t，2 个月内停堆 ^{131}I 当量限值为 2.22×10^4 MBq/t；

(3) 个别月份机组处于大修或检修状态，故无相关数据；

(4) 表中数据若为“0”，则表明其实际值低于测量仪表量程的下限。

由此可以得出结论，2009 年，大亚湾核电站燃料元件包壳屏障的完整性均满足技术规范的要求。

2. 一回路压力边界

2009 年两台机组一回路压力边界的完整性监测情况见表 2. 2. 1-5。从表中可以看出，两台机组一回路压力边界泄漏率处于较低水平，均远低于技术规范限值（总泄漏量限值为 2 300 L/h，非定量泄漏限值为 230 L/h），且均低于管理目标限值 30 L/h。1 号机组泄漏率年平均值为 17. 3 L/h，2 号机组泄漏率年平均值为 16. 8 L/h，小于管理目标限值。2009 年两台机组的第二道屏障完整性良好。

表 2. 2. 1-5　2009 年一回路月平均泄漏率　　L/h

月　份	1 月	2 月	3 月	4 月	5 月	6 月	7 月	8 月	9 月	10 月	11 月	12 月
1 号机组	17. 1	17. 9	17. 2	17. 7	22. 2	16. 8	17. 4	13. 0	17. 1	17. 2	16. 9	17. 3
2 号机组	16. 7	17. 0	16. 8	17. 0	13. 9	16. 3	17. 2	17. 4	16. 3	17. 2	17. 6	17. 6

3. 安全壳

安全壳为最后一道屏障。电站在 2009 年全年对两台机组安全壳完整性的监测情况见表 2.2.1-6。

表 2.2.1-6　2009 年安全壳月度平均泄漏率　m^3/h

月　份	1 月	2 月	3 月	4 月	5 月	6 月	7 月	8 月	9 月	10 月	11 月	12 月
1 号机组	0.55	0.23	0.50	0.33	0.40	0.37	0.54	1.15	0.47	0.40	0.35	0.63
2 号机组	0.68	0.98	0.57	0.50	0.62	1.10	0.84	1.25	0.62	0.68	0.90	0.64

1 号机组安全壳的平均泄漏率（归一化为标准状态，下同）约为 0.49 m^3/h，12 个月监测结果介于 0.23 m^3/h 与 1.15 m^3/h 之间。

2 号机组安全壳的平均泄漏率约为 0.78 m^3/h，12 个月监测结果介于 0.50 m^3/h 与 1.25 m^3/h之间。

由此可以得出结论，2009 年两台机组安全壳的泄漏率均小于 5 m^3/h 的标准，满足运行技术规范的要求，其完整性良好。

4. 堆芯损坏频率

为加强电站核安全的控制，大亚湾核电站利用概率安全评价（PSA）对机组状态进行跟踪评价，并且制定了风险度的控制指标。在某一 T_0 到 T_1 时间段风险度 P 的定义为：

$$P = \frac{\mathrm{CDF}_0 \times (T_1 - T_0) + \sum_i^n \Delta\mathrm{CDF}_i \times \Delta T_i}{\mathrm{CDF}_0 \times (T_1 - T_0)}$$

其中，CDF_0为所有设备均为可用时的堆芯损坏频率；$\Delta\mathrm{CDF}_i$为发生某一事件 i(例如有设备不可用等)时的堆芯损坏频率增量；ΔT_i为事件 i 的持续时间。

表 2.2.1-7 给出了 2009 年两台机组的堆芯风险度变化趋势。

表 2.2.1-7　2009 年风险度趋势

月　份	1 月	2 月	3 月	4 月	5 月	6 月	7 月	8 月	9 月	10 月	11 月	12 月
1 号机组	1.00	1.01	1.02	1.07	1.03	1.01	1.02	1.01	1.01	1.01	1.01	1.02
2 号机组	1.01	1.01	1.02	1.06	1.12	1.01	1.02	1.01	1.01	1.02	1.08	1.04

1 号机组全年风险度在 1.00～1.07，平均风险度为 1.02；2 号机组全年风险度在 1.00～1.12，平均风险度为 1.03，均未超过电站内部控制的指标限值 1.2。因此，2009 年，两台机组堆芯损坏频率控制比较好，总体风险在可接受范围之内，且有较大的裕度。其中对机组风险度影响比较大的事件有：3 月对 D9LGR 进行隔离检修，对 1 号机组和 2 号机组均有一定影响；4 月，1 号机组大修期间，进行了多项涉及两机组共用设备的维修或操作，对在运行的 2 号机组有较大影响，例如，D9RIS011PO/D9LLS001AR 两年检，D9RIS011PO 为 1 号机组中压安注罐充水等。但这些事件均属于计划性不可用，电站可以预先做好风险分析和相应对策，并选取最合适的时机，因此实际上对电站的安全水平影响不大。

还有一些问题需要关注：应急柴油发电机多次出现故障或缺陷，特别是连杆轴瓦存在固有缺陷，影响其可靠性；LLS 和 D9RIS011PO 多次发生故障；5 月 22 日和 11 月 20 日，先后出现 D1LCB 和 D2LCA 绝缘低，两机组的 LDA 数次出现绝缘低；2009 年 7 月 19 日00：50，台风“莫拉菲”正面袭击深圳，两电站均受台风影响，4 台机组的辅助电源相继全部失去，外电网的安全运行受到极大威胁。这些事件虽然持续时间都不太长，对机组风险度影响不大，但基本上均是由于设备本身的故障或者存在的缺陷引起的，需要引起关注。

2.2.2 专设安全系统

2009 年大亚湾核电站专设安全系统总体状况良好，安全系统性能指标见表 2.2.2-1。

表 2.2.2-1 安全系统性能指标

指 标	电站实际值	D1 机组值	D2 机组值
辅助给水系统不可用率	0.000 0	0.000 0	0.000 0
高压安全注入系统不可用率	0.000 0	0.000 0	0.000 0
应急柴油发电机系统不可用率	0.000 0	0.000 0	0.000 0

1. 辅助给水系统

2009 年，两台机组辅助给水系统（ASG）不可用率的 WANO 指标均为 0.000 0，进入 WANO 前四分之一水平。辅助给水系统设备管理初显成果，部分遗留问题得到彻底解决。

本年度发生 1 起 D2ASG 系统不可用事件：2009 年 1 月 4 日，机组日常功率运行期间，根据 D213 大修反馈对 D2ASG001PO 电源开关 D2LHA801 仓继电器底座进行更换，造成 D2ASG001PO 不可用 1.1 小时。

2009 年主要进行的工作如下：

（1）D/L1/2ASG001BA 储水罐在夏季大修时易触发温度高报警的问题：2009 年已经完成实施增加对 ASG001BA 连续在线检测温度探头 ASG001MT 的改造。为提高对 ASG001BA 水冷却能力而增加 ASG 冷却器的改造，在岭澳核电站 1 号机组第七次大修时首先在现场实施，大亚湾核电站将根据岭澳核电站改造后效果跟踪情况安排后续计划，改造实施前继续在机组启停阶段 ASG 辅助给水泵连续运转期间加强水温监测，协调运行做好临时运行指令（TOI）。

（2）D/L1/2ASG001BA 储水罐氮气卸压阀动作后不能回座导致氮气压力调节控制异常的问题：在大亚湾核电站 1 号机组、2 号机组第十三次大修中完成 D1/2ASG001BA 氮气覆盖压力定值修改改造。

（3）D/L1/2ASG 系统自 ASG501EP 至 ASG001TC 调速器间没有压力测量点而无法在运行和试验中监测到汽轮机调速器的实际输入压力，影响设备状态监测和转速异常原因分析及故障处理。该改造方案是通过在 ASG001TC 调速器和 ASG501EP 之间的进气管线上增加取样接头和隔离阀，以在线连接精密压力测量表监测 ASG 汽轮机调速器进气压力。2009 年各机组已完成该改造实施。

（4）D1ASG033FI 排气管接头裂纹、振动较大问题，经更换排气管并优化排气管布置进行了彻底处理。

（5）针对历史上两电站 ASG135VV 多次意外关闭问题进行分析论证后，从 L207 大修开始陆续在大修时增加 ASG135VV 防误碰装置。

（6）针对蒸汽管线设备 ASG001PU/139VV 检修双重隔离造成 ASG003PO/LLS 不可用问题，推动实施 ASG001PU 双重隔离改造，已确定方案为 ASG001PU/ASG139VV 上游增加一道隔离阀，预计在后续大修中实施。

2. 高压安全注入系统

2009 年，两台机组高压安全注入系统不可用率的 WANO 指标均为 0.000 0，进入 WANO 前四分之一水平。2009 年，未发生影响高压安全注入系统可用性的事件。

2009 年主要进行了如下工作：

（1）开展影响系统设备不可用的电气、仪控设备维修策略完善优化工作。

（2）D1/2RCV001/002MO 电动机更换运输时需拆卸通道上其他上充泵组油冷器的问题。电站已经制造专用运输小车工具，并在大修适当窗口进行现场实地测试后完成验收工作。

（3）运行定期试验 PT2RPA/RPB012 中偶发 D2RIS 浓硼回路流量建立时间长的问题，经分析直接原因是浓硼回路介质温度高导致小流量运行产生局部汽化。D1/2RIS 浓硼循环回路设计温度不超过 85 ℃，实际运行温度接近 100 ℃，远高于设计温度。通过开大 D2RIS021BA 房间风门及取走顶部保温的措施，定期试验中故障现象消除；已在 D113 大修减薄 D1RIS004BA 保温至 30 mm，效果满意；后续将在 D214 大修实施 D2RIS004BA 均匀减薄保温。

（4）执行 PT1RPA016 试验时 D1RIS013VP 无法开启：2009 年 6 月 26 日，大亚湾核电站执行 PT1RPA016 时，按下 D1RIS005TL 后 D1RIS013VP 无法开启，主控制室出现报警 D1LLB003AA 和 D1RIS502AA。现场检查 D1RIS013VP 上游电源 D1LLD511 开关 A 相保险熔断。造成本次 D1RIS013VP 电源开关“A”相保险熔断故障原因是 A 相保险内部熔丝端部存在网状连接一侧意外开路的个体制造缺陷。使没有缺陷的另一侧网状熔丝连接处成为薄弱点并承担了全部电流。在近期堵转电流及频繁启动电流冲击下，大电流频繁冲击没有缺陷的一侧网状连接处薄弱点，薄弱点逐渐疲劳，最终在本次启动 D1RIS013VP 时，保险在正常启动电流下熔断。虽然保险在没有缺陷的情况下能够承受电动头堵转或频繁操作大电流的冲击，但为保证和提高发生堵转电动头的运行可靠性，后续安排对发生堵转的电动头开关保险进行更换。

（5）D113 大修中检查发现 D1RIS006FI 内部管口法兰（CONNECTION PIECE）腐蚀严重，法兰面存在较多腐蚀坑，腐蚀程度较深。比较其他类似功能位置未见明显腐蚀。电站根本原因分析（RCA）小组对本次事件的根本原因分析为管路在以前的打压密封试验中在管口上可能出现过不适当的焊接。对 RIS/EAS005/006FI 地坑管口法兰已有改造项目，将改变现在的密封试验所采用的密封帽（罩）焊接方式，对管口进行改造，使以后的密封试验采用法兰密封连接的方式。

3. 应急柴油发电机系统

2009 年，大亚湾核电站应急柴油发电机系统总体运行情况良好，应急柴油发电机系统（LHP/LHQ）不可用率为 0.000 0，大亚湾核电站 LHP/LHQ 系统无不可用事件。

2009 年，大亚湾核电站应急柴油发电机系统主要设备故障：D113 大修期间，在执行 D1LHP 整体磨合试验过程中，并网约 10 分钟后主控制室出现 D1JPV003AA（D1LHP 一级火警）。现场检查确认发现柴油机房间内有油喷出，立即将 D1LHP 柴油机紧急停运，进一步检查发现 D1LHP151FI 主润滑油过滤器出口与机体相连的根部垫片被 7.0 bar（0.70 MPa）的润滑油冲开一个边缘，造成柴油机润滑油跑油约 5～10 L。随后转机人员对转动部件进行全面检查，发现 D1LHP001MO 的 B1 缸活塞有轻微的拉伤现象；A1/B1 缸连杆紧固螺栓有一个已松动；轴瓦已抱轴；曲轴轴瓦窜动值增大。鉴于 D1LHP001MO 曲轴损失严重，无法评估，经大修指挥部讨论决定，整体更换 D1LHP001MO，用 D213 大修换下的 D2LHP001MO 整体更换 D1LHP001MO。调查发现 2 号和 6 号轴瓦瓦面圆周方向有划痕，初步分析为非正常磨损，为异物所致。根据厂家反馈，编号 DLT141885 的轴瓦存在质量缺陷，烧毁的轴瓦正是该编号轴瓦。

为了提高电站应急柴油机系统的可靠性，后续工作重点如下：

（1）柴油机电仪设备老化管理，维修策略统一和优化。

（2）柴油机长期遗留问题的处理，实施已有改进方案并分析其他问题原因，避免出现柴油机重大设备损坏事件。

（3）构建柴油机状态监测体系，引进状态监测技术。争取 2010 年完成柴油机系统故障树和逻辑，构建柴油机状态监测专家诊断系统。

（4）系统设备设计改进优化，物项替代和备件质量控制。

（5）开发和促进国内外经验反馈工作，有效利用外部反馈，解决柴油机隐藏问题。

2.2.3 安全相关设备不可用状态（Io）跟踪

2009 年，对大亚湾核电站两台机组的第一、第二组安全相关设备的不可用次数、不可用持续时间，以及第一组安全相关设备的不可用消耗比等指标进行跟踪统计。

2009 年，大亚湾核电站第一组安全相关设备随机不可用（Io）年累计消耗比单机组目标限值为 6。全年实际结果是，1 号机组的累计第一组 Io 消耗比为 3.75，2 号机组为 5.73，都在目标限值以下，但是大亚湾核电站 2 号机组接近目标限值。主要设备随机故障有：D9DVN 风机多次全跳以及故障后执行 PT9DVN002，导致烟囱流速小于 7 m/s 造成全年消耗比为 3.72；处理 2 号机组 SD 棒故障以及 G2/G1/N1 棒位修正导致 D2RGL 全年消耗比为 1.22；D2RRI A 列冷却器清洗更换以及 D2SEC051VSQ 检修造成 D2RRI 全年消耗比为 0.97；处理 1 号机组 SD 棒 D1RGL001AA 报警以及其余再鉴定导致 D1RGL 全年消耗比为 0.85；D2PTR018MN 负压侧堵塞等故障导致 D2PTR 的不可用消耗比为 0.38；D2LHP 隔离检修造成全年消耗比为 0.25；D9RIS011PO 系统故障造成全年消耗比为 0.24。

1. 第一组安全相关设备不可用情况

第一组安全相关设备不可用次数、不可用累计消耗比按月分布情况见表 2.2.3-1 和表 2.2.3-2。

2009 年，大亚湾核电站 1 号和 2 号机组第一组 Io 不可用次数分别为 527 次和 483 次。在两台机组全年共发生的 1 010 次第一组 Io 不可用中，计划不可用 913 次，占总数的 90.4%；计划不可用的消耗比累计为 16.43，占累计消耗比的 63.4%。

2. 第二组安全相关设备不可用情况

2009 年第二组安全相关设备不可用总体情况见表 2.2.3-3。

表 2. 2. 3-1　第一组安全相关设备不可用次数逐月分布情况　次

月份		1月	2月	3月	4月	5月	6月	7月	8月	9月	10月	11月	12月
电站	当月次数	95	77	93	63	109	69	85	83	89	71	77	99
	累计次数	95	172	265	328	437	506	591	674	763	834	911	1 010
1号机组	当月次数	56	38	51	33	74	32	46	40	40	34	34	49
	累计次数	56	94	145	178	252	284	330	370	410	444	478	527
2号机组	当月次数	39	39	42	30	35	37	39	43	49	37	43	50
	累计次数	39	78	120	150	185	222	261	304	353	390	433	483

表 2. 2. 3-2　第一组安全相关设备不可用消耗比逐月分布情况

月份		1月	2月	3月	4月	5月	6月	7月	8月	9月	10月	11月	12月
电站	当月总消耗比	2. 40	1. 12	2. 68	0. 37	2. 17	1. 42	2. 97	4. 29	3. 26	0. 96	2. 49	1. 79
	当月随机消耗比	0. 85	0. 02	1. 65	0. 23	0. 90	0. 12	0. 50	2. 91	0. 61	0. 06	0. 99	0. 64
1号机组	当月总消耗比	1. 16	0. 75	1. 56	0. 07	1. 45	1. 08	0. 53	2. 27	2. 30	0. 45	1. 20	0. 68
	当月随机消耗比	0. 20	0. 00	0. 90	0. 02	0. 55	0. 12	0. 10	1. 47	0. 11	0. 05	0. 22	0. 00
2号机组	当月总消耗比	1. 24	0. 37	1. 11	0. 30	0. 72	0. 35	2. 44	2. 01	0. 95	0. 51	1. 29	1. 10
	当月随机消耗比	0. 65	0. 02	0. 75	0. 20	0. 36	0. 00	0. 40	1. 44	0. 50	0. 00	0. 77	0. 64

表 2. 2. 3-3　第二组安全相关设备不可用总体情况　次

		一季度	二季度	三季度	四季度	2009 年总计
1号机组	随机次数	85	99	82	85	350
	计划次数	216	249	231	199	894
	总次数	316	363	322	300	1 297
	总时间/h	2 845. 9	3 425. 6	2 247. 5	1 790. 3	9 074. 3
2号机组	随机次数	83	86	87	72	327
	计划次数	199	217	239	224	879
	总次数	288	315	345	341	1 288
	总时间/h	1 514. 7	2 051. 0	1 993. 7	2 495. 0	7 994. 0

2009 年，大亚湾核电站 1 号和 2 号机组第二组 Io 不可用次数分别为 1 297 次和 1 288 次。在两台机组全年共发生的 2 585 次第二组 Io 不可用中，随机不可用 677 次，占总数的 26. 2%。另外由于实施 D1DEG101GF 改造以及 D1JDT 改造等工作，使得大亚湾核电站 1 号机组第二组 Io 不可用的时间比往年增加。

2009 年，各系统的第二组安全相关设备随机不可用次数排序统计结果见表 2. 2. 3-4（表中只列出两台机组随机不可用次数较多的 10 个系统）。

从表中的统计结果来看，出现随机不可用次数较多的系统主要是 D1/2DV *，D1/2KRT，D1/2JDT 等系统。两台机组 KRT，DV * 系统故障造成的随机不可用次数与以往相比有所增加，另外 D1APG，D2RGL 系统随机不可用的次数明显多于 2008 年。

表 2.2.3-4　随机第二组安全相关设备不可用次数排名前 10 个系统的统计结果

1 号机组		2 号机组	
系　统	随机不可用次数	系　统	随机不可用次数
DV *	66	DV *	70
KRT	60	KRT	43
JDT	50	JDT	37
JP *	28	REN	23
APG	20	TEG	20
REN	20	RGL	16
TEG	19	JP *	13
RGL	10	SAP	9
DEG	9	DEL	9
DEL	8	DEG	7

注：其中 DV * 为 DVN，DVE，DVL 等通风系统；JP * 为 JPP，JPV，JPT 等消防水系统。

2.2.4　定期试验

1. 大亚湾核电站定期试验年度主要工作概述

2009 年，大亚湾核电站共执行运行总则（GOR）定期试验 3 888 项，其中，电气定期试验 27 项，仪表定期试验 144 项，静机定期试验 1 项，辐射防护定期试验 127 项，运行定期试验 3 076 项，性能定期试验 470 项，燃料物理定期试验 43 项。

在全年定期试验执行过程中，一次不成功试验有 11 项，试验中异常的有 32 项，全年执行的定期试验等效项目共计 34 项。

出版大亚湾核电站 1 号机组第十三次大修定期试验和第二个十年换料大修定期试验运行大纲。召集各部门定期试验负责人对大亚湾核电站 1 号机组第十三次大修与日常交接期间的定期试验项目进行有效安排和跟踪，保证了机组大修与日常运行交接过渡期间试验安排符合监督要求的规定。

2. 定期试验执行情况的反馈及优化

根据 2008 年定期试验执行情况的反馈，在遵守定期试验监督大纲要求的前提下，对 2009 年定期试验相关内容进行了优化，优化项目如下：

（1）升版《定期试验组织管理》等程序，为规范定期试验数据库的操作及维护、定期试验计划的编制和定期试验相关管理工作的开展等提供了有效的程序指导。

（2）优化 D1/2SEC001/003PO 年度性能试验基准点，将试验与 SEC 倒泵结合安排，减少了设备启停次数。

（3）优化 D1/2KRT005/006MA 年度计数评价试验基准点，将试验与 RRI/SEC 倒列结合，减少了设备启停次数。

（4）开发了非 GOR 定期试验变更、GOR 定期试验等效电子平台，规范了非 GOR 定期试验取消、延期、变更的管理。

3. 定期试验执行情况统计

该统计情况见表2.2.4-1。

表2.2.4-1　2009年度各专业GOR定期试验总体执行情况　　项

专　业		MIC	MEE	TTS/TP	TTS/TF	OPH/HR	OPO	年度合计
计划	1，0，9号机组	70	15	228	19	78	1 492	1 902
	2号机组	74	12	242	24	49	1 584	1 985
执行	1，0，9号机组	70	15	228	19	78	1 492	1 902
	2号机组	74	12	242	24	49	1 584	1 985
合格	1，0，9号机组	70	15	228	19	78	1 492	1 902
	2号机组	74	12	242	24	49	1 584	1 985
超期	1，0，9号机组	0	0	0	0	0	0	0
	2号机组	0	0	0	0	0	0	0
一次不成功	1，0，9号机组	0	0	0	0	0	5	5
	2号机组	0	0	0	0	0	6	6
一次成功率/%	1，0，9号机组	100	100	100	100	100	99.7	99.7
	2号机组	100	100	100	100	100	99.6	99.7
有异常	1，0，9号机组	0	0	0	0	0	17	17
	2号机组	0	0	0	0	0	15	15
无异常率/%	1，0，9号机组	100	100	100	100	100	98.9	99.1
	2号机组	100	100	100	100	100	99.1	99.2

4. 统计分析

（1）大亚湾核电站1号机组和2号机组全年定期试验按计划执行率及执行合格率指标情况满意。

（2）大亚湾核电站1号机组全年一次成功率为99.1%，2号机组全年一次成功率为99.2%，均大于目标要求，总体情况良好。出现一次不成功的试验项目主要有：PT1DVF004，PT1RPA016，PT1SAP001，PT2DVF003，PT2LLS002，PT2RPE001，PT2SAP001，PT9DVN002，PT0LHS002。

（3）大亚湾核电站1号机组和2号机组全年无异常率均大于98%的目标要求，总体情况满意。出现异常的试验项目主要有：PT1LHQ001，PT1RGL002，PT2LHP001，PT2RPB025，PT2LLS001，PT9DVN001。

（4）大亚湾核电站全年未发生定期试验超期事件。

（5）大亚湾核电站全年定期试验缺陷处理响应速度及处理工期正常，情况良好。

2.2.5　瞬变统计

2009年7月19日，受台风影响以及坪核线跳闸导致辅助变压器不可用，大亚湾核电站1号机组降功率至760 MW运行，约6小时后升至满功率；8月5日，受台风影响，2号机组降功率至760 MW运行，约4小时后升至满功率，由此造成两台机组产生3.1号和4.1号瞬变各1次。除台风影响外，1号机组主要瞬变发生在第十三次大修期间；2号机组没有大修，未发生瞬变。2009年两台机组瞬变消耗均控制在设定目标以内。

1. 2009年主要瞬变消耗

根据不同工况，瞬变可分为4类：1类为设计工况；2类为一般运行工况及中等概率事件（如升、降功率）；3类为小概率事件（如一回路小破口）；4类为极小概率事件（如一回路大破口）。全部瞬变共100余种，主要瞬变有以下几种：反应堆升温降温、升降功率、停堆、化学容积控制系统上充下泄流量变化、余热导出系统投运、安全阀的动作等。最近5年大亚湾核电站机组的主要瞬变消耗见表2.2.5-1。

表2.2.5-1　最近5年大亚湾核电站机组的主要瞬变消耗　　次

瞬变代码	简要描述	2005年		2006年		2007年		2008年		2009年		累积消耗[1]		设计限值
		1号机组	2号机组	1号机组	2号机组	1号机组	2号机组	1号机组	2号机组	1号机组	2号机组	1号机组	2号机组	
1.1	开盖后的升温	0	1	1	0	1	1	0	2	1	0	19	16	80
1.2	未开盖后的升温	0	0	0	0	0	0	0	0	0	0	18	15	120
2	反应堆降温	0	1	1	0	1	1	0	2	1	0	36	30	200
3.1	升功率	0	1	3	2	1	1	5	2	3	1	145	125	9 800
4.1	降功率	0	1	4	1	1	3	4	1	3	1	110	111	9 920
21.1	紧急停堆，有正常导热条件	0	0	0	0	0	1	0	1	0	0	33	19	230
26	RIS异常投入	0	0	0	0	0	1	0	0	0	0	0	1	40
32.1	上充增加50%	0	3	0	0	3	6	0	23	12	0	363	311	12 000
32.2	上充最大增加	0	0	0	0	0	0	0	7	2	0	87	89	300
33	上充减少50%	0	3	5	1	10	11	1	20	12	0	542	510	12 000
35	关闭第二个孔板，中等幅度	0	3	4	0	5	2	0	3	2	0	97	80	12 000
36	关闭第二个孔板，大幅度	0	1	0	0	0	3	0	0	1	0	57	66	800
37	下泄关闭后打开，上充不变	0	0	0	0	0	0	0	1	0	0	35	28	220
38	上充、下泄同时关闭后同时打开	0	0	0	0	0	0	0	0	0	0	7	10	200
42	系统（RRA）启动	0	2	1	0	1	1	0	2	1	0	36	37	200
44	辅助喷淋启动	0	0	0	0	0	2	0	0	0	0	0	5	50
52.1	安全注入系统误动	0	0	0	0	0	1	0	0	0	0	0	1	40

注：1）累积消耗为1994年至2009年累加统计量。

2. 2009 年发生的重要瞬变分析

（1）大亚湾核电站 1 号机组瞬变代码 3. 1：5 月 11 日 D113 大修结束后升功率，7 月 19 日台风“莫拉菲”影响结束后升功率，7 月 30 日 PT1RGL004 试验造成功率波动，共产生 3. 1 号瞬变 3 次。

（2）大亚湾核电站 1 号机组瞬变代码 32. 2：5 月 9 日 08：54 开始，持续 80 分钟，上充流量的大幅增加使得上充流体温度从 273 ℃下降到 193 ℃，温度下降 80 ℃；5 月 9 日 14：10 开始，持续 15 分钟，上充流量的大幅增加使得上充流体温度从 280 ℃下降到 205 ℃，温度下降 75 ℃。32. 2 号瞬变共发生 2 次，由于上充流体温度变化较大，会对一回路产生较大的热冲击，应尽量避免该瞬变的发生。

3. 趋势预测及改进建议

近几年，大亚湾核电站瞬变消耗总体趋势在减少，非大修期间瞬变很少发生。由于大亚湾核电站换料周期为 18 个月，瞬变年均消耗较低。如果不发生大的设备故障和误操作，瞬变消耗情况将继续保持良好状态。

根据年预测消耗次数，用设计限值的 75% 减去商运后已消耗的次数，可以推算出其中消耗较大瞬变的剩余寿期，详见表 2. 2. 5-2。

表 2. 2. 5-2　瞬变的剩余寿期预测

代　码	描　述	预测剩余年限	
		1 号机组	2 号机组
1. 1	反应堆升温（打开反应堆冷却剂系统以后）（3 年预测消耗 2 次）	64. 5 年	69 年
2	反应堆降温（3 年预测消耗 2 次）	181. 5 年	187. 5 年
32. 2	上充流量最大程度增加（3 年预测消耗 4 次）	135 年	144. 75 年
42	系统（RRA）启动（3 年预测消耗 2 次）	181. 5 年	181. 5 年

2. 2. 6　执照运行事件

根据国家核安全局颁布的《核电厂营运单位运行事件报告制度》（HAF001/02/01）和大亚湾核电运营管理有限责任公司管理程序《执照运行事件报告》（C-IP/DEF/011），大亚湾核电站在 2009 年向国家核安全局报告了 2 起执照运行事件。具体的运行事件描述请参见 9. 9 节“电站运行事件”。

1. 执照运行事件历年数量统计

自调试以来，大亚湾核电站已产生 303 起执照运行事件，其中人因 111 起，统计分析见表 2. 2. 6-1 和表 2. 2. 6-2。大亚湾核电站、岭澳核电站一期近 3 年各类事件数对比统计见表 2. 2. 6-3。

表 2. 2. 6-1 大亚湾核电站历年执照运行事件数统计

年份	1号机组		2号机组		合计
	人因	设备	人因	设备	
1993	40	22	5	0	67
1994	16	12	16	9	53
1995	7	10	13	5	35
1996	5	7	13	1	26
1997	7	0	5	2	14
1998	7	3	4	1	15
1999	3	5	4	5	17
2000	4	3	7	2	16
2001	3	6	5	1	15
2002	4	3	3	1	11
2003	3	2	5	1	11
2004	3	0	6	1	10
2005	2	0	1	1	4
2006	2	0	0	0	2
2007	1	0	3	0	4
2008	0	0	0	1	1
2009	1	1	0	0	2
合计	108	74	90	31	303

表 2. 2. 6-2 大亚湾核电站执照运行事件数按机组状态分布

机组状态	1号机组		2号机组		合计
	人因	设备	人因	设备	
商业运行前	40	24	19	9	92
商业运行至2009年	68	50	71	22	211
合计	108	74	90	31	303

表 2. 2. 6-3 两电站近3年各类事件数对比

电站		24小时事件数			内部运行事件数			执照运行事件数			重发事件数		
		2007年	2008年	2009年	2007年	2008年	2009年	2007年	2008年	2009年	2007年	2008年	2009年
大亚湾核电站	人因	819	546	958	18	16	11	4	0	1	1	0	0
	设备	4 945	6 787	14 154	44	35	37	0	1	1	2	3	0
岭澳核电站一期	人因	992	1 125	1 186	11	20	10	3	2	1	0	2	0
	设备	4 155	8 346	12 095	31	40	53	3	0	0	1	4	1
大亚湾核电站		6 666	7 333	16 930	62	51	48	4	1	2	3	3	0
岭澳核电站一期		6 313	9 471	15 197	42	60	63	6	2	1	1	6	1

注：部分24小时事件原因不明，只在总数中进行统计。

由表 2. 2. 6-1 可见，从大亚湾核电站投产以来，执照运行事件数一直呈下降趋势，其中人因事件的减少是主要因素。表 2. 2. 6-2 反映出大亚湾核电站商运前的执照运行事件数占有相当大的比例，由商运前的 92 起执照运行事件减至 2009 年的 2 起，反映出电站管理水平的不断提高。

2. 自动停堆执照运行事件数对比

2009 年，大亚湾核电站没有发生自动停堆执照运行事件。1 号机组继续零停堆事件的良好业绩，自 2002 年 1 月 12 日以来，连续近 6 个燃料循环无非计划自动停堆。截至 2009 年 12 月 31 日，该机组实现安全运行 2 692 天，是目前国内核电站单机组安全运行最高纪录。两电站功率循环运行中的历年自动停堆次数统计如图 2. 2. 6-1 所示。

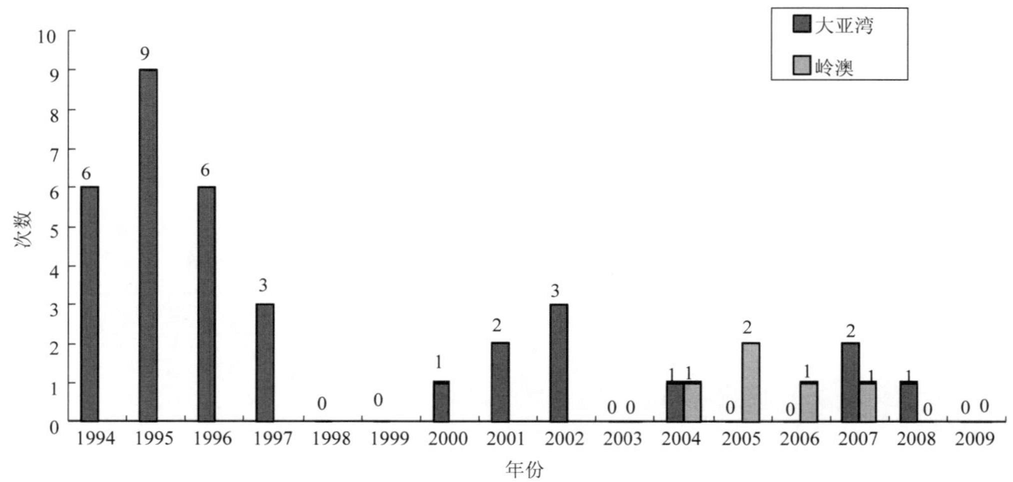

图 2. 2. 6-1　两电站自动停堆次数对比

3. 执照运行事件的分级对比

根据国际核事件分级（INES）方法，2009 年大亚湾核电站发生的 2 起运行事件为 0 级事件。大亚湾核电站自商运以来每年发生的运行事件分级情况见表 2. 2. 6-4。

表 2. 2. 6-4　大亚湾核电站商运以来运行事件历年分级统计　　　　起

年　份	0 级	1 级	2 级	3 级	4 级	5 级	6 级	7 级	事件总数
1994	20	9	0	0	0	0	0	0	29
1995	28	7	0	0	0	0	0	0	35
1996	23	3	0	0	0	0	0	0	26
1997	9	5	0	0	0	0	0	0	14
1998	10	5	0	0	0	0	0	0	15
1999	10	6	0	0	0	0	0	0	16
2000	9	7	0	0	0	0	0	0	16

续表

年 份	0 级	1 级	2 级	3 级	4 级	5 级	6 级	7 级	事件总数
2001	13	2	0	0	0	0	0	0	15
2002	8	3	0	0	0	0	0	0	11
2003	11	0	0	0	0	0	0	0	11
2004	8	2	0	0	0	0	0	0	10
2005	3	1	0	0	0	0	0	0	4
2006	1	1	0	0	0	0	0	0	2
2007	1	3	0	0	0	0	0	0	4
2008	1	0	0	0	0	0	0	0	1
2009	2	0	0	0	0	0	0	0	2
累计	157	54	0	0	0	0	0	0	211

4. 执照运行事件按 HAF 报告准则分布

大亚湾核电站自 2003 年起发生的执照运行事件按国家核安全局颁布的准则分布见表 2.2.6-5。

表 2.2.6-5 大亚湾核电站执照运行事件按 HAF 报告准则分布 起

HAF 报告准则	2003 年	2004 年	2005 年	2006 年	2007 年	2008 年	2009 年
准则 1	6	8	3	1	2	—	1
准则 2	—	1	—	—	—	—	—
准则 3	—	—	—	—	—	—	—
准则 4	—	—	—	—	2	1	—
准则 5	2	—	1	—	—	—	—
准则 6	1	1	—	1	—	—	—
准则 7	—	—	—	—	—	—	—
准则 8	—	—	—	—	—	—	—
准则 9	2	—	—	—	—	—	1
合计	11	10	4	2	4	1	2

注：准则 1　违反核电厂技术规范书的事件。

准则 2　导致核电厂安全屏障或重要设备性能受到严重损害或出现下列工况的事件：明显危害安全的没有分析过的工况、超出核电厂设计基准的工况、在核电厂运行规程或应急规程中没有考虑的工况。

准则 4　导致专设安全设施和反应堆保护系统自动或手动触发的事件（预先安排的这类试验除外）。

准则 5　任何可能防碍构筑物或系统实现下列安全功能的事件：停堆或保持安全停堆、排出堆芯余热、控制放射性物质释放、缓解事故后果。

准则 6　导致多个独立的具有下列功能的系统、序列或通道同时失效的共因事件：停堆或保持安全停堆、排出堆芯余热、控制放射性物质释放、缓解事故后果。

准则 9　其他准则未包括的，但国家核安全局和营运单位（GNPS）认为对安全有影响或为公众所普遍关注的其他事件。

表 2. 2. 6-5 显示，大多执照运行事件以符合准则 1 的事件为主，以前很少发生的符合准则 4 的执照运行事件，近几年时有发生，如 2007 年有 2 起，2008 年有 1 起，此类事件是专设安全设施和反应堆保护系统自动或手动触发的事件，电站须关注。

5. 运行事件按事件原因比例分布

近 4 年的执照运行事件按事件性质统计见表 2. 2. 6-6。2009 年，大亚湾核电站发生 1 起人因执照运行事件。

表 2. 2. 6-6　大亚湾核电站执照运行事件按事件性质分布

事件性质	2005 年		2006 年		2007 年		2008 年		2009 年	
人因失效	3	75. 0%	2	100%	4	100%	0	0. 0%	1	50%
设备故障	1	25. 0%	0	0. 0%	0	0. 0%	1	100%	1	50%
总计	4	100%	2	100%	4	100%	1	100%	2	100%

由表 2. 2. 6-6 可见，前几年的执照运行事件以人因事件为主，而 2008 没有发生人因的执照运行事件，2009 年也只有 1 起人因执照运行事件，表明电站在防人因失误方面的工作有了成效。缺乏质疑态度和违规仍是引发人因执照运行事件的主要因素，今后还需加强员工程序意识和防人因失误工具的使用。

6. 执照运行事件按大修和功率运行期间的分布

该统计情况见表 2. 2. 6-7。

表 2. 2. 6-7　大亚湾核电站执照运行事件按大修和功率运行期间的分布

年　份	大修期间		功率运行期间		运行事件总数	大修运行事件比例/%
	人　因	设　备	人　因	设　备		
2002	1	1	3	6	11	18
2003	5	0	3	3	11	45
2004	6	1	3	0	10	70
2005	1	0	2	1	4	25
2006	1	0	1	0	2	50
2007	2	0	2	0	4	50
2008	0	0	0	1	1	0
2009	0	0	1	1	2	0
合计	16	2	15	12	45	40

由表 2. 2. 6-7 可见，2004 年执照运行事件多发生在大修期间，且以人因为主，2005 年和 2006 年发生在大修中的执照运行事件明显减少，而近两年大修没有发生执照运行事件，

说明大修管理有所提高。

2.2.7 经验反馈

2.2.7.1 内部运行事件经验反馈

2009年，电站对经验反馈组织体系及事件类纠正行动管理流程、事件报告格式等进行了全面改进，成立了纠正行动协调组（CACG）及事件独立调查组，重新界定了纠正行动委员会（CARB）的工作重点，优化了经验反馈管理流程及事件分析和报告编写的管理要求，制定了纠正行动分类分级管理标准，设计了新的内部运行事件（IOE）报告格式和模板，根本原因和原因因素编码完全采取WANO编码系统，重新确定了新的纠正行动管理指标，以利于与国际对标。方案实施后取得了良好效果，并在本年度岭澳核电站二期Pre-OSART评审中得到了国际原子能机构（IAEA）专家的肯定。

2009年，大亚湾核电站共发生内部运行事件48起。

1. 历年内部运行事件按机组分布及人因事件比例

该统计见表2.2.7.1-1。

表2.2.7.1-1 大亚湾核电站历年内部运行事件数统计

年　份	1号机组	2号机组	合　计	人因比例/%
1996	18	15	33	64
1997	46	64	110	50
1998	84	60	144	55
1999	50	58	108	45
2000	80	77	157	50
2001	87	49	136	54
2002	70	44	114	46
2003	66	50	116	53
2004	44	30	74	53
2005	22	31	52	50
2006	49	16	65	29
2007	43	19	62	29
2008	20	31	51	31
2009	37	11	48	29.7

2. 内部运行事件按机组分布

该分布见表2.2.7.1-2。

表 2.2.7.1-2　2009 年大亚湾核电站内部运行事件按机组统计　起

	机　组	人　因	设　备	合　计
内部运行事件	0	2	5	7
	1	5	21	26
	9	1	3	4
	2	3	8	11
	合计	11	37	48

3. 2009 年大亚湾核电站内部运行事件按大修、功率运行分布

该分布见表 2.2.7.1-3。

表 2.2.7.1-3　2009 年大亚湾核电站内部运行事件按大修、功率运行统计　起

内部运行事件	人　因		设　备		合　计
	大　修	功率运行	大　修	功率运行	
1 号机组	2	6	11	18	37
2 号机组	0	3	0	8	11
小计	2	9	11	26	48
合计	11		37		人因比例 29.7%

注：0 号和 9 号机组数据包括在 1 号机组中。

2009 年，大亚湾核电站 2 号机组无换料大修。与 2008 年相比，2009 年大亚湾核电站内部运行事件的总数及人因内部运行事件数、人因内部运行事件比例均略有下降，相差不大。

4. 重发内部运行事件统计

2009 年，大亚湾核电站在发生的 48 起内部运行事件中，没有重发事件。大亚湾核电站近 5 年来重发事件数及占内部运行事件总数比例统计情况见表 2.2.7.1-4。

表 2.2.7.1-4　近 5 年来大亚湾核电站重发事件数及比例统计　起

年　份	2005	2006	2007	2008	2009
人因重发事件数	3	1	1	0	0
设备重发事件数	2	5	2	3	0
合　计	5	6	3	3	0
重发事件比例/%	9.6	9.2	4.8	5.9	0

5. 内部运行事件按分类准则统计

当一个异常事件符合多个 IOE 分类准则时，以影响安全的角度为优先来进行分类。各类别的准则详细条款请查阅相关管理规定。2009 年大亚湾核电站内部运行事件按其分类准则统计情况见表 2.2.7.1-5。

表 2.2.7.1-5　2009 年大亚湾核电站内部运行事件按分类准则统计　起

类　别	A	B	C	D	E	合　计
2009 年	11	15	1	5	16	48
比例/%	22.9	31.3	2.1	10.4	33.3	100

注：A. 核安全、环境相关；B. 电厂可用率相关；C. 辐射防护相关；D. 工业安全、消防相关；E. 管理相关。

从表 2.2.7.1-5 可见，2009 年，大亚湾核电站内部运行事件归类以 E 类为最多，其次分别是 B 类，A 类和 D 类，与 2008 年排序情况相同。C 类（辐射防护相关）较 2008 年的 2 起有所减少，仅发生 1 起。

6. 按 CARB/CACG 审查的内部运行事件统计

根据 2009 年电站经验反馈组织体系及事件类纠正行动管理流程改进方案，重大事件报告由 CARB 审查、批准；所有的人因类内部运行事件、重发事件及重要的设备类内部运行事件报告由 CACG 审查、批准；其他事件报告由编写处处长审查，部门经理批准。电站内外部事件及纠正行动审查评议小组（CAP-Team）对所发生的异常事件按照事件后果或风险严重程度、事件过程的复杂程度进行筛选划分。

2009 年，大亚湾核电站共界定了 14 起需要在 CARB 或 CACG 会议上汇报的内部运行事件，占 29.2%，其中在 CARB 汇报的有 1 起，在 CACG 汇报的有 13 起。按机组统计见表 2.2.7.1-6。

表 2.2.7.1-6　2009 年大亚湾核电站 CARB/CACG 审查的内部运行事件按机组统计　起

事　件	机　组	人　因	设　备	合　计
CARB/CACG 审查内部运行事件	0	2	0	2
	1	4	3	7
	9	1	0	1
	2	3	1	4
	合计	10	4	14

7. 人因内部运行事件统计分析

2009 年，大亚湾核电站共发生 11 起人因内部运行事件。事件相关责任部门统计如图 2.2.7.1-1 所示。一起事件可能涉及多个责任部门，调查分析完成后无法确定责任人的，责任部门归为 OPL，属承包商责任的事件统计入其专业对口处。

2009 年，大亚湾核电站人因内部运行事件中相关责任较多的部门为 TEN，其次是 MRM。与 2008 年人因内部运行事件责任部门涉及 10 个处相比，2009 年仅有 7 个，有所下降。

根据 2009 年电站经验反馈组织体系及事件类纠正行动管理流程改进方案，根本原因的因素编码完全采取 WANO 的编码系统，并且于 2009 年 9 月 30 日正式执行。9 月 30 日前界定的内部运行事件报告仍然是使用旧编码，9 月 30 日以后（含当天）界定的内部运行事件报告使用新编码。

2009 年大亚湾核电站人因内部运行事件的根本原因因素分布如图 2.2.7.1-2 所示，有些

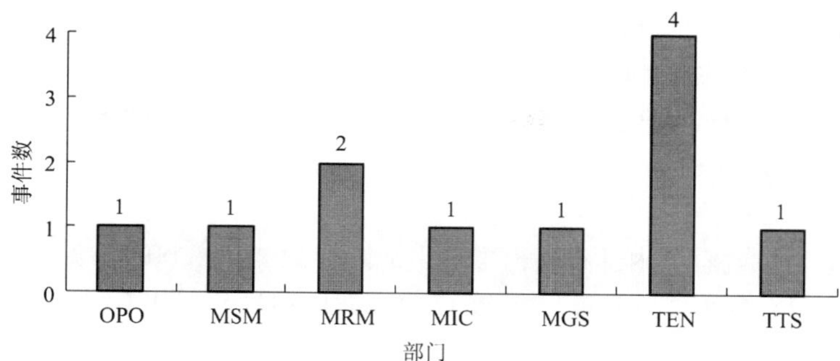

图 2.2.7.1-1　2009 年大亚湾核电站人因内部运行事件负责部门分布

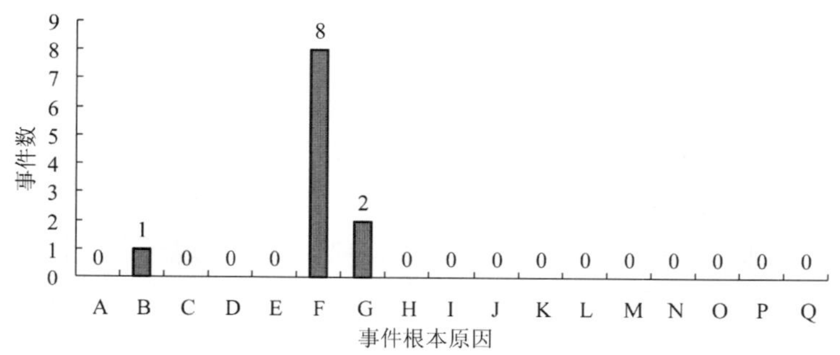

图 2.2.7.1-2　2009 年大亚湾核电站人因内部运行事件根本原因分布

注：A. 口头交流；B. 书面交流；C. 接口设计或设备状况；D. 环境条件；E. 工作安排；F. 工作实践；G. 工作组织管理/计划；H. 监管方法；I. 培训/授权；J. 变化管理；K. 资源管理；L. 管理方法；M. 设计配置和分析；N. 设备规范、制造和建造安装；O. 维修/试验/保持系统在最佳状态的过程；P. 电厂/系统运行；Q. 外部因素

事件涉及多个根本原因，对于目前已经完成调查分析的人因内部运行事件，其根本原因主要分布在工作实践类。

8. 设备内部运行事件统计

2009 年，大亚湾核电站产生设备原因内部运行事件 37 起，涉及 33 个系统，其中需要在 CARB 会议汇报有 1 起，在 CACG 会议汇报有 3 起。故障多发的系统为 GSE，RCP，APP，均与 3 起内部运行事件相关，其次为 GRE，GSS，LLS，DVN，均与 2 起内部运行事件相关。

2009 年，大亚湾核电站重要设备原因导致的内部运行事件如下：

（1）1 月 2 日，化学人员分析转机专业人员送检的 D1GSS210PO 油样，发现水分含量为 0.35%，超过 0.2% 的化学规范限值，外观、水分均不合格，油中金属 Fe（1 791.0 mg/kg）、Cu（49.6 mg/kg）、Cr（4.6 mg/kg）、Pb（15.0 mg/kg）含量高。解体检查发现泵推力轴承已损坏。

（2）2 月 24 日，LVDT 航空接头接触不良导致 D2GRE/GSE010VV 异常关闭。

（3）4 月 18 日，D1LHP 柴油机在磨合试验时发生多起严重故障。

（4）4 月 23 日，检查 D1RIS006FI 地坑过滤器时发现管口面腐蚀严重，存在较多腐蚀坑，腐蚀程度较深，约 10 mm。

（5）4 月 23 日，大亚湾核电站 2 号机组进行 PT2LLS002 试验时，启机后转速上升至 3 400转，随后 LLS 小汽轮机跳闸。

(6) 5 月 8 日，执行 PT1LLS001 试验时，D1RCV094VP 未开启。

(7) 5 月 22 日，D2GSS210PO 电动机发生接地故障导致跳闸。

(8) 6 月 26 日，执行 PT1RPA016 试验时，D1RIS013VP 无法开启。

(9) 7 月 1 日，D1KRG141AR RACK A 机架 28 V 直流供电保险接触不良导致多个 RCP/RGL 报警闪发。

(10) 7 月 11 日，电容器内部发生击穿放电故障导致 D2LNE003DL 跳闸。

(11) 7 月 19 日，台风“莫拉菲”导致 D9LGR001/002TA，L9LGR101/201TA 均不可用，两机组记随机第一组 Io。根据三防应急管理程序并汇报电站应急响应组织后，两电站相继宣布进入应急待命状态。

(12) 7 月 30 日，D2SEC022VE 汽缸活塞与弹簧之间的连接杆断裂导致 D2SEC022VE 机械卡在开启位置，引发主控制室出现 D2SEC021AA（DEC），执行 DEC 规程进入 H1. 1，通过 H1. 1 检查判断进入报警卡，检查机组其他相关参数均未有异常变化。

(13) 8 月 25 日，D2APP124VL 内漏导致多个 D2APP 设备故障和 D2LCA 绝缘低报警。

(14) 8 月 27 日，D2GSE004VV 因 LVDT 线圈故障关闭。

(15) 10 月 23 日，D2APP B 泵振动超过报警值，解体发现 D2APP201TC 的调速器传动齿轮系中与汽轮机主轴传动的第一个齿轮的内控、轴、键等部位存在损伤。

(16) 11 月 2 日，工业安全人员在现场巡视时发现 D0JPD101BA 内消防泡沫液不明原因大量减少。

2. 2. 7. 2 外部事件经验反馈

1. 外部事件筛选

按照公司近年来组织的内外部评审意见，2009 年筛选的外部事件数大幅增加，全年共选出 329 起事件，与 2008 年相比，数量翻两番。近 5 年外部事件数趋势情况见表 2. 2. 7. 2-1。

表 2. 2. 7. 2-1 近 5 年外部事件统计 起

年份	2005	2006	2007	2008	2009
外部事件	156	131	97	107	329

2009 年共确定了 287 个 FA（对照分析外部事件，并填写反馈单）、290 个 FI（供相关专业人员参考）、5 个 EOER（外部运行事件报告），且所有 EOER、FA 均按期完成，没有出现超期现象。

2009 年的外部事件筛选工作不仅在数量方面出现了突破，事件选取范围也得到进一步拓展，EPRI（美国电力研究院）每月提供的事件，也已开始纳入外部事件筛选范围。

由于 FA 反馈时产生的行动已能直接进入任务督办系统跟踪，不再升版成 EOE，2009 年 EOE 数量较少。只有 WANO 发布的 SOER（重大运行事件报告）和 SER（重要事件报告）及其他较为重要的外部事件才定 EOE。2009 年外部运行事件（EOE）见表 2. 2. 7. 2-2。

EOE 数量虽然减少，但审查较以前更严格。自 2009 年开始，每份 EOE 反馈报告完成后都需通过 CACG 审查。

表 2.2.7.2-2　2009 年外部运行事件（EOE）统计

事件编号	外部事件名称	事件来源	事件类型
EOER-0901	堆芯中两组燃料组件卡在上部堆芯构件上被吊起	CID	法国 Tricastin 核电站 2 号机组
EOER-0902	应急电源可靠性	WANO	SOER 2002-2（2008 年升版）
EOER-0903	控制棒移动故障	WANO	日本高滨核电站 2 号机组
EOER-0904	控制棒无法按要求下插	WANO	SER2009-1
EOER-0905	反应堆压力容器顶盖法兰不明原因泄漏	WANO	SER200902

2. 外部突发事件跟踪管理

2009 年，跟踪处理的外部核电站突发事件主要有：Callaway 电站发生的燃料格架损坏，Blayais 电站因取水口堵塞发生多次停机，Gravelines 电站燃料组件钩挂，巴西大面积停电等。

3. 外部经验反馈管理过程的优化

2009 年，电站对外部经验反馈管理过程进行了改进和优化，要点如下：

（1）成立 CID 事件反馈支持小组。即由持有或曾经持有操纵员执照并懂法语的人员组成该小组，为 CID 事件提供反馈建议。

（2）将保健物理处和化学环保处纳入外部事件筛选环节。即在事件初选阶段，工业安全、辐射防护相关事件需征求保健物理处人员的意见，化学相关事件则征求化学环保处人员的意见。

4. 外报事件

2009 年，按照 WANO 要求共报送了 4 份事件报告：

（1）D1LHQ 参数检查时误触发速度调节故障报警；

（2）阀门异常关闭导致反应堆热功率波动；

（3）多个燃料组件定位格架外围导向翼受损；

（4）岭澳核电站 2 号机组一根燃料棒发现微小裂纹。

5. 外部交流活动

2009 年 9 月，运营公司主办第八届六电厂运行经验技术交流会，交流会共收到 65 篇交流文章，参加人数逾 70 人，分别来自运营公司、秦山核电公司、核电秦山联营公司、秦山第三核电公司以及江苏核电公司。

2009 年，WANO 派专家来电站为经验反馈工作人员进行了一次小事件分析方法培训。

2.2.7.3　电站纠正行动管理

1. 2009 年事件相关的纠正行动总体概况

各类报告的纠正行动完成情况见表 2.2.7.3-1。

表 2.2.7.3-1　事件相关的纠正行动完成情况统计

	LOER	IOER	EOER	RCA
应完成纠正行动数/项	14	458	39	31
按时完成纠正行动数/项	14	458	39	31
按时完成率/%	100	100	100	100

在542项纠正行动中，延期完成22项，占4.1%。

2. 2009年事件相关纠正行动的执行情况

2009年事件类（LOER，IOER，EOER，RCA）纠正行动完成情况总体良好，全年未发生超期完成的情况（延期批准的行动在延期期限内完成的以按期完成计）。

统计数据表明，2009年各部门纠正行动完成情况良好，但截至完成期限3天内提交验证的情况较为突出。

根据统计分析，在542项纠正行动中延期项有22项，延期率为4.1%，与2008年相比有大幅下降（2008年延期率为16.7%），说明各部门有效的管理措施和考评方法对提高纠正行动按期完成率起到了良好的促进作用。

行动延期的理由主要是：计划安排原因；供货商延期供货；厂家或委托部门工作项目延期完成；执行部门时间安排原因；正常机组状态不允许执行；要求等待机组停机、大修期间处理；纠正时间期限不够，需延期进行；需要继续进行调查分析；需要生产厂家及外部支持等。

从按月统计分析结果来看，在机组大修阶段后期和年终阶段延期数量最高，且主要是主办人对纠正行动的时间设置、任务安排、分配不当等原因造成。

根据经验反馈体系改进方案的要求，2009年成立电站纠正行动协调小组，负责电站经验反馈体系的正常运作和管理，由于采用纠正行动完成率等量化指标与考核、评选先进专业等管理措施，各执行部门及专业部门人员参与运作管理，使纠正行动完成率保持较高比率。

2009年，纠正行动总量比2008年有所增加，主要原因是2009年外部事件筛选数量增加（包括WANO，CID，INDE，EDF，CINNO等来源）；另外，FA（外部事件反馈单）产生的纠正行动与异常事件报告产生的纠正行动全部录入任务督办系统，使纠正行动数量增加。

2009年，根据新的纠正行动管理方法，纠正行动实行分级分类管理，独立验证，集体审核的验证模式。尤其是在纠正行动的审查、执行、验证、关闭等环节层层把关，使纠正行动有效性得到加强，使纠正行动的完成质量和要求更加严格，促使各执行人员高质量、严要求地完成每项工作任务。

2009年，在验证把关方面，SQA、OPE、OPL严格按照程序要求和验证流程执行验证，纠正行动按期完成总量比率很好。有效性分析将使用新的《纠正行动有效性评价准则》对2009年完成的纠正行动进行分析。

3. 事件相关的纠正行动有效性评估中发现的主要问题

2009年，纠正行动中发现以下主要问题：

（1）部分纠正行动制定环节存在避重就轻现象

部分事件报告在制定纠正行动时，考虑到可能存在协调、执行、验证等方面困难，个别纠正行动未针对根本原因制定，采用易实现、易完成的纠正行动项目替代，使纠正行动的有效性无法得到保障。

（2）纠正行动完成期限过长

在验证过程中发现，个别纠正行动完成时间过长，使机组缺陷问题长时间得不到纠正，严重影响机组安全，使事件纠正行动失去原有意义。

（3）纠正行动未按照任务要求执行

在验证过程中发现，个别纠正行动的执行部门未按照工作任务要求进行，存在文不对题的现象，使纠正行动的有效性大打折扣，不利于从改进管理措施和制度流程上防止事件的重发。

2.2.8　电站概率安全评价

概率安全评价（Probabilistic Safety Assessment，PSA）又称为概率风险评价（Probabilistic Risk Assessment，PRA），是以概率论为基础的系统化的核电站风险定量评价技术。2009年，PSA技术在两电站的应用范围越来越广，而且，为了更好地支持核电站的应用，相继开展了内部水淹事件和内部火灾事件的PSA模型开发。

2.2.8.1　概率安全评价模型的更新与开发

1. 大亚湾核电站和岭澳核电站一期PSA模型更新

为了更有力地支持电站的核安全管理和决策，需要适时更新PSA模型，以反映电站的真实情况。2009年，两电站PSA模型更新考虑了以下输入要素：

（1）收集整理并处理重要系统、设备的失效信息，获得最新的可靠性数据，共完成7个设备类的数据更新。

（2）收集整理并分析电站工程改造信息、电站程序（特别是事故规程）变更信息。

（3）收集整理PSA应用的反馈意见和PSA模型外部审评的意见。

（4）新建核电站（阳江、红沿河、宁德）PSA模型开发时的经验反馈。

2. PSA新模型开发

（1）水淹PSA模型开发

参照EPRI水淹PSA导则和美国ASME的最新水淹技术标准，并考虑NRC，IAEA相关技术要求，结合美国核电站最新实践，在大亚湾核电站和岭澳核电站一期内部事件PSA模型最新版的基础上，开发了两电站水淹PSA模型。该内部水淹PSA模型主要是分析功率运行工况下内部水淹对核电站核安全的影响。

表2.2.8.1-1给出了大亚湾核电站和岭澳核电站一期各机组内部水淹分析结果，相比功率工况内部事件，内部水淹导致的堆芯损坏频率要小很多。

表2.2.8.1-1　两电站内部水淹PSA结果

机　组	堆芯损坏频率/（堆·年）$^{-1}$
大亚湾核电站1号机组	1.06×10^{-8}
大亚湾核电站2号机组	1.50×10^{-8}
岭澳核电站1号机组	9.46×10^{-9}
岭澳核电站2号机组	1.37×10^{-8}

（2）火灾PSA模型开发

参照NUREG/CR－6850提供的分析方法和美国ASME的最新火灾技术标准，并参考美国核电站火灾分析的实践经验，对大亚湾核电站和岭澳核电站一期实施火灾PSA分析。内部火灾PSA模型主要分析功率运行工况下内部火灾对核电站核安全的影响。

核电站火灾PSA计划3年内完成开发。2009年共完成17项子任务中的7项。完成的工作主要有：

1）确定两电站各类火灾发生的频率，分析认为，两电站火灾发生频率处于较低水平；

2）甄别出 4 494 个固定点火源及其类别；

3）确定 3 万多条电缆及其所在的 3 万多个电缆桥架，约 170 万米的电缆经过的所有区域与房间；

4）确定房间内可燃物载荷数量（包括永久性和临时性）；

5）分析房间内可能的维修活动与人员活动；

6）基于以上工作，最终确定各房间的 39 类点火源频率。

表 2. 2. 8. 1-2 给出了大亚湾核电站和岭澳核电站一期不同厂房区域发生火灾的频率，与中国保监会提供的火灾频率相比，两电站相应的结果均较小。

表 2. 2. 8. 1-2　两电站不同区域的点火频率

火灾区域	发生频率/（堆·年）$^{-1}$		
	中国保监会	大亚湾核电站/岭澳核电站一期	
		1 号机组	2 号机组
汽轮机房	1.20×10^{-1}	8.29×10^{-2}	7.92×10^{-2}
辅助反应堆房	7.00×10^{-1}	1.45×10^{-1}	1.40×10^{-1}
柴油发电机房	2.60×10^{-2}	9.36×10^{-3}	9.36×10^{-3}
反应堆壳（安全壳）	1.70×10^{-2}	1.68×10^{-2}	1.75×10^{-2}
控制室	7.20×10^{-3}	2.13×10^{-3}	2.13×10^{-3}
电缆间	4.30×10^{-3}	6.61×10^{-3}	6.70×10^{-3}
给水间	2.00×10^{-3}	6.55×10^{-3}	6.55×10^{-3}
全厂	8.77×10^{-1}	3.96×10^{-1}	3.88×10^{-1}
两电站火灾次数（统计约 38 堆年的时间范围）			
	按中国保监会值预测	按 PSA 分析值预测	
按频率预计（个）	33	16	
实际已发生次数（个）	17		

2. 2. 8. 2　PSA 在核电站的应用

1. 在线风险评价与管理系统（Risk Monitor）

2009 年，在线风险评价与管理系统继续在核电站的日常风险管理中发挥重要作用，共计使用约 860 人·次。各部门的使用对比情况如图 2. 2. 8. 2-1 所示，每个月份的使用情况如图 2. 2. 8. 2-2 所示。该系统的广泛应用不仅有利于提高电站风险管理水平，而且有助于提升核电站员工的核安全意识。

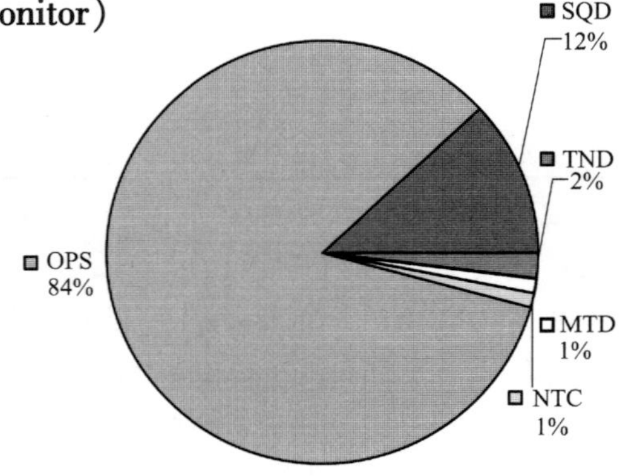

图 2. 2. 8. 2-1　Risk Monitor 在每个部门的使用情况

虽然 Risk Monitor 已得到广泛使用，但仅限于功率运行期间。为了进一步把 PSA 推广到大修过程的风险评价与管理，2009 年已调试完成停堆工况的 Risk Monitor，该系统已具备电站应用条件。

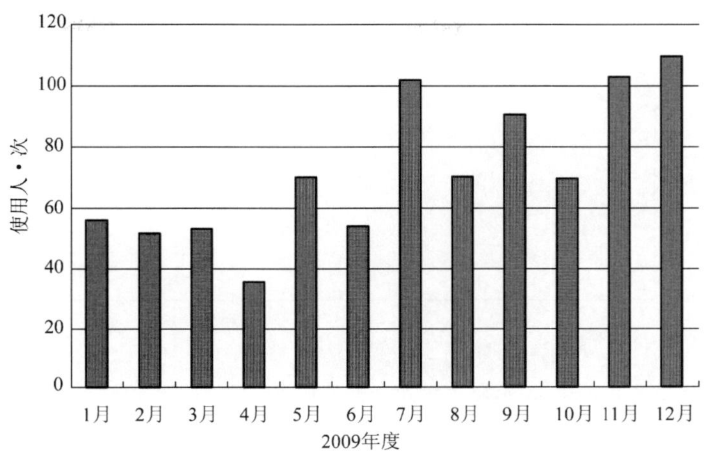

图 2.2.8.2-2　Risk Monitor 每月使用情况

2. 风险指引型的缓解系统性能指标

2009 年，继续收集了两电站重要安全系统的运行数据，用于缓解系统性能指标（MSPI）系统的评价。MSPI 系统能够评价以下 8 个安全功能系统的 MSPI 指标，它们是应急交流电源系统（EDG）、高压安全注入系统（RIS/RCV）、辅助给水系统（ASG）、长期余热移出系统（RIS/EAS）、设备冷却水系统（RRI）、重要厂用水系统（SEC）、辅助厂外电源（LGR）、水压试验泵系统（LLS）。

从该系统评价结果可以看出，2009 年大亚湾核电站的 EDG 性能欠佳，主要是应急交流电源系统存在轴瓦缺陷，而且缺陷存在时间较长。

3. PSA 在电站日常生产管理中的应用

PSA 人员关注四台机组的运行状况，使用 PSA 对设备缺陷或异常状况进行详细分析，并及时地将风险信息和建议反馈到相关执行部门。此外，根据电站的实际需求，尤其是电站有紧急情况或发生突发事件时，及时评价风险，为电站的决策提供技术支持。

（1）PSA 人员定期评价和分析两电站的重要不可用事件，进行堆芯风险度的趋势分析和编制相应的评价报告。2009 年，四台机组的风险度变化曲线分别如图 2.2.8.2-3 和图 2.2.8.2-4所示。

（2）2009 年完成 21 个专项 PSA 分析报告，支持了电站生产活动中的安全管理需求。主要包括如下几个方面：

1）完成 14 项不符合项的 PSA 评价，包括：D2SEC002PO 不符合项、D1RIS021BA 不符合项、D1RIS004BA 不符合项、L1RRI002RF 不符合项、L1RRA015VP 不符合项等。

2）L207 大修中直接开大盖的 3 种预案的 PSA 评价。

3）完成大亚湾核电站应急柴油机连杆轴瓦缺陷的 PSA 评价报告。

4）支持核电站 5 项特许申请的评价，包括：RCD 模式限制条件下 DVK 碘回路限制条件变更特许申请的 PSA 评价，岭澳核电站一期 LGR 改建项目过渡实施过程中对核安全的影响分析等。

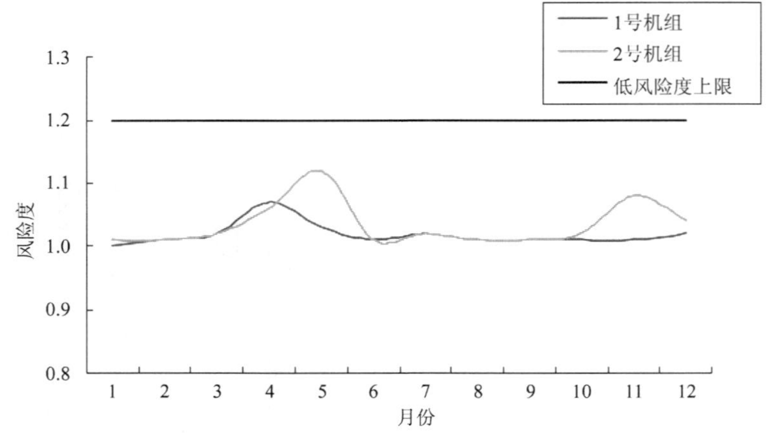

图 2. 2. 8. 2-3　2009 年度大亚湾核电站两台机组的风险度变化曲线

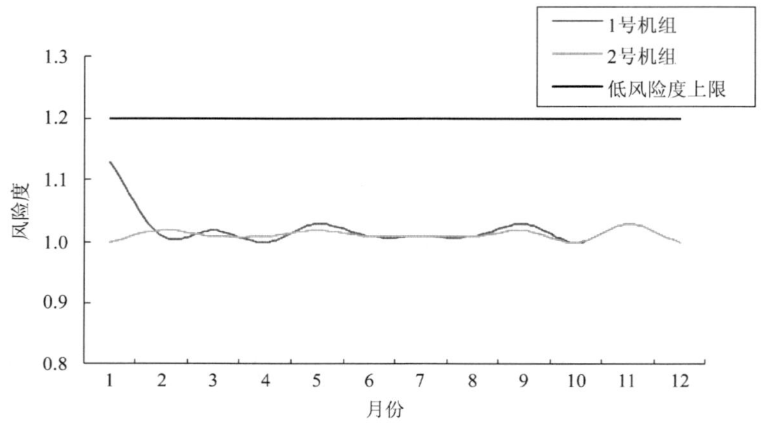

图 2. 2. 8. 2-4　2009 年度岭澳核电站一期两台机组的风险度变化曲线

（3）提供电站外部审查的支持，如岭澳核电站二期 Pre-OSART 和核保险的审查支持，核电站外部专家评审。

2. 3　工业安全

2009 年，大亚湾核电站工业安全状况良好，没有出现轻伤及以上的事故，发生 2 起工业安全未遂事件、1 起工业安全伤害事件。大亚湾核电站工业安全事故率为 0，连续两年达到 WANO 先进水平。

2. 3. 1　工业安全统计

1. 大亚湾核电站工业安全统计

该统计见表 2. 3. 1-1。

表 2. 3. 1-1 2009 年大亚湾核电站工业安全指标

项 目	控制目标	实际值
重伤及以上的事故次数	0	0
轻伤事故次数	0	0
20 万人·工时工业安全事故率	0	0
工业安全伤害事件次数	≤3	1
工业安全未遂事件次数	≤5	2

注：$20\text{万人·工时工业安全事故率} = \frac{\text{事故人次数}}{\text{总工作人时数}} \times 0.2 \times 10^6$

2. 工业安全事件分析

2003 年以来大亚湾核电站历年工业安全指标事件统计见表 2. 3. 1-2。

表 2. 3. 1-2 历年大亚湾核电站工业安全事件数 起

年份	轻伤	伤害	未遂
2003	3	—	13
2004	2	—	13
2005	5	—	10
2006	1	—	3
2007	3	2	3
2008	0	5	2
2009	0	1	2

2009 年发生 2 起工业安全未遂事件，均由设备故障引发；发生 1 起伤害事件，由厂房环境造成。

2. 3. 2 工业安全管理

1. OHSAS18000 职业健康安全管理体系

2009 年 7 月 22 日，运营公司完成并通过认证后的第二次内审，8 月 20 日通过第二次外审。

2. 日常生产的安全支持和监督

（1）2009 年，发现并消除的异常或安全隐患共 817 项。

（2）完成大亚湾核电站 35 项特殊作业（PX 票）的安全技术支持和监督，对每一项高风险项目都进行了安全分析和评价，工业安全监督人员检查了安全措施的落实情况。

（3）2009 年 9 月，工业安全人员会同质保部，对广东大亚湾核电服务（集团）有限公司东部分公司的安全管理制度进行了联合审查，并提出了改进建议。

3. 大亚湾核电站 1 号机组第十三次大修的支持和监督

圆满完成 D113 大修的安全监督和支持工作，期间对工业安全高风险作业进行了重点监督，如 CEX 冷凝器“狗骨”更换改造、KTS 改造、泵站沉沙池和 CC 出水口清理、主变压器检修及高压套管更换等工作。

4. 中长期施工项目的安全监督

2009 年，电站安全部门完成新建仓库和检修间、材料码头维修、MX/QS 厂房外墙防腐等高风险作业的施工方案审查、安全监督。

5. 安全专项检查和监督

2009 年，电站日常生产管理项目组牵头组织相关单位开展春节、清明、五一、端午、中秋、国庆节、冬季防火等安全专项检查；组织人员对施工现场、厂房固定安全设施、安全工器具、危险化学品储存和使用情况等进行专项检查，及时消除了安全隐患。

6. 劳保用品管理

完成运营公司所有员工及 719 名外基地学员和大修支持人员的普通劳保和特种劳保用品的采购、发放和借用管理工作。特种劳保用品转移给现场服务处进行发放和借用管理。

7. 防抗台风、雷击、暴雨工作

（1）大亚湾核电基地各责任区施工项目归口单位针对 2009 年基地防台特点，制定了各施工现场的“三防”管理预案。

（2）2009 年 6 月 2 日，电站组织举行了 2009 年防抗超强台风应急演习，检验大亚湾核电基地各级应急组织的严密性、协同性和指挥的有效性和《大亚湾核电基地防抗超强台风应急程序》的适用性。

（3）2009 年，电站成功防抗台风共 5 次，分别是 6 月 26 日的台风“浪卡”，7 月 19 日的台风“莫拉菲”，8 月 5 日的热带风暴“天鹅”，9 月 10 日的台风“彩虹”，9 月 14 日的台风“巨爵”。其中，台风“莫拉菲”正面袭击大亚湾核电基地，登陆时中心风力强度达 13 级，是自 2003 年台风“杜鹃”以来对电站影响最为严重的台风。由于前期防台准备工作充分，抗抵台风期间，各部门行动迅速，组织有序，措施到位，确保了人员安全及四台机组的安全运行。

8. 厂房安全管理

（1）2009 年，厂房评审工作从 2 月份开始，经过厂房评审小组的组织安排和厂房经理的大力配合，截至 2009 年 10 月 30 日，共完成 18 个处 52 位厂房经理所管辖的两电站 130 多个厂房的安全评审。电站厂房管理水平大部分为“三星”级。

（2）每月完成一次主要厂房的安全巡视，对发现的安全隐患督促厂房经理或相关单位及时处理。

9. 程序与文件的升版

升版了《职业安全与消防培训大纲》、《高风险作业的工业安全管理》、《职业安全与消防的监查和评估》、《防火控制》、《工业安全巡视与检查》、《防抗台风、雷击、暴雨（三防）的行动导则》、《工业风险分析及事故预防》、《危险化学品的安全管理》等程序，重新编写了《危险化学品手册》，并完成了两电站厂房定检程序的升版工作。

10. 安全宣传、培训

完成运营公司和承包单位所有员工的入厂工业安全基本授权培训、复训任务；在岭澳核电站 2 号机组第七次大修前对所有参加大修工作的承包单位人员进行了全员安全培训；在惠

阳建筑公司新建检修间开工前，对该公司进行全员安全教育；大修期间每日张贴《职业安全事件反馈快报》；不定期编制《职业安全学习与信息》供各单位学习。

2.4　消防

2.4.1　火灾事故和火险事件统计

该统计情况见表2.4.1-1。

表2.4.1-1　火灾事故及火险事件统计　起

	火灾	一级火险	零级火险
控制目标（每电站）	0	1	4
大亚湾核电站（实际）	0	0	1

2009年，大亚湾核电站未发生火灾事故和一级火险事件。发生1起零级火险事件。具体事件描述单见第9.10.5节零级火险事件列表。

2.4.2　消防系统可用率

该统计情况见表2.4.2-1。

表2.4.2-1　消防系统可用率统计　%

月份	1月	2月	3月	4月	5月	6月	7月	8月	9月	10月	11月	12月
探测系统可用率	99.90	99.92	99.99	99.86	99.93	99.97	99.89	99.90	99.94	99.82	99.87	99.93
灭火系统可用率	99.79	99.91	99.89	99.85	99.91	99.89	99.86	99.92	99.90	99.76	99.73	99.96

2.4.3　消防管理

1. 完成的主要工作

（1）日常与大修防火控制。2009年，两电站消防管理以“防消结合、预防为主”为方针，以“纵深防御”为指导思想，严格执行防火控制的各项规定，保障了两电站日常发电生产和全年3次大修的消防安全，完成了消防相关指标的控制任务。

（2）专项防火检查与控制。按计划进行了厂房安全巡检、定检，月度消防监督的防火检查工作，并组织完成元旦、春节、五一、集团部署、国庆60周年保电、冬季安全大检查以及Pre-OSART组织的消防检查，有效发现并及时消除了各类火险隐患。

（3）加强改造项目的防火控制。在设计审查、对外报审、验收检查及文件升版等各个环节按照国家法规和电站程序规定严格把关，确保改造活动的全过程处在消防控制之下。主要包括：岭澳核电站一期汽机油箱消防系统（JPH）雾化水枪改造，新建消防站施工项目审查，新建档案馆（LAD）改造工程、大亚湾核电站和岭澳核电站一期核岛火警探测系统（JDT）整体改造等工程项目的消防审查。

（4）消防改进项目的推动与落实

1）完成的工程改造项目：两电站四台机组的 JPH 增加遥控启动功能和摄像监视功能的改造；D2MX 电缆层感温电缆改造；L2MX 厂房 JPH 雨淋阀全部替代为隔膜式雨淋阀。

2）两电站消防管道腐蚀的综合治理工作：维修部牵头制订了消防管网腐蚀的综合整治方案，包括建立消防系统管道内、外观定期检查大纲，及时发现异常并进行修复，分批更换已发生严重腐蚀导致泄漏的管道，引入“长距离导波腐蚀检测、远场涡流腐蚀检测”等腐蚀在线检测新技术，引入管道内部腐蚀产物清理及加装防腐涂层的新技术“旋风法”，并在岭澳核电站 2 号机组第七次大修中对部分管道进行腐蚀处理，清理效果明显；与苏州院、天津消防所联合攻关，编写了核电站消防管道选材、腐蚀监测、腐蚀防护的企业及行业标准，填补了核电该项的空白。

3）大力推动解决大亚湾核电站主变压器和厂用变压器及辅助变压器防火墙高度不足的问题：电站 PNSC 会议批准了大亚湾核电站主变压器加高防火墙的建议，并要求制订相应实施方案，计划在 2010 年 D114，D214 大修中实施改造。

4）大亚湾核电站、岭澳核电站一期消防洒水喷头的普查：针对电站消防洒水喷头相关异常事件频发问题，开展了消防洒水喷头普查工作，为日后的备件采购提供技术依据。

5）明确灭火系统的维修责任：将消防系统所属气体、泡沫、干粉灭火设备维修责任转移到执行处，解决了责任不清的问题。

6）2009 年两电站内布置的灭火器年检工作：开展两电站灭火器及消防水栓的月检工作，实现了电站内移动灭火系统及固有消防设施的高频度检查，确保其状态可靠。

7）新、扩建厂房消防行动卡的编写：完成岭澳核电站一期 HY，TH，VA 等新扩建厂房的消防行动卡的建立，并在厂房移交使用前生效投入使用，确保了针对新、扩建厂房的火警响应干预有规程可执行。

（5）按计划完成全部消防培训与消防演习任务

1）按计划完成全公司员工和外基地实习人员的消防培训任务，全年培训 1 045 课时、5 547 人·次。

2）完成两电站 12 次消防演习，其中四级演习 2 次。

（6）在厂房管理改进方面，重新策划、推行了以厂房经理责任制为核心的厂房安全管理体制，使电站厂房的消防安全管理落到实处。

2. 关注问题

中长期消防缺陷处理进度慢。

两电站核岛区域 JDT 故障、误报及备件枯竭问题；岭澳核电站一期 BOP 区域 JDT 故障多问题；消防管道腐蚀及主变压器部分喷头堵塞问题；消防水质混浊问题等处理进度不理想，均仍需大力推进。

2.5 辐射防护

2.5.1 年度辐射防护总体评价

2009 年，大亚湾核电站辐射防护控制指标执行情况良好，未发生人员体表沾污、体内污染，人员超剂量照射，放射性物质失控事件和人因地面污染事件。指标完成情况见表 2.5.1-1。

表 2.5.1-1　2009 年大亚湾核电站辐射防护指标完成情况

指　标	目标值	结果值
集体剂量/（人·Sv）	≤0.82	0.715
最大个人剂量/mSv	<20	5.24
人因地面污染/次	≤6	0
人员体表沾污事件/（人·次）	≤6	0
人员体内污染超过 3% ALI[1] 的事件/（人·次）	0	0
辐射事故/次	0	0
放射性物质失控/次	0	0

注：1）ALI——年摄入量限值，单位为 Bq。不同的放射性核素有不同的年摄入量限值。

2009 年，大亚湾核电站发生 2 起超过 1% ALI 而小于 3% ALI 的内污染记录事件，初步分析认为是在 D113 大修中从事 PMC 相关工作和更换水池水闸门密封胶囊时所致，但未能找出确切的污染原因。为防止内污染事件的发生，电站采取了改进专项行动，包括专项培训、特殊 WBC 监测、厂房表面及空气污染普查、内污染分析单优化等措施。

2.5.2　个人剂量监测与管理

1. 个人剂量监测

（1）外照射电子剂量计监测

监测对象为 2009 年在大亚湾核电站控制区工作的所有人员，人数总计为 2 573 人，共监测 118 975 人·次，最大个人剂量为 5.194 mSv，人均剂量为 0.283 mSv。各个剂量段分布的详细情况见表 2.5.2-1。

表 2.5.2-1　2009 年度大亚湾核电站个人剂量（EPD 数据）分布

剂量段/mSv	0～0.2	0.2～0.5	0.5～1	1～2	2～5	5～10	>10	合计
监测人数	1 756	328	266	180	40	3	0	2 573
占总人数比例/%	68.25	12.75	10.34	7	1.55	0.11	0.00	100.0
监测/（人·次）	42 270	22 508	24 374	21 036	7 349	1 438	0	118 975
集体剂量/（人·mSv）	54.976	109.142	192.339	247.271	109.763	15.426	0	728.917
占总剂量比例/%	7.54	14.97	26.39	33.92	15.06	2.12	0.00	100.0

从表 2.5.2-1 可以看出，以人均剂量附近的剂量段为界，全年个人剂量高于 0.5 mSv 的人数只占总人数的 19%，同时这部分人群的集体剂量却占总剂量的 77.49%，较好的符合大规模剂量监测的“二八法则”，个人剂量的控制应重点关注 0.5 mSv 以上人群。

（2）外照射热释光剂量计监测

2009 年，继续有大量新员工和集团内其他公司代培员工进入控制区工作，大亚湾核电站全年共有 590 人新申请配发 TLD，监测结果见表 2.5.2-2。

表 2.5.2-2　2009 年度大亚湾核电站 TLD 监测结果

	监测人数	监测人次	集体剂量/mSv	最大个人剂量/mSv
常规 γ 监测	1 745	9 143	281.513	6.25
中子监测	—	70	3.70	0.25

注：常规 γ 辐射 TLD 监测对象为运营公司员工和集团内代培员工，不包括承包商人员。中子 TLD 监测对象为申请监测的所有工作人员。

（3）内照射监测

全年共监测 6 221 人·次，监测对象为所有进入控制区的工作人员和部分有潜在内污染风险检修项目的工作人员。所有监测结果中，有 2 例高于调查水平，无人超过干预水平。

2. 个人剂量控制

个人剂量控制的主要措施包括入厂个人剂量申报、大修日剂量跟踪、剂量预警和剂量干预等。根据国家相关法规和电站剂量管理程序要求，大亚湾核电站和岭澳核电站一期个人剂量实施联网统一控制。2009 年，大亚湾核电站和岭澳核电站一期相继开展了 L206，L107，D113，L207 大修，保健物理处剂量组共收到并完成整理录入了 1 927 份入厂个人剂量申报，1 份大修剂量干预单（5 mSv），2 份年剂量干预单（15 mSv），年度最大个人剂量为 15.285 mSv，远低于电站个人剂量管理限值。

3. 剂量监测的质量保证

2009 年度主要完成如下工作：

（1）从事监测人员完成了相关的岗位授权和在岗培训；

（2）按期完成了监测设备的定期刻度（电子剂量计、热释光剂量计、全身计数器等）；

（3）继续开展和外单位的双轨制监测项目，完成监测结果的分析评价。

4. 个人剂量档案管理

继续建立健全运营公司员工的职业照射个人剂量档案管理，主要完成了 2009 年度辐射工作员工个人剂量档案的建立，部分离职人员的档案转移，出访人员的历史剂量报告和外访人员的剂量申报录入等。

因存放个人剂量档案的房间不符合档案管理要求，经过协调，2009 年 9 月，剂量组将电站投运以来建立的所有个人剂量档案进行分类，打包移至 TDA 档案仓库进行存放。此项工作完成后，彻底消除了档案存放过程中存在的火灾、温度、湿度等方面的安全隐患。

5. 对外监测支持

目前，运营公司承担了部分外单位在大亚湾核电站和岭澳核电站一期控制区工作人员的热释光剂量监测支持，主要包括集团内各核电公司的代培员工、核电环保公司北龙处置场人员等。保健物理处剂量组定期提供监测结果报告，各公司自行负责员工的个人剂量档案管理。

2.5.3　运行辐射防护管理

1. 总体状况

2009 年，大亚湾核电站日常运行期间的月平均集体剂量为 14.08 人·mSv，比 2008 年略高出 2.35 人·mSv，主要原因是主泵水力部件检修产生的剂量 18 人·mSv。大亚湾核电站现场进行了 130 项日常高辐射风险工作，其中功率运行下进入反应堆厂房工作 11 项，辐射安全指标控制正常。

2. KRT 系统运行管理

2009 年，大亚湾核电站 KRT 系统的总随机不可用时间是近 4 年的较低水平，总随机不可用次数是近 4 年的较高水平。近 4 年 KRT 系统总随机不可用时间与次数统计见表 2.5.3-1。

表 2.5.3-1　大亚湾核电站近 4 年 KRT 系统总随机不可用时间与次数统计结果

年份	随机不可用时间/h	随机不可用次数
2006	372.35	131
2007	305.45	74
2008	479.95	85
2009	359.95	94

2009 年，大亚湾核电站 KRT 系统自身故障导致的随机不可用时间是近 4 年的最低水平，随机不可用次数同样是近 4 年中的最低水平，KRT 系统自身故障导致的随机不可用时间与次数统计见表 2.5.3-2。

表 2.5.3-2　大亚湾核电站近 4 年 KRT 系统自身故障导致的随机不可用情况

年份	随机不可用时间/h	随机不可用次数
2006	102.87	63
2007	133.17	37
2008	117.39	24
2009	35.43	19

2.5.4　大修辐射防护管理

1. 主要指标完成情况

2009 年，大亚湾核电站 1 号机组第十三次大修的辐射防护指标均在控制范围内，详见表 2.5.4-1。

表 2.5.4-1　2009 年 D113 大修辐射防护指标完成情况

指　标	目标值	结果值
集体剂量/（人·mSv）	620	546
单次大修个人累积剂量超过 5 mSv 的人数/人	≤7	0
颈部以上体表污染事件/（人·次）	≤6	0
体内污染事件/（人·次）	0	0
人因地面污染事件/次	≤4	0

2. 大修的主要良好实践

在 D1RRA001/002RF 螺栓的拉伸作业中使用新工具，有效减少人员操作时间和受照剂量。

2.5.5 辐射防护培训

1. 在岗培训

2009 年，保健物理处辐射防护科对在岗培训（OJT）课程体系进行优化，将技术管理组相关课程分离开，形成辐射防护科核心课程 50 门，并完成所有教材的编写。此外，2009 年还建立健全了授权聘岗制度。现已完成了所有员工的初始化授权考试，为后续实现授权聘岗打下了基础。

2. 授权培训

为了配合核电大发展，使相关工作人员及时取得辐射防护授权，辐射防护科 2009 年在培训授权方面投入相当多的资源并做了大量的工作。其中《辐射防护一级培训》开设 27 期，参加人数 900 人，共 12 600 人·时；《辐射防护二级培训》开设 12 次，参加人数 463 人，共 6 482 人·时；《辐射防护复训套餐课》开设 32 期，参加人数 1 613 人，共6 452 人·时。

此外，辐射防护科根据生产实际情况，适时开展《内污染防护指引》、《射线探伤管理新规定》等专题培训。累计开设专题培训 10 期，参加人数 381 人，共 764 人·时。

2.6 大事记

2.6.1 大亚湾核电站 1 号机组大事记

1 月

1 月 3 日　执行 PT1GRE002 试验时，发现 D1GSE007/009EL 未正确动作，D1GSE008EL 动作慢。

1 月 6 日　D1RPN010MA I6 段信号电缆接头插针接触不良触发功率量程通量变化率高报警。

1 月 21 日　应电网要求春节期间减载到 760 MW 运行。

2 月

2 月 1 日　春节保电结束，升至满功率。

2 月 9 日　执行 PT1RRI017 时发现 D1DEL 侧的 D1RRI 流量不满足要求。

2 月 27 日　核惠线线路耐张夹和下引接线夹过热。

3 月

3 月 3 日　执行 PT1LHQ001 试验时，D1LHQ427AA 报警（速度故障）非正常触发。

3 月 17 日 D1ASG033FI 排气管线连接处漏油。

3 月 30 日 完成 D9LGR 差动继电器更换及相关检修相关工作。

4 月

4 月 1 日 D0KRT901MA 取样泵在 TER 排放结束时跳闸。

4 月 12 日 03：10 大亚湾核电站 1 号机组与电网解列，开始第十三次换料大修。

4 月 12 日 D1RGL R2 棒组 F6 棒束卡在 24 步，F10/K10/K6 棒束卡在 32 步。

4 月 18 日 D113 大修进行 D1LHP 磨合试验时 D1LHP001MO 的 A1/B1 缸出现严重损坏。

4 月 29 日 D1GEV 主变压器多个消防喷头被管道锈蚀脱落物等杂质堵塞。

5 月

5 月 9 日 D1LLS001TC 再鉴定过程中出现按下 D1LLS001/002TO 后 D1RCV094VP 未按要求自动开启、主泵轴封注入模式油压 D9RIS065LP 指示仅为 70 bar（要求 97 bar）。

5 月 9 日 19：38，反应堆达临界。

5 月 11 日 11：52，一次并网成功，大修历时 29.36 天。

5 月 16 日 升功率到 100% FP。

5 月 22 日 D1CFI532/502VC 与 D1CFI112FI 本体连接处大量喷水导致 D1LCB 绝缘低。

6 月

6 月 11 日 D1GFR 系统多个蓄能器漏油。通过解体蓄能器检查发现提升阀组件上的 O 形密封环失效。

6 月 14 日 D1REN012MG 阶跃变化但未触发报警。

6 月 25 日 D1CRF001PO 虹吸破坏阀 D1CRF602VC 故障开启，发现 D1CRF602VC 电磁阀故障并进行了更换。

6 月 26 日 执行 PT1RPA016 时 D1RIS013VP 无法开启，检查阀门电源 D1LLD511 发现 A 相保险熔断。

7 月

7 月 1 日 D1KRG141AR “RACK” A 机架内 28 V 直流电源正极保险接触不良。

7 月 18 日 在“莫拉菲”台风达 9 号风球期间，应中电调度要求降功率至 760 MW 平台运行约 6 小时。

8 月

8 月 13 日 巡视发现 D1ACO302PO 电动机冷却风扇损坏。

9 月

9 月 5 日　D0GEW 核惠线停运检修。
9 月 9 日　D1ETY001TO 不明原因被按下。
9 月 30 日　D0GEW490TR 变压器本体振动声音较大。

10 月

10 月 6 日　执行 PT1LHP001 试验时发现 D1LHP001MO 手动盘车装置与曲轴箱连接处漏润滑油。
10 月 13 日　D9LGR001TA 保护回路火警探头绝缘低。
10 月 15 日　D1ACO109VL 气锁堵塞导致 D1ABP401RE 水位控制异常。
10 月 28 日　1 号机组主控制室频发 D1RGL001AA 报警。

11 月

11 月 17 日　D1JDT MX16 米电缆层探测回路多次误发不可用报警。
11 月 25 日　D1LHP974JA 手动合闸导致 D1LHP910RS 退出运行。
11 月 26 日　D1/2GSY 强迫风冷循环系统布袋式滤网破损。

12 月

12 月 13 日　D0LHZ 柴油机运行时触发超速保护跳闸。
12 月 16 日　D1PTR002PO 电动机加热器电缆在 D1DNKZ01CR 内被拆除。

2.6.2　大亚湾核电站 2 号机组大事记

1 月

1 月 21 日　应电网要求春节期间减载到 760 MW 运行。
1 月 28 日　发电机氢气温度异常升高。

2 月

2 月 1 日　春节保电结束，升至满功率。
2 月 24 日　D2GRE010VV 低压缸调节气门误关。
2 月 25 日　D2RCP420ZO 一环路温度偏差计算模块多次上漂。

3 月

3 月 26 日 完成 D2GSS 供汽过热度调整测试，可提高机组出力约 1.6 MW。

4 月

4 月 23 日 执行 PT2LLS002 试验时 D2LLS001TC 汽轮机超速跳闸。

5 月

5 月 12 日 D2AGR201CF 排水过程中发现 D2AGR201BA 油箱进水。

6 月

6 月 2 日 D2GSS229VL 阀门焊缝附近发现明显张口的裂纹。

6 月 4 日 因 D2LKU852FU/853FU 熔断器型号错误导致 D2LKU001TB 失去 125 V 直流电源。

7 月

7 月 11 日 D2GRE 上位机触摸屏长时间运行后性能下降失效。

7 月 13 日 对 D2RGL 系统所有控制棒进行棒位测量时，发现实际棒位比指令棒位高。

8 月

8 月 5 日 受强热带风暴“天鹅”影响，短时降功率至 760 MW 运行。

8 月 7 日 D2GGR001AR 内的 D2GGR002RS 加热器一直处于运行状态。

8 月 25 日 实施 D2APP 的 A 泵隔离时 D2APP101VL 安全阀开启。

8 月 27 日 D2GSE004VV 故障关闭（D2GRE004VV 未关闭），瞬态机组功率波动约 30 MW。

9 月

9 月 4 日 进行 D2JDT700CR 控制柜改造工作时发现 D2JDT700/701CR 上游电源接反。

10 月

10 月 22 日 D2VVP 助动式安全阀压力开关定值年度校验中发现较多问题。

11 月

11 月 3 日　D2DVE001ZV 电动机绕组接地故障。
11 月 9 日　D2JDT703CR 误发报警导致 D2MX 16 米电缆层消防喷淋意外动作。
11 月 20 日　D2DVC002VA 限位开关导致 D2LCA 出现绝缘低。
11 月 22 日　D2LHP 连杆轴瓦更换过程中发现 5 套 DLT141885 的轴瓦磨损情况较严重。

12 月

12 月 2 日　执行 PT2LLS001 试验过程中，D2LLS001VV 动作时间延长导致 D2LLS001AP 不可用。
12 月 10 日　发现 D2DEG102MP 现场接线与图纸不符。
12 月 18 日　D2PTR001BA 化验结果显示钠含量异常。
12 月 23 日　执行 PT2RPB025 试验时发现 D2ETY042VA 关闭时间偏长。

2.6.3　大亚湾核电站重大技术问题

1. 大亚湾核电站主蒸汽隔离阀的试验电磁阀泄漏

2008 年 12 月 2 日，执行 PT1VVP002 的 D1VVP002VV A 列试验时，发现 D1VVP262EL 失磁状态下内漏。2008 年 10 月 22 日，D2VVP282EL 也曾在执行 PT2VVP002 试验时出现过同样故障。RCA 小组牵头对事件进行了根本原因分析。将 D1VVP262EL 电磁阀解体后在高倍显微镜下观察发现，失磁密封面阀座有一个长 0.22 mm 的缺口。分析还发现 D1VVP262EL 的复位弹簧预紧力偏小，造成密封紧力不足。分析认为，失磁侧阀座存在小缺口及复位弹簧压紧强度偏弱，是导致 D1VVP262EL 内漏的直接原因。而造成缺口的原因可能是：①制造留下的微小缺陷经长期运行冲刷而成；②金属异物造成。在事件分析过程中，发现可能导致电磁阀泄漏的共性原因，包括校验试验不能发现电磁阀的微小泄漏；电磁阀的维修和校验方法不能准确判断电磁阀的性能等。通过试验研究，研发出用于判断电磁阀性能优劣的“电磁阀特性电流曲线测试法”，这一方法可以降低电磁阀拒动或泄漏风险。纠正措施是对新电磁阀或检修后的电磁阀做电磁阀电流特性曲线，满足相关要求，以及改造完善试验台和试验方法，并在大修中增加油冲洗工序，防止金属异物等。

2. 参数修改导致硼表报警 D1REN055AA 延迟触发

2009 年 4 月 25 日，在 D113 大修低低水位期间，仪表人员修改了硼表的滤波参数，以解决 D9LGR 倒电对硼表产生瞬发性干扰，使硼表测量值短时下漂闪发报警的问题。2009 年 6 月 15 日，大亚湾核电站 1 号机组硼表因干扰指示向下波动超过 50×10^{-6}，但未能触发硼表报警 D1REN055AA，调查发现，滤波参数的修改导致硼表报警 D1REN055AA 出现延时触发现象。由于系统设计手册中要求冷停堆状态下硼表必须在 15 分钟内测量出硼浓度的变化情况，而参数修改后在某些工况下硼表报警延时超过 18 分钟，超出了设计手册对硼表测量 15 分钟的要求。由此认为硼表报警不可用，在 RCS/MCS 模式下违反了技术规范，界定为运行事件。电站于2009年6月19日将硼表AS及PF参数恢复至初始值。导致事件发生的原因有以下几个方面：①硼表内部参数未纳入电站定值手册管理，在参数修改过程没有执行参数变更流程，缺乏足够的论证；②存在知识盲点，未认识到硼表滤波参数是核安全相关参数；③对厂家反馈缺乏足够质疑。纠正措施是清理硼表参数并将关键参数纳入电站定值手册管理，完善Io相关设备参数修改论证流程，升版硼表校验规程等。

3. D1RIS006FI过滤器内部管口腐蚀严重

2009年4月23日，在D113大修期间检查D1RIS006FI地坑过滤器时，发现地坑内管口表面腐蚀严重，腐蚀深约10 mm。在事故工况下反应堆厂房内的残水经过该过滤器过滤后进入低压安注回路，以此来实现LOCA后的再循环功能。如果D1RIS006FI的腐蚀产物脱落进入RIS管道，可能造成D1RIS052VP损坏；如腐蚀严重还可能对管路的强度构成风险。对厚度计算校核后认为，在打磨量不超过20 mm的情况下，法兰刚度是安全的。对管口腐蚀产物进行打磨处理，实际打磨最深的厚度为16 mm。经对两个腐蚀样本进行腐蚀的根本原因分析表明，多次密封试验的焊接过程中出现过不适当的焊接，在焊缝里引发气孔、熔渣和未熔合缺陷并造成在水介质中腐蚀。腐蚀的类型是缝隙腐蚀。纠正措施是在D114大修中，改变现在的密封试验所采用的密封帽（罩）焊接方式，以后的密封试验采用法兰密封连接的方式。

4. 执行PT1RPA016试验时D1RIS013VP无法开启

2009年6月26日，大亚湾核电站执行PT1RPA016时，按下D1RIS005TL后，D1RIS013VP无法开启，主控制室出现D1LLB003AA和D1RIS502AA报警。现场检查发现D1RIS013VP上游电源D1LLD511开关A相保险熔断。检查D1LLD511开关的001JA/002JA接触器、主回路均未发现异常。检查电动头也无异常，排除电动头自身绝缘或相间短路故障。更换开关001FU三相保险后，主控制室操作D1RIS013VP正常。测量电动头运行电流为4.7 A（额定电流7.1 A）。对事件原因分析发现，在主控制室按下D1RIS013VP开阀同时，即出现D1LLB003AA和D1RIS502AA报警，说明保险是启动时瞬间熔断。001FU熔断器型号为ALD 25 A 500 V。解剖保险分析发现，在靠近熔丝端部的网状连接处一侧有熔融形貌，而另一侧存在意外开路缺陷。回顾2007年D112大修，D1RIS013VP曾发生电动机堵转导致热偶动作事件。保险受到过大电流冲击，随后为查找热偶动作原因又多次操作试验电动头。电动头堵转电流为34 A，电动头启动电流30~40 A。D1LLD511开关保险额定电流为25 A。分析认为，造成D1RIS013VP电源开关“A”相保险熔断故障原因，是A相保险内部熔丝端部存在连接一侧开路的制造缺陷，使另一侧的网状熔丝连接承担了全部电流而成为薄弱点，在堵转电流及频繁启动电流冲击下，薄弱点逐渐疲劳，最终在本次启动D1RIS013VP时熔断。纠正措施是对发生过堵转的电动头开关保险进行更换。

5. D1LHP001MO连杆大端轴瓦烧损

D1LHP在D113大修中执行了6个循环全检，D1LHP001MO更换了活塞、缸套、缸头、连杆组件、连杆轴瓦、润滑油泵等部件，其中轴瓦、连杆螺栓使用的是全新的仓库备件，其他部件为经返修检查合格部件。大修完成后，2009年4月18日在变功率磨合试验中，现场发现D1LHP150FI与机体连接处大量漏油并伴随剧烈振动。紧急停机后检查发现D1LHP001MO的A1/B1缸连杆大端轴瓦严重烧毁、活塞撞击缸头和喷嘴、燃烧室温度升高、喷嘴堵塞，轴窜值由大修后的0.25 mm变化到0.52 mm。电站RCA小组立即对事件的根本原因展开分析，通过失效部件分析、油样分析化验、事故柴油机部分拆卸检查等，基本排除润滑油油质不良、润滑油供给不足、轴承负荷过载、维修安装缺陷等故障模式，将疑点集中到轴承备件质量上。在事件分析过程中，2009 年 10 月 14 日，电站收到柴油机厂家 Wartsila 的正式邮件，告知厂家码为 DLT 141885 的连杆大端轴瓦存在质量缺陷，可能对柴油机安全运行造成潜在风险。随后，EDF 顾问反馈的信息证实了上述内容。而电站调查确认 D1LHP002MO，D2LHP001/002MO 使用了厂家码为 DLT 141885 的轴瓦，且事故轴瓦正是 DLT 141885 轴瓦。随后电站于 11 月 18 日至 11 月 26 日对相关轴瓦进行了检查更换，更换中发现有 6 套厂家码为 DLT 141885 的轴瓦均存在异常磨损。所以，造成 D1LHP001MO 连杆大端轴瓦烧损的根本原因，就是 Wartsila 提供的由 Miba 公司制造的编号为 DLT 141885 的连杆大端轴瓦存在严重的质量缺陷，使得该轴瓦在很短的运行时间内即出现瓦面乌金脱落等损伤，继而发展成瓦面润滑破坏，最终造成轴瓦烧损。目前，现场使用的 DLT 141885 轴瓦已全部得到了更换。

6. 蒸汽发生器水压试验时 D1VVP129VV 内漏

2009 年 4 月 29 日，大亚湾核电站 1 号机组蒸汽发生器水压试验中，当水压升至 88 bar（0.88 MPa）时，发现 D1VVP129VV 内漏。经紧急处理（松开机械限位螺母）后重新关闭阀门，内漏消除。随后对 D1VVP129VV 解体检查没有发现阀门密封面损伤。D1VVP129VV 是失气开双隔膜截止阀，其阀体结构为介质低进高出。阀门关闭是由作用在双隔膜上的气压形成向下的推力，通过压缩小弹簧实现。为防止气动头提供的关闭力过大，设置有机械限位螺母和挡板，当阀门关闭到设定密封力后，机械限位螺母与挡板接触，阻止气动杆继续向下运动，从而起到保护阀瓣、阀座密封面的目的。调查分析发现，D1VVP129VV 机械限位螺母设置是在阀瓣刚接触阀座，两者之间没有作用力时，调整机械限位螺母与挡板之间留有 0.5 mm 间隙，这个间隙用来压缩连轴器内的小弹簧变形，提供阀门密封力。这种设定符合设备运行维修手册（EOMM）要求。但根据工具测试数据分析发现，0.5 mm 间隙提供约 23 000 N的作用力，经计算阀门落座力需达到 45 000 N 以上才能保证阀门在 102 bar 的压力下密封。因此，0.5 mm 间隙提供的密封力，不能满足阀门在蒸汽发生器水压试验时的密封性要求，从而导致阀门内漏。纠正措施是修改 EOMM 手册中相关内容，对此类阀门机械限位螺母按照阀门落座力（50 000 ± 2 000）N 进行设定。

7. D2APP-B 泵振动超过报警值

2009 年 10 月 23 日，现场测量 D2APP-B 泵汽轮机前箱 D2APP257MV 处振动为 5.7 mm/s，超过 5.6 mm/s 的报警值，测量比较 D2APP-A 泵相同位置振动仅 0.8 mm/s。10 月 25 日停泵检修，检查发现调速器动力传入减速机构第一级传动齿轮松动及齿轮轴涂层有局部损伤。回顾历史情况，在 2008 年 12 月 25 日也曾发生 D2APP B 列前轴承箱垂直向振动高的类似事件，原因也是汽轮机转轴与调速器之间的传动齿轮因传动键损坏而松动。由于缺少备件，处理措施是喷涂修复损坏的齿轮组，喷涂加厚了齿轮轴轴颈，喷涂材料为 3Cr13。扩大齿轮内孔，修整变形键槽，重新加工传动键等。经过 RCA 分析，认为本次 D2APP-B 泵振动再次超过报警值的根本原因，是 2008 年 10 月的喷涂修复过程中存在齿轮组加工缺陷，包括齿轮轴定位轴肩与轮毂内孔修配偏差；键与槽的配合公差不符合通常规范要求，轮毂与轴颈的配合间隙偏大等。纠正措施是和厂家确认相关的维修技术要求（键与槽配合公差、啮合间隙、锁紧螺母紧力、齿轮轮毂与轴的配合公差等）后，升版现有检修程序，以及评估调速器传动齿轮系维修策略等。

8. 在执行 PT1GRE001/002 试验时 D1GSE007/009/010EL 拒动

2009 年 1 月 3 日，在进行 PT1GRE001/002 试验时，发现 D1GSE007/009VV 励磁后无法关闭，D1GSE008VV 关闭慢，关闭时间为 14 s。后手动使电磁阀动作，并多次试验电磁阀后重新进行试验，结果合格。2008 年 9 月 26 日，在执行 PT1GRE001/002 试验时，曾出现 D1GRE010VV 正常关闭，但对应的 D1GSE010VV 不能关闭，经多次通、断 D1GSE010EL 供电来开关操作 D1GSE010VV 阀门后，阀门动作正常。初步判断认为是电磁阀卡涩造成。电站 RCA 小组对 D1GSE007/009/010EL 的卡涩拒动事件进行了根本原因分析。分析认为，抗燃油在高温环境下长期不流动，会发生降解反应，生成含有磷酸盐的黏性油泥附着物，阻塞电磁阀的活动部件移动。此外，经过对两电站电磁阀结构和电磁力测量比较分析，认为大亚湾核电站电磁阀阀芯结构设计不如岭澳核电站一期，同时大亚湾核电站电磁阀的电磁力也小于岭澳核电站一期，均对阀芯克服阻力不利。对两电站抗燃油和电磁阀进行高温老化试验发现，岭澳核电站一期抗燃油的酸值和水分比大亚湾核电站的低。综合分析后得出结论：抗燃油在高温环境下长期不流动，发生降解反应，生成含有磷酸盐的黏性油泥附着物，阻塞电磁阀的活动部件移动，是导致电磁阀卡涩的主要原因。硅藻土滤芯或活性氧化铝滤芯释放出来的金属离子与抗燃油发生反应生成的胶状沉积物，也会阻塞电磁阀的活动部件移动，可能导致电磁阀卡涩。此外，大亚湾核电站电磁阀的电磁力偏小，且阀芯设计不合理，是电磁阀卡涩的间接因素。

第三章　岭澳核电站一期安全运行

3.1　电站运行

3.1.1　电站运行组织

1. 组织机构及功能

生产部运行二处根据电站质量管理手册和运行技术规范的要求，负责岭澳核电站一期两台机组的运行管理，确保两台机组长期安全、稳定、经济运行，保证电站工作人员和公众的健康和安全。

运行二处的组织机构如图 3. 1. 1-1 所示。在处长的领导下，生产副处长主管白班值并负责日常生产管理，技术副处长主管大修组并负责技术及中长期改造项目管理，处长助理主管培训组并协助处长管理运行支持科，6 个运行值由运行处长直接主管。

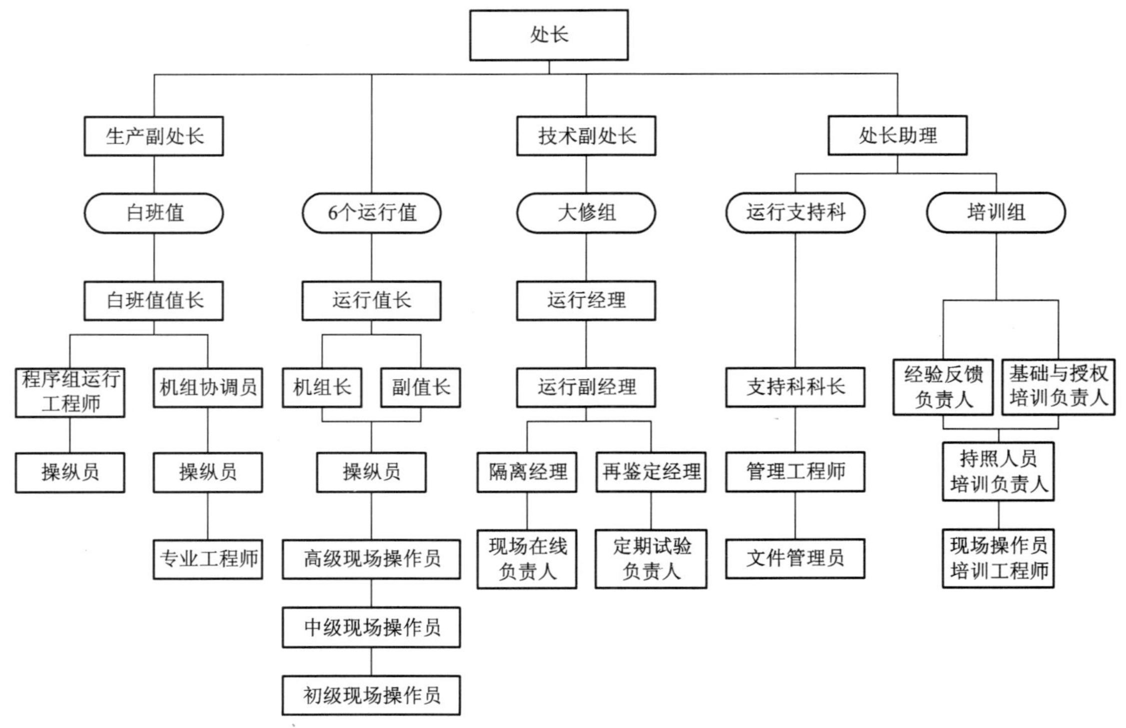

图 3. 1. 1-1　运行二处组织机构图

在确保安全生产的前提下，为了适应中国广东核电集团的发展需要，运行二处的重要工作之一是培养运行人员，特别是持照人员，同时负责阳江分公司、防城港分公司和宁德核电站、红沿河核电站、台山核电站的运行人员培训。2009 年，运行二处开办和管理了 2 个值外集中培训班，同时接纳了约 180 名培训学员。通过值内师徒培训和值外集中培训交替轮换的安排，既能做到培训效果的高效、规范、互动，同时也有效地规避了大量培训学员同时进值给运行值带来的安全风险。

2009 年，运行二处按计划新进员工 20 人，18 人考取了操纵员执照，7 人考取了高级操纵员执照；从运行二处调离的高级操纵员持照人员共 8 人，操纵员持照人员 6 人，非持照人员 13 人。截至 2009 年 12 月，运行二处共有正式员工 193 人，其中 8 人为生产部其他处在运行二处培训的新员工。

2. 运行管理改进

2009 年，运行二处管理改进包括承接生产线的管理改进计划和处内管理改进计划两大部分，管理改进的项目涵盖核安全管理改进、生产管理改进、大修管理改进、科研项目、合格运行人才培养与输送、培训、管理制度改进、后勤支持系统改进八个方面，这些改进项目体现了运行二处管理改进的整体方向和思路。在改进计划中，各值长及部分持照人员承担了一些本值外的工作任务，以充分提高这些技术骨干的管理能力。具体的管理改进措施如下。

（1）核安全管理改进

为提高运行人员对机组重要瞬态及事故的应对能力，在核安全管理改进方面的具体项目包括：完善事故预想文件及培训考核体系、组织事故规程知识竞赛、处长进行安全文化相关内容的授课等。

（2）生产管理改进

生产管理改进主要侧重于管理流程优化和瞬态处理，以及加强主控制室、隔离办公室等的管理和防人因失效的落实，具体项目包括：第一组 Io 关键敏感设备运行状态监测任务实施，完善隔离办公室钥匙管理体系，系统流程总图-简图汇编，运行隔离和行政隔离配置流程图，现场紧急干预操作单的编写及培训，主控制室需立即响应的重要报警清单的整理及培训，大修组数据库的完善等。

（3）大修管理改进

2008 年，运行二处在实施一系列大修改进后，取得了非常好的效果。2009 年，大修优化的重点项目为直接开大盖和一回路排气方法改进（抽真空排气），并在岭澳核电站 2 号机组第七次大修中成功应用，为岭澳核电站 2 号机组第七次大修创造 22. 94 天的大修最短工期记录作出了重要贡献。同时为应对短大修的挑战，大修期间倒班方式改为五班三倒。成立了专门的大修值，对大修期间的专项、难项、复杂及高风险项目进行专人准备、专人执行；针对短大修无低低水位的情况，制定了防跑水措施和紧急补水预案；为加强运行值隔离经理对大修隔离包的学习，明确了运行值隔离经理到大修组做票和审批票的制度；继续强化大修流程控制、逻辑框图控制、示意图控制；为方便各值提前进行大修准备，在工作计划制作软件（P3E）的大修计划中增加了文件包编号及执行值信息等。

（4）科研项目

为进行电站科研创新，提升生产业绩，运行二处承担了生产部 2009 年核安全与堆芯管理技术的科研项目，具体任务为主控制室人员行为规范研究，重点梳理了主控制室人员行为规范的管理要求，并通过与目前实际执行情况的比对，提出了主控制室人员行为规范的纠正行动和改进建议。

（5）合格运行人才培养与输送

运营公司作为中国广东核电集团人才的培训基地，运行二处除完成安全生产各项任务外，还担负着合格运行人才培养与输送的使命。具体项目包括：跟踪学习操纵员的模拟机培训，组织各阶段总结会和辅导课；组织高级操纵员考试人选的选拔与辅导工作；组织2010年学习操纵员的内部选拔与辅导工作；组织2010年学习操纵员的公司级选拔考试；组织2009年学习操纵员的考试前复习与准备工作；组织和跟踪2009年的操纵员和高级操纵员考试，跟踪新增操纵员与高级操纵员的影子培训；组织2009年新增操纵员的阶段性影子培训验收和二回路技术授权考核；与模拟机教研室一起讨论落实2010年学习操纵员的模拟机培训计划。

（6）培训

为适应中国广东核电集团快速发展形势的需要，2009年，运行二处将优化培训管理体系、完善在岗培训任务书和培训教材作为管理改进工作的重点之一。具体工作有：

1）加强培训系统的建设，完成了实操档案的改进与优化，启用了运行二处现场视频培训系统（DVS）。

2）开发利用岗位技能分析（KSA）研究成果，对照KSA将现有的现场在岗培训任务进行具体化，并补充了现场操作部分的培训教材。

3）增加了中级现场操作员和高级现场操作员在岗培训任务书中对系统联系的定性和定量要求。

4）对各岗位在岗培训任务书进行甄别，针对不同培训任务明确其培训方式（自学、师带徒、集中授课、技能训练中心训练等）。

5）建立了初级现场操作员和中级现场操作员考核的总考制度和运行值内部初考制度。

6）组织了电气知识专项培训，并制定了减少主控制室操纵员负担的措施。

（7）管理制度改进

为了持续提升运行管理水平，2009年，运行二处对处内《暂行规定》进行了梳理及固化，开展了2009年度运行二处自我评估，召开了2009年度运行二处管理研讨会。

（8）后勤支持系统改进

运行二处管理信息系统（LPOMS）是运行二处日常工作正常运作的重要信息平台，为进一步完善各模块的功能，运行二处在2008年实施系统清理的基础上，继续进行LPOMS的优化工作，同时还完成了岭澳核电站一期电子日志授权管理系统的优化。

（9）其他管理改进

针对2009年质保等部门对运行二处工作监查中发现的偏差，运行二处及时进行纠正，制定了改进方案，并将各纠正措施落实到位。主要包括：优化了工程改造处理流程，改进了日常生产重要设备再鉴定管理，明确了管理巡视报告和行动跟踪要求。根据机组日常工作反馈和特殊工作需求，编写了《隔离经理必杀技》，建立了大修值管理制度，完成了白班值和缺陷快速响应小组（FINT）的办公室搬迁，改善了白班值的日常运作管理等。

3.1.2　机组运行状态

2009年岭澳核电站1号机组运行状态见图3.1.2-1。

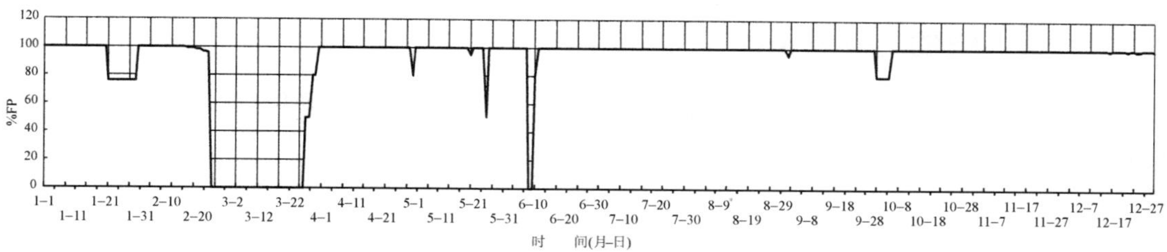

图 3.1.2-1 岭澳核电站 1 号机组运行状态

说明：

（1）1 月 21 日 19：30，应电网春节减载要求降功率至 760 MW 运行。2 月 1 日 21：30 升回满功率。

（2）2 月 25 日 04：47，按计划与电网解列，开始第七次换料大修。3 月 27 日 02：50 机组并网，第七次换料大修结束。4 月 2 日 10：00，机组升至满功率运行。

（3）5 月 2 日 00：00，按照电网“五一”保电要求降功率至 800 MW 运行，同日 09：30 升回满功率。

（4）5 月 21 日 09：00，执行 PT1GRE001/002 短时降功率至 935 MW，试验后恢复到满功率运行。

（5）5 月 26 日 11：50，执行 PT1RGL004 试验降功率至 500 MW，同日 12：30 升回满功率。

（6）6 月 9 日 02：35，机组停机解列，处理蒸汽发生器排污系统阀门（L1APG102VL）泄漏故障，6 月 11 日 00：40 并网，12：00 升至满功率。

（7）9 月 2 日 18：00，执行 PT1GRE001/002 短时降功率至 930 MW，试验后恢复到满功率运行。

（8）10 月 1 日 0：00，按照电网“国庆、中秋”保电要求降功率至 810 MW 运行，10 月 5 日 11：07 升回满功率。

2009 年岭澳核电站 2 号机组运行状态见图 3.1.2-2。

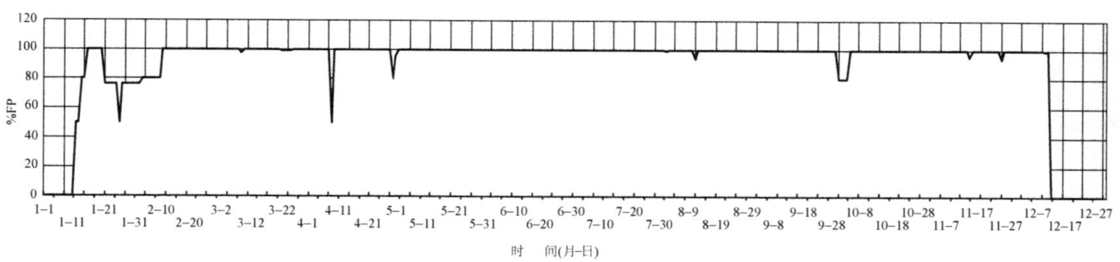

图 3.1.2-2 岭澳核电站 2 号机组运行状态

说明：

（1）1 月 11 日 16：08，机组并网，第六次换料大修结束，1 月 16 日 18：40 升至满功率运行。

（2）1 月 21 日 22：00，应电网春节减载要求降功率至 760 MW 运行，1 月 27 日 03：15 继续降功率至500 MW运行，同日 11：50 升回 760 MW，2 月 4 日 08：00 升功率至 800 MW 运行，2 月 10 日 08：20 升至满功率运行。

（3）4 月 10 日 11：50，执行 PT1RGL004 试验降功率至 500 MW，13：10 升回满功率。

（4）5 月 1 日 00：00，按照电网“五一”保电要求降功率至 800 MW 运行，5 月 2 日09：00升至 940 MW 进行 PT2GRE001/002 试验，13：00 升至满功率。

（5）8 月 13 日 17：30，执行 PT2GRE001/002 短时降功率至 935 MW，试验后恢复到满功率运行。

（6）10 月 1 日 02：30，按照电网“国庆、中秋”保电要求降功率至 810 MW 运行，10 月 4 日 11：20 升回满功率。

（7）11 月 15 日 20：33，因 L2GSE002VV 异常关闭降功率至 950 MW，11 月 16 日 06：30 故障处理后升回满功率。

（8）11 月 26 日 10：40，降功率至 940 MW 进行 PT2GRE001/002 试验，随后进行 L2VVP 安全阀试验，27 日 01：30 试验结束后升回满功率。

（9）12 月 13 日 03：25，机组按计划与电网解列，开始第七次换料大修。

3.1.3 售电及外购电

2009 年，岭澳核电站一期实际完成上网电量 148.25 亿 kW·h，占广东省 2009 年全社会用电量 3609.4 亿 kW·h 的4.12%。详细售电情况见表 3.1.3-1。

表 3.1.3-1 2009 年岭澳核电站一期发电、售电情况统计 kW·h

日 期	全厂商运上网电量	商运上网电量		全厂商运发电量	商运发电量	
		1号机组	2号机组		1号机组	2号机组
1月1日0：00—1月31日10：00	968 537 000	637 269 666	331 267 334	1 041 887 200	681 132 600	360 754 600
1月31日10：00—2月28日10：00	1 146 051 000	552 867 683	593 183 317	1 188 130 700	566 588 800	621 541 900
2月28日10：00—3月31日10：00	745 990 000	40 800 661	705 189 339	794 253 800	57 248 100	737 005 700
3月31日10：00—4月30日10：00	1 363 870 000	676 199 280	687 670 720	1 419 598 900	707 403 900	712 195 000
4月30日10：00—5月31日10：00	1 403 530 000	702 479 880	701 050 120	1 459 023 200	732 459 500	726 563 700
5月31日10：00—6月30日10：00	1 304 990 000	624 988 627	680 001 373	1 358 902 000	653 059 300	705 842 700
6月30日10：00—7月31日10：00	1 402 810 000	699 843 849	702 966 151	1 458 629 700	729 990 700	728 639 000
7月31日10：00—8月31日24：00	1 423 723 634	710 699 710	713 023 924	1 455 912 400	728 796 900	727 115 500
9月1日 00：00—9月30日24：00	1 348 575 141	673 220 030	675 355 111	1 408 214 080	703 022 320	705 191 760
10月1日 0：00—10月31日24：00	1 371 424 784	682 409 280	689 015 504	1 432 303 600	712 762 960	719 540 640
11月1日 00：00—11月30日24：00	1 367 347 359	683 686 430	683 660 929	1 425 933 600	712 894 000	713 039 600
12月1日 0：00—12月31日24：00	977 684 863	706 257 720	271 427 143	1 024 157 680	737 209 200	286 948 480
合 计	14 824 533 780	7 390 722 816	7 433 810 964	15 466 946 860	7 722 568 280	7 744 378 580

说明：① 关口计量点已于7月31日10：00由线路侧切换至主变压器高压侧，8月份的上网电量结算期为7月31日10：00至8月31日24：00。

② 自9月份开始，上网电量统一结算点为月末最后一天24：00。

岭澳核电站一期外购电主要是通过220 kV 风（田）岭（澳）线供给。由风岭线通过核电辅助站两台变压比为220 kV/6.6 kV、容量为32 MVA 的辅助变压器向岭澳核电站一期两台机组辅助安全设施供电，通常在主变压器停电时投入运行；另外，自2008年11月起，风岭线同时通过核电辅助站新增的两台220 kV/6.6 kV、容量为34 MVA 的辅助变压器向岭澳核电站二期提供临时施工及调试用电。

2009 年，外购电电费年累计约585.44 万元，主要为机组大修外购电及岭澳核电站二期调试施工用电。2009 年3月因 L107 大修，外购电费正常增加；其余各月，由于岭澳辅助站内新增设备——岭澳核电站3号、4号辅助变压器对岭澳核电站二期调试施工供电，导致外购电费同比出现一定幅度增长；11月，因配合新岭澳辅助站启动，自11月15日起岭澳辅助站转由坪核支线供电，风岭线用电量转至坪核线；12月，经与电网协商，风岭线外购电费计费标准由之前的高需求类别调整为大量用电类别，不再计算容量电费。详细外购电量和电费情况见表 3.1.3-2。

表 3.1.3-2 2009 年岭澳核电站一期外购电情况（220 kV 风岭线）

月份	计费电量/（kW·h）	2008 年同期计费电量/（kW·h）	同期计费电量增长/（kW·h）	当月最高需求量/kW	支付电费/元	2008 年同期支付电费/元	同期支付电费增长/元
1 月	900	828 500	-827 600	500	22 383.81	709 528.09	-687 144.28
2 月	34 100	0	34 100	600	46 995.91	17 600.00	29 395.91
3 月	1 424 100	994 100	430 000	5 200	1 098 800.09	855 610.45	243 189.64
4 月	215 400	0	215 400	2 200	227 423.20	17 600.00	209 823.20
5 月	634 000	0	634 000	12 700	941 217.13	17 600.00	923 617.13
6 月	552 700	0	552 700	9 400	747 530.04	17 600.00	729 930.04
7 月	830 200	0	830 200	3 700	667 828.32	17 600.00	650 228.32
8 月	1 852 100	0	1 852 100	4 700	1 340 696.05	17 600.00	1 323 096.05
9 月	246 400	0	246 400	10 500	608 787.75	17 600.00	591 187.75
10 月	0	2 000	-2 000	600	26 400.00	79 825.58	-53 425.58
11 月	100 800	6 600	94 200	1 100	110 152.31	78 263.63	31 888.68
12 月	23 760	1 065 600	-1 041 840	0	16 171.06	887 904.64	-871 733.58
合计	5 914 460	2 896 800	3 017 660		5 854 385.67	2 734 332.40	3 120 053.28

说明：根据广东省物价局文件《关于调整销售电价的通知》（粤价［2009］267 号），电价自 2009 年 11 月 20 日起执行调整，较以前的电价高，11 月电量按照时间比例进行划分。12 月经与电网协商，风岭线用电类别由高需求调整为大量用电，不再计算容量电费，电价调整至 0.680 6 元/（kW·h）。

3.1.4 机组性能指标

2009 年，岭澳核电站一期两台机组实现全年上网电量 148.25 亿 kW·h，能力因子为 90.74%。1 号机组全年能力因子 90.38%，负荷因子 89.05%，均比 2008 年有所降低，主要影响事件为 L107 大修、停机维修 L1APG102VL 阀门等。2 号机组全年能力因子 91.09%，负荷因子 89.30%，较 2008 年有很大提高，主要因为 2 号机组 2009 年大修工期较 2008 年短（2009 年为 30 天，2008 年为 49.5 天），影响机组性能指标主要事件为 L206 大修和 L207 大修等。

主要性能指标见表 3.1.4-1。

表 3.1.4-1 2009 年岭澳核电站一期主要性能指标

	毛发电量/（MW·h）	能力因子/%	计划能力损失因子/%	非计划能力损失因子/%	负荷因子/%	强迫损失率/%
1 号机组	7 722 568.28	90.38	8.99	0.63	89.05	0.69
2 号机组	7 744 378.58	91.09	8.89	0.01	89.30	0.02
全厂	15 466 946.86	90.74	8.94	0.32	89.18	0.36

两台机组每月机组能力因子、计划能力损失因子、非计划能力损失因子、强迫损失率见表 3.1.4-2 和表 3.1.4-3。

表 3. 1. 4-2　1 号机组性能指标统计

月　份	1 月	2 月	3 月	4 月	5 月	6 月	7 月	8 月	9 月	10 月	11 月	12 月	年度
能力因子/%	99.98	86.00	7.77	99.17	99.96	92.36	100	100	99.98	99.99	100	99.90	90.38
计划能力损失因子/%	0.01	14.00	92.23	0.83	0.04	0.01	0.00	0.00	0.02	0.01	0.00	0.10	8.99
非计划能力损失因子/%	0.01	0.00	0.00	0.00	0.00	7.63	0.00	0.00	0.00	0.00	0.00	0.00	0.63
强迫损失率/%	0.01	0.00	0.00	0.00	0.00	7.63	0.00	0.00	0.00	0.00	0.00	0.00	0.69

影响 1 号机组性能指标的主要事件：

1）1 月 22 日至 2 月 1 日，应电网要求降功率至 760 MW 运行，电量损失 58 024 MW·h。

2）2 月 16 日至 24 日，机组进入延伸运行，电量损失 3 301. 7 MW·h，停机过程电量损失21 831. 8 MW·h。

3）2 月 25 日，机组进入第七次大修，3 月 27 日并网发电。

4）5 月 2 日，应电网要求降功率至 800 MW 运行，电量损失 1 525. 5 MW·h。

5）6 月 9 日至 11 日，停机维修 L1APG102VL 阀门，电量损失 46 497. 1 MW·h。

6）10 月 1 日至 5 日，国庆保电降功率至 800 MW，电量损失 18 477. 8 MW·h。

7）12 月 10 日，执行 PT1GRE001/002 试验、PT1GSS107VV 安全阀压力整定试验，电量损失 322 MW·h。

表 3. 1. 4-3　2 号机组性能指标统计

月　份	1 月	2 月	3 月	4 月	5 月	6 月	7 月	8 月	9 月	10 月	11 月	12 月	年度
能力因子/%	56.69	100	99.98	99.94	99.97	99.99	99.99	99.96	99.98	99.99	99.84	38.80	91.09
计划能力损失因子/%	43.26	0.00	0.00	0.06	0.03	0.00	0.01	0.02	0.00	0.01	0.11	61.19	8.89
非计划能力损失因子/%	0.04	0.00	0.02	0.00	0.00	0.01	0.00	0.02	0.02	0.00	0.05	0.01	0.01
强迫损失率/%	0.08	0.00	0.02	0.00	0.00	0.00	0.00	0.02	0.02	0.00	0.05	0.03	0.02

影响 2 号机组性能指标的主要事件：

1）1 月 1 日至 11 日，机组进行第六次大修。

2）1 月 19 日至 20 日，L2GSS210PO 的电动机驱动端轴承工作异常，电量损失 176 MW·h。

3）1 月 21 日，L2GSS 消缺，损失电量 154 MW·h。

4）1 月 22 日至 2 月 10 日，应电网要求降功率至 760 MW 运行，电量损失101 603. 6 MW·h。

5）3 月 9 日至 10 日，L2GSS210PO 停运，电量损失 143 MW·h。

6）4 月 10 日，执行 PT2RGL004 试验，降功率至 500 MW，电量损失 198 MW·h。

7）4 月 20 日至 22 日，进行氙振荡试验，电量损失 246 MW·h。

8）5 月 1 日，应电网要求降功率至 800 MW 运行，电量损失 5 977. 3 MW·h。

9）8 月 4 日，L2GSS117VL 法兰泄漏，L2GSS130BA 疏水切至应急疏水，电量损失124 MW·h。

10）10 月 1 日至 4 日，应电网要求降功率至 800 MW 运行，电量损失13 802. 9 MW·h。

11）11 月 26 日至 27 日，执行 PT2GRE001/002 试验，电量损失 781 MW·h。

12）12 月 12 日至 13 日，第七次大修停机过程电量损失 23 032 MW·h，12 月 13 日至 31 日进行第七次大修。

3.1.5 反应堆物理试验

1. 启动物理试验

（1）启动物理试验情况

2009 年，启动物理试验部分包括 1 号机组第八循环和 2 号机组第七循环。

岭澳核电站 1 号机组第八循环从 2009 年 3 月 25 日 07：30 开始启动物理试验，于当日 14：15达到临界，2009 年 3 月 26 日达到 8% FP 平台，经过 8% FP，30% FP，48% FP 及 75% FP 平台物理试验，2009 年 4 月 2 日上午达到 100% FP 功率平台，5 月 26 日完成 PT1RGL004 现场试验。

岭澳核电站 2 号机组第七循环从 2009 年 1 月 9 日 16：18 开始启动物理试验，在当日 22：00达到临界；除 100% FP 平台测量的 F_{xy} 超限 0.061% 外，所有测量结果满足试验验收准则；4 月 10 日顺利完成 PT2RGL004 试验。

（2）启动物理试验结果

岭澳核电站一期两台机组零功率物理试验结果分别见表 3.1.5-1（a 至 d）及表 3.1.5-2（a 至 d）。试验结果表明，所有实际测量值都满足堆芯物理设计准则的要求。

表 3.1.5-1a 岭澳核电站 1 号机组零功率物理试验结果——控制棒价值 pcm

棒组名称	设计值	测量值	误差/%	标准/%
SA	568	559.6	-1.48	±10
SB	868	858.02	-1.15	±10
SC	576	560.12	-2.76	±10
SD	888	904.98	+1.91	±10
G1	344	344.3	+0.09	±10
G2	638	652.14	+2.22	±10
N1	1031	1061.8	+2.99	±10
N2	294	286.8	-2.45	±10
R	1074	1084.6	+0.99	±10

表 3.1.5-1b 岭澳核电站 1 号机组零功率物理试验结果——临界硼浓度 mg/kg

控制棒位置	设计值	测量值	误差	标准
ARO	1 868	1 850.4	-17.6	±50

表 3.1.5-1c 岭澳核电站 1 号机组零功率物理试验结果——等温温度系数 pcm/℃

状态	设计值	测量值	误差	标准
ARO	-7.45	-8.26	-0.81	±5.4

表 3.1.5-1d　岭澳核电站 1 号机组零功率物理试验结果——硼微分价值　　pcm

棒位变化	计算值	测量值	误差	标准
ARO 至 Rin	-7.26	-7.61	-0.35	±1

表 3.1.5-2a　岭澳核电站 2 号机组零功率物理试验结果——控制棒价值　　pcm

棒组名称	设计值	测量值	误差/%	标准/%
SA	546	533	-2.38	±10
SB	1 019	966.55	-5.15	±10
SC	568	529	-6.87	±10
SD	853	917.5	+7.56	±10
G1	312	318.75	+2.16	±10
G2	469	460.75	-1.76	±10
N1	1 021	1 058.3	+3.65	±10
N2	386	358.75	-7.06	±10
R	1 140	1174.3	+3.0	±10

表 3.1.5-2b　岭澳核电站 2 号机组零功率物理试验结果——临界硼浓度　　mg/kg

控制棒位置	设计值	测量值	误差	标准
ARO	1 920	1 913	7	±50

表 3.1.5-2c　岭澳核电站 2 号机组零功率物理试验结果——等温温度系数　　pcm/℃

状态	设计值	测量值	误差	标准
ARO	-5.04	-5.04	0.00	±5.4

表 3.1.5-2d　岭澳核电站 2 号机组零功率物理试验结果——硼微分价值　　pcm

棒位变化	计算值	测量值	误差	标准
ARO 至 Rin	-7.33	-7.237	0.093	±1

升功率物理试验结果见表 3.1.5-3 及表 3.1.5-4。岭澳核电站一期两台机组升功率过程中，各个功率台阶的堆芯特性参数测量结果表明：除 2 号机组 100% FP 径向功率峰因子（F_{xy}）超限外，其他堆芯核安全准则和核设计准则都得到满足。

RPN 系统中间量程保护定值在 8% FP，30% FP 和 48% FP 功率时，通过试验测量数据最终确定并调整了中间量程的保护定值。保护定值的设定和调整满足技术规范和功率运行保护的要求，通过启动物理试验质量安全计划得到较好的过程控制。

表 3.1.5-3　岭澳核电站 1 号机组升功率中子注量率图测量结果

序　号			1	2	3	4
日　期			2009-03-28	2009-03-31	2009-04-01	2009-04-04
功率水平/%FP			29.65	75.1	86.45	98.15
燃　耗/（MW·d/t）			15	80	110	150
MAP/%	$P \geqslant 0.9$	准则	<10	<10	<10	<10
		测量值	2.9	2.7	3.4	3.9
	$P < 0.9$	准则	<15	<15	<15	<15
		测量值	3.9	3.3	4.5	5.1
F_{xy}		准则	1.659 7	1.590 3	1.581 1	1.562 9
		测量值	1.563 6	1.539 1	1.531 9	1.530 3
QT（Z）		准则	2.45	2.45	2.45	2.45
		测量值	0.678	1.52	1.713	1.89
$F_{\Delta H}$		准则	1.921 4	1.705 1	1.651	1.595 3
		测量值	1.561 1	1.519 4	1.507 7	1.502 4
DA/%		准则	<9	<5	<3	<2
		测量值	0.66	0.73	0.72	0.7

表 3.1.5-4　岭澳核电站 2 号机组升功率中子注量率图测量结果

序　号			1	2	3
日　期			2009-01-13	2009-01-15	2009-01-19
功率水平/%FP			30.4	73.2	98.337
燃　耗/（MW·d/t）			20	80	160
MAP/%	$P \geqslant 0.9$	准则	<10	<10	<10
		测量值	3.3	2.6	3.6
	$P < 0.9$	准则	<15	<15	<15
		测量值	5	4.1	6.2
F_{xy}		准则	1.674 1	1.642 3	1.527 2
		测量值	1.554 6	1.585 2	1.528 1
QT（Z）		准则	2.45	2.45	2.45
		测量值	0.679	1.512	1.938
$F_{\Delta H}$		准则	1.917 8	1.61	1.594
		测量值	1.516 3	1.523 4	1.527 5
DA/%		准则	<9	<5	<2
		测量值	0.81	0.57	0.57

（3）启动试验结果分析

1）1号机组

①零功率物理试验结果分析

等温温度系数测量：结合多普勒温度系数可以知道，零功率、无氙、ARO 实测的慢化剂温度系数为 α_m^M（ARO）= −5.21 pcm/℃ <0 pcm/℃。

②升功率物理试验结果分析

根据启动物理试验质量安全计划、物理试验大纲及零功率物理试验结果，本次在30% FP，75% FP 及100% FP 平台进行了全堆芯注量率图测量试验，但考虑到理论 $F_{\Delta H}$ 较高，增加87% FP 注量率图试验；在8% FP，30% FP 及48% FP 平台进行了 RPN 中间量程保护定值的验证计算和调整；在100% FP 平台进行了氙振荡试验。

经过结果分析与安全评价，各功率台阶组件平均功率的相对偏差（MAP）、象限倾斜因子（DA）、径向功率峰值因子（F_{xy}）、热点因子［QT（Z）］以及焓升因子（$F_{\Delta H}$）均满足验收准则的要求。

③RPN 系统测量系数试验结果分析

在物理启动试验前，按《启动物理试验大纲》要求，结合第七循环启动试验100% FP RPN 系统测量系数以及外围组件功率分布，计算得到本次启动的预设值。

100% FP 功率台阶试验后，确定出本循环首次实际测量的 RPN 系统系数。100% FP 试验最大的堆外与堆内功率偏差及 ΔI 偏差为：

$$P_{MAX} = | P_{EX} - P_{IN} | = 0.39\% < 5\% (标准)$$

$$\Delta I_{MAX} = | \Delta I_{EX} - \Delta I_{IN} | = 0.12\% < 3\% (标准)$$

试验结果都满足验收标准的要求。

④LSS 参数结果修改与分析

30% FP，75% FP，87% FP，100% FP 功率平台注量率图测量处理后的 LSS 参数均及时改入 LSS 计算机，满足堆芯监测的要求。

零至100% FP 升功率的过程中，因为理论值 ΔI_{ref} 较大，实际设为1%。

2）2号机组

①零功率物理试验结果分析

等温温度系数测量：结合多普勒温度系数可以知道，零功率、无氙毒、ARO 实测的慢化剂温度系数 α_m^M（ARO）= −2.03 pcm/℃ <0 pcm/℃。

②升功率物理试验结果分析

30% FP，75% FP 及100% FP 平台组件平均功率的预期值与实测值的相对偏差（MAP）、象限倾斜因子（DA）、径向功率峰因子（F_{xy}）、热点因子［QT（Z）］以及焓升因子（$F_{\Delta H}$）均满足验收标准的要求。

③RPN 系统测量系数校刻试验结果分析

在物理启动试验前，按《启动物理试验大纲》要求，结合第六燃料循环启动试验100% FP RPN 系统测量系数以及外围组件功率分布，计算得到本次启动的预设值。

100% FP 功率台阶试验后，确定出本循环首次实际测量的 RPN 系统系数。100% FP 试验最大的堆外与堆内功率偏差及 ΔI 偏差为：

$$P_{MAX} = | P_{EX} - P_{IN} | = 0.42\% < 5\% (标准)$$

$$\Delta I_{MAX} = | \Delta I_{EX} - \Delta I_{IN} | = 0.22\% < 3\% (标准)$$

试验结果都满足验收标准的要求。

④LSS 参数结果修改与分析

30% FP，75% FP，100% FP 功率平台注量率图测量处理后的 LSS 参数均及时改入 LSS 计算机，满足堆芯检测的要求。

零至 100% FP 升功率的过程中，ΔI_{ref}设为理论值 1%。

2. 周期性物理试验

（1）周期性物理试验状况

2009 年，岭澳核电站一期两台机组周期性物理试验包括 1 号机组第七循环、第八循环和 2 号机组第七循环的周期性物理试验项目。两台机组共完成周期性物理试验 31 项，其中 1 号机组 16 项，2 号机组 15 项。周期性试验项目完成率 100%，无超期现象发生。两台机组在升降功率运行期间，及时修改了运行图以及失水事故监测系统（LSS）有关参数。对堆芯核安全参数进行监测，定期地修改运行参数，确保了岭澳核电站一期机组安全和稳定运行。

两台机组反应堆核安全准则和设计准则均得到了满足。

（2）延伸燃耗运行（SO）及长期低功率运行（ELPO）

岭澳核电站 1 号机组从 2009 年 2 月 14 日到 2009 年 2 月 24 日进行延伸燃耗运行。

根据机组延伸燃耗运行的技术规定，分别在延伸运行开始和结束前进行了堆芯注量率图的测量，测量结果的安全评价结果良好。延伸运行期间的 G9 曲线和 RPN 系统的系数得到修改，以满足堆芯控制和安全的需要。

岭澳核电站 1 号机组长期低功率运行期共有 3 段，分别为 2009 年 1 月 21 日至 2 月 1 日、2009 年 5 月 2 日、2009 年 10 月 1 日至 10 月 5 日。根据规定进行了降功率后的注量率图测量和升功率后的注量率图测量，测量结果表明堆芯安全评价良好。

岭澳核电站 2 号机组长期低功率运行期共有 3 段，分别为 2009 年 1 月 21 日至 2 月 10 日、2009 年 5 月 1 日至 5 月 2 日、2009 年 10 月 1 日到 10 月 4 日。根据规定进行了降功率后的注量率图测量，测量结果表明堆芯安全评价良好。

3.1.6　电站化学

3.1.6.1　化学监督

1. 水化学监测和控制

（1）一回路水化学

在本循环周期功率运行期间，两台机组一回路水质良好，水中杂质浓度保持较低水平，重要化学参数硼、锂、氢含量都在化学规范控制范围内，见表 3.1.6.1-1。

表 3.1.6.1-1　2009 年岭澳核电站一期一回路水质情况

月　份	1月	2月	3月	4月	5月	6月	7月	8月	9月	10月	11月	12月
1 号机组运行天数（P_n >30%）	31	24	5	30	31	30	31	31	30	31	30	31
L1RCP F^- 平均值/（mg/kg）	2	2	2	3	2	2	2	2	2	2	2	2
L1RCP Cl^- 平均值/（mg/kg）	2	2	2	3	2	2	2	2	2	2	2	2

续表

月　份	1月	2月	3月	4月	5月	6月	7月	8月	9月	10月	11月	12月
L1RCP SO_4^{2-} 平均值/（mg/kg）	4	4	4	4	4	4	4	4	4	4	4	4
L1RCP Na^+ 平均值/（mg/kg）	<2	<2	<4	<6	2	2	4.5	7	8	9	8	6
月　份	1月	2月	3月	4月	5月	6月	7月	8月	9月	10月	11月	12月
2号机组运行天数（P_n >30%）	20	28	31	30	31	30	31	31	30	31	30	12
L2RCP F^- 平均值/（mg/kg）	2	2	2	2	2	2	2	2	2	2	2	2
L2RCP Cl^- 平均值/（mg/kg）	3	2	2	2	2	2	2	2	2	2	2	2
L2RCP SO_4^{2-} 平均值/（mg/kg）	6	5.7	4	2	4	4	4	4	4	4	4	4
L2RCP Na^+ 平均值/（mg/kg）	<4	<2	<2	2	<2	2	3	4	4	4	4	4

（2）二回路水化学

2009年，岭澳核电站一期两台机组二回路水质保持良好，在1号机组和2号机组2009年的大修中，对二回路的保养、启动冲洗进行了优化，为确保大修后机组启动水质的恢复夯实了基础。WANO化学指标连续两年达到1.00，达到世界先进水平。

两台机组二回路水质主要参数见表3.1.6.1-2。

表3.1.6.1-2　岭澳核电站一期二回路水质主要参数

月　份	1月	2月	3月	4月	5月	6月	7月	8月	9月	10月	11月	12月
1号机组运行天数（P_n >30%）	31	24	5	30	31	30	31	31	30	31	30	31
L1APG λ^+ 平均值/（μs/cm）	0.09	0.08	0.2	0.11	0.11	0.17	0.09	0.09	0.09	0.09	0.09	0.09
L1APG Na^+ 平均值/（μg/kg）	0.32	0.28	1.04	0.42	0.34	0.33	0.32	0.29	0.31	0.32	0.39	0.41
L1APG Cl^- 平均值/（μg/kg）	0.37	0.33	0.9	0.27	0.2	0.27	0.21	0.2	0.2	0.22	0.2	0.21
L1APG SO_4^{2-} 平均值/（μg/kg）	0.74	0.78	1.7	0.9	0.68	0.68	0.49	0.59	0.48	0.57	0.54	0.61
L1ARE Fe 平均值/（μg/kg）	2.97	1.93	1.12	2.32	1.88	1.69	1.94	2.37	1.37	1.06	1.26	1.7
L1CEX O^{2-} 平均值/（μg/kg）	1.21	1.18	3.82	1.87	1.49	1.18	1.08	0.96	0.89	1.05	1.36	1.17
月　份	1月	2月	3月	4月	5月	6月	7月	8月	9月	10月	11月	12月
2号机组运行天数（P_n >30%）	20	28	31	30	31	30	31	31	30	31	30	12
L2APG λ^+ 平均值/（μs/cm）	0.12	0.09	0.09	0.09	0.1	0.1	0.09	0.1	0.1	0.1	0.09	0.09
L2APG Na^+ 平均值/（μg/kg）	0.66	0.32	0.33	0.3	0.27	0.28	0.3	0.28	0.3	0.27	0.37	0.32
L2APG Cl^- 平均值/（μg/kg）	0.54	0.27	0.18	0.25	0.25	0.21	0.19	0.18	0.2	0.18	0.16	0.2
L2APG SO_4^{2-} 平均值/（μg/kg）	1.31	0.91	0.77	0.85	0.65	0.6	0.46	0.67	0.53	0.55	0.54	0.67
L2ARE Fe 平均值/（μg/kg）	2.85	2.09	1.67	1.82	1.61	1.1	1.25	1.94	1.43	1.18	1.4	1.1
L2CEX O^{2-} 平均值/（μg/kg）	4.53	3.85	1.45	1.26	1.09	0.8	0.79	0.72	0.6	0.81	1.12	1.39

2008年，岭澳核电站一期两台机组的发电机定子冷却水系统（GST）顶头箱实施了氮覆盖和除盐床增大流量的改造，2009年大修期间又对两台机组的GST系统安装了在线氧表，进一步优化发电机定子线棒停机保养方法，GST水质控制逐年改善，铜离子、氧含量和电导率全年均保持极低水平，L2GRH084MT温度异常现象得到了有效控制。

2. 放射化学监测和控制

2009 年，放射化学定期测量表明，正常功率运行期间，岭澳核电站 1 号机组一回路碘和放射性气体活度维持在本底水平，由于受第五次大修的主冷却剂泵轴瓦破损事故影响，第六、第七循环^{60}Co 较高，但第八循环主回路的^{60}Co 呈现下降趋势并维持稳定，均值水平在 10 MBq/m^{3}左右。为了降低一回路中放射性活度和剂量率，大修后源项小组制定并推动实施了化学和容积控制系统（RCV）下泄双孔板运行。同时 L1RCV001FI 滤芯采用小孔径等方法。整个循环寿期内，主回路燃料包壳完好。

2 号机组自大修启机满功率后，碘和气体的放射性活度异常升高，^{133}Xe 气体活度最高值达到 700 MBq/m^{3}左右，^{131}I 瞬时活度最高值约为 35 MBq/m^3，经确认，碘和气体的放射性活度异常主要是受第六循环一根燃料棒出现微小裂纹的影响。

3. 油务监督管理

2009 年，按计划对岭澳核电站 1 号和 2 号机组的汽轮机润滑油、抗燃油、主变压器、厂用变压器、辅助变压器油，以及重要设备循环冷却水泵、柴油发电机的润滑油质进行了定期的常规项目分析及气相色谱（仅变压器油）监测，试验结果表明，所有润滑油、抗燃油、绝缘油油质分析项目正常。

3.1.6.2　化学系统制水及制氯制氢

1. 化学系统制水

2009 年，岭澳核电站一期制水车间共处理生水约 48 万 m^3，其中除盐水约 13 万 m^3，厂区饮用水约 28.7 万 m^3，其他为循环水泵轴封用水及系统自用水。厂区饮用水消耗量与大亚湾核电站相比偏高，经初步检查确认地下管网某区域有漏水点。

凝结水精处理系统（ATE）的设备状况和净化功能良好，完成 1 号机组和 2 号机组大修的 ATE 除盐床水室及树脂捕捉器的预检和清理工作，完成 2 号机组第六次大修、1 号机组第七次大修启动阶段和 L1AHP205DI 故障处理期间的二回路水质净化工作，效果良好，年度共处理凝结水总量约 40 万 m^3。制水统计数据见表 3.1.6.2-1。

表 3.1.6.2-1　2009 年度化学系统制水统计　m^3

月份	1 月	2 月	3 月	4 月	5 月	6 月	7 月	8 月	9 月	10 月	11 月	12 月	累计
SEP	26 391	22 690	30 675	24 877	19 982	22 548	23 405	25 445	27 420	26 020	25 386	28 200	303 039
SER	17 053	7 128	15 522	7 013	4 713	9 848	6 767	8 017	7 044	5 478	10 434	14 172	113 189
SED	1 535	2 112	2 245	2 048	1 185	1 150	1 370	1 290	992	984	1 349	1 180	16 150

说明：SEP 用水总量包含水厂供水约 1.57 万 m^3。

2. 化学系统制氯制氢

L2CTE004/005BA 和 L1CTE004BA 电解槽分别于 2006 年和 2008 年更换了新电极板，L1CTE005BA 于 2009 年 5 月更换了新电极板。至此，L1CTE 和 L2CTE 电极板完成了自投运以来的第一次全部更换，制氯系统电解效率高，运行工况良好，保证了循环水系统的消杀效果。2009 年运行状况如下：8 月份前电解电流基本稳定在 2 500 ~ 2 800 A 的低电解电流运行；8 月 12 日以后因天气温度较高，为了保证循环水的消杀效果，电解电流调升至

3 600 ~4 500 A运行；至 12 月份天气转凉后电解电流调降至约 2 800 A 稳定运行。

2009 年，制氯系统的运行和加药控制良好，故障引起的跳停现象明显减少。11 月 18 日发生一起异常事件，维修专业在电解槽停运无海水流量的情况下，实施整流器过流试验导致 L1CTE005BA2 - 1 出口弯管爆裂，未导致人员伤亡，经及时抢修后系统恢复正常运行。2009 年有效实施了电解槽的定期酸洗工作。

2009 年，制氢和供氢系统（SHY）在 B 列电解槽隔膜破损一年来基本不可用的情况下，A 列制氢系统运行工况保持良好，保证了机组日常和大修期间的供氢。1 月 14 日因 L0SHY111EX 出口接头严重泄漏 KOH 溶液导致 A 列制氢系统停运，未导致其他异常事件，及时处理后制氢系统恢复正常。12 月底完成了 B 列电解槽的更换，试运行良好。

外购供氢系统在制氢和储罐不可用的情况下发挥了重要的作用。2008 年外购供氢系统改造以后，于 2009 年 2 月份对外购供氢系统进行了打压试验和试供氢工作。10 月、11 月份因储气罐顶棚更换需排空氢气，期间采用外购供氢，供氢正常。另外，完成了储氢系统安全阀年检的排氢、吹扫和制氢等工作。制氢制氯具体统计数据见表 3. 1. 6. 2-2。其中，1 月、3 月、12 月份制氢量较高，均是机组大修和排空检修的制氢量。

表 3. 1. 6. 2-2　化学系统制氯制氢统计

月份	1 月	2 月	3 月	4 月	5 月	6 月	7 月	8 月	9 月	10 月	11 月	12 月	累计
制氯/t	101. 4	81. 3	65. 1	95. 7	97. 2	96. 5	111. 4	147. 3	172. 2	163. 7	123. 4	89. 9	1 345
制氢/m^3	3 107	163	3 628	1 018	1 059	2 197	2 095	0	2 639	0	0	4 121	20 027

3. 大宗化学试剂消耗

大宗化学试剂消耗量正常，主要用于化学制水、凝结水精处理、二回路化学水质调控、大修蒸汽发生器保养及 CTE 电解槽定期酸洗等，对属于易制毒化学品盐酸的储存与使用，采取严格的台账登记和备案制度。2009 年循环水应急加药系统（L9CTF）两次投运，共消耗次氯酸钠约 120 吨。大宗化学试剂消耗量统计数据见表 3. 1. 6. 2-3。

表 3. 1. 6. 2-3　化学试剂消耗统计　　t

系统	31% 盐酸	50% 氢氧化钠	32% 氢氧化钠	25% 氨水	35% 联胺	40% 三氯化铁	10% 次氯酸钠	磷酸三钠
SDA	60	—	100	0. 30	—	30	10	—
ATE	20	0	20	—	—	—	—	—
SIR	—	—	—	62	15	—	—	0. 5
CTE	6. 5	—	—	—	—	—	120（L9CTF）	—

3. 1. 7　重要机械设备运行维护

3. 1. 7. 1　静止机械设备

1. 日常生产

2009 年，岭澳核电站一期发生一起因静止机械设备故障（L1APG102VL 外漏）而导致的停机检修事件。2 号机组运行状况良好，全年未出现因静止机械设备故障而导致的停机停堆事件。全年日常执行维修工作票 8 810 张，其中预防性工作票 1 285 张，纠正性工作票 2 298 张，服务支持工作票 5 109 张，其他票 118 张。日常消缺处理的主要缺陷和技术问题：

（1）L0SHY 氢气供应全停检修。

（2）L9ASG151VD 阀门不能开启故障。

（3）L1/2SRI060VD 气动杆与联轴块连接的销钉窜动、挡圈濒临脱落。

（4）L2GRV 露点高故障。

（5）L9DVN 系统三次全停，整治消除多处遗留缺陷和安全运行隐患。

（6）L2CEX068VL 的阀门上游与法兰的焊接处有轻微渗漏。

（7）L2GSS129VL 与 L2GSS102PU 之间管道焊缝裂纹。

（8）L2SAR043VA（L2GGR001VD 供气阀）阀盖螺栓松动。

（9）L2CFI001RR 旋转滤网的齿轮箱与传动轴连接处的补偿环松动。

（10）L2CRF501FI 卡涩故障。

2. 机组大修

2009 年，岭澳核电站 1 号机组第七次大修前静止机械处共完成 1 584 张工作票的准备工作，包括预防性维修工作票 1 062 张、非预防性维修工作票 522 张。其中关键敏感设备工作包共 102 份，大修前抽查了关键敏感设备工作包 35 份，F1 缺陷工作包 0 份，F2 缺陷工作包 2 份。大修结束后静止机械处共完成工作票 2 434 张，其中预防性维修工作票 1 061 张，纠正性维修工作票 520 张，服务支持工作票 792 张，工程改造工作票 51 张。

2 号机组第七次大修解列前静止机械处共完成 1 428 张工作票的准备工作，包括预防性维修工作票 1 066 张、非预防性维修工作票 608 张。其中关键敏感设备工作包共 109 份，大修前抽查了关键敏感设备工作包 40 份，F1 缺陷工作包 1 份，F2 缺陷工作包 4 份。大修结束后静止机械处共完成工作票 2 244 张，其中预防性维修工作票 851 张，纠正性维修工作票 432 张，服务支持工作票 592 张，工程改造工作票 77 张。

（1）大修主要检修项目

1 号机组第七次大修：反应堆压力容器开关盖、蒸汽发生器的相关工作；L1PTR001BA 内部清理；CRDM 焊缝处理；L1RCP215VP/RRA001VP 等 112 个核岛阀门解体检查；L1ARE033VL 等调节阀阀门及气动头的解体检修；L1RCP018/021VP 以及 L1RRA115/121VP SEBIM 阀门的 10 年检查、RRA 死管道 A 列改造、L1RRI002RF 整体更换；5 个 VVP 安全阀的解体检查；蒸汽发生器二次侧等设备的水压试验；冷凝器及碎石过滤器检修；蒸汽再热器的检修；鼓型滤网更换钢梁及防腐等工作。

2 号机组第七次大修：反应堆压力容器直接开关盖、蒸汽发生器的相关工作、一回路抽真空项目；低低水位阀门检修；SEBIM 阀门检修项目；VVP 安全阀检修项目；阀门检验测试工具（FRATOL）应用及一体化项目；碎石过滤器检修和冷凝器检修项目；常规岛气动阀检修项目；GRV/GST 等辅机系统的检修项目；L2SRI101/201/301RF 板片解体清洗项目；泵站检修项目；SEN 系统整治项目；常规岛膨胀节检修项目；常规岛消防系统检修项目；L2RCP221VP 取断丝项目等。

（2）大修中解决的主要技术问题

1 号机组第七次大修：GST 系统法兰垫片更换；L1PTR001BA 检查冲洗；L1RRA015VP 阀体变形处理；L1CFI031/032TF 更换钢梁；对未解体的 APP 系统疏水阀全部进行解体检

查；对 SEN/SEC/CRF/CFI 等系统的仪表管进行吹扫，避免因管道堵塞引起报警；L1APP120VL 阀体冲蚀严重，对缺陷补焊后再进行研磨；根据 L2GPV808VV 盘根泄漏反馈，进行了 1 号机组 GPV 的小截止阀清理，对未解体的阀门全部进行解体检查；L1ACO106/206VL 更换；L1CFI031TF 异音问题更换齿轮箱和小轴；处理 L1CRF505FI 红白管漏水问题。

2 号机组第七次大修：冷凝器管板补焊；冷凝器内部膨胀节焊缝缺陷处理；L2GSS113JD 波纹管穿孔问题处理；查找 L2AHP001VV 脱落销轴；SRI 板片进出口法兰垫片老化处理；L2ARE242VL 查找异物的反馈行动；L2SEN001FI 底部法兰锈蚀问题；根据 L2GSS242/426VL 阀门反馈，本次大修机组停机阶段检查确认 L2GSS230BA 的 B 柱两个疏水试验阀 L2GSS242/426VL 内漏，导致 B 柱水位测量虚假波动使 L2GSS044/046SN 动作，触发自动停机信号。

3. 存在及关注的主要问题

（1）在专项组的自主能力建设上需加强，制定发展规划，逐步提高检修能力。特别是在拉伸机自主、起重自主、检修预案与专用工具开发、外部经验反馈收集等方面需要改进。

（2）自从 2008 年技术组成立后，大亚湾核电站和岭澳核电站一期技术问题有了归口管理，因此大修相关技术问题在大修前能够得到较好清理和跟踪。不足之处是日常技术问题处理效率远不如大修高。

（3）电站在“红区非第一组 Io 设备”的关键敏感设备识别上有漏洞，据此安排了“功率运行期间不可达设备中识别关键敏感设备”的任务。

（4）L2CRF501FI 无法自动冲洗，有强迫降功率处理的风险。电站主要通过外接水源冲洗来缓解，同时研究其他缓解措施。针对历来碎石过滤器健康状况不佳的情况，已经成立专项组进行技术攻关。

（5）L1ARE060VL 自密封泄漏、D1EAS125VR 内漏、D1ASG021VD 自密封外漏、大修后的碎石过滤器状态不好等，这些设备缺陷反映出大修质量出现了令人担忧的下滑苗头，需要电站高度关注。

3.1.7.2 转动机械设备

2009 年，岭澳核电站一期转动机械处完成工作票共 5 544 张（包括日常和大修），其中预防性维修工作票 1 687 张，纠正性维修工作票 2 500 张，需要进行工作票准备的有 735 张，现场确认无 FINT 关闭工作票或直接转 FINT 处理的纠正性维修工作票为 1 765 张，服务配合性工作票 1 076 张，其他工作票 296 张；准备工作票的纠正性维修比例为 25%；自主维修工作票量为 926 张，承包商执行工作票量为 2 435 张，自主维修工作票比例为 27.6%。

1. 完成主要的检修工作

（1）主泵：1 号机组第七次大修完成 L1RCP001PO 六年检；L1RCP001/002/003MO 油冷器 O 形圈更换；L1RCP002PO 水力部件更换；日常自主完成了一套水力部件的翻新；2 号机组第七次大修完成 L2RCP001PO 三年检及更换下来的 2 号、3 号密封的翻新。

（2）主机：1 号机组第七次大修主要完成了发电机抽转子、气密试验；L1GRE006/009VV、L1GRE004/010ZM 解体检查；L1GSE002/003VV、L1GSE010ZM 解体检查；2 号机组第七次大修主要进行发电机抽转子、采用氦气查漏新工艺进行气密试验；日常维修完成 L2GSE002VV 异常快关至 9% 开度处理；L2GFR001BA 油箱呼吸器硅胶经常失效，2009 年进行了多次分析处理，根本原因还不明确；针对 L1GRV001/003CW 频繁排油缺陷，成立项目组讨论制定了调整方案，通过调整氢油压差和空氢压差延长了排油周期，但仍未能从根本上进行解决。

（3）核岛泵项目组：L107 大修完成 L1RCV001/002/003PO 年检和 L1RCV 油压波动问题分析；L207 大修解决了 RCV 泵油系统油压波动问题；发现 L2ASG 对中偏差和轴承缺陷并进行了处理；L1RCV001PO 齿轮箱驱动端中间垂直下点振动值达 17.8 mm/s，超过停机限值，现场更换新的轴瓦及齿轮，再鉴定合格。

（4）常规岛泵项目组：L107 大修完成 L1CRF002MO 解体检修；完成 L1CEX001PO 全面解体检查及法兰泄漏处理；L1GSS110/210PO 年度全面解体检查；L1SEN201PO 全面解体检查；根据日常 L2CEX002MO 轴承故障反馈完成 L2CEX001/003MO 的解体检查；日常维修进行 L1APU602PO 法兰漏水及 L2APA001PO 非驱动端漏油处理。

（5）柴油机项目组：L107 大修完成 L1LHP/LHQ 柴油机组年检，同时进行 L1LHP/LHQ002MO 缸头水套更换；L207 大修将 L2LHP/LHQ 柴油机 203/214/703/714FL 的 DN40 - L330 软管换成 DN40 - L130 膨胀节，同时 206/706FL 由 DN40 软管换为 DN50 软管。在 L2LHQ001MO 的 A1/B1/B2 和 L2LHQ002MO 的 001A1/B1 缸上安装国产替代水套。

（6）制冷机项目组：2009 年，DEG/DEL 制冷机状况非常不好。L1DEG301GF 运行中出现低电压保护跳闸的原因尚不明确；针对 L1/2DEG201GF 两次轴承烧毁事件，转机项目组与 RCM 相关人员进行根本原因分析。L2DEL002GF 两次出现板件更换后在试验中报警跳闸，已经接记录仪跟踪板件试验，根本原因仍不明确。

（7）风机、空气压缩机：完成 L1/2DVM001 风机全面解体与防腐；针对常规岛 16 台 DVM 风机自安装调试以来就存在的振动高问题，2009 年在 L2DVM005ZV 上进行了改造，但效果不明显，需要重新修改方案；针对 EMA 堆顶温度高缺陷，在理论分析的基础上，在 L107 大修中发现岭澳核电站一期 RRM 风机叶轮叶形与大亚湾核电站不同，风量、风压现场测量均小于设计要求，经分析后委托南方风机厂进行了叶轮国产化仿制，L207 大修进行了更换，替代后风量、风压明显增大。2009 年通过清理氢气管道、研磨逆止阀，解决了 L0SHY 氢压机级间压力波动缺陷。

2. 2009 年解决的设备长期遗留问题

（1）完成了柴油机 DN40 软管替代和射流管改造。

（2）解决了 L0SHY 氢压机级间压力频繁波动问题。

（3）RRM 风机叶轮用错，L207 大修已经更换为国内仿制叶轮。

（4）L1/2GSS110/210PO 状态稳定，全年没有降功率更换密封垫。

（5）L207 大修解决 RCV 泵油系统油压波动问题。

3. 目前机组上遗留的主要问题

2009 年，转动设备存在很多隐患，特别是关键敏感设备出现了一些长期未能解决的故障，主要表现在：

（1）L1GRV001/003CW 排油问题通过调整油氢、空氢压差得到了改善，但仍没有根本解决。

（2）L2GSE002VV 异常快关至 9% 开度的根本原因尚不清楚。

（3）针对 2009 年 L2DEG002GF 出现的高速轴承烧毁问题，需要继续进行根本原因分析。

（4）针对 2009 年 L2DEL002GF 两次出现板件更换后试验中报警跳闸问题，目前原因仍不明确。

（5）柴油机原缸头水套存在质量问题，L207 大修已经在 L2LHQ 柴油机的 001MO 的 A1/B1/B2 和 002MO 的 001A1/B1 缸上安装了国产替代水套进行试验，后期需要跟踪试用结果。

（6）针对常规岛 16 台 DVM 风机自安装调试以来就存在的振动高问题，原改造方案不能解决问题，需要重新制订方案。

（7）L2GFR001BA 油箱呼吸器硅胶经常失效，目前根本原因还不明确。

（8）针对 L1RCV001PO 齿轮箱振动超过停机值，而解体检查未发现问题，根本原因需要继续分析。

以上设备问题，均已列入 2010 年转动机械处的改进计划或攻坚项目进行分析、研究解决。

3.1.8 继电保护

2009 年，岭澳核电站一期继电保护装置和自动装置处于良好的稳定运行状态，继电保护各项考核指标均达到了良好的水平。

1. 全厂继电保护投入运行情况

（1）全厂继电保护和自动装置中，6.6 kV 以上共配置了 254 套，投运率 100%；继电保护装置 202 套，投运率 100%，自动装置 52 套，投运率 100%。

（2）220 kV 系统继电保护装置共配置 18 套，投运率为 100%。

（3）500 kV 系统继电保护装置共配置 56 套，投运率为 100%。

（4）1 号机组发电机-变压器组保护装置共配置 64 套，投运率 100%。

（5）2 号机组发电机-变压器组保护装置共配置 64 套，投运率为 100%。

（6）自动重合闸装置共配置 8 套，投运率为 100%。

（7）500 kV 的 BAY 控制装置共配置 24 套，投运率为 100%。

（8）故障录波器装置共配置 4 套，投运率为 100%。

（9）同期并网装置共配置 8 套，投运率为 100%。

（10）励磁调节器装置共配置 10 套，投运率为 100%。

2. 全厂继电保护运行情况

（1）220 kV 保护装置共正确动作 1 次，误动作 0 次，保护装置均保持正常稳定运行，正确动作率 100%；

（2）500 kV 线路保护装置共正确动作 37 次，误动作 0 次，保护装置均保持正常稳定运行，正确动作率 100%；

（3）自动重合闸装置共正确动作 8 次，误动作 0 次，重合闸装置均保持正常稳定运行，正确动作率 100%；

（4）1 号发电机-变压器组保护共动作 0 次，误动作 0 次，保护装置均保持正常稳定运行，正确动作率 100%；

（5）2 号发电机-变压器组保护共正确动作 0 次，误动作 0 次，保护装置均保持正常稳定运行正确动作率 100%；

（6）故障录波器评价次数 5 次，录波完好 5 次，故障录波装置均保持正常稳定运行，录波完好率100%。

（7）1号和2号机组励磁调节装置自动装置完好率100%。

3. 全厂继电保护装置运行分析

（1）500 kV开关站电网保护装置运行分析

2009年度，500 kV超高压线路共发生4次线路接地故障。2009年7月19日00：55、00：56、01：52，岭深乙线线路先后发生三次C相瞬时接地故障。线路保护均正确动作，跳开L0GEW510JA/520JA断路器的C相，重合闸正确动作，C相自动重合成功，线路恢复送电。2009年7月19日01：29，岭鲲甲线线路发生了B相瞬时接地故障，线路保护正确动作，跳开L0GEW310JA/320JA断路器的B相，重合闸正确动作，B相自动重合成功，线路恢复送电。

2009年，整个500kV开关站电网保护及控制装置均保持正常的稳定运行状态。

（2）发电机-变压器组保护装置动作分析

2009年度，1号和2号发电机-变压器组保护装置均保持良好的运行状态，没有发生任何误动作或误报警情况。

（3）发电机组励磁调节系统运行分析

2009年，1号和2号发电机组励磁调节装置均处于良好的运行状态，励磁调节装置发挥了正常的电压和无功调节功能，保证了机组和电网的安全稳定运行。

（4）应急柴油发电机系统运行分析

2009年，4台柴油发电机组均保持正常稳定的运行状态，柴油发电机组保护和励磁控制装置均保持稳定安全可靠的运行状态，没有发生任何误动作或误报警情况。

（5）其他系统保护和控制装置运行分析

2009年5月15日18：14，由于L9LGR201TA辅助变压器低压侧电缆接头故障，L9LGR201TA辅助变压器低压侧过流保护正确动作，跳开L9LGR201JA断路器，使L9LGR201TA辅助变压器退出运行。电缆接头故障处理后，L9LGR201TA辅助变压器恢复正常运行。

2009年度，6.6 kV厂用电保护控制系统、KCO厂用电倒电系统、RAM的保护控制系统等均保持稳定安全可靠的运行状态，保障了电站和电网的安全稳定运行。

4. 2009年继电保护专业工作

2009年度，全厂继电保护装置投运率继续保持100%，继电保护装置正确动作率为100%。继电保护和控制系统整体处于良好的运行水平。

2009年继电保护专业主要完成以下工作：

（1）完成L207大修和L107大修的继电保护工作的检修任务。

（2）完成电网下达的500 kV主开关站相关反事故措施工作。

（3）完成L0GEW，L0KKO4，L9LGR等日常系统的定期检修工作。

（4）完成相关系统检修后的程序完善和升版工作。

（5）完成岭澳核电站一期继电保护专业的日常维护工作。

3.1.9 电气设备的运行与维护

1. 电气设备的年度维护与检修

2009 年，岭澳核电站一期按照电气设备的维修导则和预防性维修大纲，共完成电气设备日常预防性维修工作 1 671 项，纠正性维修工作 532 项，设备巡检 765 项，服务支持工作 779 项，工程改造项目 24 项。2009 年，在机组换料大修期间，共完成电气设备预防性维修工作 939 项，纠正性维修工作 335 项，服务支持类工作 989 项，工程改造项目 12 项；2009 年，岭澳核电站一期电气设备共完成 5 281（未计入巡检）项维修工作。2009 年，电气设备的年度检修与试验工作完成情况良好，全厂电气设备的年度预防性试验工作完成率 100%。岭澳核电站一期重要电气设备缺陷情况见表 3.1.9-1。

表 3.1.9-1　高压电气设备典型缺陷统计表

设备名称及型号	电压等级	缺陷部位	缺陷情况	缺陷原因	制造厂
2 号主发电机	26 kV	转子线圈	匝间绝缘缺陷	匝间绝缘脏污	GEC – ALSTOM
1 号和 2 号主发电机	26 kV	转子导电杆	密封泄漏	设计结构缺陷	GEC – ALSTOM

2009 年，岭澳核电站一期在大修中进行了主变压器、厂用变压器检查试验；主变压器三相高压套管更换；主变压器 B/C 两相内部检查；发电机抽转子大修；励磁机年度检修；A 列交直流配电盘检查与试验；GEX 励磁调节器的检查和试验；GPA 发电机-变压器组保护校验等预防性维修项目。同时还完成 GSY 负荷开关保压试验，封闭母线消漏及保压试验，发电机内外导电杆泄漏处理，6.6 kV 中压配电盘开关仓接触不良处理，2 号机组 GSY 负荷开关气动控制块首次解体检修及保压试验等纠正性维修项目。完成 2 号机组 GPA 系统过频、低频、失磁、负序过流、电压控制过流继电器改造和 CRF 系统 6.6 kV 电动机差动保护继电器改造工作。L107 大修中发现并处理 L1GSY202PT 触头磨损，L1LNE/LNC/LNP 等多台逆变器电容漏液，旋转二极管探头的直流电阻异常，发电机永磁机出线 A/B 相保险熔断，L1LHA1302 开关无法合闸，封闭母线 C 相绝缘子底座垫片松动，主变压器 B/C 相瓦斯继电器动作值超标，L1RAM001/002AP 发电机电刷刷握变形等重要缺陷。L207 大修发现并处理 L2GEV301TP 高压侧油箱磁屏蔽脱胶，主变压器 C 相低压内部软连接平整度超差，L2GPA510XZ 定子接地保护定值漂移，L2CVI003VA 输出轴套与机械连接轴间隙过大，发电机侧电压互感器紧固螺栓及垫片与设计不符，以及 L2ARE057VL 异常关闭等重要缺陷。

2. 过电压、防雷与防污工作

（1）防雷与接地保护

1）2009 年，电气处按照岭澳核电站一期防雷接地系统的维修大纲要求，根据防雷工作的特点，在年初和雷雨季节到来之前完成了对岭澳核电站一期防雷设施和接地装置的年度检查与维护工作。检查结果表明，接地系统状况良好，岭澳核电站一期发供电设备全年内未发生雷害事故。

2）经对岭澳核电站一期避雷器全年动作情况的统计，220 kV 及以上避雷器动作共 1 次，其中 500 kV 避雷器动作 1 次，220 kV 动作 0 次。由于避雷器的可靠动作，保证了核电站系统和设备的安全运行。岭澳核电站一期电气一次侧设备全年未发生雷害事故，220 kV

及 500 kV 变电站设备运行工况良好，开关正确动作率 100%，全年未发生雷害事故。

（2）过电压防护工作

2009 年，岭澳核电站一期 220 kV、500 kV 各级电压系统运行工况正常，全年未发生因过电压而造成的设备损坏事故或失效事件。系统在防护过电压能力方面保持着良好的状态。

（3）防污工作

1）岭澳核电站一期 500 kV 开关站（SF_6 GIS 全封闭组合电器设备）、220 kV 厂用辅助电源等出线端的户外绝缘设备（出线套管、出线支柱绝缘子和电容式电压互感器等），在 2009 年度的各种气候条件下，设备运行情况均表现良好。

2）岭澳核电站一期遵循“逢停必扫”的防污工作原则。在 2009 年岭鲲甲线、岭鲲乙线、岭东甲线、岭东乙线等线路的年度停电检修中，对超高压户外设备均按照程序进行了检查和全面的清扫。2009 年，深圳地区阴雨天气较多，加上海边盐雾及岭澳核电站二期施工污染，但岭澳核电站一期所属的 500 kV 和 220 kV 开关站的户外设备全年未发生污闪事故。

3. 电气主设备运行情况

（1）主发电机组

1）1 号发电机组于 2009 年 2 月 25 日与电网解列开始第七次大修，工期 29.92 天，于 2009 年 3 月 27 日并网发电。2009 年 1 号发电机组实际上网发电天数为 335.18 天，机组年可用率为 91.83%。

2）2 号发电机组于 2008 年 12 月 9 日与电网解列开始第六次大修，工期 33.49 天，于 2009 年 1 月 11 日并网发电。2 号发电机组在 2009 年 12 月 13 日与电网解列开始跨年度的第七次大修，本次大修工期占用 22.94 天，2009 年 2 号发电机组实际上网发电运行天数为 336 天，机组年可用率为 92.05%。

（2）主变压器

1）1 号主变压器全年运行稳定，未出现设备故障或绝缘损坏事故。1 号主变压器在第七次大修中于 2009 年 3 月 1 日停运检修 13.4 天，2009 年 3 月 14 日投入运行，全年累积运行 351.6 天，年可用率为 96.33%。

2）2 号主变压器在第七次大修中于 2009 年 12 月 17 日停运检修 9.5 天，2009 年 12 月 25 日投入运行，全年累积运行 355.5 天，年可用率为 97.40%。

（3）SF_6气体绝缘变电站 GIS 和封闭母线 GIC 的运行情况

1）2009 年，岭澳核电站一期 500 kV、220 kV 变电站 GIS 系统运行工况正常，全年未发生任何故障或事故。

2）本年度 GIS 系统 SF_6气室未出现过压力低和压力高报警事件。

3）在岭鲲甲线、岭鲲乙线、岭东甲线、岭东乙线年检中，未发现气室 SF_6气体微水超标。

（4）厂用 6.6 kV 系统

2009 年，对厂用 6.6 kV 系统的 L1LGB001TB，L1LHA001TB，L2LGB001TB，L2LHA001TB 配电盘进行停电检修，在停盘检修期间，对这 4 块配电盘上的 8 台断路器的分合闸操作机构进行解体检查和润滑。对其他 6.6 kV 配电盘的 24 台断路器进行不解体检查，对操作机构进行润滑。6.6 kV 开关设备和母线运行工况良好，未发生系统故障。

（5）6.6 kV 电机

1 号机组第七次大修中对 27 台 6.6 kV 电动机进行年检，检修中未发现主绝缘缺陷。

2 号机组第七次大修中对 27 台 6.6 kV 电动机进行年检，检修中未发现主绝缘缺陷。

全年 6.6 kV 电动机运行工况良好。

3.1.10 发供电系统可靠性

1. 发电机组的可靠性

2009 年，岭澳核电站 1 号和 2 号发电机组在换料周期内可用，除大修计划停机检修外，全年无因发供电设备故障引起非计划停机，运行时间分别为 335.18 天和 336 天。

影响发电机组可靠性的因素主要包括：

（1）2008 年 2 号发电机定子线棒运行温度（L2GRH084MT）较高。在第六次大修中对定子线棒进行正反冲洗、气水两相吹扫，2009 年 1 月 11 日启机后定子水总流量增加约 3 m^3/h，机组满功率后，L2GRH084MT 温度显示稳定且略有下降，稳定运行在 66 ℃左右。

（2）2009 年 2 月 17 日，2 号发电机组励磁机仓室露点测量显示值偏高，湿度大，超过注意值，检查确认空冷器无漏水，原因是露点测量探头故障。更换探头，恢复正常。

（3）2009 年 8 月 21 日，2 号发电机组转子温度监测集中数据处理系统（KIT）显示异常，波动较大，这是发电机转子电压、转子电流与转子温度在 KIT 中采样周期不同造成的。

（4）2009 年 9 月 4 日，1 号发电机出口封闭母线冷却风机（L1GSY001ZV）切换因流量低引起跳闸，封闭母线冷却失去备用。流量低的原因是风门电动驱动机构在电动操作的过程中风门转轴与电机轴间打滑，导致风门不能全开。紧固风门转轴与电机轴连接用的 U 形卡后，恢复正常。

（5）2009 年 9 月 10 日，2 号机组发电机出口断路器变压器侧波纹管漏气。原因是波纹管固定钢带松动，紧固处理后恢复正常。

2. 输变电主变压器、厂用变压器 GEV 系统的可靠性

2009 年，主变压器、厂用变压器 GEV 系统在换料周期内可用，全年无非计划停电，在 1 号机组大修和 2 号机组大修中，1 号机组和 2 号机组 GEV 系统分别计划停电检修 13.4 天和 9.5 天，运行时间分别为 351.6 天和 355.5 天。需关注如下问题：

（1）受电力系统直流输电设备调试和故障的影响，主变压器中性点直流电流跃升，最高达 25 A，期间主变压器处于偏磁状态下运行，噪声偏大，振动偏高。计划在 2010 年对岭澳核电站一期主变压器中性点进行改造，增加隔离直流电流装置。

（2）主变压器线组温度在 KIT 上显示多次出现波动，原因是温控表的变送回路电位器不稳定，利用在大修期间更换电位器，提高稳定性。

（3）2009 年 4 月 7 日，2 号机组厂用变压器 A 相因 125 直流监测继电器故障，产生 125 V电源故障误报警。

（4）2009 年 8 月 11 日，1 号机组厂用变压器 B 相绕组温度升高 10 ℃，原因是其下游负荷电动给水泵（功率为 10 000 kW）进行启动试验。

（5）由于主变压器 TF01 ~ 07 各相设计制造存在缺陷，如铁芯中柱未绑扎导致铁芯弯曲，低压引线过热等，需返厂进行改造及检修。截至 2009 年底，主变压器各相更换和返厂检修情况见表 3.1.10-1。两相备用之一 TF03 返厂检修，出厂试验时发现内部仍存在异常，目前不能作为备用。

3. 500 kV GIS 开关站的可靠性

2009 年，岭澳核电站一期 500 kV 开关站未发生设备损坏或故障停运事件，500 kV 高压

开关正确动作率达100%。

岭澳核电站一期主接线使用二分之三的接线方式，可靠性高，维护方便。

2009年，500 kV断路器年度计划停电检修期间，对断路器液压回路抽真空排气，不再出现断路器动作后液压机构无法储能的现象。

表3.1.10-1 岭澳核电站一期主变压器更换及返厂检修情况统计

大修序号	1号机组			2号机组			备 注
	A相	B相	C相	A相	B相	C相	
投入运行	TF01	TF04	TF03	TF05	TF06	TF07	TF02备用
1号机组第一次大修	TF01	TF04	TF02	—	—	—	TF02换TF03，TF03吊罩后备用
2号机组第一次大修	—	—	—	TF05	TF03	TF07	TF03换TF06，TF06吊罩后备用
1号机组第二次大修	TF01	TF02	TF06	—	—	—	TF06换TF02，TF02吊罩后，换TF04，TF04返厂
2号机组第二次大修	—	—	—	TF05	TF04	TF07	TF04换TF03，TF03吊罩后备用，增加备用相TF08
1号机组第三次大修	TF01	TF08	TF03	—	—	—	TF08换TF02，TF03换TF06，TF02/06返厂
2号机组第三次大修	—	—	—	TF04	TF06	TF02	TF06换TF04，TF02换TF07，TF04吊罩后换TF05，TF05备用，TF07返厂
1号机组第四次大修	TF01	TF08	TF03	—	—	—	TF08吊罩后回装，TF07备用，TF05返厂
2号机组第四次大修	—	—	—	TF04	TF06	TF05	TF02吊罩处理磁屏蔽螺栓脱落，TF07备用
1号机组第五次大修	TF02	TF08	TF07	—	—	—	TF02换TF01，TF03换TF05，TF01备用，TF03备用
套管故障抢修	—	—	—	TF04	TF06	TF03	TF03换TF05，TF05/TF01返厂
2号机组第五次大修	—	—	—	TF04	TF06	TF05	TF05换TF03，TF03返厂，TF01备用
1号机组第六次大修	TF02	TF01	TF07	—	—	—	TF01换TF08，TF08备用，TF03返厂检修未返回

注：“TF01～08”指各相主变压器的序列号，“吊罩”指吊罩进行内部检修。“返厂”指返厂改造及检修。

4. 辅助供电LGR系统的可靠性

2009年，220 kV辅助电源LGR系统因隔离检修、岭澳核电站二期辅助变压器扩建、线路电源切换、停电消缺、线路故障跳闸（台风“莫拉菲”引起线路故障）等引起不可用累计20次，累计不可用时间294.70 h。

电站内影响LGR系统可靠性的因素有：

（1）2009年1月10日，网控出现L0LGR221JA SF_6压力低报警，检查确认无故障漏点，补气恢正常。

（2）2009年4月15日，网控出现1号辅助变压器有载分接开关油枕油位低报警，现场确认油位正常，原因是油位计干簧接点弹力失效，在自重和振动下闭合。更换干簧接点，恢复正常。

（3）2009年5月15日，2号辅助变压器跳闸，原因是2号辅助变压器低压侧电缆头制作工艺有缺陷，没有涂硅脂，密封工艺不良。重新制作电缆头，恢复正常。由于1号辅助变压器低压侧电缆头原制作使用同样工艺，2009年7月4日，已停电处理该电缆头。

（4）2009年6月10日，辅助电源LGR系统第Ⅱ段母线C相悬挂绝缘子出现严重的连续放电现象。9月14日，利用风岭线停电消缺窗口将绝缘子全部更换为复合型绝缘子，恢复正常。

5. 6.6 kV 厂用电系统的可靠性

2009年，岭澳核电站一期中压6.6 kV电气设备运行状态良好，全年无因设备损坏或绝缘故障导致的停运事件发生。

为了提高断路器的可靠性，防止在运行周期内因断路器操作少而引起机构润滑油脂干枯卡涩，除了4个循环周期停盘一次进行断路器解体检修之外，对不解体断路器增加一个循环周期一次的不解体检查和操作试验，全年未发生断路器异常事件。

6. 6.6 kV 柴油发电机LHP/LHQ的可靠性

岭澳核电站一期每台机组的两台柴油发电机（LHP/LHQ）是最后一道应急供电电源，改造增加的第5台柴油发电机可以替代其中1台运行（注：替代操作过程中视被替代柴油发电机不可用），提高应急电源可用率。

全年未发生电气一次设备失效引起柴油发电机不可用事件。

7. 直流电源、蓄电池组和不间断电源的供电可靠性

电厂直流电源系统有230 V，125 V，48 V和30 V共4个电压等级，由相应的直流配电盘（TB）、整流充电器（RD）和蓄电池组（BT）等组成，全年运行正常、可靠。

220 V交流不间断电源运行正常、可靠。

3.1.11 仪控系统设备运行及评价

1. 总体评价

（1）核岛控制保护测量系统

核岛控制测量系统（KRG）上的纠正性维修工作不多。主要缺陷为：

大修发现L1/2RRA401XU2输入端为浮空，经调查为调试遗留缺陷，在大修中进行处理；在1号机组第七次大修中，完成对L1RCP一回路宽量程温度探头替代更换；困扰电站近两年的L2LDA绝缘低报警闪发问题得到解决，经查为L2GSS003MP正端接地导致，经处理后报警消除。

2009年，KRG保护系统的SIP试验合格率为100%。

堆外中子注量率测量系统（RPN）在2009年的纠正性维修中工作比较少，主要缺陷是：

1）1月9日，L2RPN023MA SPB9.5故障，造成测量值不准确，并产生Io。

2）L2RPN001HV（L2LSS机）显示不能自动随时间更新问题，通过软件反编译发现软件设计存在缺陷，准备在LOCA机改造项目中一并解决；短期措施是出版临时运行指令进行提醒。

2009年，RPN保护系统的定期试验合格率为100%。

棒控系统（RGL）在2009年共有日常纠正性维修29次，其中记录仪及指示灯更换共有9次，其他故障20次。主要故障为：

1）1月10日，零功率物理试验时L2RGL G2棒组G22/K4棒束失步，故障原因为异物

导致 MG 勾爪动作迟缓。

2）3 月 5 日，L2RGL002 试验时 N1 棒组的 M4 棒束失步 19 步，故障原因同样为异物导致 MG 勾爪动作迟缓。

3）5 月 27 日，L2RGL002 试验时因 G21 UC1 卡母板故障导致下插 G2 棒组时出现 L2RGL003AA 报警，更换 UC1 卡后正常。

4）11 月 9 日，L1RGL R1 棒自动上提一步时，主控制室出现 L1RGL001AA 报警，R1 机柜显示电流建立超差报警，故障原因为堆顶温度偏差导致报警裕度减小，在电流监测回路存在测量偏差或波动较大的异常时，误产生电流建立超差报警。

反应堆保护系统全年运行情况较为稳定，没有出现重大故障模式，在 2009 年没有日常纠正性维修，RPR 系统上的 T2/T3 试验全年周期试验合格率 100%。

（2）常规岛控制测量系统

2009 年，GRE 系统总体运行状态正常，主要故障为：

1）L2GSE002VV 两次异常关闭，关闭原因不明确，电站更换了定位器、阀门模块和接口板。

2）L1GRE001UV 在没有任何操作的情况下出现自动重启故障，怀疑与触摸屏通风冷却不良有关。

汽轮机监测系统（GME）的故障主要是振动或偏心探头出现多次波动，检查处理就地接口板后正常。

汽动及电动给水泵系统在 2009 年的故障率不高。主要缺陷是 L1APP 泵流量出现阶跃下降。

常规岛 P320 控制系统总体运行正常，但出现一次较严重故障：L1AGR218SP 在 P320 中误发低油压信号导致 1 号机组升功率过程中快速降功率，检查发现 L1KCO201AR 软件存在缺陷，执行临时控制改变（TCA）临时解决软件设计缺陷，后在 1 号机组临停小修窗口进行了软件修改。

常规岛 KRG203/204/205AR 中大量使用的 7400 系列转换板在 2009 年故障率有加大的趋势，全年更换过 6 次 CT 板。另外，困扰常规岛仪表系统的另一个问题是热电偶电荷累积问题，目前通过加装泄放电阻的方式进行解决。

（3）电站工业计算机部分

KIT 总体运行情况良好，未出现大的故障。主要缺陷是 KIT 板件脱机引起部分 KIT 数据失效，该故障在 2009 年多次发生，原因可能为系统设计问题，需要进一步与厂家联系解决。

KDO 运行情况良好，没有较大故障发生。

KKK 系统运行情况良好，主要问题是现场设备出现不同程度的老化，需要加强日常维护。控制系统大部分备件属非标产品，采购价格过高，质量不高，替代困难，需要积极推进 KKK 系统改造。

（4）消防探测系统

消防探测系统（JDT）的故障率相比 2008 年没有太多改善，对机组的 Io 控制造成一定的影响，其中 BOP 的火警受天气影响产生的故障占了大多数；最主要的故障是 L2JDT002HK 闪发“BACKUP LINE 2”故障，检查发现系 CGFR90I 板件故障，进入 RX 厂房更换后恢复正常。

现场多次出现探头真实报警，说明 JDT 系统的可用率可以保证。

（5）变送器

核岛变送器的总体运行情况良好，主要故障为 L1/2ARE058MN 出现小幅波动。

2009 年，常规岛变送器总体运行状况良好，主要故障为：

1）1 号机组启动期间 L1GSS002/004MN 相继出现线圈开路故障，影响机组升功率，反馈检查和更换所有高温 LVDT 线圈。

2）L1/2GRV001/002MT 出现多次故障，目前正在对原探头进行改进。

（6）气动阀门执行机构

气动阀门执行机构总体运行状况良好，漏气故障较多，其他主要故障为：

1）L2ARE031VL 实际开度比其他两个阀大 10%。

2）L2SAP067VA 供气管线上的减压阀本体小孔向外漏气。

（7）显示仪表和记录仪

显示仪表在 2009 年运行比较稳定，没有较大故障。记录仪的故障率较多，主要是走纸机构、继电器和放大板故障，2009 年实施了一部分无纸记录仪替代工作，运行情况良好。

2. 遗留问题解决

（1）L2RGL 系统两次出现控制棒滑步

2009 年 1 月 10 日，零功率物理试验时 L2RGL G2 棒组 G22/K4 棒束失步；2009 年 3 月 5 日，L2RGL002 试验时 N1 棒组的 M4 棒束失步 19 步，故障原因是因异物导致 MG 勾爪异常卡涩，抱棒功能异常，而出现异物的可能原因是一回路水质出现异常，外部反馈也表明存在异物导致控制棒滑步的案例，电站已经成立专项小组解决此问题。

（2）L2LDA 绝缘问题

2008 年 11 月 1 日，L2LDA 绝缘低报警开始闪发。L2LDA 绝缘低故障表象不稳定，使用绝缘检测仪注入信号会导致绝缘低故障消除，导致较长时间内无法定位故障点。

2009 年 11 月 27 日 08：29，L2LDA001AA 报警再次出现，在使用 ZJ3 型检测仪加信号检查过程中，2 号机组主控制室出现 L2GSS017AA 报警，检查发现 L2GSS003MP 信号在 KIT 中波动范围为 0 ~ 1.2 MPa。经验证，为 L2GSS003MP 变送器故障导致 L2LDA001AA 报警。更换 L2GSS003MP 变送器后，L2GSS003MP 信号恢复正常。

3.1.12 燃料循环及燃料管理

2009 年度，岭澳核电站一期完成 L107 大修、L206 大修。L207 大修于 2009 年 12 月 13 日开始，计划 2010 年 1 月完成。

1. 燃料管理

（1）1 号机组

岭澳核电站 1 号机组于 2009 年 2 月 25 日停堆进行换料大修，实际停堆燃耗为 12 720.54 MW·d/t，比原设计的 12 452 MW·d/t 长。第七循环从 2009 年 2 月 14 日开始延伸运行，持续 11 天。停堆前功率为 96.6% FP，堆芯平均温度为 306.7 ℃，R 棒在 221 步。

由于岭澳核电站 1 号机组第八循环原计划入堆组件发现有 5 组不可用，启动紧急换料设计，2009 年 3 月 5 日向换料设计单位、燃料组件生产商和技术研究院等发出紧急换料通知书。岭澳核电站 1 号机组第八循环的设计循环长度为 12 452 MW·d/t，组件使用情况如下：

1）40 组富集度为 4.2% 的 AFA－3GAA 新组件；

—20 组不含钆棒的；

—20 组含 8 根钆棒的。

2）117 组旧组件来自 1 号机组第二、六、七循环：

—16 组 AFA-2G 组件：富集度为 2.40%，来自第二循环；

—17 组 AFA-3G 组件（包含 1 组中心组件）：富集度为 3.70%，来自第六循环；

—12 组 AFA-3G 组件：富集度为 3.70%，来自第七循环；

—72 组 AFA-3GAA 组件：富集度为 4.20%，来自第七循环。

1 号机组第八循环堆芯装载图见图 3.1.12-1。

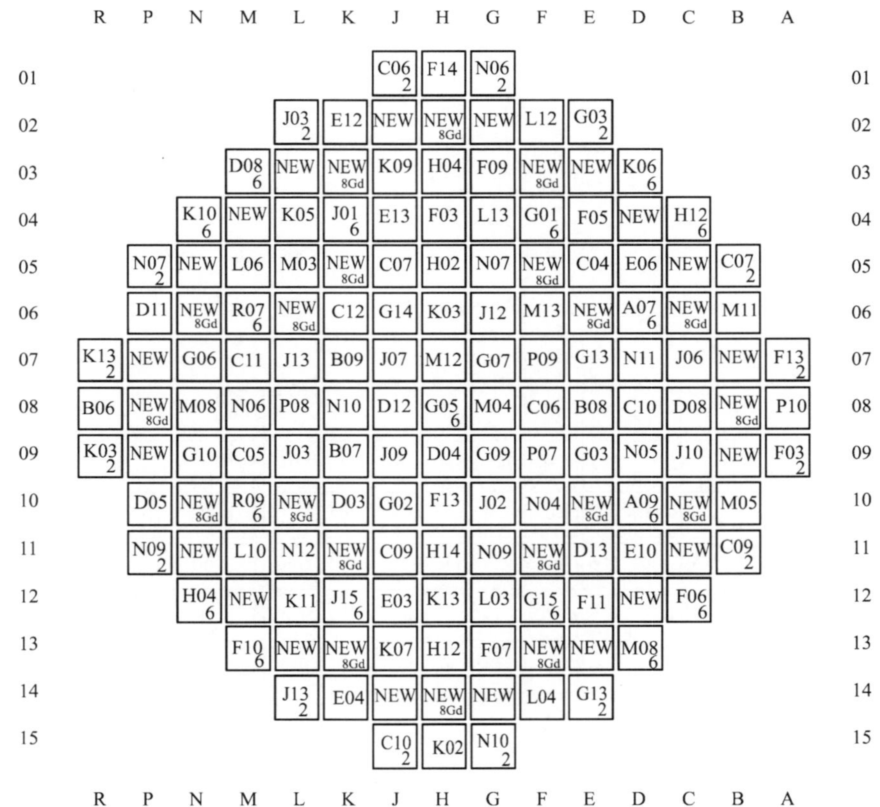

图 3.1.12-1　岭澳核电站 1 号机组第八循环堆芯装载图

图标说明：右下标 2 表示来自第二循环；右下标 6 表示来自第六循环；右下标 8Gd 表示含 8 根钆棒。

1 号机组于 2009 年 3 月 25 日首次达临界。

2009 年 6 月 9 日，岭澳核电站 1 号机组由于 L1APG102VL 泄漏进行停机抢修。在启停机过程中，燃料管理人员对中间量程保护定值翻转、ΔI 变化趋势等进行了跟踪监测，堆芯始终处于安全状态。6 月 11 日机组升回满功率运行，堆芯安全评价合格。

2009 年 10 月开始进行岭澳核电站 1 号机组第九循环的堆芯换料设计，为第十循环采购 40 组新组件。

（2）2 号机组

岭澳核电站 2 号机组第六循环于 2008 年 12 月 9 日停堆进行换料大修，实际停堆燃耗为

11 941. 96 MW·d/t，比原设计的 12 064 MW·d/t 短。停堆前功率为 94. 6 %FP，堆芯平均温度为 309. 2 ℃，R 棒在 216 步。

岭澳核电站 2 号机组第七循环的设计循环长度为 13 284 MW·d/t，组件使用情况如下：

1）44 组富集度为 4. 2% 的 AFA-3GAA 新组件：

—12 组不含钆棒的；

—8 组含 4 根钆棒的；

—24 组含 8 根钆棒的。

2）113 组旧组件来自 2 号机组第二、四、五、六循环：

—16 组 AFA-2G 组件：富集度为 3. 10%，来自第二循环；

—1 组 AFA-3G 组件（中心组件）：富集度为 3. 20%，来自第四循环；

—28 组 AFA-3G 组件：富集度为 3. 70%，来自第五循环；

—48 组 AFA-3G 组件：富集度为 3. 70%，来自第六循环；

—20 组 AFA-3GAA 组件：富集度为 4. 20%，来自第六循环。

2 号机组第七循环堆芯装载图见图 3. 1. 12-2。

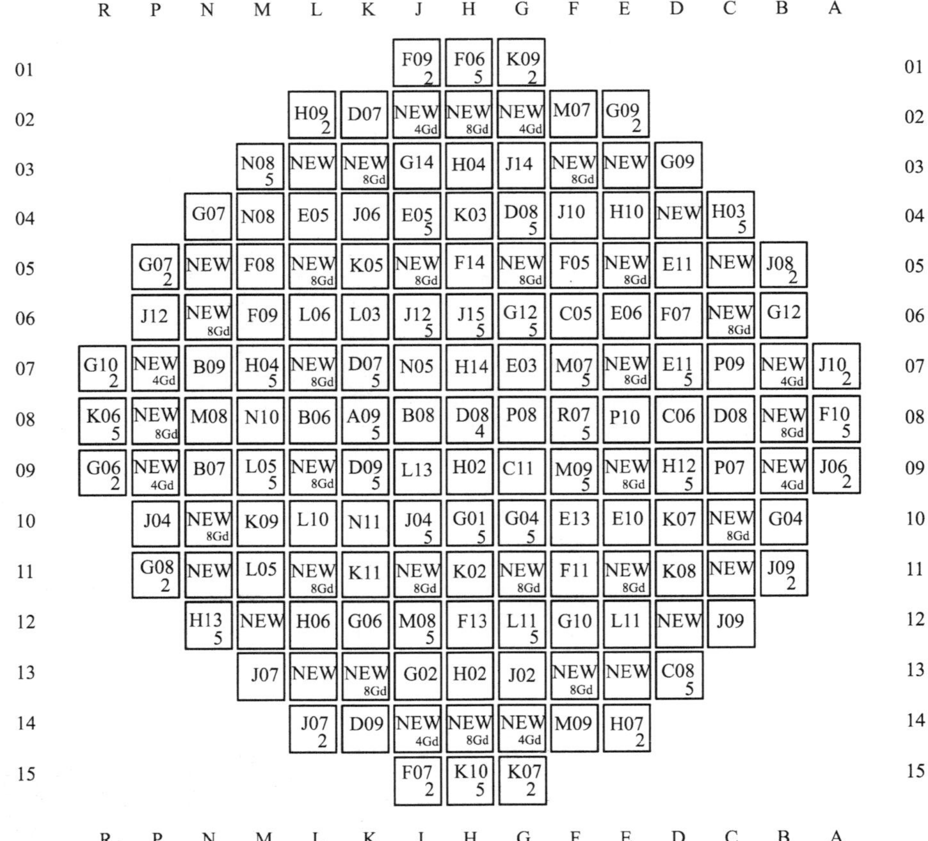

图 3. 1. 12-2 岭澳核电站 2 号机组第七循环堆芯装载图

图标说明：右下标 2 表示来自第二循环；右下标 4 表示来自第四循环；右下标 5 表示来自第五循环；右下标 8Gd、4Gd 表示含 8 根、4 根钆棒。

2 号机组于 2009 年 1 月 9 日首次达临界，于 2009 年 12 月 13 日停堆进行换料大修，实际停堆燃耗为 13 143.08 MW·d/t，比原设计的 13 284 MW·d/t 短。停堆前功率为 99.3% FP，堆芯平均温度为 309.3 ℃，R 棒在 221 步。

2009 年 8 月底开始 2 号机组第八循环的堆芯换料设计，为第九循环采购 44 组新组件。

岭澳核电站 2 号机组第八循环的设计循环长度为 13 580 MW·d/t，组件使用情况如下：

1）44 组富集度为 4.2% 的 AFA-3GAA 新组件：

—4 组含 0 根钆棒的；

—16 组含 4 根钆棒的；

—24 组含 8 根钆棒的。

2）113 组旧组件来自 2 号机组第一、二、六、七循环：

—9 组 AFA-2G 组件：富集度为 1.80%，来自第一循环；

—8 组 AFA-2G 组件：富集度为 3.10%，来自第二循环；

—8 组 AFA-3G 组件：富集度为 3.70%，来自第六循环；

—24 组 AFA-3G 组件：富集度为 3.70%，来自第七循环；

—64 组 AFA-3GAA 组件：富集度为 4.20%，来自第七循环。

2 号机组第八循环堆芯装载图见图 3.1.12-3。

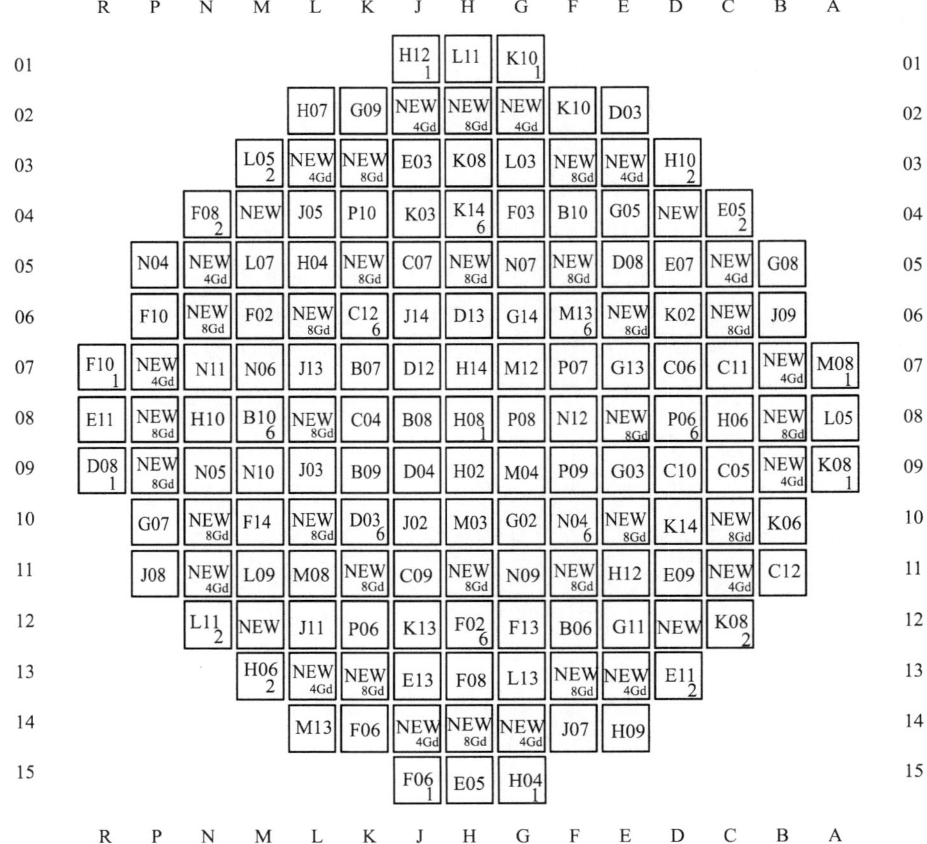

图 3.1.12-3　岭澳核电站 2 号机组第八循环堆芯装载图

图标说明：右下标 1 表示来自第一循环；右下标 2 表示来自第二循环；右下标 6 表示来自第六循环；右下标 8Gd、4Gd 表示含 8 根、4 根钆棒。

2. 其他与燃料管理相关的事情

（1）紧急换料设计

针对2号机组第七循环、1号机组第八循环两次紧急换料设计，运营公司与中国核动力设计研究院（NPIC）、中科华核电技术研究院（CNPRI）等分别在2009年1月2日和3月12日向国家核安全局（NNSA）进行了装料执照申请汇报，及时获得了装料批准。

（2）岭澳核电站一期18个月换料项目

2008年11月27日，在岭澳核电站一期18个月换料改进工作汇报会上，总经理部决策在岭澳核电站一期和二期实施18个月换料。2008年12月，电站开始与CNPRI沟通，开展项目准备工作。CNPRI于2008年年底提交项目建议书。2009年2月，电站组织召开项目启动筹备会，基本确定了项目的组织、人员安排、技术路线与计划。2009年3月至6月，项目组制订岭澳核电站一期和二期18个月换料切入计划以及实施后的发电规划。

2009年12月31日，电站向NNSA提交岭澳核电站一期《通用燃料管理（3D）》、《通用核数据和关键中子学参数报告》。其中《通用燃料管理（3D）》报告描述了岭澳核电站一期从四分之一年度换料转到18个月换料的反应堆堆芯燃料管理方案，给出过渡循环、平衡循环和灵活性循环燃料管理分析的主要设计结果。

（3）岭澳核电站一期四分之一换料项目后续事项

2009年，接收岭澳核电站一期四分之一换料项目剩余计算笔记等报告，同时接收岭澳核电站一期四分之一换料补充事故分析项目的各论证子项、工程报告和计算笔记，岭澳核电站一期四分之一换料项目剩余文件及补充事故分析项目的所有文件已接收完毕。

（4）其他事项

2009年12月，公司与NNSA举行大修、燃料管理、工程改造等项目审评对话会。NNSA未对岭澳核电站一期18个月换料项目提出反对意见，也未对使用全M5 AFA-3G提出异议；关于2号机组第八循环执照申请，NNSA专家对审评问题回答基本满意，要求停堆后补充完整硼跟踪曲线；关于全M5组件57 GW·d/t燃耗限值执照申请,NNSA专家不同意批准全M5组件57 GW·d/t燃耗限值的通用准则,当组件燃耗超过52 GW·d/t并且超过的数值较小时,可再提申请。

3. 核燃料操作活动管理

2009年，岭澳核电站一期主要核燃料操作活动包括2次新燃料接收、1号机组第七次大修换料和2号机组第七次大修换料，以及乏燃料组件外观检查。

（1）新燃料接收

2009年1月14日，岭澳核电站1号机组干贮存间内的4组新燃料组件被转移到1号机组乏燃料贮存水池存放。

2009年2月17日，岭澳核电站1号机组接收由中核集团建中核燃料元件公司制造的富集度为4.2%的全M5 AFA-3G新燃料组件4组，全部贮存于1号机组干贮存间。

2009年10月22日至27日，岭澳核电站一期接收由中核集团建中核燃料元件公司制造的富集度为4.2%的全M5 AFA-3G新燃料组件2批共92组，其中1号机组接收44组，2号机组接收48组，其贮存方式见表3.1.12-1。此次新燃料接收期间，还将1号机组干贮存间内原有的2组新燃料组件转移到1号机组乏燃料贮存水池存放。

存放于1号机组乏燃料贮存水池的共38组新燃料组件将在岭澳核电站1号机组第九循

环中使用；存放于2号机组乏燃料贮存水池的共44组新燃料组件将在岭澳核电站2号机组第八循环中使用。

表3.1.12-1　2009年岭澳核电站一期新燃料组件接收情况

项　目	1号机组		2号机组
	第1次	第2次	
组件类型	全M5 AFA-3G	全M5 AFA-3G	全M5 AFA-3G
富集度	4.2%	4.2%	4.2%
新燃料组件数	4	44	48
贮存方式及组数	干贮存间：4	乏燃料水池：38 干贮存间：6	乏燃料水池：44 干贮存间：4
由干贮存间移入水池的新组件数	0	2	0

（2）大修换料

2009年3月2日至19日，岭澳核电站1号机组完成了第七次大修的卸料、相关组件倒换和装料。在相关组件倒换期间，将干贮存间的4组新燃料组件转移到乏燃料水池，用于1号机组第八循环装料。相关组件倒换期间还完成57组控制棒的涡流检查。

1号机组第七次大修低低水位期间实施了换料机的升级改造，在随后的装料中使用了全自动装料。至此，岭澳核电站1号和2号机组的核燃料装卸贮存系统升级改造全部完成。

2009年12月17日至28日，岭澳核电站2号机组完成第七次大修的卸料、相关组件倒换和装料。卸料期间对堆芯全部燃料组件进行在线啜吸检查，未发生在线啜吸报警。

两台机组历次大修卸料和装料的时间见表3.1.12-2和表3.1.12-3，表中时间均指关键路径占用时间，包含了中子源量程通道报警定值调整和报警闭锁时间，以及因设备故障、系统条件不满足而等待或暂停的时间。

表3.1.12-2　岭澳核电站一期历次大修卸料操作时间统计　h

机组	第一次大修	第二次大修	第三次大修	第四次大修	第五次大修	第六次大修	第七次大修
1号机组	60	64.8	63	63	62 / 56.5[1)]	64.8	63.8
2号机组	59	62.4	65	71.5	60.6	81	47.8

1）第二次卸料和装料时间。

表3.1.12-3　岭澳核电站一期历次大修装料操作时间统计　h

机组	第一次大修	第二次大修	第三次大修	第四次大修	第五次大修	第六次大修	第七次大修
1号机组	64.8	65	63	61.5	72/62[1)]	68	45.5
2号机组	60	69	68	69.5	63	40	45.6

1）第二次卸料和装料时间。

（3）乏燃料组件外观检查

2009 年 1 月，对 1 号机组乏燃料水池中第七次换料大修需再入堆的燃料组件进行了检查，发现燃料组件 YQ4082 的定位格架外条带导向翼缺失；通过追查与之有接触史的燃料组件，又发现 YQ404E 和 YQ407J 的定位格架受损。此次一共检查了 41 组燃料组件。

2009 年 3 月 2 日至 4 日，岭澳核电站 1 号机组在第七次大修卸料期间通过水下电视摄像装置对所有卸料燃料组件进行同步外观检查，共发现 YQ409U，YQ40A3，YQ40FZ，YQ40FF，YQ40G1，YQ40GJ 和 FX1NKA 等 7 组燃料组件存在不同程度的定位格架缺损情况，其中 YQ40FZ，YQ40FF，YQ40G1 和 YQ40GJ 等 4 组为 1 号机组第八循环计划再入堆组件，在重新设计的 1 号机组第八循环装载方案中未使用上述定位格架受损组件。

2009 年 11 月，对 1 号机组乏燃料水池中全部可再入堆使用的乏燃料组件，以及与受损组件 YQ407J 有接触历史的燃料组件进行外观检查时，发现 YQ407D，YQ400Q 等两组燃料组件的定位格架导向翼缺失。此次一共检查了 76 组燃料组件。

截至 2009 年 12 月 31 日，岭澳核电站 1 号机组共发现 12 组定位格架受损的燃料组件，具体损伤情况见表 3.1.12-4。

表 3.1.12-4 岭澳核电站 1 号机组乏燃料组件定位格架受损情况汇总

燃料组件	类型	入堆历史和堆芯位置						定位格架受损部位				损伤特征
		C2	C3	C4	C5	C6	C7	面	层	棒位	导向翼	
YQ4082	AFA-3G			F14	G10	R07		F1	5	15 ~ 16	下部	缺失
YQ404E	AFA-3G		D12	G08	F10			F3	5	2 ~ 4	上部	缺失
YQ407J	AFA-3G			P09	G11	D06		F1	6	15 ~ 17	下部	向内卷曲
YQ400Q	AFA-3G	N05	J05	N09				F3	6	1 ~ 3	上部	缺失
YQ409U	AFA-3G				A07	F08	L08	F3	5	1 ~ 5	上部	缺失
YQ40G1	全 M5						M08	F1	5	13 ~ 16	下部	向外卷曲
YQ40A3	AFA-3G				M13	M07	L07	F4	6	3 ~ 9	上部	缺失
YQ40GJ	全 M5						L06	F2	6	8 ~ 13	下部	向外变形
YQ40FZ	全 M5						H04	F2	4	14 ~ 16	下部	向外卷曲
FX1NKA[1)]	AFA-2G	M11					L02	F2	8	2 ~ 7	上部	缺失
YQ40FF	全 M5						L03	F4	7	10 ~ 16	下部	向外卷曲
YQ407D	AFA-3G			R07	M07	C09		F2	8	14 ~ 15	上部	缺失

1）FX1NKA 经历了第一、二、七共 3 个循环，在第七循环装料前进行了外观检查未见异常。

2009 年 10 月 28 日至 11 月 2 日，岭澳核电站 2 号机组对乏燃料水池中可能再入堆的 78 组燃料组件进行了检查，没有发现定位格架损伤现象。

2009 年 12 月 17 日至 19 日，岭澳核电站 2 号机组在第七次大修卸料期间，利用水下高速摄像机对第七循环所有燃料组件进行卸料同步外观检查，未发现定位格架损伤现象。

4. 燃料厂房乏燃料水池库存

截至 2009 年 12 月 31 日，岭澳核电站一期两台机组的乏燃料水池库存信息见表 3.1.12-5。

表 3.1.12-5　岭澳核电站一期燃料厂房乏燃料水池库存统计

种类	1 号机组	2 号机组
燃料组件	364	348
适配器	32（124）*	30（122）*
假组件	1	1
失效燃料棒贮存容器	0	1
空燃料格架	809	826

* 括号内为适配器在水池内实际占用的燃料格架数。

5. 核材料管制

（1）核材料衡算账目管理

利用国家《件料衡算账目管理软件》，进行上报国家核材料管制办公室的相关数据的管理和录入，包括核材料的内部转移管理，新燃料接收和乏燃料外运的数据管理，燃料组件跟踪卡的持续录入和总账、分类账的管理。

（2）核材料衡算报表管理

2009 年，核材料衡算工作方面坚决贯彻和执行账务工作“完整、正确、及时、规范”的八字方针，按要求使用国家核材料衡算通用软件《件料衡算账目管理软件》，完成并向核管办上报 2009 年岭澳核电站一期 4 个季度核材料衡算报表（包括 R01 ~ R09 表）和数据光盘，以及 2009 年 2 月份 1 号机组第八循环换料新燃料（中期储备组件）交接统计报表和 2009 年 10 月份 1 号机组第九循环换料和 2 号机组第八循环换料新燃料交接统计报表。

（3）核材料数据库管理

使用 SQL-SERVER 数据库管理系统进行岭澳核电站一期的核材料内部管理，按时完成岭澳核电站一期两台机组所有燃料组件运行历史的管理，为换料设计提供了可用组件数据，也为燃料组件运行经验的总结提供了丰富的历史数据。

（4）实物盘存

按核材料衡算相关管理规程进行了岭澳核电站 1 号机组第七次换料和岭澳核电站 2 号机组第七次换料装卸料工作。并且在卸料后分别对 1 号和 2 号机组乏燃料水池进行了实物盘存，装料后进行了堆芯照相。实物盘存和堆芯照相表明，1 号和 2 号机组均无任何核材料的不平衡差和核材料的损失。核材料的消耗都用于发电，所产生的钚都存在于燃料组件中。堆芯照相工作也验证了实际的装料与堆芯装载图的一致性，包括燃料组件、控制棒组件、阻力塞组件、中子源组件的正确性。

（5）铀消耗和钚产生计算

完成岭澳核电站 1 号机组第七循环卸料、2 号机组第七循环卸料铀消耗和钚产生计算，并将相应的结果更新到件料衡算软件和核材料数据库中。

（6）核材料的外部与内部的转移管理

在 1 号机组第九循环、2 号机组第八循环新燃料到达电站前，通过电站核材料管制办公室，及时告知维修部现场服务处有关新燃料贮存区域的相关事宜。由于岭澳核电站一期乏燃料水池贮存格架二区是密集贮存，不同的富集度组件有不同的最低燃耗限制，故在 1 号机组第七循环、2 号机组第七循环卸料前，及时告知维修部现场服务处相应卸料组件的贮存区域，以防因组件放置错误而导致水池临界。

6. 组件订货与其他

2009 年，为岭澳核电站 1 号机组第十循环和 2 号机组第九循环分别采购 40 组和 44 组富集度为 4.20% 的 AFA -3GAA 燃料组件。

3.2 核安全

3.2.1 三道屏障完整性

2009 年，岭澳核电站 1 号机组的三道屏障完整性保持完好，而 2 号机组受上一循环一根燃料棒出现微小裂纹的影响，一回路放射性指标明显大于 1 号机组，但仍然低于技术规范的限制。以下是 2009 年三道屏障的监控情况。

1. 燃料元件包壳

作为反应堆第一道屏障，其完整性非常重要，既是反应堆堆芯处于安全状态的保障，也是降低电站内工作人员所受辐射剂量的保障。对于燃料包壳完整性，核电站技术规范对一回路放射性水平提出了具体限值，同时要求对一回路放射性水平参数进行监测。

表 3.2.1-1 ~ 表 3.2.1-4 给出了 2009 年岭澳核电站 1 号机组和 2 号机组的一回路放射性指标：气体 γ 谱和碘同位素 γ 谱。从表中可以看出，1 号机组的两项指标状态稳定，并且在限值之下，表明 1 号机组燃料元件包壳屏障的完整性良好，满足技术规范的要求。2 号机组的两项指标明显大于 1 号机组，这是由于上一循环有一根燃料棒出现微小裂纹所致，但指标仍然低于技术规范的限值，而且基本稳定，未出现陡然上升的情况，同时显著低于上一循环的指标，表明本循环燃料元件包壳屏障的完整性良好。

表 3.2.1-1 2009 年 1 号机组一回路放射性气体总量（比活度） MBq/t

取样日期	1月19日	2月11日	3月30日	4月13日	5月26日	6月3日	7月27日	8月5日	9月9日	10月12日	11月25日	12月9日
^{85m}Kr	4.7	2.6	0	0	0	2.3	2.8	3.3	3.2	0	0	0
^{87}Kr	5.1	6.3	0	0	5.3	0	5.1	3	0	5.4	0	0
^{88}Kr	2.3	0	0	11	0	0	15	5.7	5.3	3	16	12
^{133}Xe	13	11	0	7	13	8.7	3.7	11	12	11	9	9.3
^{133m}Xe	0	0	0	0	0	0	0	0	0	0	0	0
^{135}Xe	17	16	3.8	7.6	0	11	14	13	13	14	15	17
^{138}Xe	18	18	9	29	32	15	15	11	14	13	20	17
气体总量	60	54	13	55	50	37	56	47	47	47	60	56

表 3.2.1-2 2009 年 2 号机组一回路放射性气体总量（比活度） MBq/t

取样日期	1月19日	2月26日	3月31日	4月30日	5月28日	6月30日	7月7日	8月25日	9月8日	10月20日	11月16日	12月1日
^{85m}Kr	66	57	79	83	90	92	101	99	102	105	111	103
^{87}Kr	147	168	177	177	208	203	240	219	233	196	268	245
^{88}Kr	185	157	202	206	222	245	256	243	258	272	274	270
^{133}Xe	145	385	462	510	577	640	635	682	702	690	702	615
^{133m}Xe	0	0	0	15	11	0	0	27	44	0	0	0
^{135}Xe	470	578	698	775	857	931	972	1 014	1 024	1 083	1 047	1 063
^{138}Xe	658	660	773	806	945	985	1 097	1 076	1 094	1 162	1 438	1 221
气体总量	1 671	2 005	2 391	2 572	2 910	3 096	3 301	3 360	3 457	3 508	3 840	3 517

注：① 表中数据为当月气体总量的最大值；

② 6 小时内停堆气体总量限值为 2.96×10^6 MBq/t，48 小时内停堆气体总量限值为 1.48×10^6 MBq/t；

③ 个别月份机组处于大修或检修状态，故无相关数据；

④ 表中数据若为“0”，则表明其实际值低于测量仪表量程的下限。

表 3.2.1-3 2009 年 1 号机组一回路放射性碘比活度 MBq/t

取样日期	1月7日	2月16日	3月28日	4月13日	5月27日	6月15日	7月1日	8月31日	9月30日	10月5日	11月2日	12月23日
^{131}I	0.4	0.7	5.41	0.39	0.39	0.39	0.39	0.39	0.39	0.39	0.44	0.39
^{132}I	4.1	9.5	0	8.4	3.4	8.9	8.6	6.6	4.3	5.1	4.5	3.7
^{133}I	4.6	6.5	0	4.2	5.5	5.2	5.7	5.4	5.7	4.2	4.7	5.2
^{134}I	13.1	24.0	7.4	30.6	24.0	18.6	13.1	13.1	13.1	18.6	16.4	10.5
^{135}I	7.6	11.1	0	9.8	8.6	8.1	10.2	5.5	6.8	6.5	8.8	5.1
^{131}I 当量	2.70	4.21	5.55	3.30	3.22	3.16	3.37	2.76	2.89	2.62	2.97	2.53

表 3.2.1-4 2009 年 2 号机组一回路放射性碘比活度 MBq/t

取样日期	1月19日	2月20日	3月4日	4月18日	5月19日	6月16日	7月30日	8月6日	9月15日	10月22日	11月17日	12月12日
^{131}I	23.87	20.68	20.68	28.12	35.62	30.00	30.00	31.87	30.00	31.87	33.75	46.87
^{132}I	263.0	247.5	205.6	155.3	207.8	174.4	181.6	236.5	244.9	252.0	385.8	584.1
^{133}I	235.5	382.7	220.8	230.1	292.1	284.0	282.3	282.3	323.1	337.8	373.7	430.8
^{134}I	786.6	343.8	272.0	149.0	215.3	167.5	179.4	226.2	254.5	288.2	489.4	898.3
^{135}I	440.9	371.4	322.7	280.6	365.3	334.7	350.0	388.9	423.6	416.7	554.2	716.7
^{131}I 当量	151.34	168.61	120.43	121.86	156.41	143.62	145.22	153.75	166.39	172.16	205.24	263.68

注：① 表中数据为当月 ^{131}I 当量的最大值；

② 6 小时内停堆 ^{131}I 当量限值为 3.70×10^4 MBq/t，48 小时内停堆 ^{131}I 当量限值为 1.85×10^4 MBq/t，15 天内停堆 ^{131}I 当量限值为 2.96×10^3 MBq/t，2 个月内停堆 ^{131}I 当量限值为 2.22×10^3 MBq/t；

③ 个别月份机组处于大修或检修状态，故无相关数据；

④ 表中数据若为“0”，则表明其实际值低于测量仪表量程的下限。

2. 一回路压力边界

2009 年，岭澳核电站一期两台机组一回路压力边界的完整性监测情况见表 3.2.1-5。从表中可以看出，两台机组一回路压力边界泄漏率处于较低水平，均远低于技术规范限值（总泄漏量限值为 2 300 L/h，非定量泄漏限值为 230 L/h），且均低于管理目标限值 30 L/h。1 号机组泄漏率年平均值为 15.7 L/h，2 号机组泄漏率年平均值为 21.3 L/h，小于管理目标限值。因此 2009 年两台机组的第二道屏障完整性良好。

表 3.2.1-5　2009 年一回路月平均泄漏率　L/h

月份	1月	2月	3月	4月	5月	6月	7月	8月	9月	10月	11月	12月
1 号机组	15.0	15.4	12.4	20.1	16.8	16.6	16.2	14.5	15.3	13.3	16.1	16.4
2 号机组	20.3	16.4	17.8	24.1	24.4	22.9	23.7	21.4	21.2	20.1	20.2	22.6

3. 安全壳

安全壳作为三道屏障的最后一道屏障，2009 年岭澳核电站一期两台机组安全壳监测情况见表 3.2.1-6。

1 号机组安全壳泄漏率全年平均值为 1.16 m^3/h，12 个月监测结果介于 0.43 m^3/h 与 1.95 m^3/h 之间。

2 号机组全年平均值为 0.61 m^3/h，12 个月监测结果介于 0.20 m^3/h 与 1.00 m^3/h 之间。

表 3.2.1-6　2009 年安全壳月度平均泄漏率　m^3/h

月份	1月	2月	3月	4月	5月	6月	7月	8月	9月	10月	11月	12月
1 号机组	0.73	0.43	大修	2.38	1.95	1.30	1.26	1.30	0.92	0.58	0.78	1.10
2 号机组	1.00	0.48	0.92	0.62	0.52	0.62	0.36	0.60	0.65	0.65	0.65	0.20

由以上数据可以看出，2009 年，岭澳核电站一期两台机组安全壳的泄漏率小于 5 m^3/h，满足运行技术规范的要求，完整性良好。

4. 风险评价

风险评价是通过概率论的方法给出电站在运行期间风险的变化情况，亦即用概率安全评价（PSA）的方法评价电站的安全度。表 3.2.1-7 为岭澳核电站一期两台机组在 2009 年的风险度变化趋势。

表 3.2.1-7　2009 年岭澳核电站一期机组风险度趋势

月份	1月	2月	3月	4月	5月	6月	7月	8月	9月	10月	11月	12月
1 号机组	1.13	1.01	1.02	1.00	1.03	1.01	1.01	1.01	1.03	1.00	1.03	1.00
2 号机组	1.00	1.02	1.01	1.01	1.02	1.01	1.01	1.01	1.02	1.00	1.03	1.00

1 号机组全年风险度在 1.00 ~ 1.13 之间，平均风险度为 1.02；2 号机组全年风险度在 1.00 ~ 1.03 之间，平均风险度为 1.01，均未超过电站内部控制的指标限值 1.2。这说明两台机组堆芯损坏概率控制较好，总体风险在可接受范围之内。其中对机组风险度影响比较大的事件主要有：第一季度由于 2 号机组大修，对 L9LGR 进行预防性检修，对在运行的 1 号机

组有较大影响。但该事件属于计划性不可用，电站预先做好风险分析和事故对策的准备，并选取最合适的时机实施，因此实际上对电站的安全水平影响不大。

还有一些问题需要关注：应急柴油发电机多次出现缺陷需要进行检修；LLS 系统和 L9RIS011PO 也多次发生故障；1 月 6 日，L2RIS001PO 的小流量管线振动较大导致固定螺母丢失，并且在 2008 年也曾多次发现机组不同位置的管道振动问题；2 月 25 日，对 L1RCP221VP 做自由动作的检查时，L1RIS005VP，L1RCP221VP 未能及时开启；5 月 15 日，L9LGR201TA 低压出口母线三相短路；5 月 26 日，L1LCA 负极对地电压低，是绝缘低报警的先兆；此外，近两个循环以来，L2LDA 绝缘报警频繁出现；2009 年 7 月 19 日凌晨，台风“莫拉菲”正面袭击深圳，大亚湾核电站和岭澳核电站一期 4 台机组的辅助电源相继全部失去，机组安全运行受到极大威胁。虽然这些事件持续时间都不长，对机组风险度影响不大，但均是设备本身的故障或者存在缺陷引起的，需要引起关注。

3.2.2　专设安全系统

2009 年，岭澳核电站一期专设安全系统总体状况良好，与 2008 年系统不可用率情况比较，辅助给水系统不可用率仍为零，没有不可用事件发生；高压安全注入系统存在一次不可用事件，指标明显下降；应急柴油发电机系统不可用率水平得到改善，解决了一些长期困扰柴油机可靠性的遗留问题，柴油机整体可靠性得到了提高。安全系统性能指标见表 3.2.2-1。

表 3.2.2-1　安全系统性能指标情况

指　标	实际值	五年规划中年限值
辅助给水系统不可用率	0	0.000 2
高压安全注入系统不可用率	0.001 3	0.000 1
应急柴油发电机系统不可用率	0.000 1	0.000 3

1. 辅助给水系统

2009 年，岭澳核电站一期两台机组辅助给水系统（ASG）性能指标结果均为 0，没有不可用事件发生。这个指标水平是 ASG 系统设备有效管理的结果。但是，仍存在一些问题威胁到 ASG 系统的可用性，需要继续分析和处理。

2009 年主要进行了如下工作：

（1）L2ASG135VV 阀门防误碰装置安装，有效防止该阀门被人为误碰。L1ASG135VV 阀门的防护装置将于岭澳核电站 1 号机组第八次换料大修中完成。

（2）针对两台机组 ASG001BA 水罐温度监测问题，已安装水箱水温连续监测探头，有利于对水温的有效监控，防止意外超温而引起的 ASG 系统不可用。

（3）LLS 汽轮机可靠性影响到 ASG 系统的可用性。经过研究和处理，LLS 汽轮发电机系统可靠性得到不断提高，2009 年未出现因 LLS 系统设备故障影响 ASG 系统可用性和可靠性的问题。

（4）两台机组 ASG501EP 至 ASG001TC 调速器间没有压力测量点问题，已通过改造增加了该压力测量接口。

ASG 系统设备仍存在的问题：L2ASG138VV 不明原因卡涩和意外开启。

2. 高压安全注入系统

2009 年，岭澳核电站 1 号机组高压安全注入系统性能指标为 0.0025，2 号机组为 0，处于较好水平。2009 年，影响岭澳核电站一期高压安全注入系统可用性的主要问题如下：

（1）L1RCV001RR 齿轮箱振动高。2009 年 12 月 29 日，在 PT1RPA012 试验中，例行测振时发现 L1RCV001RR 齿轮箱轴承部位垂直振动达到 17.8 mm/s，超过停机标准11.2 mm/s，处理 L1RCV001PO 齿轮箱振动超标问题，造成 A 列高压安全注入系统不可用 41.5 小时，原因需要继续分析。

（2）上充泵电动机轴承可靠性：2 号机组第七次换料大修中实施 L2RCV001MO 不拆卸轴承更换润滑油工作，再鉴定试验结果合格，为后续相关工作提供了经验。目前，仍存在 RCV 电动机轴承异音问题，原因不清楚，监测手段不完备，后续将继续考察和引进电动机轴承监测和故障诊断工具。

高压安全注入系统其他问题仍需关注和继续处理，如 RCV 过滤器滤芯的替代、密封圈替代和过滤器压差高问题，6.6kV 电动机及电源开关可靠性问题。

3. 应急柴油发电机系统

2009 年，岭澳核电站一期应急柴油发电机系统（LHP/LHQ）不可用率为 0.0001，实际不可用时间为 2.5 小时·列，比 2008 年减少 10.42 小时·列。2009 年，岭澳核电站一期 LHP/LHQ系统不可用事件、处理的主要问题和遗留问题如下：

（1）L2LHQ 柴油机启动超时。2009 年 2 月 2 日，PT2LHQ001 试验中发现 L2LHQ 显示的启动时间达到 33.4 s，但实际启动时间小于 10 s。为处理显示偏差，造成柴油机不可用 2.5 小时·列。

（2）根据 D213 大修 D2LHQ 柴油机振动高的反馈行动，L107 大修中先对 L1LHP 柴油机更换了对轮缓冲块，减振效果良好。随后，在 L1LHQ 柴油机检修中，也更换了缓冲块。L1LHQ 柴油机组在更换联轴器弹性块后执行再鉴定，在 5.4 MW 功率平台测得发电机的 001MO 侧轴承垂直向振动最大达到 17.8 mm/s，稳定于 16.5 mm/s，振动超标。再次使用新备件更换 001MO 联轴器弹性块，满功率平台测振 001MO 侧发电机轴承振动最大为 15.8 mm/s，不合格。将更换下的两套旧弹性元件装复后，在 5.4 MW 功率平台发电机的 001MO 侧轴承垂直向振动值为 12.8 mm/s，合格。振动超标后解体联轴器，未发现装配异常。推测原因为不同的联轴器和机组发火顺序存在匹配关系，合适的发火顺序能使两个联轴器振动分布均匀。

（3）现场检修时发现空气压缩机气瓶疏水阀 L1LHP263/762/763VA 和 L1LHQ262VA/762VA 阀杆密封漏气，因库存备件不足，提不符合项报告（NCR），采用质量等级相同，压力等级更高的阀门临时替代安装，L108 大修时使用原备件更换。

（4）12 月 28 日，L2LHP401UP 不明原因跳闸。运行人员执行 PT2RIS001 试验时，当 L2LHP413CC 从 3 位置切换到 1 的过程中，L2LHP401UP 跳闸。针对该问题电站采取了以下措施：通过 NCR，在 L2LHP413/414CC，L2LHQ413/414CC，L1LHP413/414CC 的灯泡回路的 41 * 端上加入了一个 2kΩ 的电阻，避免 L1/2LHP401UP 出现跳闸；对大亚湾核电站 LHP/LHQ413/414CC 进行测试，确定其 90 度开关是否存在同样的问题。根据大亚湾核电站选择开关（CC）测试情况，制订方案。若 D1/2LHP/LHQ413/414CC 没有问题，则进行物项替代，将岭澳核电站一期选择开关替代为大亚湾核电站同型号的产品；若 D1/2LHP/Q413/

414CC 存在同样问题，则提工程服务申请（ESR），对413/414CC 电路进行设计以实现相同功能。

（5）柴油机 DN40 软管问题处理。L207 大修已在 L2LHP/LHQ 柴油机上实施 L130 膨胀节替代 DN40 波纹软管，并将在后续大修中继续实施改造工作。

（6）柴油机缸头水套漏水。对国产水套完成初步老化鉴定，认为比原水套寿命大幅提高，至少可以稳定使用8 年，详细分析仍在进行中。为了进一步测试国产水套，L207 大修中在 L2LHQ 柴油机上试用了5 套水套，预计需要 2 ~3 年完成测试。

（7）柴油机本体附属管道振动治理。完成柴油机本体上管道振动普查，拟在本体冷却水管道支架中安装减振垫。

2009 年，岭澳核电站一期应急柴油发电机系统出现了一系列缺陷故障，其中部分事件导致柴油发电机系统不可用。为了提高电站应急柴油机系统的可靠性，后续工作重点如下：

（1）柴油机电仪设备的老化管理，维修策略统一和优化。

（2）柴油机长期遗留问题的处理。

（3）构建柴油机状态监测体系，引进状态监测技术。争取 2010 年完成柴油机系统故障树和逻辑，构建柴油机状态监测专家诊断系统。

（4）系统设备设计改进优化、物项替代和备件质量控制。

（5）开发和促进国内外经验反馈工作，有效利用外部反馈，解决柴油机隐藏问题。

3.2.3　安全相关设备不可用状态（Io）跟踪

2009 年，对岭澳核电站一期两台机组的第一组及第二组安全相关设备的不可用次数、不可用持续时间，以及第一组安全相关设备的不可用消耗比等指标进行跟踪统计。

2009 年，岭澳核电站一期第一组安全相关设备随机不可用年累计消耗比单机组限值为 4.8。全年实际结果是：1 号机组为 2.82，2 号机组为 2.07，都在目标限值以下。

主要设备随机故障有：L9LGR201TA 跳闸以及其余检修工作造成 L9LGR 不可用消耗比为 1.36；L2RGL 系统 M4 控制棒滑步处理以及 N 控制棒不同步处理，导致不可用消耗比为 0.70；L1RCV001PO 振动高，导致 L1RCV 不可用消耗比为 0.60；L1KRT009MA 不可用，EBA 安全壳挡板开启时安全壳放射性高的隔离设施不可用，导致 L1EBA 不可用消耗比为 0.43；L1DVW003FA 效率试验不合格，导致 L1DVW 不可用消耗比为 0.40；L1RGL 系统 N2 棒未到要求棒位处理，导致不可用消耗比为 0.33；L2VVP 安全阀压力整定值调节，导致不可用消耗比为 0.25；执行 PT2LHQ001 时柴油机启动时间不满足要求，导致 L2LHQ 不可用消耗比为 0.12。

1. 第一组安全相关设备不可用

第一组安全相关设备不可用次数、不可用累计消耗比按月分布情况如表 3.2.3-1 和表 3.2.3-2 所示。

表 3.2.3-1　第一组安全相关设备不可用次数逐月分布情况

月份		1月	2月	3月	4月	5月	6月	7月	8月	9月	10月	11月	12月
全厂	当月次数	132	100	96	89	83	88	90	95	80	90	94	91
	累计次数	132	232	328	417	500	588	678	773	853	943	1 037	1 128

续表

月份		1月	2月	3月	4月	5月	6月	7月	8月	9月	10月	11月	12月
1号机组	当月次数	56	54	54	46	46	42	46	45	35	43	39	58
	累计次数	56	110	164	210	256	298	344	389	424	467	506	564
2号机组	当月次数	76	46	42	43	37	46	44	50	45	47	55	33
	累计次数	76	122	164	207	244	290	334	384	429	476	531	564

表 3. 2. 3-2　第一组安全相关设备不可用消耗比逐月分布情况

月份		1月	2月	3月	4月	5月	6月	7月	8月	9月	10月	11月	12月
全厂	当月总消耗比	3. 94	4. 23	2. 13	2. 35	1. 77	0. 63	1. 35	1. 34	0. 88	0. 60	2. 09	3. 42
	当月随机消耗比	0. 03	0. 54	1. 26	0. 40	0. 79	0. 04	0. 51	0. 03	0. 17	0. 00	0. 26	0. 87
1号机组	当月总消耗比	1. 63	3. 06	0. 95	1. 26	0. 84	0. 24	0. 50	0. 75	0. 44	0. 30	1. 23	1. 23
	当月随机消耗比	0. 00	0. 42	0. 55	0. 40	0. 38	0. 00	0. 25	0. 02	0. 05	0. 00	0. 01	0. 73
2号机组	当月总消耗比	2. 31	1. 17	1. 18	1. 09	0. 93	0. 39	0. 85	0. 59	0. 44	0. 30	0. 86	2. 19
	当月随机消耗比	0. 00	0. 12	0. 71	0. 00	0. 41	0. 04	0. 26	0. 00	0. 12	0. 00	0. 25	0. 14

2009 年，岭澳核电站 1 号、2 号机组第一组 Io 不可用次数均为 564 次。在两台机组全年累计 1 128 次第一组 Io 不可用中，计划不可用有 1 066 次，占总数的 82. 8%；计划不可用的消耗比累计为 19. 84，占累计消耗比的 80. 2%。

2. 第二组安全相关设备不可用情况

2009 年，第二组安全相关设备不可用总体情况见表 3. 2. 3-3。

表 3. 2. 3-3　第二组安全相关设备不可用次数统计

		一季度	二季度	三季度	四季度	2009 年总计
1号机组	随机次数	96	98	72	64	329
	计划次数	198	190	207	213	808
	总次数	313	303	293	294	1 202
	总时间/h	1 626. 5	1 333. 7	997. 6	1 470. 9	5 422. 1
2号机组	随机次数	91	61	69	64	284
	计划次数	192	193	207	226	792
	总次数	295	270	262	308	1 134
	总时间/h	1 410. 6	1 465. 4	784. 9	1 304. 7	4 901. 9

2009 年，岭澳核电站 1 号和 2 号机组第二组 Io 不可用次数分别为 1202 次和 1134 次。在两台机组全年累计 2336 次第二组 Io 不可用中，随机不可用有 613 次，占总数的 26. 2%。其中，由于 L2RCP029/056MT 故障在大修中得到处理，使得 2 号机组第二组 Io 总时间 4 901. 9 h，远小于 2008 年的 25 309. 6 h。

2009 年，各系统的第二组安全相关设备随机不可用次数排序统计结果见表 3. 2. 3-4（表中只列出两台机组随机不可用次数较多的 10 个系统）。

表 3.2.3-4 随机第二组安全相关设备不可用次数排名前 10 个系统

1 号机组		2 号机组	
系统	随机次数	系统	随机次数
JDT	70	JDT	56
KRT	60	DV *	52
DV *	31	KRT	36
JP *	24	JP *	25
RPN	17	REN	15
DEL	15	DEG	14
DEG	9	DEL	10
RRA	9	TEG	8
RCP	8	RGL	8
TEG	8	RPN	8

注：其中 DV * 为 DVN，DVE，DVL 等通风系统，JP * 为 JPP，JPV，JPT 等消防水系统。

从表中的统计结果来看，出现随机不可用次数较多的系统主要是 JDT，DV *，KRT 等系统。L1/2JDT 系统不可用次数相比 2008 年有较大的降幅，L2REN 以及 L2DEG 不可用次数相比以往有所增加。

3.2.4 定期试验

1. 岭澳核电站一期定期试验年度主要工作概述

2009 年，岭澳核电站一期共执行运行总则（GOR）定期试验 2916 项，其中，电气定期试验 35 项，仪表定期试验 150 项，辐射防护定期试验 109 项，运行定期试验 2108 项，性能定期试验 470 项，燃料物理定期试验 44 项。

在全年定期试验执行过程中，一次不成功试验有 3 项，出现异常的试验有 74 项，全年执行的定期试验等效项目共计 68 项。

2009 年，编写出版了 L108 大修定期试验和 L207 大修定期试验运行大纲。召集各部门定期试验负责人对岭澳核电站 1 号机组和 2 号机组大修与日常交接期间的定期试验项目进行了有效安排和跟踪，保证了机组大修与日常运行交接过渡期间试验安排符合监督要求的规定。

2. 定期试验执行情况的跟踪反馈

根据 2008 年定期试验执行情况的反馈，在遵守定期试验监督大纲要求的前提下，对 2009 年度定期试验相关内容进行了优化。优化项目如下。

（1）升版了《定期试验组织管理》等程序，为规范定期试验数据库的操作及维护、定期试验计划的编制和定期试验相关管理工作的开展等提供了有效的程序指导。

（2）增加了 PT1RPA/B010 和 PT2RPA/B010 试验的间隔，避免试验间隔过短导致试验频繁排放 L1RIS021BA 和 L2RIS021BA 的硼酸溶液。

（3）优化了 PT2RPA032 试验基准点，使之与 L2RRI/SEC 倒列结合，以减少设备启动次数。

3. 定期试验执行情况统计

2009 年，岭澳核电站一期定期试验执行情况见表 3. 2. 4-1。

表 3. 2. 4-1　2009 年各专业 GOR 定期试验执行情况　　项

专业		MIC	MEE	TTS/TP	TTS/TF	OPH/HR	LPO	年度合计
计划	1，0，9 号机组	74	22	235	21	74	1 099	1 525
	2 号机组	76	13	235	23	35	1 009	1 391
执行	1，0，9 号机组	74	22	235	21	74	1 099	1 525
	2 号机组	76	13	235	23	35	1 009	1 391
合格	1，0，9 号机组	74	22	235	21	74	1 099	1 525
	2 号机组	76	13	235	23	35	1 009	1 391
超期	1，0，9 号机组	0	0	0	0	0	0	0
	2 号机组	0	0	0	0	0	0	0
一次不成功	1，0，9 号机组	0	0	0	0	0	2	2
	2 号机组	0	0	0	0	0	0	0
一次成功率/%	1，0，9 号机组	100	100	100	100	100	99. 8	99. 9
	2 号机组	100	100	100	100	100	100	100
有异常	1，0，9 号机组	0	0	0	0	0	35	35
	2 号机组	0	0	0	0	0	39	39
无异常率/%	1，0，9 号机组	100	100	100	100	100	96. 8	97. 7
	2 号机组	100	100	100	100	100	96. 1	97. 2

4. 统计分析

（1）岭澳核电站 1 号机组和 2 号机组全年定期试验按计划执行率及执行合格率指标情况满意。

（2）岭澳核电站 1 号机组全年一次成功率比例为 99. 9%，2 号机组全年一次成功率比例为 99. 9%，均符合目标值的要求，总体情况良好。出现一次不成功的试验项目主要有：6 月 8 日执行的 PT9DVN003 不合格，原因是 L9DVN098VAF 执行试验时无法自动关闭；2 月 10 日执行的 PT9DVN001 不合格，原因是 L9DVN034LP 读数为 0 daPa。

（3）岭澳核电站 1、0、9 号机组全年无异常率比例为 97. 7%，2 号机组全年无异常率比例为 97. 2%，大于目标值要求，总体情况满意。出现异常的试验项目主要有：PT1KPR002，PT1LHP/LHQ001/6，PT1LLS002，PT2LHP/LHQ001/6，PT2LLS002，PT2RPB013，PT9DVN001。

（4）岭澳核电站一期全年未发生定期试验超期事件。

（5）岭澳核电站一期全年定期试验缺陷处理响应速度及处理工期正常，情况良好。

3. 2. 5　瞬变统计

2009 年 3 月 L107 大修期间，对 1 号机组 3 台蒸汽发生器二次侧进行部分量程水压试验，产生 73. 1 号、73. 2 号、73. 3 号瞬变各 1 次；1 号机组由于 L1APG102VL 泄漏故障，6 月 9 日至 11 日停机抢修，导致本年度整体瞬变消耗水平有所增加；2 号机组 16、105、112、

205、212、305、312 瞬变均发生 2 次，超过了年消耗允许值，这是由于 2 号机组第六、七次大修工作大部分都在 2009 年完成。除上述情况外，2009 年岭澳核电站一期两台机组保持稳定运行，瞬变的消耗情况都控制在设定目标内。

1. 2009 年主要瞬变消耗

根据不同工况，瞬变可分为四类：第一类为设计工况；第二类为一般运行工况及中等概率事件（如升、降功率）；第三类为小概率事件（如一回路小破口）；第四类为极小概率事件（如一回路大破口）。全部瞬变共 100 余种，主要瞬变有以下几种：反应堆升温降温、升降功率、停堆、化学容积控制系统上充下泄流量变化、余热导出系统投运、安全阀的动作等。最近五年岭澳核电站一期机组的主要瞬变消耗见表 3. 2. 5-1。

表 3. 2. 5-1　2005 年至 2009 年岭澳核电站一期机组的主要瞬变消耗　次

瞬变代码	简要描述	2005 年		2006 年		2007 年		2008 年		2009 年		累积消耗		设计限值
		1 号机组	2 号机组	1 号机组	2 号机组	1 号机组	2 号机组	1 号机组	2 号机组	1 号机组	2 号机组	1 号机组	2 号机组	
1. 1	开盖后的升温	1	1	1	1	2	1	1	1	1	1	10	8	80
1. 2	未开盖的升温	0	0	0	0	0	1	0	0	1	0	3	5	120
2	反应堆降温	1	1	1	1	2	0	1	2	2	1	12	12	200
3. 1	升功率	3	3	5	3	1	2	4	1	4	5	52	43	9 800
3. 2	堆功率异常升高	0	0	0	0	0	0	0	0	0	0	1	0	2 000
4. 1	降功率	3	3	6	4	2	1	5	2	6	3	50	42	9 920
4. 2	堆功率异常降低	0	0	0	0	0	0	0	0	0	0	4	0	2 000
9. 2	一回路两相情况下温度波动	0	0	0	0	0	0	0	0	0	0	7	1	100
15. 1	一回路单相情况下升温或冷却（$\Delta T_{max}=20$ ℃）	0	0	0	0	0	0	0	0	0	0	4	2	2 000
15. 2	一回路单相情况下升温或冷却（$\Delta T_{max}=50$ ℃）	0	0	0	0	0	0	0	0	0	0	6	1	200
16	换料（堆坑满水）	1	0	1	1	2	1	1	1	1	2	9	8	80
17. 2	一回路换料后排气	1	1	1	1	2	1	1	1	1	2	9	8	320
18	汽轮机跳闸，汽轮机管路部分开启	1	0	0	0	0	0	0	0	0	0	10	1	80
21. 1	正常运行自动停堆，有导热条件	0	1	0	1	0	0	0	0	0	0	7	5	230
22	从正常运行状态自动停堆，出现给水过冷但无安全注入	0	0	0	0	0	1	0	0	0	0	1	1	160
32. 1	上充流量增加 50%	4	2	8	1	12	4	14	12	24	7	153	82	12 000

续表

瞬变代码	简要描述	2005年		2006年		2007年		2008年		2009年		累积消耗		设计限值
		1号机组	2号机组	1号机组	2号机组	1号机组	2号机组	1号机组	2号机组	1号机组	2号机组	1号机组	2号机组	
32.2	上充流量最大增加	1	0	0	1	1	5	3	3	1	2	22	24	300
33	上充流量减少50%	10	11	8	8	9	4	4	6	13	10	142	114	12 000
34	第二个下泄孔板打开，流量增加100%	1	0	1	5	15	2	5	5	1	2	42	35	12 000
35	关闭第二个孔板，中等幅度	8	2	4	3	6	2	7	4	3	4	73	40	11 200
36	关闭第二个孔板，大幅度	1	1	4	3	2	2	0	1	1	2	26	19	800
37	下泄关闭后打开，上充不变	0	1	0	0	0	0	0	0	0	0	11	4	220
38	上充、下泄同时关闭后同时打开	0	0	0	0	0	0	0	0	0	0	18	11	200
42	RRA系统启动	2	1	1	1	2	1	1	2	1	1	12	15	200

2. 2009年发生的重要瞬变分析

（1）岭澳核电站1号机组瞬变代码36：3月23日11：42，下泄流量的大幅波动使得上充流体温度从62 ℃上升到171 ℃，温度上升109 ℃，产生36号瞬变一次。36号瞬变上充流体温度变化较大，会对一回路产生较大的热冲击，应尽量避免该瞬变的发生。

（2）岭澳核电站1号机组瞬变代码73.1/73.2/73.3：第七次大修期间，对1号机组三台蒸汽发生器二次侧进行水压试验，试验压力为正常工作压力的1.20倍（蒸汽发生器二次侧正常工作压力），产生瞬变73.1，73.2，73.3各一次。

3. 趋势预测及改进建议

近几年，瞬变消耗总体趋势在减少，没有因操作而导致严重瞬变的情况发生，这对于延长反应堆寿期是有利的。

根据年预测消耗次数，用设计限值的75%减去商业运行后已消耗的次数，可以推算出其中消耗较大的几个瞬变的剩余寿期见表3.2.5-2。

表3.2.5-2 岭澳核电站一期瞬变的剩余寿期统计情况

代码	描　述	预测剩余年限（1号机组/2号机组）
1.1	反应堆升温（打开反应堆冷却剂系统以后）（年预测消耗1次）	52年/54年
2	反应堆降温（年预测消耗1次）	140年/142年
32.2	上充流量最大程度增加（年预测消耗2次）	109年/107年
42	RRA系统启动（年预测消耗1次）	140年/140年

3.2.6 执照运行事件

根据国家核安全局颁布的《核电厂营运单位运行事件报告制度》（HAF001/02/01）和大亚湾核电运营管理有限责任公司管理程序《执照运行事件报告》（C-IP/DEF/011），岭澳核电站一期在2009年向国家核安全局报告了1起执照运行事件。具体的运行事件描述请参见9.9节“电站运行事件”。

1. 执照运行事件历年数量统计

从商业运行到2009年底为止，岭澳核电站一期已产生54起执照运行事件，其中人因35起，统计分析见表3.2.6-1和表3.2.6-2。

表3.2.6-1 岭澳核电站一期历年执照运行事件统计

年份	1号机组		2号机组		合计
	人因	设备	人因	设备	
2001	2	0	0	0	2
2002	8	6	4	1	19
2003	5	2	3	2	12
2004	0	1	2	2	5
2005	3	1	0	1	5
2006	0	0	2	0	2
2007	0	2	3	1	6
2008	1	0	1	0	2
2009	1	0	0	0	1
合计	20	12	15	7	54

表3.2.6-2 岭澳核电站一期执照运行事件数量按机组状态分布

	1号机组		2号机组		合计
机组状态	人因	设备	人因	设备	
首次并网前	5	0	3	0	8
首次并网至商业运行	5	3	1	1	10
商业运行至2009年	10	9	11	6	35
合计	20	12	15	7	54

由表3.2.6-1和表3.2.6-2可见，2009年是历年中执照事件最少的一年。2007年、2008年和2009年人因执照事件没有变化。

2. 自动停堆执照运行事件数量对比

2009年的执照运行事件中没有自动停堆事件，岭澳核电站一期2005年和2008年也取得了“零”自动停堆的好业绩。从近年自动停堆事件数据看到，自动停堆事件得到了很大改进，说明在管理上取得了进展。

3. 核电站运行事件的分级

根据国际核事件分级（INES）方法，2009 年度岭澳核电站一期发生的 1 起运行事件为 0 级，没有发生 1 级及以上的运行事件。自电站商业运行以来每年运行事件分级情况请参见表 3. 2. 6-3。

表 3. 2. 6-3 岭澳核电站一期运行事件分级逐年分布

年份	0 级	1 级	2 级	3 级	4 级	5 级	6 级	7 级	事件总数
2001	2	0	0	0	0	0	0	0	2
2002	18	1	0	0	0	0	0	0	19
2003	9	3	0	0	0	0	0	0	12
2004	5	0	0	0	0	0	0	0	5
2005	4	1	0	0	0	0	0	0	5
2006	1	1	0	0	0	0	0	0	2
2007	5	1	0	0	0	0	0	0	6
2008	2	0	0	0	0	0	0	0	2
2009	1	0	0	0	0	0	0	0	1
累计	47	7	0	0	0	0	0	0	54

4. 执照运行事件按 HAF 报告准则分布

岭澳核电站一期自 2002 年起发生的执照运行事件，按国家核安全局颁布的准则分布见表 3. 2. 6-4。

表 3. 2. 6-4 执照运行事件按 HAF 报告准则分布

HAF 报告准则	2002 年	2003 年	2004 年	2005 年	2006 年	2007 年	2008 年	2009 年
准则 1	13	9	4	1	—	2	1	1
准则 2	—	1	—	1	—	1	—	—
准则 3	—	—	—	—	—	—	—	—
准则 4	4	1	1	2	1	1	—	—
准则 5	1	—	—	1	—	—	—	—
准则 6	—	1	—	—	1	—	—	—
准则 7	1	—	—	—	—	—	—	—
准则 8	—	—	—	—	—	—	—	—
准则 9	—	—	—	—	—	2	1	—
合计	19	12	5	5	2	6	2	1

注：准则 1 违反核电厂技术规范书的事件。

准则 2 导致核电厂安全屏障或重要设备性能受到严重损害或出现下列工况的事件：明显危害安全的没有分析过的工况，超出核电厂设计基准的工况，在核电厂运行规程或应急规程中没有考虑的工况。

准则 4 导致专设安全设施和反应堆保护系统自动或手动触发的事件（预先安排的这类试验除外）。

准则 5 任何可能防碍构筑物或系统实现下列安全功能的事件：停堆或保持安全停堆，排出堆芯余热，控制放射性物质释放，缓解事故后果。

准则 6 导致多个独立的具有下列功能的系统、序列或通道同时失效的共因事件：停堆或保持安全停堆，排出堆芯余热，控制放射性物质释放，缓解事故后果。

准则 9 其他准则未包括的，但国家核安全局和营运单位（LNPS）认为对安全有影响或为公众所普遍关注的其他事件。

表3.2.6-4显示，往年的执照运行事件以符合准则1的事件为主，2003年和2004年都占总数的75%以上。2005年5起执照运行事件中有2起属准则4，2006年有1起，2007年有2起，2008年没有准则4的执照事件，说明电站在专设安全设备管理上有所改进。2009年发生1起准则1的人因事件，说明在遵守技术规范上还需要加强。

5. 运行事件按事件原因比例分布

从表3.2.6-5可见，2009年只有1起人因执照运行事件，反映出电站在人因管理上有改进，但仍需要在管理上加强。

表3.2.6-5　执照运行事件按事件性质分布

事件性质	2004年		2005年		2006年		2007年		2008年		2009年	
	事件数	分布率/%	事件数	分布率/%	事件数	分布率/%	事件数	分布率/%	事件数	分布率/%	事件数	分布率/%
人因	2	40.0	3	60.0	2	100	3	50.0	2	100	1	100
设备故障	3	60.0	2	40.0	0	0.0	3	50.0	0	0.0	0	0.0
总计	5	100	5	100	2	100	6	100	2	100	1	100

6. 执照运行事件按大修和功率运行期间的分布

执照运行事件按大修和功率运行期间的分布见表3.2.6-6。

表3.2.6-6　执照运行事件按大修和功率运行期间的分布

年份	大修		功率运行		合计
	人因	设备	人因	设备	
2002	12	4	0	3	19（调试占84%）
2003	4	3	4	1	12（大修占58%）
2004	2	2	0	1	5（大修占80%）
2005	1	1	2	1	5（大修占40%）
2006	1	0	1	0	2（大修占50%）
2007	2	2	1	1	6（大修占67%）
2008	1	0	1	0	1（大修占50%）
2009	1	0	0	0	1（大修占100%）
合计	24	12	9	7	51

注：岭澳核电站1号和2号机组商业运行前按大修统计。

3.2.7　经验反馈

2009年，岭澳核电站一期共发生内部运行事件63起。

1. 内部运行事件数量统计及变化趋势

历年内部运行事件见表3.2.7-1～表3.2.7-3。

表 3. 2. 7-1　岭澳核电站一期历年内部运行事件数统计

年份	人因内部运行事件	设备内部运行事件	合　计	人因比例/%
2003	52	58	110	47. 27
2004	27	47	74	36. 49
2005	29	40	69	42. 03
2006	14	24	38	37. 84
2007	11	31	42	26. 19
2008	20	40	60	33. 3
2009	10	53	63	15. 8
合　计	192	308	500	38. 4

表 3. 2. 7-2　岭澳核电站一期 2009 年内部运行事件按机组统计

事件	机组号	人因	设备	合计
内部运行事件	0	2	3	5
	1	4	25	29
	9	1	4	5
	2	3	21	24
	合计	10	53	63

注：不明原因的内部运行事件归入设备类。

表 3. 2. 7-3　岭澳核电站一期 2009 年内部运行事件按大修、功率运行统计

内部运行事件	人因		设备		合　计
	大修	功率运行	大修	功率运行	
1 号机组	3	4	8	24	39
2 号机组	3	0	10	11	24
小计	6	4	18	35	63
合计	10		53		人因比例 15. 8%

注：0，9 号机组数据包括在 1 号机组中。

与 2008 年相比，2009 年岭澳核电站一期内部运行事件在数量上变化不大，略有上升，但已是连续四年出现上升；2009 年，人因内部运行事件数量及比例则出现了较大幅度的下降。

2. 重发内部运行事件统计

2009 年，岭澳核电站一期的 63 起内部运行事件中只有 1 起被认定为重发事件，约占内部运行事件总数的 1. 6%，无论是数量还是所占比例与 2008 年相比均出现大幅度的下降，且没有人因重发事件。岭澳核电站一期自 2003 年以来重发事件数量及占内部运行事件总数比例比较见表 3. 2. 7-4。

表 3.2.7-4　岭澳核电站一期历年重发事件数量/比例统计

年　份	2003	2004	2005	2006	2007	2008	2009
人因重发事件数	5	2	2	0	0	2	0
设备重发事件数	5	5	4	1	1	4	1
合　计	10	7	6	1	1	6	1
重发事件比例/%	9.09	9.46	8.7	2.63	2.38	10	1.6

2009 年重发内部运行事件仅有一起：L1/2DEG201GF 相继故障跳闸，归为设备原因。

3. 内部运行事件按 IOE 分类准则统计

该统计见表 3.2.7-5。

表 3.2.7-5　2009 年岭澳核电站一期内部运行事件按 IOE 分类准则统计

	类　别					合　计
	A	B	C	D	E	
内部运行事件数	17	25	1	9	11	63
比例/%	27	40	1.6	14	17.4	100

注：A. 核安全、环境相关；B. 电厂可用率相关；C. 辐射防护相关；D. 工业安全、消防相关；E. 管理相关。

从表 3.2.7-5 可看出，2009 年，岭澳核电站一期内部运行事件按分类准则划分，各类事件均有发生，其中归类为 B 类的最多，其次是 A 类和 E 类，归为 C 类（辐射防护相关）的内部运行事件最少，只有 1 起，与 2008 年排序（E 类最多，其次是 A 类和 B 类）有所不同。

4. 按 CARB/CACG 审查的内部运行事件统计

根据 2009 年经验反馈组织体系及事件类纠正行动管理流程改进方案，重大事件报告由 CARB（电站纠正行动评审委员会）审查、批准；所有的人因类内部运行事件、重发事件及重要的设备类内部运行事件报告由 CACG（电站纠正行动协调组）审查、批准；其他事件报告由编写处处长审查，部门经理批准。电站 CAP-Team（电站内外部事件及纠正行动审查评议小组）对所发生的异常事件按照事件后果或风险严重程度、事件过程的复杂程度进行筛选划分。

2009 年，岭澳核电站一期共界定 20 起需要在 CARB 或 CACG 会议上汇报的内部运行事件，占岭澳核电站一期 2009 年内部运行事件比例约为 31.7%，其中，在 CARB 汇报的有 1 起，在 CACG 汇报的有 19 起。按机组统计见表 3.2.7-6。

表 3.2.7-6　岭澳核电站一期 2009 年 CARB/CACG 审查的内部运行事统计

事件	机组号	人因	设备	合计
CARB/CACG 审查内部运行事件	0	2	1	3
	1	2	5	7
	9	1	2	3
	2	3	4	7
	合计	8	12	20

5. 人因内部运行事件统计分析

2009 年，岭澳核电站一期共发生 10 起人因内部运行事件。事件相关责任部门统计如图 3. 2. 7-1 所示。一个事件可能涉及多个责任部门，调查分析完成后无法确定责任人的事件，其责任部门归为 OPL 进行统计，承包商责任的事件计入其专业对口处。

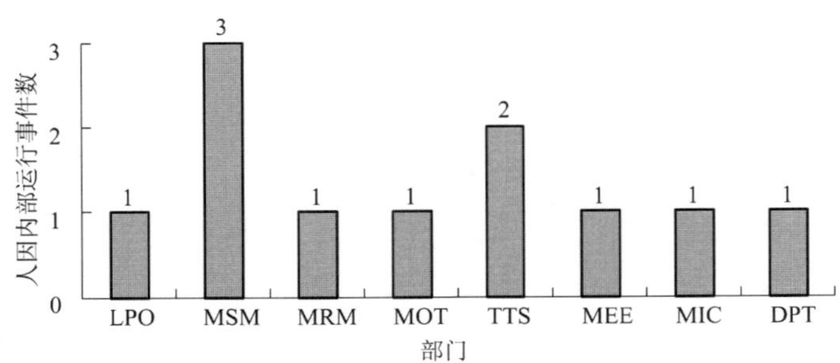

图 3. 2. 7-1 2009 年岭澳核电站一期人因内部运行事件负责部门分布

2009 年，岭澳核电站一期人因内部运行事件负责部门中 MSM 涉及的事件最多，为 3 起，其次为 TTS，涉及 2 起。与 2008 年人因内部运行事件涉及责任部门 12 个相比，2009 年责任部门仅 8 个。由于岭澳核电站二期相关工程的施工对岭澳核电站一期的安全生产造成实际影响，与之相关的 1 起人因内部运行事件责任划归入生产准备接口部门 DPT。

根据 2009 年经验反馈组织体系及事件类纠正行动管理流程改进方案，根本原因和原因因素编码完全采取 WANO 的根本原因和原因因素编码系统，从 2009 年 9 月 30 日开始实行。9 月 30 日前界定的内部运行事件报告仍然是使用旧的根本原因和原因因素编码，9 月 30 日后界定的内部运行事件报告使用新的根本原因和原因因素编码。

根据已生效的 7 份 9 月 30 日前界定的内部运行事件报告，2009 年岭澳核电站一期人因内部运行事件的根本原因因素分布如图 3. 2. 7-2 所示。有些事件涉及多个根本原因因素。2009 年岭澳核电站一期目前已经完成调查分析的人因内部运行事件根本原因因素有 4 项为工作实践，2 项为培训/授权类。

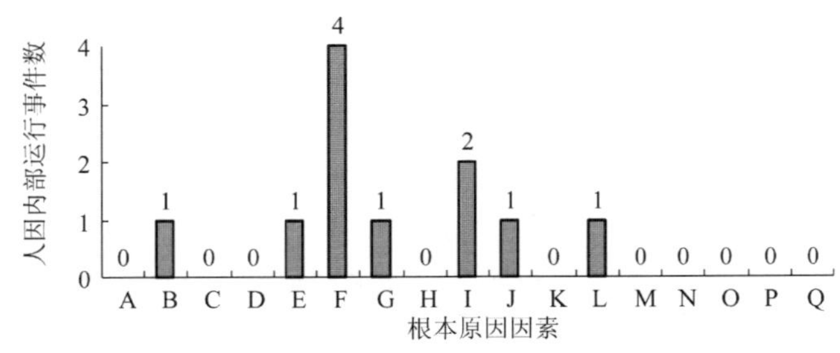

图 3. 2. 7-2 2009 年岭澳核电站一期人因内部运行事件根本原因分布

注：A. 口头交流；B. 书面交流；C. 接口设计或设备状况；D. 环境条件；E. 工作安排；F. 工作实践；G. 工作组织管理/计划；H. 监管方法；I. 培训/授权；J. 变化管理；K. 资源管理；L. 管理方法；M. 设计配置和分析；N. 设备规范、制造和建造安装；O. 维修/试验/保持系统在最佳状态的过程；P. 电厂/系统运行；Q. 外部因素

6. 设备内部运行事件统计

2009 年，岭澳核电站一期产生设备原因内部运行事件 53 起，其中，需要在 CARB 会议汇报的有 1 起，在 CACG 会议汇报有 12 起。所涉及的系统有 41 个，故障多发的相关系统为 RGL 和 GSS，与其相关的设备原因内部运行事件各达 5 起，涉及 4 起的系统为 PMC，而 GSE，DEG，CFI，APP 均与 3 起内部运行事件相关。

2009 年，岭澳核电站一期重要设备原因导致的内部运行事件如下：

（1）1 月 3 日，岭澳核电站 2 号机组进行 0.5 MPa 平台下整体查漏，发现很多漏点，其中 L2GRV821/831/814/822/850/805/819VY 等处有较大泄漏。

（2）1 月 10 日，岭澳核电站 2 号机组零功率物理试验时 G2 棒组的 G22/K4 棒束失步。

（3）1 月 11 日，岭澳核电站 2 号汽轮机在起机过程中，冲转至 3 000 转/分钟稳定约 1.5 小时后一号轴振动，L2GME041MV 开始持续上升，导致汽轮机手动停机。

（4）1 月 19 日，L2GSS210PO 电动机检查发现驱动端轴承故障。

（5）2 月 2 日，执行 PT2LHQ001 试验过程中现场检查 L2LHQ 柴油机启动时间达到 33.4 s（定期试验监督大纲要求启动时间小于 10 s）。

（6）2 月 25 日，在执行 PT1GSE001 时，主汽轮机超速飞锤组件内部存在卡涩，导致飞锤注油动作压力偏高。

（7）2 月 25 日，岭澳核电站 1 号机组向热停堆状态过渡，下插 N2 棒组过程中，无法手动插到 5 步。

（8）3 月 2 日至 4 日，在岭澳核电站 1 号机组第七次大修卸料过程中，L1KX 20 m 换料人员通过同步水下检查系统发现，共有 7 组燃料组件格架条带导向翼有缺陷。

（9）3 月 9 日，L2DEG001PO 的电动机存在接地故障，导致 L2DEG001PO 和 L2DEG101GF 跳闸。

（10）3 月 16 日，现场检查发现 L1CFI031TF 旋转滤网齿轮箱有异常噪音。

（11）3 月 28 日，L1AGR114FI 泄漏导致 L1AGR 系统 A 列油位低报警。

（12）4 月 1 日，L1AGR218SP 误发低油压信号导致 1 号机组快速降功率。

（13）5 月 28 日，L1APG102VL 的阀门密封焊泄漏造成安全壳地坑液位上涨。

（14）6 月 19 日，MIC 持票更换 L2GSS002MN LVDT 线圈后，标定过程中因 L2GSS001MN 故障，导致 L2GSS110BA 液位高高隔离 L2GSS 新蒸汽再热器，机组自动降功率至 959 MW。

（15）7 月 19 日，台风“莫拉菲”导致 D9LGR001/002TA，L9LGR101/201TA 均不可用，两机组记随机第一组 Io。根据“三防”应急管理程序，汇报电站应急响应组织后，两电站相继宣布进入应急待命状态。

（16）9 月 2 日，L1DEG306MP 绑扎带断裂导致 L1DEG306MP 动作，造成 L1DEG301GF 跳闸。

（17）9 月 4 日，系统漏风从而使 L1GSY001SD 动作导致 L1GSY001ZV 跳闸。

（18）9 月 15 日，L2CEX002PO 电动机轴承故障。

（19）11 月 15 日，L2GSE002VV 故障关闭至 9% 开度。

（20）11 月 16 日，L2GSS210PO 因电动机温度高手动停运，机组降功率 6 MW 运行。

（21）12 月 13 日，岭澳核电站 2 号机组与电网解列后汽轮机空载时，主控制室多次误发 L2GSS006AA（L2GSS230BA 水位高高）报警，汽轮机自动停机。

（22）12 月 18 日，L2LHP 柴油机手动空载试验运行约 6 分钟，因为机体内冷却水系统存在较多气体，水温升高，温控阀打开时，大量气体涌向 L2LHP700BA，导致其液位迅速下降，柴油机保护停机。

（23）12 月 22 日，岭澳核电站 2 号机组日常运行期间发现 L2ARE031VL 开度异常增大，与其他阀门开度偏差达到 10%，大修解体检查发现系 L2ARE053VL 阀瓣导流环断裂堵塞导致。

（24）12 月 23 日，L1APP 泵切换期间，L1ADG002MN 异常导致一回路热功率波动大。

（25）12 月 23 日，更换 L2RRA002/003VP 出口法兰密封垫后检查发现密封垫下部约1/4圈外金属环翘曲变形。

（26）12 月 29 日，L1RCV001PO 因振动超过停机值进行解体检修。

3.3 工业安全

2009 年，岭澳核电站一期工业安全状况较好，没有出现轻伤及以上的事故，发生了 1 起工业安全未遂、2 起工业安全伤害事件。电站 20 万人·工时工业安全事故率为0，连续两年达到 WANO 工业安全指标的先进水平。

3.3.1 工业安全统计

1. 岭澳核电站一期工业安全统计

该统计见表 3. 3. 1-1。

表 3. 3. 1-1 岭澳核电站一期工业安全指标

项 目	控制目标	实际值
重伤及以上的事故次数	0	0
轻伤事故次数	≤1	0
20 万人·工时工业安全事故率	0	0
伤害事件次数	≤3	2
未遂事件次数	≤5	1

注：20 万人·工时工业安全事故率 $F = \frac{\text{事故人次数}}{\text{总工作人时}} \times 0.2 \times 10^6$。

2. 工业安全事件分析

2003 年以来的工业安全指标事件数量见表 3. 3. 1-2。

表 3. 3. 1-2 岭澳核电站一期工业安全事件数量统计

年 份	轻伤	伤害	未遂
2003	0	—	13
2004	1	—	10

续表

年 份	轻伤	伤害	未遂
2005	1	—	6
2006	0	—	2
2007	1	1	5
2008	0	3	4
2009	0	2	2

2009 年发生的 1 起未遂事件和伤害事件都是因为厂房环境引起的。

3.3.2 工业安全管理

有关劳保用品、特种工、OHSAS18000 职业健康安全管理体系内审和外审、安全专项检查和监督、推动安全技术与标准的提升推广、“三防” 工作、厂房安全管理改进、程序与文件的升版、安全宣传和培训、厂房评审等内容，岭澳核电站一期和大亚湾核电站是统一开展的，详细描述见 2.3 节，此处不再重复叙述。

1. 日常生产的安全支持和监督

（1）2009 年，完成岭澳核电站一期 45 项特殊作业（PX 票）的安全技术支持和监督，对每一项高风险项目进行安全风险分析和评价，并检查安全措施的落实情况。

（2）对日常生产中的高风险维修项目督促执行单位进行安全风险分析，并在执行时进行抽查。

（3）现场发现并纠正的安全隐患或违反电站工业安全规定的异常有 1 559 起；对重复违反电站工业安全规定的行为发出了整改通知 2 份，对责任单位进行停工整改，防止安全隐患发展为安全事故。

（4）每月对主要厂房进行一次安全检查，对厂房存在的缺陷或安全隐患督促责任单位进行及时处理，减少了厂房的安全隐患。

2. 三次大修的安全支持和监督

圆满完成了岭澳核电站一期大修的工业安全支持和监督工作，大修过程中的潜水作业、发电机抽转子等高风险作业的安全风险受控。对防落物打击措施执行不到位的承包商发出整改通知 1 份，有效控制了大修过程中的安全风险。

3. 中长期施工项目的安全监督

2009 年，岭澳核电站一期的管辖范围内进行的建筑施工项目较多，如：LMG 新建、LAF 大修指挥部增建、LMC 改建、LGR 扩建、龙门架防腐、LOCA 炉施工、储氢棚改建等，这些施工项目工业安全风险高，安全隐患多。为此，工业安全制订了相应的施工安全监督巡视计划，对现场发现的安全隐患及时进行处理，安全状况受控，未发生人员伤害事故。

3.4 消防

2009 年，岭澳核电站一期消防指标整体控制一般，没有发生一级火险及以上事故。共发生 4 起零级火险，未能实现电站年度控制指标值，火险事故数量较上一年度有上升趋势。

3.4.1 火灾事故和火险事件统计

2009 年，岭澳核电站一期火灾事故与火险事件统计情况见表 3.4.1-1。

表 3.4.1-1 火灾事故及火险事件统计 起

	火灾	一级火险	零级火险
控制目标（每电站）	0	1	3
岭澳核电站一期（实际）	0	0	4

2009 年，岭澳核电站一期未发生火灾事故，具体事件描述见 9.10.5 节零级火险事件汇总。

3.4.2 消防系统可用率

2009 年，岭澳核电站一期消防系统可用率统计情况见表 3.4.2-1。

表 3.4.2-1 消防系统可用率统计 %

月 份	1 月	2 月	3 月	4 月	5 月	6 月	7 月	8 月	9 月	10 月	11 月	12 月
探测系统可用率	99.93	99.94	99.87	99.92	99.97	99.97	99.80	99.81	99.92	99.93	99.97	99.91
灭火系统可用率	99.89	99.88	99.90	99.93	99.93	99.93	99.97	100.00	99.95	99.67	99.87	99.74

3.4.3 消防管理

见 2.4.3 节。

3.5 辐射防护

3.5.1 年度辐射防护总体评价

2009 年，岭澳核电站一期辐射防护指标控制一般，集体剂量超出目标值，人员体表沾污事件 5 起，人员体内污染事件 0 起，未发生人员超剂量照射、放射性物质失控和人因地面污染事件。总体结果见表 3.5.1-1。

表 3.5.1-1 2009 年岭澳核电站一期辐射防护指标的目标值与结果

指 标	目 标 值	结 果 值
集体剂量/（人·Sv）	≤1.17	1.531
最大个人剂量/mSv	<20	10.586
人因地面污染/（人·次）	≤6	0
人员体表沾污事件/（人·次）	≤6	5
人员体内污染超过 3% ALI[1)] 的事件/（人·次）	0	0
辐射事故/次	0	0
放射性物质失控/次	0	0

注：1）ALI——年摄入量限值，单位为 Bq。

2009 年，岭澳核电站 1 号机组辐射水平较高，L107 大修集体剂量比目标值超出 40 人·mSv;1 号机组满功率查漏及停机抢修产生集体剂量 21 人·mSv;摊分主泵水力部件检修剂量 18 人·mSv;其他日常非计划大剂量检修为 8 人·mSv;因大修开始日期提前，L207 大修 2009 年原目标值为 197 人·mSv,实际值 503 人·mSv。

3. 5. 2 个人剂量监测与管理

1. 个人剂量监测

(1) 外照射电子剂量计监测

监测对象为 2009 年度在岭澳核电站一期控制区工作的所有人员，人数总计为 3 049 人，共监测 119 647 人·次,最大个人剂量为 10. 586 mSv，人均剂量为 0. 495 mSv。各个剂量段分布的详细情况见表 3. 5. 2-1。

表 3. 5. 2-1 2009 年度岭澳核电站一期个人剂量（EPD 数据）分布

剂量段/mSv	0 ~ 0. 2	0. 2 ~ 0. 5	0. 5 ~ 1	1 ~ 2	2 ~ 5	5 ~ 10	>10	合计
监测人数	1 897	389	288	264	186	24	1	3 049
占总人数比例/%	62. 22	12. 76	9. 45	8. 66	6. 10	0. 79	0. 02	100. 0
监测人·次	31 370	20 058	18 511	22 928	21 082	5 380	318	119 647
集体剂量/（人·mSv）	74. 623	124. 093	209. 778	369. 221	564. 525	156. 919	10. 586	1 509. 745
占总剂量比例/%	4. 94	8. 22	13. 89	24. 46	37. 39	10. 39	0. 71	100. 0

从表 3. 5. 2-1 可以看出，以人均剂量附近的剂量段为界，全年个人剂量高于 0. 5 mSv 的人数只占总人数的 25. 02%，同时这部分人群的集体剂量却占总剂量的 86. 84%，基本上符合大规模剂量监测的“二八法则”，个人剂量的控制应重点关注 0. 5 mSv 以上人群。

(2) 外照射热释光剂量计监测

2009 年，继续有大量新员工和集团内其他公司代培员工进入控制区工作，岭澳核电站一期全年共有 360 人新申请配发 TLD，监测结果见表 3. 5. 2-2。

表 3. 5. 2-2 2009 年度岭澳核电站一期 TLD 监测结果

	监测人数	监测人次	集体剂量/mSv	最大个人剂量/mSv
常规 γ 监测	1 625	8 671	317. 035	6. 04
中子监测	—	30	4. 11	0. 59

注：常规 γ 辐射 TLD 监测对象为 DNMC 员工和集团内代培员工，不包括承包商人员。中子 TLD 监测对象为申请监测的所有工作人员。

(3) 内照射监测

全年共监测 2 951 人·次,监测对象为所有进入控制区的工作人员和部分有潜在内污染风险检修项目的工作人员。

2. 个人剂量控制

参见 2. 5. 2 节。

3. 剂量监测的质量保证

参见 2.5.2 节。

4. 个人剂量档案管理

参见 2.5.2 节。

5. 对外监测支持

参见 2.5.2 节。

3.5.3 运行辐射防护管理

1. 总体状况

2009 年，岭澳核电站一期月平均集体剂量为 20 人·mSv，与 2008 年月平均值持平。岭澳核电站一期现场进行了 127 项日常高辐射风险工作，其中功率运行下进入反应堆厂房工作有 7 项。

2. KRT 系统运行管理

2009 年，岭澳核电站一期 KRT 系统的总随机不可用时间和次数处于近四年的最高水平。近四年 KRT 系统总随机不可用时间与次数统计见表 3.5.3-1。

表 3.5.3-1 岭澳核电站一期近四年 KRT 系统总随机不可用时间与次数统计结果

年份	随机不可用时间/h	随机不可用次数
2006	135.67	71
2007	205.5	78
2008	143.28	69
2009	289.49	84

2009 年，岭澳核电站一期 KRT 系统自身故障导致的随机不可用时间和次数均处于四年中的较高水平，KRT 系统自身故障导致的随机不可用时间与次数统计见表 3.5.3-2。

表 3.5.3-2 岭澳核电站一期近四年 KRT 系统自身故障导致的随机不可用情况

年份	随机不可用时间/h	随机不可用次数
2006	49.52	43
2007	58.99	18
2008	36.25	17
2009	44.68	24

3.5.4 大修辐射防护管理

1. 主要指标完成情况

2009 年，岭澳核电站一期经历了 L206 大修后半段、L107 大修、几乎完整的 L207 大修，部分指标超出目标值，详见统计表 3. 5. 4-1。

表 3. 5. 4-1　2009 年岭澳核电站一期大修辐射防护指标完成情况

指 标 项 目	L206[1]		L107		L207[2]	
	目 标 值	结 果 值	目 标 值	结 果 值	目 标 值	结 果 值
集体剂量/（人·mSv）	700	546	700	740	480	510
单次大修个人累计剂量超过 5 mSv/人[3]	≤6	1	≤10	0	≤2	2
颈部以上体表污染事件/（人·次）	≤10	4	≤10	1	≤4	4
体内污染事件/（人·次）	0	0	0	0	0	0
人因地面污染事件/次	≤4	0	≤4	0	≤3	0

注：1）L206 大修后 11 天落入 2009 年，该时间段的大修剂量为 83 人·mSv。

2）L207 大修前 19 天落入 2009 年，该时间段的大修剂量为 503 人·mSv。

3）考虑到辐射防护最优化，从 L207 大修开始，将"单次大修个人累积剂量超过 5 mSv（人）"改为"非计划单次大修个人累积剂量超过 5 mSv（人）"。

L107 大修集体剂量超出目标值 40 人·mSv，受 1 号机组第五次大修 stellite 合金进入一回路受到活化的影响，一回路辐射水平较高，各种辐射指数比第六次大修上升 4% ~97% 不等；新增纠正性维修产生集体剂量 12 人·mSv。

L207 集体剂量超出目标值 30 人·mSv，各种辐射指数比第六次大修上升 0% ~11% 不等；人数、工时较第五、六次大修上升 13% ~22% 不等；新增纠正性维修产生集体剂量 46 人·mSv；运营公司新人、培训人员突增，增加集体剂量 21 人·mSv（不含合作伙伴的新人及培训人员）。其他指标受控。

2. 大修的主要良好实践

制订并执行 2 号机组一根燃料棒出现裂纹的碘污染防护预案，2 号机组第六次大修未发生人员碘污染事件，过程及结果均令人满意。

推动与剂量控制相关的改造，如研制并投用热粒子去除设备 ORFO、小孔径过滤器更换、倾翻机底部切角、水池排水阀法兰换成锥形、蒸汽发生器一次侧水室堵板换型等，这些创新性措施为剂量控制发挥了积极作用。

新的射线探伤管理流程在 L207 大修正式执行，进一步明确了执行与监督部门的责任，过程没有发生与安全相关的事件，取得满意效果。

3. 主要的异常与不足

探伤人员将两名 CRDM 焊接工作人员误锁在隔离区内，被定为内部运行事件。这是射线探伤管理问题的集中体现，涉及射线探伤如何归口管理、安全责任如何区分、安全屏障如何设置、现场隔离措施及人员清场如何保证有效等问题。之后，电站成立了射线探伤改进小组，制定了新的管理流程并在 L207 大修正式执行。

3.5.5 辐射防护培训

参见2.5.5节。

3.6 大事记

3.6.1 岭澳核电站1号机组大事记

1月

1月5日　机组热功率只有99.4%的情况下，核功率指示L1RPN030MN波动到101.5%以上。

1月15日　L1RCV030VP意外动作，导致下泄流切至L9TEP。

1月21日　19:08，应电网要求春节期间减载至760 MW。

2月

2月1日　升回满功率。

2月10日　L1GPV003MP上游隔离阀L1GPV822VV本体上有一砂眼向外漏汽。

2月13日　L1RCV030VP意外动作，导致下泄流切至L9TEP。

2月14日　开始延伸运行。

2月18日　L0DWL001ZV风机叶轮轴脱落并将轴承座打烂。

2月25日　04:47，机组与电网解列，开始L107大修。

3月

3月2日　发现7组燃料组件格架条带导向翼有缺陷。

3月4日　执行PT2RGL002试验，当N1棒组插入6步时，主控制室出现L2RGL013/003AA以及L2RPN431AA报警，相近的RPN030MA测得的堆芯核功率比其他通道值降低2% P_n。

3月5日　发现L1RPA/B300JA主断路器的辅助接点31－34端子电阻和L1RPA/B320JA旁路断路器的辅助接点21－24端子接触电阻均超出维修程序要求。

3月13日　PMC改造过程接线错误导致换料机水下灯灯罩烧焦并掉落构件池底部。

3月13日　L1PMC倾翻机小车位于构件池内导致L1PTR728VB无法关严，违反运行技术规范要求。

3月16日　L1CFI031TF旋转滤网齿轮箱有异常噪音。

3月24日　执行L1LLS003试验时，L1LLS001AP两次因为L1LLS002VV自动关闭造成试验中断。

3月25日　14:15，反应堆达到临界。

3月26日　降低整定值控制站L1GCT402RC定值约0.5%时，L1GCT402RC输出值突然增大到 100%，判断 L1GCT402RC 为共模故障。

3 月 27 日　2:50，机组一次并网成功，L207 大修结束。

3 月 28 日　L1AGR114FI 泄漏导致 L1AGR－A 列油位低报警。

3 月 31 日　L1AGR203PO 过负荷跳闸。

4 月

4 月 2 日　01:30，在停运 L1APA 泵时主控制室出现 L1GST028AA，机组功率由 845 MW 快速降至 660 MW。

10:00，机组达到满功率。

4 月 11 日　L1GSE009VV 阀门保护油供给管线振动高，增加管道固定支点后正常。

4 月 28 日　L1GRH140MT 探头故障触发一路自动停机信号。

4 月 29 日　处理 L1APG001VL 外漏时出现 L1RCV003FI 压差高 L1RCV409AA 报警，隔离排空进行 L1RCV003FI 滤网更换。

5 月

5 月 1 日　23:50，应电网要求机组降功率。

5 月 2 日　01:00，降到 800 MW 运行；08:00，开始升功率；09:30，升至满功率。

5 月 28 日　L1APG102VL 的阀门密封焊泄漏造成安全壳地坑液位上涨。

6 月

6 月 9 日　02:35，机组与电网解列，处理反应堆厂房内 L1APG102VL 泄漏。

6 月 10 日　22:00，反应堆达临界。

6 月 11 日　12:55，升至满功率。

7 月

7 月 17 日　L1RCP002MO 电动机下部轴承温度高达 70.23 ℃，评价无异常。

8 月

8 月 8 日　L9DVN 全停检修，L9DVN 部分电加热器无法自动停运。

8 月 20 日　L1CFI013MN 故障导致 L1LNE302 开关跳闸。

9 月

9 月 2 日　L1DEG306MP 因绑扎带断裂动作，造成 L1DEG301GF 跳闸。

9 月 4 日　L1GSY001ZV 故障跳闸。

10 月

10 月 1 日　01:30，应国庆保电要求降功率至 810 MW 运行。
10 月 5 日　升回功率。
10 月 31 日　L9DVN 全停消缺。

11 月

11 月 18 日　因 L1RPN030MA 波动到 102.1%，降功率至 989 MW。
11 月 26 日　L1AHP109VL 强制关闭后泄漏率为 0.122 L/min（缓慢上涨）。
11 月 28 日　针对 L1APU602PO 轴封管线 L1APU627VL 下游法兰连接处滴水问题，实施带压堵漏。

12 月

12 月 3 日　L1GRE007VV 和 L1GSE007VV 的引漏管线温度较其他阀门的管线温度偏高。
12 月 23 日　L1APP202FI 更换，L1APP 泵切换期间 L1ADG002MN 异常导致一回路热功率波动大。

3.6.2　岭澳核电站 2 号机组大事记

1 月

1 月 3 日　2 号发电机整体查漏发现 GRV 系统多个阀门漏氢。
1 月 6 日　MCS 模式下 L2RPN 参数调整工作失误触发停堆开关打开。
1 月 10 日　2 号机组零功率物理试验时 G2 棒组的 G22/K4 棒束失步。
1 月 11 日　16:06，机组一次并网成功，L206 大修结束。
1 月 14 日　L2LHP001MO 的 A6 缸配油器更换。
1 月 16 日　升至满功率。
1 月 19 日　L2GSS210PO 电动机驱动端轴承故障。
1 月 20 日　L2GSS110/210PO 消缺。
1 月 21 日　22:40，应电网要求春节期间减载至 760 MW 运行。

2 月

2 月 2 日　L2LHQ 柴油机试验启动时间超时。
2 月 4 日　08:00，升功率至 810 MW 运行。
2 月 10 日　08:20，升至满功率。

2 月 15 日　L9DVN 全停更换高效过滤器。

3 月

3 月 4 日　执行 PT2RGL002 试验时 L2RGL N1 棒组 M4 棒束失步。
3 月 9 日　L2DEG001PO 电动机接地故障导致 L2DEG101GF 跳闸。
3 月 17 日　L2ASG003PO 泵驱动端水平向振动高处理。
3 月 18 日　L2RAZ015VZ 解体检修。

4 月

4 月 1 日　L2GFR301CF 跳闸处理。
4 月 9 日　L2RCV004FI 更换。
4 月 16 日　L2JPV120BA 更换消防泡沫液。
4 月 19 日　L2LKQ852CC 切换触发母线低电压处理。
4 月 22 日　L2ADG220VL 泄漏处理。

5 月

5 月 1 日　00:30，应电网要求降功率至 800 MW。
5 月 7 日　L2JPP 水力特性曲线试验期间辅助变压器消防动作。
5 月 21 日　L2CFI905UP 跳闸，更换 L2CFI003SC。

6 月

6 月 17 日　L2GSS001MN 故障引发 L2GSS 新蒸汽再热器隔离。
6 月 19 日　L2GSS 新蒸汽再热器隔离及投运过程中 L2GSS151VV 均未正常动作。

7 月

7 月 30 日　L2APA 泵油封漏油处理。

8 月

8 月 27 日　L2ARE242VL 阀门调节波动大处理。

9 月

9 月 11 日　L2CEX002PO 电动机轴承故障。
9 月 29 日　2 号机组燃料组件修复。

9 月 30 日　L2GEV 高压套管绝缘监测故障处理。

10 月

10 月 1 日　04:00，机组应国庆保电要求，降功率至 810 MW 运行。

10 月 4 日　11:20，升回满功率。

10 月 27 日　L2DEL002GF 多次跳闸。

10 月 30 日　将 L2CRF501FI 压差报警定值调整由 -4 ~ 32 kPa 修改到 -4 ~ 46 kPa，并将报警定值由 30 kPa 修改为 35 kPa。

11 月

11 月 15 日　因 L2GSE002VV 故障，降功率至 950 MW。

11 月 16 日　L2GSS210PO 驱动电动机因失去外部冷却风扇温度异常升高，检查发现是由于冷却风扇径向断裂引起。

12 月

12 月 2 日　L2GSE002VV 故障，进行定位器模块整体更换。

12 月 13 日　03:25，机组与电网解列，开始 L207 大修。解列后，由于 L2GSS242/426VL 内漏，导致 L2GSS044/046SN 瞬时出现高高液位，汽轮机自动停运。

12 月 22 日　L2ARE053VL 阀瓣导流环断裂处理。

12 月 26 日　L2ASG003SN 故障处理。

12 月 28 日　L2LHP413CC 切换时故障导致 L2LHP401UP 跳闸。

12 月 31 日　巡视发现 L2GCT131VV 内漏。

3.6.3　岭澳核电站一期重大技术问题

1. L1PTR728VB 关闭不严违反运行技术规范要求

2009 年 3 月 13 日，岭澳核电站 1 号机组处于反应堆完全卸料模式，运行人员关闭 L1PTR728VB 后，用 L1PTR002PO 为反应堆水池排水。当水位从 19.5 m 降到 19.1 m 时发现传输池水位同步下降。立即停止排水，并将反应堆水池和构件池重新充水至 19.5 m，开启 L1PTR728VB，使传输池水位高于 19.3 m。事后确认，传输池水位同步下降的直接原因是燃料传输小车的尾部在传输管内，使得 L1PTR728VB 不能完全关闭，造成传输池和构件池水位低于 19.3 m。由于期间燃料厂房正在进行燃料操作、反应堆水池闸板未就位，故不符合运行技术规范要求。该事件被定为运行事件。历史上也曾发生同类事件，1995 年 3 月 8 日，大亚湾核电站 1 号机组在向构件池充水时，发现燃料厂房中传输池水位同时上升，原因为 D1PTR728VB 关闭不严，而 D1PTR728VB 关闭不严的原因为燃料传输小车被卡死在燃料传输通道内。本次事件暴露的问题是：① 关闭 L1PTR728VB 与燃料传输小车的关系不清楚。② 同类事件的经验反馈不到位。③ 计划安排不完整，关闭 L1PTR728VB 这项工作之前没有要求将燃料传输小车移回燃料厂房。

2. 执行 PT1RCP010 试验时 L1RCV030VP 异常动作

2009 年 1 月 15 日，在执行 PT1RCP010 试验时，按下 L1RCV009TO 后，L1RCV030VP 突然向 L9TEP 全开，导致容控箱水位由 1.47 m 下降到 1.4 m。2009 年 2 月 13 日，执行 PT1RCP010 试验时，再次出现上述现象。同时发现运行人员以较快速度操作 L1RCV009TO 时，L1RCV030VP 会切向 TEP 全开，以较慢速度操作 L1RCV009TO 时，L1RCV030VP 不会动作。经验证，岭澳核电站 2 号机组也存在这种问题。从仓库领取备件对 L1RCV009TO 进行了更换，故障现象重现。为了进一步确定故障点，又更换该控制回路中的两个继电器，并用快速记录仪记录控制回路中的电压信号。最终确定故障原因为设计回路存在问题。L1RCV009TO 设计中利用了同一 TO 按钮的常开和常闭触点的动作时间差实现控制逻辑中需要的自保持条件。在设计上存在着由操作速度快慢导致自保持可以或无法实现的可能性。核实大亚湾核电站和岭澳核电站一期 KSC 不存在其他类似的，利用该类型 TO 的触点动作时间差进行自保持的设计。处理措施是出版 FOI 进行操作提醒。

3. 岭澳核电站一期多个燃料组件定位格架外围导向翼受损

2008 年 12 月 17 日，岭澳核电站 2 号机组第六次大修卸料过程中，燃料操作人员发现第二面第四层定位格架外条带导向翼变形向上翻起。卸料结束后，在燃料厂房对 2 号机组第七循环再入堆的所有燃料组件进行外观检查，陆续发现 3 组燃料组件的定位格架损坏。随后又对岭澳核电站 2 号机组历次循环中所有与受损组件有过接触历史的其他燃料组件进行外观检查，先后又发现了 3 组燃料组件的定位格架外条带导向翼受损。2009 年 1 月，对 1 号机组乏燃料水池中第七次换料大修需再入堆的燃料组件进行检查，发现燃料 3 个组件有导向翼损坏。2009 年 3 月 2 日，1 号机组第七次换料大修卸料工作中，发现 7 组燃料组件存在不同程度的格架缺损，其中 4 组为第七次换料大修计划再入堆组件。2009 年 11 月，对 1 号机组乏燃料水池中所有可再入堆使用的乏燃料组件进行外观检查，又发现 2 组定位格架导向翼缺失。至此，岭澳核电站一期两台机组共发现 19 组燃料组件的定位格架损伤。电站成立了专项小组对事件的原因进行了分析。分析认为，燃料组件的定位格架损伤发生在装料期间，导致损伤的直接原因是装料时相邻组件的定位格架之间产生了挤压和钩挂。根本原因是定位格架设计存在不足，不能避免组件变形和挤压时的钩挂风险，以及岭澳核电站一期换料机（改造前）在装料的最后 565 mm 区域内设计上无欠载保护功能，导致对定位格架之间钩挂缺乏监控和保护。换料机改造后欠载保护区域覆盖装料全程。

4. 执行 PT1GSE001 试验时发现汽轮机超速飞锤注油动作压力偏高

2009 年 2 月 25 日，转机人员在配合运行人员执行 PT1GSE001 试验时，发现汽轮机前侧超速脱扣飞锤注油压力偏高为 2.15 bar，运行规程要求为 1.7 bar。查询 1 号机组第六次大修开机前试验，前侧注油压力为 1.7 bar。L107 大修决定增加前侧飞锤全检工作，经检查，反馈内部存在锈蚀缺陷。造成腐蚀卡涩的原因是润滑油在危急保安器飞锤、铜套的间隙中产生微量分解（呈酸性），对飞锤造成腐蚀，腐蚀后产生腐蚀物质，这些物质会缓慢地填充危机保安器的活动间隙（轴向和径向），造成飞锤卡涩。如腐蚀严重会造成飞锤卡死，可能丧失安全功能。调查其他 3 台机组飞锤历史检修情况也有同样问题。飞锤长时间保持一个位置运行，会加剧锈蚀的产生。对此问题的处理方案是使用注油试验临时工作指令，进行注油试验时如出现注油压力偏高的情况，增加试验次数，经过多次注油试验，压力能够恢复正常，则无须进行全检工作。如果多次试验注油压力不变或者大于上次试验压力 0.2 bar，则增加飞锤全检工作。

5. L1AGR218SP 误发低油压信号导致机组降功率

2009 年 4 月 1 日 23:30，L1APP－B 泵检修结束启动带负荷后，主控制室进行停运 L1APA 泵的操作时，主控制室闪发 L1GST028AA（功率速降命令），上位机有 RUN BACK 信号，1 号机组电功率由 845 MW 甩到 660 MW，GCT－C 正常响应快开。为稳定机组参数，将核功率由 87% 降到 80%。检查发现，L1APP－B 泵的保护油压力开关 L1AGR218SP 在 P320 机柜上误发出 L1APP－B 泵跳闸信号，再加上 L1APA 停运，在负荷大于 75% FP 时两台主给水泵停运产生功率速降信号。就地测量 L1AGR218SP 信号正常，主控制室也没有该 SP 故障的相关报警。进一步检查发现，对应的 KCO202AR 柜内的 AGR218SP' E 为 0，但是 KCO201AR 柜内的网络变量 B_ AGR218SP 为 1，两者不符。查找 P320 内部程序后确认，KCO202AR 柜内的 AGR218SP' E 变量没有语句送到 F900 网络，对应的 KCO201AR 柜内的网络变量 B_ AGR218SP 无接收语句，所以导致 B_ AGR218SP 变量是处于自由状态，不能跟随现场真实信号而变化。在大修期间 P320 重新上电后，随机性地将 B_ AGR218SP 赋值为 1，逻辑处理部分误认为保护油压低，一旦在电功率大于 75% P_n 时停运 APA 泵，机组即降功率至 75% P_n。在本次快速降功率事件发生后，MIC 立即普查 P320 中所有使用到的网络变量，确认异常情况仅存在于三个变量，处理措施是分别在 2 号机组第七次大修与 1 号机组第八次大修期间完成程序结构的修改。对使用 P320 控制系统的两台机组分别实施 TCA，使存在缺陷的网络变量相关的所有逻辑功能与其设计完全一致。

6. L9LGR201TA 出线低压侧母线排支撑绝缘子放电引起三相短路

2009 年 5 月 15 日 18:14，主控制室出现 L1/2KKO001AA，中间控制室出现 L9LGR902AA，主控制室确认 L9LGR201TA 已经跳闸。L9LGR201TA 轻微冒烟，立即派出现场干预检查，手动启动 L1JPP001PO 后投运 2 号辅助变压器消防。现场观察到端子排出现明火，辅助变压器低压侧下降段有两块盖板崩开冒烟。电气人员事后检查 KKO 录波仪，2 号辅助变压器 6.6kV 侧过流保护动作，跳开 2 号辅助变压器进线开关 L9LGR201JA，切除短路故障。根据 2 号辅助变压器高压侧录波信号分析，故障持续时间约 1.06 s。故障期间，短路电流最大值达 14.45 A（二次有效值），换算到 6.6 kV 侧最大短路电流为 28 900 A；持续短路电流约28 000 A。6.6 kV 过流保护整定定值为 10 920 A，延时 1 s。根据故障现象及初步分析，电气人员对共箱母线中的母排进行了处理，更换损毁的三相瓷瓶及相关附件，切除故障电缆后，重新制作电缆端接头并进行各项电气试验，确认辅助变压器及母线电缆符合运行条件后，恢复 2 号辅助变压器的正常运行。电气处对事故的原因进行了分析，认为故障的直接原因是电缆的绝缘强度降低导致电缆击穿，根本原因是由于电缆端接头制造工艺有缺陷，包括接口未打磨，接口处未填充高介电常数材料（硅脂膏），以及应力管末端电缆头热缩处理过程中，电缆头的密封没有按电缆端接头制造工艺要求制作，造成电缆头在潮湿的环境中受潮等。纠正措施是编写电缆端接头制造工艺规范书，在制作工艺规范书中明确关键工艺并设立 QC 验证点，并对大亚湾核电站和岭澳核电站一期存在同样缺陷的电缆进行相关检查和试验。

7. L1APG102VL 的阀门密封焊泄漏

2009 年 5 月 28 日，运行发现 L1RPE011PS 水位异常上涨，怀疑安全壳二回路给水侧存在漏点，三次查漏后确认 L1APG102VL 阀门密封焊泄漏。L1APG102VL 是手动截止阀，与管道的连接方式为插套焊，岭澳核电站一期自投运以来从未进行过维修。根据 EDF 反馈，2008 年 10 月，CRUAS 电站 1 号机组也曾发生过类似事件，泄漏阀门为 APG103VL，泄漏部位为阀门密封焊。因泄漏阀门所处的房间是三类红区，人员无法直接进入检查。根据阀门结构分析并结合外部反馈，认为 L1APG102VL 泄漏的最大可能部位为密封焊位置。6 月 8 日，电站日常生产项目组（TEF）向总经理部汇报了抢修准备预案，经过慎重考虑、保守决策，总经理部决定尽快停机处理 L1APG102VL 泄漏故障。6 月 9 日 02:35 时，岭澳核电站 1 号机组按计划停机解列，处理 L1APG102VL 泄漏故障，现场确认泄漏部位为密封焊位置，并对泄漏部位采用铆击、夹具、注胶的组合方案进行了处理，效果良好，抢修总用时 1.92 天。在 1 号机组第八次大修中更换该阀门，并对阀门密封焊泄漏的根本原因进行分析。

8. L2DGEG201GF 故障

2009 年 9 月 8 日 03:28，L2DEG201GF 出现低电压报警并跳机，现场检查未发现明显异常。2009 年 9 月 8 日上午，专业处对板件和各回路进行了检查，下午启动 L2DEG201GF。运行 2 分钟后油压上升到 194 kPa，出现轴承温度高跳闸。检查记录轴承温度瞬间到 100.4 ℃。解体检查后发现压缩机推力轴承严重烧毁，叶轮少量磨损。回顾历史相关事件，在 2009 年 7 月 8 日，L1DEG201GF 也曾由于轴承温度高跳闸，现场轴承故障记录温度为 92.9 ℃、功率在 92%，L1DEG201GF 至损坏时共运行 16 537 h。L1DEG201GF 在 2009 年 6 月 2 日也曾出现低电压报警。另一起 DEG 压缩机轴承烧毁事件发生在 2006 年 6 月 28 日，在进行柴油机定期试验过程中，L1DEG101GF 因为高速端推力轴承温度高报警而跳机。检查发现，高速端推力轴承推力瓦乌金面严重损毁。本次 L2DEG201GF 高速轴承的烧毁为典型的重发事件，电站 RCA 小组牵头对事件进行根本原因分析。

第四章　电站维修

4.1　维修组织与管理

4.1.1　维修组织管理

2009 年是电站安全生产业绩持续创优的一年，也是维修部秉承良好经验、持续改进取得优秀业绩的一年。日常维修风险控制良好，大修安全、质量、工期持续创优，为大亚湾核电站、岭澳核电站一期上网电量完成集团任务，并实现历史新高作出了突出贡献。维修部组织实施了大亚湾核电站、岭澳核电站一期 4 台机组的日常维修工作，依次完成了岭澳核电站 2 号机组第六次换料大修（L206 大修）、岭澳核电站 1 号机组第七次换料大修（L107 大修）、大亚湾核电站 1 号机组第十三次换料大修（D113 大修），并开始进行跨年度的岭澳核电站 2 号机组第七次换料大修（L207 大修）工作。在稳妥控制日常维修风险、确保日常机组安全稳定运行的基础上，强化大修管理，大修业绩待续提升，岭澳核电站 2 号机组第六次换料大修、岭澳核电站 1 号机组第七次换料大修均比计划工期提前，工期提前总计为 13.23 天，高质量的大修为两电站上网电量创新高奠定了坚实的基础。

同时，2009 年也是深化维修组织、制度、队伍建设和策划维修发展的重要一年，维修领域在确保电站日常、大修及接产工作顺利开展的同时，完成了大量的既定管理改进工作，并根据工作中暴露出的维修管理问题及时采取了有效的改进措施。

1. 强化设备缺陷处理，解决疑难问题，提高机组可靠性

2009 年度，维修部针对日常运行机组累积各类关注问题日益增多的问题，要求各处加强推动解决力度，同时安排日常维修主任与各问题的项目负责人进行沟通，要求各项目负责人制订详细的行动计划，计划制订后通过管理例会进行汇报跟踪，推动解决各类关注问题。

为推动日常无法解决的设备问题在大修中彻底解决，维修部在管理周会上增加了关于重要设备问题的专题汇报，推动在大修中实现技术问题的彻底关闭。

日常机组存在的问题中，还有一些是长期不能攻克的技术难题。为此，维修部成立了专门的攻关小组，实施部、处两级推进，将所有目前存在的疑难技术问题，进行优先级划分，明确责任人与解决问题的计划。通过执行定期汇报跟踪制度，加强监管力度，逐步推动解决各类疑难问题共 24 项。部分未解决的问题，其分析研究也有实质性进展，为机组的安全可靠性提供了有力支持。

2. 优化大修管理，落实改进行动，提高大修质量

2009 年，三次大修成功的关键得益于大修前的精心准备、大修中的严格控制、以及基于安全、质量和工期方面的管理改进。

安全方面，强化了大修三级风险分析，分别从工作包层面、项目交叉风险层面和大修整体层面，全面分析大修各方面的风险，并制定应对措施或预案。针对核岛内污染控制的问题，大修中首次使用《内污染分析单》进行控制。在岭澳核电站一期的两台机组大修中，针对一根燃料棒出现裂纹及主泵故障 Stellite 合金进入一回路后的活化问题，采取了源项控制改进措施，分别从机组一回路氧化净化、工作窗口、时间安排、进入核岛的人数控制、现场辐射屏蔽及辐射热点去除等方面进行优化管理，有效地降低了大修集体剂量。

质量管理方面，首抓大修重大项目，通过规范大修重大项目评审工作，提高重大项目的准备质量，同时编制《大修重大项目评审汇编材料》，规范和带动大修其他主要项目准备质量。其次，在重大敏感设备管理方面，强化关键敏感（CCM）设备相关活动管理，进行准备阶段 CCM 工作包的准备质量检查和实施阶段的过程质量检查验收。

在缺陷管理方面，进行了日常转大修的设备缺陷的梳理，审查了 CCM 缺陷的处理方案和质量控制措施，同时梳理完善了质量缺陷报告（QDR）管理流程，建立了 QDR 网页跟踪系统。

工期管理方面，首次实施常规岛计划的关键路径控制方法，实行常规岛计划人员 24 小时倒班，全过程记录常规岛计划的执行情况，反馈并优化常规岛计划控制。继续深化大修工作票合票和推广大修项目负责人制，有效降低了许可票的数量，节省了工作负责人的取、还票时间。

3. 规范接产管理流程，强化人员意识，完成岭澳核电站二期接产任务

2009 年是岭澳核电站二期维修接产任务最艰巨的一年，面临着接产任务重、接产管理不规范等问题，维修部成立了专项小组，从维修接产前端和后端分别进行规范管理，制定了维修接产管理规定、安全管理暂行规定、生产准备阶段设备巡视暂行规定，建立了移交接产检查意见分级处理机制，建立了接产与维修协调日会、工程遗留项清理周会、安全管理周会、接产管理周会、接产管理月会等各种例会制度和大修准备、首次装料准备、十大维修移交（TOM）后设备问题、工具接收、国际原子能机构（IAEA）运行前安全评审团（Pre - OSART）评审、技术不同点培训等专题会会议制度，从组织、制度、运作上保证了移交接产的正常有序开展。

4. 提升核心能力，加快人才培养

2009 年是维修队伍快速发展的一年，维修部利用已建立的维修技术授权（MTA）体系，加强人员技能训练和动手能力的考核，强化现场实践的作用，提高了技术授权的含金量，首次实现了现场派工与人员授权的结合，并实施了维修工作负责人授权管理及现场派工流程，真正实现了维修人员的授权工作。

针对维修人员技能水平分布的不均衡、高技术人才不足的问题，2009 年，维修部充分利用维修核心能力建设和专业化队伍建设平台，将原有核心能力建设评价标准中有能力执行改为独立执行，更强调了人员的自主实施的能力。

此外，维修部还采取了很多人才培养措施：如增加新员工持票比例统计；制订专项技能训练计划，实施技能训练培训；充分利用调试、安装参与机会，培养岭澳核电站二期技术不同点的人才；减少大修辅助项目外部支持人员数量，将年轻员工放到现场一线从事基础技术工作等。

5. 建立多基地承包商战略联盟，实施承包商运作模式转换

2009 年度，维修部围绕建立多基地承包商战略联盟，明确了 6 家长期合作的承包商单位，并进行了长期合作合同模式的研究，为明年框架合同到期后转变为战略合作长期合同做准备。同时，为推动承包商长期合作中基础性、制度性问题的解决，与主要承包商共同制定了《DNMC 与战略合作伙伴高层交流机制实施细则》，建立了定期交流的平台。2009 年 8 月 26 日，在安徽召开了首次交流会，会议期间与 4 家主要承包商签订了《核电设备维修战略合作框架协议》。

针对承包商日常、大修维修范围的不同，日常维修模式需转换为项目承包。2009 年，维修部制订了模式变更方案、实施方案和控制风险模式，最终承包商日常运作模式得以顺利切换，实现了大修和日常维修范围的统一。

4.1.2 维修生产管理

4.1.2.1 维修质量管理

2009 年，维修质量管理工作主要体现在防人因失误管理、重复性维修管理、设备偏差管理、防异物管理等四个方面。

1. 防人因失误管理

2009 年，维修人因失误管理工作主要通过维修经验反馈小组来实施，利用维修防人因失误管理系统（Hemis）工具，及时确认和分析人因事件，跟踪改进行动的完成质量，在维修部范围内推行双周汇报制度，及时进行人因及设备事件的经验反馈。同时，针对一些典型人因事件，要求进行专题分析和汇报，强化人因事件的分析和改进措施的落实。

2009 年，为保护员工的人身安全，以及防止员工过快启动某项工作，在参考法国核电站“one minute stop”和美国核电站“two minutes drill”等良好实践的基础上，将防人因工具本地化，推出“1 分钟停顿”，在工具中分别对“为何做”、“何时做”、“怎么做”进行了阐述，同时，对“当到达工作点时”、“工作被中断时”、“工作未按计划进行时”工作人员应该做什么进行了详细规定。该项防人因工具的实施，将有效减少因疏忽而导致的人因事件。

2009 年，维修发生人因事件 53 起，比 2008 年的 61 起、2007 年的 92 起有明显下降，但是 2009 年典型人因失误事件仍占据一定比例，需要在今后的防人因失误管理改进中加以关注。

2. 重复性维修管理

重复性维修管理工作主要通过维修质量管理改进小组来推动实施，利用重复性维修管理系统（RMS）工具，筛选和分析公司生产信息管理系统（COMIS）工作票，及时确认和分析重复性维修项目，跟踪改进行动完成质量，推动各处彻底解决问题，避免类似问题的重复发生。2009 年，维修部全年共发生重复性维修 29 起，其中设备、人因重复性维修分别为 22 起和 7 起，分别比 2008 年减少 14 起和 3 起，重复维修项数下降明显。

3. 设备偏差管理

2009 年，为加强对设备偏差的管理，维修部开发了设备质量缺陷报告（QDR）信息跟踪系统，该系统实现了大修、日常期间对维修部、合作单位以及技术部产生的 QDR 的跟踪管理，并具有对 QDR 信息进行数据分析的功能。同时，维修部通过质量管理改进月会对维修部 QDR 状态进行月度汇报。

4. 防异物管理

维修工作是异物产生的一个重要途径，而异物的存在直接威胁到设备的安全和机组的稳定。为此，维修部在异物控制与管理上做了很多的改进，比如：建立六大重点防异物区域，制定防异物管理规定，开展防异物培训等。2009 年，维修部成立了有六大防异物专项区域负责人参与的大修防异物专项小组，主要针对“重点防异物隔离区进出控制不严格”、“重点防异物区域的脚手架搭制和拆除过程存在异物隐患”、“隔离区检修/改造工作工艺过程中产生的异物控制”、“重点隔离区的隔离边界以及工具箱管理需要规范”等问题进行了改进。

4.1.2.2　维修风险控制

维修工作的特性决定了其对人员和机组设备具有较高的核安全、工业安全和质量风险，防范和控制维修风险需要从管理制度、风险识别、风险预防措施的落实以及改进维修人员的行为规范等方面来进行考虑。2009 年，维修部在维修风险控制方面主要采取了以下措施。

1. 日常维修工作风险控制

2009 年，日常维修风险管理工作充分吸取以往的经验教训，坚持以风险控制为中心，在延续日常维修工作风险管理的基础上，针对常见的走错间隔事件，制定并实施了“唱票双签”的管理制度。“唱票双签”管理制度要求工作负责人和监护人在现场唱票结束，并核对工作包、许可票以及现场设备的功能位置编码三者一致后，双方都填写现场设备完整的十位功能位置编码并且签名。该制度的实施在很大程度上减少了走错间隔事件的发生。

同时，针对新员工现场工作易产生附加风险的情况，维修部实施了新员工现场工作风险控制方案。

2. 完善大修三级风险管理

大修准备阶段的三级风险管理，是通过各层级的风险分析和防范措施来有效控制大修实施阶段可能出现的风险。2009 年，大修继续使用三级风险分析方法，对影响大修工期、安全、质量等项目活动进行风险分析，识别出具体的风险，根据风险制定应对措施（预案）。防范措施的有效性是风险控制的关键，因此，2009 年度的风险分析强调预案（防范措施）的实用性和有效性，要求分析到的风险发生时，可以直接启动风险分析中的预案。

3. 重要技术问题跟踪管理

2009 年，为提高现场设备的可靠性，及时解决现场发现的设备疑难问题，维修部通过维修质量改进小组，利用质量改进月会的平台，坚持对现场问题进行及时的跟踪分析，对日常生产中的“值长关注问题”、“中期关注问题”、“长期关注问题”定期汇报进展情况和分析结果，推动各类技术问题的及时解决。

4. 维修活动工前会管理改进

维修活动工前会的目的是让所有的工作人员清楚工作的要求、存在的风险及防范措施，工前会要求填写工前会检查单和职业安全评估卡，以充分明确现场的风险。但是由于目前维修活动数量很大，工前会要求填写的两单存在一些共同性，为了更好地提高工作效率，维修部组织对工前会检查单和职业安全评估卡进行了有效合并。

5. 持续推进安全文化建设，提高人员安全意识

安全文化建设是一项持续改进的工作。2009年，维修部进行了一系列的安全文化建设活动，组织了全员安全文化震撼教育、人因工具卡使用的行为训练等活动。同时，维修部还持续推进安全文化班组建设工作，通过对各个班组的安全、质量、团队建设等指标进行考核，评选出优秀和落后的班组，并在部门范围内进行公布。经过2009年度的持续推动，在员工间营造了良好的安全文化氛围，使安全文化建设更加深入人心。

4.1.2.3 维修计划控制

1. 计划控制与改进

（1）日常生产活动将作业风险分为A、R、B、C四类，日计划中用彩色标示各项生产活动的风险类别。工作票按0、1、2、3、4、5五个级别进行响应，其中4、5级小缺陷由设备管理处（OPE）专门管理。

（2）为尽早把计划部门沉淀下来的知识通过书面资料的形式传承下来，2009年，组织编写《日常生产计划管理活动标准化》，全年共完成12项计划管理标准活动编写。

（3）出版了《日常许可证延期操作规定》，规范日常计划人员办理延期许可证的操作过程，为延期活动开展提供操作依据。

（4）根据2009年9月电站纠正行动评审委员会（CARB）会议通过的反应性管理纠正行动措施，增加R类反应性相关的工作清单，在计划中标出反应性相关工作（R类，红色），增加了运行处工前会检查单，在R类工前会风险控制单上加上反应性风险提示。

（5）编写了《岭澳核电站二期商运前定期试验的组织管理》，规定岭澳核电站二期商运前定期试验管理的组织机构、责任分工、接口和工作流程，组织清理出904项监督大纲要求在装料前安排的定期试验工作，并通过岭澳核电站二期周计划、工程热试（HFT）计划等多种计划窗口渠道进行了安排。

（6）在抢修计划方面，出版了《L1APG全停处理漏水专项抢修计划》，专项计划方面先后编制实施了《D1DEG101/301GF改造专项计划》、《D1/2LHP更换轴瓦计划》、《L1RCV001PO更换计划》、《L0LGR母线更换绝缘子检修计划》等，完成《D1GEX发电机7槽上层线棒出水口温度异常处理预案》、《D2GRE002/003/004VV油动机端盖泄漏预案》等的编写。

（7）岭澳核电站二期各项接产工作稳步推进。设备维修移交（TOM）后，公司生产信息管理系统（COMIS）数据库建库工作按期推进，截至12月31日，共有348个系统通过TOM签字移交，具备建库条件的4 500多项预防性维修数据全部在规定时间内录入COMIS系统，建库率95%以上，并全部按检修周期进入周计划统一安排。

2. 维修大纲及定期试验监督大纲管理

2009年，一体化大纲管理系统（IPM）中生效的项目总计为35 850项，2009年，维修变更项目大亚湾核电站、岭澳核电站一期、岭澳核电站二期总计为14 097项，需维修策略纠错项目705项，标准包纠错项目83项。计划人员对新生效的IPM项目进行了逐一检查、核对，对维修策略可以优化或有疑问的项目、标准指令不符合要求的项目进行了反馈。

3. 计划控制相关指标考核情况

2009年，两电站与计划控制相关的考核指标中，“纠正性周转票数量”平均偏高。岭澳核电站一期的“工作申请退票率”相对较高。两电站的“1级票未按时响应数量”、“2/3级

票按计划执行率”、“工作文件包退包率”指标均较满意。

4.1.2.4　现场服务管理

1. 机械加工

2009 年，机械加工专业共完成大亚湾核电站、岭澳核电站一期和岭澳核电站二期加工工作票 3 839 张，加工工件 46 068 件（套）。其中，完成日常加工工作票 2 137 张，日常加工工件 25 853 件（套）；完成大修加工工作票 1 675 张，大修加工工件 20 099 件（套）；完成岭澳核电站二期接产加工工作票 27 张，零部件加工件 116 件（套）。包括反应堆冷却剂系统贯穿件加工，辅助冷却水泵轴瓦车削，密封瓦室测量加工，循环水泵润滑系统过滤器磁棒组件加工，控制棒贮存容器加工，汽动主给水泵系统法兰盘加工，发电机氢气冷却系统法兰间隔垫加工，低压缸隔板止动板磨削，低加疏水泵排水头法兰面车削，循环水泵机械密封加工，发电机油封挡块，汽动主给水泵系统插套加工，安全阀阀瓣阀座密封面加工，电动主给水泵系统止挡块加工，汽轮机润滑顶轴和盘车系统泵轴加工，高压缸隔板加工，低加疏水泵石墨轴套加工等 50 多项重要的零部件加工工作。

2009 年，机械加工专业在岭澳核电站二期接产方面，主要工作是 LAF 厂房机加工车间改造的前期准备。完成新增机床设备的选型、定型及厂房布置规划，配合工程公司完成新增机床设备招评标，完成 LAF 厂房机加工车间改造招评标。

在机加工项目承包商管理方面，2009 年通过公开招投标，使机加工零部件加工由日常、大修两家承包商合并为一家承包商。经过一年的运作，机加工零部件加工在安全、质量方面更加得到保障，简化了承包商管理，达到了预期目标。

2. 工具管理

2009 年，工具管理的工作重点是实现窗口服务标准化、内部管理项目化、日常和大修标准模式化，按要求计划做好岭澳核电站二期接产、生产准备及建库工作。全年建立专用工具大纲 923 份，标准工作包 464 份。主要的改进工作有：

（1）启用出借窗口一卡通刷卡借还制，有效减少了错借、误借，实现了窗口人性化。

（2）完善工器具催还及处理办法，提高了工器具使用率。

（3）工器具内部实行项目化管理，减少了接口，提高了工作效率。

（4）日常管理和大修管理逐渐实现了标准模式化。

2009 年，共检测液压工具 998 件，吊索具 2 232 件，安全带 2 355 件，电动工具 3 000 件，压线钳 118 件，梯子 109 个；仪器仪表 1 100 件，计量器具 6 220 件，安全器具（绝缘靴、绝缘手套、验电器、地线、绝缘垫）共 430 件，电焊机共 40 台。对 300 套现场服务处负责的专用工具年检。送外部（赛宝、泰森特）维修的计量器具 183 件；内部维修液压工具、电动工具 1 600 余件，自制电缆延长线和转换线 300 根以及其他通用工具 1 100 余件。

全年验收、编码、入库的工器具共 79 套 13 563 件，处理丢失损坏工器具共 243 件，为公司追回资金 25 435.21 元。

岭澳核电站二期 KAF 常用工具库投入使用，实现工器具借还 709 件·次；完成岭澳核电站二期首批常用工具采购；专用工具移交 4 038 件。

3. 维修服务

2009 年，维修服务支持工作涉及大亚湾核电站、岭澳核电站一期的维修工作和岭澳核电站二期接产维修移交（TOM）后的维修工作，维修服务支持工作票总计为 12 127 张，其中脚手架 3 750 张、起重 1 462 张、保温 2 325 张、综合类 4 590 张。

2009 年维修服务支持主要工作如下：

（1）起重方面，完成大修与日常系统设备检修、岭澳核电站二期接产起重吊装服务支持工作。重要的工作有大亚湾核电站、岭澳核电站一期的新核燃料接收，大亚湾核电站乏燃料外运后处理，L2GEV 高压套管备件起重吊装，L1VVP001VV 主蒸汽隔离阀驱动机构检修等起重服务支持工作。

（2）脚手架方面，完成大修与日常系统设备检修、岭澳核电站二期接产脚手架服务支持工作。如 D1GEV 主变压器高压套管绝缘监测改造，岭澳核电站 1 号机组蒸汽发生器及 VVP 安全阀水压试验，大修期间安全壳试验/一回路水压试验，L1ETY042VA 检修，L1GRE 系统阀门特性年度试验，大亚湾核电站、岭澳核电站一期及岭澳核电站二期 TB 高压瓷瓶清洗和设备检修检查等脚手架搭拆服务支持工作。

（3）保温方面，完成大修与日常系统设备检修、岭澳核电站二期接产保温服务支持工作。如大亚湾核电站 1 号、2 号机组高压加热器容器保温的整体更换，岭澳核电站 1 号机组第八次大修（L108 大修）高压缸保温整体改造更换的前期准备等保温拆装服务支持工作。

（4）维修服务支持工作改进方面，主要有全程跟踪和监督高风险、重要敏感设备区域的维修脚手架、保温和起重服务支持工作，并顺利完成 167 项高风险、重要敏感设备区域的作业；编写了重要敏感区域设备的服务支持标准工作指令的执行规定与技术要求模版；开展了大修前承包商人员的脚手架、起重、保温实操培训；编写了脚手架作业传递行为规范。在文件程序方面：重新整理优化脚手架、起重、保温和综合类的维修操作规程共 118 份，其中，新编写 45 份，取消 33 份；重新整理、优化了《脚手架安全质量检查表》、《保温拆装质量检查表》、《起重作业安全检查表》；对服务支持标准工作包重新优化，建立了维修服务支持脚手架、起重、保温和综合服务标准工作包体系，整理并清除了 794 个旧的标准工作包，在新的标准工作包体系中，编写脚手架、起重、保温及综合通用标准包 318 条，具体数据见表 4. 1. 2. 4-1。

表 4. 1. 2. 4-1　2009 年编写的现场服务类标准工作包统计　份

大亚湾核电站				岭澳核电站一期				岭澳核电站二期			
脚手架	保温	起重	综合	脚手架	保温	起重	综合	脚手架	保温	起重	综合
32	32	14	34	32	32	14	31	32	32	14	19
112				109				97			

4. 运行服务

2009 年，圆满完成了大亚湾核电站和岭澳核电站一期现场运行系统对柴油、液态二氧化碳、液氮、氢气、工业氮气、酸、碱、次氯酸钠需求的各项服务支持性工作。

（1）2009 年，大亚湾核电站和岭澳核电站一期接收液态二氧化碳 84. 82 t，液氮 126. 31 t，氢气 6 128 瓶，次氯酸钠 2 093. 26 t，更换 C2 门 Ar-CO_2混合气 429 瓶。

（2）2009 年，运送氢氧化钠 700 L，硝酸 287 L，硼酸 4 850 L，阻泡剂 2 L。

（3）2009 年，为大亚湾核电站和岭澳核电站一期应急柴油机、消防训练站、现场车班提供柴油，大亚湾核电站 D0XPA001/002BA 全年共操作柴油 167.06 t。

（4）大亚湾核电站和岭澳核电站一期生产消耗物资见表 4.1.2.4-2。

表 4.1.2.4-2 近几年大亚湾核电站和岭澳核电站一期生产消耗物资统计

大亚湾核电站	液氮/t	液态 CO_2/t	氢气/瓶	Ar-CO_2 混合气/瓶	次氯酸钠/t	柴油/t
2003 年	54	13.5	4 536	216	674	215
2004 年	66.12	31.54	4 812	315	148.107	9.77
2005 年	36.72	53.73	2 880	229	692	691.3
2006 年	32.97	57.66	4 288	184	1 537.5	768.7
2007 年	20.12	44.28	3 728	193	918	999
2008 年	58.43	63	3 664	180	1 188	64.66
2009 年	73.46	76.97	4 496	229	1 962.76	74.54
岭澳核电站一期	液氮/t	液态 CO_2/t	氢气/瓶	Ar-CO_2 混合气/瓶	次氯酸钠/t	柴油/t
2003 年	81	27	—	253	—	111
2004 年	133.31	27.8	160	197	—	182.92
2005 年	49.45	8.98	—	155	—	588.5
2006 年	39.78	27.77	—	159	—	—
2007 年	57.64	25.44	—	194	—	64
2008 年	36.33	37.42	—	165	—	90
2009 年	52.85	7.84	1 632	200	130.5	92.52

4.2 日常维修

4.2.1 重要维修活动

1. 大亚湾核电站 D1/2LHP 应急柴油机更换存在制造质量缺陷的连杆轴瓦

2009 年 11 月 9 日，电站收到柴油机厂家 Wartsila 关于柴油机轴瓦质量缺陷问题的技术报告：Miba 公司生产的厂家码为 DLT141885 及 DLT123351 A2/F2/J2 的轴瓦对柴油机的安全运行造成潜在风险。

电站收到信息后，迅速对电站在役柴油机轴瓦使用情况进行调查，发现 D1LHP002MO、D2LHP001/002MO 使用了厂家码为 DLT141885 的连杆大端轴瓦，10 月 26 日，电站成立柴油机轴瓦质量问题专项处理小组。11 月 3 日，电站核安全委员会（PNSC）会议决定对相关的柴油机更换轴瓦。

11 月 18 日，专项处理小组在不拆卸缸头、活塞条件下对 D2LHP001/002MO 共 12 套轴瓦实施了更换，11 月 23 日，同样对 D1LHP 共 6 套轴瓦实施了更换，更换的柴油机顺利通过满功率再鉴定试验，柴油机恢复可用。

2. 大亚湾核电站 D2GRE010VV/GSE010VV/GSE004VV 异常关闭处理

2009 年 2 月 24 日，大亚湾核电站 2 号机组主控制室出现 D2GRE001AA、D2RPA/RPB744AA、D2RGL404AA 报警，KIT 系统显示 D2GRE010VV 和 D2GSE010VV 关闭，检查 D2GRE010VV 对应的 14 号阀门模块出现 A9 故障代码。进一步检查线性可变差动变压器（LVDT）阀门位置反馈信号，发现 2 号次级线圈阻值异常，打开 LVDT 接头发现 2 号次级线圈的 C 号母插针向内缩进 4 mm 左右。MIC 人员更换 LVDT 接头后，LVDT 线路电阻恢复正常。

2009 年 8 月 27 日，大亚湾核电站 2 号机组主控制室出现 D2GRE001AA、D2GME002AA、D2RGL021AA 报警，现场确认 D2GSE004VV 关闭。电功率下降约 30 MW 后自动回升至 985 MW。检查发现 D2GSE004VV 对应的 7 号阀门模块出现 A9 故障代码，进一步检查发现 D2GSE004VV 的 LVDT 初级线圈有断路现象，正常线圈阻值为 100 kΩ 左右，现场实测为 250 kΩ。LVDT 失效导致阀门模块失去阀位反馈信号，出现 A9 故障并关闭 D2GSE004VV。阀门刻度合格后恢复 D2GSE004VV 阀门在线。

3. 大亚湾核电站 D1GFR 多个蓄压器底部与管线接头处滴油处理

2009 年 5 月 30 日开始，大亚湾核电站先后出现 D1GFR050/043/048/051/052AQ 漏油故障。大修共检修了 9 台 GFR 蓄能器，机组恢复运行 1 个月后先后出现渗漏油，通过检修发现蓄能器提升阀组件处的密封环线径偏细，不能满足设备运行需要，导致出现共模漏油。从 6 月 1 日开始，先后对这些蓄能器进行了消缺处理。

4. 大亚湾核电站 D2APP/APA 系统维修

2009 年，大亚湾核电站 D2APP/APA 系统多次因故障维修：2 月 22 日，处理 D2APA001PO 底部与 D2APP130VL 连接法兰处漏水，历时 2.58 天；5 月 5 日，处理 D2APP202PO 检查油封/更换机械密封，历时 3.41 天；8 月 24 日，处理 D2APP 系统 A 泵前置泵驱动端机械密封漏水，历时 4.91 天；10 月 23 日，处理 D2APP 系统 B 泵汽轮机前箱振动高，历时 3.54 天。

5. 大亚湾核电站 D2LLS001VV 动作时间延长处理

2009 年 12 月 2 日，执行 PT2LLS001 试验时发现，在 D2LLS001TC 启动后，母线 380 V 交流（AC）电压的建立时间较 48/125 V 直流（DC）的电压建立时间滞后 6 s，而 9 月 9 日试验时以上三个电压同时建立，该电压信号的建立直接参与 D9RIS011PO 的启动控制。通过查询 KIT 数据发现，从发出 D2LLS001VV 开启指令到 D2LLS001VV 全开时间为 29 s，延时3 s 后母线 380VAC 电压存在信号 D9LLS507EC 才出现，总历时 32 s。系统设计手册（SDM）要求 D2LLS001VV 收到开启信号到母线 380 VAC 电压建立时间为 18 s。初步分析 D2LLS001VV 开启时间异常，D2LLS001AP 不可用，记第一组 Io。其后更换供气电磁阀及减压阀后执行 PT2LLS001 试验，D2LLS001VV 从接到开启命令到开启共 5 s，380 VAC 电压建立时间为 8 s，机组缺陷消除。

6. 大亚湾核电站 D2SEC022VE 气缸活塞与弹簧之间的连接杆断裂处理

2009 年 7 月 30 日，D2SEC022VE 持续排污，不能自动关闭，导致大亚湾核电站 2 号机组执行事故诊断程序（DEC）及 H1.1 事故规程。MSM 检查阀门处于持续开启状态，气动控制部分未发现异常，尝试用手动操作装置关闭阀门，发现手动操作装置与阀门的驱动机构连接不上。随后对阀门进行解体检查，发现气缸活塞与储能器之间的传动杆断裂、储能器两个导轮卡死。7 月 31 日将更换传动杆和储能器的气动执行机构修复装复现场，阀门现场再鉴定结果合格。根据反馈，对 D1/2SEC 生物捕捉器另外 7 个排污阀的储能器进行解体检查。

7. 岭澳核电站 1 号机组停机处理 L1APG102VL 泄漏故障

2009 年 5 月 28 日，岭澳核电站 1 号机组主控制室操纵员巡盘发现 L1RPE011PS 液位有异常上涨（上涨速率 76 L/h）。后经过三次进 L1RX 厂房查漏，于 6 月 3 日确认 L1RX522 房间 2 号蒸汽发生器排污管线上的 L1APG102VL 阀门漏气。在完成相关停机抢修准备方案后，经过公司总经理部慎重考虑，决定尽快停机处理 L1APG102VL 泄漏。L1 号机组于 6 月 8 日 23:00 降功率，6 月 9 日 02:36 机组解列，开始处理 L1APG102VL 泄漏故障。6 月 11 日00:43 一次并网成功，6 月 11 日 12:55 到达满功率。L1APG102VL 抢修历时 1.92 天。

8. 岭澳核电站一期 L9LGR201TA 出线低压侧母线排支撑绝缘子放电引起三相短路处理

2009 年 5 月 15 日 18：14，岭澳核电站一期中间控制室出现 L9LGR902AA 报警，L9LGR201TA 跳闸。1 分钟后在网控值班的 DPO 人员汇报 L9LGR201TA 低压出口母线接线端子排出现明火；现场值班人员手动启动 2 号辅助变压器消防设施，隔离 2 号辅助变压器。

电气人员打开母线排检查发现母线三相短路严重烧损。母线短路故障一端母线 C 相上第二根电缆下部铠装接地引线处有一贯穿性击穿点。进一步检查发现母线短路故障一端母线 A 相上第一根电缆下部铠装接地引线处也有一贯穿性击穿点，另外还有一根电缆不能通过耐压试验。5 月 18 日 02：30 完成检修工作，L9LGR201TA 恢复供电，事件共造成 2 号辅助变压器不可用 56.2 小时。

9. 岭澳核电站 L1RCV001PO 齿轮箱振动超标处理

2009 年 12 月 29 日，执行定期试验 PT1RPA012 时，现场测振发现，L1RCV001PO 齿轮箱驱动端中间垂直下点振动达到 15 mm/s，轴向和非轴水平向的振动也有明显的增大。S 规程停泵值是 11.2 mm/s，立即启动 L1RCV002PO，停运 L1RCV001PO。

更换齿轮箱组件和轴瓦，2009 年 12 月 31 日再鉴定结果合格，振动稳定在 3.2 mm/s 左右。

10. 岭澳核电站 L2CEX002PO 电机轴承故障处理

2009 年 9 月 16 日，定期测振发现，L2CEX002MO 电机上轴承的振动值与 6 月 9 日的测量值 1.2 mm/s 相比有上升趋势（上升到 2.5 mm/s），测振频谱显示轴承有故障征兆，且运转声音与以往相比有显著变化，监听故障声音明显。立即制定跟踪检查措施，并补充油脂进行干预。9 月 23 日 MRM 更换电机，新更换电机运转正常。

2009 年 10 月，MRM 对故障电机进行了全面解体检查，发现该电机非驱动端和驱动端轴承存在明显缺陷。初步分析认为，疲劳磨损和磨料磨损是造成该电机故障的主要因素。

11. 岭澳核电站 L2GSE002VV 故障关闭至 9% 开度处理

2009 年 11 日 15 日，岭澳核电站 2 号机组主控制室出现 L2GFR003AA 报警，L2GSE002VV 突然关闭到 9%，机组功率瞬间从 990 MW 速降到 960 MW 后回升到 989 MW，R 棒由 218 步自动下插 214 步，报警 L2RGL021AA 出现。12 月 2 日，主控制室出现 L2RGL021AA/L2KK0001AA 报警，检查 KIT 系统数据发现 L2GSE002VV 突然关闭，然后开启到8.8%被蒸汽锁锁住，汽轮机功率瞬间从993 MW速降953 MW后回升到992 MW，R棒由219/218步自动下插至210/210步后提升到216/216步稳定，KIT系统显示核功率最高101.0%。为处理该故障，电站对阀门定位器、阀门模块进行了更换。

4.2.2 消除设备缺陷百日竞赛活动

1. 大亚湾核电站百日消缺

大亚湾核电站2号机组第十三次大修于2008年12月1日结束后，随即展开了跨年度的消除设备缺陷百日竞赛活动，该活动于2009年3月9日结束，期间查找缺陷总数量为1 016项，处理缺陷总数量为818项，其中包括涉及重要敏感设备的重大缺陷，主要有：D2GCT125VL电磁阀一固定螺丝脱落、D2SRI060VD定位器供气压力指示表故障、D2ARE流量变送器与热平衡结果相比有一定偏差、D2RCP055MT对应的CT转换板输出偏低、D2GRH121MT控制回路故障、D2GSE008SP与隔离阀813VH所在管线连接法兰渗漏。

大亚湾核电站1号机组消除设备缺陷百日竞赛活动从2009年5月11日开始至2009年8月18日结束，累计查找缺陷总数量为1 238项，处理缺陷总数量为958项，其中包括D1GRV004VY阀盖处泄漏严重，D1GST001MT温度异常波动，D1VVP021MO马达底部气孔向外漏气，D1GFR050AQ瓶头接口处漏油，D1ARE033VL开/关限位器安装用垫片挤压变形，D1LLS001TC小汽轮机调速器底部与D1LLS002VH接口处渗油、D1GRE004ZM安全油管振动大，D1GME006CT阶跃上升，D1CFI031TF低压喷水集管上一喷嘴无水喷出等重要设备缺陷。

竞赛活动结束后，电站对竞赛活动的优胜集体进行了奖励。2号机组消除设备缺陷百日竞赛活动优胜集体如下：查找缺陷奖为OPO六值、OPO四值、OPO五值；处理缺陷奖为MIC，MRM，MEE；并颁发特别奖给OPE缺陷管理组、OPP计划组、OPO白班值、大亚湾核电站快速响应小组（FINT）和MSM。1号机组消除设备缺陷百日竞赛活动优胜集体如下：查找缺陷奖为OPO四值、OPO六值、OPO二值；处理缺陷奖为MRM，MEE，MIC；处理关键敏感（CCM）设备缺陷及重要缺陷特别奖为OPO白班值。

2. 岭澳核电站一期百日消缺

2009年，岭澳核电站一期依次开展了2号机组第六次大修和1号机组第七次大修后的消除设备缺陷百日竞赛活动。

2号机组L206大修后消除设备缺陷百日竞赛活动从2009年1月11日至2009年4月20日，发现和处理设备重要缺陷约1 233项，包括L2ARE031VL显示其开度较其他两个阀门（L2ARE032/033VL）偏大达10%，L2CEX101CS北侧的人孔门泄漏，执行PT2RGL002定期试验时N1棒组的M4棒束出现失步等关键敏感设备缺陷。

1号机组L107大修后消除设备缺陷百日竞赛活动从2009年3月27日至2009年7月4日，发现和处理了设备重要缺陷1 568项，包括L1CEX025VL定位器输出压力异常，L1RCV038/039MD波动较为频繁且相对较大，L1AGR218SP在P320中误发L1APP B泵跳闸信号，L1RX厂房查漏发现L1APG102VL漏汽等关键敏感设备缺陷。

竞赛活动结束后，电站对竞赛活动的优胜集体进行了奖励。2号机组消除设备缺陷百日竞赛活动优胜集体如下：查找缺陷奖为LPO六值、LPO一值、LPO四值；处理缺陷奖为MEE，MRM，MIC；处理CCM设备缺陷特别奖为MSM。1号机组消除设备缺陷百日竞赛活动优胜集体如下：查找缺陷奖为 LPO 三值、LPO 四值、LPO 二值；处理缺陷奖为 MIC，MGS，MRM；处理 CCM 设备缺陷特别奖为 MIC。

4.2.3 大亚湾核电站日常维修工作票执行情况

2009 年，大亚湾核电站收到包括预防性维修、纠正性维修、定期试验、工程改造、服务支持等类型在内的日常工作申请共 52 565 项，日常完成工作票 48 367 项。日常生产维修活动的执行情况良好，满足管理要求的各项控制指标。

1. 日常工作票总体执行情况统计

日常工作票总体执行情况统计详见表 4.2.3-1。

表 4.2.3-1 2009 年大亚湾核电站日常工作票总体执行情况统计

类别	预防性维修	纠正性维修	定期试验	工程改造	服务支持	合计
收到票量/张	5 984	8 419	6 298	350	31 514	52 565
完成票量/张	5 864	7 847	6 303	256	28 097	48 367
完成率/%	98.0	93.2	100.1	73.1	89.2	92.0

2. 各专业日常维修活动执行情况统计

各专业日常维修活动执行情况统计详见表 4.2.3-2 ~4.2.3-5。

表 4.2.3-2 2009 年大亚湾核电站各专业日常纠正性工作票执行情况统计

专业	MSM	MRM	MEE	MIC	MGS	其他
收到票量/张	2 691	1 600	1 070	2 844	76	138
完成票量/张	2 372	1 531	1 034	2 742	79	89
完成率/%	88.1	95.7	96.6	96.4	103.9	64.5

表 4.2.3-3 2009 年大亚湾核电站各专业日常预防性工作票执行情况统计

专业	MSM	MRM	MEE	MIC	MGS	其他
收到票量/张	1 166	2 055	1 134	487	729	413
完成票量/张	1 179	2 029	1 074	463	727	392
完成率/%	101.1	98.7	94.7	95.1	99.7	94.9

表 4.2.3-4 2009 年大亚湾核电站各专业日常定期试验工作票执行情况统计

专业	OPC	OPO	OPH	MIC	TTS	其他
收到票量/张	1 014	3 102	163	145	1 829	45
完成票量/张	1 016	3 116	149	144	1 837	41
完成率/%	100.2	100.5	91.4	99.3	100.4	91.1

表 4.2.3-5　2009 年大亚湾核电站各专业日常工程改造工作票执行情况统计

专业	MSM	MRM	MIC	MEE	TND	其他
收到票量/张	35	6	23	25	262	28
完成票量/张	26	29	9	14	157	20
完成率/%	74.3	433.3	39.1	56.0	59.9	71.4

3. 日常维修活动每月执行情况统计

日常维修活动每月执行情况统计详见表 4.2.3-6 ~ 4.2.3-10。

表 4.2.3-6　2009 年大亚湾核电站日常 0 级和 1 级工作票每月执行情况统计

月份	1 月	2 月	3 月	4 月	5 月	6 月	7 月	8 月	9 月	10 月	11 月	12 月	合计
收到票量/张	54	31	18	30	28	26	30	27	12	15	28	19	318
完成票量/张	56	28	19	29	31	25	27	24	13	14	27	18	311
完成率/%	103.7	90.3	105.6	96.7	110.7	96.2	90.0	88.9	108.3	93.3	96.4	94.7	97.8

表 4.2.3-7　2009 年大亚湾核电站日常纠正性工作票每月执行情况统计

月份	1 月	2 月	3 月	4 月	5 月	6 月	7 月	8 月	9 月	10 月	11 月	12 月	合计
收到票量/张	684	519	395	301	630	666	725	873	796	914	1 113	803	8 419
完成票量/张	601	565	417	323	482	637	593	811	879	869	864	806	7 847
完成率/%	87.9	108.9	105.6	107.3	76.5	95.6	81.8	92.9	110.4	95.1	77.6	100.4	95.0

表 4.2.3-8　2009 年大亚湾核电站日常预防性工作票每月执行情况统计

月份	1 月	2 月	3 月	4 月	5 月	6 月	7 月	8 月	9 月	10 月	11 月	12 月	合计
收到票量/张	490	478	538	408	386	569	543	604	494	516	495	463	5 984
完成票量/张	507	520	511	417	386	482	573	552	523	494	455	444	5 864
完成率/%	103.5	108.8	95.0	102.2	100.0	84.7	105.5	91.4	105.9	95.7	91.9	95.9	98.0

表 4.2.3-9　2009 年大亚湾核电站日常每月纠正性与预防性工作票完成量之比

月份	1 月	2 月	3 月	4 月	5 月	6 月	7 月	8 月	9 月	10 月	11 月	12 月	合计
纠正性工作票/张	601	565	417	323	482	637	593	811	879	869	864	806	7 847
预防性工作票/张	507	520	511	417	386	482	573	552	523	494	455	444	5 864
纠正性工作票与预防性工作票之比/%	118.5	108.7	81.6	77.5	124.9	132.2	103.5	146.9	168.1	175.9	189.9	181.5	133.8

表 4.2.3-10　2009 年大亚湾核电站等状态和等备件工作票统计　张

月份	1 月	2 月	3 月	4 月	5 月	6 月	7 月	8 月	9 月	10 月	11 月	12 月
等状态	165	186	179	184	189	218	267	335	371	380	340	366
等备件	45	46	43	41	38	41	42	39	34	35	31	32

4.2.4 岭澳核电站一期日常维修工作票执行情况

2009 年，岭澳核电站一期收到包括预防性维修、纠正性维修、定期试验、工程改造、服务支持等类型在内的日常工作申请共 42 483 项，日常完成工作票 40 106 项。日常生产维修活动的执行情况良好，满足管理要求的各项控制指标。

1. 日常工作票总体执行情况统计

日常工作票总体执行情况详见表 4. 2. 4-1。

表 4. 2. 4-1 2009 年岭澳核电站一期日常工作票总体执行情况统计

类型	预防性维修	纠正性维修	定期试验	工程改造	服务支持	定期巡检	合计
收到票量/张	6 893	9 303	6 089	398	18 362	1 438	42 483
完成票量/张	5 992	9 325	6 041	264	17 093	1 391	40 106
完成率/%	86. 9	100. 2	99. 2	66. 3	93. 1	96. 7	94. 4

2. 各专业日常维修活动执行情况统计

各专业日常维修活动执行情况统计详见表 4. 2. 4-2 ~4. 2. 4-5。

表 4. 2. 4-2 2009 年岭澳核电站一期各专业日常纠正性工作票执行情况统计

专业	MSM	MRM	MEE	MIC	MGS	其他
收到票量/张	2 352	2 086	1 215	3 305	145	200
完成票量/张	2 262	2 276	1 214	3 289	141	143
完成率/%	96. 2	109. 1	99. 9	99. 5	97. 2	71. 5

表 4. 2. 4-3 2009 年岭澳核电站一期各专业日常预防性工作票执行情况统计

专业	MSM	MRM	MEE	MIC	MGS	其他
收到票量/张	1 506	1 695	1 822	510	953	407
完成票量/张	1 236	1 507	1 606	385	835	423
完成率/%	82. 1	88. 9	88. 1	75. 5	87. 6	103. 9

表 4. 2. 4-4 2009 年岭澳核电站一期各专业日常定期试验工作票执行情况统计

专业	OPC	TTS	MEE	MIC	LPO	其他
收到票量/张	1 195	1 490	48	151	3 013	192
完成票量/张	1 204	1 471	47	155	2 997	167
完成率/%	100. 8	98. 7	98. 0	102. 6	99. 5	87. 0

表 4.2.4-5　2009 年岭澳核电站一期各专业日常工程改造工作票执行情况统计

专业	MSM	MRM	MIC	MEE	TND	其他
收到票量/张	50	2	30	80	209	27
完成票量/张	52	2	25	18	151	16
完成率/%	104.0	100.0	83.3	22.5	72.2	59.3

3. 日常维修活动每月执行情况统计

日常维修活动每月执行情况统计详见表 4.2.4-6 ~ 4.2.4-10。

表 4.2.4-6　2009 年岭澳核电站一期日常 0 级和 1 级工作票每月执行情况统计

月份	1 月	2 月	3 月	4 月	5 月	6 月	7 月	8 月	9 月	10 月	11 月	12 月	合计
收到票量/张	41	39	38	54	42	55	60	50	36	38	43	31	527
完成票量/张	37	38	31	50	37	55	55	49	36	37	41	31	497
完成率/%	90.2	97.4	81.6	92.6	88.1	100.0	91.7	98.0	100.0	97.4	95.3	100.0	94.3

表 4.2.4-7　2009 年岭澳核电站一期日常纠正性工作票每月执行情况统计

月份	1 月	2 月	3 月	4 月	5 月	6 月	7 月	8 月	9 月	10 月	11 月	12 月	合计
收到票量/张	844	798	620	1 031	836	815	850	742	664	833	911	359	9 303
完成票量/张	883	920	488	1 009	789	720	877	703	713	781	921	521	9 325
完成率/%	104.6	115.3	78.7	97.9	94.4	88.3	103.2	94.7	107.4	93.8	101.1	145.1	100.2

表 4.2.4-8　2009 年岭澳核电站一期日常预防性工作票每月执行情况统计

月份	1 月	2 月	3 月	4 月	5 月	6 月	7 月	8 月	9 月	10 月	11 月	12 月	合计
收到票量/张	551	489	583	554	498	585	576	666	621	602	646	522	6 893
完成票量/张	364	447	313	566	501	475	594	540	561	608	578	445	5 992
完成率/%	66.1	91.4	53.7	102.2	100.6	81.2	103.1	81.1	90.3	101.0	89.5	85.2	86.9

表 4.2.4-9　2009 年岭澳核电站一期日常每月纠正性与预防性工作票完成量之比

月份	1 月	2 月	3 月	4 月	5 月	6 月	7 月	8 月	9 月	10 月	11 月	12 月	合计
纠正性工作票/张	883	920	488	1 009	789	720	877	703	713	781	921	521	9 325
预防性工作票/张	364	447	313	566	501	475	594	540	561	608	578	445	5 992
纠正性工作票与预防性工作票之比/%	242.6	205.8	155.9	178.3	157.5	151.6	147.6	130.2	127.1	128.5	159.3	117.1	155.6

表 4.2.4-10　2009 年岭澳核电站一期日常等状态和等备件情况统计　　张

月份	1 月	2 月	3 月	4 月	5 月	6 月	7 月	8 月	9 月	10 月	11 月	12 月
等状态	87	123	125	193	207	197	214	230	300	173	114	119
等备件	30	30	31	29	31	28	28	36	30	31	26	28

4.2.5 预防性维修有效性评估

1. 大亚湾核电站预防性维修有效性评估

(1) 维修大纲及规程出版情况

从2009年1月至2009年年底，在一体化大纲管理（IPM）系统中升版生效的大亚湾核电站日常预防性维修项目见表4.2.5-1。

表4.2.5-1 2009年大亚湾核电站生效的日常预防性维修项目

专业	MEE	MIC	MGS	MRM	MSM	OPH	TCW	合计
总项目数/项	244	89	41	70	48	18	1 112	1 622

2009年大亚湾核电站维修规程出版情况（包括大修规程）见表4.2.5-2。

表4.2.5-2 2009年大亚湾核电站维修规程出版情况

执行专业	MEE	MGS	MIC	MRM	MSM	合计
维修规程数量/份	562	287	385	544	548	2 326

(2) 预防性维修执行情况

2009年度执行日常预防性维修工作5 864项，连续几年保持平稳状态。各专业执行票量及比例分布见表4.2.5-3。

表4.2.5-3 各专业执行票量及比例

专业	MEE	MIC	MGS	MRM	MSM	OPH	TCW	TTS	合计
预防性维修票量/张	1 071	465	732	2 026	1179	18	283	90	5 864
比例/%	18.3	7.9	12.5	34.6	20.1	0.3	4.8	1.5	100.0

2009年，共完成日常纠正性维修工作票7 847项，纠正性维修与预防性维修工作票数的比例为1.34，与2008年比较有大幅上升，为近10年来的最大值。如图4.2.5-1所示。

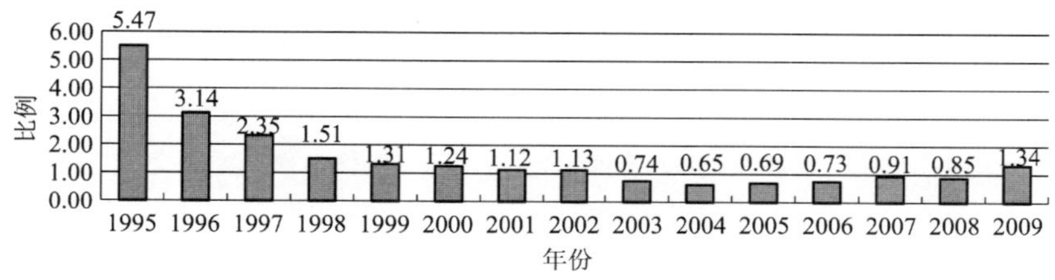

图4.2.5-1 大亚湾核电站纠正性与预防性维修工作票之比变化趋势

2. 岭澳核电站一期预防性维修有效性评估

(1) 维修大纲及规程出版情况

截至 2009 年底，在 IPM 系统中生效的岭澳核电站一期日常预防性维修项目见表 4. 2. 5-4。

表 4. 2. 5-4 2009 年岭澳核电站一期生效的日常预防性维修项目

专业	MEE	MIC	MGS	MRM	MSM	OPH	TCW	合计
总项目数/项	122	108	88	424	259	14	1 124	2 139

2009 年底岭澳核电站一期维修规程出版情况（包括大修规程）见表 4. 2. 5-5。

表 4. 2. 5-5 岭澳核电站一期维修规程出版情况

执行专业	MEE	MGS	MIC	MRM	MSM	合计
维修规程数量/份	413	324	482	417	471	2 107

(2) 预防性维修执行情况

2009 年，共完成岭澳核电站一期日常预防性维修 5 992 项，各专业执行工作票数量及比例分布见表 4. 2. 5-6。

表 4. 2. 5-6 各专业执行工作票数量及比例

执行专业	MEE	MIC	MGS	MRM	MSM	OPH	TCW	TTS	合计
预防性维修票量/张	1 606	385	835	1 507	1 236	43	286	94	5 992
比例/%	26. 7	6. 4	14. 0	25. 1	20. 7	0. 7	4. 8	1. 6	100

2009 年，共完成日常纠正性维修 9325 项。纠正性维修与预防性维修之比为 1. 56 ，与 2008 年比较有大幅上升，为近 5 年来的最大值，如图 4. 2. 5-2 所示。

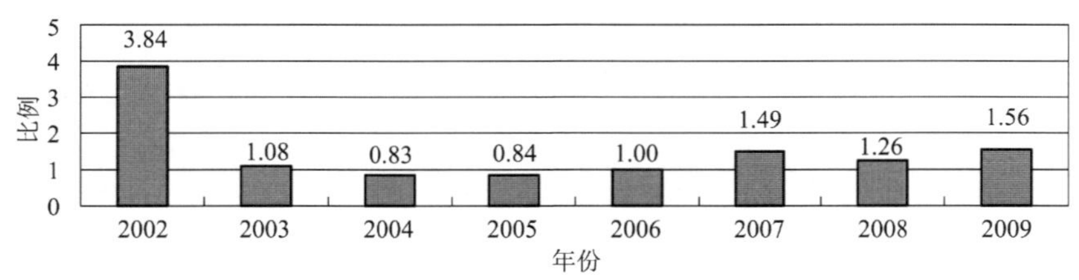

图 4. 2. 5-2 岭澳核电站一期纠正性与预防性维修工作票之比变化趋势

从以上数据可见，大亚湾核电站、岭澳核电站一期 2009 年内纠正性维修与预防性维修之比均达到近几年来的最大值，这固然与设备的自然损耗和老化有一定关系，但更与采取的设备维修策略相关。目前，迫切需要制定科学、合理的设备维修策略，以减少纠正性维修（事后维修）的数量，以确保机组、系统、设备的安全稳定运行。

3. 岭澳核电站二期维修大纲编写情况

截至 2009 年底，在 IPM 系统中生效的岭澳核电站二期日常预防性维修项目见表 4.2.5-7。

表 4.2.5-7 2009 年岭澳核电站二期生效的日常预防性维修项目

专 业	MEE	MIC	MGS	MRM	MSM	OPH	TCW	合计
总项目数/项	26	281	14	1	55	0	0	377

岭澳核电站二期日常预防性维修项目将根据标准包编写及工程移交进展逐步建立，并开始对已移交的系统、设备安排相关预防性维修活动。

4.3 机组抢修与小修

1. 概述

2009 年 5 月 28 日，岭澳核电站 1 号机组主控制室操纵员巡盘发现 L1RPE011PS 液位有异常上涨（上涨速率 76 L/h）。后经过三次进 L1RX 厂房查漏，于 6 月 3 日中午确认漏点——L1RX522 房间 2 号蒸汽发生器排污管线上的 L1APG102VL 阀门漏气。

6 月 4 日，电站立即成立了由日常生产项目组（TEF）牵头的抢修项目组，包括启停机保驾组、运行计划组、抢修组、消缺组、技术支持组和安全质量控制组等 6 个小组。在完成相关停机抢修准备方案后，日常生产项目组于 6 月 8 日上午向总经理部作了专题汇报。经过慎重考虑，总经理部决定尽快停机处理 L1APG102VL 泄漏。

6 月 8 日 23：00，岭澳核电站 1 号机组开始降功率，6 月 9 日 02：36 与电网解列，开始处理 L1APG102VL 泄漏故障。经过 1.92 天的抢修，机组于 6 月 11 日 00：43 一次并网成功，11 日 12：55 到达满功率。

2. L1RPE011PS 液位异常上涨及漏点确认

（1）确认漏点

2009 年 5 月 28 日，发现 L1RPE011PS 液位异常上涨，初步检查结果如下：一回路泄漏率正常，L1DEG001BA，L1RRI 头箱水位正常；L1REA 水泵未频繁启动；核岛除盐水分配系统和消防水进入核反应堆厂房的阀门没有内漏；L1EVR/EVC 的温度平稳，排除了风管产生大量冷凝水的可能性；L1RPE011PS 来水进行化验，结果为 pH 7.14，硼浓度 196 mg/kg，磷酸根 1.3 mg/kg；通过分析，LPO 认为 L1RPE011PS 的来水很可能源于二回路。

5 月 30 日，LPO 第一次组织进岛查漏。根据二回路在 L1RX 厂房中的设备清单编写了查漏文件包（结合 L1RX 房间的辐射分区将查漏分为一类、二类、三类区域）。在现场检查了一类、二类区域后未发现漏点（三类区域辐射风险太高未进入），但有从 L1RX -3.4 m 地沟的来水流入 L1RPE011PS，化验确认水来自二回路。

6 月 1 日，为了尽快查到漏点，TEF 成立了 LPO/TCW/MSM/OPC/OPH 等专业组成的专项查漏小组，由 LPO 生产副处长负责。查漏小组通过查阅现场土建图纸及考察岭澳核电站二期现场，制订了通过对 L1RX-3.4 m 的逐个地漏来水管线检查的第二次查漏方案，6 月 1

日，第二次查漏发现泄漏来自二环路蒸汽发生器，将泄漏范围缩小到RX423和RX523房间。

由于RX423和RX523房间为辐射防护三类红区，人员无法直接进入，查漏小组制作了远程探测查漏工具，并在岭澳核电站二期现场模拟，制订了第三次查漏方案，6月3日通过摄像头发现L1APG102VL阀门漏汽，漏点得到确认。

（2）泄漏量变化及安全风险评估

LPO通过L1RPE011PS水泵启动频率、水位等密切监测L1APG102VL泄漏量的变化趋势，漏量从5月28日发现时的76 L/h，发展到6月7日下午的227 L/h，呈持续恶化趋势。

由于L1APG102VL位于辐射防护三类红区，经OPH分析，认为在功率运行情况下进行维修，集体剂量难以控制。OPH分析认为，如果在热停堆工况下发生L1APG102VL所在管道断裂，则现场工业安全风险将无法控制。

经TEN分析计算，认为对安全最为不利的失效模式是L1APG102VL到蒸汽发生器间发生断管。在机组满功率情况下，当RX厂房内达到安注动作压力（0.13 MPa）时间为10分钟，而在热停堆工况下，仅需要6分钟即可达到安注动作压力值。在满功率条件下，若泄漏率达到1 000 L/h，则核岛冷冻水系统无法控制RX厂房内的热平衡，温度将快速上升至45 ℃的临界值。

因此，TEF认为须尽早停机处理。总经理部批准6月8日晚停机抢修。

3. L1APG102VL抢修

（1）组织与准备

6月1日，漏点确认前，TEF提前准备机组抢修的具体计划。6月3日漏点确认后，电站于6月4日成立抢修项目组，全面启动抢修准备，编制抢修组织机构，制订抢修例会制度，部署会议要求和行动并及时跟踪落实，统筹调配各专业优势资源，确保了抢修工作的顺利开展。

抢修预案制定方面，MSM结合L1APG102VL的结构和历史上同类阀门发生泄漏的特点进行分析，认为可能有五种泄漏模式：阀门密封焊泄漏，阀门盘根泄漏，阀门与管道的插套焊部位泄漏，阀门本体泄漏及阀门连接的管道泄漏。为确保现场作业安全，MSM与香港费曼奈特公司带压堵漏专业技术人员在LAF厂房进行了针对上述五种故障措施的模拟操作，着重对密封焊泄漏模式进行了演练，效果满意。由于L1APG102VL被保温层包裹，具体漏点确认前的保温拆除存在较大的蒸汽喷射风险，MGS人员制作了专门拆保温工具，OPH人员也制定了穿戴隔热服、使用空气呼吸器等专门的风险控制措施，并一起进行了实际现场演练。

计划准备方面，发现L1RPE011PS液位异常上涨后，计划部门对日常重要活动和相关定期试验进行合理安排和调整，同时，开展后备计划编制和工作票梳理方面专项工作。此外，根据可能的泄漏模式编制了机组后撤到热备用、热停堆、NS/RRA、MCS四种计划方案。梳理出在各状态下需要处理的缺陷38项，并对临停检修相关工作票的写票、分发、准备、审包等进行了跟踪，确保工作包按时保质的进行准备。

漏点确认后，电站进一步完善和细化了计划方案，组织相关专业集中讨论，在“确保主线工作、兼顾其他缺陷”的前提下，对计划进行了合理调整。根据RX厂房内所需开展的各项工作内容和复杂程度，制订详细的RX厂房人员控制计划。此外，还对MSM准备的抢修L1APG102VL的2份工作包进行严格审查，审查结果合格。

（2）停机抢修

6 月 8 日 23:00，岭澳核电站 1 号机组按计划开始降功率，6 月 9 日 02:36 停机解列。机组进入热停堆状态后，MGS 按照演练方案实施拆保温工作，经过 1 个多小时细致操作，成功拆除阀门保温。MSM 确认泄漏部位为曾做过重点演练操作的阀门密封焊泄漏。6 月 9 日 08:27，在一回路压力为 14.2 MPa 工况下，MSM 成功对阀门密封焊部位进行铆击消漏，随后焊接夹具，注入核岛专用密封胶，在热停堆平台对 L1APG102VL 进行检查，确认无泄漏。

（3）L1RIC L3 热电偶机械密封泄漏处理

6 月 9 日上午，MSM 对岭澳核电站 1 号机组反应堆热电偶机械密封进行热态查漏，发现 L1RIC L3 热电偶机械密封处有较多硼结晶，其上方的热电偶管接头处也有硼结晶，确认 L1RIC L3 热电偶机械密封处泄漏。MSM 制订了两种消漏方案：方案一，机组在一回路压力为 2.5 MPa 平台对热电偶顶丝的力矩进行校验，并确认具体漏点；方案二，机组在 MCS 模式下更换密封件。经电站紧急 PNSC 会议讨论决定，先按方案一进行处理。

按照方案一处理后，机组状态在 2.5 MPa/170 ℃工况下，现场检查 L1RIC L3 热电偶已经没有泄漏。在一回路压力 7.0 MPa 平台下，现场检查热电偶机械密封，未发现有硼结晶/水漏出，至 14.1MPa 平台，按程序要求目视检查未发现有硼结晶和水漏出，但通过反光镜观察，有不连续的轻微汽飘出。

电站组织召开安全评审会，确定机组开始达临界操作的限制条件。

6 月 10 日上午，清理完 L1RIC L3 残余硼结晶后，观察泄漏点结晶情况，目视检查未见泄漏，现场也没有硼结晶。一回路泄漏率试验结果为 3 小时泄漏量为 18.7 L，低于一回路泄漏率的标准要求，说明 L1RIC L3 泄漏微小，未引起一回路泄漏率异常增加。

经过 MSM/LPO/SNS 及 EDF 顾问评估，认为目前 L1RIC L3 热电偶机械密封处存在的间歇性轻微泄漏不会对机组的安全稳定运行带来影响。经电厂厂长批准，开始进行机组反应堆达临界操作，6 月 11 日 22:00，反应堆达临界，6 月 11 日 00:43 一次并网成功，6 月 11 日 12:55 到达满功率。

（4）其他消缺工作

L1APG102VL 抢修期间，在“其他消缺工作不影响关键路径、控制消缺工作风险”的前提下，共完成 33 项消缺工作。根据抢修项目组的要求，消缺小组开展了核岛查漏和常规岛设备专项检查工作，期间发现并妥善处理了 L1RPE055VE 供气管线接头泄漏、L1VVP002VV 油泵回路故障等问题。

4. 总结与反馈

（1）设备管理

L1APG102VL 是 SEREG 手动截止阀，RIN 号为 SAUSWB0025，规格为 DN25，与管道的连接方式为插套焊。其制作工艺是将阀体上部旋入下部阀体，然后在上下连接处焊接，保证密封，这种设计容易在上下连接处产生泄漏。

岭澳核电站 1 号机组在热态总体调试期间，曾发生过 L1APG101VL 阀体泄漏事件。自商业运行以来，该类型阀门故障在大亚湾核电站、岭澳核电站一期常规岛发生过多起，但在核岛内是第一次发生。大亚湾核电站和岭澳核电站一期自投运以来未对核岛内该类阀门进行过维修，也没有预防性维修大纲。根据 EDF 顾问反馈，类似 L1APG102VL 的故障，在 EDF 电站已发生过 10 余起。EDF 已经将该类阀门的密封焊改造为石墨密封垫，使用效果良好。

自 2009 年 4 月起，MSM 开始对类似阀门连接处采用螺栓加垫片的方式进行替代。替代前，MSM 将逐步对核岛内红区及关键敏感设备进行检查及预防性维修，大亚湾核电站已采用和 EDF 相同的替代产品。电站就事件相关的经验反馈和落实是滞后的。

L1APG102VL 泄漏导致的临停抢修，说明关键敏感设备范围的界定还需要进一步完善。CCM 设备除包括受后撤时间制约的第一组 Io 相关的关键敏感部件外，还应外延到正常功率运行不可达、不能隔离且有最终停机停堆后果的设备及其部件。

（2）成功经验

正确领导与通力合作。面对 L1APG102VL 泄漏逐渐恶化及潜在的职业安全风险，在总经理部的正确领导和决策下，L1APG102VL 阀门泄漏抢修得以及时、顺利地开展，确保了将缺陷纠正于萌芽阶段。本次抢修工作体现出生产线各部门紧密协作的大团队精神。在查找、消除漏点过程中，参与抢修的各专业积极投入技术力量，相互协作，相互补台，在信息共享和经验反馈方面互通有无，准确地确认漏点并按计划实施了消漏方案。

组织严密与准备充分。组织方面，漏点确认后，电站立即成立由 TEF 牵头的抢修项目组，统筹调配各专业最优势的技术力量，完善抢修组织机构，通过抢修早会、协调会、计划会、抢修指挥部会议等一系列运作和信息沟通方式，保证现场信息畅通和抢修项目组决策及时、上传下达准确，从计划、安全、质量等多层面严格控制抢修工作。准备方面，计划部门积极开展后备计划编制和工作票梳理专项工作，根据可能的泄漏模式准备了多种后撤方案，并对日常重要活动与相关定期试验进行合理安排和调整；MSM 结合 L1APG102VL 的结构和历史上同类阀门发生泄漏的特点，分析可能的故障模式，制定针对性处理方案及风险控制措施，同时进行模拟操作和演练，为快速定位故障模式、及时有效消除故障提供了有力保障，确保了抢修工作的顺利完成。

4.4 机组换料大修

4.4.1 大修组织管理

2009 年度的大修从年初的 L206 换料大修开始，历经 L107 大修、D113 大修，共实施完成 3 次完整的换料大修，并在 12 月 13 日开始进行 L207 换料大修。2009 年中，不仅完成了 L207、L108 的大修准备，还进行了 D214 大修的大部分准备工作。

2009 年，电站继续推行大修组织和大修项目优化。在 L206 大修、L107 大修以及 D113 大修中，进行了众多项目的优化调整，并在安全、质量、工期方面取得实质性突破，为下一轮岭澳核电站一期和大亚湾核电站机组实现短大修创造了有利条件，也为实现年度四台机组无非计划自动停堆奠定了基础。

在 2009 年的各次大修中，大修管理层继续推行了一些专项管理措施，并在大修的实践中收到了明显的效果，这些措施包括重要项目准备状况评审和纠正行动落实审查，以六大防异物区域规范的建立为基础，实施防异物措施改进，完善机组启动支持等。大修管理组织通过调查问卷和讨论协商，形成了新的大修工作包所附文件规范，同时对《维修活动风险评估卡》及《工前会职业安全评估卡》两个规范性的引导文件进行了整合。此外，还根据前一轮大修的反馈，升版了相关大修管理规定。

2009 年，电站大修管理能力进一步提升，主要体现在建立健全大修业务流程，开展大修中长期规划，为实施短工期大修目标进行持续改进；建立了长短大修策略和大修工期持续进步的驱动机制，借鉴外部经验和充分发挥主动性，进行技术和管理改进（大修优化），进一步缩短大修工期，减少大修不确定因素对大修的影响。

在大修安全和质量管理方面，对以往采取的多项管理措施进行了规范。强调安全的重点在于预防，大修前识别职业安全重点工作项目、制订协调检查计划和新员工参与项目的培训计划，建立内污染重点控制方案，对重点项目进行个性化控制；对可能影响大修质量的各个环节给予高度的重视，开展关键敏感设备文件包准备质量审查、日常重要缺陷技术方案审查；健全质量组织运作模式，进行技术交底和关键路径项目演练见证、专项质量控制计划预前编制，实行高技术岗位人才主持专业处技术组运作；还开展 CCM 设备管理和防异物管理等多项专项管理活动；建立三级风险分析体系，从整体上对大修活动的安全、质量、工期和资源风险进行全面的审视。

4.4.2　大亚湾核电站换料大修

4.4.2.1　大亚湾核电站 1 号机组第十三次换料大修

1. 大修工作概况

大亚湾核电站 1 号机组 2009 年 4 月 12 日 03:10 与电网解列，开始 D113 大修，2009 年 5 月 11 日 11:52 大修结束。大修工期 29.36 天。

本次大修按计划完成全部预防性维修、定期试验、在役检查、改造项目等预定的各项活动。大修期间共完成 11 741 项工作申请，其中预防性维修工作申请 2 467 项，纠正性工作申请 1 511 项，服务支持工作申请 6 088 项，改造工作申请 350 项，定期试验工作申请 325 项。计算机辅助隔离系统（CBA）产生的许可票共计 3 810 张，接近十年大修的水平。

本次大修期间处理了机组在运行期间出现的主要设备缺陷，TEF 重点关注遗留问题 75 项，大修新产生的技术问题 42 项，合计 117 项。目前永久关闭 49 项，临时关闭 68 项（部分还需要进行日常跟踪）。在大修中新发现的重大设备缺陷，在大修中已全部得到处理，主要有：R 棒卡棒处理、更换磨损超差控制棒组件，D1LHP001MO 整体更换，D1LHS 润滑油温度高缺陷处理，D1RCP002MO 电动机更换，装料前满水窗口打捞一回路异物，D9LGR 电压互感器接点虚接导致放电缺陷处理，D9RIS011PO 在 LLS 再鉴定期间油温高缺陷处理，D1RPN023MA 探头更换，发电机导电杆漏点处理，D1GFR 系统油冲洗及换油等。

大修中处理的不符合项报告（NCR）共有 90 项（其中大修新产生 39 项 NCR），经过处理后已全部关闭（永久关闭 26 项，临时关闭 64 项）。

（1）核岛方面完成的主要项目

主要有 1 号蒸汽发生器进出口管嘴射线探伤，3 台蒸汽发生器一次侧水室闭路电视检查及传热管涡流检查，二次侧水压试验；燃料组件外观检查及控制棒、二次中子源涡流检查；D1RRA001/002RF，D1JPI001 ~006BA 水压试验；83 个机械贯穿件试验；D1ASG001PO 1C（一个循环）检查，D1ASG002PO 2C 检查，D1ASG003PO 2C 检查，D1ASG001TC 6C 全面检查；安装 D1ASG001BA 水箱温度连续模拟监测装置；D1EAS001PO 3C 检查，D1EAS002PO 1C 检查；D1LHP 6C 检修，D1LHQ 3C 检修，D1LHS 4C 检修；D1LLS001TC 3C 解体检查；D1RCP001PO 2C 检查，D1RCP002/003PO 4C 机械检查、D1RCP002MO 4C 检查、主泵惰走试验；D1RCV001/002/003PO 1C 检查；D1RIS001/002PO 1C 检查；D1RRA001/002PO 1C 检查；D1VVP001/003VV 驱动头全面检查；D1RRI001BA 内部清理检查，D1RRI001RF 清洗检查及更换密封件；D1SEC002FI 桶体检修，D1SEC 海水管道内衬腐蚀检查；D1RCP215VP 等

128 个阀门解体检查；D1APG006VL 等 42 个核岛阀门气动头解体检查；D1RRA021VP 等 10 个电动头解体检查；34 个电动头 2C 检查；A/B 列电气盘停盘检修及试验；D1KIT/KPS 系统更新改造；D1RIS063/064VP 防止锅炉效应改进；D1RPN 电缆换型；D1EAS005/006FI，D1RIS005/006FI 管口增加法兰改造；D1RRA 进口死管段改造（B 列）；D1DEG101/301GF 改造等。

（2）常规岛方面完成的主要项目

主要有 D1SAP069VA 内漏处理；D1GEV 主变压器油处理；主变压器高压套管换型改造，在线监测改造；主变压器出口 GIS 解体检修；D1GSY 负荷开关解体大修；D1GST 定子线棒气水两相冲洗；D1GPA 保护系统整体改造；D1GPV202KO 1 号低压缸全面检查及末级叶片检查；D1GEX001GA 抽转子大修；D1APP201TC 全面检查；D1CRF001PO 6C 检查；D1CEX 两台冷凝器“狗骨”更换；D1CFI031TF 防腐等。

（3）纠正性项目

D1LHP001MO 整体更换，D1RPN023/024MA 更换探头，D1RCP047MT 更换探头。

2. 大修指标实现情况

本次大修没有发生执照运行事件、工业安全轻伤及以上事件、体表污染事件。设备再鉴定一次合格率在98%以上，没有发生重大设备问题。本次大修安全、质量和工期等各项指标均控制在预期目标之内，实现了大修前的承诺。大修主要管理指标和实现情况如表 4. 4. 2. 1-1 所示。

表 4. 4. 2. 1-1　大亚湾核电站 1 号机组第十三次换料大修主要指标完成情况

类　别	指标描述	目标值	实际值
核安全	RP 模式非计划停堆/次	0	0
	人因 LOE 事件/起	0	0
	人因 IOE 事件/起	≤8	2
	重发 IOE 事件/起	≤3	0
	重要安全系统不可用/（小时·列）	≤8	0
质量	非计划停机/次	0	0
	重大设备损坏/起	0	0
	工作返工/次	≤8	3
	NI 再鉴定一次合格率/%	≥98	99. 23
	CI&BOP 再鉴定一次合格率/%	≥98	99. 47
工期	大修工期/天	≤35	29. 36
	关键路径活动按时完成率/%	≥92	100
	机组状态倒退/次	0	0
	机组一次并网成功率/%	100	100

续表

类 别	指标描述	目标值	实际值
辐射防护	集体剂量/（人·mSv）	≤620	546.18
	个人单次大修累积剂量超过 5 mSv 的人数	≤4	0
	体表污染/（人·次）	≤5	0
	体内污染/（人·次）	0	0
	人因地面污染事件/起	≤4	0
工业安全	人员轻伤/起	0	0
	人员伤害/起	≤2	0
	工业安全未遂事件/起	≤3	2
	一级火险事件/起	0	0
	0 级火险事件/起	≤2	0
三废管理	非氚放射性液体排放量占国家年排放限值/%	≤0.1	0.011
	放射性气体排放量占国家年排放限值/%	≤0.1	0.007
	放射性固体产量/m^3	≤50	32.6

3. 大修安全管理

（1）核安全方面

本次大修没有发生非计划停机停堆事件及执照运行事件，共发生 13 起内部运行事件（IOE），其中 2 起人因 IOE，11 起设备 IOE。核安全指标完成良好。

（2）职业安全方面

本次大修职业安全的辐射防护和工业安全各项指标均控制在目标范围之内。

本次大修依然沿用由大修经理、安全监督、各专业安全员组成的大修安全管理组织，以日会的形式报告大修现场安全状况。各专业安全员坚持参加大修职业安全管理日会，并能够将会议的要求和布置的行动在本专业传达和落实，绝大部分专业按时提交了安全监督巡视单和管理者巡视报告。

4. 大修质量管理

本次大修的质量管理各项指标均控制在目标范围之内。

大修前筛选出大修重要项目 60 项，再从中甄别出 13 项对大修安全和质量有较大影响的项目，作为大修指挥部关注的重大项目：D1LHP/LHQ、D0LHS 柴油机检修，1 号主变压器检修及高压套管更换改造，D1SEC A/B 列管道内衬和 BONNA 检查，棒束控制组件（RCCA）检查和燃料外观检查，三台蒸汽发生器在役检查和水压试验，发电机漏氢和出水温度高缺陷检查处理，D1GSY 负荷开关解体大修，电气设备老化处理，D1GPA 保护改造，D1KIT/KPS 改造，D1RPN 电缆更换，A/B 列电气盘检修，D1CEX 两台冷凝器“狗骨”更换。

本次大修前完成 13 个重大项目评审，结果满意。评审报告列出纠正行动共计 145 条，纠正行动基本全部得到改正。为加强对大修期间维修活动的质量控制，成立以大修副经理为负责人、各专业质量控制组长为成员的质量管理专项小组。同时，各专业以 QC 组长为负责人，在本专业内建立质量控制组织，对本专业活动进行质量控制。

大修执行期间，各执行处成立了以处理 CCM 设备质量缺陷报告（QDR）为主的专项技术小组，确保 CCM 设备 QDR 处理方案的正确性。同时指挥部指定专人负责 QDR 答复情况的跟踪，确保了 QDR 处理意见的及时性。关键参数控制单的控制点都由各专业高技术岗位人员现场检查、确认后签字放行，确保一次成功。

5. 大修工期管理

D113 大修关键路径执行情况良好，在设置的 13 个里程碑窗口中，有 3 个窗口（M13-M21，M51-M52，M60-M62）的实际工期较计划工期延迟，其余窗口工期都比计划工期提前完成，其中有 2 个窗口（M04-M13，M21-M30）创造了历史最佳工期纪录，1 个窗口（M42-M51）与历史最佳工期记录持平。

6. 良好实践

（1）风险管理

从上一个轮次开始实施的大修三级风险分析体系，在本次大修得到进一步完善，并在 D113 大修中得到比较广泛的应用。主要表现在：

1）一级风险分析。D113 大修在准备阶段时，D213/L206/L107 大修在实施阶段，所以指挥部特别强调大修实时的热反馈，前三次大修的反馈都基本落实到一级风险分析文件——现场执行文件包中，基本实现“前面发生的事情，现在不再发生”的要求。

2）二级风险分析。本次大修的二级风险分析比较复杂，多条关键路径并行且常规岛是大修的主关键路径。所以在编写时充分吸取了 D213 大修的反馈，并通过成立计划子项目组的方式进行讨论优化，让项目负责人参与到计划的编制过程中，使得重大项目计划能够按照既定的计划实施。本次大修计划编制基本符合准备阶段提出的“尽可能细化、尽可能灵活、尽可能有预案”方针。

3）三级风险分析。本次大修三级风险分析整合了前几次大修的相关内容，从大修整体评估、人力资源安排、关键路径安排、出票计划安排、重大项目等几个方面进行了分析和安排。

（2）组织管理

D113 大修是 2009 年初该轮次大修的最后一个大修，公司充足的人力资源和物质资源是确保大修顺利实施的一个非常关键的因素。在组织管理方面，D113 大修依然继承以前大修的良好实践，主要包括：

1）指挥部与各个执行单位（包括合作伙伴）的管理层在大修前进行充分、全方位的沟通。

2）坚持指挥部准备阶段例会制度。为了有效地控制大修准备的进度和推进大修难点的解决，指挥部在准备阶段每周安排三次例会，包括指挥部关注问题讨论会、准备计划推进会、备件采购会。

3）执行阶段管理巡视和联合检查。各执行单位的管理层加大现场的管理巡视，能够及时发现现场执行的安全和质量偏差，迅速进行反馈和纠正。而安全组的每周联合检查，各个单位能够针对同一问题进行共同反馈，扩大了反馈的广度。

4）大修指挥部成员贴近现场。每个重大项目都有指挥部成员进行现场跟踪，第一时间了解现场中的困难和进展。尤其是一些牵涉到多部门的项目，由于指挥部成员的现场参与，很少出现接口方面的问题。

7. 改进行动

本次是本轮大修的最后一个大修。D113 大修指挥部根据大修期间发生的事件进行甄别分析，将需要后续落实的行动分成后续需要专项讨论的重要项目、后续需要跟踪的重要设备缺陷（下一次大修指挥部跟踪落实）、各单位之间的经验反馈落实三类。其他一般性需要跟踪的问题，通过大修指挥部关注问题的方式进一步进行跟踪。

4.4.3　岭澳核电站一期换料大修

4.4.3.1　岭澳核电站1号机组第七次换料大修

1. 大修工作概况

岭澳核电站1号机组2009年2月25日04:47与电网解列，开始L107大修，2009年3月27日02:50结束。大修工期29.92天。

L107大修按计划完成全部预防性维修、定期试验、在役检查、改造项目等预定的各项活动，妥善处理了大修期间产生的纠正性缺陷。大修期间共计处理9 323项工作申请，其中预防性维修工作申请2 835项，纠正性工作申请1 551项，服务支持工作申请4 767项，改造工作申请170项，定期试验工作128项。计算机辅助隔离系统共产生4 236项许可申请。

本次大修中新发现的主要设备缺陷已全部在大修中得到处理，如燃料组件格架条带导向翼缺陷，发电机励侧大端盖密封油回油盲法兰焊口缺陷处理等。

大修前排查出拟在L107大修执行的不符合项报告（NCR）34项，其中与质量安全（QSR）相关4项。在L107大修中经处理永久关闭10项，其中QSR相关4项；临时关闭NCR 24项。L107大修中共产生NCR 36项，其中QSR相关8项；经处理后永久关闭NCR 5项，其中QSR相关1项；临时关闭31项，其中QSR相关7项。

（1）核岛方面完成的主要项目

主要有L1ASG001PO 2C（循环）检查，L1ASG002PO 1C检查，L1ASG003PO 1C检查，L1ASG001TC 1C检查；控制棒驱动机构上部密封焊缝检查，堆焊处理；L1EAS/RRA等泵组及电动机1C检查；L1RCP001PO 6C检查，L1RCP002PO更换水力部件，L1RCP003PO1C检查及轴振动高处理，主泵惰走试验；L1LHP/LHQ柴油机1C检查；L1RIS001BA内部在役检查；1号、2号蒸汽发生器传热管涡流检查，3台蒸汽发生器一次侧进出口管嘴射线探伤，一次侧水室闭路电视检查及二次侧水压试验；L1RCV001EX，L1SAR002/003/016BA，L1EAS001/002RF水压试验；L1RCP215VP等112个阀门解体检查；L1ARE033VL等23个核岛阀门气动头解体检查；L1DEG013VD等13个电动头10C解体检查；L1RRI002RF 8C解体清洗及板间密封垫更换；L1LHA/LGB/LCA/LBA等21块A列电气盘停盘检修；L1PTR001BA底部清淤；L1PMC提速改造；L1RRA－A列入口死管段改造；L1RIS063/064VP防锅炉效应改造；安全壳内外电气贯穿件导线与电缆连接方式改造（Air－LAB）等。

纠正性项目：燃料组件格架条带导向翼缺陷，环吊环形导轨多个螺栓松动，L1RRA015VP阀盖无法回装，L1ASG001PO/L1RPE001PO解体更换机械密封，L1EBA002VA更换驱动机构，L1EVR003MO/L1RRM002MO电动机解体更换轴承，L1LHQ柴油发电机联轴器弹性块更换，L1RIC系统26号指套管割管移位等。

（2）常规岛方面完成的主要项目

主要有高压缸、低压缸年度检查；发电机多普勒实验，抽转子大修，气密试验；L1GEV主变压器 B/C 相内部检查，高压套管换型及在线检测改造；L1APA001PO 1C 检查，L1APA002PO 2C 检查；L1APP A 泵 2C 检查，L1APP B 泵 1C 检查，L1APP101/201TC 1C 检查；L1ACO302PO 10C 全面检查；L1APU602PO 全面检查，L1APU502/601MO 全面检查；L1CEX001MO 电动机更换，L1CEX001PO 全面检查及推力轴承冷却水管水压试验；L1CFI031/032FI 全面防腐；L1CRF001/002PO 1C 检查，L1CRF002MO 全面检查，L1CRF501/503FI 全面检查；L1GRE004/007ZM 7C 全面检查，L1GRE006/009VV 4C 全面检查；L1GFR 蓄能器 8C 更换气囊；L1GSE010ZM 7C 全面检查，L1GSE002/003VV 4C 全面检查；L1GRH101/401RF，L1GRH501/502/601/602RF 打压试验；L1GRE 上位机改造。

纠正性项目主要有：L1CFI 旋转滤网全面防腐及更换部分钢梁；L1APA101JD 膨胀节鼓包更换；L1ACO201JD 膨胀节更换；L1CEX 冷凝器钛管砸痕（堵管）；发电机导电杆泄漏处理；发电机前后内油档疏油盒挡油片漏焊处理；发电机励侧大端盖密封油回油盲法兰焊口缺陷处理；L1GRE/GSE009ZM 保护油母管与 MSR 支架碰磨处理；发电机至 L1GRV020VY 之间管线内部密封油清理。

2. 大修指标实现情况

本次大修发生 1 起执照运行事件，没有发生工业安全轻伤及以上事件、体表沾污事件，设备再鉴定一次合格率在 98% 以上，没有发生重大设备问题，并网前没有非状态相关报警。L107 大修主要管理指标和实现情况见表 4. 4. 3. 1-1。

表 4. 4. 3. 1-1　岭澳核电站 1 号机组第七次换料大修主要指标完成情况

类　别	指标描述	目标值	实际值
核安全	RP 模式非计划停堆/次	0	0
	人因 LOE 事件/起	0	1
	人因 IOE 事件/起	≤6	3
	重发 IOE 事件/起	≤3	0
	重要安全系统不可用/（小时·列）	≤8	0
质量	非计划停机/次	0	0
	重大设备损坏/起	0	0
	工作返工/次	8	1
	NI 再鉴定一次合格率/%	≥98	98. 9
	CI&BOP 再鉴定一次合格率/%	≥98	99. 2
工期	大修工期/天	≤35	29. 92
	关键路径活动按时完成率/%	≥91	100
	机组状态倒退/次	0	0
	一次并网成功率/%	100	100

续表

类 别	指标描述	目标值	实际值
辐射防护	集体剂量/（人·mSv）	≤700	740.3
	个人单次大修累积剂量超过 5 mSv 的人数	≤10	0
	体表污染/（人·次）	≤10	1
	体内污染/（人·次）	0	0
	人因地面污染事件/起	≤4	0
工业安全	人员轻伤及以上/起	0	0
	人员伤害/起	≤2	0
	工业未遂/起	≤3	0
	一级火险及以上/起	0	0
	0 级火险/起	≤2	2
三废管理	非氚放射性液体排放量占国家年排放限值/%	≤0.1	0.006
	放射性气体排放量占国家年排放限值/%	≤0.2	0.007
	放射性固体产量/m^3	≤50	35.6

3. 大修安全管理

（1）核安全方面

本次大修没有发生 RP 模式非计划停堆事件，发生 1 起 LOE；共发生 10 起 IOE，其中人因 IOE 3 起。从大修管理指标实现情况来看，本次大修的核安全管理总体良好。

运行事件“L1PTR728VB 关闭不严违反运行技术规范要求”为人员低级错误引发的人因运行事件，该事件发生在完全卸料模式且由一个常规的操作引发。在每次大修中都要进行开启和关闭 L1PTR728VB 的操作，但是在这看似很普通的常见操作中仍然出现问题，由于不清楚关闭 L1PTR728VB 与传输小车位置的关系，导致 L1PTR728VB 没有关严，在排水过程中也未能及时发现传输池的水位下降。该运行事件的发生说明电站有关人员对如何关闭 L1PTR728VB 仍然不够了解，同类事件已经在大亚湾核电站出现过，由于发生该事件的时间比较久远，事件影响和记忆均已淡化，反馈措施的有效性也不足，在以后的大修中需要进一步加强对此类操作的培训和安全控制。

（2）辐射防护方面

除集体剂量外，辐射防护总体状况令人满意，各项指标均在预测范围内，辐射风险受控，控制手段有效，防护方案及最优化措施得到落实，辐射防护重点关注的项目均得到了有效控制，没有出现辐射防护相关的重大事件。

本次大修集体剂量目标值是参照以往同类大修最好完成情况而制定，极具挑战性。虽然集体剂量超标，但过程中所采取的措施是积极有效的。

由于 L105 大修后主泵轴瓦和轴套的损伤，导致 STELLITE 合金进入一回路，活化后成为^{60}Co 而增加一回路辐射水平，并继续影响着 L107 大修，其总体辐射水平评价如下：

1）辐射水平继续升高，与 L106 大修同期相比，RCP、RRA 和区域指数上升幅度在 20% ~50%之间，RCV 指数在氧化净化后上升近一倍，在低低水位上升约 30%。

2）未发现极高剂量率的辐射热点，与法国 CRUAS 电站比较，热点辐射水平不突出，但热点的平均剂量率水平较 L106 大修高。

（3）工业安全方面

工业安全整体状态可控，各项安全指标均在控制目标值以内，本次大修发生了 2 起零级火险事件，未能实现工业安全各项控制目标为零的卓越值。

大修中发出安全相关的事件单共计 28 件，大修现场巡检发现缺陷共 201 项，两项数据均较前几轮大修有明显减少。

4. 大修质量管理

本次大修的质量管理各项指标均控制在目标范围之内。大修机组并网后无 CCM 设备缺陷，重大设备再鉴定全部一次成功，大修后运行状态稳定，证明大修实施阶段的质量控制有效，工作质量符合标准要求。

CCM 设备管理采取了更加严格的控制措施。大修准备阶段编制了关键参数控制单，明确了 CCM 设备质量控制的责任主体。大修执行期间的质量偏差报告（QDR）由专项技术小组审查讨论，确保了 CCM 设备 QDR 处理方案的正确性。同时指挥部指定专人负责 QDR 答复情况的跟踪，确保了 QDR 处理意见的及时性。关键参数控制单的控制点都由各专业高技术岗位人员现场检查、确认后签字放行，确保一次成功。

大修卸料中发现众多燃料组件格架缺陷，在当前情况下只能做暂不入堆处理，需要启动紧急换料设计加以解决。发生大面积燃料缺陷的原因尚不清楚，受损燃料能否再利用也无最终定论，但改进装卸料工艺势在必行。本次大修已将装料机的欠载保护定值调小，效果待下次大修验证。其他方面未发生重大设备异常，设备总体状态健康良好，发生的某些缺陷都是意料之中的常规缺陷，未发生人因设备损坏，总体正常。

5. 大修工期管理

L107 大修执行计划是按照岭澳核电站一期历次大修的最短活动时间编制而成，计划控制工期 31.5 天，实际工期 29.92 天。

L107 大修关键路径执行情况良好，在设置的 13 个里程碑窗口中，有 3 个窗口（M41-M42，M42-M51，M62-M70）的实际工期较计划工期延迟，其余窗口工期都比计划工期提前完成，其中有 4 个窗口（M00-M04，M51-M52，M52-M60，M80-M90）创造了历史最佳工期纪录。

4.4.3.2　岭澳核电站 2 号机组第六次换料大修

1. 大修工作概况

岭澳核电站 2 号机组于 2008 年 12 月 9 日 04:25 与电网解列，开始 L206 大修，2009 年 1 月 11 日 16:05 大修结束。大修工期 33.49 天。

大修期间，按计划完成了预定的各项大修活动，其中包括预防性维修、定期试验、在役检查、改造项目、纠正性维修等活动。L206 大修成功处理一根燃料棒出现裂纹所带来的问题，并发现部分燃料组件围带导向翼缺损或卷边的缺陷；在本次大修期间，发现和处理了一些设备缺陷，如 L2GSY 负荷开关分合闸时间超标，L2PMC 抱闸电源板件故障，L2APA/ABP 金属膨胀节缺陷，L2RCP 主泵电动机轴承油冷器下法兰漏油等。

（1）核岛部分的主要项目

完成的预防性维修项目有3台蒸汽发生器一次侧进出口管嘴射线探伤，一次侧水室闭路电视检查、二次侧水压试验，L2RCV001EX和L2EAS001/002RF等核岛容器水压试验，L2RCP002PO电动机6C检查和泵的1C检查，L2RCP003PO 6C检查，L2ASG001TC 4C检查，L2RRI002RF清洗及更换密封件，L2LGC/LHB/LCB等B列电气盘停盘检修，L2PMC001DC改造，L2RRA-B列入口死管段改造，L2RIS063/064VP锅炉效应改进等。

本次大修处理的主要纠正性项目有燃料组件围带导向翼缺陷，一根燃料棒出现裂纹；L2PMC抱闸电源板件故障，L2RCP主泵电机轴承油冷器下法兰漏油等。

（2）常规岛部分的主要项目

完成的预防性维修项目：励磁机抽转子大修，L2GSE汽轮机超速飞锤7C检查，L2GRE上位机改造等。

本次大修处理的主要纠正性项目有：L2GEV主变压器高压套管更换，L2GSY负荷开关分合闸时间超标，L2APA/ABP金属膨胀节缺陷，L2AHP疏水管线改造等。

2. 大修指标实现情况

L206大修中发生2起人因IOE事件、1起人员单次大修累积剂量超5 mSv事件、4起体表污染事件，未发生其他安全事件。26项安全、质量和工期等各项指标均控制在预期目标之内。L206大修主要管理指标和实现情况如表4.4.3.2-1所示。

表4.4.3.2-1　岭澳核电站2号机组第六次换料大修主要指标完成情况

类　别	目标描述	目标值	实际值
核安全	RP模式非计划停堆/次	0	0
	人因LOE事件/起	0	0
	人因IOE事件/起	≤6	2
	重发IOE事件/起	≤3	0
	安全系统不可用/（小时·列）	≤8	0
质量	人因非计划停机/次	0	0
	人因重大设备损坏/起	0	0
	工作返工/次	8	1
	NI再鉴定一次合格率/%	≥98	100
	CI&BOP再鉴定一次合格率/%	≥98	100
工期	大修工期/天	≤36	33.49
	关键路径活动按时完成率/%	≥80	83.5
	机组状态倒退/次	0	0
辐射防护	集体剂量/（人·mSv）	≤700	545.52
	个人单次大修累积剂量超过5 mSv的人数	≤6	1
	体表污染事件/（人·次）	≤10	4
	体内污染事件/（人·次）	0	0
	人因地面污染事件/起	≤4	0

续表

类　别	目标描述	目标值	实际值
工业安全	人员重伤以上的工业安全事件/起	0	0
	人员轻伤/起	0	0
	工业安全未遂事件/起	≤2	0
	火灾事故/起	0	0
	一级火险事件/起	0	0
三废管理	非氚放射性液体排放量占国家年排放限值/%	≤0.1	0.005
	放射性气体排放量占国家年排放限值/%	≤0.2	0.2
	放射性固体废物产量/m^3	≤50	31.8

3. 大修安全管理

(1) 核安全管理

L206 大修共界定 14 起 IOE 事件，其中人因 2 起，未发生 LOE 事件和重发 IOE 事件。全部 5 项安全指标均控制在预期目标之内，本次大修的核安全状态正常。

(2) 职业安全管理

本次大修的辐射防护和工业安全指标均控制在目标范围之内，没有出现职业安全相关的重大事件。

本次大修现场的安全状况总体上得到了控制，整个大修没有发生影响职业安全承诺指标的事件，总体评价满意。

4. 大修质量管理

(1) 工作返工

本次大修界定“工作返工”1 次。

(2) 再鉴定一次合格率

L206 大修再鉴定活动共 738 项，其中核岛（NI）部分 319 项、常规岛（CI）/电站配套设施（BOP）部分 419 项，再鉴定一次合格率 100%。

L206 大修的质量管理指标均控制在目标范围之内，没有人因非计划停机、人因重大设备损坏事件发生，再鉴定结果控制在目标之内，大修机组并网后无关键敏感设备缺陷，机组大修后运行状态稳定，证明了本次大修活动的质量控制有效，工作质量符合标准要求，达到预期目标。

5. 大修工期管理

除了因一根燃料棒出现微小裂纹而在停堆初期增加 20 小时的净化时间外，L206 大修是一次标准的年度大修，大修主线基准计划工期 31.75 天，实际大修工期为 33.49 天，比原计划推迟41.7 h。L206 大修共设置了 14 个重要里程碑、13 个里程碑窗口；M12-M20，M20-M30，M33-M41，M50-M53 比计划工期延迟，其余窗口工期都比计划工期提前完成；其中 M41-M50，M53-M62，M62-M71，M71-M81 四个窗口创大修最佳窗口工期纪录。

L206 大修关键路径在总体上控制一般，没有出现重大延迟和提前情况，大修累计延误工时（125.9 小时）大于提前工时（88.0 h），关键路径延误的主要原因有设备故障、外部环境影响、准备不充分等。

4.4.4　大亚湾核电站换料大修准备

4.4.4.1　大亚湾核电站2号机组第十四次换料大修准备

1. 大修准备概述

D214大修指挥部于2009年6月30日开始大修前期准备工作，前期工作的目标是制订大修准备里程碑和编排大修准备计划。D214大修准备计划于2009年8月1日讨论定稿。大修准备计划细致分析了本次大修的实施目标和特点，吸收和借鉴了上一轮大修的经验和反馈，充分考虑并规避了与L207大修及L108大修之间可能存在的资源冲突和相互影响。

2009年8月11日，D214大修准备组织机构启动并召开首次准备会。会议明确了大修准备阶段的任务和要求。主要包括：建立配合性大纲数据库，提交补充备件采购申请，标准工作包准备完善，确定大修项目清单，发出预防性和配合性工作申请，工作包准备及审查，外包项技术规范准备，专项计划及主线计划编制等。截至2009年底，D214大修准备各项任务执行情况良好，各项计划均按计划推进。

结合本轮大修的特点，D214大修准备工作分三个阶段进行。这三个阶段以L207和L108两次大修的实施作为分界点。第一阶段，在L207大修前完成主体框架准备任务，包括项目确认、人员准备、文件准备、计划编排、资源准备，以及电气盘停盘风险分析和窗口讨论等。第二阶段，在L108大修前完成质量和风险管理相关任务的准备和落实，包括：关键敏感设备和预防性工作包及文件审查，重大项目和项目负责制评审，主线预案准备，初始报告编写，风险分析编制和防异物控制措施制定，以及技术交底、专项培训和项目演练的方案制订和项目确认等。第三阶段，大修前完成大修准备任务收尾、审查、验收，以及停机前准备工作实施，包括：计划定版宣讲，风险和预案演练，设备排查和停机保驾小组运作等。

2. D214大修准备情况

（1）大修工期

根据大亚湾核电站五年大修规划，D214大修计划在2010年4月23日开始，2010年5月22日完成，大修工期29天。

（2）组织准备

2009年8月11日，D214大修准备工作开始启动，主要专业协调工程师确定，大修准备开始并以双周会形式运作，大修组织机构开始组建，按人员到岗计划，其他岗位人员陆续到岗。

（3）大修项目的确定

通过与各专业讨论，结合现场设备实际情况和经验反馈，出版了十年大纲和大修年度预防性维修大纲，确定了预防性大修项目，包括预防性维修、在役检查、性能试验、定期试验等。2009年8月11日，由电站中长期项目组正式向大修项目组进行了移交。工程改造、NCR不符合项处理等项目也相继确定，并发出相应工作申请。

（4）大修准备进度

1）大修准备里程碑执行情况

执行情况详见表4.4.4.1-1。

表 4.4.4.1-1 大亚湾核电站 2 号机组第十四次换料大修准备里程碑执行情况

里程碑	里程碑描述	计划完成日期	实际完成日期	备注
P0	大修准备开始	2009-08-11	2009-08-11	完成
P1	完成预防性维修工作申请	2009-08-28	2009-08-28	完成
P2	确定大修重大项目	2009-09-14	2009-09-14	完成
P3	大修组织机构最终确定	2009-09-28	2009-09-28	完成
P4	完成所有外包项立项和技术规范	2010-02-19		
P5	冻结大修主要项目	2009-10-16	2009-10-16	完成
P6	完成预防性工作包准备	2009-11-27	2009-11-27	完成
P7	完成预防性工作包审查	2010-01-12		
P8	出版关键路径水位图和主隔离图	2010-01-22		
P9	确定重点关注备件清单	2010-01-22		
P10	完成预防性许可申请递交	2010-02-05		
P11	大修主线计划定稿	2010-03-15		
P12	完成 CBA 中预防性工作申请	2010-04-09		
P13	日常项目组与大修项目组正式交接	2010-04-20		
M00	大修开始	2010-04-23		

2）大修工作包准备

2009 年 8 月，在 COMIS 系统完成预防性工作申请，开始大修工作包准备，至 2009 年 8 月 28 日完成所有预防性工作包准备和审查。至 2009 年 12 月 31 日共发出工作申请 4 895 份，其中预防性工作申请 2 928 份、纠正性与服务支持工作申请 1 936 份、改造项目 31 项（工作申请 153 份）。

3）大修备件采购

截至 2009 年 12 月 31 日，D214 大修备件共申请 559 项，订购率 92%，承诺满足率 80%，A 单到货率 61.1%，C 单到货率 56.7%。

4）大修合同

截至 2009 年 12 月 31 日，大修合同共 30 份已签约 12 项。

5）日常转大修工作票的交接

自 2009 年 8 月开始，日常转大修工作票每月交接一次，日常 4、5 级工作票也已进行了清理和交接，大修前 1 周将进行最后一次交接。

4.4.5 岭澳核电站一期换料大修准备

L108 大修和 L207 大修实行两台机组同步开展准备工作，分大修前期准备和项目准备两个阶段进行。前期准备和项目准备以首次大修准备会为阶段划分点。在大修前期准备阶段，应完成 L108 大修和 L207 大修所有共性工作，如出版生效预防性维修大纲、备件集中采购申请、确定大修项目清单。在 L207 大修前 8 个月分别向 L207 大修项目组、L108 大修项目组移交大修前期准备工作成果，保证了大修项目组进行大修准备的连续性。

2009 年 5 月 5 日，启动大修准备组织机构，并召开首次准备会。根据大修工期安排，分别制订了 L108 大修和 L207 大修准备计划，会议明确了准备阶段的任务和要求。主要包括：建立配合性大纲数据库，提交补充备件采购申请，标准工作包准备完善，确定大修项目清单，发出预防性和配合性工作申请，工作包准备及审查，外包项技术规范准备，专项计划及主线计划编制等。

4.4.5.1 岭澳核电站 1 号机组第八次换料大修准备

1. 大修工期

根据岭澳核电站一期五年大修规划，L108 大修计划 2010 年 2 月 11 日开始，2010 年 3 月 8 日完成，大修工期 25 天。

2. 组织准备

2009 年 5 月 5 日，L108 大修准备工作开始启动，主要专业协调工程师确定，大修准备开始并以双周会形式运作，大修组织机构开始组建，按人员到岗计划，其他岗位人员陆续到岗。

3. 大修项目的确定

通过与各专业讨论，结合现场设备实际情况和经验反馈，出版了十年大纲和大修年度预防性维修大纲，确定了预防性大修项目，包括预防性维修、在役检查、性能试验、定期试验等。2009 年 5 月 5 日，由电站中长期项目组正式向大修项目组进行了移交。工程改造、NCR 处理等项目也相继确定，并发出相应工作申请。

4. 大修准备进度

（1）大修准备里程碑执行情况

执行情况详见表 4.4.5.1-1。

表 4.4.5.1-1 岭澳核电站 1 号机组第八次换料大修准备里程碑执行情况

里程碑	里程碑描述	计划完成日期	实际完成日期	备注
P0	大修准备开始	2009-05-05	2009-05-05	完成
P1	完成预防性维修工作申请	2009-05-25	2009-05-25	完成
P2	确定大修重大项目	2009-06-08	2009-06-05	完成
P3	大修组织机构最终确定	2009-06-23	2009-06-08	完成
P4	完成所有外包项立项和技术规范	2009-10-16	2009-10-13	完成
P5	冻结大修主要项目	2009-07-13	2009-07-10	完成
P6	完成预防性工作包准备	2009-08-24	2009-08-17	完成
P7	完成预防性工作包审查	2009-09-21	2009-09-18	完成
P8	出版关键路径水位图和主隔离图	2009-09-18	2009-09-11	完成
P9	确定重点关注备件清单	2009-11-12	2009-11-12	完成
P10	完成预防性许可申请递交	2009-10-26	2009-10-23	完成
P11	大修主线计划定稿	2010-01-15		
P12	完成 CBA 中预防性工作申请	2009-11-27	2009-11-06	完成
P13	大修/日常项目组正式交接会	2010-02-09		
M00	大修开始	2010-02-12		

（2）大修工作包准备

2009年5月，在COMIS系统完成预防性工作申请，开始大修工作包准备，至2009年9月18日，完成所有预防性工作包准备和审查。至2010年1月14日共发出工作申请5 233份，其中预防性工作申请2 568份，纠正性与服务支持工作申请2 494份，改造项目32项，小改造项目33项（工作申请171份）。

（3）大修备件采购

截至2010年1月8日，L108大修备件共申请662项，取消29项，发订单617项，订购率97%，未发订单16项，A单到货率87.0%，C单到货率86.6%。

（4）大修合同

截至2009年12月11日，大修合同共40份全部签约。

（5）日常转大修工作票的交接

自2009年6月开始，日常转大修工作票每月交接一次，大修前1周进行最后一次交接。

4.4.5.2 岭澳核电站2号机组第七次换料大修准备

1. 大修工期

根据岭澳核电站一期五年大修规划，L207大修计划2009年12月13日开始，2010年1月4日完成，大修工期22.2天。

2. 组织准备

2009年5月5日，L207大修准备工作开始启动，主要专业协调工程师确定，大修准备开始并以双周会形式运作，大修组织机构开始组建，按人员到岗计划，其他岗位人员陆续到岗。

3. 大修项目的确定

通过与各专业讨论，结合现场设备实际情况和经验反馈，出版了十年大纲和大修年度预防性维修大纲，确定了预防性大修项目，包括预防性维修、在役检查、性能试验、定期试验等。2009年4月25日，由电站中长期项目组正式向大修项目组进行了移交。工程改造、NCR处理等项目也相继确定，并发出相应工作申请。

4. 大修准备进度

（1）大修准备里程碑执行情况

执行情况详见表4.4.5.2-1。

表4.4.5.2-1 岭澳核电站2号机组第七次换料大修准备里程碑执行情况

里程碑	里程碑描述	计划完成日期	实际完成日期	备注
P0	大修准备开始	2009-05-05	2009-05-05	完成
P1	完成预防性维修工作申请	2009-05-25	2009-05-25	完成
P2	确定大修重大项目	2009-06-08	2009-06-05	完成
P3	大修组织机构最终确定	2009-06-23	2009-06-08	完成
P4	完成所有外包项立项和技术规范	2009-10-16	2009-10-13	完成
P5	冻结大修主要项目	2009-07-13	2009-07-10	完成
P6	完成预防性工作包准备	2009-08-24	2009-08-17	完成

续表

里程碑	里程碑描述	计划完成日期	实际完成日期	备注
P7	完成预防性工作包审查	2009-09-21	2009-09-18	完成
P8	出版关键路径水位图和主隔离图	2009-09-18	2009-09-11	完成
P9	确定重点关注备件清单	2009-09-18	2009-09-11	完成
P10	完成预防性许可申请递交	2009-10-26	2009-10-23	完成
P12	完成 CBA 中预防性工作申请	2009-11-27	2009-11-06	完成
P13	大修/日常项目组正式交接会	2009-12-10	2009-12-10	完成
M00	大修开始	2009-12-13	2009-12-13	完成

（2）大修工作包准备

2009 年 5 月，在 COMIS 系统完成预防性工作申请，开始大修工作包准备，至 2009 年 9 月 18 日完成所有预防性工作包准备和审查。至 2009 年 12 月 13 日共发出工作申请 5 859 份，其中预防性工作申请 2 978 份、纠正性与服务支持工作申请 2 850 份、改造项目 31 项。

（3）大修备件采购

截至 2009 年 12 月 11 日，备件共申请 721 项，到货 668 项，到货率 92.6%。

（4）大修合同

截至 2009 年 12 月 11 日，大修合同共 57 份全部签约。

（5）日常转大修工作票的交接

自 2009 年 7 月开始，日常转大修工作票每月交接一次，大修前 1 周进行最后一次交接。

4.4.6 大修承包商介绍

1. AREVA-NP 公司

核岛大修的国外承包商，目前主要提供反应堆开关大盖及蒸汽发生器开关人孔专用工具等核岛项目的技术支持。

2. ALSTOM 公司

常规岛大修的国外承包商，主要提供常规岛汽轮发电机检修和主变压器检修技术支持。

3. 深圳纽科利核电工程有限公司（SNE）

核岛大修国内主承包商，承包部分核岛机械、电气、仪控设备检修和设备改造实施工作，并提供大修核岛项目人力支持。

4. 深圳淮南电力检修公司（HNMC）

大亚湾核电站常规岛大修主承包商，承担主机和主要辅机设备检修及提供大修人力支持，此外在岭澳核电站一期大修中负责核岛部分电动机和电气开关检修、部分常规岛辅机设备检修。

5. 清河电力检修公司（QHMC）

岭澳核电站一期常规岛大修主承包商，承担主机和主要辅机设备检修及提供大修人力支持，此外在大亚湾核电站大修中承担部分常规岛辅机设备检修。

6. 东北核电建设公司（NEPC）

BOP 大修国内主承包商，承担大亚湾核电站和岭澳核电站一期 BOP 泵站设备与主变压器的检修工作。

7. 深圳山东核电工程公司（SEPC）

原为常规岛辅机设备检修承包商，已逐步退出大修检修工作，目前提供部分大修人力支持。

8. 中国核动力研究设计院科技开发公司（NPIC）

大亚湾核电站核清洁承包商，主要负责核岛内空气隔离间安装、脚手架搭制、保温拆装、气闸门开关、洗衣房、热更衣间及气闸门管理等工作。此外还提供大修核岛项目人力支持。

9. 深圳凯利集团核电劳务公司（简称凯利公司）

岭澳核电站一期核清洁承包商，主要负责核岛内的空气隔离间安装、脚手架搭制、保温拆装、气闸门开关、洗衣房、热更衣间及气闸门管理等工作。此外还提供大修辐射防护、文员等工作的人力支持。

10. 核动力运行研究所（RINPO 或 105 所）

核岛在役检查主承包商，负责大修期间的核岛部分在役检查项目、核岛贯穿件试验、常规岛凝汽器钛管涡流探伤。

11. 苏州热工研究院（简称苏州热工院）

常规岛在役检查主承包商，负责大修期间的常规岛压力容器等在役检查和 BOP 金属检验。

12. 国营武昌船厂技术劳务公司（简称武船）

负责提供大亚湾核电站大修期间应急柴油发电机维护与保养工作的人力支持。

13. 陕西柴油机重工有限公司（简称陕柴）

承担岭澳核电站一期大修期间应急柴油发电机维修工作。

14. 深圳市华兴建设有限公司（HXMC）

土建维修承包商，主要负责大亚湾核电站和岭澳核电站一期大修现场的各种土建工程的施工。

15. 中核四川环保工程有限责任公司（简称 821 厂）

821 厂是为配合中广核集团未来战略发展而引进的新核岛承包商，自大亚湾核电站 2 号机组第十三次大修开始承担部分核岛检修人力支持工作。

历年承包商统计见表 4. 4. 6-1。

表 4.4.6-1 1997～2009 年大修承包商人数统计

人

承包商	1997 年	1998 年	1999 年	2000 年	2001 年	2002 年	2003 年	2004 年	2005 年	2006 年	2007 年	2008 年	2009 年		
													岭澳核电站 1 号机组第七次大修	大亚湾核电站 1 号机组第十三次大修	岭澳核电站 2 号机组第七次大修
AREVA-NP	33	30	31	43	38	38	44	55	42	33	11	4	2	1	1
ALSTOM	5	5	9	13	6	6	26	11	7	5	1	1	1	2	0
SNE	213	185	189	200	184	184	558	411	432	466	320	325	304	376	240
HNMC	362	338	299	306	334	334	513	301	262	269	339	420	348	621	374
QHMC	—	—	—	—	—	—	190	198	224	225	206	300	317	220	414
NEPC	158	95	144	145	140	140	190	143	153	164	94	97	107	131	105
SEPC	—	—	60	75	130	130	425	169	144	155	124	14	11	9	16
NPIC	83	87	87	91	85	85	134	87	120	98	170	81	40	202	90
凯利公司	38	38	38	38	38	38	145	93	128	134	151	211	215	69	198
105 所	88	89	139	157	91	91	134	118	140	120	101	151	150	120	135
苏州热工所	10	10	10	7	10	10	12	17	27	26	28	30	30	28	30
武船/陕柴	24	27	15	60	50	50	44	26	34	28	36	22	15	55	30
华兴	30	25	34	81	30	30	148	68	93	97	90	93	115	85	85
821 厂	—	—	—	—	—	—	—	—	—	—	—	39	45	42	0
合计	1 044	929	1 055	1 216	1 136	1 136	2 563	1 694	1 808	1 821	1 671	1 787	1 700	1 961	1 718

注：2008 年及之前年份按一年中各次大修平均人数统计，2009 年按本年中各次大修分列人数统计。

第五章　电站设备管理与技术支持

5.1　设备管理

5.1.1　概述

2009 年，电站在设备管理领域继续推进关键敏感（CCM）设备管理策略的深化与落实，加快状态监测平台的建设与开发，对一系列中长期遗留问题采取有效手段予以推动，同时在维修大纲、外部经验反馈管理等方面也进行了大量有益的尝试。

（1）在 CCM 设备管理方面，大亚湾核电站和岭澳核电站一期 4 台机组全年新增 CCM 设备缺陷数量 12 个，年终未关闭数量为 16 个，实现了全年不高于 30 个的目标。在各台机组大修后 100 天内，均未发生 CCM 设备重复检修事件。在安全性能指标方面，大亚湾核电站 1 号和 2 号机组、岭澳核电站 1 号机组的应急柴油机可靠性指标（SP5）进入 WANO 先进水平，大亚湾核电站 1 号和 2 号机组、岭澳核电站 2 号机组高压安注系统（SP1）和辅助给水系统（SP2）也达到 WANO 先进水平。大亚湾核电站和岭澳核电站一期 4 台机组每季度新增 CCM 设备缺陷数量的趋势如图 5.1.1-1 所示。

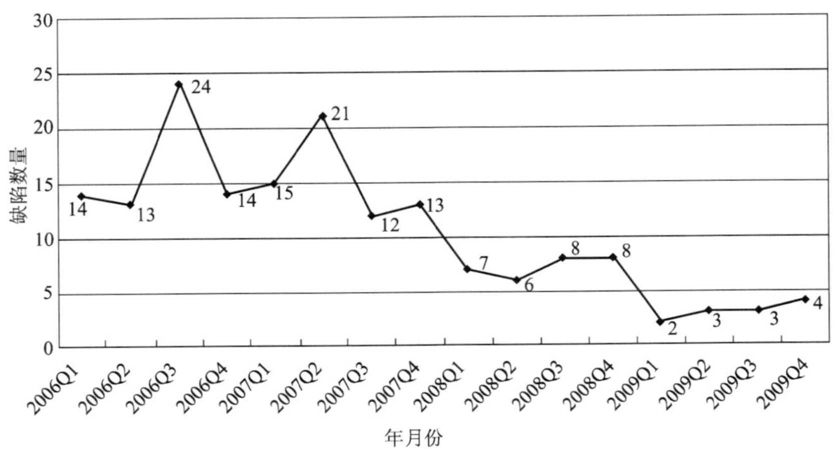

图 5.1.1-1　每季度新增 CCM 设备缺陷数量趋势

（2）在维修策略改进方面，电站对第一组 Io 关键敏感设备识别后的维修大纲及 COMIS 数据库进行了 1 326 项的 CCM 设备标识，完成运行状态监测关键点的识别、运行状态监测标准的制定和任务实施，CCM 设备数量总计达到 6 164 项。同时根据 L1APG102VL 泄漏事件的反馈，对红区不可达设备进行全面清理，新增设备 3 349 项，并制订了相应的管理方案。

（3）在状态监测方面，电站继续推进重大设备在线预警平台建设。截至2009年底，基本实现了电站4台机组主泵、发电机、汽轮机、主变压器等在线实时监测和预警功能。此外，为适应现场工作需要，还额外开发了信息平台、大修平台、趋势报警、巡视平台连接和健康盘，监测设备扩展到8个。在现场监测技术方面，引入电机状态监测技术（MCA）和红外成像监测技术，在现场应用时提前发现多起重大设备异常。全年电站未发生因状态监测失效、工作票优先级判断失误，或缺陷跟踪管理失效导致的较大设备损坏和非计划自动停堆事件。在兼顾成本的同时，有效提高了CCM设备的安全性和可靠性。

（4）在中长期重大设备技术问题解决方面，电站建立了长期设备缺陷跟踪评分标准，对设备缺陷实施量化管理，建立了考核机制。推动将35项设备中长期关注问题纳入管理改进计划进行跟踪管理，有效加强了执行专业对电站“老、大、难”问题的攻关力度。全年电站长期问题关闭达16项。

（5）在维修大纲的管理和优化方面，2009年完成了全部813项预防性维修项目周期裕度的研究，在岭澳核电站2号机组第六次大修（L206大修）、岭澳核电站1号机组第七次大修（L107大修）、大亚湾核电站1号机组第十三次大修（D113大修）和岭澳核电站2号机组第七次大修（L207大修）中全面推行了CCM设备现场见证，完成了对CCM设备维修策略有效性的评估。同时按计划完成了电动头、气动头、380 V电动机、6.6 kV电动机6个预防性维修模板的编写，对仪控保护设备、重大电气设备、CCM设备老化进行了评估，制订了管理方案。另外，针对岭澳核电站二期，全年共完成310份预防性维修大纲的编写，顺利实现了年度里程碑。

（6）在经验反馈方面，2009年，初步建立了设备失效模式外部反馈机制，编写设备失效模式外部反馈机制的流程并正式运作。全年因设备原因造成的重发内部运行事件1起，设备重发执照运行事件0起，全年提交根本原因分析（RCA）报告10份，报告编写质量获得电站纠正行动委员会（CARB）表彰。同时2009年还将EPRI等外部反馈的甄别工作由专业处转移到系统工程师，优化了流程效率。

综上所述，2009年，设备管理工作取得了长足的进步，但也暴露出一些问题。主要表现在以下两个方面。

（1）L1APG102VL泄漏事件、L1RCV001PO齿轮箱振动高等突发问题，暴露出在关键设备识别和重要设备现场参数趋势分析上仍存在一定盲点。针对这些问题，电站成立了跨部门的管理项目组，重新梳理了红区不可用设备的清单并将其纳入管理范围，对重大安全设备建立参数趋势分析制度，责任落实到人，力争在设备失效前发现其征兆，避免突发的设备问题产生。

（2）柴油机轴瓦质量问题暴露出电站在备件管理、控制和现场应用上仍存在不规范之处。针对以上问题，电站各专业处和柴油机小组制订了详尽的改进行动计划，安排专人进行返厂监造，在备件验收、保管等环节加强控制，力争在2010年实现电站应急柴油机可靠性指标的高端稳定。

5.1.2　设备状态监督与趋势分析

2009年，设备状态监督与趋势分析在2008年工作的基础上得到进一步扩展。根据关键敏感设备可靠性管理体系的规划，关键敏感设备的管理方法、措施、执行以及工具平台等基本确定，主要体现在以下几个方面。

1. 关键敏感设备的运行状态监测

在2008年单一故障跳机跳堆关键敏感设备状态监测的基础上，2009年针对单一故障第一组Io设备导致的强迫停机停堆制订了运行期间状态监测。第一组Io相关的关键敏感设备数量为1 326项，针对这部分设备制定的状态监测任务共1 120项（有部分设备在日常期间没有状态监测任务）。这些任务按照管理要求经过电站各专业技术人员联合审查，已落实到电站各专业的日常工作中。

2. 大修中关键敏感设备状态监测扩展

2009年，除进行日常运行机组的关键敏感设备状态监测之外，从L207大修开始执行大修期间关键敏感设备状态监测任务，累计见证关键敏感设备现场状态652项。大修期间关键敏感设备状态监测任务由设备管理处执行，与日常期间各单位共同执行不同。大修期间关键敏感设备状态监测工作的方法和任务还需要不断完善。

3. 一站式重大设备状态监测信息平台的利用

作为大修期间关键敏感设备状态监测工作的配套工作，在一站式重大设备状态监测信息平台中专门开发了大修CCM设备状态监测模块，利用自动数据收集和实时报警，提高系统工程师的状态监测工作效率，提高对异常事件的响应速度。根据L207大修状态监测任务执行过程中发现的问题，该模块还需要进一步完善和优化。

除以上变化外，在接受岭澳核电站二期核保险勘察的自查准备过程中，对照核保险勘察导则，发现运营公司在设备状态监测活动中缺少监测有效性定期评估机制。这部分缺失将在2010年得到纠正。

5.1.3 RCM分析与预测性维修

1. RCM分析工作进展

2009年完成大亚湾核电站3个、岭澳核电站一期5个重要系统的RCM（以可靠性为中心的维修）分析和转化。截至2009年底，累计完成大亚湾核电站80个重要系统、岭澳核电站一期74个重要系统的分析应用。RCM的分析和应用，在电站核安全、设备可靠性、降低经济成本和减少二次损坏等方面取得良好成果。

2. RCM分析主要成果

（1）在核安全方面

RCM分析后增加了岭澳核电站一期主给水系统主、旁路调节阀下游隔离阀10个循环的解体检查，降低了蒸汽发生器破管时放射性通过主给水回路外漏的风险。

（2）在电站可靠性方面

RCM分析后增加了岭澳核电站一期汽水分离再热器系统111/211/123/223VL阀门的10个循环定期解体检查项目，提高了疏水泵（110/210PO）的可隔离维修性。

（3）在节约维修成本方面

经过RCM分析后，通过周期的延长和项目的取消减少了大量的设备解体检查项目，从而避免了由于过度维修导致的设备可靠性下降，减少了解体维修的备件成本及人力成本。

1）RCM分析后将岭澳核电站一期汽水分离再热器系统102/202/198/199/298/299VL，109/209VV等逆止阀和106/206/109/209/124/125/224/225VL，108/208VV等闸阀解体检查

周期由5循环延长到10循环。

2）RCM分析后取消了岭澳核电站一期低压给水加热器系统406/407/408/409/506/507/508/509VL，406/506/422/411/416/419/421/426VV，509/511/512/516/519/521/522/526VV等截止阀、闸阀5个循环解体检查项目。

3）RCM分析后岭澳核电站一期给水加热器输水回收系统疏水泵（301/302PO）的全面机械检查由2循环延长到3循环，止回阀（104/204VL）全面解体检查由5循环延长到10循环。

（4）减少二次损坏方面

RCM分析后岭澳核电站一期主开关站系统增加了断路器（如L0GEW210/220JA）老化状况的检查，及时发现潜在故障，避免因断路器分合闸故障而造成更严重的二次损坏。

3. CCM设备短寿期老化分析

为防止CCM设备老化故障，2009年实施了“CCM设备老化分析”项目。首先识别出CCM设备关键部件的老化故障模式，然后通过RCM任务决断逻辑，选择出合适的维修任务。累计分析了2 021组CCM设备，修改维修大纲248项（占CCM设备总数的12%），并将这些修正的维修任务落实到最近一轮的大修中加以实施。通过这次老化分析活动，发现了一些以前没有管理的CCM设备老化故障模式并实施了预防性维修，为预防CCM设备老化故障作出了贡献。

4. 岭澳核电站一期核岛阀门解体检查周期延长优化

2009年，设备管理处、静止机械处和大修处组成的分析小组，通过故障模式后果和技术分析，结合内外部经验反馈，对岭澳核电站一期核岛176个重要阀门解体检查周期进行了延长优化工作。分析结果，50%（88项）延长解体检查周期，40%（70项）取消解体检查，10%（18项）论证后保持不变。这些分析结果已应用到大修中。通过延长周期，减少了大修核岛阀门，特别是低低水位阀门预防性维修数量，为缩短和优化大修工期，减少放射性剂量，减少人因故障概率作出了贡献。

5. 岭澳核电站一期常规岛阀门解体检查周期延长优化

2009年，设备管理处、静止机械处和大修处组成的分析小组，通过故障模式后果和技术分析，结合内外部经验反馈，对岭澳核电站一期常规岛366个重要阀门解体检查周期进行了延长优化工作。分析结果为50%的项目取消解体检查，50%的项目延长解体检查周期。通过延长周期，缩短和优化了大修工期，减少了维修成本，降低了人因故障概率。

6. 预防性维修模板编写

建立维修模板的目的是：通过建立标准的预防性维修项目模板，相关人员在编写或优化维修大纲时，可以根据设备的重要度、运行环境、运行状态和设备结构等特点，从模板中直接选择合适的维修任务，从而达到提高维修大纲优化效率，避免人因错误的目的。按计划，2009年完成了380/220 V电动机、6.6 kV电动机、气动头、电动头和压力式变送器预防性维修模板的编写工作。

5.1.4 RCA的实施与应用

2009年，电站继续在以下四个方面推进根本原因分析（RCA）的实施与应用。

1. 管理改进

（1）电站RCA项目分析：RCA小组对两电站发生的重大、疑难事件，包括涉及多部门、跨专业的重要事件或重发事件进行独立的根本原因分析。全年共开展RCA分析项目16项，其中12项已全部完成，另外4项由于需要在后续的大修中做相关检查或试验，事件的根本原因分析仍在进行之中。

（2）RCA项目纠正措施效果评估：电站RCA小组从2002年成立至今，已独立完成核电站重大事件根本原因分析项目逾百项，制订了几百条纠正措施以防止事件重发和提高设备可靠性。2009年，RCA小组开始系统规范地对历史上已完成的RCA项目的纠正措施的落实情况和实施效果进行跟踪评估。对每一项目的纠正行动逐条进行检查核实，并重点调查行动落实后的现场实际应用效果，最终给出评估意见和结论。对于行动落实且实践证明效果良好的项目给予评估关闭。否则，在评估结论中注明遗留项，不予关闭，后续继续跟踪。2009年，共完成30个RCA分析项目效果评估，其中评估结论为关闭的27项，3项暂时不能关闭。RCA项目纠正措施效果评估工作的规范实施，使电站RCA真正成为闭环的流程。

（3）RCA分析技术的培训和推广：2009年，在运营公司内部共完成6次RCA分析技术的专项培训，并对国内同行进行了多次RCA培训。除RCA技术的授课培训之外，还通过参与执行处的事件分析，在实例中提供RCA的分析思路和具体方法，帮助相关技术人员掌握和应用RCA方法。

（4）《大亚湾及岭澳核电站重要设备失效根本原因分析案例汇编》的编制出版：《大亚湾及岭澳核电站重要设备失效根本原因分析案例汇编》是从电站RCA小组历年完成的大亚湾和岭澳核电站一期重要设备失效分析项目中挑选出的50个比较典型的案例进行缩写汇编而成。主要介绍各案例的失效分析思路、关键点，以及分析结论和主要纠正措施，内容简明实用，旨在推广RCA方法在核电站设备失效事件分析中的应用，为各部门的分析人员在事件分析方法上提供参考和借鉴，也为专业技术人员提供专业技术领域的经验反馈。

2. 完成的主要分析项目

2009年，电站RCA小组完成的根本原因分析项目如下。

（1）大亚湾核电站

1）D1号发电机10瓦顶轴油管破损。

2）D2VVP282EL泄漏。

3）D2LNE001/003DL出现开关跳闸。

4）D2ARE926VL阀门外泄。

5）D1GSE阀门电磁阀卡涩。

6）D1RIS006FI坑底出口管口腐蚀。

7）D2APP B泵振动高导致停泵抢修。

8）D1LHP001MO轴瓦烧毁。

（2）岭澳核电站一期

1）L1LHQ001MO缸头漏水。

2）L2GRE023MP管接头开裂失效。

3）LN280房间墙角地板剂量上升分析。

4）L1RRI019VN阀门无法完全关闭。

3. 事件统计与分析

2009年，开展了16项RCA分析，主要涉及电站十大技术问题、长期技术问题和中期技术问题。其中，11项为相同故障模式多次重发事件，5项为首次发生事件，定为IOE事件14项，LOE事件1项。按事件重要性划分，因设备失效直接导致机组停堆抢修的事件1项，即L1APG102VL泄漏事件，另外有停机停堆风险的3项，重大设备失效6项。按主要涉及专业划分，转动机械6项，静止机械4项，电气2项，仪表2项，服务2项。

2009年，电站重大事件的RCA分析项目有3个特点值得思考：①重复发生事件多。RCA分析事件中共有11起为重发事件，占全年分析项目的69%。如多年来困扰电站的柴油机缸头水套漏水问题，VVP电磁阀泄漏问题，大亚湾核电站1号机组发电机10瓦顶轴油管破损等。通过RCA分析，期望能找到根本原因，使问题得到彻底解决。②涉及柴油机的事件多。近三年，每年都有较为严重的直接影响柴油机可用性的事件发生，2009年又发生了D1LHP001MO轴瓦烧毁事件，反映出电站柴油机健康状态仍没有根本好转。③岭澳核电站一期冷冻机设备问题较多。L2DEL002GF多次故障跳闸和L2DEG201GF轴承烧毁也是重发事件，一直未得到根本解决。

5.1.5 设备老化和寿命管理

1. 概述

2009年，运营公司老化与寿命管理团队在大亚湾核电站和岭澳核电站一期建立了有效的老化管理组织，对核电站老化管理模式进行探索，完成了2009年预期目标与工作计划，建立了较为完整的老化管理流程与体系。

2. 2009年完成的主要工作

(1) CCM设备老化管理

按照CCM设备、部件、老化故障模式管理的顺序，进行了老化分析并编写了老化分析模板。累计完成2 021组CCM设备的分析，其中提出维修大纲改进建议248项，占CCM设备总数的12%，确定需进一步分析研究的遗留项目有59项，占总数的3%。

(2) 电气老化管理

成立了电气设备老化管理小组，建立了电气CCM设备的老化数据库。完成了6.6 kV系统厂用电保护卡件的剩余寿命分析，发电机出线套管法兰密封圈的老化分析，逆变器卡件的故障分析，电解电容和低压电缆的维修管理大纲等诸多老化课题。

在老化处理方面，完成了D1/2GPA系统发电机-变压器组保护改造，D0GEW系统大埔Ⅰ线线路保护改造，D0GEW系统10个T区的第一差动保护改造，400 kV/500 kV系统母线第二差动保护和过电压保护改造，D9LGR辅助变压器保护的改造，6.6 kV厂用电系统CCM设备的保护卡件更换及底座电容更换，D*LKF380V交流盘的整体改造、核岛380 V交流盘的零序电流继电器和过电流继电器及低电压继电器的更换升级，逆变器部分电子卡件和电容更换，D*LBJ整体直流盘改造，部分蓄电池组的更换，D1LA*/LB*/LC*/LD*002RD的电子卡件更换等。

(3) 常规岛重大机械设备老化管理

成立了常规岛重大机械设备老化管理工作小组，确定了汽轮机、发电机、凝汽器、高/低压加热器、汽水分离再热器、CRF泵、CFI滤网、APP汽动给水泵组等常规岛重大设备老化管理职责；制订了设备中长期改造/更换方案，并由寿命与经济性（LCM）项目组完成了发电机和凝汽器的状态评估和中长期改造/更换方案及其经济性评价。

（4）仪控设备老化管理

成立了电站仪控老化项目小组，实施了电站仪表老化数据库的开发，共完成了 17 344 条的录入，并完成老化识别 2 302 条、制订方案 3 043 条、安排计划 2 742 条、实施 1 891 条。截至 2009 年底，已基本完成除 KRG（NI）外的重要仪控设备的老化处理工作，后续工作将以老化数据库为基础进行。还完成了 KRG（NI）板件烤机试验台的开发等老化基础研究工作。

在 D213/D113 大修中，完成了部分仪控设备老化处理项目，包括 ARE 通道板件、RGL 保险/继电器、RPN 电缆老化改造、柴油机等 193 项老化处理项目。制订预案完成 ARE 阀门定位器改进，T1/T2 试验台验证，CI 浮子变送器替代改造，RGL 系统 31 mA 保险烧毁替代，KIT/KPS 改造，GRE 上位机改造，继电器支架老化改造等，并对 58 项仪控设备替代申请进行了识别和补充。

（5）核电站重要敏感设备加速老化分析

在应急柴油发电机缸头密封水套加速老化管理方面，项目组发现，电站目前使用的法国柴油机水封工作时间明显低于 8～10 年的设计寿命，并发现法国产柴油机水封橡胶件含胶率偏低，导致其力学性能特别是拉伸强度、回弹性、耐老化性等变差，使用寿命大为缩短。在考察国内多家厂家的产品后，择优选择中昊晨光公司制造的水封橡胶件，试验验证其使用寿命可达 8 年以上，并在 L207 大修全面实施了柴油机缸头水封橡胶件的更换。

（6）重要设备寿命与经济性分析

寿命与经济性（LCM）项目组完成了大亚湾核电站凝汽器和发电机的 LCM 分析及方案制定，并完成了凝汽器、发电机关键部件的筛选，老化、可靠性及经济性模型的建立，以及设备更换方案的经济性评估。

（7）淘汰品管理

自主建立了一整套适用于中广核集团的核电站 1E 级 K3 类电气、仪控设备的鉴定试验导则、鉴定标准、试验方法、试验程序等，并按照 1E 级 K3 类鉴定试验导则和试验程序完成了第一批（10 个种类）核级 K3 类板件鉴定试验。掌握了电气、仪控设备鉴定试验的核心技术，在核电站电气、仪控设备国产化中走出了关键的一步。在我国核能行业首次实现完整的核级 K3 类电气仪控设备板件认证流程、体系的建立。

3. 存在的不足

目前，电站老化管理存在的主要问题是，电站部分维修老化与寿命项目数据记录与管理没有达到国际先进水平，有进一步改进的空间。

5.1.6 遗留问题与 NCR 管理

1. 遗留问题

2009 年度的长期遗留问题管理，在 2008 年度的基础上又有了飞跃的进步。首先将 34 个电站长期遗留问题纳入公司年度计划中进行跟踪，明确了责任处及责任人，加大了各专业处解决长期遗留问题的力度。2009 年，各处需解决的 34 项长期遗留问题有近一半得到了彻底解决，其余的已完成根本原因分析，并且制定了相应的解决措施，延期至 2010 年继续进行跟踪处理。另外，2010 年继续将 32 项长期遗留问题纳入各专业处 2010 年管理计划，并且与责任人的个人绩效合约相结合，进一步加大长期关注问题的解决力度。

纳入“电站日常生产项目组缺陷/问题跟踪”系统的长期关注问题，在 2009 年总共解决了 15 项：D1LHP002MO 柴油机 A 侧过渡齿轮轴断裂，振动问题多次造成柴油机机械故障，D0LHS129/132VF 无法操作问题，CRDM K14 控制棒驱动杆导向筒上部焊缝渗漏，机组解列后 D1/2GSS230BA 闪发液位高报警，大亚湾核电站 2 号机组发电机汽端和励端密封瓦有不同程度的发黑且励端密封瓦空侧有一块乌金缺失，大亚湾核电站 2 号机组发电机定子出水管的间距小于程序要求，L1RCP003PO 轴位移振动值有缓慢上涨，L2GSS110PO 电动机振动高，L2GRH084MT 温度偏高，D2SAP005/006FI 破裂导致白粉进入系统的原因分析及后续预防措施，岭澳核电站一期多个 LEACH 继电器温度异常上涨，L1/2RPN 中间量程倍增周期指示波动大，执行 PT2RPA042 试验时 D2ARE031/032VL 开度波动原因分析及处理，D2VVP262/282EL 多次内漏。

2. NCR 管理

（1）继续采用大修 NCR 的状态跟踪例会，在会上对 NCR 技术方案、NCR 阶段性任务、NCR 的大修管理要求等予以讨论和说明。L207 大修针对 NCR 流程中的执行问题，制定出具有良好操作性的 10 大执行指令，并得到了贯彻执行。

（2）对采购原备件的 NCR 项目进行专项跟踪，由电站备件月会推动关注备件的采购，使原备件采购的 NCR 得到有效的跟踪，备件的采购能够满足电站现场的要求；及时反馈采购中遇到的困难，及早地采取相应的措施来保证现场设备的设计功能，2009 年共推动解决原备件采购相关 NCR 33 项。

（3）NCR 管理优化改进工作，主要说明如下：①经过广泛讨论，PEC 会议通过了参数超标 NCR 的后续解决方案，根据 PEC 会议精神制定出《维修参数标准值管理导则》，对参数超标的 NCR 进行梳理，并制定出标准值，截至 2009 年底批准新标准值 13 份，还有 15 份正在审批。②根据 CAR2009058 和 NCR 程序岭澳核电站二期适用性的要求，升版了 NCR 管理程序。增加了运行三处的职责，使 NCR 适用于大亚湾核电站、岭澳核电站一期、岭澳核电站二期；根据设备管理处的岗位设定规定了 NCR 责任工程师及审核工程师的授权；增加了处理 QSR 系统的 NCR 时“S”点的规定；完善 NCR 管理程序中 NCR 论证的规定。

3. 2009 年度 NCR 的情况统计

2009 年度 NCR 总体情况见表 5.1.6-1，新产生且未关闭的 NCR 按主要系统分类见表 5.1.6-2。

表 5.1.6-1　2009 年度 NCR 总体情况　　项

	大亚湾核电站	岭澳核电站一期	合计
新增的 NCR	103	109	212
关闭的 NCR	130	103	233
未关闭的 NCR	304	279	583

表 5.1.6-2　2009 年新产生且未关闭的 NCR 按主要系统分类统计　　项

系统	系统安全质量等级	大亚湾核电站		岭澳核电站一期		小计	合计
		1 号机组	2 号机组	1 号机组	2 号机组		
ASG	QSR	0	0	2	2	4	72
EAS	QSR	1	0	0	0	1	
LHP	QSR	0	1	2	2	5	
LHQ	QSR	0	0	2	2	4	
PTR	QSR	1	2	1	2	6	
RCP	QSR	1	1	1	1	4	
RCV	QSR	3	4	5	3	15	
REA	QSR	0	0	1	1	2	
RIS	QSR	5	1	1	0	7	
RRI	QSR	0	1	1	0	2	
SEC	QSR	0	0	2	2	4	
ARE	QSR	2	2	0	0	4	
RIC	QSR	0	1	0	0	1	
SIP	QSR	1	1	0	0	2	
RPN	QSR	3	3	2	2	10	
RGL	QSR	1	0	0	0	1	
ABP	QR	1	0	3	2	6	416
ADG	QR	3	3	0	0	6	
AGR	QR	2	5	2	3	12	
AHP	QR	2	3	1	4	10	
APA	QR	5	4	1	1	11	
APU	QR	3	2	2	0	7	
APP	QR	12	19	13	17	61	
CEX	QR	4	8	7	8	27	
CRF	QR	2	8	4	3	17	
CVI	QR	1	1	2	2	6	
GEV	QR	2	0	2	1	5	
GCT	QR	0	1	1	1	3	
GEX	QR	9	9	10	10	38	
GFR	QR	1	2	2	3	8	
GGR	QR	1	1	1	2	5	
GHE	QR	3	5	2	2	12	
GPV	QR	14	13	16	13	56	
GRE	QR	1	5	4	5	23	
GRV	QR	1	4	4	1	10	
GRH	QR	1	0	5	1	7	
GSE	QR	12	8	1	1	22	
GSS	QR	7	10	5	14	36	
GST	QR	3	1	4	4	12	
GSY	QR	3	1	0	1	5	
SRI	QR	1	3	1	3	8	
GEW	QR	3		0		3	

5.2　电站工程及改造

5.2.1　电站工程及改造项目管理

2009年是工程改造的攻坚克难年，面临实现“2009年实现工程改造设计完成项目数大于新增改造项目数”这一战略目标的巨大挑战，在工程改造相关人员的不懈努力下，工程改造的总体态势在2009年得到了有效的控制和扭转，圆满完成了2009年各项工作任务。2009年工程改造的任务完成情况如下。

1. 刷新4项纪录

（1）单次大修实施改造项目数量：2009年大亚湾核电站1号机组第十三次大修实施改造项目102项，实现历史性突破。

（2）年度实施改造项目数量：2009年度实施339项，同比提高64.5%。

（3）年度改造设计完成数量：2009年设计完成361项，同比提高22%。

（4）年度关闭改造数量：2009年关闭304项，同比提高97%。

2. 提前实现了两项战略目标

（1）提前实现了改造总量控制下降的拐点目标：改造项目数量由2009年初的1 026项，下降到2009年底的876项，下降了15%。

（2）实现了改造设计完成数量大于新增改造数量目标：2009年提出新改造共计271项，完成设计361项，超出33%。

3. 终结了多项重要的“马歇尔改造”，基本解决了10年前提出的所有改造

（1）大亚湾核电站常规岛16米火警改造：1999年提出，2009年实施完成。

（2）大亚湾核电站DEG制冷机换型改造：1998年提出，2009年全部完成。

（3）大亚湾核电站制氢站改造：2002年提出，2009年实施完成。

（4）大亚湾核电站BOP火警4 700改造：2001年提出，2009年实施完成。

（5）大亚湾核电站ARE主给水调节阀定位器改造：2000年提出，2009年完成。

（6）大亚湾核电站500 kV失灵保护改造：2002年提出，2009年完成。

4. 顺利完成4次大修任务

在2009年，工程改造完成4次大修任务。L206大修、L207大修、L107大修、D113大修分别完成工程改造项目67项、70项、69项、102项。整个大修的改造安全控制、进度控制均取得较好结果。完成的主要改造项目有：大亚湾核电站GPA保护改造（第一次整系统的实施电站关键核心系统改造），大亚湾核电站KIT/KPS系统改造（第一次整系统的改造关键仪控系统），大亚湾核电站DEG改造（第一次单次大修实施两台制冷机的改造任务），大亚湾核电站ARE给水调节阀定位器改造（第一次在核心系统上修改核心设备），大亚湾核电站RPN电缆改造（第一次整系统的更换堆芯功率监测敏感电缆），大亚湾核电站LKF001TB配电盘改造（第一次整体国产化改造380 V重要配电盘），大亚湾核电站继电器支架改造，大亚湾核电站核岛JDT探头改造，大亚湾核电站LBJ充电器整体更换改造，大亚湾核电站GRE上位机改造，大亚湾核电站和岭澳核电站一期核岛贯穿件AIR-LB改造，大亚湾核电站和岭澳核电站一期RRA死管段改造。

除完成大修和日常的工程改造任务外，岭澳核电站一期18个月换料改造和岭澳核电站

一期定期安全评审（PSR）和十年改造（LTM）研究项目在2009年均按计划顺利推进。

2009年，工程改造队伍始终将安全和质量放在首位，在设计阶段，严控设计和文件质量，各专业高技术岗位工程师严把设计质量关、设计验证关；在实施阶段，做好事前的风险分析和预防措施，实施过程中与合作伙伴施工人员一起控制现场安装质量，与系统运行维修工程师一道严格执行改造的功能再鉴定试验，保证工程改造的一次成功。2009年，工程改造设计和实施未出现大的安全和质量问题。

工程改造队伍能力建设一直是管理层重点工作之一。2009年，工程处进一步在流程中明确了高岗位技术人员的技术责任，在解决电站重大技术难题，控制设计质量关，培养年轻员工等方面发挥更大的作用；针对组织内年轻员工技能和经验欠缺的问题，结合工程技术人员培养体系（ETA）培训要求，制订了个人培训计划，严格按照培训要求，考试通过才能获得授权。同时，利用“青年员工业余学习小组”这一平台，在组织内大兴学习交流的风气，以老带新，敢于给年轻人压担子，让他们挑大梁。通过以上措施，工程改造的“突击队”正逐渐成长壮大。

5.2.2 新增工程改造项目

1. 大亚湾核电站、岭澳核电站一期RPN系统数字化改造（MRTEN090004）

改进原因：两电站RPN系统采用的是DSS公司早期研制的模拟量堆外核测量系统，由于此类技术已逐步淘汰，在备件质量得不到保障的情况下，面临着较大的系统风险，威胁机组的安全稳定运行。

改进内容：选用成熟可靠的数字化技术方案对RPN系统进行改造，改造涉及RPN001/002/003/004/005AR机柜，RPN探头和电缆不进行改造。

进展情况：正在进行改造方案的调研。

2. 大亚湾核电站、岭澳核电站一期核岛INFI90系统升级改造（MRTEN090024）

改进原因：两电站INFI90系统部分备件停产，且厂家无法提供能够替代的升级产品，而目前库存备件量较少，无法满足要求，同时系统操作员站和工程师站的操作系统为WINDOWS95，操作组态软件QNX、PCV、WACD也是基于WIN95平台，厂家已不支持该系统，如果系统故障将导致不可用。因此需对系统软件及部分板件进行升级改造。

改进内容：对两电站INFI90系统操作员站（包括硬件和软件）进行升级改造；同时对已停产且无替代品的板件进行升级改造，包括电源模块、输入隔离模块和输入端子板。

进展情况：正进行改造的初步设计。

3. 大亚湾核电站GSS疏水泵轴封改造（MRTEN090010）

改进原因：D1/2GSS110/210PO轴封为盘根密封，存在以下隐患：盘根密封必须有水外泄进行润滑冷却，泄漏量需经常调整，调整时有灼伤人员风险；因介质温度高，一部分泄漏的水形成蒸汽进入轴承室，冷凝后混入轴承润滑油中，导致润滑不良而损坏轴承。轴承损坏必须停泵检修，导致机组降功率。

改进内容：将盘根密封改进为LASERFACE型机械密封，该类机械密封端面磨损小，散热快，寿命长，不需要外来冷却。

进展情况：改造的详细设计已完成，备件采购中，计划D114大修开始实施。

4. 大亚湾核电站 XCA 辅助锅炉改造（MRTEN090020）

改进原因：大亚湾核电站 XCA 辅助锅炉已安装使用约 18 年，已到达寿命期限。目前水冷壁泄漏频繁，维修困难；并且由于时间久远，燃烧器等重要设备无法采购到备件，影响辅助锅炉的正常运行。

改进内容：采购新锅炉对两台旧辅助锅炉进行整体更换。

进展情况：正在进行项目的初步设计。

5. 大亚湾核电站 GSY 封闭母线改造（MRTEN090015）

改进原因：大亚湾核电站 GSY 封闭母线 B 相长期在负压状态下运行，外部的潮湿空气和灰尘进入母线，导致母线绝缘下降，多次闪发报警。

改进内容：通过提高 GSY 母线系统的密封性及改进增压装置，来实现母线 B 相的微正压。

进展情况：正进行改造的初步设计。

6. 大亚湾核电站、岭澳核电站一期主泵密封保护改造（MRTEN090005）

改进原因：一回路抽真空排气时，为了保护主泵密封，需要安装临时专用设施（TSD），旁通主泵的密封，平衡主泵密封上下游的压力。每次使用 TSD 都需要切割和焊接管道，该管道焊口只能补焊两次，如果再次需要焊接，则需要更换管道。

改进内容：在主泵一号密封压差测量计上方安装平衡管线和阀门。

进展情况：岭澳核电站一期改进所需的设备已到货，已获得国家核安全局批准，准备 L108 大修实施；大亚湾核电站改进所需的设备已到货，详细设计在审批过程中。

7. 岭澳核电站一期发电机失磁、负序保护改造（MRTEN090027）

改进原因：岭澳核电站一期过频、低频、失磁、负序过流、电压控制过流集成型保护继电器 MFVU21、MYTU04、MCND04、MCVG61 运行年限已久，可靠性下降，无维修备件可用，对机组设备正常安全运行带来较大风险。

改进内容：通道 1 采用 AREVA 公司的 P345 数字式发电机综合保护装置替换原失磁继电器 MYTU04 和负序过流继电器 MCND04；通道 2 采用 AREVA 公司的 P343 数字式发电机综合保护装置替换原失磁继电器 MYTU04、负序过流继电器 MCND04 和电压控制过流继电器 MCVG61；通道 1 和 2 采用 AREVA 公司的 P923 替换原过频、低频继电器 MFVU21。

进展情况：L2GPA 保护继电器改造已经在 L207 大修中实施；L1GPA 保护继电器改造将在 L108 大修中实施。

8. 大亚湾核电站 400/500 kV 母差保护改造（MRTEN090028）

改进原因：大亚湾核电站 400/500 kV 母差保护目前使用 ABB 公司的 RADSS 中阻抗继电器型母差保护，运行已久，设备老化，部分电压继电器已经停产，需要其他型号继电器替代。

改进内容：将原有 RADSS 母线差动保护换型改造，现阶段改造涉及 500 kV 801JB、802JB 两段母线第一套母差保护换型改造，改造后使用南京南瑞继保公司生产的 RCS－915E 型母差保护。

进展情况：改造详细设计已经完成，计划 2010 年上半年完成现场实施。

9. 大亚湾核电站主变压器、厂用变压器及岭澳核电站一期厂用变压器油枕改造（MRTEN090019）

改进原因：大亚湾核电站主变压器、厂用变压器和岭澳核电站一期厂用变压器使用的是开放式油枕，不利于对变压器油中特征气体及产气率的准确监测，特别是变压器油与空气直接接触，变压器油易氧化，老化加速，当电子呼吸器故障时还存在变压器吸湿受潮的可能。

改进内容：将大亚湾核电站主变压器、厂用变压器和岭澳核电站一期厂用变压器改造为胶囊密封式油枕。

进展情况：已完成项目前期调研，初步设计，正进行详细设计和设备采购。

10. 大亚湾核电站和岭澳核电站一期应急柴油机管道支架改造（MRTEN090025）

改进原因：两电站应急柴油机振动问题一直是困扰电站的一个大问题。近几年柴油机振动治理的结果表明，柴油机本体管道支架的加固结合国际上普遍采用的隔振或减振等措施，能够降低管道间、管道与柴油机本体间干扰力的传递率，达到降低振动和应力水平的目的。

改进内容：在柴油机冷却水进出水主管支架卡箍增加软性垫片，进出水主管道捆绑式支架增加柔性连接和垫片，进出水主管道交叉连接支架卡箍增加软性垫片，主出水管道上增加柔性支架。

进展情况：正进行详细设计，准备报国家核安全局。

11. 大亚湾核电站 CPA 系统改造（MRTCW090001）

改进原因：大亚湾核电站旋转滤网的 CPA 是由手动控制的直流电源供电，不能自动调节旋转滤网的电位，当滤网腐蚀环境发生变化时，CPA 提供的恒定保护电流会大于或小于滤网所需要的保护电流，这样会发生欠保护或过保护的情况。欠保护会导致滤网发生腐蚀，过保护会导致滤网涂层产生鼓泡，并有氢脆的风险。

改进内容：在原 CPA 系统基础上，利用原有辅助阳极，保持原 3 只参比电极的位置，增加 2 只参比电极。除滤网大轴上参比电极不更换外，将其余锌参比电极（Zn 99.9%）更换为高纯锌参比电极（Zn 99.999%），以提高测量的准确性；将 4 台手动调节整流器更换为 2 台自动控制的恒电位仪，使 CPA 系统自动准确的实现恒电位控制。

进展情况：D1CPA 改造已实施完成，改造后恒电位仪输出稳定，被保护滤网的电位稳定在要求范围内，符合阴极保护技术标准的要求。D2CPA 的改造计划在 D214 大修期间实施。

12. 岭澳核电站一期全 M5AFA-3G 燃料组件长度设计改进（MRTTS090001）

改进原因：南非 KOBERG 电站 2 号机组燃料跟踪检查发现 2003 年入堆的全 M5 AFA-3G 燃料组件生长超过设计上限。岭澳核电站一期自 2007 年开始使用全 M5 AFA-3G 燃料组件，与南非 KOBERG 所用组件类型相同，且设计燃耗相近。为避免岭澳核电站一期所用全 M5 AFA-3G 燃料组件生长超限，导致组件压紧力过大带来的燃料组件弯曲风险，需改进全 M5 AFA-3G 燃料组件长度设计。

改进内容：将导向管长度减小 2.5 mm，维持导向管与套筒的胀接工艺不变，燃料组件长度因此也减少 2.5 mm。减小燃料组件在堆内运行过程中因生长造成的与堆芯上栅格板之间的干涉，有效地降低压紧力过大带来的燃料组件弯曲风险。

进展情况：正在进行改造的初步设计。

5.2.3　物项替代与国产化

1. 2009年物项替代总体情况

2009年，物项替代工作进展顺利，成果显著，并实现了若干历史性突破：替代项目完成数量再创历史新高；计划性替代项目平均完成率均超过了85%；加强了国产化替代工作力度；建立了物项替代（SR）申请电子流程；编写了淘汰品管理导则；创建了采购技术规范及选型导则数据库等。

2009年共收到SR申请593项，关闭741项，其中批准552项，较2008年批准数量423项增长34.2%，关闭数量和批准数量均创历史新高。2009年，大亚湾核电站和岭澳核电站一期的计划性替代总体完成率达到92%。国产化工作在2008年的基础上持续开展，并在现场进行了积极的使用，为后续国产化的推进提供了宝贵经验。

SR电子系统在2009年4月份投入使用，实现了物项替代工作的电子化和无纸化，加快了替代报告的流转，明确了不同部门的职责分工，显著提高了物项替代工作的效率；同时也解决了替代物项的领用和跟踪问题，实现了物项替代实时的闭环控制。淘汰品管理导则的完成是淘汰品数据库建立后淘汰品管理的又一个里程碑工作，为淘汰品管理建立了详细的工作流程。采购技术规范与选型导则数据库的建立是2009年物项替代工作的另一个创新，它为物项替代工作技术知识的积累和经验传承开创了一个良好途径，对电站的知识管理与新员工培训具有一定的借鉴意义。

2. 2009年完成的计划性物项替代工作

2009年继续加大计划性替代工作的力度，其质量与进度控制良好。计划性替代项目共提出170项，完成156项，其中机械专业完成率为85%，电气专业完成率为92%，仪控专业完成率为97%，均超过了80%的管理指标要求。重点项目如下：

（1）岭澳核电站一期常规岛风道软连接替代

岭澳核电站一期常规岛风道软连接为安装阶段厂家配供的，投产后许多备件无法采购。随着电站运行时间的增长，软连接老化破损情况日益严重且无备件可用。参考大亚湾核电站风道软连接替代的成功经验，完成岭澳核电站一期常规岛DVM等系统风道软连接的替代论证（19种规格，72个功能位置）。

（2）第五台柴油机膨胀节替代

第五台柴油机使用的膨胀节种类繁多，制造厂家等相关信息不全导致无法采购备件，且质量不稳定导致故障频繁。为此，对第五台柴油机的所有膨胀节统一选用质量稳定可靠的ANVIS进行替代。

（3）GEV、GEW、LGR保护继电器的数字化升级换型

大亚湾核电站和岭澳核电站一期GEV、GEW、LGR系统的继电保护系统大多为ALSTOM生产的继电器，这些继电器是老式的机械式继电器，数字式保护装置出现后厂家将其停产。替代后选用的是上海AREVA公司产品。

（4）核岛K3电动头升级换代

大亚湾核电站和岭澳核电站一期核岛用K3电动头，由于自身设计问题，多次导致核安全级阀门不可用，严重影响了电站的核安全。厂家BERNARD公司也针对其设计问题进行了产品升级换代，由SR系列升级为ST系列，升级后的ST系列电动头的传动效率更高，运行

更加可靠。通过计划性替代，2009 年累计完成共28 份论证报告，涉及40 余种类型338 个功能位置的电动头替代。

（5）主控制室记录仪无纸化替代

两电站主控制室原使用的法国 CIS 进口记录仪，不仅采购困难，且故障频繁，严重影响了主控制室人员的正常工作。为解决该问题，选用横河川仪的无纸记录仪进行替代，2009 年完成了大亚湾核电站和岭澳核电站一期主控制室、三废控制室、中间控制室及外围系统约 500 个功能位置记录仪的无纸化替代工作；同时完成记录仪上游开关容量评估及改造设计工作，并在部分机组完成施工，为无纸记录仪的更换提供了前提条件。记录仪的无纸化不仅解决了现场备件问题，而且引入了新技术的监测系统，具有一定的创新意义。

（6）CFI 系统用 1800 系列继电器替代

大亚湾核电站 CFI 系统使用的双稳态继电器因制造厂家升级换代而停产，导致替代型号无法直接更换使用，换代后的继电器替代无法直接安装到原继电器板件上，而原安装板件也存在老化问题需要更换。为此，进行了继电器的升级替代和安装板的仿制替代。板件的仿制模式为解决电站其他继电器停产问题具有一定的借鉴意义。

3. 国产化项目

国产化工作自 2005 年提出以来，不断进行改进和经验积累，不仅解决了设备停产、备件采购困难等问题，而且也为其他同类型备件停产问题的处理提供了宝贵经验。2009 年，国产化工作开展面较广，质量控制良好，主要工作如下。

（1）常规和核级低压异步电动机的国产化

目前，国内电动机制造厂家技术成熟，并且有多家取得国家核安全局的核级产品制造许可证，低压异步电动机的全面国产化工作已经成熟。因此，2009 年在个别型号低压电动机的国产化使用经验基础上，对电站常规岛的低压电动机进行了全面的国产化替代，并尝试进行了核级电动机替代。

（2）大亚湾电站 500 kV 和 220 kV 电容式电压互感器替代

大亚湾核电站电容式电压互感器已经停产，国内西电集团有能力制造该类备件。国外同类型产品价格比国内约高 3 倍，参考 2008 年大亚湾电站 400 kV 电容式电压互感器替代的成功经验，继续选用西电集团的产品，对 500 kV 和 220 kV 电容式电压互感器进行国产化替代。

（3）流量计的仿制替代

RCP，TEP 等系统使用的 ABB 公司生产的电磁流量计已淘汰，经国内参考后选取上海光华仪表有限公司进行仿制替代。2009 年已完成对 ABB 电磁流量计的计划性替代，保证了电站采购渠道的畅通。

4. 降低成本的物项替代工作

2009 年，物项替代工作在保证安全及质量的前提下，成本控制工作开展良好，已经完成一系列重要设备的批量国产化和自主化替代，累计可为电站节约成本约 8 000 万元人民币，主要项目有电路板仿制、记录仪无纸化替代、高低压电气设备国产化等工作。

5.2.4 设备防腐

2009 年，电站顺利完成日常及大修的防腐工作任务，包括大亚湾核电站 1 号机组 SEC

系统海水管道内部衬胶整体检查和修复；岭澳核电站 2 号机组龙门架整体防腐；岭澳核电站 1 号和 2 号机组旋转滤网整体防腐；岭澳核电站 1 号和 2 号机组 CPA 系统改造；大亚湾核电站 1 号机组 CPA 系统改造；两电站设备衬胶普查、检测和评估；防腐大纲执行与优化等重要项目。

1. 日常防腐维修

2009 年，两电站共完成防腐工作票 5 105 张，其中，预防性防腐工作票 640 张，纠正性工作票 60 张，服务支持及其他类型工作票 4 405 张，同比 2008 年增长 31% 左右。最近 5 年防腐工作票完成数量对比见表 5. 2. 4-1。

表 5. 2. 4-1 最近 5 年防腐工作票完成数量对比 张

年份	2005	2006	2007	2008	2009
工作票数量	2 400	3 392	3 848	3 884	5 105

2. 大修防腐项目

（1）L107 大修共完成防腐工作票 360 张，主要项目有：L1SEC 系统部分衬胶管道内部检测修复，L1CPA 腐蚀控制改造，L1CFI031/032TF 旋转滤网整体防腐，L1CRF 碎石过滤器牺牲阳极更换，L1CEX 水室衬胶检查及修补，L1GGR001BA 油室内部局部防腐，L1CFI 粗隔栅防腐防污处理，承包商检修后设备防腐质量监督控制等。

（2）L207 大修完成防腐工作票 420 张，主要项目有：L2CFI 鼓型滤网整体防腐，L2CPA 腐蚀控制改造，L2CEX 凝汽器水室衬胶检查及修补，L2CRF 碎石过滤器牺牲阳极安装，L2SEC 部分内衬检查及修复，L2RCP 反应堆大盖及其上下法兰外部 1C 腐蚀检查，L2GEV 主变压器/厂用变压器防腐等。

（3）D113 大修完成防腐工作票 583 张，主要项目有：D1SEC 衬胶管道内衬检测及修补，D1CPA 腐蚀控制改进，D1CFI031TF 旋转滤网局部防腐处理，D1CRF（凝汽器水室进出口）管道防腐处理，D1CEX 冷凝器水室衬胶检查及修复，D1CFI 粗格栅防腐防污处理，D1GGR001BA 内部涂层修复，D1CRF 虹吸管腐蚀检查，主变压器、厂用变压器以及辅助变压器区域设备防腐处理，承包商机械检修后设备防腐监督等。

3. 重要防腐维修及中长期项目

（1）岭澳核电站 1 号和 2 号机组 CPA 系统腐蚀控制改进

2008 年底，现场检查发现 L1CFI031/032TF 加速腐蚀，已经造成滤网严重受损。主要原因是 CPA 系统原始设计存在缺陷：每列 CPA 有四只参比电极，但只有一台恒电位仪进行控制，当滤网涂层开始破损后，电位平衡被破坏，造成滤网不断遭受严重的过保护和欠保护，滤网被加速腐蚀。电站对 CPA 系统进行彻底改造，在原 CPA 系统基础上，将粗隔栅、细格栅、加氯框改为由一台恒电位仪控制电位，旋转滤网由另外三台恒电位仪分别控制电位。改造后 CPA 系统运行稳定，效果良好，达到改造目的。

（2）大亚湾核电站 1 号机组 CPA 系统改造

大亚湾核电站旋转滤网的阴极保护系统（CPA）是由手动控制的直流电源供电，不能自动调节旋转滤网的电位，当滤网腐蚀环境发生变化时，CPA 提供的恒定保护电流会大于或小于滤网所需要的保护电流，这样会发生欠保护或过保护的情况。欠保护会导致滤网发生腐蚀，过保护会导致滤网涂层产生鼓泡，并有氢脆的风险。电站在原 CPA 系统基础上，利用原有辅助阳极，保持原 3 只参比电极的位置，增加 2 只参比电极。除滤网大轴上参比电极不更换外，将其余锌参比电极更换为高纯锌参比电极，以提高测量准确性；将 4 台手动调节整流器更换为 2 台自动控制的恒电位仪，实现 CPA 系统自动准确的实现恒电位控制，彻底根除滤网的过保护问题。D1CPA 改造已于 D113 大修期间实施完成，改造后恒电位仪输出稳定，被保护滤网的电位稳定在要求范围内，符合阴极保护技术标准的要求。

（3）大亚湾核电站和岭澳核电站一期设备衬里老化管理

大亚湾核电站和岭澳核电站一期设备衬里老化管理是根据目前大亚湾核电站和岭澳核电站一期设备衬里老化的情况，对电站设备衬里种类、运行历史、维修记录及衬里相关标准、规范等情况进行收集，对衬里老化情况进行现场检测和评估，从而掌握电站设备衬里的现状，制订设备衬里的检查和维修策略。2009 年，已完成两电站设备衬里检测工作，并对检测数据进行了分析和整理，核电站设备衬里老化评估报告已完成，并将两电站 SEC 系统内衬管理工作纳入防腐大纲管理，其他系统的内衬管理也逐步纳入防腐大纲中。

（4）大亚湾核电站 1 号机组 SEC 系统海水管道内部衬胶整体检查和修复

D113 大修期间，土建处对 SEC 系统衬胶管内部进行了全面检查。整个检查修复工作分别在大修 D1SEC 系统 A 列及 B 列隔离窗口内完成。D1SEC 系统内部衬胶检查，主要针对不同的环境及部位，采取衬胶外观目视检查、内窥镜检查、硬度测量、厚度测量、电火花检查等不同方法进行了检查。从检查结果看，D1SEC 系统管道内部衬胶整体情况良好，衬胶的各项基本性能良好，外观整齐，硬度和厚度都在正常范围内，未出现全面老化失效的征兆，未发现大范围的缺陷。但局部位置发现一些缺陷，主要位于密封面翻边受力处和搭接缝处，土建处按照预案对这些缺陷进行了修复。

（5）岭澳核电站 2 号机组龙门架整体防腐

防腐预防性检查过程中发现，由于岭澳核电站 2 号机组反应堆厂房龙门架长期暴露在腐蚀性较强的海洋性大气条件下，龙门架的金属基体和涂层系统出现不同程度的老化和损坏，特别是在龙门架的部分钢结构支撑部位，由于长期积存雨水，金属基体腐蚀严重，龙门架的整体涂层保护系统已经出现较大面积的粉化失效现象。如不及时处理缺陷将加速设备的腐蚀，对设备的安全可用性造成极大的威胁。2009 年经过近 6 个月的现场施工，顺利完成了龙门架的整体防腐工作。

（6）大亚湾核电站 D0SEL001/002/003BA 内壁整体防腐

大亚湾核电站 D0SEL001/002/003BA 常规岛废液储存罐内壁涂层自投运以来未进行过防腐维修，在防腐预防性检查中发现罐内壁涂层已严重老化，涂层开始发黏、剥落，防腐涂层整体老化。该项目从 2008 年初 12 月开始执行，至 2009 年 4 月顺利完成。

5.2.5 电站厂房及相关构筑物维护

电站厂房及相关构筑物维护，主要包括厂房变形监测、预防性维修检查、纠正性维修、工程改造项目和其他配合性土建工作，分为日常土建维修、大修土建项目、重要土建改造和维修项目（包括中长期项目）等。

1. 日常土建维修

2009 年，两电站日常维修共完成工作票 3 561 张，其中，纠正性维修工作票 29 张，预防性维修工作票 920 张，工程项目 15 张，其余为服务支持工作票。主要项目有：厂区建筑物、构筑物变形监测，建筑物屋面、外墙面、地下室、廊道漏水处理，建筑物预防性维修检查，混凝土结构裂缝修补，油漆修补，钢楼梯、栏杆、格栅板等二次钢结构检查和维修，两电站进水口拦污网和进水渠清理等。

2. 大修土建项目

（1）D113 大修共完成工作票 206 张。主要项目有：D1SEC BONNA 管道内壁全面检查、评估和处理，D1PX 进水口沉砂池水下清理，大亚湾核电站 1 号机组 CC 出水口及流道水下检查和处理，D1SEN101/201PO 泵基础混凝土修补，GD 廊道进出口管道和冷凝器下方竖管内壁检查和处理，SEC 跌水井混凝土检查和处理，D1VVP 抗甩击装置检查和防止积水处理，泵站相关位置混凝土开裂修补。

（2）L107 大修共完成工作票 170 张。主要项目有：L1SEC BONNA 管道内壁检查和处理（部分管段），主变压器防火墙加高改造，凝汽器水室入口、出口 CRF 管道与地面结合处渗水处理后检查，L1VVP 抗甩击钢结构检查和处理，反应堆厂房内重要仪表管线防碰撞保护板安装等。

（3）L207 大修共完成工作票 161 张。主要项目有：L2SEC BONNA 管道内壁处理后检查，L2CFI031/032FI 旋转滤网房间混凝土修补，GD 廊道入口段混凝土和伸缩缝完整性检查和处理等。

3. 重要土建改造和维修项目

（1）运营公司总部大楼改造

总部办公大楼由南、北主楼加联结两主楼的数据中心组成，总建筑面积约 21 000 m^2。其中南楼主楼共 6 层，建筑面积 9 600 m^2；北楼主楼共 7 层，建筑面积 9 400 m^2；北楼附楼为数据中心，建筑面积 2 000 m^2。可以满足 600 多人日常办公、会议、业务洽谈等需要。

该工程由东南大学建筑设计研究院设计，深圳市中海建设监理有限公司负责监理，深圳市海德伦工程咨询有限公司承担造价咨询，中建三局第二建设工程有限责任公司负责施工。2007 年 11 月 1 日开工，2009 年 9 月 28 日通过工程竣工验收，2009 年 11 月 2 日正式移交物业管理。

（2）大亚湾核电站 1 号机组汽轮机厂房屋面防水改造

大亚湾核电站受盐雾气候的影响和本身材料的限制，汽轮机屋面板都出现了不同程度的锈蚀、穿孔，直接导致厂房在雨季出现漏水的情况。虽经多次维修，但还是未能从根本上解决问题。

2009 年，电站对大亚湾核电站 1 号机组汽轮机厂房屋面进行防水改造，采用适合海边盐雾气候的铝镁锰的铝合金材料做屋面板的基材，外加涂膜如氟碳涂层进行保护。采用直立锁边的固定方式，整个体系没有外露的固定钉，使得屋面表面实现无钉缝连接，减少了漏水概率。为不影响机组运行，结构上采用直接在原有屋面板上直接加层铝板的防水体系。该项目由罗保盛（东北亚洲）有限公司负责实施。2009 年 2 月 26 日开工，2009 年 6 月 24 日竣工。改造后屋面经受往了 2009 年台风季节的数次考验，屋面防水效果良好，达到预期目的。

（3）岭澳核电站一期进水渠拦污网更换

进水渠拦污网和浮油栏是核电站 CRF/SEC 等系统取水的第一道拦污拦油屏障。岭澳核电站一期进水渠拦污网于 2005 年竣工投入使用，已使用近 4 年；网具在海水腐蚀及日晒雨淋的作用下，已经开始老化。为保证进水渠拦污网的正常功能，需对拦污网进行翻新及更换。更换施工由广州打捞局完成。更换后拦污网运行良好。

（4）岭澳水库渗漏通道查找及处理

1996 年，岭澳水库第一次开始蓄水即发现渗漏，水库水位越高，渗漏量越大，经过处理未出现险情，但水库实际渗漏量偏大。

根据环境同位素分析、示踪试验、连通试验、温度示踪、电导、水化学分析、土性分析等测试与分析，结合水位观测资料，最终探测出岭澳水库大坝的渗漏主要在五个区段。本工程由河海大学负责渗漏通道探测。渗漏探测结果已通过专家评审，防渗处理方案设计已完成，正准备进行下一步的防渗处理施工。

（5）L2CFI013/032TF 旋转滤网房间混凝土修补

岭澳核电站 L2CFI031/032TF 旋转滤网房间混凝土由于工程施工、环境潮湿等原因，水汽顺着混凝土内的空隙进入到钢筋，致使钢筋发生锈蚀，锈蚀产物溶于水后往顺着墙面往下流，使得墙面看起来锈迹斑斑。为了防止钢筋继续锈蚀，土建处在 L207 大修期间对这两个房间旋转滤网范围内的墙面进行了修补。主要处理措施是将发生锈蚀的部位混凝土凿除，对钢筋除锈，将过长的钢筋头剪断 1 ~2 cm，以增加保护层厚度，清水清洗后用水泥砂浆类材料进行修补。本工程由华兴维修队负责施工。

（6）岭澳核电站一期主变压器中性点直流抑制装置房间改造

主变压器中性点直流抑制装置房间位于岭澳核电站一期 LUA 门内，分别位于 1 号机组的主变压器东侧和 2 号机组的主变压器东侧，是两座紧贴主变压器防火墙的单层建筑。每个平房占地面积约 15 m^2，层高 3 m，框架结构。

本工程由深圳华兴建设有限公司承建。2009 年 8 月 28 日开工，2009 年 11 月 19 日竣工。

5.2.6 在役检查和金属监督

2009 年，大亚湾核电站 1 号机组进行了第十三次大修，岭澳核电站 1 号和 2 号机组分别进行了第七次大修，两电站 BOP 系统进行了年度检修，在役检查工作与检修同步进行。

1. 核岛在役检查

（1）大亚湾核电站 1 号机组第十三次大修在役检查

主要检查项目有：反应堆压力容器检查法兰面和螺栓孔 VT 检查，堆芯指套管检查，控制棒驱动机构和热电偶套管检查，反应堆压力容器顶盖螺栓、螺母检查，蒸汽发生器传热管涡流检查，稳压器检查，主泵检查，阀门检查，一回路辅助管道检查，相关容器及部分核二级和三级部件检查，蒸汽发生器二次侧水压试验。

指套管涡流检查：在 37 根指套管上，共检验到 60 处记录显示，其中 55 处磨损显示与上次大修的检验结果比较没有发生显著变化；5 处磨损显示与上次大修的检验结果比较发生了显著变化，但均未到处理阈值。

在蒸汽发生器二次侧管板清洁度检查中，三台蒸汽发生器整体清洁度满足验收标准。

控制棒组件检查，根据检验结果对组件编号为 F24AA122J，F24AA122Y 和 F24AA123D 的三束组件在堆芯中的位置与相同棒组中新更换的控制棒组件的位置进行了互换；受检的 68 束组件中共有 16 束组件进行了更换，不再入堆服役。

蒸汽发生器二次侧水压试验合格。

（2）岭澳核电站 1 号机组第七次大修在役检查

主要检查项目有：反应堆压力容器顶盖螺栓螺纹面检查，一回路热态目视检查，控制棒驱动机构和热电偶套管焊缝检查，反应堆压力容器顶盖螺栓、螺母涡流检查，蒸汽发生器传热管涡流检查，辅助一回路冷却系统管道检查，蒸汽发生器二次侧的检查人孔、手孔、眼孔、螺栓、螺母及孔的开关密封面检查，三台蒸汽发生器二次侧冲洗前后管板清洁度检查，核安全二级和三级系统管道检查，RIS/EAS 系统地坑、核安全二级和三级容器和热交换器检查，蒸汽发生器二次侧水压试验。

指套管涡流检查：在 11 根指套管上，共检验出 15 处可记录磨损显示，未检验出有明显变化及新增磨损显示；在 26 号指套管的 POINT1 位置磨损量为 47%，虽未达到处理标准，但已十分接近，根据 L206 大修制定的指套管检查处理策略，对该指套管进行了割管移位。

在蒸汽发生器传热管涡流检查中的显示，与役前检查和上次的检验结果比较均无显著变化。

蒸汽发生器二次侧管板清洁度检查发现三台蒸汽发生器整体清洁度满足验收标准。

蒸汽发生器二次侧水压试验合格。

（3）岭澳核电站 2 号机组第七次大修在役检查

主要检查项目有：一回路热态目视检查，控制棒驱动机构和热电偶套管焊缝检查，反应堆压力容器顶盖螺栓、螺母涡流检查，蒸汽发生器传热管涡流检查，稳压器 CCTV 检查，辅助一回路冷却系统管道检查，3 台蒸汽发生器二次侧冲洗前后管板清洁度检查，核安全二级管道检查，RIS/EAS 系统地坑、核安全二级和三级容器和热交换器检查。

指套管涡流检查：在 31 根指套管上，共检验出 53 处记录显示，其中 3 处新的记录显示，7 处显示与上次大修检验结果比较发生了显著变化，但未达到处理阈值；其余显示未发生显著变化。

在蒸汽发生器传热管涡流检查的显示，与役前检查和上次的检验结果比较均无显著变化。

2. 常规岛及电站配套设施（BOP）系统在役检查

2009 年进行的三次大修，均按在役检查大纲的要求对机械部件实施了在役检查。日常期间按大纲要求对两电站 BOP 系统压力容器进行了在役检查。

各次大修在役检查的主要项目有：汽轮发电机部件检查（解体的金属部件、轴瓦、推力瓦、密封瓦、汽阀、叶片、围带连接片、汽动电动给水泵零部件）；压力容器检查（汽、水、油、风、氢等系统压力容器和主蒸汽联箱检查，压力容器水压试验），凝汽器检查（钛管涡流检查）；压力管道检查（仪表管焊缝渗透检验，振动管焊缝渗透检验，AHP/GSS 系统疏水器下游管线焊缝射线检验，压力管道孔板 KD/DI 下游管段和疏水阀下游管件壁厚检测）。

3. 焊接及水压试验

（1）核岛焊接工艺评定和新建焊工资质管理

2009 年，完成 56 项核岛焊接工艺评定，目前，核岛所有焊接工艺评定均已按照 RCC-M 规范 2000 年版进行了更新。同时，还开展了多项新的焊接工艺评定。

2009 年，电站 10 名焊工按照 HAF 603 法规要求取得核行业的焊工资格证。

（2）焊接技术管理系统开发

完成焊接技术管理系统所有模块及其相应功能的开发，经过调试与完善，该系统运行正常，能够满足目前焊接管理活动的各项要求。该系统的投运不仅实现电站焊接活动相关文件的电子化，还大大提高了焊接活动的管理效率，同时也为岭澳核电站二期商运及日后多基地焊接活动的统一管理和资源共享预留了接口，提供了平台。

（3）焊接活动流程和职责梳理更新

2009 年，技术支持处牵头对电站焊接活动流程和分工进行了全面梳理和更新，对电站现场使用的所有焊接材料进行了控制发放和回收，进而完善了焊接材料及其备件配件的立项、采购、维护、发放与回收等管理流程，明确了焊后无损检验管理规定，使电站焊接活动更加符合电站的实际状况，责任归属更明确。

（4）日常和大修焊接工作

2009 年，进行日常和大修相关焊接文件准备 2 300 多份。实施的重要焊接项目有：L107 大修 CRDM 堆焊项目中，通过焊接见证件试验细化了焊接工艺参数范围；在 L1APG102VL 抢修中，制订有针对性的补焊处理方案，选择了合适的焊后 NDT 方式；在膨胀节备件出厂前验收中，发现密封和承压功能的波纹管与衬环搭接环焊缝存在质量缺陷，消除了设备重大隐患。

（5）焊后无损检测

组织大修焊后射线探伤活动，共透照焊缝 606 道，发现 16 道焊缝有超标缺陷，经返修后透照结果合格。

参与讨论并制订了 4 台机组 AHP/GSS 疏水管线焊缝射线探伤计划和方案。

（6）水压试验

大修期间，完成 D113 大修 3 台蒸汽发生器二次侧、余热排出系统两台热交换器、主泵消防水箱、上充泵消防水箱等 16 台压力容器的水压试验，L107 大修 3 台蒸汽发生器二次侧、上充下泄回路再生式热交换器、核岛喷淋系统两台热交换器等 8 台压力容器的水压试验工作。试验过程严格按规程和质量计划的要求执行，试验过程进展顺利，并在不同的压力平台对压力容器本体和试验边界进行了全面检查，发现 D1VVP129VV 内漏等问题并及时进行了处理。

日常期间完成 D9TEG002 ~ 007BA、D9SAR004BA、D1/2SAR019 ~ 022BA、L2ATE702CW、L0SAP410BA、L0SAT401BA、L1ATE702CW、L9SGZ601 ~ 604BA 共 19 台压力容器的水压试验，试验过程进展顺利，未发现任何泄漏，试验合格。

4. 蒸汽发生器在役检查

利用 L206 大修积累的经验，在 L107 大修和 D113 大修中，完成了蒸汽发生器上所有在役检查工作，将蒸汽发生器二次侧水压试验、蒸汽发生器涡流检查、一次侧 CCTV、蒸汽发生器管嘴焊缝射线探伤，以及二次侧 ITV 检查等重大检查项目整合成一个蒸汽发生器在役检查项目，减少了项目接口，大大缩短了大修关键路径窗口。

5. 射线探伤统一管理

基于射线探伤风险的特殊性和探伤过程控制难度大等特点，由技术支持处牵头成立了专项射线探伤管理小组，统一管理电站所有射线探伤工作，包括预防性射线探伤项目和焊接后需要射线探伤的项目。

6. 金属检验与失效分析

实施了大亚湾核电站 1 号机组辐照监督管 Y 管、岭澳核电站一期两台机组 V 管等监督管的提取工作。同时，见证了大亚湾核电站 2 号机组 Y 管的现场试验，验收了岭澳核电站一期两台机组 2 根 U 管的分项和综合报告，完成了 15 项金属设备构件的失效分析并编写了失效分析报告。

初步建成扫描电子显微分析实验室，完成了扫描电子显微镜的安装。此外，还参与了岭澳核电站二期最终安全分析报告（FSAR）中 RPV 辐照监督试验的审评，支持了岭澳核电站二期现场工作。

5.3 质量保证

2009 年，质保处按计划实施了内外部监查、环境管理和职业健康安全管理体系内审、专项监督、大修监督、管理程序审查、人员培训、行动跟踪验证、管理改进计划和供应商资格评审等活动，对公司各项生产活动是否符合法律法规、运行质保大纲、环境管理手册和职业健康安全手册的要求进行了独立评价。

1. 监查计划和内审计划的完成情况

按计划完成了 10 项内部质保监查，1 项二合一体系内审和 4 项外部监查。监查和体系内审中涉及的领域基本覆盖了国家核安全法规 HAF 003 及《运行质保大纲》要求的领域。对监查和体系审核中发现的问题，分别发出了相应的纠正措施要求（CAR）和观察通知（OBN），并进行了跟踪。具体监查和体系内审结果可参考相应的监查报告和体系内审报告。

2. 专项监督计划的完成情况

按计划完成 7 项质保专项监督。此外，根据工作需要还进行了计划外的 18 项质保专项监督。重点涉及的领域包括人力资源管理、运行管理、维修管理、电站设备管理、工程管理、经验反馈管理、职业安全管理、化学与环境保护、质量保证、核电站应急准备与响应、合同采购与物资管理、文档管理、培训管理、生产准备、承包商管理以及公司的管理程序等领域。对专项监督中发现的问题分别发出了相应的 CAR 或 OBN 进行跟踪。具体质保专项监督结果可参考相应的专项监督报告。

3. 大修现场监督的完成情况

2009 年，质保处组织大修监督队参加了 4 次机组大修和岭澳核电站 1 号机组临停抢修。在前 3 次大修中，大修监督队现场监督共 1 705 次，发现较重要缺陷 48 个，次要缺陷 197 个。

4. 供应商评审工作

2009 年，质保处共对 29 家Ⅰ类潜在供应商进行了预审，对其中 18 家进行了源地评审，评审通过 12 家（对其中 10 家发出了保留意见，7 家保留意见已关闭，3 家保留意见尚未关闭）；另外，审查Ⅱ类供应商 49 家（通过 38 家）以及表现评价资格到期后的Ⅰ、Ⅱ类供应商 104 家。

5. 运营公司管理程序审查

2009 年，质保处共审查 316 份运营公司管理程序，对部分程序的内容提出了相应的修改意见。在审核管理程序时，始终遵循了符合性、相容性、关键点控制、可操作性、系统性、简化或优化、预防和闭环控制的原则，确保了管理程序质量。

6. 电站管理行动的跟踪验证

截至 2009 年 12 月底，共发出 CAR 94 个，关闭 131 个，遗留 29 个 CAR 未关闭。发出 OBN 82 个，关闭 OBN 100 个，遗留 21 个 OBN 未关闭。全年共验证电站管理行动 407 项，按期验证率为 99.5%。

7. 三合一管理体系建设

在管理体系建设方面，成功组织并开展了运营公司 2008 年度质量管理评审工作，完成由 GB/T 19001—2000 向 GB/T 19001—2008 的质量管理体系认证转换、体系标准培训整合，以及环境管理和职业健康安全管理体系内审工作。在执照申请处和保健物理处的配合下，成功组织完成兴原公司对运营公司三合一管理体系外部监督审核工作。审核组一致认为，运营公司质量、环境和职业健康安全管理体系的运作情况良好，效果明显，持续改进管理体系的态度积极，并总结出公司在管理体系运作上的 10 项良好实践。同时，也向运营公司发出了 1 个不符合项和 7 个观察项。随后，三合一体系协调小组针对外审机构发出的不符合项和观察项中的问题进行了逐一的分析，制定了 13 条纠正措施，并通过任务督办系统对行动进行了跟踪和验证。2009 年 10 月 13 日，兴原认证中心有限公司正式发文，通知其对公司年度监督审核的结论：继续保持三体系认证注册资格，并换发 GB/T 19001—2008 质量管理体系认证证书。

8. 重要改进项目实施进展

2009 年，质保处安排了总分模式下质保监管体系研究，运营公司三合一管理体系优化，质保监查实施按要素开展，完善大修质保工作体系评价方法，完善大修实施阶段的质保标准检查清单，新物项、服务质保级别的培训与应用，供应商评审的专项培训，以及运行质量保证大纲升版等多项管理改进项目，项目均按计划顺利实施，全年改进项目实施进展情况良好。

9. 人员培训

2009 年，质保处按计划完成了相关的授权培训和专项培训，还组织了适当的外培项目以提高质保人员的专业技能，包括参加国际质量总监高级研修班、采购与供应商质量管理师、国家注册中级质量工程师、西点管理模式、项目管理、三合一体系的内审员、三合一体系监查员及以上人员提高班等培训。最近几年质保处来的新人较多，为加快新人的成长，质保处由主任监查长担任培训工程师，采取有针对性的管理措施加强了质保监查员的在岗培训工作，完成了包括 NCR 管理、作业现场工作过程、纠正措施验证、文件质保审查、人员培训与资格管理、工作包准备、经验反馈、工器具管理、维修报告、记录管理和文件管理等在内的多项专项培训。2009 年，质保处有 2 人获得监查长授权，多人获得监查员资格或监督授权。另外，质保处还承担了阳江核电站两名质保人员的委托培训工作。

10. 与国内外同行开展工作交流

2009 年，质保处与秦山核电站二期先后在大亚湾和秦山核电基地进行了工作交流，与 Gravelines 电站进行了质量管理工作交流，与美国核工业专家审查顾问组（SNSOB）来访的专家就管理者自我评估内容进行了交流，与大修合作伙伴进行了多次大修交流活动。另外，还参加了大中小业主质量管理改进研讨会，核电企业标准管理体系研讨会，国家核安全局与公司及集团的年度协调会和广东省电力行业质量管理工作会议。通过充分交流，质保处开阔了视野，汲取了同行的良好实践。

5.4 环境管理

大亚湾核电站和岭澳核电站一期 4 台机组统一实施放射性废气、废液排放管理，采用统一排放年限值，见表 5.4-1。

表 5.4-1　4 台机组的排放年限值

分析项目	液态非^{3}H核素/GBq	液态^{3}H/TBq	惰性气体/TBq	碘/GBq	气溶胶/GBq
排放年限值	700	145	1 140	34.2	3.8

2009 年两电站 4 台机组排放结果见表 5.4-2。

表 5.4-2　2009 年两电站放射性流出物排放结果

分析项目	液态非^{3}H核素		液态^{3}H		惰性气体		卤素		气溶胶		气态^{3}H
	排放量/GBq	占年限值/%	排放量/TBq	占年限值/%	排放量/TBq	占年限值/%	排放量/MBq	占年限值/%	排放量/MBq	占年限值/%	排放量/TBq
GNPS	0.501	0.072	59.8	41.21	1.09	0.095	4.30	0.013	2.61	0.069	1.213
LNPS	0.255	0.036	48.7	33.59	1.11	0.098	12.46	0.036	3.78	0.100	1.354
合计	0.756	0.108	108.5	74.80	2.20	0.193	16.76	0.049	6.39	0.168	2.567

注：液态非^{3}H核素包括^{110m}Ag、^{58}Co、^{60}Co、^{137}Cs、^{131}I、^{134}Cs、^{54}Mn、^{124}Sb等人工放射性核素。

5.4.1　放射性废气排放与管理

1. 大亚湾核电站

2009 年，惰性气体排放量为 1.09 TBq，比 2008 年下降 14.2%，平均排放浓度为 0.4 kBq/m^{3}；卤素排放量为 4.30 MBq，比 2008 年增加 7.5%，平均排放浓度为 1.59 mBq/m^{3}；气溶胶排放量为 2.61 MBq，比 2008 年增加 6.1%，平均排放浓度为 0.961 mBq/m^{3}。气态^{3}H排放量为 1.213 TBq，比 2008 增加 44.1%。

废气排放总体积为 2.71 Gm^{3}，TEG 含氢废气排放 11 罐·次，ETY 排放 39 次。1 号和 2 号机组平均排放间隔时间分别为 17.7 天和 18.3 天（已除去机组大修时间，下同），全年 D1ETY 泄压排放用时 27.7 小时，D2ETY 泄压排放用时 28.8 小时，均低于运行技术规范中 ETY 全年泄压时间小于 80 小时的规定。

2. 岭澳核电站一期

惰性气体排放量为 1.11 TBq，比 2008 年大幅下降 81.0%，回到正常水平，平均排放浓度为 0.321 kBq/m^{3}；卤素排放量为 12.46 MBq，平均排放浓度为 3.60 mBq/m^{3}，比 2008 年下降 52.3%，但还是高于 2006 年和 2007 年的排放量，这主要是受岭澳核电站 2 号机组第六次大修后主回路总 γ、^{131}I放射性浓度高的影响；气溶胶排放量为 3.78 MBq，比 2008 年下降 15.6%，平均排放浓度为 1.09 mBq/m^{3}；气态^{3}H排放量为 1.354 TBq，与 2008 年相当。

废气排放总体积为 3.46 Gm^{3}，TEG 含氢废气排放 9 罐·次，ETY 排放 38 次。1 号和 2 号机组平均排放间隔时间分别为 16.7 天和 18.6 天，全年 L1ETY 泄压排放用时 39.3 小时，L2ETY 泄压排放用时 33.2 小时，均低于运行技术规范中 ETY 全年泄压排放时间小于 80 小时的规定。

2009 年 4 月，完成 1 号和 2 号机组气态流出物^{14}C的改造，并投入试运行。随后进行了流出物^{14}C测量方法的优化和完善、排放量统计等方面的工作。

气态流出物中总^{14}C的测量结果：活度范围在 8 ~ 240 Bq/m^{3}之间，平均值为 87.6 Bq/m^{3}。

无机碳占总碳比例在 11% ~96% 之间，波动较大，平均值为 65%。TEG 排放期间，测到的有机碳活度较高。

岭澳核电站 2 号机组第六次大修妥善处理燃料组件问题后，消除了有裂纹燃料棒对放射性的影响，机组并网后，L9DVN 测量结果发现^{131}I 还是大于检测限；在随后的跟踪检测中，^{131}I 自 4 月 21 日起到 6 月 21 日逐渐下降到检测限附近，6 月 29 日后 L9DVN 中^{131}I 小于检测限，该部分排放约占年限值的 0.022%，相当于全年的 60%。

5.4.2 放射性废液排放与管理

1. 大亚湾核电站 TER 排放情况

2009 年，核岛废液排放系统（TER）共排放 52 罐·次,排放废液体积为 21 652 m^3。

液态非氚核素的排放量为 0.501 GBq，占年限的 0.072%，比 2008 年下降了 10.4%，平均排放浓度为 23.1 kBq/m^3。其中核素成分以^{60}Co,^{110m}Ag 为主，分别占总排放量的 64.0%，18.3%；与 2008 年相比,^{60}Co 排放量上升了 21.0%,^{110m}Ag 下降了 52.9%。

液态^{3}H 排放 59.8 TBq，占年限的 41.21%，比 2008 年下降了 8.9%，平均排放浓度为 2.76 GBq/m^3。

2. 岭澳核电站一期 TER 排放情况

2009 年，TER 共排放 26 罐·次,排放废液体积为 10 243 m^3。

液态非氚核素的排放量为 0.255 GBq，占年限的 0.036%，比 2008 年上升了 18.7%，平均排放浓度为 24.9 kBq/m^3。其中核素成分以^{110m}Ag、^{60}Co 为主，分别占总排放量的 42.8%、35.7%；与 2008 年相比,^{110m}Ag 排放量下降了 6.3%,^{60}Co 上升了 92.7%。

液态氚排放 48.7 TBq，占年限的 33.59%，比 2008 年下降了 3.9%，平均排放浓度为 4.75 GBq/m^3。

3. 两电站 SEL 排放情况

两电站常规岛废液排放系统（SEL）排放废水体积 136 179 m^3，见表 5.4.2-1。

表 5.4.2-1　SEL 排放体积　m^3

电　站	2008 年	2009 年	2009 年/2008 年
大亚湾核电站	101 108	90 084	0.89
岭澳核电站一期	50 304	46 095	0.92

SEL 排放体积比 2008 年减少 10%。2009 年 4 月和 6 月分别对 D1/2STR001TX 的排污孔板进行更换，原直径 5 mm 更换为 3 mm，更换后排污流量减少 1 t/h，D1/2STR 排污水的温度分别从 93 ℃/92 ℃下降为 58 ℃/60 ℃，满足设计要求，每月可减少排污水 720 m^3。

两电站全年 SEL 分析合格，无特殊排放。每罐 SEL 废液取 100 mL 作为月度混合样进行分析，测量项目有 γ 谱、总 γ、^{3}H、pH，所有排放的非氚核素均低于方法探测限。在机组运行过程中，主蒸汽系统（VVP）中能检测到很低水平的^{3}H，因此 SEL 中有时也能测到略高于方法探测限（40 kBq/m^3）的^{3}H，但均低于程序规定的控制值（ <2.0 MBq/m^3）。其排放量不到 TER 的万分之一，故没有统计在全年液态氚排放量中。

5.4.3　中低水平放射性固体废物处理

1. 2009年放射性固体废物管理情况

2009年，完成了两电站三批废树脂固化，一批浓缩液固化，多次水滤芯固定和技术废物的预压、超压工作。两电站的放射性固体废物货包产量均低于目标值，实现了电站对公众环境保护的承诺。

（1）放射性固体废物货包产生量

统计结果见表5.4.3-1。

表5.4.3-1　放射性固体废物货包产量统计表（两台机组）　m^3

电　站	目标值	2007年	2008年	2009年	近三年平均	现库存总量
大亚湾核电站	135	137.6	134.4	134.8	135.6	2 565.02
岭澳核电站一期	135	133.6	132.4	134.8	133.6	795.83

（2）放射性固体废物货包产生量组成情况

统计结果见表5.4.3-2。

表5.4.3-2　放射性固体废物货包产生量组成情况（两台机组）　m^3

电　站	年份	浓缩液	废树脂	淤积物	水过滤芯	检修废物
大亚湾核电站	2007年	22	56	2	11.60	40.0
	2008年	22	36	2	11.60	62.8
	2009年	16	32	12	10.00	64.8
岭澳核电站一期	2007年	20	38	4	17.60	46.0
	2008年	16	28	0	27.20	61.2
	2009年	0	52	0	20.80	62.0

从表5.4.3-1和表5.4.3-2可以看出：大亚湾核电站2009年淤积物及检修废物产量增加，其主要原因是：①DOSRE002BA罐三年内部检查清理出90多袋淤泥。②2008年遗留约6 m^3的高剂量检修废物。岭澳核电站一期废树脂、水过滤芯及检修废物产量增加，主要原因是：①2008年底剩留4.7 m^3废树脂计划按放射性废离子交换树脂水泥固化改进工艺处理，计废物量约为22 m^3。②滤芯寿期管理引入更换条件变化；RCV，PTR等系统滤芯精度继续升级；使用临时过滤装置（ORFO管线冲洗设备）增加滤芯产生量。③岭澳核电站2号机组一根燃料棒出现裂纹及大修指标控制要求高，导致大修期间的防污染消耗材料增加，检修废物比正常年度大修有上涨趋势。

（3）放射性废树脂的源项产生量统计比较

统计结果见表5.4.3-3。

表 5.4.3-3　放射性废树脂的源项产生量统计（两台机组）　m^3

电　站	2005 年	2006 年	2007 年	2008 年	2009 年	五年合计
大亚湾核电站	5.43	4.86	6.00	8.32	3.00	27.61
岭澳核电站一期	1.50	7.96	8.43	9.00	5.32	32.21

从表 5.4.3-3 可以看出：大亚湾核电站 2009 年废树脂的产量有所下降，主要原因是：①D9TEP005/007DE 更换方式改进，由每年定期更换改变为失效后再更换。②D9TEU004FI 使用细滤芯提高净化效率，且放射性迅速降低，打循环时间明显减少，该措施延长 TEU 除盐床寿命。③部分除盐床寿期未到，更换量比 2008 年有所减少。

（4）放射性原生废物产生量组成情况及对比

统计结果见表 5.4.3-4。

表 5.4.3- 4　放射性原生废物产生量组成情况统计（两台机组）

废物类型	大亚湾核电站			岭澳核电站一期		
	2007 年	2008 年	2009 年	2007 年	2008 年	2009 年
浓缩液/m^3	4.2	4.23	3.1	3.85	3.08	0
放射性废树脂/m^3	6.0	8.32	8.32	8.43	9	5.32
淤积物/m^3	0.1	0.23	1.26	0.4	0	0
水过滤器/个	33	24	31	50	50	41
技术废物/桶	300	401	396	347	431	345
废油/L	150	250	140	340	270	420
碘过滤器/个	39	58	32	108	123	36
高效过滤器/个	201	236	139	213	216	156

2. 中低放固体废物北龙处置场管理

2009 年，根据国家环保部《关于大亚湾和岭澳核电站混凝土桶废物货包暂存北龙处置场的复函》（环函 2006 第 371 号文），继续将大亚湾核电站和岭澳核电站一期的混凝土桶废物货包从电站运出并暂存于北龙处置场。2009 年，北龙处置场共接收混凝土桶废物货包 146 个，所含放射性活度 8 507.4 GBq，完成了第一个处置单元的装填工作，并给第一个处置单元制作了防雨屋顶。截至 2009 年底，北龙处置场暂存废物货包 352 个，接收废物累计的总活度为 27 699 GBq。

2009 年，进出北龙处置场控制区的人数为 2 720 人·次，集体剂量为 683.3 人·μSv。

2009 年，完成挡雨仓房的防腐、屋面彩钢板的更换、行车老化电缆更换、行车大修、第二个处置单元地板渗水混凝土层的铺设等工作。完成了北龙处置场生锈铁丝围网更换、保安系统改造技术方案的确定和合同谈判，2010 年将按计划进行现场施工。配合广东省城市废物库进行放射性废物和废源的接收，以及 2002 年以来库存废物和废源的整备、运往西北废源库等工作。

另外，为满足未来核电发展和核技术应用的需要，中广核集团在粤北新处置场的选址工作取得了新的进展，完成了新丰县遥田和南雄市矮岭两个候选处置场场址的钻井、地质勘探和初步可行性研究工作。

3. 放射性固体废物管理良好实践

（1）放射性废离子交换树脂水泥固化改进工艺投产。该工艺经过 7 年多的研究，上千次的实验室试验、工程规模冷试、工程规模热试和两年试生产，数据丰富，工艺可行，技术可靠，各项性能指标符合国家标准要求，得到国内行业专家的高度认可，于 2009 年 12 月 28 日获得国家批准正式投入生产运行。该改进工艺仅 2009 年就减少放射性固体废物约 32 m^3。

（2）1500T 超压减容应用效果明显。2009 年，大亚湾核电站减少固废 30.36 m^3，岭澳核电站一期减少固废 26.45 m^3，合计减少固废产量 56.81 m^3。

（3）优化树脂床运行方式。寿期末除硼时都需要更换一个全新的 TEP005/007DE 用来除硼，经过实际分析，除硼床并未完全失效。2009 年，经过三废小组讨论，提出失效后更换除硼床的策略，即继续使用上一循环时使用的除硼床。分别在 D113 大修和 L207 大修时进行了实际验证，效果明显。该措施 2009 年减少固体废物约 20 m^3。此外，还优化了 RCV001/002DE 运行方式，经化学论证在不影响除盐床效率的情况下由一用一备方式改变为间隔交替运行，投床的时机由化学专业根据一回路水质决定。该改进发挥两个除盐床的效用，延长了树脂的使用寿命，并减少了固体废物产量。

（4）大修期间实施废水分类收集，减少 TEU 浓缩液产生量。为减少 RRI 废水对 TEU 蒸发器浓缩液的发泡影响，在大修中成功收集核岛的 RRI 排水，并处理至地板废水，有效地降低了 RRI 水被蒸发导致浓缩液发泡带来的效率降低风险。

（5）2009 年完成了技术废物分拣箱的制造、现场安装工作。该设备投产后将改善废物分拣工作环境，减少工作人员的外辐射剂量，大大降低污染扩散风险。

4. 放射性固体废物管理存在的问题

（1）极低放废物存放问题。大亚湾核电站和岭澳核电站一期不定期产生报废的辐射防护用品、工具、设备、零件、塑料管、电缆等。由于放射性极低，从经济效益和最少化要求来看，当前放射性废物处理是不合适的，而又没有更合适的暂存厂房。如果筹建极低放废物库，让这些废物尽可能地衰变，待国家相关政策出台后，再对这些极低放的废物进行解控或排放，这样可以大大减少放射性固体废物量。

（2）加强对高剂量水平 TEP006DE 放射性除盐床的管理。从目前积累的数据看，很难给出准确的更换标准。因此，需要根据实际的运行经验，针对机组不同的影响程度，制定合理的更换标准，目前已初步制定出大亚湾核电站使用 2 个大修，岭澳核电站一期使用 4 个大修的更换策略。下一步计划将根据 ^{110m}Ag 问题解决情况，再逐步延长 TEP006DE 的更换周期。

（3）大修期间大于 2 mSv/h 技术废物逐渐增多，且大部分都是热点或局部热点，需加强源头控制和后续处理时间优化。另外，对于水泥桶封盖等直接接触高剂量废物的相应操作，须想办法制定远距离操作或屏蔽等措施手段。

（4）TES 设备老化现象逐渐突出，且部分器件无库存备件，出现系统问题将使设备维修时间延长，增加操作风险。

（5）提高消耗品的可用性和耐用性。2009 年，大修现场曾发现多起消耗品的质量问题，今后须加强消耗品的质量控制要求，选择有合格资质的供应商。在采购中，严格控制采购物资的产品质量，必要时在产品出厂时进行验收。新防护用品采购时供应商应提供样品试用，待现场经过实际测试后，再决定是否大量进货，以减少不合格产品。

5.4.4 工业废物处理

1. 工业废物的收集与处理

2009年，工业废物存放场收集处理大亚湾核电站和岭澳核电站一期可回收工业废物有：废木材46 m^3、废钢铁177.19 t、废电缆3.886 8 t、废塑料桶5 242个、废金属桶60个、废铝1.35 t、废不锈钢0.2 t、废电机1.23 t、废塑料0.78 t，全部由合同部门通过框架合同交由深圳市龙岗再生资源有限公司收集处理。另收集处理大亚湾核电站和岭澳核电站一期工业危险废物有：废油漆4.819 t、各种废化学品11.651 t、废润滑油85.02 t、废树脂60.2 t、废石棉密封填料0.73 t、废日光灯管0.62 t、废电子线路板0.52 t、废变压器油68.22 t，由深圳市工业危险废物处理站有限公司处理。

历年工业废物处理量见表5.4.4-1。

表5.4.4-1 历年工业废物处理量统计

废物类型	2001年	2002年	2003年	2004年	2005年	2006年	2007年	2008年	2009年
废钢铁/t	208.51	145.44	186.29	107.65	111.92	151.31	197.9	101.14	177.19
废润滑油/m^3	52	118	53	44.85	52	193	118.8	82.79	82.79
一般工业垃圾/m^3	1 196	1 013	2 796	2 754	2 328	2 082	1 926	2 013	2 013
废日光灯管	18 000个	—	—	23 562个	—	8 135个	1.86 t	2.71 t	0.62 t
各种废化学品/t	—	—	—	25.562	3.83	7.23	5.47	1.21	11.651
废铅酸蓄电池/t	—	—	—	—	—	—	10.2	18.55	—
非放废树脂/t	—	—	—	—	—	—	43.61	100.69	60.2
废变压器油/t	—	—	—	—	—	—	—	—	68.22

注：1）2003年以后的工业废物处理产量为大亚湾核电站和岭澳核电站一期4台机组的产生量。
2）一般工业垃圾589车，其中大亚湾核电站304车，岭澳核电站一期285车，共1 767 m^3，全部运到东山垃圾填埋场处理。
3）废树脂因大亚湾核电站ATE系统树脂使用年限到期更换产生。
4）废变压器油主要因大亚湾核电站1号机组主变压器C相油更换产生。

2. 2009年工业废物管理主要工作

（1）工业废物处理合同的延续：可回收工业废物由深圳市龙岗再生资源有限公司处理，工业危险废物由深圳市工业危险废物处理站有限公司处理。

（2）进行岭澳核电站二期工业废物收集与处理合同的前期准备工作。

5.4.5 环境监测与评估

1. 概述

大亚湾核电基地2009年环境监测工作依照运营公司的《环境监督与监测大纲》实施，重点对核电站10 km范围的空气、陆地生物及海洋生物环境介质进行监测和分析。2009年度，KRS系统10个γ辐射连续监测站总体运行状况良好，数据获取率达到99.1%。环境监测大纲要求采集3 123个样品，实际获取3 153个样品，大纲任务实际完成率为101.0%。全年环境监测数据纠错率为0.003%，数据质量水平达到5.5σ。

2. 2009 年环境监测结果

(1) 监测大纲实施

2009 年监测大纲的实施情况见表 5.4.5-1 和表 5.4.5-2。

表 5.4.5-1 2009 年 DNMC 陆地环境放射性监测采样、分析一览

监测介质			频度	采样			采样点	分析项目及样品数				
				点数	计划数	完成数		总α/总β	^{40}K	γ谱	^{3}H/有机氚	γ辐射
陆地介质	空气	γ剂量率	连续	10	—	—	AS1，AS2，AS3，AS4，AS5 BS1，BS2，BS3，BS4，BS5	—	—	—	—	—
		γ累积剂量	季	50	200	200	电厂周围 50 km	—	—	—	—	200
		γ瞬时剂量率	季	50	200	200	电厂周围 50 km	—	—	—	—	200
			季	20	80	80	核电站厂区内外确定线路和站点	—	—	—	—	80
		气溶胶	日	5	1 825	1 825	AS1，AS2，AS3，AS4，AS5	7300	—	—	—	—
			月	5	60	60	AS1，AS2，AS3，AS4，AS5	—	—	60	—	—
		空气中碘	周	1	40	52	AS2	—	—	52	—	—
	淡水	雨水	降水期	3	18	21	AS1、岭下、北龙	21	—	—	21	27[1]
		地表水	半年	3	6	6	大坑、鹏城、岭澳水库	6			6	
		地下水	月	8	96	96	P5，PR1，LA，LB，LC，P1，P2，P3	96	105	16	96	
			季	1	4	4	北龙 7 号	4		2	4	
			半年	2	4	6	岭下、风雨剧场	4		2	4	
			年	6	6	6	北龙 2 号、3 号、4 号、6 号、8 号、10 号	6				
	土壤	土　壤	年	10	10	12	大坑水库、鹏城果园、鹏城菜地、长湾、岭下、大鹏果园、荔枝园、P5、北龙、岭澳水库（增加水头、大鹏菜地）	—	—	12	—	—
		沉积物	年	1	1	1	大坑水库	—	—	1	—	—
	水果	荔　枝	收获期	2	2	3	鹏城（增加惠东）	—	—	3	—	—
	植物	叶　菜	年	3	3	5	鹏城、大鹏、水头（增加葵涌、惠东）	—	—	5	—	—
		萝　卜	年	2	2	2	鹏城、葵涌	—	—	2	2[2]	—
		草	半年	2	4	4	GNPS 大草地、北龙			4		—
	动物	鸡	年	2	2	2	鹏城、惠东	—	—	2	—	—
		淡水鱼	年	2	2	2	鹏城、惠东			2		
	指示生物（松针）		半年	3	6	6	大坑水库、风雨剧场、岭下	6	—	6	3[2]	—
	合计				2 571	2 591		7 443	105	169	131+5[2]	480+27[1]

注：1）pH 测量项目；2）有机氚测量项目。

表 5. 4. 5-2　2009 年 DNMC 海洋环境放射性监测采样、分析一览

监测介质			频度	点数	大纲计划数	实际数	采样点	分析项目及样品数				
								总β	^{40}K	γ谱	^{3}H/有机氚	非放射性监测
海洋生态	海水		半年	2	4	4	H6，H9	4	4	4	—	—
			双月	15	90	90	H1，H2，H3，H4，H5，H6，H7，H8，H9，H10，H11，H12，H13，H14，H15	—	—	—	90	360
			月	2	24	24	循环出口海水（GNPS，LNPS）	—	—	—	—	24
			季	6	24	24	排放渠、材料码头、专家村、东山海水、循环进口海水（GNPS，LNPS）	—	—	—	—	144
	排放渠海水		周	1	365	365	EC-B	48	—		48	52
	海洋沉积物	潮间带	半年	5	10	10	H21，H22，H23，H24，罗香园	—	—	10	—	—
		潮下带	半年	10	20	20	H1 至 H10			20		
	软体类	珍珠贝 + 青口	半年	2	3	4	东山养殖场、澳头	—		4	3[1)]	—
		墨鱼	年	1	0	1	东山				1[1)]	
	甲壳类	虾		2	0	3	东山、南澳	—		3	3[1)]	—
	鱼类	杂鱼	半年	1	2	2	设备码头	—		2	1[1)]	—
	藻类	马尾藻	年	8	8	10	专家村、岭澳、长湾、杨梅坑、桔钓沙湾、大辣甲等	—	—	10	6[1)]	—
	指示生物（牡蛎）		半年	1	2	5	东山（增加澳头）	4		5	3[1)]	—
	合计				552	562		56	4	59	138+17[1)]	580

注：1）有机氚测量项目。

（2）大气环境辐射监测结果

1）环境 γ 辐射

大亚湾核电基地周围地区环境 γ 辐射水平的监测主要采取 3 种方式：KRS 系统连续监测、热释光剂量计（TLD）累积剂量监测和环境监测车车载 γ 剂量率仪定点线路巡测。

本年度 KRS 系统 10 个连续监测子站监测数据见表 5. 4. 5-3.

表 5. 4. 5-3　2009 年 KRS 系统各监测子站 γ 剂量率监测结果　μGy/h

	西大门	大坑水库	医疗中心	岭下	防波堤	坝光	岭澳水库	杨梅坑	水头	大鹏
平均值	0. 126	0. 150	0. 149	0. 117	0. 137	0. 115	0. 105	0. 130	0. 110	0. 122
标准差	0. 005	0. 004	0. 004	0. 006	0. 006	0. 004	0. 004	0. 005	0. 004	0. 006
最大值	0. 161	0. 217	0. 202	0. 342	0. 199	0. 171	0. 159	0. 174	0. 146	0. 162
最小值	0. 116	0. 132	0. 137	0. 094	0. 124	0. 099	0. 086	0. 109	0. 099	0. 110

注：数据为小时平均值。

50 个点的 TLD γ 累积剂量监测，平均值为（123.2 ± 20.8）μGy/月（30.4 天），范围为 54.6 ~ 241.9 μGy/月。每季度厂区 20 个点的 γ 剂量率测量范围为 0.080 ~ 0.397 μGy/h，平均环境 γ 剂量率为（0.138 ± 0.039）μGy/h。厂外 20 个点的 γ 剂量率测量范围为 0.078 ~ 0.148 μGy/h，平均环境 γ 剂量率为（0.120 ± 0.009）μGy/h。

环境 γ 辐射连续监测、TLD 及定点监测结果仍在本底调查值范围内，未见有明显变化。

2）气溶胶和空气中碘的放射性水平

KRS 系统厂区 5 个子站每天采集气溶胶样品。将各月的气溶胶样品进行 γ 能谱测量，全年共分析 60 组气溶胶 γ 谱样品，均未检出人工放射性核素，天然核素中主要是 ^{7}Be、^{210}Pb 和 ^{40}K。

在正常情况下，气体碘放射性主要监测核电站下风向 AS2 站的气体碘，每周采集一次。全年共采集 52 个样品，用 γ 能谱测量，^{131}I、^{133}I 均未检出。

（3）陆地环境介质放射性监测结果

1）雨水和地表水

2009 年，在 AS1、北龙和岭下三个采样点共获取 21 个雨水样品，其中 4 个样品可以测出痕量的 ^{3}H，其余样品的活度均小于方法探测限 1.3 Bq/L。雨水 ^{3}H 比活度范围小于 1.3 ~ 2.49 Bq/L，均值（1.44 ± 0.34）Bq/L（注：小于方法探测限 1.3 Bq/L 的样品按 100% 参加统计，下同）。雨水总 β 均值为（61.0 ± 37.2）Bq/m³，与本底调查值基本一致。

采集大坑水库、岭澳水库和鹏城水库三个点共获取 6 个地表水样品，氚活度均小于方法探测限。总 β 均值为（58.2 ± 38.8）Bq/m³，样品比活度在本底调查值范围内波动。

2）地下水

共采集 96 个厂区地下水样品，分析结果见表 5.4.5-4。

表 5.4.5-4　核电站厂区地下水放射性浓度　　Bq/m³

电站	分析项目	本底值1)			2008 年				2009 年			
		范围	平均值	m/n	范围	平均值	标准差	m/n	范围	平均值	标准差	m/n
GNPS	总 β	109 ~ 229	169	2/2	82.0 ~ 209.1	149	30.7	24/24	96.8 ~ 182.7	132.1	25.9	24/24
	^{40}K	65.9 ~ 88.0	77	2/2	55.2 ~ 229.9	119.4	45.9	18/18	71.8 ~ 158.5	118.6	24.5	24/24
	^{3}H（E3）	1.16 ~ 1.32	1.24	1/2	1.5 ~ 10.6	3.42	2.16	24/24	1.3 ~ 16.9	3.15	3.37	19/24
LNPS	总 β	92 ~ 970	407	48/48	82.5 ~ 1 361.8	421.9	263	36/36	111.5 ~ 638.8	362.0	155.6	36/36
	^{40}K	52.2 ~ 1 080	539.3	4/4	45.9 ~ 858.0	457.5	306.7	27/27	46.2 ~ 658.3	327.8	222.9	36/36
	^{3}H（E3）	1.3 ~ 3.0	1.6	7/48	1.4 ~ 12.5	6.15	3.77	36/36	1.3 ~ 11.3	4.82	3.43	29/36

注：1）大亚湾核电站本底值为 1988 ~ 1992 年数据，岭澳核电站一期为 2001 ~ 2003 年数据。

2）n 为样品总数，m 表示大于探测限的样品数。

由表 5.4.5-4 可见，2009 年，大亚湾核电站和岭澳核电站一期地下水氚的浓度虽都比本底调查水平略有上升，但仍处于很低的水平。大亚湾核电站氚浓度已趋于稳定，岭澳核电站一期地下水氚浓度 2009 年比 2008 年有所降低，降幅为 21.6%。2009 年，大亚湾核电站和岭澳核电站一期地下水中总 β 浓度均在本底调查范围内。

北龙处置场 7 个地下水井共 10 个样品，总 β 放射性测量范围为 13.0 ~ 708.0 Bq/m³，平均值为（191.1 ±223.7）Bq/m^3，约为2008年的1.8倍，主要原因是本年度7个地下水井水位偏低，取到的样品浊度较高，对样品进行的核素分析也显示天然核素活度较高，人工核素无检出。北龙地下水氚浓度均小于探测限。

大亚湾核电站、岭澳核电站一期以及北龙处置场的20个地下水样中人工放射性核素均低于探测下限，天然放射性核素均在本底调查范围内。

3）陆地生物样品放射性水平

2009年，共采集24个陆地生物样品，包括鸡、淡水鱼、马尾松、荔枝、草、叶菜和萝卜等，其中有9个样品中测出痕量的^{137}Cs，其放射性比活度范围 <0.006 ~0.06 Bq/kg（鲜重），平均值为（0.027 ±0.015）Bq/kg。未检出其他人工放射性核素。

4）土壤及水库沉积物放射性水平

全年共采集的土壤中^{137}Cs放射性比活度范围 <0.40 ~2.79 Bq/kg，平均值为（0.97 ±0.73）Bq/kg，未测出其他人工放射性核素。

（4）海洋环境

1）海水非氚放射性水平

在大亚湾海域H6、H9点位采集4个样品进行γ核素分析，除^{137}Cs外，其他人工核素活度均低于γ谱仪探测下限。^{137}Cs浓度范围为1.40 ~2.13 Bq/m^3，平均值为（1.76 ±0.39）Bq/m^3，略低于本底调查值2.1 Bq/m^3。

2）海水中氚的放射性水平

2009年加大了海水氚的监测力度，每两个月在西大亚湾海域15个监测点采集样品，全年采集90个样品，氚平均浓度（2.55 ±1.33）Bq/L。

排放渠海水每小时采集一次，一天共24个样品，混合后作为日样，每周对日样进行混合。氚平均放射性浓度为（29.6 ±51.7）Bq/L，范围为 <1.3 ~226.8 Bq/L，小于程序要求的740 Bq/L。

3）排放渠消泡

2009年度，大亚湾核电基地全年使用消泡剂660桶计127 820 kg。消泡剂的消耗量比2008年略有增加，主要原因是：①2008年5、6月份基地消泡剂库存不够，减少了现场消泡剂的使用量。②根据《2008年深圳市海洋质量公告》，目前整个深圳海域的水质都在逐年下降，赤潮发生次数增加，海水中微生物增加导致消泡剂使用量大幅增加。③新消泡剂从2009年7月才正式使用。

4）海洋沉积物放射性水平

在大亚湾海域H1 ~H10和H21 ~H24、罗香园点位分别采集20个潮下带和10个潮间带样品，^{137}Cs平均放射性比活度分别为（1.10 ±0.40）Bq/kg和（0.47 ±0.17）Bq/kg，在本底调查范围内，未测出其他人工放射性核素。

5）海洋生物放射性水平

在海洋生物马尾藻样品中，未检出人工放射性核素。在大亚湾核电站和岭澳核电站一期进水口采集的2个海鱼样品中仅检出^{137}Cs，^{137}Cs平均放射性比活度为（0.06 ±0.012）Bq/kg（鲜重），在本底调查值0.037 ~0.159 Bq/kg（鲜重）的范围内。

2009年度在东山、南澳共采集3个虾样，有两个样品中检出^{137}Cs，^{137}Cs平均放射性比活度为（0.051 ±0.020）Bq/kg（鲜重）。

在东山、澳头共采集5个牡蛎样品，分析结果详见表5.4.5-5。

5.4.5-5　2009 年牡蛎样品中^{110m}Ag 的比放射性活度　　Bq/kg（鲜重）

月份	1 月 3 日	4 月 7 日	4 月 27 日	11 月 10 日	11 月 19 日	均值
牡蛎样品活度	0.36 ±0.04	0.16 ±0.03	0.36 ±0.04	<0.03	<0.04	0.19 ±0.16
采样点	东山	东山	澳头	东山	澳头	

从表 5.4.5-5 中可见，1 月份和 4 月份取到的牡蛎样品中均能测到微量^{110m}Ag，11 月份样品中^{110m}Ag的比活度则降至探测限以下，全年 5 个牡蛎样品的放射性活度均值为（0.19 ±0.16）Bq/kg。

6）海洋非放射性监测

在大亚湾核电站和岭澳核电站一期进出水口、材料码头、专家村和东山每季度采集一次，监测项目有 COD，BOD5，pH、磷酸盐、氨氮、总大肠菌群等。分析结果显示：2009 年上述取样点大部分海水水质指标满足国家一类海水水质标准，个别指标满足二类海水水质标准。

7）有机氚

全年送检生物样品 22 个，其中海生生物 17 个，陆生生物 5 个。监测结果见表 5.4.5-6。

5.4.5-6　2009 年有机氚样品检测结果　　Bq/L（燃烧水）

监测介质		样品比活度	范围	样品数	1976—1979 年本底调查值范围
海生生物	海鱼	2.76	—	1	2.0 ~ 3.2
	马尾藻	2.88 ±0.58	2.28 ~ 3.80	6	4.1 ~ 10.8
	软体类	3.08 ±0.46	2.48 ~ 3.70	7	2.7 ~ 4.3
	甲壳类	3.64 ±0.19	3.46 ~ 3.84	3	均值：2.7
陆生生物	松针	3.78 ±0.49	3.24 ~ 4.20	3	无
	草	3.07 ±0.41	2.78 ~ 3.36	2	

3. 结论

（1）大气环境辐射水平

10 个 γ 辐射监测站、环境 γ 累积剂量以及定点 γ 剂量率的监测结果表明：2009 年，核电站及周围环境 γ 剂量率水平与核电站投产前相比，无明显差异；环境气溶胶放射性水平在本底调查范围内，空气中放射碘的分析结果均小于 γ 谱探测下限。

（2）陆地环境放射性水平

2009 年，对陆地淡水、生物、动植物、土壤及水库沉积物进行取样分析，大亚湾核电站和岭澳核电站一期地下水及厂区雨水中氚与往年相当，氚水平分别为（3.15 ±3.37）Bq/L、（4.82 ±3.43）Bq/L 和（1.44 ±0.34）Bq/L，属正常水平，其他介质中的放射性水平与电站投产前相比无差异。

（3）海洋环境放射性水平

2009 年，西大亚湾海域 15 个监测点氚浓度与 2008 年基本一致，处于相对较低的水平。由于两电站的^{110m}Ag 排放量逐年降低，仅在富积能力最强的海生物牡蛎样品中能测到微量的^{110m}Ag，比活度为（0.19±0.16）Bq/kg。部分海生物中能测到微量^{137}Cs，其放射性水平仍在核电站运行前的本底调查范围内，无明显变化。

2009年，大气、陆上和海洋环境介质监测结果表明：大亚湾核电站和岭澳核电站一期正常运行期间，通过气态和液态途径释放的放射性物质未对周围环境产生明显的影响。

5.4.6 环境保护工作

1. 综述

2009年，环境管理目标和各项指标完成情况良好，15项目标指标中有14项达标，仅有1项未达标。与目标值有偏差的指标是：2009年复印纸（A4）年消耗量为1.58箱/（人·年），超过标准，标准为≤1.35箱/（人·年）。6项环境管理方案中，4项按照计划完成，其余2项绝大部分完成，并申请适当延期。

2009年，两电站的三废排放均得到了良好的控制，在连续维持极低水平的同时，在废气和废液共4项指标中，有3项再创历史最优；固废减容方面也取得很好的成绩，两电站共减少固废32 m^{3}以上。2009年，大亚湾核电站和岭澳核电站一期的放射性三废排放均完成了2009年度目标。具体数据见表5.4.6-1。

表5.4.6-1 大亚湾核电站和岭澳核电站一期2009年的放射性三废排放情况

污染物	电站	2009年排放或产生量	2009年公司目标值	2008年排放或产生量
液态非氚核素占国家年限值/%	大亚湾核电站	0.072	0.7	0.08
	岭澳核电站一期	0.036	0.7	0.031
惰性气体占国家年限值/%	大亚湾核电站	0.095	0.8	0.11
	岭澳核电站一期	0.098	1.0	0.51
固体废物/m^3	大亚湾核电站	134.8	135	134.4
	岭澳核电站一期	134.8	135	132.4

2. 环境保护组织机构

2009年，环境管理组织体系在运营公司总经理直接领导下，由环境管理者代表和副代表、EMS协调组、各部处环境管理责任人和协调员及员工组成。环境管理者代表受运营公司总经理的委托开展公司环境管理工作，EMS协调组在环境管理者代表的领导下开展工作，负责管理运营公司日常环保工作及推动公司环境管理体系的运作。2009年，公司环境管理组织机构框架基本上没有发生变化，EMS协调组秘书协助公司环境管理者代表，根据公司环境管理工作人员的实际变化情况，对公司环境管理组织工作人员进行了两次调整，并根据生产线六部经理及EMS协调组组长的变化，将新的生产部、维修部和生产准备部经理任命为公司环境管理者副代表，重新任命了EMS协调组组长。

3. 环保培训和宣传

2009年，EMS协调组对运营公司和其他公司的新员工进行了环保初训，共开展了24期，800多名新员工接受了培训。组织协调公司相关部门人员参加了与三体系相关的技术培训和交流活动。

2009 年 6 月，开展了主题为“节能减排”的“6·5”环境日系列宣传活动，包括举办环保节能网上答题，举办环保征文比赛，在“世界环境日”当天号召全体员工开展“少开一天私家车”节能活动等。继续和环境杂志社合作，在环境杂志上对核电的清洁、安全等进行宣传，使公众对核电有了正确的认识。由于环保宣传成绩突出，运营公司连续 9 年被评为“广东省环保宣传先进单位”。

4. 环境管理体系运行和认证

2009 年，EMS 协调组组织以部、处为单位，对运营公司环境因素和重要环境因素进行重新识别和评价的工作，确定了公司环境管理目标、指标及环境管理方案并贯彻执行。1 月 23 日，组织召开了 2008 年度环境和职业健康安全管理体系管理评审会议，这是公司继 2008 年首次进行三体系（环境管理体系、质量管理体系和职业健康安全管理体系）统一时间外审后进行的又一次有益尝试，有效地推动了三体系的整合工作。2009 年 8 月 17 日至 20 日，兴原认证中心有限公司组织了对运营公司质量、环境、职业健康安全管理体系的监督审核，分别对公司管理层、生产部、维修部等 24 个部、处进行了审核，外审专家提出了 3 个观察项和 3 个良好实践，公司的环境因素的识别和评价工作得到了外审专家的好评。2009 年，环境体系外部监督审核顺利通过。

5. 公司的环境治理

2009 年，大亚湾核电基地绿化建成区绿化覆盖率为 38.27%，达到了 2009 年环境目标指标的要求（目标值为 35%）。增加植被方面：完成了 2 号路植树节绿化工程，绿化面积 6 000 m^2，共植树 256 棵；完成了材料码头绿地工程的改造工作，共计改造面积约 1 750 m^2；完成了山东核电营地、淮南营地、防洪渠、两电站气象站各观测点、鹭鸣轩东侧临时停车点、观日阁、大亚湾核电站厂区内、岭澳核电站一期开关站、岭澳大道至北区球场等区域周边杂草的清除工作，共清除杂草面积约 59 000 m^2。绿化用水控制方面采用喷灌、滴灌等节水灌溉方式；50% 以上的绿地使用复用水浇灌，2009 年节约生活用水 13.7 万 m^3。

2009 年生活垃圾容器化收集率为 100%，资源化处理率 21%。

核电基地医疗废物处置采取“医疗中心统一收集暂存，危险废物处理站定期统一清运处置”的办法，由医疗中心与市危险废物处理站签订处置协议，并交纳处置费用。医疗中心按《医疗废物处理协议》和《医疗废物管理制度》管理、处置医疗废物。2009 年医疗中心共处置医疗废物 2 500 kg（50 桶），全部由深圳市危险废物处理站接收。

6. 生活污水管理

大亚湾核电基地生活污水处理站由维修部现场服务处归口管理，由广东核电服务（集团）有限公司东部分公司供水中心负责承包大亚湾核电基地内的所有污水处理站运营，改造项目由运营公司业主负责。2009 年，大亚湾核电基地生活污水排放合格率为 100%（目标值 95%），污水总处理水量为 90.69 万 m^3，设备完好率为 99.96%。

2009 年 2 月，北苑餐厅发生两次漏油，少量柴油进入专家村污水站；2009 年 4 月 9 日，DED1 氧化池（主反应池）进水管腐蚀导致污水渗漏；2009 年 4 月 18 日，SA 餐厅漏油，部分柴油进入 DED1 进水间；2009 年 5 月 15 日，LED1 曝气池（主反应池）填料框架腐蚀断裂导致填料大量外漏，堵塞管道。上述 4 起事件一定程度上影响了污水处理系统的正常运行，但由于发现和处理及时，没有出现污水排放超标情况。

5.5 电站应急计划管理

5.5.1 应急响应能力的维持

1. 应急培训

按照应急计划及年初工作安排，2009 年重新梳理和明确了应急培训的职责、分工、内容，对应急人员与非应急人员进行了不同内容的适用性培训。对应急组织人员的培训分别在教材和培训实施上进行了改进，针对各应急专项组新编了教材和试题。应急组织人员的培训课程分为应急启动与响应专项培训两部分，各应急专项组独立开展培训，内容包括常规的应急知识和岗位职责、专业知识两部分；非应急组织人员的课程为应急基础培训，培训内容仅为常规应急知识。同时，为保证新提名应急人员具有相应的技能，2009 年，公司继续做好新提名应急人员的上岗授权培训；另外，为维持关键岗位值班人员（技术支持组堆芯损伤评价、机组状态诊断、辐射后果评价等几个助理岗位）的技能，专门组织应急关键岗位值班技术人员开展了相应的专业技术培训工作。

2009 年，应急组织人员 1 520 人，组织应急启动与响应专项培训 85 期；非应急人员 996 人，组织应急准备与响应基础培训 26 期。

2. 应急演习演练

应急演习演练是提高应急人员应急技能、全方位检验应急准备是否有效、应急响应能力是否维持在高水平上的重要工作。2009 年，公司应急演练、演习紧紧围绕核电站可能面临的风险，模拟主要风险进行事故情景设计和演习演练。在演习的方式上，做到了预先不通知演习情景，演习人员在全范围模拟机模拟的事故状态的导向下，以自由响应方式进行演习，真正体现了真实性、创新性和找缺陷三大特点。

2009 年，运营公司在应急演习方面，从演习组织形式和事件性质种类上有进一步发展，一是高频率地举行了应急响应小组演练，二是增加了非核事故情景的应急演习。全年共举行不同类型的事件、事故应急演练与演习 12 次，分别是：

(1) 2 月 15 日，在周末事前没有任何通知的情况下，举行应急组织启动及演练。

(2) 3 月 2 日，举行岭澳核电站 1 号机组第七次大修 RX 厂房人员撤离演练。

(3) 3 月 19 日，举行大亚湾核电站 2 号机组乏燃料装罐前燃料厂房人员撤离演练。

(4) 3 月 25、26 日，进行应急环境监测演练。

(5) 4 月 9 日，进行岭澳核电站一期运行控制组和技术支持组的小组演练。

(6) 6 月 2 日，进行基地范围内防抗超强台风应急演习。

(7) 6 月 2 日，进行大亚湾海域海上溢油事故应急演习。

(8) 7 月 3 日，举行第一次年度综合应急演习。

(9) 7 月 14 日至 30 日，举行应急组织人员全员应急培训与小组演练共 25 次。

(10) 进行安全保卫应急演习。

(11) 11 月 19 日，举行第二次年度综合应急演习。

(12) 12 月 17 日，岭澳核电站 2 号机组第七次大修卸料前 RX 厂房人员撤离演练。

3. 应急设施设备和应急组织的管理

（1）应急设施设备

2009 年，公司对应急设施设备进行了规范化、集中性管理，努力推进设备维护专业化，将应急设施设备的维护纳入电站系统与设备的管理维护体系中，进一步保证了应急设施设备的故障排除能力。

（2）应急组织

继续实行月度检查制度，逐步开展重要设备周检查制度，设施设备可用率保持在 96% 以上，其中重要设备的可用率保持在 99% 以上。公司规定每周应急待命值班人员不得离开场区，实行应急待命值班人员在岗检查制度，每周随机抽查呼叫 10 人以上。2009 年，应急待命值班人员 10 min 内复机率达 99.6%。ON-CALL 会点名到岗率平均为 99.5%，相比于 2008 年，这一比率略有提高，说明了大亚湾核电基地应急响应组织的应急响应能力始终维持在高水平上。

5.5.2 场内应急准备管理

1. 应急计划与执行程序管理

应急计划是核电站根据国家有关规定制定的应付各种核事故和辐射事故的应急准备大纲，也是核电站营运单位“保护员工，保护公众和保护环境”的具体承诺。2009 年，为迎接岭澳核电站二期装料及运行，在充分分析岭澳核电站二期技术不同点对电站应急管理与准备工作影响的基础上，对目前应急组织、应急设施设备等都进行了调整和改进，对统一的应急计划进行了全面的适应性的修改和升版，经过多次与国家核安全局的评审对话，及对应急计划的多次修订，已初步得到国家核安全局的认可。

同时，重新审核所有的应急计划与准备相关程序，并安排专人对相应的程序进行全面的适应性修订和升版，以满足大亚湾核电基地在岭澳核电站二期加入后的统一应急计划与准备的需要，为将来大亚湾核电基地 6 台机组的应急组织切换，以及岭澳核电站二期机组装料奠定了坚实的文件基础。

2. 应急设施设备建设

核应急基础设施是电站应急人员履行应急职责的有效工具。在 2009 年应急管理工作中，运营公司核应急基础设施的建设取得了重大进展，在不断完善应急设施设备的同时，岭澳核电站二期相关设施设备的建设正在同步进行。一些项目已投入或即将投入使用。

3. 突发事件总体应急体系建设

2009 年，大亚湾核电基地进一步建立健全了突发事件总体应急预案体系，在 2008 年工作的基础上，继续进行各单项应急预案的编制工作。截至 2009 年底，基地突发事件总体应急预案体系框架已基本构建完成。2009 年，新编了环境污染、涉外事件及地震专项预案，并修订了反恐、“三防”及防抗超强台风专项预案。

基地总体应急组织自建立以来运作良好，基地层面的突发事件专项应急预案陆续出台。特别是各成员公司均根据基地所处地区常受台风影响的特点，根据“三防”预案的要求成立了应对“三防”事件的体系，并建立了联动机制，定期举行演习。这些举措大大增强了基地应对突发事件的应急处置能力。

5.5.3 应急启动和响应

2009 年，大亚湾核电基地因台风影响而实际进入应急状态 1 次，应急指挥部和相应应急人员启动及时有效，期间机组运行正常，没有发生任何意外事件。

2009 年 7 月 19 日 00：50，第 6 号台风“莫拉菲”在深圳市大鹏半岛沿海地区登陆，正面袭击大亚湾核电基地，登陆时中心风力强度达 13 级，是自 2003 年“杜鹃”台风以来对电站影响最为严重的一次台风。值班应急指挥根据香港天文台悬挂 9 号风球以及两条 220 kV 辅助电源丧失的情况，宣布进入应急待命状态。应急指挥部人员、技术支持组、安全防护组人员按时到岗，响应及时有效，确保电站安全抵御台风的袭击，保证了机组的安全稳定运行。

5.5.4 内外部检查和课题研究

1. 课题研究

（1）大亚湾核电基地应急撤离能力评估

随着岭澳核电站二期的建设，工程建设人员和外培人员增多，大亚湾核电基地人数激增，大亚湾核电基地在事故情况下的应急撤离能力受到挑战。

为了解目前大亚湾核电基地的应急撤离能力，发现问题，改进管理，保证事故情况下良好的应急撤离能力，电站应急部门在调研了大量数据基础上，进行了一系列的分析计算，开展了对大亚湾核电基地应急撤离能力的评估工作。

（2）操作干预水平研究

该研究针对国内 CPR1000 压水堆核电站开发一套实用的软件系统，在核事故发生后，利用事故电站的实际工况、环境监测数据、厂址周围的气象条件数据等，计算出符合实际条件和监测结果的操作干预水平（OILs），从而指导电站选择采取更加切合实际的防护行动措施。

（3）源项论证

通过源项论证，主要研究分析并给出应急计划基准源项的确定方式和基本原则，以正式报告或政府文件为依据给出法国确定 S3 源项为应急计划基准源项的基本原则和方法，进一步论证 S3 源项作为中广核集团 CPR1000 系列核电机组应急计划基准源项的合理性和可行性等问题。

（4）重要应急数据传输电源保障能力调研

在应急期间，机组数据、交通状况信息、气象信息等均是应急指挥时需要的极为重要的资讯，目前，大亚湾核电基地均采用网络形式向应急指挥部进行传送，但网络传送链路的电源供应成了这些数据能否正常传输的关键。该研究主要是对数据传输链路上的电源等级进行分析调研。

2. 检查和纠正行动

2009 年，运营公司应急准备工作先后接受了国家核安全局、广东监督站、国际原子能机构运行前安全评审团等的检查与评审。2009 年，根据各项检查而提出了改进或优化建议 30 多项（含 12 月份运行前安全评审新提 2 项），累计已完成了约 28 项改进活动，其中重要改进项目有：

（1）应急支持专家组的改组和管理

由中广核集团内部各个领域的专家组成的应急支持专家组，是应急响应期间提供专家支持的团队。2009 年全面更新了专家支持队伍。

（2）电子集合清点系统

以电站固有的进入口控制系统（KKK）为基础，建立了厂区集合清点，进一步提高了应急状态下人员集合清点快速和准确的能力。

（3）应急期间私家车管理

大亚湾核电基地人员和车辆的增加，增加了基地内的交通运输压力，更使事故情况下的应急疏散能力受到极大的影响。2009 年，进行了应急撤离能力的分析研究，并据此制订了交通管制预案，以保证主撤离通道的畅通。

（4）重要应急数据传输电源保障能力

对应急数据传输链路上的电源等级进行了分析调研，提出整个链路上的电源必须提高到核安全等级，确保在电站断电事故情况下仍然能够稳定供电。

（5）业主公司在应急准备和应急响应中的职责和任务

2009 年制定了相关管理规定，明确了业主公司对应急准备工作的监督职责，以及在应急响应期间的参与形式和责任。

（6）应急演习情景设计的管理规定

通过制定演习情景设计的管理规定，确定了由运行部门设计、安全工程师审定、模拟机验证的设计流程，极大地提高了事故情景的逼真性，提高了应急演习的效果。

（7）演习考评制度的细化

制定了更为细化的评估手册，使每一个应急人员和每一个应急动作均能得到考评。应急人员也通过考评结果知晓了自己的强项和弱点，起到了提高应急人员应急技能的作用。

（8）厂区撤离路线标志

应急撤离路线的标志可以引导人们快速奔向应急集合点和撤离到安全地带。

5.6　职业健康管理

1. 放射性职业危害的监测

2009 年，在 D113 大修和 L107 大修期间，对具有代表性的 RX 厂房 20 m 平台、D/L1KX716、D/L2KX756、N234 和 L215 厂房在各个检修不同工况下空气中氚浓度进行了监测。

D113 大修期间，RX 厂房内空气氚的平均浓度为 8.93×10^{3} Bq/m^{3}，工时为 2.90×10^{4} 人·时，集体剂量 1.83 人·mSv；D1KX716 厂房的空气氚的平均浓度为 1.67×10^{4} Bq/m^{3}，工时为 9 604 人·时，集体剂量 5.01 人·mSv。D113 大修氚内照射总集体剂量为 6.84 人·mSv，占同期外照射剂量 545.88 人·mSv 的1.25%。对 8 人进行常规尿氚监测，16 人进行特殊工况尿氚监测。结果表明常规监测累积剂量最大为 3.23 μSv，特殊工况监测人员单次摄入最大剂量为 9.88 μSv，低于核行业标准规定的 1 msV 水平。

L107 大修期间，RX 厂房内空气氚的平均浓度为 1.99×10^{4} Bq/m^{3}，工时为 54 339 人·时，集体剂量 10.77 人·mSv。L1KX716 厂房的空气氚的平均浓度为 0.78×10^{4} Bq/m^{3}，工时为 7 992 人·时，集体剂量 1.94 人·mSv。L107 大修氚内照射总集体剂量为 12.71 人·mSv，占同期

外照射剂量 740.29 人·mSv 的1.72%。对 10 人进行常规尿氚监测，16 人进行特殊工况尿氚监测。结果表明常规监测累积剂量最大为 7.02 μSv，特殊工况监测人员单次摄入最大剂量为 5.47 μSv，低于核行业标准规定的 1 mSv 水平。

2. 非放射性职业危害的管理

（1）现场监测与卫生学评价

1）对工业厂房高温作业场所进行监测。分别于 7、8、9 月对大亚湾核电站和岭澳核电站一期 62 个高温监测点和岭澳核电站二期部分区域进行一次监测，测量作业环境气象条件，并给出了高温作业时间限值的建议。

2）对大亚湾核电站和岭澳核电站一期化学加药间和 SEK 地坑空气中氨浓度进行跟踪监测，并推动卫生防护工程改造。完成了岭澳核电站一期 SEK 地坑降低氨气及化学加药间自动加氨的工程改造，降氨效果明显。

3）除完成大亚湾核电站和岭澳核电站一期现场厂房噪声监测工作外，还完成了岭澳核电站二期移交厂房的噪声监测和卫生学评价工作。

4）完成了大亚湾核电站和岭澳核电站一期工频电磁场监测及工频电磁场标志牌的设置。

5）建立了 2009 年度员工个人职业危害卫生档案。在进行职业健康检查的同时，制定了《职业危害档案管理规定》，为 2 141 名员工建立了职业危害卫生档案。

（2）迎接卫生部对岭澳核电站一期落实职业病防治法的监督检查

2009 年 7 月 28 日，卫生部监督检查组对岭澳核电站一期职业病防治情况进行了监督检查，并针对发现的问题，提出了整改意见和建议。卫生部委托广东省卫生厅进行了复查。广东省卫生厅会同深圳市卫生局于 2009 年 12 月 28 日至 30 日进行了复查，复查结论是岭澳核电站一期高度重视这次检查工作，认真对待卫生部检查提出的问题，并进行了整改。

3. 职业健康检查与监督

2009 年度职业健康检查于 7 月 6 日开始，9 月 11 日结束，历时 50 天。计划体检 2 412 人，其中放射性人员 2 144 人（男 2 090 人，女 54 人，含特种作业人员、外籍顾问），非放射性人员 268 人（男 192 人，女 76 人）。实际检查 2 409 人，体检完成率 99.88%。

体检结束后，对 2 144 名从事放射性工作人员进行了评价，其中 1 714 人评价为能适任放射性工作，229 人暂能适任放射性工作，14 人不适任放射性工作（包括暂不能适任 3 人），15 人不宜从事与辨色有关的放射性工作，172 人需复查后再评价。放射性工作适任性评价完成率为 100%。

2009 年体检发现，生活方式疾病问题突出，主要表现在：肝胆疾病明显突出，尤其是脂肪肝及转氨酶增高；营养代谢性疾病、超重（肥胖）是检出率最高的疾病之一；高血脂人数高居不下；血糖增高检出率明显增加；高尿酸血症较 2008 年有所增加；心血管系统异常表现为血压增高、心电图异常人数增加；妇科疾病较多。

4. 职业预防保健与健康促进

（1）通过电话、面谈、健康宣传专栏、电子邮件宣传卫生健康知识，开展了控制“三高”（高血压、高血脂、高血糖）和肥胖，提倡戒烟、限酒和健康生活的宣教，定期进行血压、动态血压、心电图、动态心电图和血糖等项目的监测，加强员工对疾病的预防及自主监测意识。

（2）在高温季节，定期监测主要工作厂房监测点干球温度、湿球温度、相对湿度、湿球黑球（WBGT）指数、风速等指标，在运营公司内部网络上公布结果。发放防暑降温的药品，进行高温作业科普宣传，提供高温作业人员饮食营养指导，列出高温作业禁忌症、预防和治疗中暑的方法。

（3）对新入厂员工进行职业病危害防护培训和职业危害告知。

5. 意外受照时医学处理准备及实施

2009 年，两电站未发生过量照射事故。发生了 7 起头部、面部皮肤放射性核素污染事件，经去污均达本底水平，去污效率 100%。

6. 医学应急与准备

岭澳核电站二期主控制室新配备 1 个保健药箱，大亚湾核电站、岭澳核电站一期厂房放置创伤急救箱共 14 个，保健药箱共 25 个。对创伤急救箱、保健药箱以及救护车、专业去污中心、应急去污室、厂外去污室、主控制室和抢救室的去污急救设施、设备和器材，每周巡检一次，设备可用率 100%。专业去污中心设备齐全，能完成机械、物理、化学和手术去污。职业医疗中心配备了抗放、促排和阻吸收等处理人员内污染治疗的特殊药品，具有早期处理放射性内污染事件的条件和能力。并将苏州大学附二院（核工业总医院）作为核事故医学应急的后援支持单位。

2009 年，增加了北苑、岭澳核电站二期共 5 个碘片存放点，对承包商碘片存放点实行季检，考察其管理人员对碘片的保管情况和使用知识。对现场碘片存放点实行月检，碘片保存点巡检率 100%，碘片保存完好率 100%。

5.7 计划管理

5.7.1 发电计划执行情况及电网状况

1. 2009 年上网目标情况介绍

经 2008 年 12 月 23 日召开的运营公司第二十四次董事会审议批准：大亚湾核电站 2009 年计划上网电量为 150.1 亿 kW·h，岭澳核电站一期 2009 年计划上网电量为 141.2 亿 kW·h。根据中广核集团公司要求，大亚湾核电站按上网电量 153.0 亿 kW·h 向电网申请，岭澳核电站一期按上网电量 147.0 亿 kW·h 向电网申请。

根据粤发改能〔2009〕216 号文《关于下达 2009 年度电力负荷需求预测及机组发电组合基础方案的通知》，大亚湾核电站 2009 年上网电量指标为 153.0 亿 kW·h，岭澳核电站一期 2009 年上网电量指标为 147.0 亿 kW·h。

2. 2009 年主要生产情况

2009 年，大亚湾核电站全年实现上网电量 156.62 亿 kW·h，能力因子为 95.61%；岭澳核电站一期全年实现上网电量 148.25 亿 kW·h，能力因子为 90.74%。两电站年度上网电量合计达 304.86 亿 kW·h，在圆满完成 300 亿 kW·h 年度发电任务的同时，年度上网电量继 2008 年后再创历史新高。大亚湾核电站 1 号机组已安全运行 2 692 天，自 2002 年 1 月 12 日以来连续近六个燃料循环无非计划停机停堆，继续刷新国内核电站单机组安全运行最高纪录。

主要指标完成情况见表 5.7.1-1。

表 5.7.1-1　主要发电指标统计

	大亚湾核电站			岭澳核电站一期		
	2009 年	2008 年	增减	2009 年	2008 年	增减
发电量/（亿 kW·h）	163.742	160.810	2.932	154.670	152.436	2.234
上网电量/（亿 kW·h）	156.617	154.298	2.319	148.245	146.200	2.045
负荷因子/%	94.98	93.03	1.95	89.18	87.65	1.53
能力因子/%	95.61	93.02	2.59	90.74	88.68	2.06
内部原因减载等效天数	0.182	18.106	-17.924	2.732	2.013	0.719
外部原因减载等效天数	5.753	0.596	5.157	8.434	3.660	4.774

3. 上网电量及其销售完成情况

2009 年，大亚湾核电站实际完成上网电量 156.62 亿 kW·h，其中送香港中华电力 109.63 亿 kW·h，占香港中华电力 2009 年总发电量 356.98 亿 kW·h 的30.7%，送广东电网 46.99 亿 kW·h，占广东省 2009 年全社会用电量3 609.4 亿 kW·h 的1.3%。岭澳核电站一期实际完成上网电量 148.25 亿 kW·h，占广东省全社会用电量 3 609.4 亿 kW·h 的4.1%。

4. 停机及减载情况

（1）内部原因停机及减载情况

2009 年，大亚湾核电站两台机组内部原因减载等效损失 0.182 天，除定期试验要求有短时减载等效损失 0.059 天外，其他因设备故障造成的减载损失如下：

1）1 月 2 日至 3 日，因更换 D1GSS210PO 泵轴承室润滑油，1 号机组未能达到满功率，等效损失 0.017 天。

2）1 月 4 日至 19 日、2 月 2 日、2 月 5 日至 13 日，因 D1GRH093MT 温度高，1 号机组未能达到满功率，等效损失 0.03 天。

3）2 月 2 日，因 D2GSS201VL 滴漏，D2GSS230BA 正常疏水切至应急疏水，2 号机组等效损失 0.005 天。

4）2 月 3 日至 4 日，因 GK 参数未调整，1 号机组未能达到满功率，等效损失 0.012 天。

5）2 月 24 日，因 D2GRE010VV 故障关闭导致机组短时超功率，为控制运行功率，2 号机组降功率至 977 MW 运行，等效损失 0.006 天。

6）4 月 6 日至 11 日，1 号机组延伸运行，等效损失 0.045 天。

7）6 月 3 日，为消除 D1GFR050AQ 漏点，1 号机组降功率 20 MW 运行，等效损失 0.003 天。

8）8 月 27 日，进行 D2GSE004VV 异常关闭故障处理，2 号机组短时降功率至 950 MW 运行，等效损失 0.001 天。

9）9 月 4 日，进行 D1AHP218VL 阀门开度标定，9 月 9 日进行 D1ABP402/404 气动分配器消漏，1 号机组未达到满功率运行，等效损失共 0.001 天。

10）12 月 30 日至 31 日，进行 D2GRE003VV 定位器更换工作，2 号机组降功率至 982 MW运行，等效损失共 0.004 天。

2009 年，岭澳核电站一期发生内部原因减载等效损失 2.732 天，除定期试验等效损失 0.121 天外，其他因设备故障造成的减载损失如下：

1）1 月 1 日至 2 日，因 GK 参数未调整，1 号机组未达到满功率运行，等效损失 0.003 天。

2）1 月 19 日至 20 日，L2GSS210PO 电动机驱动端轴承工作异常，2 号机组降功率运行，等效损失 0.007 天。

3）1 月 23 日，L2GSS110PO 隔离消缺，2 号机组降功率运行，等效损失 0.006 天。

4）2 月 16 日至 24 日，1 号机组延伸运行，等效损失 0.139 天。

5）3 月 9 日至 10 日，L2GSS210PO 停运，2 号机组降功率运行，等效损失 0.006 天。

6）3 月 24 日至 27 日，1 号机组启动使用 2 号机组蒸汽，等效损失 0.010 天。

7）6 月 8 日至 11 日，停机处理 L1APG102VL 泄漏故障，等效损失 2.289 天。

8）6 月 9 日至 10 日，1 号机组临停检修期间，2 号机组向 1 号机组辅助供气，等效损失 0.009 天。

9）6 月 19 日，L2GSS001MN 不能正常反映真实液位，隔离蒸汽，等效损失 0.002 天。

10）7 月 6 日，2 号机组配合 LOCA 炉调整试验降功率运行，等效损失 0.002 天。

11）8 月 4 日，2 号机组降功率进行 L2GSS117VL 法兰垫片泄漏处理，等效损失 0.005 天。

12）9 月 12 日至 13 日、9 月 16 日，因 L2RPN030MA 波动大，2 号机组降功率运行，等效损失 0.006 天。

13）10 月 5 日至 7 日、10 月 15 日至 16 日，2 号机组核功率高限制热功率，等效损失 0.024 天。

14）10 月 6 日至 9 日，1 号机组核功率高限制热功率，等效损失 0.027 天。

15）10 月 20 日至 21 日，2 号机组氙振荡试验，等效损失 0.003 天。

16）11 月 4 日、11 月 6 日至 9 日，2 号机组核功率高限制热功率，等效损失 0.005 天。

17）11 月 15 日至 16 日，L2GSE002VV 异常关闭至 9%，2 号机组降功率至 950 MW 运行，等效损失 0.014 天。

18）11 月 16 日，L2GSS210PO 故障，2 号机组降功率运行，等效损失 0.002 天。

19）11 月 17 日至 19 日，L2RPN030MA 波动大，限制 2 号机组热功率，等效损失 0.006 天。

20）11 月 25 日至 30 日，2 号机组核功率高限制热功率，等效损失 0.01 天。

21）12 月 3 日至 12 日，2 号机组核功率高限制热功率，等效损失 0.023 天。

22）12 月 11 日，进行 L2GSE002VV 阀门模块更换，2 号机组降功率运行，等效损失 0.003 天。

23）12 月 16 日，1 号机组关闭 L1GRE/GSE004VV，更换 L1GFR157FI/017SP，等效损失 0.001 天。

24）12 月 25 日，1 号机组 GK 参数调整，等效损失 0.001 天。

（2）外部原因停机及减载情况

2009 年，大亚湾核电站因外部原因减载等效损失 5.753 天，主要有以下原因：

1）1 月 1 日 00：00 至 1 月 3 日 14：10，应电网“元旦”减载要求，1 号机组降功率至 760 MW 运行。

2）1 月 21 日 00：00 至 2 月 1 日 08：00，应电网“春节”减载要求，1 号、2 号机组降功率至 760 MW 运行。

3）7月19日，因台风“莫拉菲”影响，1号机组降功率至760 MW运行。

4）8月5日，因台风“天鹅”影响，2号机组降功率至760 MW运行。

2009年，岭澳核电站一期因外部原因减载等效损失8.434天，主要有以下原因：

1）1月21日至2月1日，应电网“春节”减载要求，1号机组降功率至760 MW运行。

2）1月21日22：00至1月27日03：15，2号机组降功率至760 MW运行；1月27日03：15至11：50，2号机组降功率至500 MW运行，11：50升至760 MW运行，2月4日08：00升功率至800 MW运行，2月10日08：20回升至满功率运行。

3）“五一”期间应电网减载要求，1号机组5月2日00：00至09：30降功率至800 MW运行；5月1日00：00，2号机组开始降功率至800 MW运行，5月2日09：00开始升至940 MW进行PT2GRE001/002试验，完成后13：00升至满功率。

4）10月1日至5日，应电网“国庆”减载要求，1号机组降功率至810 MW运行。

5）10月1日至4日，应电网“国庆”减载要求，2号机组降功率至810 MW运行。

2009年两电站机组运行功率曲线及发电量如图5.7.1-1～5.7.1-2所示。

5. 2009年电网电力生产运行情况

2009年上半年，受国际金融危机影响，广东省用电负荷需求增长放缓，电力供需矛盾得到缓和，除局部地区因机组故障停运、网络受限短时错峰外，全省电力供应富裕；下半年，随着经济复苏，用电负荷保持较快的增长态势，全社会最高用电负荷为6 500万kW，同比增长4.8%，其中，统调最高负荷6 360.8万kW，同比增长5.53%。从分月用电情况看，2009年前5个月呈负增长态势，但减幅逐步收窄，6月份后转呈平稳增长态势，11月份出现13.25%的快速增长，创年内新高。进入冬季，全省统调负荷仍然在5 000万kW左右，受西部省份来水偏枯、线路改造、贵州部分火电环保原因停运及机组事故临时停运等因素影响，西电送广东电力比计划减少260万kW；加上省内火电机组、输变电设备计划检修及机组非计划停运容量增多，粤东地区机组“窝出力”、枯水期水电出力减少，燃气燃油电厂燃料供应不足等因素影响，全省供电能力大幅减少，电力出现偏紧状况。

2009年，广东电网用统调最高负荷为6 360.8万kW，同比增长5.53%。2009年，省内全社会用电量3 609.4亿kW·h,同比增长2.9%。香港中华电力2009年发电量约为356.98亿kW·h。

5.7.2 电站日常生产管理

2009年，电站日常生产管理始终坚持“预防为主、消缺兼顾、控制风险”的管理原则，优化设备小缺陷管理体系，提高短、中、长期关注问题的管理效率和效果，妥善处理了重大设备缺陷，沉着应对机组突发事件，积极落实保电要求，圆满完成了2009年的日常生产任务，并为专业化运营模式下电站日常生产管理核心能力和标准化建设提供了切入点。

1. 有序组织抢修工作，沉着应对机组突发事件

2009年5月27日，运行人员巡盘发现L1RPE011PS液位异常上涨。经过三次进入L1RX厂房查漏，确认L1RX522房间2号蒸汽发生器排污管线上的L1APG102VL阀门漏气。日常生产项目组（TEF）完成相关停机抢修准备方案后，经总经理部批准决定，岭澳核电站1号机组于6月9日按计划停机小修，并对停机小修中发现的L1RIC L3热电偶机械密封泄漏的缺陷进行了妥善处理。经过1.92天的抢修，岭澳核电站1号机组于6月11日重新并网。

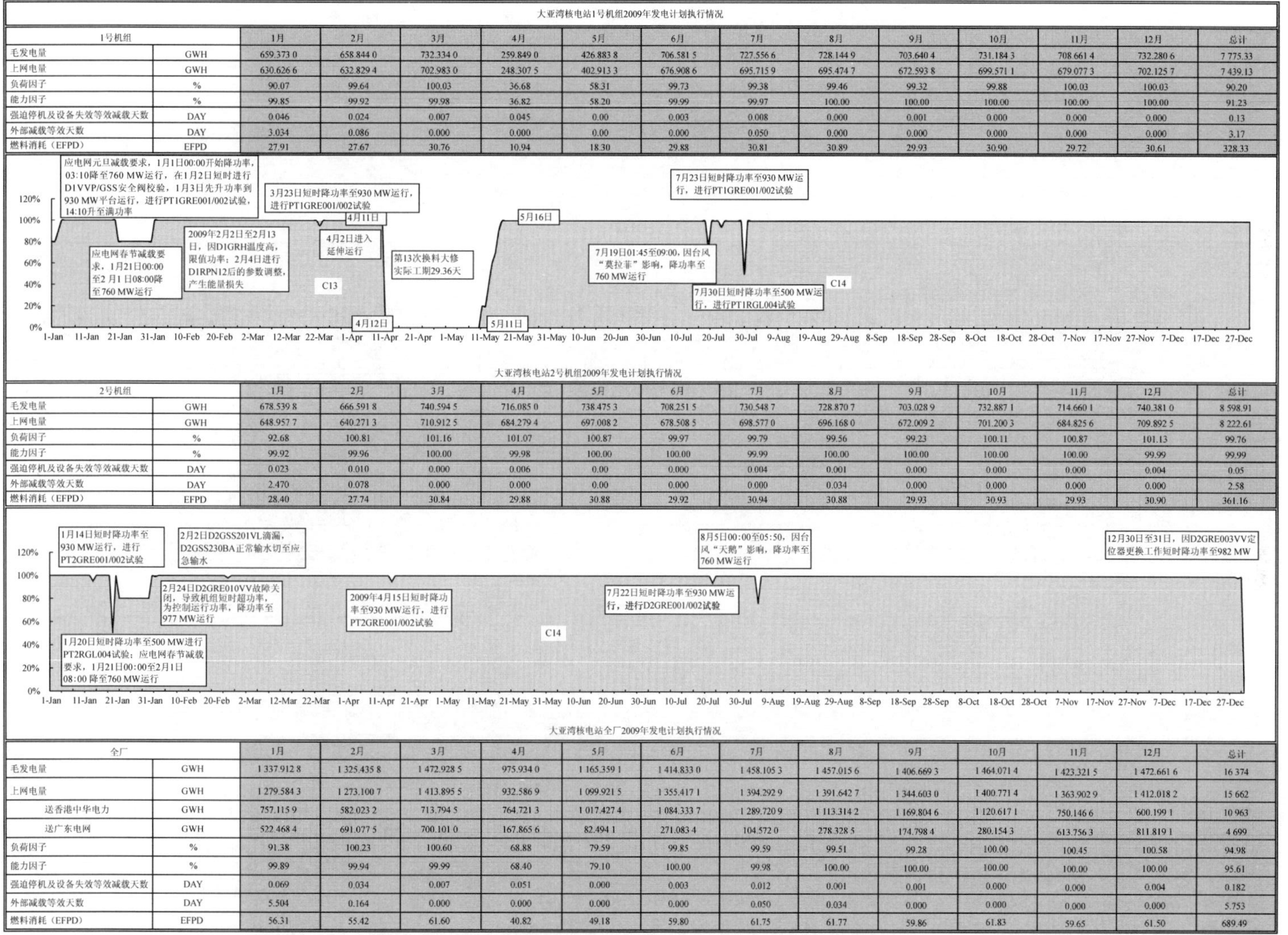

大亚湾核电站1号机组2009年发电计划执行情况

1号机组		1月	2月	3月	4月	5月	6月	7月	8月	9月	10月	11月	12月	总计
毛发电量	GWH	659.373 0	658.844 0	732.334 0	259.849 0	426.883 8	706.581 5	727.556 6	728.144 9	703.640 4	731.184 3	708.661 4	732.280 6	7 775.33
上网电量	GWH	630.626 6	632.829 4	702.983 0	248.307 5	402.913 3	676.908 6	695.715 9	695.474 7	672.593 8	699.571 1	679.077 3	702.125 7	7 439.13
负荷因子	%	90.07	99.64	100.03	36.68	58.31	99.73	99.38	99.46	99.32	99.88	100.03	100.03	90.20
能力因子	%	99.85	99.92	99.98	36.82	58.20	99.99	99.97	100.00	100.00	100.00	100.00	100.00	91.23
强迫停机及设备失效等效减载天数	DAY	0.046	0.024	0.007	0.045	0.00	0.003	0.008	0.000	0.001	0.000	0.000	0.000	0.13
外部减载等效天数	DAY	3.034	0.086	0.000	0.000	0.00	0.000	0.050	0.000	0.000	0.000	0.000	0.000	3.17
燃料消耗（EFPD）	EFPD	27.91	27.67	30.76	10.94	18.30	29.88	30.81	30.89	29.93	30.90	29.72	30.61	328.33

大亚湾核电站2号机组2009年发电计划执行情况

2号机组		1月	2月	3月	4月	5月	6月	7月	8月	9月	10月	11月	12月	总计
毛发电量	GWH	678.539 8	666.591 8	740.594 5	716.085 0	738.475 3	708.251 5	730.548 7	728.870 7	703.028 9	732.887 1	714.660 1	740.381 0	8 598.91
上网电量	GWH	648.957 7	640.271 3	710.912 5	684.279 4	697.008 2	678.508 5	698.577 0	696.168 0	672.009 2	701.200 3	684.825 6	709.892 5	8 222.61
负荷因子	%	92.68	100.81	101.16	101.07	100.87	99.97	99.79	99.56	99.23	100.11	100.87	101.13	99.76
能力因子	%	99.92	99.96	100.00	99.98	100.00	100.00	99.99	100.00	100.00	100.00	100.00	99.99	99.99
强迫停机及设备失效等效减载天数	DAY	0.023	0.010	0.000	0.006	0.00	0.000	0.004	0.001	0.000	0.000	0.000	0.004	0.05
外部减载等效天数	DAY	2.470	0.078	0.000	0.000	0.00	0.000	0.000	0.034	0.000	0.000	0.000	0.000	2.58
燃料消耗（EFPD）	EFPD	28.40	27.74	30.84	29.88	30.88	29.92	30.94	30.88	29.93	30.93	29.93	30.90	361.16

大亚湾核电站全厂2009年发电计划执行情况

全厂		1月	2月	3月	4月	5月	6月	7月	8月	9月	10月	11月	12月	总计
毛发电量	GWH	1 337.912 8	1 325.435 8	1 472.928 5	975.934 0	1 165.359 1	1 414.833 0	1 458.105 3	1 457.015 6	1 406.669 3	1 464.071 4	1 423.321 5	1 472.661 6	16 374
上网电量	GWH	1 279.584 3	1 273.100 7	1 413.895 5	932.586 9	1 099.921 5	1 355.417 1	1 394.292 9	1 391.642 7	1 344.603 0	1 400.771 4	1 363.902 9	1 412.018 2	15 662
送香港中华电力	GWH	757.115 9	582.023 2	713.794 5	764.721 3	1 017.427 4	1 084.333 7	1 289.720 9	1 113.314 2	1 169.804 6	1 120.617 1	750.146 6	600.199 1	10 963
送广东电网	GWH	522.468 4	691.077 5	700.101 0	167.865 6	82.494 1	271.083 4	104.572 0	278.328 5	174.798 4	280.154 3	613.756 3	811.819 1	4 699
负荷因子	%	91.38	100.23	100.60	68.88	79.59	99.85	99.59	99.51	99.28	100.00	100.45	100.58	94.98
能力因子	%	99.89	99.94	99.99	68.40	79.10	100.00	99.98	100.00	100.00	100.00	100.00	100.00	95.61
强迫停机及设备失效等效减载天数	DAY	0.069	0.034	0.007	0.051	0.000	0.003	0.012	0.001	0.001	0.000	0.000	0.004	0.182
外部减载等效天数	DAY	5.504	0.164	0.000	0.000	0.000	0.000	0.050	0.034	0.000	0.000	0.000	0.000	5.753
燃料消耗（EFPD）	EFPD	56.31	55.42	61.60	40.82	49.18	59.80	61.75	61.77	59.86	61.83	59.65	61.50	689.49

图 5.7.1-1 大亚湾核电站2009年运行功率曲线及发电情况

岭澳核电站1号机组2009年发电计划执行情况

1号机组		1月	2月	3月	4月	5月	6月	7月	8月	9月	10月	11月	12月	总计
毛发电量	GWH	681.132 6	566.588 8	57.248 1	707.403 9	732.459 5	653.059 3	729.990 7	728.796 9	703.022 3	712.763 0	712.894 0	737.209 2	7 722.57
净电量	GWH	637.270 0	552.868 0	40.801 0	676.199 3	702.479 9	624.988 6	699.843 8	710.699 7	673.220 0	682.409 3	683.686 4	706.257 7	7 390.72
负荷因子	%	92.47	85.17	7.77	99.24	99.44	91.62	99.11	98.95	98.63	96.77	100.01	100.09	89.05
能力因子	%	99.98	86.00	7.77	99.17	99.96	92.36	100.00	100.00	99.98	99.99	100.00	99.90	90.38
强迫停机及设备失效等效减载天数	DAY	0.008	0.139	0.000	0.000	0.013	2.293	0.000	0.000	0.005	0.027	0.000	0.035	2.520
外部减载等效天数	DAY	2.333	0.109	0.000	0.000	0.064	0.000	0.000	0.000	0.000	0.778	0.000	0.000	3.284
燃料消耗（EFPD）	EFPD	28.75	23.76	2.74	29.68	30.85	27.70	30.95	30.94	29.95	30.24	29.94	30.88	326.38

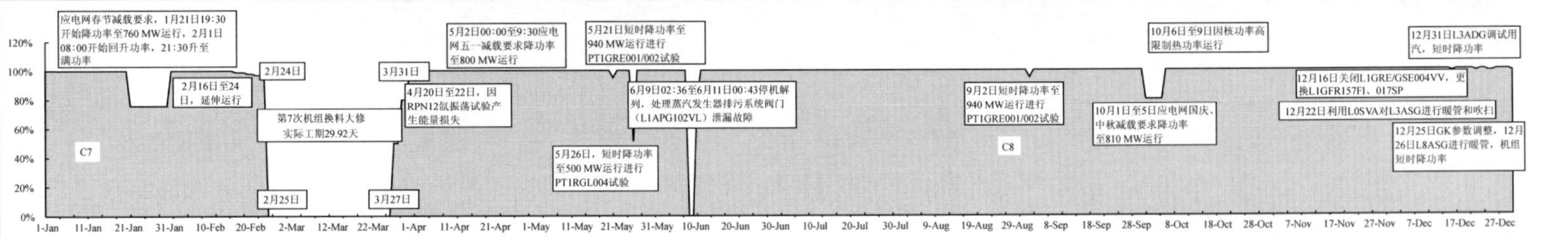

岭澳核电站2号机组2009年发电计划执行情况

2号机组		1月	2月	3月	4月	5月	6月	7月	8月	9月	10月	11月	12月	总计
毛发电量	GWH	360.754 2	621.541 9	737.005 7	712.195 0	726.563 7	705.842 7	728.639 0	727.115 5	705.191 8	719.540 6	713.039 6	286.948 5	7 744.38
净电量	GWH	331.267 0	593.183 0	705.189 0	687.670 7	701.050 1	680.001 4	702.966 2	713.023 9	675.355 1	689.015 5	683.660 9	271.427 1	7 433.81
负荷因子	%	48.98	93.43	100.06	99.92	98.64	99.02	98.92	98.72	98.93	97.69	100.03	38.96	89.30
能力因子	%	56.69	100.00	99.98	99.94	99.97	99.99	99.99	99.96	99.98	99.99	99.84	38.80	91.09
强迫停机及设备失效等效减载天数	DAY	0.014	0.000	0.016	0.019	0.008	0.012	0.002	0.012	0.006	0.027	0.070	0.026	0.212
外部减载等效天数	DAY	2.391	1.885	0.000	0.000	0.252	0.000	0.001	0.000	0.000	0.620	0.000	0.000	5.149
燃料消耗（EFPD）	EFPD	15.71	26.21	30.91	29.91	30.74	29.94	30.95	30.92	29.93	30.40	29.85	12.00	327.45

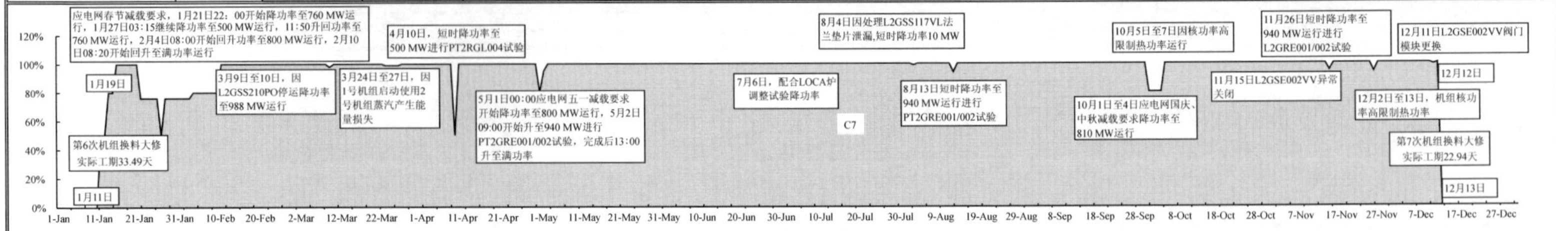

岭澳核电站一期全厂2009年发电计划执行情况

全厂		1月	2月	3月	4月	5月	6月	7月	8月	9月	10月	11月	12月	总计
毛发电量	GWH	1 041.886 8	1 188.130 7	794.253 8	1 419.598 9	1 459.023 2	1 358.902 0	1 458.629 7	1 455.912 4	1 408.214 1	1 432.303 6	1 425.933 6	1 024.157 7	15 466.95
净电量	GWH	968.537 0	1 146.051 0	745.990 0	1 363.870 0	1 403.530 0	1 304.990 0	1 402.810 0	1 423.723 6	1 348.575 1	1 371.424 8	1 367.347 4	977.684 9	14 824.53
负荷因子	%	70.73	89.30	53.92	99.58	99.04	95.32	99.02	98.83	98.78	97.23	100.02	69.52	89.18
能力因子	%	78.34	93.00	53.88	99.56	99.97	96.18	100.00	99.98	99.98	99.99	99.92	69.35	90.74
强迫停机及设备失效等效减载天数	DAY	0.022	0.139	0.016	0.019	0.021	2.305	0.002	0.012	0.011	0.054	0.070	0.061	2.732
外部减载等效天数	DAY	4.724	1.994	0.000	0.000	0.316	0.000	0.001	0.000	0.000	1.398	0.000	0.000	8.434
燃料消耗（EFPD）	EFPD	44.46	49.97	33.65	59.59	61.59	57.64	61.90	61.86	59.87	60.64	59.79	42.88	653.83

图 5.7.1-2　岭澳核电站一期2009年运行功率曲线及发电情况

2009 年，四台机组经受住了多次突发事件的考验。2 月 24 日，D2GRE/GSE010VV 关闭，热功率最高到 2 945 MW，超出 2 905 MW 时间约 4 min；4 月 1 日，L1AGR218SP 误发停泵信号造成岭澳核电站 1 号机组降功率，在启动 L1APP B 泵、停运 L1APA 泵时主控制室出现快速降功率信号，发电机功率由 845 MW 降至 660 MW，L1GCT-C 阀门快开；7 月 19 日，受超强台风“莫拉菲”正面袭击，D9LGR001/002TA 和 L9LGR101/201TA 分别失电 1 小时 32 分和 1 小时 40 分；11 月 15 日，L2GSE002VV 瞬间从 100% 阶跃关闭到 9% 开度，机组功率瞬间从 990 MW 降到 960 MW 后又回升到 989 MW，核功率最高上升至 101.6%。

2. 妥善处理重大设备缺陷

5 月 15 日，岭澳核电站 2 号辅助变压器低压侧出线 C 相第二根电缆短路，引起母线三相发生短路故障，引起 L9LGR201TA 跳闸并轻微冒烟。经过抢修，5 月 17 日，岭澳核电站 2 号辅助变压器恢复正常运行。7 月 4 日至 5 日，对岭澳核电站 1 号辅助变压器所有同类型电缆进行了检查和处理。

5 月 31 日，L2CRF501FI 过滤器反冲洗转斗卡死。6 月 26 日，L2CRF501FI 过滤器传动系断裂，彻底丧失自动及反冲洗功能。电站立即成立了专项处理小组，密切监测滤网压差及冷凝器真空度等参数变化，并制定处理预案；同时，通过每隔 2 ~ 3 天对滤网实施“化学冲洗 + 盐粒冲洗 + 高压水冲洗”的措施，有效地将压差控制在可接受范围之内。经过近六个月的密切跟踪和控制，L2CRF501FI 丧失反冲洗功能的重大设备缺陷在 L207 大修停机解列后得到了彻底解决。

10 月 14 日，根据大亚湾核电站应急柴油机制造厂商对编码为 DLT 141885 的柴油机连杆轴瓦失效导致核电站柴油机不可用事件的相关反馈，电站成立了项目组，投入最强的技术力量，在全面详细的信息收集，深入细致的风险分析后，通过严密精细的控制和操作，电站于 11 月 18 日至 26 日相继对使用了 DLT 141885 轴瓦的 D2LHP 和 D1LHP 应急柴油机的轴瓦进行了更换，消除了潜在的安全隐患，确保了机组的长期安全稳定运行。

3. 圆满完成保电使命

2009 年，电站顺利完成了国庆 60 周年、第五届东亚运动会等意义重大的安全与保电任务。面对重要保电工作对机组安全运行的新要求和新挑战，TEF 着重巩固技术专家组的保电功底和运作方式。保电技术专家组以机组上遗留的重要设备缺陷和薄弱环节为主要关注对象，梳理并制定相应的状态跟踪表，制订严密、具备实施条件的专项应急预案，明确应急干预标准。同时，根据实际需要，定期向保电领导小组报告缺陷变化和异常情况，由此形成缺陷及时响应的完整应急干预体系，确保了保电任务的顺利完成。

2009 年，TEF 建立了突发事件应急响应技术支持组的运作体系，确保在突发事件下，当班值长对反应堆和机组安全的控制；在工作申请退票、设备小缺陷处理与跟踪方面，明确了工作申请退票的原则和标准。

5.8 委员会

5.8.1 电站核安全委员会

2009 年，电站核安全委员会（PNSC）共召开了 31 次会议，其中 7 次为紧急 PNSC 会议。PNSC 会议完成了全年的预定计划，共审议了 131 项核安全相关问题，主要包括：

（1）审查并批准运行事件报告（LOER）；

（2）审查核安全相关改造项，包括技术规范、监督大纲的修改；

（3）审查核安全相关定期报告；

（4）审查其他核安全相关专题报告；

（5）7 次紧急 PNSC 会议分别审查了：燃料组件格架损伤处理方案；岭澳核电站 1 号机组第七次换料大修 L1RRA015VP 回装方案；L1PTR728VB 关闭不严违反运行技术规范要求（修改稿）；D1RCP001BA 上封头内水迹问题；岭澳核电站一期燃料组件修复项目；大亚湾核电站应急柴油机轴瓦质量问题；岭澳核电站 2 号机组再入堆乏燃料组件异物处理方案等。

2009 年，PNSC 会议共形成 202 项决议及行动要求，除 46 项未到完成期限，10 项已申请延期外，其余 146 项均已完成。

5.8.2 电站健康委员会

为定期评审电站系统设备的健康状态，推动影响机组安全稳定运行的重大设备遗留问题的解决，提升关键敏感设备的健康水平，培育关键敏感设备零缺陷的设备管理文化，确保机组的安全稳定运行，2009 年，电站健康委员会（PHC）共召开 4 次委员会会议，审查并通过了以下议题：

（1）2009 年四个季度的系统健康季报；

（2）汽轮机状态监测工作汇报；

（3）应急柴油机状态监测工作汇报；

（4）变压器状态监测汇报；

（5）蒸汽发生器的监测和老化管理平台汇报；

（6）主泵状态监测模型的汇报；

（7）常规岛重大（机械）设备老化和寿期管理；

（8）仪控类设备老化管理进展情况汇报；

（9）消防系统管线腐蚀处理方案的汇报；

（10）关键敏感设备寿命评估；

（11）仪控板件性能诊断与双冗余改进；

（12）电气保护设备定期更换策略调研及制定。

2009 年，电站健康委员会共发出任务督办 39 项，应完成 15 项，按时完成 15 项，按时完成率为 100%。

5.8.3 电站大修管理委员会

2009 年，大修管理委员会（OMC）共召开了 6 次会议。大修中长期规划状态和大修优化进展、减少大修集体剂量及源项控制改进计划继续作为两个例行议题，与其他 19 项专题一起分别在各次 OMC 例会上进行了汇报和审议，主要内容如下：

（1）TUY53 “零点” 检查改造；

（2）PMC 装料验证方式改进和燃料操作流程改进；

（3）大亚湾核电站 2 号机组第十三次换料大修总结报告；

（4）燃料组件定位格架导向翼破损及后续检查计划安排；

（5）岭澳核电站2号机组第六次换料大修、岭澳核电站1号机组第七次换料大修总结报告及上轮大修后的主要反馈和后续任务；

（6）2009年度大修研讨会议题介绍；

（7）控制棒管理策略及后续大修相关工作安排；

（8）GSE保护油管冲洗总结及后续大修改进计划；

（9）L1APG102VL问题大修处理方案；

（10）大修预防性项目管理问题；

（11）大亚湾核电站2号机组第十四次换料大修、大亚湾核电站1号机组第十四次换料大修GEV主变压器换油及其他项目安排；

（12）岭澳核电站2号机组第七次换料大修、岭澳核电站1号机组第八次换料大修LGR检修及6.6 kV电缆接头处理方案；

（13）燃料组件格架修复以及自主维修方案；

（14）LHP/LHQ应急柴油机大亚湾核电站1号机组第十四次大修项目安排及中长期更换安排；

（15）大亚湾核电站2号机组第十四次换料大修、大亚湾核电站1号机组第十四次换料大修GEV主变压器换油方案；

（16）大亚湾核电站2号机组第十四次换料大修、大亚湾核电站1号机组第十四次换料大修准备情况总体汇报；

（17）岭澳核电站一期高压缸隔板改造进展及问题；

（18）大亚湾核电站1号机组第十五次换料大修发电机更换内定子准备进展及问题；

（19）大修优化项目出访报告。

会议共形成任务督办23项，除7项未到完成期限外，其余16项均已关闭。会议有效地推动了大修中长期规划、大修优化、大修管理等方面诸多问题的解决和良好实践的推广应用。2009年的主要成果包括：

（1）大修优化方面完成岭澳核电站一期PMC系统改造，燃料操作流程（装料）的进一步优化，RIC拆电缆接头窗口优化，运行定期试验窗口优化，大修T2试验优化，RRA入口死管段改造，核岛阀门预防性维修策略优化，常规岛阀门预防性维修策略优化等项目。此外，一批项目取得了重大进展，如一回路装料前抽真空排气首次实施，汽轮机低压缸末级叶片超声检查工具进入现场试用，动态刻棒演示试验进入准备实施阶段等，可实现标准大修关键路径节约72.5 h的收益。

（2）确定了大亚湾核电站GEV主变压器换油、岭澳核电站一期LGR改造、汽轮机汽缸检修等未来大修的重大项目安排，修订升版了大修五年规划。

（3）确定控制棒管理策略。

（4）确定L1APG102VL问题下一轮大修的处理方案。

（5）推动解决岭澳核电站一期RRI/SEC热交换器更换超期问题。

（6）组织2009年度大修管理研讨会。

（7）确定了岭澳核电站一期18个月换料项目切换时间。

（8）启动汽轮机高压缸开缸检查周期优化研究分析。

（9）安排LHP/LHQ预防性维修长期策略研究。

5.8.4 运营公司教育培训委员会

2009年，运营公司教育培训委员会重点关注运营公司培训工作总体运作的有效性和培训质量的控制，同时协调推进了岭澳核电站二期模拟机项目及防人因失误训练项目工作的开展。

2009年，共组织召开了3次培训领域相关会议，听取汇报和审议的议题共14项，制定了19项会议相关行动。

2009年5月7日召开了教育培训委员会会议，听取审议了《培训工作总体情况汇报》、《2008年度培训工作自我评估报告》、《岭澳核电站二期模拟机项目对培训及取照考试的影响及对策》、《2009年干部管理培训实施计划报告》、《防人因训练项目工作汇报》等议题，制订了“制订现场13个专业处处长讲课计划并组织实施”等11项会议相关行动。

2009年8月19日，召开了教育培训委员会常务会议，听取审议了《新任干部管理培训制度》、《区域运营新员工总部培训管理模式》、《在岗培训检查情况介绍》、《电站防人因培训阶段性总结》、《维修人员技能培养及实操考核方案介绍》议题，制定了“优化新任干部培训课程内容和课时”等3项会议相关行动。

2009年11月6日，召开了教育培训委员会会议，听取审议了《2009年度培训工作总结》、《2009年培训管理动态指标盘汇报》、《2010年度总体培训计划》、《2010年度培训预算》、《岭澳核电站二期模拟机项目及取照培训、考试情况汇报》议题，制定了“培训中心牵头制定基本安全授权培训具体改进方案，并提交教育培训委员会会议讨论”等5项会议相关行动。

5.8.5 电站工程技术委员会

2009年，电站工程技术委员会（PEC）共召开15次会议。全年听取汇报和审议的议题为111项，较2008年的87项议题有大幅增加，其中，电站工程改进项目初步设计为92项，专题汇报为19项；全年审议批准的工程改进项目初步设计共86项，初步设计审评通过率达到了93.5%。2009年，PEC会议次数与2008年一样，但审议的议题数量大幅增加，议题审议的效率大幅提升。2009年，电站工程技术委员会增设了生产部方军副总工程师为PEC委员、TCS为战略备件采购的专项委员，还邀请了技术研究院工改中心的专家参加会议，使得重大技术项目和决策得到了更广泛的关注。

2009年，电站工程技术委员会审议通过的重要改进项目如下：

（1）大亚湾核电站和岭澳核电站一期GSS排汽过热度调整改造；

（2）大亚湾核电站和岭澳核电站一期增加柴油机移动负载改造；

（3）大亚湾核电站和岭澳核电站一期GRE系统软件超加速限制增加速度互锁改造；

（4）大亚湾核电站和岭澳核电站一期VVP安全阀改造；

（5）岭澳核电站一期APP超速保护装置改造；

（6）大亚湾核电站KZC系统整体改造；

（7）大亚湾核电站AGM调速系统换型改造；

（8）岭澳核电站一期ARE阀门定位器改造；

（9）岭澳核电站一期GPA保护继电器改造；

（10）岭澳核电站一期GME整体改造；

（11）岭澳核电站一期 18 个月换料项目；

（12）L0KK04 整体改造。

2009 年，电站工程技术委员会审议通过的重要技术问题方案和技术管理方案如下：

（1）大亚湾核电站和岭澳核电站一期应急柴油机橡胶波纹软管替代方案；

（2）大亚湾核电站和岭澳核电站一期常规岛压力管道在役检查；

（3）LLS 发电机战略备件采购技术经济分析报告；

（4）岭澳核电站二期 LEVEL3 项目建设；

（5）大亚湾核电站主蒸汽隔离阀战略备件经济技术分析报告；

（6）设备维修过程中测量参数超标的管理改进；

（7）岭澳核电站一期 GIS 战略备件技术经济分析报告；

（8）中长期项目计划管理；

（9）2010 年改造项目预算审议；

（10）关于大亚湾核电站和岭澳核电站一期柴油机管道支架改造的建议。

5.8.6 电站纠正行动审查委员会

电站纠正行动审查委员会（CARB）主要负责电站重大经验反馈问题的评审和决策，重大事件调查结果的审查和批准，审议批准电站重要改进行动计划，是保证电站经验反馈体系有效运作的最高管理机构。为提高经验反馈有效性，根据经验反馈体系改进方案要求，从 2009 年开始，CARB 将重点逐渐向审查、批准组织与制度类纠正行动的方向转变，在管理思路上实现重大转变。

2009 年，CARB 共召开了 12 次会议，进行了 24 项议题的讨论，产生了 22 条纠正行动，其中有 16 项纠正行动 2009 年底前完成并通过验证关闭。

2009 年，12 次会议审查议题一次通过率为 62.5%，其中 OPO 负责的《反应性管理》（WANO SOER）和独立调查组负责的《射线探伤独立评估报告》在 CARB 上汇报均为 4 次。议题没有通过的原因主要有议题所涉及的组织机构变动，管理措施不完善，行动未达成共识且执行较困难，纠正行动负责单位不明确等。

2009 年，CARB 运作的重点是通过对组织与制度的纠正行动审查，发现电站在制度、流程、大纲中的问题缺陷并进行改进，以纠正行动有效性为工作重点，解决当前仍存在的执行有效性问题，完善了电站运作管理中存在的不足。

根据经验反馈体系改进方案要求，2009 年成立了电站纠正行动协调组（CACG），主要职责是在 CARB 领导下，负责进行经验反馈正常运作管理，具体包括：经验反馈体系运作管理和协调；重大事件的独立调查；重要内部运行事件报告（IOER）、外部运行事件报告（EOER）审查；人因事件纠正行动执行状态审查；提请 CARB 审评和决策的重要事项；外部事件筛查。

为提高事件根本原因分析能力，2009 年成立了人因事件独立调查小组，目的是对电站重大事件进行独立深入的根本原因分析，制定有效措施，防止类似事件重发；解决重大事件根本原因分析不到位的问题，解决跨部门事件报告编写难、分析有偏向性问题；解决报告编写质量不高的问题；推广应用规范先进的根本原因分析（RCA）技术和方法，逐步建立电站 RCA 体系。

2009 年，CACG 召开了 27 次会议，共审查议题 93 项，审查事件报告 58 份，进行外部事件筛选 10 次，审查外部事件报告及事件反馈 9 份；产生会议行动 42 项，关闭 10 项，延期 1 项，剩余 32 项未完成（未到期），12 起上 CACG 汇报议题审查未一次通过，一次通过率为 87.1%。

经验反馈小组（CAP-Team）是在 CACG 领导下的纠正行动协调组。2009 年的主要工作有：每天筛选前一天发生的异常事件；界定内部运行事件（IOE）或需要进行反馈的事件；跟踪事件反馈行动的执行情况；讨论经验反馈运作过程中存在的问题；评审由专业部门反馈的信息回复单，制订后续行动计划等。

2009 年，CAP-Team 每天进行事件的审查、跟踪和调查，共审查事件 36 080 起，提出关注行动（事件）1 111 条，收到反馈答复 1 020 条，反馈率达到 86.5%；界定 IOE 113 起，CAP-Team 独立完成的事件调查 4 起。

5.8.7 保密与知识产权保护委员会

2009 年，保密与知识产权保护委员会积极推进保密与知识产权保护工作，主要包括以下方面：

（1）结合实践优化、完善保密制度和程序。2009 年，运营公司保密相关管理程序由 9 份优化为 4 份。

（2）推广实施网络与信息安全保密建设项目。2009 年，运营公司电脑安装 SEP（Synmantec Endpoint Protection）系统 4 068 台，安装防水墙 100 台。

（3）组织保密宣传教育活动。2009 年，运营公司组织保密培训 6 次，共 3 460 人·次参加。

（4）推进专利申请工作。2009 年共申请专利 38 件（包括发明 24 件，实用新型 14 件），并取得 7 件专利证书（发明证书 2 件，实用新型证书 5 件），超额完成集团公司下达的申请 35 件的任务指标。

（5）推进著作权登记工作。2009 年共申请著作权登记 26 件（包括计算机软件 18 件，作品 8 件），并取得 17 件计算机软件著作权登记证书，超额完成集团公司下达的申报 9 件的任务指标。

（6）深化知识产权管理，开展核心技术保护模式研究。为运用知识产权，以加强对核心技术能力的保护，知识产权保护工作小组于 2009 年 1 月启动了“核心技术保护模式分析”管理研究，确定将维修部静止机械处的“一回路真空排气假封头的研制”的改进项目作为试点。在管理研究过程中，为试点项目提供了 8 篇具有重要价值的技术文献，完成了《核心技术保护模式初步判定表 V2.0》、《核心技术保护模式专利性评估表 V2.0》，初步形成一套完整的核心技术保护模式判定的流程和依据，具备了重复运作的基本条件。

（7）CPR1000 技术改造项目知识产权专利梳理。2008 年知识产权工作保护小组启动了“工程改造项目专利梳理”项目，从 2007 年形成的 353 项工程改造项中，筛选确定 88 项清单，分别在 2008 年和 2009 年专利检索 62 项，31 项具有“专利性”，其中发明 21 项，分别在 2008 年和 2009 年提出申请，其余 10 项拟在 2010 年申请。

（8）2009 年，知识产权保护工作小组开展国家专利奖的申请工作，在集团知识产权办公室的大力支持下，运营公司通过了筛选，从已获证书的专利中挑选出两件技术含量较高的发明专利：《ZL200410052485.5 压水堆核电站象限功率倾斜抑制方法》、《ZL200410077266.2 一种提高核电站安注系统整体可靠性的方法》，参加第十一届中国专利奖的申报工作，申请获得深圳市及福田区政府资助 7.6 万元。

(9) 2009 年，运营公司知识产权保护工作受到集团公司的肯定，获得发明专利授权奖及申报奖 16 项，实用新型授权奖及申报奖 9 项，计算机软件著作权登记奖 8 项，继 2008 年获得知识产权管理一等奖后，再次获此殊荣；共获得奖金 11.99 万元。

(10) 加强培训及宣传工作。2009 年，知识产权保护工作小组组织召开了大亚湾核电首届知识产权研讨会，与公司科技办公室联合举行了“科技进步奖专利梳理及专利创新性判别”的培训，参与培训的中高级工程师上百人。此外，为 2009 届新员工组织了 13 次《知识产权基础》入职培训。

5.8.8　电站节能小组

1. 节能指标完成情况

2009 年节能指标的完成情况见表 5.8.8-1。

表 5.8.8-1　2009 年节能指标完成情况

<table>
<tr><th colspan="2">项　目</th><th>厂用电率/%</th><th>机组热效率/%</th><th>燃料消耗量/组件</th><th>发电煤耗率/[g/(kW·h)]</th><th>厂内生产用水量/(m³/d)</th><th>工业用水消耗/[m³/(kW·h)]</th></tr>
<tr><td rowspan="2">2009 年目标值</td><td>大亚湾核电站</td><td>≤4</td><td rowspan="2">≥34</td><td>—</td><td rowspan="2">≤361.2</td><td rowspan="2">≤2 500</td><td rowspan="2">≤3.37×10⁻⁵</td></tr>
<tr><td>岭澳核电站一期</td><td>≤4</td><td>84</td></tr>
<tr><td rowspan="2">实际完成情况</td><td>大亚湾核电站</td><td>4.05</td><td>34.18</td><td>—</td><td>359.38</td><td rowspan="2">2 474</td><td rowspan="2">2.91×10⁻⁵</td></tr>
<tr><td>岭澳核电站一期</td><td>3.89</td><td>34.02</td><td>87</td><td>361.04</td></tr>
</table>

由表 5.8.8-1 可见，大亚湾核电站厂用电率指标超过目标值，主要与发电量统计偏差、外部原因降功率、夏季热功率增加等因素有关；岭澳核电站一期燃料组件消耗量指标超过目标值，主要与岭澳核电站 2 号机组第六次换料大修、岭澳核电站 1 号机组第七次换料大修中发现燃料组件存在异物、采用紧急换料设计使用燃料组件量各比原设计超出 4 组等因素有关。其他指标均实现了目标值。

2. 节能三大体系建设

节能管理体系建设：完善了组织制度，升版了《电站节能管理》程序，根据岭澳核电站二期的建设和组织机构变更情况调整了节能管理范围；调整了节能小组成员，保障了各节能班组会议出勤率；提高了节能小组季度会议的质量，保障管理行动的顺利推动。

节能监测体系建设：设立了大亚湾核电站和岭澳核电站一期的节能指标，每月分析指标完成情况，对发现的问题通过专题会议推动解决；按时向集团公司报送《节能减排监测报表》，对能耗数据进行分析，编写了《运营公司节能减排指标定义手册》，保障各节能指标填报过程的科学性和连贯性。通过召开电站柴油能源消耗数据统计讨论会，确定了大亚湾核电站和岭澳核电站一期柴油能源采购、使用统计制度，保障能源统计的科学性和准确性。

节能考核体系：向集团公司申报了节能考核指标，通过管理计划落实节能管理行动的推进，将管理行动的完成情况列入环境管理考核指标，完成了老南区加装电表及生活区用电管理规定的制定。

3. 节能工作进展

（1）节水工作

节能小组节水工作主要围绕保障基地用水安全、维护用水设施可靠运行等方面开展工作，并通过宣传和检查提高员工的节水意识。具体有：大亚湾核电站备用水源项目推进、水库基建设施异常处理，供水中心新建（扩建）项目推动，大亚湾核电站生产取水腐蚀管线维修更换等项目。

（2）节电工作

节能小组节电的工作主要围绕生活区用电管理和降低厂区厂用电率两个方面展开。节能小组每月通报员工宿舍用电超标情况，并通过温馨提示、公司内部网络公告等措施对员工进行节能教育，通过宿舍用电设备检查和老南区加装电表、制定用电管理规定等措施提高生活区节能管理水平。通过对厂区厂用电率的跟踪，发现电量统计中存在的问题，并推动解决；为准确统计厂用电率，节能小组分析基地用电结构，对厂用电率方法进行修正，建立各用电点计量设施，更准确地统计了生产用电量占发电量的比例。

（3）降耗工作

节能小组主要分理论研究和现场实践两个方面开展降耗工作。理论分析包括 MAXEL 凝汽器清洗技术调查研究及结论分析；主给水流量测量孔板模拟试验，完成了试验及理论分析，并提出了检查、维护、更换、维修的建议；在 3 台机组上进行了 GSS 过热度调整试验。现场实践包括电站热力性能在线监督与分析系统的应用，在系统调试初期发现了影响机组效率的部分因素，为维修提供了指导依据；制定了机组发电潜力跟踪的管理规定及控制措施；实施了大修后的机组出力评价，大修前后的冷凝器效率试验，对冷凝器清洗提出建议及进行清洁度对比。

5.8.9 电站三废管理小组

2009 年，电站三废排放连续维持极低水平，在废气和废液 4 项运营公司指标中，有 3 项再创历史最优；固废减容方面也取得了很好的成绩，大亚湾核电站和岭澳核电站一期共减少固废 32 m^3以上。

1. 2009 年发生的主要事件

（1）L9TEU001/002BA 工艺水通过 L9TEU001/002DE 无法进行净化处理

2009 年 1 月，L9TEU001/002BA 出现长时间过除盐床循环净化无法降低放射性的现象，怀疑废水内含有大量无法被除盐床吸附的物质，后使用 0.45 μm 滤芯替换原 25 μm 滤芯，实施后净化效果明显，避免了大量高硼废水的蒸发处理，减少了 10 m^3的固体废物。

（2）L9TEU001EV 出现效率异常降低

2009 年 6 月，L9TEU001EV 蒸发处理 L9TEU016BA 内的残留含银水废液时出现效率低现象，蒸馏液活度在 1.0 MBq/m^3左右。参照历史经验，通过向 EV 内加酸，L9TEU001EV 效率逐步改善直到蒸馏液活度小于探测限 0.2 MBq/m^3。2009 年 10 月，为确认加酸对设备的影响，解体检查 L9TEU001EV，没有发现异常，内部无腐蚀现象。

（3）L9TEU004BA 污染处理

L107 大修后，L9TEU004BA 出现异常污染现象，导致 L9TEU004BA 连续 12 罐超公司内控标准而无法排放，被迫蒸发处理。经调查确认，L9TEU004BA 异常污染的原因为 L9TEU077VE 内漏。

2. 2009 年完成的主要工作

（1）经过一年的试运作，程序《电厂三废小组运作导则》于2009 年 12 月正式生效。该程序明确了三废小组的主要工作、各个成员的主要责任和义务。

（2）顺利完成 L107 大修、L207 大修、D113 大修的三废管理。其中 L207 大修首次实现“零超内控标准”排向 TER 系统。

（3）岭澳核电站二期运行三处三废管理小组正式启动。为便于及时掌握岭澳核电站二期现场的三废设备的调试信息，确保机组商运后三废的有效管理，三废管理小组于 2009 年 10 月正式启动岭澳核电站二期运行三处三废管理小组。

（4）优化 TEP005/007DE 的运行更换方式。为固废减容，三废小组尝试改变现有的 TEP005/007DE 更换方式，由每年定期更换改变为失效后再更换。在 D113 大修和 L207 大修前机组寿期末进行了验证并取得成功，为两电站分别节约 10 m^3的固体废物。

（5）完成芬兰过滤器的可行性论证。在不改变现有系统设备设计布置的前提下，将芬兰过滤器放置在废液处里的后端，作为废液处理前端各种措施（过滤、蒸发、除盐）的补充是合适的、可行的。L207 大修期间已经在线进行了试运行，效果良好。

（6）大修期间实施废水分类收集。为减少 RRI 系统水对 TEU 蒸发器的浓缩液的发泡影响，三废小组实施废水分类收集方案，成功地收集了 RX 内的 RRI 系统排水，并处理至地板废水，有效地降低了 RRI 系统水被蒸发导致浓缩液发泡带来效率降低的风险。

（7）完成大亚湾核电站和岭澳核电站一期三废大纲比对优化。针对两个电站三废系统预防性大纲管理存在较多问题的现象，三废系统工程师牵头 MRM/MEE/MGS/MIC/MSM 等专业的设备工程师，对两电站三废系统约 1 700 项预防性维修大纲进行梳理和优化。

（8）岭澳核电站二期三废系统大纲编写并生效。三废小组编写了岭澳核电站二期 TEG/TEU/TEP/TES/TER 5 个系统共 797 项的大纲并按时生效。

（9）完成浓缩液起泡的模拟试验。针对 TEU 浓缩液发泡的现象，对浓缩液起泡进行了两次模拟试验，试验表明去污剂在不同环境下的起泡程度不一致，中性去污剂的量越大，起泡的泡沫高度越高。

（10）完成大亚湾核电站和岭澳核电站一期 N212/N222 管沟积水综合治理。该问题目前原因清楚，但无法从根本上进行解决，三废小组制定了定期检查、定期排水的针对性措施。

（11）优化 RCV001/002DE 的运行方式。由原来一用一备的方式改变为间隔交替运行，提高了单个除盐床的净化效率，并降低了固废产量，节约了因更换除盐床产生的费用。

（12）实施 RPE011PS 的防异物措施。专门设计制作了 RPE011PS 专用临时过滤器，有效地减少了大修期间对 RPE011PS 内的设备进行清理和维修的次数。

（13）完成岭澳核电站一期放射性技术固体废物分拣设备改造，实现了放射性技术废物的分类处理，有效减少了固体废物的最终产生量。

（14）完成 PTR 取样排水管线改造，使 PTR001BA 取样时的排水最终排往工艺疏水贮存箱，避免了地板疏水贮存箱的污染。

（15）完成装罐池与传输池之间加装传水管线改造。在燃料厂房 20 m 装罐池与传输池之间加装传水管线代替临时软管，用于装罐池与传输池之间的传水工作，减少放射性废物产生量，避免传水过程中的跑水风险。

（16）完成 TEU701/391VD 阀门上游管线增加法兰和阀门改造，用于连接临时除盐床处理 TEU009/010BA 的超标废水。

3. 需要改进的问题

（1）建立统一的平台进行三废信息管理

现有的三废日志、固体废物日志、流出物排放日志等信息各自独立，大量的化学分析报表还是纸质的，不利于信息统计和趋势分析。经过三废小组的专题讨论，认为可以整合各方资源，实现各种数据的电子化流程，建立满足各方需求的三废小组管理平台。

（2）加强与外部的交流

长期以来，运营公司的三废指标都是内部比较，缺少相应的外部对标，三废小组将逐步加强对外的交流。

（3）持续完善 TEP006DE 放射性除盐床的管理

三废小组尝试从 3 个方面研究 TEP006DE 的更换策略，一是表面剂量率，二是 TEP006DE 的除银总量，三是除盐床运行时间（寿命）。从目前的信息分析，很难从某一方面给出准确的更换条件。根据实际的运行经验，三废小组决定，大亚湾核电站采取 3 年（2 轮大修）更换 TEP006DE，岭澳核电站一期采取 2 年（4 轮大修）更换 TEP006DE 的策略。后续将根据 ^{110}Ag 问题的解决情况，再逐步延长 TEP006DE 的更换周期。

5.9 执照申请及外部评审

5.9.1 执照申请

1. 核安全监督与交流活动

（1）外部监督检查

除了对电站日常运行的监督、检查和跟踪外，2009 年，国家核安全局（NNSA）及广东监督站（GRO）还对大亚湾核电站、岭澳核电站一期实施了 9 项专题和例行检查，共提出 31 项行动要求、建议或问题。电站制定了 60 项纠正行动，并将需要后续行动的纠正行动和要求输入任务督办系统进行跟踪。截至 2009 年 12 月 31 日，共完成纠正行动 56 项，剩余 4 项正在按计划实施。NNSA/GRO 对电站积极响应其监督检查要求表示满意。检查活动详见表 5.9.1-1。

表 5.9.1-1　2009 年 NNSA/GRO 专题和例行检查情况汇总　　项

序号	检查项目	检查时间	NNSA/GRO 提出行动要求/建议/问题	电站产生纠正行动	已完成纠正行动	未完成纠正行动
1	专设安全设施运行情况检查	8 月 19 日至 21 日	6	9	5	4
2	北龙处置场放射性废物管理例行检查	3 月 10 日	6	8	8	0
3	备品备件管理、仪控管理例行检查	4 月 27 日至 28 日	3	8	8	0
4	实物保护例行检查	7 月 21 日至 23 日	4	7	7	0

续表

序号	检查项目	检查时间	NNSA/GRO 提出行动要求/建议/问题	电站产生纠正行动	已完成纠正行动	未完成纠正行动
5	辐射防护管理例行检查	7 月 21 日至 23 日	4	9	9	0
6	技术规格书遵守情况例行检查	9 月 2 日、3 日、8 日	3	12	12	0
7	应急管理例行检查	9 月 15 日至 16 日	3	4	4	0
8	国庆期间安全保卫消防等工作非例行检查	9 月 23 日	2	3	3	0
9	场内综合应急演习监督检查	7 月 3 日	无检查报告	—	—	—
总　计			31	60	56	4

从检查结果来看，2009 年 NNSA/GRO 增加了对两电站的检查频度，提出的行动要求、建议或问题的数量也较 2008 年增多。比较情况见表 5. 9. 1-2。

表 5. 9. 1-2　近年 NNSA/GRO 年度专题和例行检查数据比较　　项

年　份	检查次数				行动要求/建议/问题			
	GNPS	LNPS	GNPS/LNPS 综合	总计	GNPS	LNPS	GNPS/LNPS 综合	总计
2003	8	2	3	13	29	11	12	52
2004	4	0	4	8	30	0	21	51
2005	3	1	7	11	11	5	33	49
2006	2	2	7	11	10	5	34	49
2007	0	0	9	9	0	0	38	38
2008	2	0	4	6	7	0	16	23
2009	1	0	8	9	6	0	25	31

（2）审评对话及沟通交流会

2009 年，为确保安全重要项目审评的顺利进行，并及时汇报安全重要问题的相关情况，运营公司与 NNSA 召开了多次审评对话与交流汇报会，包括岭澳核电站一期 18 个月换料项目审评对话会，岭澳核电站一期十年安全评审（PSR）项目审评对话会，大亚湾核电站、岭澳核电站一期取消二次中子源改进项目审评对话会，大亚湾核电站和岭澳核电站一期技术规范整体升版项目审评对话会，大亚湾核电站和岭澳核电站一期应急计划区基准源项和应急计划区研究分析报告专家审评对话会，旧通风过滤器等极低放废物转运北龙处置场暂存申请的审评对话会，大亚湾核电站和岭澳核电站一期 RIS 注入管 Farley-Tihange 现象改进项目汇报会，岭澳核电站 2 号机组第七次换料大修、岭澳核电站 1 号机组第八次换料大修、大亚湾核电站 1 号机组第十四次换料大修、大亚湾核电站 2 号机组第十四次换料大修汇报会，岭澳核电站一期燃料组件定位格架外条带导向翼损伤情况汇报会。

应 GRO 要求，自 2009 年开始，电站每月与 GRO 开展一次技术交流，2009 年共进行 12

次交流，涉及承包商管理、启动物理试验、辐射防护管理、在役检查、VVP 系统介绍、经验反馈管理、关键敏感设备管理、操纵员取照/换照管理、文档管理、操纵员使用规程情况介绍、定期试验管理、2009 年 7 月 3 日综合应急演习情况交流等。此外，还配合 GRO 完成了多次厂房巡视和定期试验现场见证工作。

另外，为配合 NNSA/GRO 现场监督的需要，公司安排了多次与 GRO 的技术沟通交流活动，如：L2DEG301GF 增加时间继电器的工作过程的沟通，L207 大修抽真空排气项目沟通，大亚湾核电站 AFA-3G 上管座改进沟通，岭澳核电站一期主泵密封保护改造沟通，大亚湾核电站和岭澳核电站一期柴油机轴瓦问题外部反馈沟通，L1APG102VL 泄漏情况及处理方案的汇报等。

（3）大修相关监督活动

为了保证机组的换料大修活动满足国家核安全法规的要求，在每次换料大修期间，电站都须向 NNSA/GRO 提交一系列报告，包括：大修初始报告，堆芯装载评价报告及安全评价报告，大修在役检查报告，物理启动试验报告，大修总结报告等。此外，NNSA/GRO 须对大修进行一系列的审评、监督和检查，主要包括大修初始报告预审会及审查会，大修在役检查报告审查，堆芯装载评价报告及安全评价报告审查，大修临界前核安全检查，在役检查结果报告审查，物理启动试验报告审查，满功率后评议会等。

L206 大修、L107 大修期间，由于一根燃料棒出现裂纹及燃料组件定位格架外条带导向翼损伤问题，电站重新进行了换料设计，并与 NNSA 召开紧急换料设计审评对话会。

2. 安全重要修改及评审

2009 年，大亚湾核电站、岭澳核电站一期申报的安全重要申请项目中，获 NNSA/GRO 批准或认可的有 38 项，其中，大亚湾核电站和岭澳核电站一期综合项目 9 项，大亚湾核电站 13 项，岭澳核电站一期 16 项。获批准的项目见表 5. 9. 1-3。

表 5. 9. 1-3　2009 年获 NNSA/GRO 批准或认可的安全重要申请项目

序　号	执照申请重要项目
大亚湾核电站/岭澳核电站一期综合方面	
1	PTR601/602VB 上游盲板法兰改造通告
2	应急柴油机系统射流管改造申请
3	放射性废树脂水泥固化工艺改进申请
4	《核材料许可证》换证申请
5	REN012MG 硼表量程调整改造通告
6	第五台柴油机接入岭澳核电站二期改进通告
7	SAR 隔膜阀更换为针形阀改造申请
8	EAS/RIS005/006FI 管口增加法兰改造通告
9	主泵密封保护改造申请
大亚湾核电站方面	
1	运行技术规范修改申请
2	执照文件《大亚湾核电厂堆芯启动物理试验监督要求》申请
3	ASG 系统敏感管减振改造申请

续表

序　号	执照申请重要项目
4	地震仪表系统中央处理机柜改进通告
5	常规岛缆式线型感温探测火灾报警系统改造通告
6	NCR（MSM09054A，D1RIS006FI 地坑管口法兰腐蚀打磨）
7	NCR（MSM09040A，蒸发器二次侧板式干燥器可拆卸盖板紧固螺栓断裂两颗）
8	V23016 型继电器物项替代申请
9	MSIV 执行机构参数调整改进申请
10	AFA-3G 燃料组件上管座改进通告
11	NCR（MRM08038A，D1LHP212VN 下游管道与主管道连接焊缝处渗漏处理）
12	1 号机组第十三次换料大修初始报告
13	1 号机组第十四循环堆芯装载评价报告及安全评价
岭澳核电站一期方面	
1	2 号机组第七循环堆芯装载评价报告及安全评价报告
2	《岭澳核电厂堆芯启动物理试验监督要求》申请
3	控制棒驱动机构 CRDM 备件采购物项替代申请
4	重新开通 LBX 办公楼西北侧人员出入口的申请
5	《安全相关系统和设备定期试验监督要求》试用版延期申请
6	1 号机组第八循环堆芯装载评价报告及安全评价报告
7	第五台柴油机系统计时器物项替代通告
8	WX 厂房和 DX 厂房增加门禁控制装置通告
9	KRG RCP 温度端子改造申请
10	《岭澳核电厂十年安全审查大纲》
11	RIC 系统热电偶测量端子排改进申请
12	新建特勤消防站给排水管线改造需短时穿越 ZS 区单层铁丝网施工通告
13	2 号机组第七次大修初始报告
14	2 号机组第八循环堆芯装载评价报告及安全评价
15	辅助给水泵入口排气管减振改造申请
16	减少主蒸汽、主给水管线阻尼器改进申请

此外，部分申请项目包括：《大亚湾核电站 1、2 号机组最终安全分析报告》（GNPS FSAR）F 版修订升版申请，大亚湾核电站《安全相关系统与设备定期试验监督要求》（23 版）修订申请，大亚湾核电站 PTR 冷却水泵驱动电动机物项替代通告，大亚湾核电站和岭澳核电站 1 号、2 号机组《运行许可证》续证申请，大亚湾核电站和岭澳核电站一期运行技术规范升版申请，大亚湾核电站和岭澳核电站一期反应堆厂房地坑过滤器吸入管线管口增加法兰改造申请，大亚湾核电站和岭澳核电站一期 SR 系列电动头物项替代通告，《大亚湾核电站换料大纲》、《岭澳核电站换料大纲》升版，岭澳核电站 1 号机组第九循环堆芯装载评价报告及安全评价报告，岭澳核电站一期正式版《安全相关系统和设备定期试验监督要求》

申请，岭澳核电站1号、2号机组18个月换料改造项目申请，《岭澳核电站1号、2号机组最终安全分析报告》修订申请等仍在审评过程中。

3. 特许申请

2009年，大亚湾核电站和岭澳核电站一期向NNSA提交了1份通用特许申请，暂未获批准，大亚湾核电站提交1份特许申请，已获批。详细情况见9.12节。

4. 承诺报告及来往信函

电站认真执行核安全法规报告制度，2009年，大亚湾核电站和岭澳核电站一期向NNSA/GRO提交月、季、年报及各类大修报告、专题报告等承诺报告共计282份，其中，大亚湾核电站54份，岭澳核电站一期62份，综合166份，全部按期提交。

2009年，大亚湾核电站和岭澳核电站一期共收到安全监督部门（有信函渠道号）来函共86份，其中NNSA 70份，GRO 16份。

5. 反应堆操纵员执照申请

2009年，反应堆操纵员（RO）和高级反应堆操纵员（SRO）执照考试情况见表5.9.1-4。

表5.9.1-4　2009年RO和SRO执照考试情况

	大亚湾核电站			岭澳核电站一期		
	参加考核人数	考核合格人数	合格率/%	参加考核人数	考核合格人数	合格率/%
RO执照考试	25	21	84	19	18	94.74
SRO执照考试	9	9	100	12	11	91.67

根据《核电站操纵人员执照考核管理办法（试行）》的要求，换照人员须进行换照考试且成绩合格。2009年5月、6月、11月，共有27位SRO和39位RO参加了换照考试。5月、6月申请换照人员全部获得NNSA的批准并换发新执照。11月申请换照人员，NNSA正在审查核准中。

2009年7月，在福建召开了四届四次核电站操纵人员资格审查委员会（资审委）会议，阳江核电站、宁德核电站、台山核电站和辽宁红沿河核电站预备操纵员资格申请以及广东核电操纵人员考评委员会调整方案通过了本次会议审查。

截至2009年12月31日，大亚湾核电站共有RO 51人、SRO 67人；岭澳核电站一期共有RO 59人、SRO 60人。

2009年组织了三次多基地预备操纵员资格考试。

6. 环境保护接口工作

2009年12月20日，运营公司与广东省环境保护厅、广东省环境辐射监测中心召开了年度环保协调会。会议对2008年至2009年双方在核应急管理、放射源管理、放射性流出物的排放管理、环境辐射监测、非核项目的环保审批，以及核电对外环保宣传等方面的合作情况进行了交流，并就岭澳核电站二期首次装料前场内外联合应急演习的组织、放射源管理、环境监测数据的比对，以及非核项目的环保审批等重要问题进行了沟通，达成了共识。

5.9.2　外部评审与交流

1. 国际原子能机构活动

2009年11月16日至12月3日，由国际原子能机构（IAEA）组织的岭澳核电站二期运行前安全评审（Pre-OSART）在岭澳核电站二期现场按计划开展。此次Pre-OSART评审团由来自11个国家的14名专家组成。在为期三周的评审期间，专家按照IAEA评估标准对岭澳核电站二期组织管理、培训、运行、维修、技术支持、经验反馈、辐射防护、化学、应急准备等9个方面进行了全面、深入的评审，针对评审过程中发现的问题共提出了14条项改进要求，12条项改进建议、5条良好实践。

本次Pre-OSART评审取得了圆满成功，为进一步做好岭澳核电站二期生产准备工作增强了信心，为下一阶段推动移交接产和商业运营并实现安全、稳定、经济运行等各项生产准备工作创造了有利条件。

2. 世界核运营者协会活动

2009年，大亚湾核电站和岭澳核电站一期共派出5人，作为评审员参加了世界核营运者协会-巴黎中心（WANO-PC）在其他核电站组织的同行评审，3人参加了WANO-PC在国外组织的研讨会，分别为“入水口堵塞研讨”、“WANO SOER起重设施及物料存放研讨”、“压力堆核电厂剂量减少研讨”。

WANO-PC组织国外专家来大亚湾核电基地对运营公司设备老化管理进行了评估，对小事件编码及趋势分析提供了培训，对2007年大亚湾核电站发生的“11·28”事件进行了现场调查。

2009年11月30日至12月3日，由WANO-PC主办，运营公司承办的第六届运行经理研讨班在深圳召开。研讨班由WANO-PC副主任Mr. Jan Bens主持，运营公司郭利民副总经理出席研讨班并致欢迎辞。研讨班的成员包括来自法国、英国、美国、德国、巴基斯坦核电站及中广核集团的大亚湾、红沿河、台山各核电基地的21名运行及培训领域的管理者。研讨班为期4天，通过国内外各核电站间的相互交流，进一步促进了WANO巴黎中心各成员电站之间在运行管理领域的相互了解和学习，在运行管理领域的良好实践将有助于提升核电站运行业绩。

经WANO-PC推荐，WANO组织选举，中广核集团钱智民董事长当选为2010年至2011年WANO轮值主席，按照WANO组织惯例，由轮值主席所在公司承办2011年WANO双年会（BGM），中广核集团委托运营公司承办此次双年会。会议准备工作已于2009年初开始。

5.10　合同及备件管理

5.10.1　合同管理概要

2009年，合同管理主要围绕以下几个方面开展工作。

（1）以现场机组安全生产为第一服务目标，全力开展大亚湾核电站、岭澳核电站一期日常及大修所需各类服务合同签署工作。

（2）核燃料（浓缩铀、燃料组件）采购及合同管理。

（3）AREVA NP、ALSTOM、EDF 等三大国外承包商框架合同管理及其他涉外技术服务合同事项。

（4）大亚湾核电站、岭澳核电站一期日常及大修维护合同管理及合同模式优化。

（5）岭澳核电站二期生产准备所需各类服务合同签署。

（6）确保 D113 大修和 L107/L207 大修服务合同签约率达到 100%。

（7）重大工程改造合同、专项设备维护合同、在役检查及性能试验合同。

（8）技能训练中心二期建设项目合同管理及培训系统采购合同。

（9）以 ACP 项目为主的基建、土建维修合同及相关的工程设计、监理合同，推动签署造价咨询及工程监理框架合同。

（10）保险续保及索赔、咨询类、培训、辅助项目承揽等人力与综合服务合同。

（11）岭澳核电站一期遗留项目合同清理及核岛、常规岛最终验收证书（FAC）遗留项谈判。

（12）涉及公司经营、生产及员工生活起居等方面的绿化、物业、餐饮、运输服务等合同。

（13）ERP 项目（普华永道）实施合同。

（14）公司对外经营合同的商务支持及集团范围内各成员公司间交易合同。

（15）集团委派运营公司就 ERP 项目实施合同中有关核电运营部分与凯捷公司进行合同终止谈判。

2009 年各类合同总体情况见表 5. 10. 1-1，分类统计情况见表 5. 10. 1-2。

表 5. 10. 1-1　2009 年合同总体情况

合同类型	有合同		无合同	总　计
	合同部分	合同变更		
合同数量/份	857	138	21	1 016
合同数量比例/%	84. 35	13. 58	2. 07	100

表 5. 10. 1-2　2009 年合同分类统计情况

部　门	技术部	经营管理部	维修部	生产部	培训中心	生产准备部	其他	总计
合同数量/份	358	117	273	130	80	19	39	1 016
合同数量比例/%	35. 24	11. 52	26. 87	12. 80	7. 87	1. 87	3. 84	100. 00

从总体合同构成分析，与 2008 年合同管理工作比较，2009 年主要增加的合同工作有：① 核燃料采购合同数量增加。2009 年先后进行了天然铀、浓缩铀和燃料组件等各环节的国内外采购工作；② 岭澳核电站二期生产准备项目逐渐增加；③ 为提高采购效率并降低成本，积极推进框架合同的签订工作，2009 年新签框架合同 71 项。

2009 年，合同签约总金额约 1 019 108 277. 00 美元（不包括集团公司委派项目及对外经营收费类项目），其中：

（1）大亚湾核电站年成交合同金额折合美元约 52 190. 72 万美元，其中包含了大亚湾核电站外购浓缩铀（2009—2022 年）的合同金额。

（2）岭澳核电站一期成交合同金额折合美元约 21 548. 84 万美元。

（3）岭澳核电站二期成交合同金额折合美元约 11 054. 09 万美元。

（4）运营公司年成交合同金额折合美元约 1 570. 52 万美元。

（5）大亚湾核电站和岭澳核电站一期共同承担合同费用项目年成交合同金额折合美元约 7 752. 64万美元。

（6）大亚湾核电站、岭澳核电站一期和岭澳核电站二期三方共同承担合同费用项目年成交合同金额折合美元约 5 177. 29 万美元。

（7）其他项目年成交合同金额折合美元约 2 616. 72 万美元。

2009 年与 2008 年主要合同费用统计见表 5. 10. 1-3。

表 5. 10. 1-3 2009 年与 2008 年主要合同费用统计对照 万美元

年份	运营公司	大亚湾核电站	岭澳核电站一期	岭澳核电站二期	大亚湾核电站、岭澳核电站一期两电站共用	三电站共用
2009	1 570. 52	52 190. 72	21 548. 84	11 054. 09	7 752. 64	5 177. 30
2008	905. 36	5 417. 80	13 094. 68	13 094. 68	93 164. 34	5 659. 87

5. 10. 2 合同项目内容

2009 年的各类项目合同，主要分布在以下几个方面。

1. 浓缩铀、核燃料

与中国原子能工业有限公司及 URENCO 公司签署了新一轮的大亚湾核电站浓缩铀国外采购合同及管理协议，供货范围覆盖 2009—2022 年大亚湾核电站 30% 浓缩铀的供应。根据浓缩铀合同规定，中国原子能工业有限公司向大亚湾核电站供应 31 345 kg 浓缩铀；向岭澳核电站一期供应 39 426 kg 浓缩铀。

配合大亚湾核电站浓缩铀国外采购合同，委托铀业公司和中国原子能工业有限公司从国际市场采购两批天然铀，用于大亚湾核电站 2013 年和 2014 年国外浓缩铀的生产。另外，在国内天然铀采购方面，与铀业公司签订了岭澳核电站一期 498 t 天然铀供应合同，用于岭澳核电站一期 2011—2012 年（包括岭澳核电站 1 号机组第十次大修、第十一次大修及岭澳核电站 2 号机组第九次大修、第十次大修）所需浓缩铀对应的天然铀供应；签订岭澳核电站二期 372 t 天然铀供应合同，用于岭澳核电站二期两台机组第一次换料大修所需浓缩铀对应天然铀供应合同。

2009 年，与中核建中核燃料元件有限公司就大亚湾核电站第十四、十五次换料大修和岭澳核电站一期第八、九、十次换料大修签订新一轮燃料组件供应合同。依照既有合同和新一轮合同，中核建中核燃料元件有限公司向大亚湾核电站交付 1 号机组第十三次换料所需的 72 组 AFA-3G 组件；向岭澳核电站交付 2 号机组第七次换料及 1 号机组第八次换料所需的 92 组全 M5 AFA-3G 组件。

2009 年乏燃料处理方面的合同包括：根据大亚湾核电站乏燃料处置合同规定，全年向中国核工业集团公司移交乏燃料组件 104 组。

2. 涉外合同

2009 年，ALSTOM 技术服务方面的主要合同包括在与 ALSTOM 的总体技术支持框架协议下，双方签订了包括 D113 大修技术支持合同及 L108 大修和 L207 大修的技术服务合同等；因电站改造项目的需要，与 ALSTOM 签订了几项重大改造项目合同，主要包括：发电机内定子采购合同，备用励磁机采购合同，岭澳核电站一期 GSS 系统排气过热度调整改造设计和供货合同，岭澳核电站一期高压缸保温改造设计和供货合同等。

EDF 服务合同方面主要包括：仪控维修及燃料管理等领域的技术交流，PMC 换料操作培训，采购 EDF 的 N4 教材及备件分级文件（CPR），聘请 EDF 教员任岭澳核电站二期执照人员考试考官，事故后模拟机采购项目，L107 大修热点去除技术支持等合同。

2009 年，AREVA NP 服务方面：完成框架合同的续签谈判，双方就所有内容达成共识并续签合同至 2012 年；双方签署的项目合同包括：D113 大修、L107 大修和 L207 大修核岛维修服务合同，岭澳核电站一期高压缸隔板改造采购核岛系统文件支持，燃料组件修复设备培训及修复技术支持，燃料组件维修设备升级，L2RCP221VP 螺栓咬死处理，反应堆蒸发器拉伸工具技术支持等。

其他国外供应商的主要项目合同有：与法国 MGPI 公司签订大亚湾核电站和岭澳核电站一期 KRT 系统改造供货和服务合同，与美国西屋公司签订动态刻棒技术引进合同，与瓦锡兰公司签订大亚湾核电站应急柴油机返厂翻新合同，与韩国 KPS 公司签订 RCP 主泵水力部件现场解体检查合同，与美国 WSI 公司签订 L107 大修 CRDM 焊缝预防性堆焊合同。

3. 机组年度大修合同

2009 年，岭澳核电站 1 号、2 号机组分别进行了第七次换料大修，大亚湾核电站 1 号机组进行了第十三次换料大修。合同供应处积极组织力量，安排专人制订计划并跟踪合同签署进展，保证了三次大修服务合同签约率达到 100%。2009 年度签订的与大修相关的合同项目约 131 项，累计金额 1 772.19 万美元。其中的主要合同见表 5.10.2-1。

表 5.10.2-1　2009 年大修主要合同

分类	项目内容	承包商
核岛项目	1. 岭澳核电站 1 号机组第七次大修及 2 号机组第七次大修核岛设备在役检查	中核武汉核电运行技术股份有限公司
	2. 岭澳核电站 1 号机组第七次大修及 2 号机组第七次大修核岛设备检修	深圳纽科利核电工程有限公司
	3. 大亚湾核电站 1 号机组第十三次大修核岛设备在役检查	中核武汉核电运行技术股份有限公司
	4. 大亚湾核电站 1 号机组第十三次大修核岛设备检修	深圳纽科利核电工程有限公司
	5. 大亚湾核电站 1 号机组第十三次大修核岛通用服务支持	中国核动力研究设计院科技开发公司深圳分公司
	6. 岭澳核电站 1 号机组第七次大修 AREVA-NP 技术支持	AREVA NP
	7. 岭澳核电站 1 号机组第七次大修 CRDM 焊缝预防性堆焊	WELDING SERVICES INC
	8. 岭澳核电站 1 号机组第七次大修水力部件更换技术支持	JSPM
	9. 大亚湾核电站 1 号机组第十三次大修核岛维修 AREVA 技术支持	AREVA NP

续表

分类	项目内容	承包商
常规岛项目	1. 大亚湾核电站1号机组第十三次大修常规岛主机设备维护保养	深圳淮电检修公司
	2. 岭澳核电站1号机组第七次大修及2号机组第七次大修常规岛主机设备维护保养	辽宁清河电力检修有限责任公司深圳分公司
	3. 岭澳核电站1号机组第七次大修及2号机组第七次大修、大亚湾核电站1号机组第十三次大修常规岛辅机设备检修	深圳山东核电工程有限责任公司
	4. 岭澳核电站1号机组第七次大修及2号机组第七次大修、大亚湾核电站1号机组第十三次大修常规岛系统支吊架/检修及金属监督	苏州热工研究院有限公司
BOP项目	1. 岭澳核电站1号机组第七次大修及2号机组第七次大修BOP设备维护保养	深圳东北核电建设有限公司
	2. 大亚湾核电站1号机组第十三次大修BOP设备维护保养	深圳东北核电建设有限公司
大修辅助外包项目	1. 岭澳核电站1号机组第七次大修及2号机组第七次大修AREVA- NP技术支持	AREVA NP
	2. 大亚湾核电站1号机组第十三次大修AREVA- NP技术支持	AREVA NP
	3. 岭澳核电站1号机组第七次大修及2号机组第七次大修、大亚湾核电站1号机组第十三次大修核岛设备检修辅助项目外包	深圳纽科利核电工程有限公司
	4. 岭澳核电站1号机组第七次大修及2号机组第七次大修、大亚湾核电站1号机组第十三次大修辅助项目外包	中核深圳凯利集团公司

2009年，电站实施了3台机组的大修工作，基本上维持了以往几家国内主要大修承包商合同模式，但进行了适当的改进；2009年4家主要维修承包商3次大修的安全、质量评价排名，将不再影响2010年各家承包商的大修人工单价，而是影响其维修服务范围的增减。同时，在合同中取消了原大修考核程序，将大修、日常和专项项目统一起来建立新的维修服务承包商考核程序；继续完善了标准工时程序、供应商服务质量评价体系，以及承包商管理程序体系。为满足大修承包商人员日益紧缺、新建核电站项目日益增多的现实情况，合同供应处与大修处进行合作，积极引进新的大修承包商队伍，并为稳定现有队伍采取了一些激励措施，如在实施大修经济奖励政策下尝试再设立工期贡献奖，保证电站主机及辅机的大修工作顺利完成。

4. 日常维护合同

2009年度，电站在现场一系列日常维护和保养项目上，基本维持了业已存在的与承包商的长期合同关系和合同模式。为更加有效规避新劳动合同法可能产生的法律和商务风险，对合同模式和计价方式做了进一步的完善。同时合同中也纳入了新的维修服务承包商考核程序。为更好地控制日常维护和保养合同成本，合同供应处会同其他部门，对过去多年的合同费用进行了深入研究，经与5家主要承包商反复协商，在基本维持2008年合同费用的水平上采用总包模式签订项目合同，且工作内容和范围与大修承包范围保持一致。

5. 技术改造项目合同

2009年度较有影响的技术改造项目见表5.10.2-2。

表5.10.2-2 技术改造类主要合同

序号	项目名称	承担单位
1	岭澳核电站一期18个月换料改造合同	中科华核电技术研究院有限公司
2	大亚湾核电站和岭澳核电站一期核岛JDT主系统改造设计合同	中国核电工程有限公司
3	大亚湾核电站TEU增容改进土建/现场施工合同	深圳华兴建设有限公司/深圳纽科利核电工程有限公司
4	岭澳核电站一期第一次安全评审和第一次十年改造研究合同	中科华核电技术研究院有限公司
5	岭澳核电站二期LEVEL3项目设计和建设合同	中科华核电技术研究院有限公司
6	北龙处置场安保设施改造合同	中科华核电技术研究院有限公司
7	KRT系统改造供货和服务合同	MGPI

6. 劳务支持及综合技术服务

2009年度，公司继续通过项目外包的合同方式获得必要的劳务支持及综合技术服务。为此，共签订各类相关合同85项，累计金额约2 249万美元。其中国外劳务技术支持（主要包括EDF、FRAMATOME、ALSTOM）合同金额约735万美元；国内劳务技术支持合同金额约784万美元，合同总额较上一年度增加约11.7%，主要原因为岭澳核电站二期生产准备业务量的增加。其他专项技术服务合同金额约730万美元。

7. 培训

2009年，继续实施电站自主化维修培训、干部管理培训、各个部门的岗位技能培训。此外，还进行了2009级新生岗前培训项目、厂房安全管理培训等项目。全年共签订各类培训相关合同76项，累计金额约199.56万美元，合同数量较2008年增加2.7%，合同金额减少26.9%。主要合同见表5.10.2-3。

表5.10.2-3 培训类主要合同

序号	项目名称	承担单位
1	2009届毕业生岗前培训	哈尔滨工程大学
2	2009年管理培训	广州锦田顾问服务有限公司
3	2009年各部处业务培训课程	深圳市慧海企业管理咨询有限公司
4	2009年度技能培训外请教员培训	深圳市慧海企业管理咨询有限公司
5	岭澳核电站一期SIP试验装置维护培训	AREVA NP

8. 行政后勤

2009年，公司强化了行政后勤长期框架合同的签订和执行，全年新签框架合同23项，长期协议采购比例达41%。行政后勤保障主要合同见表5.10.2-4。

表5.10.2-4　行政后勤类主要合同

序号	项目名称	承担单位
1	ERP实施项目	普华永道咨询（深圳）有限公司
2	大亚湾核电基地供水合同	深圳市核电机电安装维修有限公司
3	大亚湾核电基地后勤服务全委托	广东大亚湾核电服务（集团）有限公司东部分公司
4	北苑餐厅供餐服务	宏茂饮食管理（深圳）有限公司
5	SAP（WEC）软件包购置	思爱普（北京）软件系统有限公司
6	餐厅大功率电磁炉	环球炉业（深圳）有限公司
7	2009年至2012年劳动用品采购	华润万家有限公司
8	大亚湾核电基地总部大楼家具	深圳市家乐威顿家具有限公司
9	2009年管理计算机采购项目	中科华核电技术研究院有限公司
10	大亚湾核电基地南区宿舍更新家具	深圳长江家具有限公司

9. 基建工程

2009年，在基建工程方面共签订合同120项，累计金额约2 824万美元（包含基建施工改造项目及变更），合同累计金额较2008年增加约27.6%。主要合同见表5.10.2-5。

表5.10.2-5　基建工程类主要大合同

序号	项目名称	承担单位
1	综合会馆建设工程土建施工总承包	中国核工业华兴建设有限公司
2	2009年至2011年土建维修合同	深圳华兴建设有限公司
3	综合会馆幕墙工程施工	深圳市三鑫幕墙工程有限公司
4	消耗材料库和检修车间建设工程	东北电业管理局第一工程公司
5	特勤消防站建设工程总承包施工	中国核工业华兴建设有限公司
6	岭澳核电站二期沿海道路护坡修复工程施工	中交四航局第二工程有限公司
7	淮南营地11号等楼改造工程项目委托	广东大亚湾核电服务（集团）有限公司
8	岭澳核电站一期LAD改造工程施工	东北电业管理局第一工程公司
9	西区核服营地拆迁补偿	广东大亚湾核电服务（集团）有限公司东部分公司
10	广东核电西区变电站建设工程	中国核工业华兴建设有限公司

10. 岭澳核电站工程遗留项处理和索赔项目

核岛供货合同方面：根据业主公司与AREVA NP签署的岭澳核电站2号机组核岛FAC（最终验收证书）约定，跟踪落实9项工程遗留项的后续处理行动，其中2项顺利通过验收后已经予以关闭，其他遗留项双方按约定进度继续推进。

常规岛供货合同方面：与ALSTOM就岭澳核电站一期常规岛供货合同遗留项处理召开协调会，主要就剩余一台主变压器TF03的维修及质保问题进行了沟通。2009年12月，双方签署了岭澳核电站2号机组常规岛FAC。

保险索赔方面：L1RCP002PO轴瓦及轴套损坏事件保险索赔已结案，最终保险公司赔付款项并已全部入账。

5.10.3 备品备件采购管理

1. 备品备件采购

（1）备件业务指标管理

2009年，完成了L107大修、D113大修及L207大修备件供应工作，大修前最终到货率分别达到92.8%、94.1%及92.6%，为机组大修顺利开展提供了有力的备件保障，同时有效配合现场，完成了大亚湾核电站应急柴油机轴瓦缺陷事件轴瓦更换、文件追踪等对现场紧急更换的支持工作。此外，完成了控制棒组件采购，助变压器高压套管采购，6.6 kV卡件停产前战略采购，RIC探头采购，大亚湾核电站及岭澳核电站一期膨胀节集体替代多年采购合同，主泵备件三年集中采购合同等重大设备及战略备件采购任务。

（2）岭澳核电站二期补充备件采购业务

根据岭澳核电站二期工程进度计划，自2009年初即着手成立了岭澳核电站二期补充备件采购业务组，组织部分员工全职负责岭澳核电站二期补充备件采购工作。同时推动部门管理层建立了由维修部、生产准备部、预算控制部门及合同采购等部门人员参加的双周会沟通制度。

开展的主要工作有：成立岭澳核电站二期补充备件采购专项小组，联合维修部、生产准备部制定了补充备件采购重要备件考核指标；建立了补充备件采购工作大纲，编制了补充备件采购工作流程。

2009年，岭澳核电站二期补充备件采购统计数据见表5.10.3-1。

表5.10.3-1 岭澳核电站二期2009年补充备件采购统计数据

申请单数/张	申请项数/张	订单数/张	提前三个月申请订购比例/%	采购金额/美元
307	5 695	52	76	645 402.45

（3）外基地备件供应业务

合同供应部门积极推动建立多基地备件供应平台，通过与红沿河、宁德等核电站多次协调，已建立起多基地备件实施方案，为后续多基地备件采购业务开展提供了方案依据。通过优化现有备件采购人力安排，着手准备多基地备件平台实施人员的储备工作。

2. 备件采购业务改进

（1）实施“三统一”工作导则，减低备件差异

从前期到货备件产生的差异分析来看，有相当比例的到货差异是由于采购订单参数描述、公司生产信息管理系统（COMIS）数据库与厂家报价信息不一致造成的，推行“三统一”工作导则的目的是确保所有签发出的订单采购信息与COMIS数据库及订单实物信息必须一致，从源头上杜绝订购错误备件。同时严格备件验收标准，从2009年开始，到货备件必须与质量文件共同验收，确保备件使用时有文件资料支持，对于缺少文件的备件按到货差异处理。此外，设立到货差异处理机制及考核指标，2009年全年关闭历史遗留及新产生的

备件差异达 480 项，差异总数量由 2008 年的 652 项降低到 172 项，而且未关闭的差异项中已基本落实后续处理方案。

（2）提升备件采购效率

杜绝采购申请超 90 天不能签发订单的情况，建立逐项清理的制度。2009 年，超过 90 天未签发订单的采购申请由 2008 年的 136 项降低至 1 项，采购效率大幅度提升。此外，完成了关键敏感（CCM）设备备件采购、等备件工作票及部分老化停产备件的采购任务。

（3）利用商务工作优化备件采购流程，推动签署框架合同

通过历史数据分析，针对历史采购记录频繁的物项，与厂家制订年度采购计划并推动签署长期采购框架合同，优化采购效率。2004—2008 年，与公司交易次数在前 25 名的供应商中有 11 家供应商与公司签署了长期框架合同，框架合同采购比例逐年提升，2009 年新增签署框架合同数量 20 个，达到了以前签署框架合同数量的总和。同时，针对改造备件采购计划性差、需求紧急的特点，推动工程小改造备件集约化采购，在公司内部建立了小改造备件采购包工包料及固定询价供应商的采购机制，为后续现场小改造工作顺利实施提供了物资供应保障。

（4）优化库存，降低成本

针对日益上涨的备件库存，应运营公司财委会要求，由合同供应处牵头，联合维修部各执行处备件工程师，对仓库中长期未领用备件进行了清理，共涉及大亚湾核电站十年未领用和岭澳核电站一期六年未领用备件 1 112 项，合计金额 2.4 亿元人民币。经过近一年的清理，确认大亚湾核电站和岭澳核电站一期共保留备件 1 018 项，合计金额 2.1 亿元人民币。此外，对异常的备件实物进行逐一核实，通过采购配件修复异常备件、核实数据型号、与供应商澄清过期备件寿期等工作，修复备件合计 13 项，金额 795 万元人民币；对长期未领用备件进行核实，确认无用报废备件合计金额 270 万人民币；因为改造替代等原因，目前处于跟踪状态，满足条件后立即进入报废流程的备件 509 万元人民币。为防止重复采购，将报废备件设为不再采购备件（NRO），为完善备件数据库信息，方便备件查找，盘活异常品库备件，提高库存备件可用率，降低不良备件库存作出了贡献。

5.10.4　仓储管理

2009 年，仓储管理工作除了确保大亚湾核电站和岭澳核电站一期四台机组的大修和日常生产备品备件及消耗材料的验收、储存、养护、盘点及发放外，还完成了岭澳核电站二期生产准备方面的人员培训、仓库接收前故障处理跟踪、部分合同备件（SO）/安装剩余备件（SE）的接收工作。通过实施各项管理改进项目和安全管理，确保了仓库业绩指标和安全指标的顺利完成。2009 年度仓储管理工作改进如下：

（1）物资验收方面：制定并推行了相关验收导则，使物资验收工作更加规范化、标准化，14 天内到货验收率基本达到 90% 以上。

（2）物资盘点方面：通过对库存关键敏感（CCM）设备备件的集中盘点检查，改进了储存状态，确定了包装方式，并提高了公司生产信息管理系统（COMIS）数据库中描述的准确性。

（3）完成机械类、电仪类保养规范的制定，改进了库存泄压阀直立存放方式，更换了高层货架木质托盘。

（4）发料方面：通过严格的出库控制，减少了备件出库后发现的质量问题及事件单

次数。

（5）岭澳核电站二期生产准备：实现仓储业务及盘点业务分别整体外包的模式；完成了KAB 仓库的整体规划；跟踪落实了 KAB 仓库各项待改进项；完成了所有新进人员的在岗培训工作；跟踪落实了仓库各项设备设施的采购、安装工作。

（6）管理改进：改进了仪控类板件的包装存储条件；设立防静电工作区、增加了防静电设施及用品，并完成了相关人员的防静电知识及实操培训；在恒湿库房增设了加湿器；完成了大亚湾核电站汽车衡改造。

仓库各项数据统计和业绩指标见表 5. 10. 4-1 和表 5. 10. 4-2。

表 5. 10. 4-1　仓库数据统计

项　目	大亚湾核电站仓库			岭澳核电站一期仓库		
	2007 年	2008 年	2009 年	2007 年	2008 年	2009 年
年终库存品种项数	46 985	47 788	48 116	37 931	38 329	38 575
年终库存金额	110 092 730	134 497 200	147 140 200	112 367 764	116 749 835	129 579 326
库存验收项数	4 409	5 398	6 267	3 538	4 173	5 067
非库存验收项数	2 527	1 702	2 249	748	1 165	904
出库项数	29 173	24 040	24 803	20 809	20 704	22 418
出库金额	14 415 219	24 220 300	21 570 000	11 259 070	21 109 972	14 529 300
退库项数	2 384	2 182	1 789	1 656	2 023	1 358
退库金额	1 690 061	457 100	3 580 000	386 988	4 331 951	2 892 630
定期保养项数	4 253	4 065	5 790	3 746	2 522	5 432
报废项数	1 089	866	806	596	676	591
报废金额	1 308 192	755 800	8 900 000	375 703	433 748	362 859
寿期控制项数	3 762	2 241	4 469	2 378	1 834	3 012
计划盘点项数	10 356	18 496	42 728	18 904	14 825	32 108
交易盘点项数	26 271	36 011	36 011	28 472	29 408	24 455

注：表中的金额全部为美元

表 5. 10. 4-2　仓库管理业务指标

项　目	目标值	大亚湾核电站仓库			岭澳核电站一期仓库		
		2007 年	2008 年	2009 年	2007 年	2008 年	2009 年
工业安全事故/次	0	0	0	0	0	0	0
火险事故/次	0	0	0	0	0	0	0
化学品泄漏/次	0	0	0	0	0	0	0
交易盘点差异率/%	0. 6	0. 15	0. 12	0. 39	0. 03	0. 046	0. 46
计划盘点差异率/%	0. 6	0. 18	0. 32	0. 52	0. 20	0. 315	0. 55

5. 10. 5　承包商管理

2009 年，共有 418 家承包商与运营公司有合同业务关系（包括运营公司自身业务和业主公司委托业务)，数量较2008年增加了38家，增幅10%。

签约合同金额（未包括核燃料采购业务）排名前20家的承包商合同额达到21 032万美元，占年度总合同金额的77.5%；排名前10家承包商的合同金额达到17 326万美元，占年度合同总金额的63.9%。主要承包商名单见表5.10.5-1。

表5.10.5-1　主要承包商

序　号	承包商名称	序　号	承包商名称
1	中科华核电技术研究院有限公司	6	深圳纽科利核电工程有限公司
2	ALSTOM Power Ltd	7	中国核工业华兴建设有限公司
3	普华永道咨询（深圳）有限公司上海分公司	8	深圳市核电机电安装维修有限公司
4	MGP INSTRUMENTS	9	深圳淮电检修公司
5	中核深圳凯利集团公司	10	东北电业管理局第一工程公司

5.10.6　库存管理

1. 库存物资数据库的建立和维护

(1) 2009年，大亚湾核电站和岭澳核电站一期新增物资编码298项，物资数据库中的物资编码总数升至128 709项。岭澳核电站二期备件编码数已达14 069项。共完成662份物项替代报告的数据库修改，涉及2 864项备件。

(2) 通过不断清理识别，2009年底CCM设备备件数量已达3 665项。2009年，重点针对1 528项阀门类CCM设备备件进行了专项评估，对此类备件的最大和最小库存参数进行了优化。备件项目组建立了缺货CCM设备备件跟踪机制，对于缺货的CCM设备备件，及时补充库存，有效保障了CCM设备备件供应。

(3) 对COMIS数据库中制造厂参考号相同的3 397项（共1 492组）备件进行集中清理，通过比对设备运行维修手册（EOMM）、核对图纸、核查实物等措施，共发现642项（共298组）为重码，通过对发现的重码完成数据库信息修改、实物标签更换等相关工作，优化了备件库存参数设置，避免了重复采购的发生，有利于库存总量的控制。

(4) 参与并跟踪生产准备设备综合管理系统（EIP）的测试、功能优化过程。通过与COMIS接口，实现了补充备件编码与采购申请业务的电子化，大大提高了工作效率，降低了人力成本，并为后续采购工程专用系统的搭建积累了经验。

(5) 2009年，国家强制实施《进口民用核安全设备监管管理规定》（HAF 604），要求各核电站不得从未取得注册登记确认书的境外单位进口核安全设备，同时要求在采购核安全设备时需及时向核安全局报告相关项目进展情况，以便其跟踪监督。为此，合同供应处设计开发了核级备件跟踪系统，对核安全相关备件的采购进行跟踪记录，从而确保核级备件采购能够顺利进行。

(6) 全面评估重要备件验收方式的合理性，共修改了1 929项重要备件的验收方式，加强重要备件验收过程把关，有效提高了重要备件验收质量。

(7) 全面盘点现有库存的6 050项（含不同批次）设备备件，逐项完成数据库与实物比对，并分类制定了更换包装方式、完善数据库、调整货物或存储等级等处理措施，有效降低了 CCM 备件的库存隐患，保证了维修质量。

（8）2009 年，根据运营公司新质保等级程序，完成了 COMIS 数据库中包括岭澳核电站二期在内的 135 704 项备件新质保等级转换和确定，顺利完成了新旧质保等级的切换工作。

（9）进一步完善了战略备件清单，数据库中战略备件数量由原来的 137 项增加为 156 项。

（10）2009 年，大亚湾核电站的数据库质量指数从 2008 年的 0.850 提高到 0.852；岭澳核电站一期的数据库质量指数维持在 0.927。

两电站库存物资数据库清理情况（不含被替代物项）分别见表 5.10.6-1 和表 5.10.6-2。

表 5.10.6-1　大亚湾核电站物资数据库清理及质量统计

数据库质量	1 月	2 月	3 月	4 月	5 月	6 月	7 月	8 月	9 月	10 月	11 月	12 月
A	17 106	17 113	17 120	17 136	17 146	17 191	17 207	17 208	17 214	17 233	17 236	17 238
AA	15 021	15 180	15 304	15 422	15 539	15 693	15 775	15 977	16 097	16 197	16 340	16 517
AAA	26 936	26 937	26 937	26 934	26 936	27 023	27 024	27 025	27 027	27 033	27 036	27 075
总项数	90 227	90 397	90 549	90 699	90 857	91 140	91 227	91 434	91 554	91 639	91 791	91 982
质量指数	0.850	0.850	0.850	0.850	0.851	0.851	0.851	0.851	0.851	0.851	0.852	0.852

表 5.10.6-2　岭澳核电站一期物资数据库清理及质量统计

数据库质量	1 月	2 月	3 月	4 月	5 月	6 月	7 月	8 月	9 月	10 月	11 月	12 月
A	2 766	2 768	2 775	2 789	2 797	2 978	2 978	2 982	2 986	3 003	3 008	3 010
AA	19 793	19 851	19 934	20 051	20 166	20 501	20 501	20 631	20 702	20 814	20 938	21 065
AAA	21 928	21 931	21 937	21 948	21 955	22 245	22 245	22 250	22 255	22 275	22 287	22 342
总项数	52 102	52 181	52 314	52 467	52 622	53 503	53 503	53 657	53 729	53 792	53 958	54 133
质量指数	0.927	0.926	0.926	0.926	0.926	0.926	0.926	0.926	0.926	0.927	0.926	0.927

注：质量指数 =（未清理项 ×0.7 + A×0.8 + AA×0.95 + AAA×1.0）/总项数

A 代表核查实物与数据库；AA 代表核查资料与数据库；AAA 代表核查实物、图纸资料与数据库。

2. 库存控制

2009 年，在备件项目组的组织及各执行处的大力支持下，库存控制方面完成了一系列改进，并取得了良好成效，具体如下：

（1）优化了采购申请审核流程并制定了工作导则，进一步加强了对备件采购数量的审查优化，加强成本控制，减少了不必要的采购，全年累计节约成本约 140 万美元。

（2）成立了专项小组，对长期未领用的备件、不再采购备件（NRO）以及异常库中的备件等进行集中清理，逐一分析并制定具体处理措施，使大亚湾核电站和岭澳核电站一期库存总额下降约 64 万美元。同时，组织编写了《长期未领用备件管理导则》，制定了长期未领用备件的管理流程，定期对长期未领用备件进行清理，以达到控制库存成本，保障备件可用性的目的。

（3）对当前实际库存量大于其最大库存设置的 1 626 项自动触发采购（CRO）备件进行

集中清理，并逐一分析，优化了其中的1106项备件的最大和最小库存参数。

(4) 定期对过期化学品、橡胶制品逐一进行分析，制定了处理措施并积极改进，避免了重复性报废。

(5) 对大亚湾核电站和岭澳核电站一期的交叉领料情况进行了梳理分析，制定了交叉领料规范操作流程，通过严格控制，减少了不必要的交叉领料情况，进而避免了因二次交易产生的额外费用。

(6) 积极推广备品备件的零库存管理模式，2009年重点推动签订了通风过滤器及SKF轴承采购零库存框架合同，有效避免了库存积压。

通过以上各项改进措施的落实，备件供应更加高效，备件管理更加精细，库存结构更加合理。在确保日常及大修备件需求的前提下，库存控制工作取得了良好的成绩，大亚湾及岭澳核电站一期的常规库存总金额较2008年下降了1.59%。

5.10.7　口岸办管理

2009年，口岸办圆满完成了大亚湾核电站和岭澳核电站一期生产物资进出口、口岸及港口管理等各项工作任务。在首次举办大亚湾核电基地附近海域溢油应急演习、大亚湾核电站浓缩铀保（免）税进口、鼓励类进口技术和设备的贴息支持等方面取得了突出成绩，为公司节省税务成本及港口安全作出了贡献。

1. 通关数据统计

口岸办近两年生产物资各项通关数据见表5.10.7-1。

表5.10.7-1 大亚湾核电站和岭澳核电站一期通关数据统计

项　目	大亚湾核电站		岭澳核电站一期	
	2008年	2009年	2008年	2009年
海关批准免税批次	14	9	0	0
海关批准免税金额/万美元	1 242.76	827.94	0.00	0.00
征税进口报关份数	633	643	617	703
征税进口报关金额/万美元	1 177.66	1 022.51	1 052.91	1 366.14
免税进口报关份数	75	28	2	0
免税进口报关金额/万美元	402.46	303	160.49	0
暂进/复进报关份数	25	21	14	8
暂进/复进报关金额/万美元	268.00	23.42	1 183.73	45.15
暂出/复出报关份数	25	20	15	12
暂出/复出报关金额/万美元	241.11	173.15	68.87	65.71
电力出口报关份数	29	31	0	0
电力出口报关金额/万美元	64 186.03	71 272.97	0.00	0.00
缴纳进出口税额/万元人民币	2 045.10	1 867.01	1 729.47	2 172.36
办理许可证份数	20	5	14	2
办理通关单份数	44	64	24	38
办理3C免证份数	43	60	44	43
办理免税证明份数	63	31	2	0

2. 2009 年完成的主要工作

（1）完成了 L206，L207，L107 大修及 D113 大修备件、维修工具的进出口任务，在 GSY 负荷开关检修工具、控制棒组件、6.6 kV 母线、高压缸隔板、碎石过滤器及岭澳核电站二期进口 WBC 设备等重要物资进口过程中，实现高效通关，获得用户好评。

（2）新联检楼投入使用，首次开通海事专网系统，大亚湾核电基地口岸硬件和软件设施得到重大改善，口岸管理在规范化方面上了新的台阶。

（3）大亚湾核电站名义免税比例高达 99.70%（年度目标值 98.00%），创历史新高。

（4）实现进口 3C 验证货物从沙头角边境口岸调离至大亚湾核电口岸查验，极大地提高了通关效率。

（5）广东核电合营公司通过海关总署的评定，荣获海关总署认定的最高信用等级企业——AA 类进出口企业。该资质使广东核电合营公司享受到海关总署给予的最高层次的通关便利，提高了通关效率，并降低了通关成本。

（6）完成了《浓缩铀免税进口申报》、《核电站涉证货物进出口》、《核电站进出口货物报检、报关信息规范》等 3 份导则的编写。

（7）完成了《港口管理》、《物资进出口管理》、《技术改造项目进口设备免税》、《进口物资委托代理报关》、《大亚湾核电站进口维修备件免税》等 5 份程序的修改升版。

（8）完成了大亚湾核电基地港口航道、航标测量及设备码头海域航道 5 座航标整体更换，并经海事部门验收合格，完成设备码头本体安全检测及 2 个集装箱更换。

（9）编制码头承包商检查记录表，规范了承包商的管理。

（10）完成设备码头接船 43 艘（其中香港来船 3 艘），海运岭澳核电站二期设备共 6 558 t，其中包括蒸汽发生器、汽轮机转子、主变压器、反应堆压力容器等重大设备的联检和装卸作业。

（11）制定了岭澳核电站二期设备进口文件移交的具体要求及归档细节，明确了移交方案。

（12）制定了中广核集团多基地备件供应平台进出口通关方案，并已获得深圳海关的确认。

（13）圆满完成了各项培训工作，举办 7 期口岸通关业务系列培训，为技术部青工技能比武活动编写了核电货物进出口及港口管理培训材料及考试题。

（14）参照已识别出的适用法规，进行环保与职业安全健康合规性评价，完成了法律法规、标准与公司程序的对标工作。接受质保处对口岸办进行的 2009 年度环境和职业健康安全管理体系内部审核，且对审核中发现的问题完成了整改。

（15）与联检单位成功举办 3 次联谊活动和 4 期进出口业务论坛。

（16）完成了常用物项进口信息录入 COMIS，规范了进口数据信息。

（17）办理完成了运营公司进出口经营权及外汇支付权。

（18）完成了 2010 年大亚湾核电站、岭澳核电站一期和岭澳核电站二期关税电子保函、纸质保函的办理申请。

（19）完成了两台应急柴油机运国外（法国）返修报关。

（20）完成了大亚湾核电站在国家认监委开发的“免予办理强制性产品认证管理系统”中的注册工作。

（21）完成了 EDF 赠送给运营公司的“事故后模拟机”进口报关。

（22）接受了普华永道对运营公司 2007 年及 2008 年海关部分的税务健康检查。

（23）落实中广核集团防台会议要求，与工程公司进一步协调，明确了防台期间船舶的固定方案。

（24）制作了介绍海关现场工作组的 DV 宣传片。

（25）完成了岭澳核电站一期主泵水力部件翻新过程产生的废料及放射性树脂从法国 JSPM 厂家运回中国的通关手续办理。

3. 重大事项

（1）首次成功举办大亚湾核电基地附近海域溢油应急演习。演习填补了该领域一项空白，在防止运营核电站冷却水入水口受外部污染方面具有重要意义。

（2）牵头成立了技术改造财税优惠项目组，密切跟踪国家进出口税收优惠政策并最大限度利用，以进料加工模式顺利实施大亚湾核电站 2 号机组第十四次换料大修用 25 t 浓缩铀保（免）税进口，节约进口环节税 8 900 万元。向商务部申报 2008 年度大亚湾核电站、岭澳核电站一期进口鼓励类技术和产品贴息，共获批贴息金额 167 万元。启动了大亚湾核电站、岭澳核电站一期重大技术改造项目投资补贴及免税申报，向贸工局完成 KRT 项目免税备案，其中，大亚湾核电站 472 万美元，岭澳核电站一期 460 万美元；完成了一批投资补贴备案，其中，大亚湾核电站 4 项，金额 1 186 万元；岭澳核电站一期 6 项、金额 337 万元。

（3）广东核电合营有限公司荣获 AA 类进出口企业资质，成为中广核集团唯一一家获得 AA 类进出口资质的企业。

（4）实现生产运营进口 3C 验证货物从边境口岸调离至大亚湾核电基地口岸查验，大幅提高了通关效率。

（5）新联检大楼投入使用，海事联网系统及海关查验场投运，大亚湾核电基地口岸硬件和软件设施得到重大改善，口岸管理在规范化方面上了新的台阶。

5.11 人员授权及培训

5.11.1 培训管理

为满足中广核集团人才培养需求，2009 年，运营公司培训工作紧密围绕“为电站安全生产培养合格的各类人才，满足运营业绩持续创优的需求，以支持实现跨区域跨技术路线运营的战略目标”，积极开展各项工作，一方面通过完善专业化和标准化培训体系，培养一支职业化的教员队伍，并建设具有相应水准的培训设施来夯实基础；另一方面，通过周密的计划，严格的教学管理及教学质量控制，依靠公司全体培训工作者的团队协作以完成既定的培训目标。同时，进一步落实培训经营的理念，通过树立国际化核电专业人才培训品牌，逐步实现人才培训的市场化和对外输出服务。2009 年，运营公司各类培训课程及项目实施井然有序，总体培训计划执行率达 95% 以上，保质、保量地完成了全年培训工作任务。

5.11.2 培训负荷统计

2009 年，培训中心组织实施了基本安全授权培训、技术理论培训、模拟机培训、技能培训、新员工培训、管理培训及国家核安全局核电培训班等专项培训课程共 376 门，合计 2 129期，培训负荷共计 4 587. 8 人·月。2009 年培训负荷见表 5. 11. 2-1。

表 5. 11. 2-1　培训统计

课程类别	开设课程门数	课程期数	培训负荷/（人·月）	备　注
基本安全授权	29	345	889. 22	
技术理论课程	16	42	964. 98	
模拟机课程	21	403	617. 5	
管理培训课程	18	150	257. 11	
技能培训课程	170	562	814. 67	含行为训练课程
入厂安全培训	2	91	71. 01	
专项培训	38	278	423. 78	含生产准备专项培训、技术专项培训等
其他类	81	258	549. 47	含计算机、外语、在岗培训等
总计	376	2 129	4 587. 8	

此外，培训中心还完成模拟机演练 60 次，支持服务现场的培训课程 315 门，414 期，负荷达 629. 88 人·月。

2009 年度总体培训负荷明显增加，具体如图 5. 11. 2-1 所示。

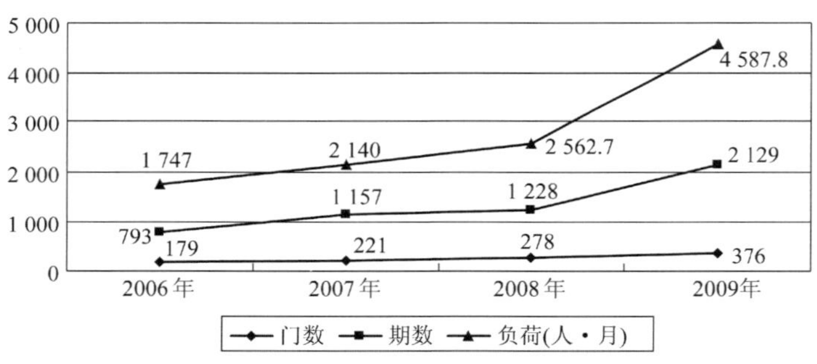

图 5. 11. 2-1　近四年培训负荷统计

5. 11. 3　模拟机培训

2009 年，随着多基地统筹培训的全面实施，以及岭澳核电站二期模拟机项目攻坚战的全面打响，培训中心面对再创新高的模拟机培训负荷和模拟机项目建设的困难局面，依靠现有力量，全面挖掘员工和设施潜力，圆满完成了运行执照人员培养及能力提升、模拟机建设、CPR1000 模拟机课程开发和实施、新教员培养等任务，取照考试通过人数等多项关键指标创历史新高。

1. 模拟机教学

2009 年，运行培训处累计教学负荷为 733 教员·周，与 2008 年全年累计工作负荷 585 教员·周相比，教员负荷增加 25. 3%。

大亚湾核电站及岭澳核电站一期模拟机共开设模拟机培训课程 15 门，共计 286 期。模拟机教学工作负荷为 538 教员·周，运行人员的初训、复训各类课程完成率为 100%。操纵人员执照考试和换照考试为62教员·周,2009年累计工作负荷为612教员·周。

岭澳核电站二期数字化模拟机共开设模拟机培训课程13门，共计87期，完成模拟机教学工作负荷104教员·周,开设考前模拟机强化培训14教学·周,培训考官3周，总计121教学·周。在培训过程中，运行培训处投入了大量的人力和物力进行教学和模拟机测试，通过加强培训和内部挖潜，参加2010年初第一次岭澳核电站二期取照考试的学员人数由初定的51人增加至92人。截止到2009年底，所有学员已全部完成MNO、MMO、MSOP及考前的模拟机加强培训。

2009年，运行教研室通过强化复训场景设计、人因陷阱设置、复训需补训人员甄别、复训评价系统投运等多方面手段提高复训质量。学员操作模拟机的积极性和主动性大幅提高，通过在复训中发现和纠正个人及团队暴露出的问题，执照人员的机组控制能力得到了巩固和提高。

2. RO/SRO取照模拟机考试

2009年，运行培训处分别在4月、8月和12月组织了三次反应堆操纵员（RO）取照考试，共有167名学员参加，是中广核集团历年来举行执照考试次数最多的一年，也是大批执照人员培养和产出的一年。运行培训处针对学员现场经验不足及理论基础薄弱等特点，强化教员职业化培养，提高教学质量，采取了一系列针对性辅导和强化措施，在指导学员方面付出了大量时间和精力。2009年，共有152名学员通过RO执照考试（其中运营公司39人、外基地统筹培训学员113人），人数超过前三年的总和。全年执照考试通过率超过90%，为历年最高水平。

8月份举行的高级反应堆操纵员（SRO）取照考试中，21名运营公司本部学员参加，20人通过考试，SRO取照考试通过率为95.2%。

3. 岭澳核电站二期模拟机项目

在岭澳核电站二期模拟机项目设计数据不全、合同接口复杂和进度严重拖期11个月等困难下，培训中心采取分步实施、各个击破的策略，通过采取临时替代方案、自主技术攻关、采购第四台模拟机等有力措施，挽回了项目移交时11个月的延期，使模拟机项目取得突破性进展，提前实现了M8-3里程碑；8月15日主模拟机（FSS）安装调试完成并投入一回路启停培训；10月底集成完毕LOT3二回路系统，可进行一、二回路联合启停；11月底实现状态导向事故处理程序（SOP）画面，可满足SOP事故基本培训，全年成功实现了各阶段性目标。目前，主模拟机可以实现一回路启停、故障培训，一、二回路联合启停培训及部分事故培训，基本满足了2010年1月岭澳核电站二期首次执照考试时的模拟机性能要求。

5.11.4　技能培训

在中广核集团快速发展、人员培训负荷迅速增长的形势下，2009年，培训中心在技能训练设施建设、防人因训练和课程体系建设方面都取得了显著成效，圆满完成了各部门的人才培养要求。

1. 教学和课程开发

2009年，技能培训负荷较往年有较大上升，培训项目涉及领域及学员来源更为广泛。目前，已初步建立技能培训课程体系，下一步将逐步开发和完善各类课程。2009年重点工作如下。

（1）维修技术授权实操考核评估方面，培训中心开展了多项工作，初步建立了技能考核评估体系。2009 年，共开展 5 个专业 6 个工种 34 人·次的技能实操考核。

（2）防人因失误工作方面，培训中心建立了专门的防人因训练室，针对人因工具卡开发了 14 个训练场景，并对 13 个执行处的员工和部分承包商员工开展训练，总计训练 1 892 人·次,根据现场各级领导的反映，参训员工回到现场后，作业行为表现确实有所改善。针对各类人员的工作特点，培训中心还模拟实际工作环境开展综合性的行为训练，提高了工作人员现场工作的正确性和安全性。此外，各类安全文化竞赛活动也对电站的防人因失误工作起到一定的推动作用。

2. 技能训练设施建设

继续完善技能训练中心一期训练室，已经覆盖了电站大部分专业基础技能训练和部分专项技能训练。

技能训练中心二期土建工程从 2008 年 12 月 2 日开工建设以来，进展顺利，2009 年按计划先后完成了主体结构封顶、建筑施工、配套设施安装等里程碑目标，2010 年 3 月竣工验收，共设有 26 间教学训练室，配置有 DCS，RGL，RPN，RIC 等重大专项培训设施。

2009 年，完成了核燃料操作培训项目的立项、方案设计、详细设计以及合同谈判等工作。核燃料操作培训项目土建工程于 2009 年 12 月 22 日开工建设，工程建筑用地 9 510 m^2，总建筑面积 5 735. 9 m^2，设计配置有换料机、燃料传输系统、1∶1的堆池和构件池等培训设施，建成后，将成为中广核集团燃料操作培训基地、不可接近设备研发及培训基地。

3. 特种作业培训与技能鉴定

2009 年，培训中心完成核电工种 108 名考评员的聘任及培训，两批共 70 人参加了国家特种设备操作持证人员的培训（新取证培训 47 人、复训 23 人），两批共 117 人参加了厂内特种设备上岗培训及复训（上岗培训 92 人、复训 25 人）及运营公司运行现场高级技术岗位技术授权考评工作（4 人论文答辩，2 人取得授权）。同时，还帮助深圳市职工教育和职业培训协会在大亚湾核电基地召开了深圳市 2009 年度新招聘考评员（200 名）的专家审核工作会。

2009 年，培训中心被深圳市人力资源和社会保障局推荐为“广东省级高技能人才实训基地”单位。

5. 11. 5　多基地运营统筹培训与区域运营培训管理

2009 年，多基地统筹培训与区域运营培训管理在负荷增长的同时，在管理规范化和精细化、培训途径的拓展以及培训质量等方面得到进一步提升。

1. 区域运营培训

通过前几年培训经验积累，区域运营培训已逐步展开，已形成规范化的管理制度，标准化的人员培养流程，分级协调的管理机制，制定了区域运营新员工培训管理暂行规定和培训大纲框架，成立了区域运营培训管理项目组，对区域运营培训实施项目化运作。2009 年，已累计为分公司培养 372 人，其中，运行人员 213 人，非运行人员 159 人；为分公司培养 16 名反应堆操纵员（RO）人员，2 名模拟机教员。

2. 多基地统筹培训

2009 年，统筹培训工作进一步向标准化、精细化管理迈进，更注意培训途径的拓展和培训质量的提升，进一步理顺了统筹培训工作流程，通过自行设计开发模拟机辅助教学教具，建立模拟机辅助教学室等措施，拓宽了统筹培训途径，为树立大亚湾在岗培训品牌建设起到了积极的作用。此外，还在提供模拟机技术支持等延伸培训服务支持方面做了大量的工作。2009 年，多基地统筹培训累计培训人数达 789 人，其中 2009 年合计培训人数达 538 人，共新接收多基地运行学员 80 人，维修技术学员 134 人，顺利结业学员 267 人；其中，99 名运行学员通过 RO 预备操纵员取照考试，统筹培训计划完成率为 100%，个人培训计划完成率达 95%。

5.11.6　承包商人员培训与授权管理

承包商是核电站运营过程中的重要组成部分，承包商的安全表现对核电站安全运营有重要影响，有效的核电站承包商基本安全培训授权管理是承包商单位员工掌握核电站基本安全质量要求、工作流程及行为规范的重要保障。2009 年主要完成工作如下。

1. 严把承包商教员资质授权关

教员是影响教学质量的关键因素，因此，针对具有自主培训资质的主要大修承包商单位，培训中心审牢把好承包商教员资质关。2009 年，组织实施 7 家承包商单位计 38 名承包商教员资质授权培训，培训内容涵盖教学技能、防人因失误理论、承包商主要人因事件分析等，有效提升了承包商单位基本安全教员教学技能。

2. 严格大修承包商入厂考核

承包商入厂考核是检验承包商员工基本安全知识和技能的重要方式。针对 2009 年度大修入厂考核，培训中心共编制了 54 份试卷，组织实施山东核电、东北核电、凯利公司、核动力院、105 所、清河公司、淮电公司、岳阳长炼、华兴公司、纽科利公司等 12 家主要承包商公司计 2 675 人的大修入厂考核。考核内容除包括通用基本知识技能外（占 70%），针对主要承包商单位，还编制了各自承包商单位的历年人因事件考题（占 30%），加强了考核针对性，同时督促承包商单位注重经验反馈的学习。此外，培训中心还完成日常承包商 399 人·次的等效考核。

3. 承包商自主培训监督检查

除严把考核关外，培训中心对承包商单位自主培训过程进行了监督检查，检查内容包括培训记录、培训实施情况、培训设施、培训过程管理等方面。2009 年，完成 7 家单位的培训检查，并对检查中发现的问题提出了改进建议，督促承包商进行改进，进而不断提升培训质量。

5.12　文件、档案与资料管理

5.12.1　工作概述

1. 文档信息资源建设及利用

（1）H 类档案数字化工作

2009 年文档资料处启动了大亚湾核电站和岭澳核电站一期设备档案的全文数字化工作，全年共完成了 5 997 875 页档案扫描，电子文件质量良好，并已全部上传到服务器，方便了现场用户更加快捷地查询利用设备档案。截至 2009 年底，H 类档案数字化工作已完成 97%。

（2）H 类档案标引工作

2009 年，文档资料处对大亚湾核电站和岭澳核电站一期设备档案的数据进行了梳理、完善和标引，累计完成 50 413 份文件，著录技术信息达 156 822 条，著录相关文件达 64 423 条，其中对25 181份文件进行了主题词标引，对 9 436 份文件在文档管理信息系统（DAMI）中创建了条目数据。目前 H 类档案标引工作已完成 95%。

（3）技术支持文件清理项目工作

为使技术支持文件数据更加准确和完整，文档资料处启动了大亚湾核电站技术支持文件数据的清理完善工作，计划完成 50 000 份文件的清理，实际完成 68 978 份。目前，技术支持文件清理项目工作已完成 40%。

这三项工作的有效开展，丰富了文档信息系统的数据资源，提高了文档信息资源的利用率。

2. 岭澳核电站二期工程文档控制

（1）根据工程文档移交进度安排及归档细则的要求，文档资料处接收岭澳核电站二期工程档案共计 5 319 卷，岩芯 338 箱，其中，合同档案 1 013 卷，基本建设档案 299 卷，会计档案 208 卷，照片档案 2 772 卷，射线底片档案 1 027 盒。

（2）承担岭澳核电站二期系统设计手册（SDM）协审，全年共完成由工程处发起的 255 个系统、约 5 460 份文件的审查工作。

（3）根据集团公司 2009 年度《生产准备评估报告》的意见，对文档相关工作进行了改进。2009 年 10 月落实了所有纠正行动，并在集团公司组织的回访工作中获得好评；同时开展岭澳核电站二期生产准备自我评估，反馈和落实岭澳核电站二期运行前安全评审团（Pre-OSART）评审期间发现的问题，文档控制工作在 2009 年 11 月份开展的 Pre-OSART 评审活动中顺利通过审核。

（4）进行文件接收控制和档案接收控制，其中文件接收是实时接收，在实施过程中，针对遇到的问题，积极与工程公司协调，着力推动解决，取得了良好的效果，为其他电站文件接收的有效性和及时性提供了解决模式。

3. 信息化建设

（1）文档信息管理与利用系统建设方面：在文档管理业务工作过程中，根据实际需求，不断对程序数据库系统（CPS）、电子文件生成系统（PREE）和 DAMI 系统进行适应性改造与优化，使相关业务工作能够有效地开展。文档资源综合利用系统（DRU）也进行了改进完善，发布了新的利用资源。2009 年共进行了 30 项系统修改申请，重大的系统功能修改完善主要有：建立 DAMI 系统设备档案标引平台，多电站档案分类，以及区域电站文档管理的适应性改造；优化文档资源综合利用平台性能；实现程序数据库系统中 CPR1000 功能模块；实现电子文件生成系统中的纸质信函处理功能模块。在文档资源综合利用平台上实现了各类文档信息资源的集成与有效利用。

（2）文档信息管理标准规范建设方面：完成了《电子文件鉴定规范》、《归档电子文件整理规则》、《归档电子文件存储格式及载体规范》、《归档电子文件光盘存储规范》和《业务系统中电子文件的归档要求》等程序的编写。《核电文档管理元数据规范》、《TDA 电子文件操作细则》正在编写中。

（3）文档信息化人才队伍建设方面：开展了文档信息化相关知识的内部讲座，对处内相关岗位员工和新员工约 90 人·次进行了累计20 小时的培训。

（4）数字档案馆项目推进：2009 年，在完成需求分析的基础上，继续推进已经签订的合同内容。由于承包商对项目工作量的评估与合同签订时的偏差，导致第一次签订的合同无法顺利实施，双方于 2009 年 5 月份解除了合同，在 2009 年下半年启动的第二次招标过程中，由于承包商报价的偏离，使招标过程最后流标，造成数字档案馆项目无法开展后续的实质性工作。

（5）SDM、EOMM 全文检索系统投用：系统设计手册（SDM）、设备运行维修手册（EOMM）全文检索系统于 2009 年 6 月投用，该系统采用手册加书签的方式，提供类似于纸质书本的阅读模式，同时为 SDM、EOMM 的检索提供了全文检索、系统码检索、标题检索等多种方式，全文检索方式将文件的检索深度由条目检索提升到了内容检索。2009 年共完成 147 639 页 WORD 文件的检查工作，以及 464 个 SDM 手册、2 359 个 EOMM 手册的制作与上传。

4. 专业化运营

（1）适应岭澳核电站二期及专业化运营的需要，优化 CQOM 程序

经过协调各专业处完成公司质量管理程序手册（CQOM）对岭澳核电站二期装料后的适用性识别和相关修改，共发出 19 项督办任务，程序 181 份，同时组织各部门对修改后的 CQOM 程序进行培训。此外，对电站最小生产质量管理手册（PQOM）的方案进行了初步设计和讨论，运营公司总经理部基本同意了最小 PQOM 的方案。

（2）多电站文档管理模式的建立与运作

为检查文档业务程序内容是否能扩展到岭澳核电站二期及其他核电站，文档资料处对文档管理方面的政策（AD）和执行（IP）程序进行了 100% 的适应性评估。

（3）程序清理、分析和修改推进

为适应岭澳核电站二期生产准备与接产和多基地的文档管理工作，文档资料处的职责也相应调整，工作流程也随之发生变化。为此，文档资料处启动了程序的全面清理工作，分析程序管理的现状，收集并整理出了程序中存在的问题，并落实到相关责任人进行清理、修改，目前该项目仍在进行中。

5. 标准化建设工作

为实现核电文件档案标准化、规范化管理和核电行业文档信息化资源共享，2009 年，文档资料处继续推进档案分类标准和核电电子文件管理系统功能需求标准编制工作。目前国家能源局已经下达了本标准的编制计划。文档资料处参与并负责主编《核电档案分类准则及编码规则》，目前已经完成初稿撰写和讨论修改。《核电文档管理系统功能要求》标准共分为 10 章，文档资料处负责其中两章多的内容编制，已经完成本标准初稿的第一次讨论和修改。两个标准计划在 2010 年出版发行，将填补核电文档相关标准的空白。

6. 知识管理

2009 年 7 月，文档资料处成立了知识管理项目小组。8 月，项目组前往深圳、上海，对一系列知识管理咨询公司（AMT、DAOCHINA、蓝凌）及企业（盛大网络、华东建筑设计研究院、招商基金等）和香港中华电力进行实地调研、交流。9 月，完成《DNMC 知识管理调研报告》，并通过公司评审。10 月，完成《DNMC 知识管理专项研究报告》。11 月，技术部组织内部评审会，对专项研究报告进行评审。12 月 2 日，专项研究报告在公司总经理部

专项会议上获得通过。

7. 程序协调组（PCG）工作

（1）2009 年共审查运营公司管理程序 135 份，技术支持程序 542 份，并对部分程序的内容提出了相应的修改意见；同时积极推动到期程序升版的工作。

（2）为了规范 PCG 的管理，编制了 PCG 运作章程。

（3）文档资料处参与了财务部区域运营程序框架讨论、公司市场营销的程序架构讨论、整定值程序的管理讨论、上层文件（TD）程序对阳江分公司的适用性讨论等。与阳江分公司进行了生产准备章节的详细讨论，对于电站最小 PQOM 的方案进行了初步设计和讨论，后续将联合阳江分公司和防城港分公司确定阳江核电站 PQOM 框架，完成并通过专业运营环境下电站最小 PQOM 方案。

8. 知识产权保护

2009 年，运营公司知识产权保护工作取得了优异的成绩。实际完成集团公司下达的专利申报任务 35 项，超出最初制定的考核目标 10 项。完成集团公司下达的著作权申报任务 21.5 项，超出最初制定的考核指标 10.5 项。另外，2009 年运营公司还取得专利证书 7 项（发明专利证书 2 件，实用新型专利证书 5 项），著作权证书 17 项（8 项软件著作权登记证书和 9 项一般作品著作权登记证书）。同时，知识产权保护小组还以“一回路真空排气假封头的研制”项目作为试点项目，开展了知识产权核心技术的保护模式分析工作。

9. 数字图书馆标准全文数据库

图书馆通过全公司范围需求调查和供应商调研，建立了标准全文数据库。共收集了 100 多个组织的标准题录数据和核电站工作常用的 23 个组织的标准全文数据。所有标准每两周更新一次题录数据，每个季度更新一次全文数据。标准全文数据库自 2009 年 7 月份验收以来，标准更新得到有效保证，标准数据在核电工作中得到广泛使用，对外采购标准的申请较标准全文数据库建设之前减少 70%。

10. 培训工作

2009 年，文档资料处按计划完成了处内授权培训和专项培训，全年共组织在岗培训课程 56 门，开课 59 次，参加人数达 1 427 人·次，共计 6 649.90 h。为培训中心开设 6 门课程，完成授课 22 次，参加人数达 900 多人·次。完成了《多基地文档培训模式适应性评估及改进方案》的编写，组织了 14 门在岗培训教材的编写及文档控制、文档管理、文档服务、标引、缩微数字化序列培训大纲的修改和生效。通过了运营公司第一批培训大纲教材和参考资料审查、培训记录的符合性审查，并获得“培训大纲执行奖”一等奖。根据中广核集团生产准备管理者自我评估改进行动，协助承包商建立了人员上岗培训考核制度，组织并完成了上岗培训和授权考核工作等。

11. 其他工作

（1）出版工作：2009 年，《大亚湾核电》编辑出版工作进展顺利。在正常季刊之外多出版了一期“核电厂仪控设计专刊”，发表技术文章 101 篇，译文 9 篇，国内动态 26 篇，国外动态 23 篇，技术改造项目摘要 20 篇，学术动态 11 篇，工程动态及进展 15 篇，国外核电站图片及介绍 4 篇，核电站系统及设备介绍 5 篇。另外，与《核科学与工程》编辑部合作，编辑出版了《核科学与工程》2009 年增刊暨《大亚湾核电》2009 年专刊，共刊登技术文章 19 篇。

（2）完成了光盘档案管理、文档信息化管理、记录报告控制处理流程管理等三个领域的管理者自我评估工作。

5.12.2 文档数据统计

2009 年文档数据统计见表 5.12.2-1 ~5.12.2-10。

表 5.12.2-1 2009 年文档控制统计

文件接收/份	档案处理/卷
41 698	4 694

表 5.12.2-2 2009 年文档处理统计

文件标引/份	文件著录/份	技术信息著录/条
1 472	27 767	462 907

表 5.12.2-3 2009 年文档服务统计

接待服务/（人·次）	文件利用/份	档案利用/卷	数字资源登陆/（人·次）	数字资源利用/份
7 603	25 229	18 042	216 925	215 850

表 5.12.2-4 2009 年缩微制作统计

35 mm 卷片/幅	胶片打印/幅	文件上载/份	文档扫描/张	16 mm 卷片/幅
0	54 000	130 147	7 311 080	81 000

表 5.12.2-5 2009 年翻译出版服务统计

自译/万字	外委翻译/万字	TDA 自办印刷	TDA 自办出版	归口管理印刷	归口出版管理
11	324.95	5 种（6 100 册）	2 种（1 600 册）	22 种（101 538 册）	3 种（13 500 册）

表 5.12.2-6 2009 年图书资料统计

接待服务/（人·次）	采购图书/本	标准/份	期刊/份	出版/种
4 579	504	85	1 818	6 001

表 5.12.2-7 2009 年文印服务统计

过胶/张	彩色打印/页	装订/册	彩色复印/页	晒图/m	复印服务/（人·次）	复印量/页
3 984	7 669	6 510	49 046	36 695	57 000	13 715 500

表 5.12.2-8 2009 年岭澳核电站二期生产准备统计

文件接收/份	文件分发/份	档案接收、检查/卷
12 173	119 096	5 319

表 5.12.2-9 2009 年知识产权（专利）统计

专利申请数量/件	专利申请总数量/件	专利获证数量/件	专利获证总数量/件
38	89	7	27

表 5.12.2-10 2009 年知识产权（著作权）统计

著作权申报数量/件	著作权申报总数量/件	著作权获证数量/件	著作权获证总数量/件
26	67	17	49

5.12.3 文件、档案、资料库存量

2009 年文件、档案、资料库存量见表 5.12.3-1 和 5.12.3-2。

表 5.12.3-1 文件、档案库存量（纸质类）

文件/份	档案/盒	缩微卷片/幅	缩微平片/张	缩微开窗卡/张	照片/张	岩芯/箱	录像带或录音带/盘	光盘/张	磁盘/张	底图/张
1 949 666	123 096	1 390 129	703 498	618 192	40 708	5 156	1 491	5 874	1 786	81 049

表 5.12.3-2 2009 年图书资料数据

资源总计/册	电子图书/种	期刊论文/篇	参考资料/份	会议资料/份	标准文献/种	法律法规/篇	登陆/（人·次）	下载/次	访问总数/次
12 083 453	90 710	11 191 650	2 153	723	75 658	722 559	83 528	330 712	1 735 223

5.13 计量管理

电站计量中心主要由技术支持处计量科、职业安全处辐射仪表组、电气处电测组等组成，现有人员 21 人。业务上接受国家、省、市及上级计量主管部门的领导和检查；在公司主管总经理和技术部经理的指导下，对内最大限度地优化公司计量器具检定资源，保证电站内所有计量器具满足国家相关计量法律、法规、条例规定的校验要求；对外送检实施归口管理，制定全公司计量检定工作年度预算；在电站内开展计量监督，保证计量器具的正确使用。

1. 计量器具及周期检定管理

在各部门的支持下，圆满完成了全公司的计量器具检测任务。2009 年，计量中心共完成两个电站 15 098 台（件）计量器具的检测，比 2008 年增加约 17%。计量器具检测数量统计见表 5.13-1。

表 5.13-1 2009 年计量器具检测数量统计表 台（件）

月份		1 月	2 月	3 月	4 月	5 月	6 月	7 月	8 月	9 月	10 月	11 月	12 月	合计
内部检定	TM	373	502	490	458	359	248	673	506	903	468	399	633	6 012
	MEE	37	29	15	23	15	5	4	10	8	10	31	57	244
	OPH	76	231	285	98	95	313	192	209	974	530	993	1 194	5 190

续表

月份		1月	2月	3月	4月	5月	6月	7月	8月	9月	10月	11月	12月	合计
外部检定	TM	96	388	164	91	361	245	428	322	603	153	342	449	3 642
	MEE	—	—	—	—	—	—	—	—	—	—	—	—	—
	OPH	—	—	—	—	—	—	—	5	—	—	5	—	10
合 计		582	1 150	954	670	830	811	1 297	1 052	2 488	1 161	1 765	2 333	15 098

注：TM—TTS 计量科，MEE—电气处，OPH—保健物理处。

2. 计量管理与监督

（1）圆满完成全年的计量器具的检测任务，从 2009 年第一季度开始与相关的执行处一起制订了合适的送检计划并逐月落实，每月编写检测月报进行跟踪反馈；进行合理的内外检定数量划分，内部检定计量器具数量有了较大的飞跃，比 2008 年增加 14%，有效地节约了送外检测成本。

（2）在 L206，L207，L107，D113 大修中，重点从计量监督和专项检测两方面改进工作。计量监督方面重点规范对承包商自带仪表的管理、大修中计量器具的状态管理等。除每次大修的常规计量检定项目外，另外增加了 D1/2KTS 项目将近 600 多台在线仪表检测，VVP 安全阀在线检测装置中计量器具使用前后的期间核查、主变压器上的瓦斯继电器的校验、主给水流量孔板的校验等工作。

（3）2009 年对化学环保处、电气处和技术支持处等单位进行了重点的计量监督，对化学仪表、无损检测、强电计量设备等提出了改进建议并跟踪了改进情况。

（4）继续进行大亚湾核电站和岭澳核电站一期的关口电能计量装置校验归口管理。完成大亚湾核电站关口电能计量装置校验、核深线 CT 校验，岭澳核电站一期新关口电能计量点校验，岭澳核电站二期关口计量装置校验跟踪，着重跟踪和协调处理了岭澳核电站一期新关口电能计量点不合格的修正工作。同时完成大亚湾核电站 1 号、2 号机组 KKO/KTS 电表校验，结果全部合格。

（5）组织了 5 月 20 日计量日宣传活动，举办了多次以计量管理、常用计量器具应用知识为主题的专题讲座，并开展了计量知识网上有奖答题活动，提高了全员计量意识，达到预期效果。

（6）2009 年 11 月搬入新计量楼，各实验室工作开展正常，无标准器具损坏和人员受伤事件发生。同时对新楼进行了全面治理，并按照三星级厂房进行了管理。

（7）完成了计量实验室认证及测量管理体系建立的前期调研工作。

（8）从验收流程上对新采购的计量器具进行了控制，在验收时及时与用户进行沟通，重点关注特殊的和用于重要工作现场的计量器具的检测情况（如水内冷发电机绝缘特性测试仪、真圆度仪等）。2009 年，共验收运营公司新采购计量器具 1 600 件，同比增加 59.6%，其中有 190 件计量器具经检测为不合格（主要有温湿度计、红外线测温仪、塞尺等），避免了不合格的计量器具进入现场。2009 年，重点推行了在立项阶段的计量器具采购技术规范书的规范化编写工作，大部分计量器具出具了第三方检测证书，保证了验收阶段有据可依，从而缩短了支付时间。

（9）完善了不合格计量器具的评估工作。2009 年，计量中心共发出 89 份不合格计量器具的跟踪评估单，完成 80 份，完成率 90%，其中未完成部分为 2009 年 12 月份发出。不合格的计量器具主要有百分表、游标卡尺、力矩扳手，不合格的原因主要为示值超差和损坏失效，评估的结果均为无影响。通过及时发出 24 小时事件单、提交不合格计量器具评估专项报告，对不合格计量器具进行跟踪和处理。此外，通过升版《不合格计量器具评估》程序，优化了不合格计量器具评估流程。2009 年不合格计量器具跟踪报告统计见表 5. 13-2。

表 5. 13-2　2009 年不合格计量器具跟踪报告统计

部门	发出份数	完成份数	评估完成率/%	评估结果
MSM	21	17	81	无影响
MRM	29	28	97	无影响
MIC	10	10	100	无影响
MEE	14	14	100	无影响
MGS	10	6	60	无影响
TTS	1	1	100	无影响
TEN	4	4	100	无影响
总计	89	80	90	无影响

3. 重大项目完成情况

（1）通过深入理解流量孔板迎面锐角变化对流量系数的影响，制定了利用三坐标测量机进行测量的可行方案，反复进行了 18 次的测量实践，圆满完成了主给水管道流量孔板迎面锐角的测量，为机组效率与主给水流量分析项目奠定了基础。

（2）拓展了实验室液压扳手扭矩倍增器检测、电动阀扭矩在线检测装置，高温温度探头检测、智能化采集器检测等计量检定新技术，并进行了实际应用。

（3）通过委托协议的方式检定与校准了工程公司调试用仪表。2009 年完成工程公司调试中心委托检定计量器具共 345 台（件）。完成了 LOT16B 生产维修仪器的验收检测及相关资料文件的归档工作，验收了 5 台（件）LOT16B 新购计量器具。

5. 14　电站保卫及核材料实体保障

5. 14. 1　电站保卫工作

1. 顺利完成四项重大安保任务

2009 年，电站先后顺利完成国庆 60 周年、高交会、香港东亚运动会和澳门回归 10 周年等四项重大安保任务。在安保期间有针对性地加强了人员和车辆出入控制、厂区巡逻、危险物品管理、人员动态监管、技术保障、突发事件和应急待命，确保了电站安全和正常的生产秩序。

电站保卫部门全体动员，投入安检和专项巡逻人员 561 人·次，检查进厂人员 41 459 人、车辆 1 176 台·次、包裹 26 495 件，召集大亚湾核电基地反恐重点部位联合检查 11 次，进行警卫 X 光机操作和图像判别、金属安检门，以及爆炸物探测器等设备操作使用培训 82 人·次。

通过全体员工共同努力，安保期间厂区无保卫治安事件发生，实现了运营公司总经理部提出的“零有影响事件、零有影响新闻”的目标，切实保障了电站的安全。

2. 加大警卫执勤培训和检查力度

2009 年，电站巡逻守卫外包项目承包单位变动，为保证警卫执勤水平保持稳定，实现平稳过渡，电站加大了警卫执勤培训和检查力度。先后组织警卫进行“KKK、DSI 系统运行操作”、“X 光机识别物品”、“车底检查镜和爆炸物探测器使用”、“伽马探测器报警处理”、“化学品识别及进出厂控制”、“警卫执勤工作手册”相关内容和“熟悉厂区厂房现场”等技能培训 33 批共 700 人·次，考核新警卫 115 人·次，组织突发事件处理演练和日常测试 53 次。同时加强警卫执勤工作管理，增大执勤检查督促力度，管理人员坚持每日对在岗岗位进行检查，加强了夜间和节假日岗位检查。

在日常执勤中，重点加强大亚湾核电站和岭澳核电站一期各出入口的控制和人员的检查、办公楼的巡视，落实各项检查规定和管理措施。2009 年共查获各种违规违章异常事件 81 起，其中，违规使用通行卡 40 起，违规携物 2 起，酒后进厂 9 起，违章驾驶 1 起，其他事件 29 起，事件总数比 2008 年下降 31.36%。

3. 开展现场安全防范工作

保卫科现场管理人员按照“谁主管、谁负责”的原则，在电站厂区认真落实各项安全保卫措施。全年在厂区日常巡视和安全防范专项检查工作中发现安全隐患 27 起，发整改通知书 3 份。为做好承包商单位安全防范的宣传教育工作，保证大修期间安全，本年度保卫科召开了 3 次承包商单位保卫负责人会议，检查各单位保卫措施准备情况，并及时进行了宣传教育。此外，在节日放假前夕，保卫科制定了《节日厂区安全保卫措施》，组织安全大检查并上网发布节日保卫安全提示。

全年完成厂区参观安全保卫任务 40 余次；完成了北龙处置厂放射性固体废物运输保卫工作，期间共运输废物罐 336 件；完成了中微子钢罐运输安全保卫工作；完成大件设备到货运输保卫 30 余次，实现了全年安全保卫“零”差错率。

4. 继续推进证卡申请审批流程电子化

2008 年 10 月，通行证卡网上申请审批系统（SOL）正式投运，2009 年 3 月份申请电子化率采样结果为 33%，随后保卫科证卡组制订相应的推广计划，通过网页通知、发放推广宣传单、窗口宣传、利用大修保卫动员会统一告知等方式进行宣传。通过在证卡室外安装电子申请专用电脑，及时并优先处理电子申请，优化电子申请流程，加强界面友好性改进，在遇到客户疑问、发现系统漏洞时由专人及时跟踪、耐心解答，收集合理化建议等方式，使电子化率上升至 2009 年 11 月份的 72%。

5. 持续完善和改进安全防范措施

2009 年，电站进一步完善了部分区域和位置的安全防范措施，大亚湾核电站完成了重要敏感区域加装摄像机、ZP 周界微波和红外探测器改造、X 光机升级改造；岭澳核电站一期完成了 DSI 系统控制部分的改造、控制中心大屏幕改造、部分周界加装摄像机和云台改造，提高了对现场的监控和探测能力。

6. 岭澳核电站二期保卫接产全面展开

2009 年，岭澳核电站二期保卫接产全面展开。3 月 9 日，岭澳核电站二期首炉燃料组件接收项目启动；3 月 25 日，召开了实物保护系统第一次协调会议；7 月 22 日，召开了岭澳核电站二期首炉核燃料接收准备第一次工程生产联席会议；8 月 25 日，LOT14A（KUA/KUD/KEG）子系统正式联检；9 月 1 日，岭澳核电站二期警卫到岗，并开始培训；10 月 10 日，KAF 厂房警卫上岗；11 月 24 日，《首炉燃料到场临时保卫措施》签字生效；12 月 2 日，KUA/KUD/KEG 警卫上岗。

2009 年，电站先后完成了岭澳核电站二期实物保护系统 25 份调试程序的编写、出版及升版工作；完成了岭澳核电站二期实物保护系统 SDM 审查，岭澳核电站二期核材料许可证实物保护系统专篇编写；参与岭澳核电站二期实物保护系统出厂验收、图纸核查和设备安装，并负责完成了 KUA/KUD/KEG 楼及保护区设备的现场调试。

12 月 9 日至 10 日，顺利通过国防科技工业局组织的岭澳核电站二期核材料许可证现场检查，为核材料许可证获得颁发及首炉燃料到场打下了良好基础。

7. 全力做好外基地其他项目的支持工作

为支持外基地其他项目的发展，为宁德核电站、阳江核电站进行了 4 次现场保卫和实物保护技术培训，为宁德实物保护技术规范审查、实物保护标准化运营等工作提供技术支持。

5.14.2 核材料的实体保障

2009 年，顺利完成了 3 次大修新燃料运输的安全保卫工作，三道实体屏障保持完整，没有发生核材料的盗窃、破坏或非法移动事件，有效地保证了核材料的在厂安全。

第六章　生产准备

6.1　岭澳核电站二期生产准备

6.1.1　里程碑目标完成情况

2009 年里程碑目标完成情况见表 6.1.1-1。

表 6.1.1-1　2009 年里程碑目标完成情况

里程碑序号	里程碑项目名称	计划实现日期	实际实现日期	备注
M8-2	成立六个运行值	2009.03.15	2009.03.12	提前 3 天实现
M8-3	启动执照申请人员模拟机培训	2009.04.30	2009.04.29	提前 1 天实现
M8	提交首次装料申请书	2009.04.15	2009.03.31	提前 15 天实现
M9	3 号机组开始冷试	2009.09.30	2009.09.16	提前 14 天实现
M10	启动首次大修换料准备	2009.10.15	2009.09.25	提前 20 天实现

6.1.2　人员准备与培训

6.1.2.1　执照人员培养

岭澳核电站二期是中国广东核电集团首开先河的 CPR1000 机组，是集团在核电发展道路上的一个重要里程碑。为了尽快掌握先进的数字化核电站运行技术，培养数字化机组的运行人才，落实集团紧缺人才培养的战略方针，运营公司从以下两个方面入手开展工作。

1. 培养运行技术骨干，以点带面

自 2005 年 11 月至 2008 年 11 月，公司分别从生产部运行一处、运行二处和培训中心运行培训处选拔两批共 25 名执照人员作为运行技术骨干，先后分三期进行先进数字化核电运行技术培训。这 25 名学员在法国核电站完成了状态导向法程序（SOP）培训、协调员培训以及 N4 模拟机培训，另外还接受了 N4 仪控仪表设计、欧洲压水堆（EPR）总体设计、EPR 人机界面（MMI）设计和应用以及教学法等其他方面的培训。

2. 培养主控制室操纵员，以满足装料保证计划要求

借鉴运行技术骨干培养的良好经验，2007 年 8 月启动了“岭澳核电站二期装料保证计划培训操纵员”的培训工作。从 2004 届和 2005 届新员工中选拔了 16 名优秀学员，分两期参加了法国 N4 电站的数字化运行技术培训，经历了各种工况模拟机培训、EPR 设计原理培训和电厂运行倒班，深入了解数字化电厂运行原理及SOP知识，为后续的岭澳核电站二期操纵员取照培训打下了良好的基础。

根据岭澳核电站二期机组的技术特点，运营公司依据《核电厂操纵人员的执照考核》标准和《操纵人员培训与再培训大纲》管理程序的要求，于2007年12月出版了《生产准备期间CPR1000操纵人员首次取照培训管理》程序，建立了针对岭澳核电站二期首批执照人员培养的指导性纲领，并从以下五个方面确保满足执照考试申请的必要条件。

（1）授权培训：由于生产准备期间工作及其现场环境的特殊性，且运行三处人员多由运行一处和运行二处分流而来，所经历的培训因周期不同而有很大区别。为适应工作的需要及环境的变化，运行三处人员的基本安全授权复训包含了工业安全、辐射防护、安全文化、质保等所有七部分的内容。作为全职参与生产准备工作的运行三处全体人员，按要求完成了生产准备授权课程培训与考试。

（2）基本理论培训：因核电站的工作涉及热动、堆工、电气、机械和自动化等多个专业，为了拓宽反应堆操纵人员的专业基础理论知识面，需在原来所学专业的基础上补充其他相关专业的基本理论知识。在各相关部门的支持与协助下，运行三处完成了首批反应堆操纵人员执照考试申请人员的培训需求清理，及时制订培训计划，并顺利完成培训。

（3）岭澳核电站二期重大技术改进项培训：岭澳核电站二期相对于岭澳核电站一期有多个重大技术改进项。为了补充技术不同点方面的知识，运行三处积极与培训中心配合，完成了从教材编写到培训安排等各项工作，顺利地完成了岭澳核电站二期运行人员技术不同点、半速汽轮机及其辅助系统，以及岭澳核电站二期数字化控制系统（DCS）等执照所需的专项培训。

（4）模拟机培训：为了不让全范围DCS模拟机的投产日期影响执照考试与申请，生产准备部与培训中心、设计院仪控处协商，确定了在模拟机投产之前利用DCS验证平台进行适应性培训的方案。在集团公司的支持下，运营公司及时做出决策，购置了CRS（Class Room Simulator），使模拟机培训能够在不影响模拟机验收更新的情况下顺利地完成。

（5）执照维持：为了尽最大的可能确保执照人员的顺利换照，运行三处有针对性地安排持照人员的返岗工作计划和模拟机复训计划，维持其执照的有效性，以避免出现因执照失效而需要重新考试的困境。

6.1.2.2 半速机人员培养

1. 培养的总体思路

岭澳核电站二期汽轮机及辅助系统由东方电气集团公司总承包，法国ALSTOM作为分包方和技术转让方，采用了半速机的新技术，在设备结构、制造、运行和检修等方面与大亚湾核电站及岭澳核电站一期机组有很大不同。

虽然半速机是目前世界核电站最普遍采用的机型，但对运营公司而言，在维护和运行等方面却没有经验可循。为了尽快掌握半速机的检修技术，生产准备部提早着手，筹划半速机的人才培养问题。

在半速机人才培养方面，采用了专家型培养和普遍型培训相结合的方式。专家型培养采用国外设计厂家培训、国内制造厂家培训、设备制造参与、现场安装和调试参与、维修程序编写、补充备件申请等多种途径进行。普遍型培训采用国内厂家短期培训、外培人员对内部人员进行再培训的方式进行。

2. 培养的执行过程

为了培养岭澳核电站二期半速机的专家型人才，在国外设计厂家培训方面，按照合同培训要求，安排了 9 批共 58 人·次赴法国进行培训，分别培训了半速机 P320 的调试、汽轮机的安装和维修、氢冷发电机的运行和维修、汽水分离再热器的维修等项目。在此基础上，按合同包要求还安排了 7 批共 42 人·次的现场培训，由 ALSTOM 技术人员到现场结合设计、制造、安装等实际情况进行针对性培训。这些培训项目使相关专业工程师在现场安装、调试参与、程序编写、备件提出等工作中发挥了积极的作用。

在培训的基础上，综合技术处安排专人参与到半速机的安装过程，全程进行跟踪、了解和熟悉半速机组的安装，掌握和整理设备制造、安装过程中的问题，对于安装过程的每一个步骤进行拍照，并每月编写安装参与月报，对安装的各个关键阶段进行总结，同时对现场安装中发现的问题进行汇总和分析，为商运后机组技术问题的分析打好基础。

为了使运行、维修人员能尽早掌握半速机与全速机在系统布置、运行、维修等方面的不同特点，在专家型人才培养的基础上采取了普遍型培养的模式。安排相关人员到国内制造厂家进行培训。在生产准备过程中，共安排了三期半速机的入门培训，共培训维修各相关专业工程师 50 人·次。在制造厂家东方电气集团，设计和制造工程师就汽轮机、凝汽器的设计和制造等进行了系统的讲解。通过该培训，大部分相关专业工程师对于半速机的整体概念和结构，半速机的特点、技术不同点等方面都有了一定的了解，为未来半速机的运行维修打好了基础。

在生产准备的入职培训中，半速机的培训内容也采取了普遍型培训的方式，通过入职培训，共有 300 多人了解了半速机的系统和设备特点。

为了充分利用制造厂家技术能力，运营公司还和东方汽轮机有限公司签订了相互支持谅解备忘录，内容涉及培训、制造参与、经验反馈、技术支持、信息提供、接口渠道的建立等方面，为人员培养创造了良好的外部环境。

3. 培养效果

在 2009 年的专业技能考试中，有 5 人获得了汽轮机二级授权，7 人获得发电机二级授权，另有 4 人获得汽轮机调节和保护系统的二级授权。另外，有 300 多人通过了生产准备入职培训的考试项目。

4. 后续安排

为使相关人员进一步掌握半速机的制造、安装、调试等技能，通过工程参与掌握半速机的维修和运行技术，在全面参与安装调试的基础上，2010 年还将安排人员全程参与 4 号机的安装和调试工作，为商运后的维修准备工作奠定基础。

6.1.2.3　DCS 人员培养

数字化控制系统（DCS）是岭澳核电站二期最大的技术不同点，由于 DCS 的重要性及其风险，岭澳核电站二期生产准备大纲将 DCS 人员的培养纳入其中。DCS 人员培养分为两个部分：运行人员的培养和维修人员的培养。其中运行数字化人员的培训被纳入集团核心人才的培养计划中，在资源方面得到了优先的保证与支持，相比较而言，维修方面人员培养的支持较弱一些。维修方面根据生产准备大纲的要求识别出 11 项重要的技术不同点，制订了五年培训大纲及培训计划，并逐步开始实施。

DCS 人员培养有以下几个途径：工程参与（包括设计参与、平台测试及验收、安装与调试参与)、工程合同培训、自主立项培训、内部交流培训及同行交流。

1. 2009 年 DCS 人员培养计划

2009 年是 DCS 人员培养最为关键的一年，一方面，工程方面的任务较多，设计还在继续，调试进入高峰期；另一方面，移交接产及接产后的维修也逐渐进入高峰期，这些活动对人员的培养都起非常大的作用。2009 年，DCS 人员培养方面制订了如下计划：继续参与设计、平台测试及出厂验收，参与田湾核电站大修，增派人员参与岭澳核电站二期调试，以班组为单位展开全面的技术不同点培训；进行两项自主立项培训，分别是非核安全级仪控系统（TXP）和核安全级仪控系统（TXS）维修技能培训；建成 DCS-TXP 最小培训系统，推进 DCS-TXS 最小系统的建设。总体上要求在 DCS 专业相关的维修技术授权（MTA）三级以上人数达到 20 人，四级人数达到 10 人。

2. 培养计划执行情况

设计参与、平台测试及出厂验收方面，4 人·次参与4号机组的 TXS 平台测试机，参与时长超过 12 人·月，多次派出专家支持工程方进行出厂验收。

田湾核电站大修参与方面，派出两位主管参与田湾核电站大修，范围包括 DCS 维修大纲、大修准备、计划及实施、DCS 定期试验、DCS 遗留问题管理、临时控制变更管理等，达到了预期目标。

调试参与方面，经过与调试部门协商，为培养人员同时也为了支持调试工作，仪表计算机处共派出 24 人参与调试，在管理上采用一体化运作方式，即工程与运营方融合在一起共同承担调试任务，这样有利于人员的培养、调试任务的完成以及重大问题的发现及解决。

在内部培训及交流方面，在以前以科为单位的基础上，确定了以班组及专业为单位的更加细化的内部培训及交流方案，并且要求每周至少培训一次。

在自主立项培训方面，由于生产准备预算的控制，2008 年申报的项目只有两项获批，即 TXP/TXS 维修技能培训，由于审批的经费不足，经过讨论，将两项培训的经费合并为一项执行。2009 年 11 月，TXP 维修技能培训按计划进行，4 人参加了为期三周的技能培训。

DCS 培训最小系统建设方面，DCS-TXP 最小培训系统在各方的共同努力下于 2009 年 9 月抵达现场，由于时间紧、培训任务重，采取了边调试验收边培训的方式推进工作，截至 2009 年 12 月，已经举办了 3 期培训班，进行了多次实操演练。DCS-TXS 最小系统建设方面，由于供应商报价过高，经过多轮谈判，仍然达不成一致，该项目仍在积极推进中。

2009 年，DCS 人才培养计划顺利完成，一些 DCS 人员通过现场调试工作的锻炼，能够处理一些比较复杂的疑难问题，得到工程、生产双方的认可，正逐步成长为 DCS 方面的专家。截至 2009 年 12 月，DCS 的 MTA 三级以上人数达到 26 人，四级人数达到 11 人，超过年初制订的培养计划，无论从数量上还是从质量上，都达到了接产后能够自主维修的最小技术人员编制。

6. 1. 3 计划管理

1. 总体策划

2009 年，岭澳核电站二期生产准备总体计划执行良好，全年 5 个里程碑均按期或提前实现，24 个生产准备关键业绩指标完成情况都在良好及以上水平，生产准备预算执行情况也在合理、可控范围之内。24 个生产准备关键业绩指标完成情况见表 6. 1. 3-1。

表 6.1.3-1 生产准备关键业绩指标完成情况

领域	指标名称	单位	目标值	统计周期	实际值
安全	重大设备损坏事故（人因）	起	0	月	0
	火灾事故	起	0	月	0
	工业安全事故	起	0	月	0
	岭澳核电站二期相关工作引发在运机组非预期瞬态	起	0	月	0
	重发人因事件（IOE/LOE）	起	≤6	年	2
质量	遗留项清除率	%	≥85	年	90.5
	TOTO 后值长关注的 CCM 设备缺陷清除率	%	100	月	100
	外部评估纠正行动按期完成率	%	100	月	100
	移交接产检查意见/复检意见按时返回率	%	100	月	100
	TOM 后维修计划按期完成率	%	100	月	100
	维修程序编写缺陷率（F1）	%	≤8	年	3.6
	补充备件清单按计划提出率	%	≥90	月	100
	SO 备件按计划接收率	%	100	月	100
	补充备品备件采购率	%	≥50	月	65
	生产活动计划按期出版率	%	100	月	100
进度	签署运营管理委托协议	日期	9 月 30 日	—	按期签署
	生产准备里程碑按时实现率	%	100	月	100
	程序编写按计划完成率	%	100	月	100
	运行程序按计划生效完成率	%	100	月	100
	生产准备管理计划按期完成率	%	95	月	98
	系统设计手册（SDM）母本文件按计划同步移交完成率	%	100	月	100
培训	运行执照人员培训计划完成率	%	≥95	年	100
	数字化控制系统（DCS）维修人员调试参与量	人·月	≥48	年	172
	生产准备专项培训计划完成率	%	≥80	年	100

根据集团外部评估纠正行动的要求，生产准备委员会自 2009 年 1 月开始正式运作。随后建立了生产准备部经理管理巡视制度、生产准备动态风险分析与应对机制，成立了生产准备风险动态分析评价小组，完成了《生产准备业绩指标体系手册》的升版修订，正逐步搭建、完善生产准备关键业绩指标体系。

为了进一步规范运营公司、中广核工程有限公司（以下简称“工程公司”）间沟通协调及管理机制，双方先后制定了《工程生产协调会管理规定》、《岭澳核电站二期调试期间主控制室操作终端管理办法》，为 2009 年 5 月 21 日运行人员正式接管岭澳核电站二期主控制室操作权打下了很好的基础。6 月 5 日，在第六次工程生产高层协调会上，运营公司与工程公司联合签署了《岭澳核电站二期工程调试与生产准备相互支持协议》，明确了运营方给予工程方的工程支持与参与细节。

2. 生产计划

自 2009 年 3 月 9 日开始，运营公司计划人员正式参加工程公司组织的调试日计划会。5

月 18 日正式启动“调试生产一体化日计划”，岭澳核电站一期中的良好实践在岭澳核电站二期中得到继承和发扬。5 月 20 日正式启动岭澳核电站二期调试早会、生产早会、批票会制度。6 月，仪表计算机处人员开始参加一体化会，实现了调试和生产仪控一体化运作，为 DCS 移交接产的顺利实施奠定了基础。

通过岭澳核电站一期及岭澳核电站二期相关活动周计划会的形式，协调推动了 L0GEW 改/扩建、L0LGR 的 220 kV 线路改/扩建、新开关站 LTD 楼土建、L8SVC/JPD 联结等工作，有效地控制了给在运机组带来的风险，保证了活动的有序开展。

设备维修移交后公司生产管理信息系统（COMIS）数据库建库工作按期推进。截至 2009 年 12 月 31 日，具备建库条件的 3300 项预防性维修数据全部按时录入 COMIS 系统中，建库率达 93.9%，全部按检修周期进入周计划统一安排。

2009 年，全年处理工作票共计 1 989 张，其中纠正性工作票 729 张，工程改造类工作票 5 张，服务支持类票 951 张，预防性维修工作票 260 张，巡检类工作票 16 张，定期试验工作票 28 张。

6.1.4 程序编写及文件准备

1. 总体进展

生产准备程序主要分为管理程序和技术程序两类，2009 年生产准备各类技术程序编写工作按计划继续开展，总体进展状态良好，具体数据见表 6.1.4-1。

表 6.1.4-1 2009 年生产准备技术程序编写情况 份

程序类型	程序计划总量	2009 年度累计计划完成数量	2009 年度累计实际完成数量	实际完成数量占程序总量的百分比/%
运行程序	1 164	1 144	1 155	99.2
维修程序（DPT）	2 468	2 316	2 434	98.6
维修程序（MTD）	1 174	1 068	1 115	95.0
化学程序	127	85	96	75.6
职业安全程序	581	243	291	50.1
技术支持程序	259	227	227	87.6

2009 年 3 月，综合技术处组织完成了《岭澳核电站二期技术不同点手册》（第二版）的编写、出版与分发。2009 年 5 月，启动了《岭澳核电站二期技术不同点手册》（第三版）的编写工作，按照“固定一批、修改一批、补充完善一批”的要求进行修改工作，于 10 月底完成全部稿件的补充修改，11 月完成了发行稿的样板制作，经过评审后于 12 月份交付印刷和发行。

2009 年，综合技术处与工程公司联合成立的设备运行维修手册（EOMM）工作小组，继续开展 EOMM 的出版和质量提高推动工作。岭澳核电站二期 EOMM 已累计出版 1 088 份，约占总量（约 1 100 份）的 99%，合格份数 717 份，有条件接受 199 份，两者总量达到 916 份，占已出版 EOMM 总量的 85%，超过年度达到 70% 的目标。

2. 2009 年 EOMM 工作小组开展的主要工作

（1）继续开展对供应商及生产厂家的培训。2009 年度继续加大对厂家 EOMM 编写人员的培训力度，其中走出去推动的合同包数量有 10 个之多，请厂家前来交流的合同包数量达 25 个以上，解决了一批长期没有取得进展的合同包，使得 EOMM 质量和出版数量都得到了很大提高。

（2）采取了比维修移交（TOM）计划提前三个月推动 EOMM 的策略，确保 TOM 签字顺利进行。为了不影响 TOM 进度，项目组以 TOM 计划为龙头，提前三个月对即将 TOM 的系统涉及的 EOMM 状态进行梳理，赶在系统 TOM 之前将所有 EOMM 推动至有条件接受以上，为 TOM 签字创造了有利条件。

（3）开创性地建立了“点对点”的沟通信息渠道。为了缩短信息传递时间，建立了 EOMM 审查人与供应商的 EOMM 编写人员“点对点”的沟通渠道，使得有些问题可以直接沟通解决，避免了反复的文件修改。

（4）开展多基地技术支持。应辽宁红沿河核电站业主方的邀请，开展对红沿河维修技术人员的 EOMM 审查培训课程。为工程公司新基地项目的供应商开展了 EOMM 编写要点及注意事项的培训。

（5）深挖细查，消除漏项。常规岛及电站配套设施（BOP）有些设备是直接由土建处、安装承包商负责采购，这部分设备由于多是市场零星采购，没有单独的采购合同包，控制比较困难，容易造成遗漏。为此，EOMM 项目小组人员与土建、安装人员一起，经过沟通交流，理清了设备清单，推动土建处、安装承包商编写提交设备 EOMM，这较之岭澳核电站一期是一项重大改进。

（6）开展 EOMM 相关遗留项的清理工作。对于不可接受的 EOMM，采取“请进来、走出去”的方式进行推动，与供应商 EOMM 编写人员当面进行沟通，快速澄清，或直接在 EOMM 文件上对问题进行批注，让供应商编写人员按批注要求进行修改，大大提高了工作效率。与工程公司调试中心（SUE）建立了联合办公机制，对于因调试负责人编制的 TOM 申请文件不合格等问题产生的遗留项，当面指导对方修改，加快了处理进程，有效提高了遗留项清除率。2009 年底 EOMM 遗留项清除率达 90%。

（7）进行 EOMM 标准化科研课题工作。2009 年，综合技术处开展了 EOMM 标准化科研工作，完成了课题的设备分类，确定了 EOMM 编写模版，建立了设备性能参数矩阵，编制了 EOMM 编写标准。

6.1.5　经验反馈

6.1.5.1　工程生产经验反馈

1. 实施背景

自 2003 年开始，运营公司生产准备部就着手收集法国压水堆核电站、大亚湾核电站、岭澳核电站一期的技术改进项，以及运行、大修积累的现场经验，准备落实到岭澳核电站二期核电设计初期。核电工程生产经验反馈在国内为首次实施，无相关参考经验。2005 年 3 月，运营公司生产准备部与工程公司共同开发了工程生产经验反馈系统，工程、生产反馈的推广落实才逐步走上正轨。

2. 实施现状

岭澳核电站二期工程生产经验反馈搜集、推广、落实得到了公司各执行处的大力支持，自2003年开始，通过生产准备部向工程公司共提交697项反馈。工程公司在设计、采购、安装、调试等阶段，共同意实施改进的反馈项目450项。反馈落实状态见表6.1.5.1-1。

表6.1.5.1-1 各类反馈实施情况

序	项目名称	量
1	工程生产经验反馈总数	697项
2	工程公司正在实施反馈的项目	160项
3	已经实施完成的项目	290项
4	同意实施总项目	450项
5	总同意实施率	64.5%

3. 工程、生产双重验证

（1）工程方验证

考虑到工程公司同意实施的450项反馈数量较多，反馈时间较长，部分反馈可能存在变化等因素，2008年10月27日，运营公司将“同意实施”的450项反馈按工程公司项目负责人所在部进行分解。2008年12月30日，工程公司对“同意实施”的450项反馈全部给予了理论验证。但设备、系统的现场实施、功能检查最终需要生产线核实验证。

（2）生产线验证

已经完成理论验证的450项反馈，2009年4月20日按运营公司生产线反馈信息提供人所在处，分解到生产线各执行处。各处协调工程师根据岭澳核电站二期移交接产任务，在安装竣工报告（EESR）联检、隔离移交（TOB）调试、临时运行移交（TOTO）等功能试验期间进行验证。生产线各执行处完成反馈验证情况见表6.1.5.1-2。

表6.1.5.1-2 各执行处反馈现场验证项目

执行处	反馈验证总数/项	验证完成数量/项	验证完成率/%
文档资料处	3	3（未实施1项）	100
综合技术处	136	102（未实施8项）	75
职业安全处	76	39（未实施1项）	52
仪表计算机处	15	10	63
土建处（设备防腐）	18	11（未实施1项）	67
土建/计划联络处	33	21	64
技术支持处	19	10（未实施1项）	53
设备管理处	14	14（未实施4项）	100
化学环保处	10	10（未实施2项）	100
静止机械处	19	11	58
转动机械处	19	14	74

续表

执行处	反馈验证总数/项	验证完成数量/项	验证完成率/%
运行三处	4	3	75
现场服务处	21	9	43
核安全处	1	1	100
合同供应处	1	1	100
工程处	61	47（未实施5项）	68
总数	450	306项（未实施23项）	68

4. 生产线反馈验证要求

（1）为保证反馈验证的严肃性，各处现场验证人员必须核实工程公司改进措施，并给出书面检查结果。

（2）协调工程师给出“现场验证已实施”或“现场验证未实施”等结论。

（3）对本专业无法验证的项目，反馈给计划工程师后进行专业调整。

（4）每月底召开一次反馈验证会议，技术协调人提交本专业验证清单并反馈验证问题。

（5）根据验证清单，计划工程师修改数据库，并将“现场验证已实施”或“现场验证未实施”清单定期反馈给工程公司。

（6）验证目标：2010年底，推动关闭反馈项目总数超过80%。

5. 实施生产线反馈独立验证优点

（1）明确了各处协调工程师是反馈验证工作唯一接口人。

（2）本专业提交的反馈项目由本专业验证，增强了现场检查人员责任心。

（3）理顺了反馈现场验证工作关系，技术协调、现场检查人员是同处人员，符合现有工作程序。

（4）消除了工作临时性、附加性的心理因素。

（5）协调工程师提前熟悉反馈验证项目，同时均衡了验证工作总量。

6. 反馈现场验证未实施项跟踪

经各执行专业现场验证，共有23项反馈未按要求实施改进。其中，21项反馈建议不再跟踪，实施流程关闭，有两项反馈需继续跟踪。

6.1.5.2 经验反馈运作管理

按照《公司质量管理程序手册》第十章的程序规定，岭澳核电站二期经验反馈运作按《经验反馈管理》等程序进行运作。

1. 经验反馈组织及体系运作

生产部执照申请处经验反馈科作为经验反馈管理、监督的执行部门，对岭澳核电站二期在运行、维修、技术支持等所有生产活动的内外部经验反馈管理过程进行管理和跟踪。

按照生产准备要求，经验反馈科完成了《事件相关纠正行动管理》、《内部运行事件报告》、《外部运行事件报告》等与经验反馈相关的公司质量管理程序手册（CQOM）程序修改，使之适用于岭澳核电站二期。

经验反馈体系改进后，生产准备部各处设立经验反馈工程师，负责岭澳核电站二期的经验反馈和接口工作。岭澳核电站二期与生产线相关经验反馈运作纳入公司经验反馈体系，其运作方式与现有大亚湾核电站、岭澳核电站一期的运作方式相同。

在岭澳核电站3号机组冷试期间，采取项目式管理模式开展冷试经验反馈。成立冷试经验反馈项目组，采用由“冷试指挥部、冷试经验反馈、冷试经验反馈协调人”组成的三级组织模式，依托公司经验反馈组织，开展了在冷试准备、冷试实施和冷试收尾全过程中的各项经验反馈工作。同时，借助冷试经验反馈的实施经验，工作了热试等其他重要的经验反馈项目。

2. 岭澳核电站二期事件管理

2009年，核燃料尚未到场，岭澳核电站二期尚不存在核安全风险。在辐射风险方面，除探伤使用放射源外，不存在其他放射性污染的风险。

2009年，岭澳核电站二期共产生内部运行事件2起，其中人因和设备事件各1起。2009年各电站24小时事件单详细信息见表6.1.5.2-1。

表6.1.5.2-1　2009年各电站24小时事件单数

电站	人因24小时事件单数/份	24小时事件单总数/份	人因24小时事件单数比例/%
大亚湾核电站	958	16 930	5.66
岭澳核电站一期	1 186	15 197	7.80
岭澳核电站二期	539	3 953	13.64

从表6.1.5.2-1可知，岭澳核电站二期24小时事件单数远少于在运电站，而人因事件单比例远高于在运电站，这与电站机组状态相符合。在建电站更多的异常事件与工程方有关，在建电站现场管理相比在运电站更复杂，人因失误方面存在更多的不可控性因素。

6.1.6　工程参与及技术协调

2009年，岭澳核电站二期工程建设进入设备安装及调试活动高峰期，各生产准备相关专业处在运行、维修、技术、职业安全、工程联络等方面进行了大量的工程参与、技术支持与协调工作。

6.1.6.1　工程参与

制订了《工程调试、安装跟踪计划》及相应的管理规定，截止到2009年12月底，共有48人参与单系统调试，覆盖了同期已经开始调试的主要系统；共计61人·次参加了工程调试安装活动,并承担了调试负责人或调试助理的角色。

岭澳核电站3号机组冷试于9月16日开始，9月25日结束。完成49个系统的预检，4个技术支持项目，14个专业参与检修与服务的保驾；完成L3RCV泵组机械密封泄漏与主泵机械密封等故障处理。冷试项目组各项承诺指标均圆满完成，设备检修后再鉴定一次合格。冷试关键路径活动按时完成率100%。通过参与调试，锻炼了生产准备人员，积累了核岛重要设备在调试、启动试验期间的状态参数等历史数据。

L3GEV主变压器首次送电：由电气处牵头成立了专项组，全程参与和监护3号主变压器接入设备的安装调试工作，多次组织工程生产之间的联络会议，解决现场技术问题及遗留项的推进处理，并积极协调各专业处提供现场技术支持。同时现场的施工安全得到了充分保证，本次主变压器送电以接近零缺陷的高标准通过了工程验收，最终保证了主变压器倒送电里程碑的按期实现。8 月 25 日，3 号主变压器送电成功；8 月 29 日完成所有试验，岭澳核电站 3 号机组 500 kV 外电源系统可用。

YA 厂房整治：工程、生产双方联合成立了化水系统移交接产推进组，共同推动化水系统的调试进展、YA 厂房标准化建设及系统设备缺陷整治工作，以专项小组的方式成功解决了 740 项系统设备和厂房方面的问题，满足了系统后续安全稳定运行的要求。

模拟机项目：为推进岭澳核电站二期模拟机项目进展，成立了岭澳核电站二期模拟机项目工作组，确定了组织机构、运作模式、接口关系和管理规定。针对因数据提交延误等原因导致项目整体进展比原计划滞后 11 个月的情况，采取“并行措施推进、专家驻厂支持”等手段，为模拟机的按时交付争取了时间。

数字化控制系统（DCS）项目：顺利实现国家“863”项目科技部的中期验收，如期举行了岭澳核电站二期 DCS 生产准备外部专家评审；顺利完成了非核安全级仪控系统（TXP）最小系统建设和投入使用，为人才培养和故障分析提供了优越的平台。目前，仪表计算机处已经实现仪控专业调试生产一体化运作，完成了岭澳核电站 3 号机组冷试支持和冷试遗留问题的处理。

首次装料准备：协调岭澳核电站 3 号机组首燃料组件到货日期和核燃料临时安置点的选择和建设；协调模拟机项目管理、测试现场技术支持，以及 DCS 升级等问题；制订了岭澳核电站二期场内应急计划行业审查的责任分工和进度控制计划。

安装参与的主要项目有：核岛主设备的安装（SG、RPV、PRZ），L3LHP/LHQ 柴油发电机组安装，L3ASG 电、汽动泵安装，T/G 半速机的安装，LGR 改建、L0GEW 扩建。其他重要参与项目还有：岭澳核电站 3 号机组反应堆/蒸气发生器项目关盖阶段技术支持；L3RRA/RCV 系统 SEBIM 阀离线压力整定技术支持；L3SEBIM 阀门离线压力整定工具的安装；完成工程委托 L3RIS071/081VP、L3RRI011/021/201/188/189VN、L3DEG044VD 等核岛重要阀门的研磨工作。

调试参与的主要项目有：L3LHP/LHQ 柴油发电机组、L3DEL 制冷机、L3ASG 电/汽动泵的调试；LGR 改建、L0GEW 扩建的电气系统调试。

工程参与的其他工作有：协助工程方处理 6.6 kV 开关存在的共模质量问题，在 8 月 31 日前完成共 158 台开关的更换；协助工程方处理 L8LKU/LKV 系统上发现的默勒开关可靠性差问题；完成 L3RCV 电动机、L3RRA 泵加错油脂问题处理及 L3RRA 泵的解体抢修；完成了 L3RCP001MO 主泵电机动平衡试验；完成化学分析服务任务，向工程方提供了化学监督工作的专业支持，截至 2009 年底，累计产生了 664 张分析报表，共计 4 000 余个分析项目；2009 年 11 月启动了二回路主要隔离移交（TOB）热力设备腐蚀检查和保养工作，制订并提供了具体的工作组织方式和保养实施方案，明确了保养项目组的运作方式与目标，确定了设备钥匙编码规则和关于 DCS-TXP 机柜标识问题的处理方案。

此外，在工程参与中发现了多起重大设备故障及设计安装缺陷，如 L3RCV 上充泵电动机首次启动期间加错油脂，RAM 系统设计的重大缺陷，L3CEX 冷凝器钛管腐蚀等问题。

6.1.6.2 专项技术协调

1. LGR 扩改建工程技术协调

（1）LGR 扩建工程：在 L8LGR 向岭澳核电站 3 号机组提供辅助电源的基础上，协调

L8LGR 向岭澳核电站 4 号机组供电，L4LGB（3 根）/LGC（6 根）接入旧站并向 4 号/3 号辅助变压器送电，对 6.6 kV 电缆终端头制作、试验与端接进行了质量专项监控。

（2）LGR 改建工程

1）完成 LTD 楼施工和废油管沟接入岭澳核电站一期工作。

2）配合完成 220 kV 开关站一/二次设备的安装和单系统调试工作，重点监控改进了 6.6 kV电缆终端头制作方案，要求在交流耐压试验的验收标准上增加直流泄漏试验；发现并推动处理新辅助变压器与新 LGJ 中压盘联络电缆外护层破裂问题，协调完成新站的充电及联合调试试验。

3）对新建消防雨淋阀站房间的设计、消防管道的铺设、LGR 消防系统信号引入都提出了积极的建议，并被设计、施工单位采纳。

4）协调完成风（田）岭（澳）线改造和坪（山）核（电）支线部分改造施工专项方案的审批和实施。

5）推动岭澳核电站一期 LGR 切换方案的优化，将岭澳核电站 2 号机组第八次大修和岭澳核电站 1 号机组第九次大修作为切换窗口，相关部门将按此目标推动各项准备工作。

2. L0GEW 扩建工程技术协调

（1）协调完成岭澳核电站 3 号、4 号机组 GIS/GIC 母线管道及二次控制电缆安装。

（2）协调完成岭澳核电站 3 号、4 号机组 GIS/GIC 耐压试验、三相 CT 精度校验及避雷器电气特性试验。

（3）协调完成对岭澳核电站一期影响较大的、高风险的 L0KK04 升级改造工作，包括新增设备数据信息的增加及就地操作试验、主站 1 软件升级、主站 2 软件升级以及新增刀闸联调试验、气室信号检查等。

（4）协助 3 号主变压器于 8 月 29 日顺利完成 5 次充电带载试验，L0GEW 扩建 3 号机接入工程结束，岭澳核电站 3 号机组 500 kV 电源系统已正常投入运行。

（5）确定运行三处与运行二处对 L0GEW 扩建后运行管理责任的划分。

3. 3 号机组冷试专项技术支持

2009 年 6 月，DPT 组织成立了 3 号机组冷试专项小组，完成了机组冷试（CFT）技术支持领域相关设备运行维修手册、维修程序、设备台账、维修大纲、备品备件、专业工具、遗留项等项目的梳理工作，保证了文件和物资的可用性；CFT 期间成立专项参与小组对重要节点、重要试验、设备问题等进行跟踪并推进解决；CFT 结束后编制重要设备冷试期间状态评估报告 8 份。

4. L8SVA/JPD 联网改造协调及技术支持

在 L8SVA/JPD 联网改造协调及技术支持工作中，DPT 负责对岭澳核电站一期、岭澳核电站二期接口连接的施工现场进行安全管理控制，主要工作为岭澳核电站一期 GB 廊道内 L 段 SVA、JPD 两个系统的管道及支架施工，现场所需的管道、阀门及支架材料通过电站相关廊道人孔运输进入，并将与岭澳核电站二期 GB 廊道 Y10 段间的隔离墙打通。同时，在岭澳核电站 1 号汽轮机厂房内进行电动阀及仪控设备电源的端接工作。其中，JPD 系统与岭澳核电站一期接口处的部分支架采用原已经安装完的综合支架调整而成，其余支架需要现场预制、安装。

由于准备充分，协调有效，L8SVA/JPD 联网工作均按计划顺利完成。L8SVA 联网改造的成功实施，实现了大亚湾核电基地三个电站辅助蒸汽共享，并已经按照调试用汽曲线向岭澳核电站二期提供蒸汽；L8JPD 消防管网与岭澳核电站一期的成功连接，大大提高了消防资源的利用率。

6.1.7　专项委托管理

专项委托是指在岭澳核电站二期工程建设过程中，工程公司结合岭澳核电站一期工程的实践经验及运营公司的专业优势，认为有必要将某项目的全部或部分任务委托给运营公司相关部门（但不包括工程公司已有技术力量可以独立完成的项目），也包括运营公司相关部门认为有必要主动承担的某项目的全部或部分任务。

2007 年 6 月，工程公司与运营公司签署了《岭澳核电站二期工程专项技术支持协议》，包括此前单独签订的 3 个委托项目，共确定了 18 个项目，见表 6.1.7-1。

表 6.1.7-1　岭澳核电站二期委托项目清单

序号	项目	委托单位	受托单位
1	岭澳核电站二期工程调试用部分计量器具检定/校准委托	SUE	TND/TTS
2	岭澳核电站二期工程反应堆物理试验技术支持	SUE	TND/TTS
3	岭澳核电站二期工程安全壳打压试验的准备及实施技术支持	SUE	TND/TTS
4	在大亚湾蓄电池实验室进行岭澳核电站二期工程蓄电池组首次充放电试验	SUE	DPR/DPT
5	岭澳核电站二期工程常规岛润滑油和抗燃油的常规油样分析	SUE	OPS/OPC
6	岭澳核电站二期工程调试期间水汽化学分析支持	SUE/CME	OPS/OPC
7	岭澳核电站二期工程安装调试期间绝缘油油样分析支持	SUE	OPS/OPC
8	岭澳核电站二期工程通风试验取样碳盒放射性分析	SUE	OPS/OPC
9	岭澳核电站二期工程 KKK/KSU/DSI 系统调试技术支持	SUE	OPS/OPA
10	岭澳核电站二期工程 KZC 系统离线仪表的接收和鉴定委托	SUE	DPR/DPH
11	岭澳核电站二期工程 RAD 系统调试委托书	SUE	DPR/DPH
12	岭澳核电站二期工程 RPN 系统调试技术支持	SUE	DPR/DPT
13	岭澳核电站二期工程调试值班工程师技术支持委托书	SUE	DPR/DPO
14	岭澳核电站 3 号、4 号反应堆首次核燃料装载技术支持	SUE	MGS/TTS/OPC
15	岭澳核电站二期工程调试期间带压堵漏作业	SUE	MTD/MSM
16	首炉核燃料采购技术支持委托协议	CNPEC	DNMC
17	岭澳核电站二期工程全范围模拟机合作协议	CNPEC	DNMC
18	岭澳核电站二期工程全范围模拟机验收委托协议	CNPEC	DNMC

相比岭澳核电站一期，在工程委托项目方面，运营公司采取了全新的管理办法，以适应岭澳核电站二期的工程组织模式。双方明确如下原则：

（1）属于工程公司主动提出的项目，工程公司分阶段、分批通过双方接口部门提出项目支持（委托）书初稿；运营公司生产准备部计划联络处整理项目支持（委托）书并分发到相关执行处；运营公司相关部门结合目前工作，分析技术需求并在双方工作层面形成一致意见，无法达成一致意见的由双方接口部门安排专门的协调会，或在工程/生产定期协调会上沟通。

(2) 属于运营公司要求承担的项目，运营公司通过正式发文至工程公司，待工程公司确定工作层并回文后，由工程公司按上述流程准备委托书。

(3) 对于双方同意的项目，由双方接口单位安排相关部门经理签署委托项目技术附件，确定委托项目。

(4) 工程/生产协调会期间，由双方工作层面分阶段提出报告，由相关经理在会上分批落实、确定。

(5) 非工程/生产协调会期间由相关经理协商确定。

对于在委托项目方面的职责分工，根据委托项目负责人的指派单位来划分，由运营公司指派项目负责人的项目，相应的责任由运营公司全部承担；反之，则由工程公司承担。

截至2009年底，18项委托项目均进展顺利，如燃料采购、模拟机人员执照培训、岭澳核电站3号机组的安全壳打压试验等重要项目已顺利完成。

6.1.8 执照申请

1. 岭澳核电站3号、4号机组核材料许可证申请

根据核安全法规《中华人民共和国核材料管制条例》和《中华人民共和国核材料管制条例实施细则》的规定，核材料许可证申请单位必须提前6个月提交核材料许可证申请报告。

岭澳核电站3号、4号机组核材料许可证执照申请工作主体是运营公司，由工程公司配合运营公司完成核材料许可证13份申请文件中的部分文件编写，并协助运营公司完成工程公司负责编写文件的技术审评工作。岭澳核电站3号、4号机组核材料许可证申请文件编写分工见表6.1.8-1。

表6.1.8-1　岭澳核电站3号、4号机组核材料许可证申请文件编写分工

序号	文件名	负责单位
1	核材料许可证申请报告	DNMC/TTS
2	核材料账目与衡算管理实施计划	DNMC/TTS
3	核材料实物保护与保密实施计划	DNMC/OPA
4	核材料管制机构与职责规定	DNMC/TTS
5	核电厂核材料衡算管理规章制度	DNMC/TTS
6	核燃料和反应堆设计、运行参数说明	CNPEC/RED
7	堆内燃料管理和堆芯测量数据处理计算机程序系统说明	DNMC/TTS
8	反应堆功率和功率分布监测系统性能说明	DNMC/TTS
9	核电厂实物保护与保密管理规定	DNMC/OPA
10	核电厂实物保护的实体屏障、出入口控制、警卫保护、技术防范、通信联络系统、事故应急计划和响应力量说明与分项管理规定	DNMC/OPA
11	核电厂核材料运输保卫规定	DNMC/OPA
12	核电厂消防管理大纲	DNMC/DPH
13	核电厂核岛消防系统说明	CNPEC/OED

2008 年 7 月 8 日，运营公司执照申请处组织召开了岭澳核电站二期核材料许可证申请工作启动会议。

2009 年 3 月，各文件编写单位完成 13 份申请文件的编写工作；2009 年 4 月，运营公司正式向国家核安全局汇报了岭澳核电站二期核材料许可证的执照申请计划，获得了国家核安全局的认可。2009 年 5 月，完成 13 份申请文件的审查、统稿和装订工作。

2009 年 5 月 27 日，向国家原子能机构呈报了岭澳核电站 3 号、4 号机组核材料许可证申请报告及技术支持文件，并向国家原子能机构汇报了岭澳核电站二期核材料许可证的执照申请计划，获得国家原子能机构的认可。

2009 年 7 月，岭澳核电站二期核材料许可证申请项目组根据新的首炉燃料到场时间调整了执照申请计划（预计 2010 年 1 月 25 日起运）。

2009 年 11 月 12 日，岭澳核电站 3 号、4 号机组核材料许可证申请文件顺利通过国家国防科技工业局审评。2009 年 12 月 9 日至 10 日，国防科技工业局对岭澳核电站 3 号、4 号机组进行了现场检查审评，认为岭澳核电站 3 号、4 号机组核材料管理措施具备发放核材料许可证的条件。12 月 24 日，国防科技工业局向国家核安全局发函要求核准颁发岭澳核电站 3 号、4 号机组核材料许可证。

2010 年 1 月 4 日至 5 日，电站顺利通过了核安全局的现场核准检查，2010 年 1 月 8 日顺利通过了文件核准审评。

2010 年 1 月 14 日，国防科技工业局收到核安全局的核准函，开始进行内部的审批和发证行政流程。2010 年 1 月 20 日，国防科技工业局以联合持照的方式，向大亚湾核电运营管理有限责任公司和岭东核电有限公司正式颁发岭澳核电站 3 号、4 号机组核材料许可证。

2. 岭澳核电站 3 号、4 号机组首次装料批准书申请

岭澳核电站 3 号、4 号机组首次装料批准书执照申请工作主体是工程公司，运营公司配合工程公司完成《首次装料批准书》13 份申请文件中的部分文件或章节的编写，并协助工程公司完成运营公司负责编写文件的技术审评工作。

2008 年 7 月，工程公司组织召开《首次装料批准书》申请启动会；2008 年 8 月，运营公司完成内部分工及进度计划编制，并启动申请文件编写工作；2009 年 1 月，运营公司编制 M8 里程碑，用 M8 里程碑管理《首次装料批准书》申请工作；2009 年 3 月 31 日，运营公司提前 15 天完成了 M8 里程碑相关工作，并组织了 M8 里程碑验收和向工程公司提交相关申请文件；2009 年 4 月 13 日，工程公司向国家核安全局正式呈交了《首次装料批准书》的申请。

2009 年 8 月 19 日，运营公司与工程公司就岭东核电有限公司和运营公司共同作为岭澳核电站 3 号、4 号机组营运单位申请首次装料批准书的说明性文件编制进行讨论，研究并确定核安全局要求的联合持照说明材料的编写方案。

2009 年 9 月 15 日，运营公司向核安全局提交了第五版应急计划的延期方案。10 月 12 日，国家核安全局批准了第五版应急计划的延期申请，同意将第五版应急计划使用期限延长至下一版应急计划生效时为止（最长不超过一年）。

2009 年 9 月 27 日至 28 日、10 月 13 日，运营公司执照申请处组织协调运营公司相关部门参加了工程公司与核安全局关于岭澳核电站二期最终安全分析报告（FSAR）第一次审评对话会。

2010 年 1 月 7 日至 8 日，运营公司执照申请处组织协调运营公司相关部门参加了工程

公司与国家核安全局关于岭澳核电站二期 FSAR 第二次审评对话会。

3. 首批操纵人员执照申请

岭澳核电站二期首批操纵人员执照申请工作由运营公司全面负责。2009 年 6 月 16 日，运营公司向国家核安全局呈交首批操纵人员取照方案；7 月 1 日该方案获得批准。7 月 30 日，运营公司向资审委（国家能源局）呈交了首批操纵人员取照考试申请。

2009 年 12 月 9 日，运营公司完成考试计划的制订并启动考试准备工作。2010 年 1 月 4 日考试开始，1 月 29 日结束，2 月初完成了向资审委申报的相关执照申请材料。

6.1.9 安全监督与质量管理

6.1.9.1 核安全监督准备

1. 岭澳核电站二期运行技术规范的编写

（1）组织机构

为了有效地推进技术规范的编写工作，成立了以核安全处牵头的技术规范编写项目组。项目组成员分别来自核安全处、综合技术处、运行三处、技术支持处、工程公司总体运行室、中科华核电技术研究院运行技术研究所。

（2）编写原则

岭澳核电站二期 CPR1000 机组设计是岭澳核电站一期设计的翻版加改进。因此，岭澳核电站二期运行技术规范的编写是在岭澳核电站一期运行技术规范的基础上，针对岭澳核电站二期系统、设备特点及运行操作特点进行修改。

与岭澳核电站一期相比，岭澳核电站二期核安全方面的改进主要包括状态导向法事故规程（SOP）的使用、数字化控制系统（DCS）、其他的技术改进项三个方面。

（3）上游文件

上游文件的提供主要由工程公司总体运行室作为接口单位，统筹提供。在岭澳核电站二期技术规范编写过程中，用到的上游文件主要有：由事故分析执行单位提供的事故分析的不同点和补充事故分析；由工程公司总体运行室提供的 SOP 事故规程与技术规范的接口文件；由工程公司仪控二处提供，综合技术处做技术支持的 DCS 相关的资料；技术改进项资料包括改进项清单，系统设计手册，岭澳核电站二期技术不同点手册，生产、工程关于技术问题的收发文，以及相关的工程设计文件；改进项目论证报告；核设计报告和堆芯物理的不同点资料。

（4）编写流程和方法

技术规范的编写主要通过以下 5 步流程完成。

1）甄别不同点

2）编写差异表

3）审查差异表

4）对差异表进行概率安全评估（PSA）分析和验证

5）根据差异表，修改技术规范

（5）运行技术规范内容的确定

1）确定内容原则

为了保持规范的延续性和减少风险，按照以下先后顺序确定原则：① 完全借鉴参考规范的要求；② 部分借鉴参考规范的要求；③ 完全新编写相关内容。

2）编写条款

根据上述原则和技术要点差别的内容，以及编写岭澳核电站二期运行技术规范的相关要求。编写时注意以下要点：① 把握内容的依据，即尽量有文件支持，减少创造的成分；② 使用最新工作文件的内容；③ 把握安全要求与运行可实现性的平衡；④ 对于没有实践经验的内容，留出以后升版的空间。

（6）质量控制

借鉴法国电力公司（EDF）的经验，根据运营公司的实际情况，在将运行技术规范送国家核安全局审查前，安排以下审查过程：专业部门的技术审查；运行三处运行操纵员审查；核安全处审查。

2. 岭澳核电站二期定期试验监督大纲的编写

（1）组织机构

为了有效地推进岭澳核电站二期监督大纲的编写工作，运营公司成立了以核安全处牵头的监督大纲编写项目组。项目组成员分别来自于核安全处、综合技术处、运行三处、仪表计算机处、技术支持处、职业安全处、设备管理处、现场服务处、工程公司总体运行室。

（2）编写原则

岭澳核电站二期 CPR1000 机组设计是岭澳核电站一期设计的翻版加改进，两电站的设计参考基本相同，主要改进包括 DCS 的采用及其他技术不同点。因此，在岭澳核电站二期定期试验监督大纲的编写原则上以岭澳核电站一期为参考，文件结构、格式与岭澳核电站一期相同，定期试验项目责任分工、管理原则维持与大亚湾核电站、岭澳核电站一期一致。

具体实施过程中的原则还要忠实于上游文件。在该原则的具体执行上存在以下问题：① 岭澳核电站一期大纲升版，而上游文件未升版。解决措施：岭澳核电站一期、岭澳核电站二期上游文件一样但与岭澳核电站一期大纲有偏差的保持与岭澳核电站一期大纲一致。② 岭澳核电站二期上游文件编写部门是第一次编写该类文件，总体质量欠佳。解决措施：涉及岭澳核电站二期设计的改进部分，如无明显错误则参照上游文件，具体技术原则再与专业处讨论。另外还要通过反馈尽量减少上游文件错误。

（3）编写流程

编写流程以核安全处为核心，做好三件事：① 协助工程公司审查监督大纲上游文件；② 定期试验监督大纲编写；③ 大纲内容的专业核查。

（4）定期试验监督大纲内容的确定

通过与岭澳核电站一期比对，分以下几种情况。

1）无技术改造，也不受 DCS 影响的安全相关系统，参照岭澳核电站一期大纲确定监督内容。

2）有小改造，受 DCS 影响较小的安全相关系统，在岭澳核电站一期监督框架内按照基本原则或对比岭澳核电站一期相似条款确定监督内容，如与岭澳核电站二期上游文件不一致，则提出审查意见。

3）系统出现较大改造或是岭澳核电站二期新系统，需要根据定期试验监督分析的原理和方法进行分析，对上游文件的编写提供建议。

4）DCS 重要系统，需要分析并消化 DCS 设计理念，在设计部门提出的试验构想和设计的试验框架内分析试验监督内容。这部分内容需要编写部门联合设计部门与现场相关专业部门进行充分的沟通交流。

（5）质量控制

对定期试验监督大纲的编写，必须始终把握总体要求，特别注意监督项目的完整性和监督要求的合理性。在满足核安全要求的前提下，保证现场各专业的可执行性。为此，从三个方面设置过程控制：① 上游文件审查，与上游文件编写责任部门沟通；② 核安全处在编写大纲时，要求参照岭澳核电站一期大纲，保证岭澳核电站二期的监督不低于岭澳核电站一期，同时参考法国电力公司的 CPY/N4 机组的大纲；③ 专业部门的核查。每个系统各个监督条款都经过运行、仪表、服务等定期试验执行部门的逐项检查，核对试验项目的可执行性及准则、周期的合理性。

6.1.9.2 职业安全监督

2009 年生产准备的总体安全指标良好。

1. 职业安全队伍建设

生产准备部职业安全处是岭澳核电站二期生产准备阶段的职业安全管理部门，队伍组建采取分流加直接招聘新大学生的做法。2009 年完成 5 位辐射防护值班长的在岗培训和多位辐射防护技术员的准备，技术能力能够满足 2010 年新燃料接收和首次装料的要求。工业安全与消防管理技术员主要采用边工作边学习的培训方式。

2. 安全管理体系

（1）管理制度

工程、生产双方既明确责任又加强合作，在坚持“属地属人”的管理原则下，统一相关安全管理规定。工程区按照工程相关规定执行，广房移交（BHO）后按照生产相关程序执行，对于工程生产过渡区，双方联合签署《过渡区安全管理基本要求》，共同进行现场管理。职业安全处与工程公司安全管理办公室联合发布《移交接产检查安全条件判断指引》，作为移交接产检查的重要安全文件，将不具备安全条件的移交接产及时阻断，从源头上防范和控制风险。推行移交接产检查工前会，通过使用《移交接产检查风险控制单》、安全人员参加移交接产检查等进行过程控制措施；生效《移交接产检查基准单》程序，制定现场移交接产检查安全技术标准，建立现场检查标准化模式。编制《生产准备行为安全指引手册》，发放给生产准备人员学习，规范人员行为。制定《厂房安全管理标准化细则》，为 BHO 厂房的安全管理制定标准。

（2）接口管理

生产准备职业安全处与工程公司安全监督处建立对口协调机制。在事件反馈和工作协调推动方面，建立良好的点对点互动，通过协调推动工程现场安全隐患的解决，跟踪生产线关注的安全问题的落实情况，反馈工程、生产共同关注的问题。

为加强岭澳核电站二期现场安全管理的合作与经验共享，职业安全处从 2009 年 2 月开始，安排人员与工程公司安全监督处在现场联署办公，重点参与工程、生产交叉区域的安全管理，并通过过渡区安全巡检、落物打击专项巡检、安全通道专项巡检等制度，参与工程现场安全管理。

（3）生产准备三级安全管理网络建设

职业安全处在运营公司内部建立了生产准备三级安全管理网络，支持和推动各责任单位进行自我管理并推动基层班组的安全活动。

职业安全处定期向生产准备委员会报告安全状况，使决策层及时掌握现场状况，并对现场安全工作进行指导，必要时对重要安全问题进行决策。

定期组织安全协调员会议，通过协调落实相关管理要求，反馈相关安全事件。

定期整理并下发安全班组学习材料，进行专项安全学习。同时，保留安全事件的快速反馈机制，充分做好热反馈。

3. 安全培训

职业安全处全年共承担岭澳核电站二期工业安全补充培训 29 期，共 1 620 人；承担运行人员岭澳核电站二期消防培训 6 期，共 240 人；协调运行值二级干预队外部培训；承担消防监控岗人员安全培训及消防技术培训。

4. 现场安全监督与支持

职业安全处制定巡检本，通过安全巡视，进行总体状态的控制，确保现场巡检能覆盖生产相关的所有区域，并保证安全巡检工作的有效性。对维修移交后的设备检修活动进行安全监督，提供必要的安全提醒和支持。严格审查工程公司的射线探伤计划，并参与射线探伤执行过程的监督，确保工程生产现场人员的安全。参与现场消防监督和防火控制工作，通过现场巡检和专项检查工作，重点关注现场动火作业、易燃可燃物、现场消防设施的足够与可用，协助工程公司及时发现隐患并解决问题。

5. 调试委托及工程支持

2009 年，职业安全处参与的调试委托和工程支持工作包括：主变压器启动，辅助变压器区的改建扩建，消防系统调试进度跟踪和推动，辐射监测设备和仪表的文件审查，岭东核电有限公司《辐射安全许可证》申请支持，参与最终安全分析报告的评审工作。

6. 程序文件准备

完成部分技术程序编写，并通过进一步梳理岭澳核电站二期技术程序体系，完善技术程序，2009 年程序编写的重点工作是消防行动卡及临时消防行动卡。

完成岭澳核电站二期相关管理程序的编写，完善公司质量管理手册（CQOM）第二十七章生产准备的相关内容，形成生产准备到商运一体化的程序体系。

2009 年完成 24 份职业安全处在岗培训教材的编写，完成辐射安全技术不同点编写及消防相关技术不同点审查，完成所有 CPR1000 标准化产品的编写。

7. 物资防护用品及仪表准备

2009 年，物资相关的准备工作包括控制区值班家具物资、安全标识、安全劳保物资等采购；辐射防护仪表、工业安全仪表及生产补充采购的仪表管理。

8. 移交接产

职业安全处全年共参与移交接产检查 416 次，主要按照《工前会检查单》和《移交接产安全判断指引》监督组织过程，保证现场移交接产参与人员的安全。

9. 其他专项工作

运行前安全评审期间，职业安全处负责辐射防护、工业安全、消防三个方面的工作，对于发现的问题及时纠正和响应；对可能存在的误解进行适当的引导和说明。专家组对三个方面的工作总体评价正常，结论好于岭澳核电站一期。此外，还参与了岭澳核电站 3 号机组冷态功能试验、岭澳核电站 3 号机组热态功能试验准备、新燃料接收及首次装料的相关准备等工作。

6.1.9.3 质保监查

2009年，质保处在生产准备工作中主要完成了8个项目的监查监督，主要情况如下。

1. 培训与授权

通过对生产准备相关的各部人员准备与培训授权情况进行监查，发现生产准备培训组织较为完善，内部职责明确，接口通畅；大部分专业处配置的生产准备人员数量能满足计划要求；根据生产准备工作的需要，建立了生产准备人员岗位技术授权体系和相关培训课程，并制订了培训计划；培训资源按当前进度推进能满足培训需求；培训实施基本能按计划执行。但是生产准备在培训组织管理、人力资源配置与培训、培训需求识别、培训资源管理、授权培训实施、人员在岗培训课程评估开展等方面仍然存在一定的不足。

2. 备品备件及工具管理

通过对生产准备备品备件和工具的确认、移交、保管过程进行监查，发现生产准备部在工程运作模式变化、生产准备组织新建的特定情况下能协同其他生产准备的职能部门，在岭澳核电站二期备件和专用工具准备管理上做了大量的工作，其中包括部分基础性工作和备件管理核心能力建设工作，为生产备件和专用工具准备管理的规范化奠定了良好的基础。

但总体而言，运营公司对岭澳核电站二期生产准备备件、专用工具的准备管理还处于探索阶段，再加上外部客观环境的制约，不利因素较多，管理模式有待完善，在备件质保分级、合同审查、移交验收管理等方面存在不足。

3. 程序编写

岭澳核电站二期程序质量监查主要检查的流程包括设备运行维修手册（EOMM）审查流程、系统设计手册（SDM）审查流程、安装竣工状态报告（EESR）后设计变更流程、维修技术程序编写流程和技术不同点的管理。主要发现以下不足：

（1）SDM手册审查流程存在部分SDM协审意见未得到反馈和跟踪的缺陷。

（2）EESR后设计变更流程存在设计变更后工程处未及时通知文件修改的缺陷。

（3）维修技术程序编写流程存在缺陷。

（4）技术不同点的管理中存在技术不同点的跟踪落实工作不足的缺陷。

4. 集团公司外部评估纠正行动的独立评估

2008年10月，集团公司对运营公司岭澳核电站二期生产准备工作进行了评估，并提出相关缺陷。公司针对集团公司生产准备评估发现的缺陷分两部分进行了纠正：① 对主报告中的13个主要缺陷由专门小组逐一讨论，制订了13项改进计划；② 对各领域分报告中127项缺陷分别由各领域的相关部门进行纠正。质保处对以上纠正行动的落实情况进行了独立验证，总体结果为：未通过验证缺陷数为49项，占总数的40%，验证结果为不满意。

5. 运行值班管理

主要对运行值班要求的实施、隔离移交（TOB）、临时运行移交（TOTO）现场实施和管理等领域进行了监查，发现运行三处运行值班相关工作能满足当前阶段机组接产、调试工作需要，管理基本有效。本次监查总体评价结论是基本满意。尚存在的主要问题如下：

（1）部分隔离操作单在批准、风险审查、指令修改、监护执行等环节存在问题。

（2）部分许可证审批、发放控制不严，以及超期执行。

(3) 计算机辅助隔离系统（CBA）中发现信息错误后修改不及时。

(4) 部分系统 TOB/TOTO 状态实施不及时。

(5) 钥匙管理存在未按时移交、库存数量不够、超期借用等问题。

(6) 部分定期试验在信息沟通、报告审查环节存在不足。

(7) 临时监督指令（TSI）执行及系统 TOTO 后现场巡视存在不足。

(8) 部分程序生效控制以及文件管理存在不足。

(9) 主控制室管理和值班人员行为规范方面有待改进。

6. 冷试工作

质保人员分别对冷试组织管理模式，《生产线 9·30 冷试任务准备计划》中的 182 项任务，12 个运营公司负责或参与的重要项目，指挥部确定的冷试期间重要支持项目，岭澳核电站 3 号机组调试生产日计划中所列内容进行检查。监查结果表明：冷试工作组织机构齐全，管理规定完善，计划制订全面，管理措施落实到位，能够对冷试全过程进行有效控制。

然而，在检查过程中发现，冷试准备期间存在 3 项主要缺陷：① 转动设备抢修支持所需备件到货数量无法确定；② 冷试指挥部未及时制定要求，对冷试准备计划的变更进行控制；③ 仪表计算机处未将所负责的冷试相关系统台账录入到公司生产管理信息系统（COMIS）。在冷试实施期间发现 1 项主要缺陷：试验负责人员未严格按要求对现场阀门进行挂牌上锁控制。

7. 经验反馈与遗留项管理

本次监督包括三项主要内容，监督结果如下：

(1) 经验反馈管理：岭澳核电站二期经验反馈各项工作已经正常开展，生产准备部在有限的资源条件下做了较多的工作，基本能够对生产准备经验反馈进行有效控制。但是，在电站内外部事件及纠正行动审查评议小组（CAP-Team）成员构成，经验反馈系统（EFS）信息向工程反馈，对工程调试阶段的意外事件单（UES）的利用，外部数字化经验反馈的收集，对大亚湾核电站和岭澳核电站一期安装、调试、接产阶段异常事件的收集培训等方面仍存在缺陷。

(2) 遗留项管理：在分层决策机制实施后，各协调层组织运作正常，遗留项清理效果明显，遗留项总清除率保持在 85% 以上。在 EESR 复检和类别的确定、管理程序的及时升版、遗留项复检质量控制等方面存在偏差。

(3) 需要关注的其他问题：收集外部数字化经验反馈工作未按要求开展；大亚湾核电站和岭澳核电站一期安装、调试、接产阶段异常事件培训管理存在缺陷；多份遗留项清除相关管理程序未及时升版。

8. 岭澳核电站一期运行前安全评审纠正行动独立评估

此次纠正行动评估主要是针对岭澳核电站一期运行前安全评审产生的纠正行动完成情况进行独立评估，纠正行动包括 R 类改进要求和 S 类改进意见共 43 条，经质保人员独立验证：其中 22 条纠正行动已完成，占总数比例为 51%；19 条纠正行动未完成但有明显改善，比例为 44%；2 条纠正行动未完成，比例为 5%。

6.1.9.4 应急环保四统一

应急环保四统一的要求是：统一运行管理，统一申请排放量限值，统一进行流出物和环境监测，统一制订并实施应急响应计划和准备。

1. 环境保护

（1）流出物试验室接收与仪器安装调试

KAL 厂房于 2009 年 6 月建成基本可用。流出物实验室各类仪器于 2009 年初已全部到货，7 月份之后陆续开始安装调试，至 12 月底，除 2 台 γ 谱仪因故障返厂维修外，其他仪器均正常，用标准放射源刻度后即可使用。

（2）3 个软件升级

2009 年 8 月完成广东核电流出物排放管理系统（GREMS）的升级工作，与原版本比较，主要增加了岭澳核电站二期的流出物排放管理模块及碘过滤器试验样品分析模块。

至 2009 年底，基本完成环境剂量评价软件的升级工作，该软件主要新增了以岭澳核电站二期为中心和大亚湾核电基地 6 台机组为整体的周围环境剂量评价功能。同时，按照 Pre-OSART 评审专家的意见，增加了 α 核素产生剂量的评价功能。

基本完成环境应急监测车电子地图升版工作，升版后的电子地图能覆盖岭澳核电站二期厂区及第二条应急公路沿线区域。

（3）环境影响报告（EIR）/堆芯首次装料（FCL）文件编写及审评支持

电站对《岭澳核电站二期装料前环境辐射水平现状调查报告》专家评审、《岭澳核电站二期氚排放设计报告》编写、在运机组氚排放分析及制定基地年限值申请策略等工作提供了技术支持，8 月 15 日前完成了 EIR/FCL 初稿的编写审查，截至 2009 年底，已完成第一批 128 个审评问题的回复。

2. 应急计划与准备

2009 年，应急领域主要围绕应急计划编制与评审、应急培训、应急设施设备建设和首次装料前应急演习准备等方面开展工作，确保首次装料前场内综合应急演习（M11 里程碑）的顺利开展。

（1）应急计划评审

大亚湾核电站、岭澳核电站一期、岭澳核电站二期统一的场内应急计划按时提交国家核安全局，提前实现 M8-1 生产准备里程碑目标。

（2）全员应急培训

根据新编的大亚湾核电站、岭澳核电站一期、岭澳核电站二期统一的场内应急计划，开展全员应急培训工作。完成对应急组织中所有应急人员的专项应急培训，培训 1 520 人·次；完成运营公司非应急人员的基本应急复训，培训 996 人·次。

（3）应急设施设备建设

1）完成应急指挥中心的升级改造。

2）应急行动中心（KEG 楼）建设，已初步具备首次装料前演习的条件。

3）应急指挥网络系统功能拓展与升级方面，系统基本框架搭建已完成，目前处于试运行阶段。

4）完成岭澳核电站二期模拟机数据和视频接入应急指挥网络项目。

5）岭澳核电站二期机组数据接入应急指挥网方面，完成光纤铺设，进行数据传输测试。

6）岭澳核电站二期厂区集合清点系统集合点读卡头和数据传输链路已完成安装，但未与岭澳核电站一期 KKK 系统联网，应急集合清点功能仍未具备。

（4）岭澳核电站二期运行前安全评审

顺利完成岭澳核电站二期运行前安全评审，未出现岭澳核电站一期评审改进项重发事件。

（5）应急组织规划

1）为满足岭澳核电站二期加入后6台机组应急计划与准备的需要，对应急组织进行重新考虑和规划。

2）组织开展新增和调整应急岗位提名工作，完成已提名人员的上岗培训。

（6）首次装料前场内综合应急演习及场内外联合演习准备

1）完成演习情景设计、演习大纲及其他演习文件。

2）确定参演人员并进行演习前的培训与练习。

3）完成由广东省核管办组织的首次装料前场内外联合应急演习准备工作。

6.1.10 移交接产组织管理

2009年，岭澳核电站二期移交接产进入高峰期，在工程生产双方各级部门的密切合作下，移交接产各项工作按计划顺利推进：系统临时运行移交（TOTO）率达到30.9%，厂房移交（BHO）率为13%，已证书签字系统的遗留项清除率达到90.5%，为2010年“全面完成移交接产”的里程碑打下了坚实基础。

1. 移交接产总体进展

（1）系统与厂房移交

截至2009年底，岭澳核电站二期收到各阶段子系统（或厂房）的移交申请累计2 501次，签字实施的子系统（或厂房）累计2 282次，总体签字实施率为91.2%。具体统计见表6.1.10-1。

表6.1.10-1 2009年底岭澳核电站二期各阶段移交情况 次

	安装竣工报告（EESR）	隔离移交（TOB）	维修移交（TOM）	临时运行移交（TOTO）	厂房移交（BHO）	合计
申请数	862	828	420	350	41	2 501
签字数	832	782	361	292	15	2 282
签字率	96.5%	94.4%	86%	83.4%	36.6%	91.2%

岭澳核电站二期所有机组包括的系统总数约为502个，TOTO移交系统数量155个，总体移交率为30.9%。具体统计见表6.1.10-2。

表6.1.10-2 岭澳核电站二期系统TOTO移交情况 个

	3+8号机组	4号机组	0号机组	9号机组	合计
岭澳核电站二期系统数	286	209	6	1	502
TOTO移交数	148	3	4	0	155
TOTO移交率	51.7%	1.4%	66.7%	0%	30.9%

岭澳核电站二期所属厂房总数为 79 个，2009 年共有 10 个厂房进行了 BHO 签字移交，分别为 OP，GD，YA，YB，CA，CB，CC，CF，GS 和 ZC 厂房。

（2）移交接产检查活动

2009 年，进行各阶段的移交检查活动累计达 2 015 次，约为 2008 年 453 次的 4.5 倍，移交检查活动按移交阶段分布见表 6.1.10-3。

表 6.1.10-3　移交检查活动按移交阶段分布　　次

	EESR	TOB	TOM	TOTO	BHO	合计
检查活动数	662	649	357	310	37	2 015

（3）遗留项清除

截至 2009 年 12 月 31 日，岭澳核电站二期系统、厂房移交共产生遗留项 33 398 项，已清除 26 267 项，遗留项整体清除率达到 78.6%。其中，按遗留项清除率考核指标统计，证书签字系统遗留项共 24 182 项，已清除 21 873 项，清除率 90.5%，超过年度目标值 80% 的要求。具体情况见表 6.1.10-4。

表 6.1.10-4　遗留项清除情况统计　　项

	一类		二类		清除率
	未清除	已清除	未清除	已清除	
整体遗留项	3 650	15 114	3 481	11 153	78.6%
证书签字系统遗留项	0	12 068	2 309	9 805	90.5%

2. 重大事项

（1）2009 年 1 月，开展覆盖全员的生产准备人员移交接产培训，全年共进行 12 期。

（2）2009 年 2 月 12 日，协调完成 L3PX 泵站进水部位相关的 BHO 检查工作，保障 L3PX 泵站进水里程碑顺利实现。

（3）2009 年 3 月，全面实现移交接产信息管理系统（TIM）与工程信息管理调试系统（IMS）的电子化。

（4）2009 年 5 月，制定移交接产问题分级决策管理规定，为移交接产问题分级解决提供了有效途径。

（5）2009 年 7 月，制定《岭澳核电站二期遗留项处理暂行规定》；推行了移交接产评优专项奖励的正向激励机制。

（6）2009 年 7 月 28 日，L8 OP 厂房正式提交 BHO 移交申请，标志着厂房移交工作正式开始。

（7）2009 年 9 月 16 日，岭澳核电站 3 号机组冷试正式开始，冷试最小系统提前完成 TOTO 签字移交，标志着移交接产工作逐渐进入重大工程里程碑阶段。

3. 主要工作成果

（1）健全移交接产组织体系，顺利推进接产工作

在岭澳核电站一期的基础上，岭澳核电站二期的移交接产做了相对充足的准备工作：制

订了生产准备大纲和总体计划；成立了生产准备部级组织机构；明确了工程生产接口部门的职责、移交接产工作流程；建立了完善的移交接产组织体系；在保证移交接产质量的前提下，有力地支持和配合了工程的质量、进度、投资、安全、环保五大控制。

（2）推行移交接产问题分级决策管理机制，逐层解决问题

为推动解决岭澳核电站二期移交接产过程出现的问题，明确各相关部门的责任，生产准备部于2009年5月制定并推行了《移交接产问题分级决策管理规定》。在分级决策机制中，责任逐级承担，决策层层落实，达到在问题处理中“及时发现、准确定性、分清主次、快速处理”的目的。分级决策过程应遵循“认真检查、发现问题；统一意见，积极沟通；提出方案，充分协商；及时决策、勇于担当；令行禁止、监督到位”的原则。根据移交接产各阶段的特点及各部门在接产后的职责，分工如下：EESR由综合技术处负责；TOB由运行三处负责；TOM由维修部负责；TOTO由运行三处（含其他部门的运行经理）负责；BHO由土建处负责。

与生产相对应，工程方同时成立了移交接产问题分级决策机制，双方目标一致，有效互动。电站人员不仅提出问题，而且还参与问题的处理，给出处理建议或技术支持，提高了工作质量与效率。

（3）建立遗留项处理会议制度，加大问题处理力度

为了更好地贯彻落实移交接产问题分级决策管理规定，全面推动遗留项清理工作，使现场检查暴露的问题得到及时解决，保证系统按时移交及相关工作的顺利进行，针对遗留项处理的会议主要包括：电站遗留项清理月会、工程生产遗留项清理月会、工程生产协调会。

（4）制定正向激励机制，开展移交接产评优专项奖励

为鼓励各单位及个人在系统设备移交过程中发现现场问题并推动问题的处理，特别是重大技术问题的发现和处理，2009年7月制定了《岭澳核电站二期移交接产评优考核办法》，通过评选优胜工作单位和个人，表彰先进，进一步调动各单位的积极性，保证重大问题的及时发现与处理。

（5）定期组织专题Joint Meeting会议（简称“JM会”）

为了推动2009年底系统TOM/TOTO按计划签字移交，工程生产双方自8月份起定期召开系统TOM/TOTO JM会，推动一类项的处理，尤其重点推动超两个月未签字系统、重要里程碑相关系统。截至12月20日，有145个系统召开了JM会议，其中，有92%的系统进行了及时移交，并保证了系统的移交质量，JM会议起到了决定性的作用。

（6）“化整为零”，成立各类专项小组，分类准确处理

针对岭澳核电站二期移交接产过程中发现的共性问题，工程、生产双方成立了设备运行维修手册（EOMM）备品备件专用工具推进小组、标牌小组、系统设计手册（SDM）推进小组、检修空间小组、阀门位置处理等相关专项小组，对症下药，精确打击，有效地推动了共性问题的解决。

（7）实现移交接产知识培训全员覆盖

为了满足日益繁重的移交工作需要，移交接产知识全员培训工作在2009年全面展开。全年共举办了12次移交接产知识培训，参加培训人员累计达到800人·次，基本实现了移交接产知识培训全员覆盖，为生产准备人员参与移交接产工作打下了坚实的基础。同时，还承担了外基地人员培训的任务，2009年为红沿河、宁德移交接产人员进行了10人·次培训。

（8）完善移交接产系统联网与优化

岭澳核电站二期通过移交接产信息管理系统（TIM）与工程信息管理调试系统（IMS）的接口程序应用，实现了3T申请文件、检查意见等主要业务的电子化。与岭澳核电站一期相比，大大提高了移交接产各环节的工作效率。

（9）实现EESR联合检查流程规范化和电子化

1）规定工程公司现场项目部提前3~5天发出检查通知。计划联络处收到通知后，对不满足条件的检查活动进行协调，并及时发出检查通知，有利于专业处提前熟悉文件、图纸，自行组织预检活动，有利于提高联检效率。

2）联检时间相对固定。经过与工程公司现场项目部接口部门协调，将联检时间固定为上午09：15、下午15：15，保证了联检人员工作的合理安排。

3）召开现场检查工前会。EESR/TOM现场检查分别由计划联络处、维修部协调工程师组织召开工前会，讨论确定检查流程，明确现场存在的安全风险及参加检查各方的第一负责人，有利于现场发现问题并及时沟通，提高联检效率。

4）现场意见汇总多方联合签字。

（10）重点开展BHO预检、联检工作，并跟踪土建专项问题处理

岭澳核电站二期部分厂房由于内部系统受安装和调试进度的影响，导致厂房无法按计划BHO。为了保证2009年BHO工作目标能顺利完成，在工程和生产各相关部门的大力配合下，对基本满足检查条件的厂房和构筑物，组织进行了大量的BHO预检工作，并督促工程方对检查意见及时进行清理。

通过上述工作，对厂房和构筑物存在的问题能够及早发现，及早处理。既保障了厂房的移交工作质量，又缩短了正式联检和BHO证书签字的时间，提高了BHO移交工作的效率。2009年，土建、防腐专业对岭澳核电站二期出现的系列问题进行专项跟踪，针对问题进行分类并制订处理方案，同时对现场处理过程中出现的新情况进行技术把关。

对泵站渗水、MX地砖更换、AB/AF/AC屋面防水、PX屋面防水、AB地面空鼓、进水渠护岸塌陷处理、MX厂房屋面防水等土建问题进行专人跟踪，并逐项与土建施工人员沟通，参与处理方案的落实。

（11）参与系统设备防腐检查，重点跟踪重要设备的防腐专项问题，包括L8SER401/402BA内壁油漆缺陷处理、L8SDA设备腐蚀处理、L4GGR主油箱油漆方案选型、L8SKH油箱内壁预制涂层缺陷处理，以及参与L3CEX钛管锈蚀处理项目水室格栅衬胶修补的检查、跟踪等。

6.1.11 设备管理

岭澳核电站二期生产准备期间的设备管理工作，总体起步略晚，随着岭澳核电站二期现场各系统厂房的不断移交，以及在设备安装调试过程中暴露问题的增多，电站对现场设备管理的意识也越来越强。设备管理的主要思路总结为三点：①生产准备期间的设备管理应该是全程的，不应仅从移交接产阶段才开始；②应该“抓大放小”，侧重现场重大设备问题的解决；③要防止急功近利，只管现场，要注重设备管理基础档案的建立。

针对以上思路，运营公司各相关部门认真研讨了具体的管理方式和控制手段，结合生产准备专业化建设方向，加大对岭澳核电站二期设备的管理力度，设立专职化队伍投入相关工作，确保接产阶段的设备管理“不落后，出成效”。

1. 岭澳核电站二期“十大”技术问题管理

为了更有效地推动岭澳核电站二期接产阶段重大设备问题的处理，运营公司生产准备部牵头成立了“十大”问题管理小组。侧重于解决岭澳核电站二期系统设计、制造、安装、调试和试运行期间发现的重大技术问题，对其进行统一管理，分级逐层推动。

“十大”问题技术管理小组主要面向接产阶段的现场重要系统，侧重于对安全发电存在重大影响的现场热点。对评选出的“十大”问题，严格跟踪工程方的进展并及时评价处理状态，对仍没有解决的问题，制定明确的推动思路及解决期限。此外，小组还重点关注工程方关闭的涉及十大技术问题的不符合项报告（NCR），对不合理的关闭措施及时反馈整改。通过以上措施来提高重大设备的可靠性。

2. 岭澳核电站二期重要系统设备小组

为适应岭澳核电站二期移交接产工作的需要，加强对重要系统设备在设备制造、安装、调试阶段的监督和管理，保证商运之后重要系统设备的正常可靠工作，生产部设备管理处牵头成立了岭澳核电站二期重要系统设备小组。包括：汽轮机小组、发电机小组、变压器小组、柴油机小组、重要泵小组、DCS 系统小组。小组的职责主要包括：

（1）了解、收集、整理和记录重要系统设备在制造、安装、调试过程中的有关信息，掌握重要系统设备的状态，并建立相关数据库。

（2）评估在重要系统设备上发生、发现的缺陷和问题，给出处理意见和建议，及时向工程调试反馈。

（3）在重大系统设备操作前和系统重要节点（隔离移交 TOB、维修移交 TOM、临时运行移交 TOTO 等）前对系统和设备的状态进行评估，给出决策意见，以保证重要系统设备的安全可靠。

（4）在重要系统设备 TOTO 后，对系统设备的维护保养和状态监测提出要求和建议，保证重要系统设备以良好的状态进入商运。

这 6 个专项小组基本涵盖了电站全部重要系统设备，同时小组能够抓住关键节点上的核心问题和突发问题，在技术支持和方案解决方面具备较强的技能优势。

重要设备小组每月召开例会，通报本小组最重要的 5 个问题及进展，提出需关注和推动解决的问题，讨论处理方案并制定下一步措施。专项小组成立以来发挥了良好的作用，对多项影响里程碑或移交进度的重大设备缺陷提供了专业评价方案和处理建议。

3. 评价遗留项对设备健康的影响

为适应和满足当前岭澳核电站二期现场工作的新形势和新要求，生产准备部综合技术处成立了一支设备管理专职化队伍，主要目的是推动岭澳核电站二期商运前系统和设备在设备运行维修手册（EOMM）、备件、工具范围以外的技术问题或遗留项的分析解决，逐步建立完备的设备信息档案，确保系统和设备的遗留问题状态清晰并有序地移交商运后进行管理。

（1）TOM/TOTO 系统遗留项识别

针对已经 TOM/TOTO 的系统遗留项，组织各专业工程师进行识别分析工作，重点是针对影响冷试和热试进行的项目。共收到综合技术处发来的已 TOM/TOTO 签字的冷试相关系统遗留项清单 4 批，总数 520 项，识别出 16 项影响冷试的遗留项；热试相关遗留项清单 8 批，总数 281 项，识别出 6 项影响热试相关系统运行的遗留项，各专业工程师给出了评估结论，并将所有识别结果发给维修部和质保部进行推动。

（2）UES识别

关注和反馈TOM后的调试意外事件单（UES）流转和处理情况，对工程方开出的UES进行识别和分析，目的是找出已关闭UES的处理方式是否有不合理的地方，并对未关闭的重大UES提出处理建议。经过实践和探索，逐步摸索出一套合理、可行、高效的UES处理流程，如图6.1.11-1所示。

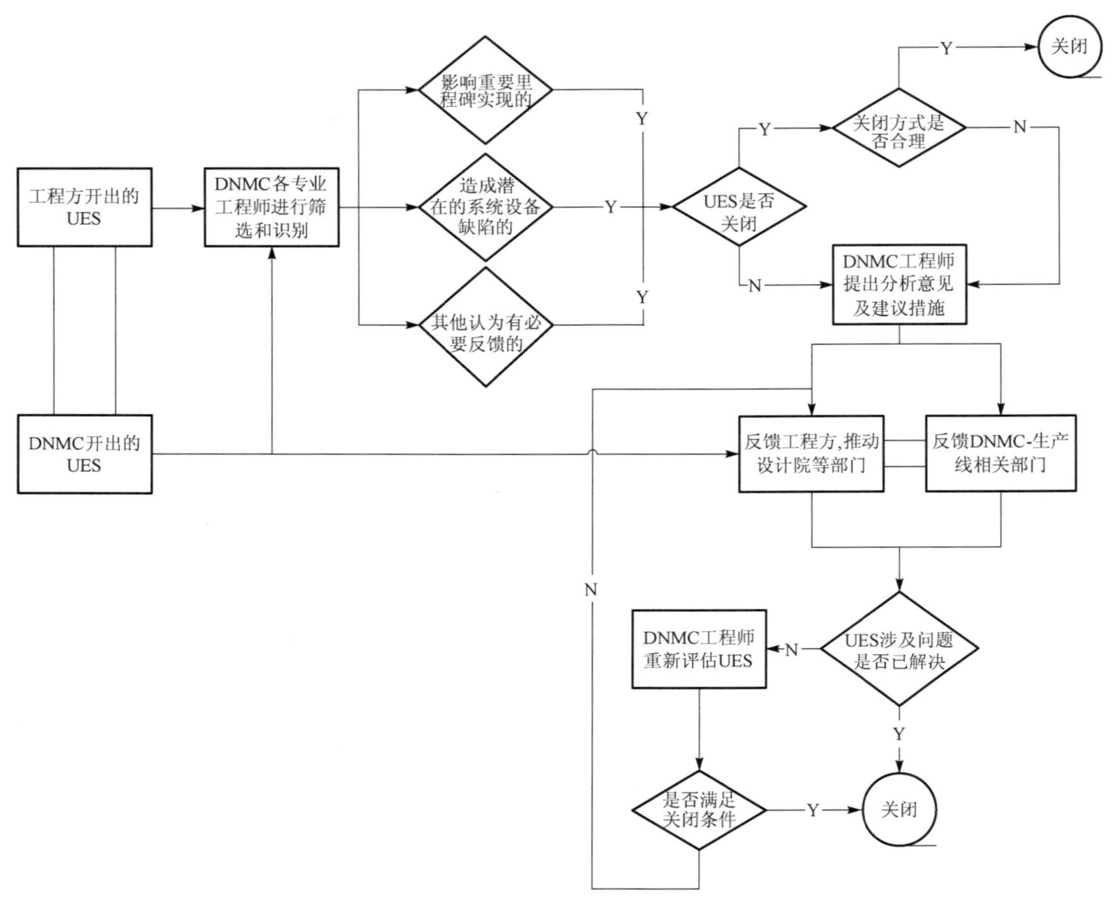

图6.1.11-1　UES处理流程

截至2009年12月31日，已清理前期产生的UES总计1 330项，其中针对冷试相关系统的160余项，筛选需重点关注7项；针对热试相关系统的800余项，组织机械、电气相关专业工程师，结合现场处理进展和影响特点进行识别，最终筛选出4条影响热试进行的且尚未关闭的UES项目，并推动解决。

（3）NCR项目的识别及分析

对于工程方制造、安装、调试阶段NCR项目的分析识别，有利于及时发现和解决处于萌芽状态或潜在的设备问题，也为机组建立商运后的维修数据库奠定了基础。常规岛机械专业在岭澳核电站3号机组汽轮机扣缸前和3号发电机穿转子前牵头组织了两场NCR评审会，评审相关NCR累计86份，其中重点筛选出十余项需在扣缸和穿转子前解决的NCR，并得到工程方和厂家的积极响应和落实。

系统性地组织各专业工程师对前期制造、安装、调试阶段产生的 NCR 进行逐条筛选、分析和识别，总体效果良好，累计已完成 18 个系统，900 余条 NCR 的前期初步识别，并进行第二阶段的深入评估工作，之后将结果交工程生产高层会议推动和关注。

4. 系统设备历史档案建设与管理

（1）EIP 设备问题管理

岭澳核电站二期设备历史档案管理系统（EIP），包含台账、备件、LOT 包、专用工具、EOMM、设备问题、设备趋势等诸多模块，其中利用设备管理模块可有效地记录和跟踪设计、制造、安装和调试阶段的设备问题，利用设备趋势模块记录电站重大设备历次启动参数等关键信息，为商运后的维修管理提供珍贵的历史档案。目前已重点加强对 TOM 设备问题的管理，以 EIP 为平台，组织各专业工程师巡检、发现、跟踪并推动解决设备问题，取得良好效果。

同时建立设备问题分级机制，要求各专业工程师，对于岭澳核电站二期工程现场产生的 1 级及 2 级设备缺陷问题，必须录入 EIP 系统设备管理模块进行跟踪；对于 3 级设备缺陷问题，不做强制性要求。录入标准应满足 EIP 系统设备缺陷问题记录的完整性，包括问题描述清晰，影响分析明确，现场执行情况列出计划等信息。

（2）重点关注问题管理

设立和评选重点技术问题（EIP）的目的是为了突出现场热点，承接原有的“十大”技术问题管理方式，在建立设备问题分级的基础上，引入重大关键性问题打分机制，评选出问题排行榜，进一步突出重点，深化 CCM 概念。所有重要问题均来源于 EIP 设备管理数据库，方便整理和查询。目前已逐步建立起一套切实有效的，针对重大技术问题的“进入”和“退出”机制。

（3）标准化设备信息档案建立

岭澳核电站二期系统设备的标准化信息档案建立是一个不断摸索和尝试的过程，同时也为生产准备专业化道路探求发展思路。作为商运后机组设备管理的基础性信息，档案所包含的内容必须翔实、准确，能够真正地发挥原始档案的作用，经过各专业讨论，目前已初步确定了标准化档案的总体框架结构和建立计划。

6.1.12 Pre-OSART 评审

1. Pre-OSART 评审的目的和背景

Pre-OSART（运行前安全评审团）评审是对核电站在生产准备阶段各项工作的独立评审，特别是对与安全相关的各项工作的一次全面深入的独立检查。Pre-OSART 是一种政府行为，由国家原子能机构（CAEA）向国际原子能机构（IAEA）提出申请。为了提高核电站的安全性，IAEA 设有专门机构负责对成员国在设计建造、调试和运行期间的核电站的安全进行评审。

为了提高岭澳核电站二期商运后的安全水平，2008 年，负责岭澳核电站二期生产准备工作的运营公司向 CAEA 提出，邀请 IAEA 派出安全评审团对岭澳核电站二期进行运行前的安全评审。邀请国外专家对核电站的生产准备工作进行全面的评审，目的是让国际同行从独立的角度对岭澳核电站二期的生产准备工作提出宝贵意见。

IAEA 对岭澳核电站二期进行的运行前安全评审主要包括 10 个领域：组织管理、培训、运行、维修、技术支持、辐射防护、化学、应急准备、经验反馈。

2. Pre-OSART 评审前的组织、准备和实施

（1）立项和预备会议

预备会议在正式评审前 12 个月由政府和电站分头进行。2008 年 11 月 10 日至 14 日，电站组织了岭澳核电站二期 Pre-OSART 活动预备会。会议确定于 2009 年 11 月 17 日至 12 月 3 日开展评审活动。

（2）预备会后的准备工作

岭澳核电站二期 Pre-OSART 项目于 2009 年 2 月 18 日正式启动。由生产准备部牵头，成立了运营公司 Pre-OSART 领导小组和会务组。在 9 个月的时间内分三条线准备。

1）完成集团生产准备评估纠正行动，针对进行评估的 13 个领域所产生 13 个主要问题、A 类缺陷 21 项、B 类缺陷 106 项逐个跟踪，落实纠正措施。

2）分析岭澳核电站一期的 Pre-OSART 报告，找出并解决目前生产准备工作中存在的问题，提升管理水平，实现总经理部要求的“岭澳核电站二期 Pre-OSART 提出改进项与岭澳核电站一期 Pre-OSART 提出改进项的重复率小于 10%”这一目标。

3）对照 IAEA 安全运行验收标准，各专业进行自我评估，制定纠正行动，质保分领域进行监察。

同时，现场分三个方面进行准备：

1）以 YA/AL 实验室为示范厂房管理，主要是考虑到化水系统和厂房先于其他系统和厂房进行移交。

2）以燃料进厂为管理目标的 KX 厂房。

3）通过三级安全网络，组织定期或专项安全检查，不断推进现场安全水平。

根据评估活动的特点和岭澳核电站二期现场实际情况，项目小组要求各专业和各领域关注以下工作要点：

1）确定对口人，每个领域一主一辅，要保证在 Pre-OSART 期间全程陪同专家评审，并根据评审计划，确定该领域相关章节的访谈对象。

2）组织各相关部门人员，按照 OSART 导则要求，编写相应的预审文件包（AIP）及介绍材料。

3）各个领域学习消化 AIP 内容，准备所需要的介绍材料，将要评审的文件汇总，包括电站程序、文件清单和相应的翻译提纲，并根据每天评审的内容和计划，适时介绍相关内容，建立随时可查的文件夹。

4）落实各个领域翻译人员，尽可能准备本专业英语能力强，同时又有评审经验的专业人员协助进行评审。

（3）会务组织

根据项目启动会要求，进行 Pre-OSART 活动会务组织，制订详细的接待计划，每月召开会议，就办公设施（包括办公室、电话、电脑、复印机等）、接待、现场交通、食宿、证件办理、翻译和日常翻译活动等进行准备；为专家准备工作鞋、工作服、安全帽，以及到现场所需要的有关培训材料，如工业安全、保卫等。

（4）人员培训和宣传

从以下几个方面进行电站 Pre-OSART 活动宣传：

1）编写 Pre-OSART 活动宣传手册，介绍 Pre-OSART 活动意义、组织过程、评审方法和注意事项等；

2）对各专业对口人和相应部门进行 Pre-OSART 活动介绍；

3）对电站所有相关人员进行大规模培训和动员，同时组织对公司质量管理程序手册（CQOM）升版内容进行培训；

4）在 Pre-OSART 开始之前专门召开会议，向各领域对口人和专业工程师介绍 Pre-OSART流程和评审方法、评审注意事项等；

5）通过 Pre-OSART 活动网页、宣传栏、流动信息、现场标语等帮助全体员工了解 Pre-OSART 活动。

3. Pre-OSART 活动实施

此次 Pre-OSART 评审团有来自 11 个国家的 14 名专家组成，由 IAEA 官员 Mr. Vamos 担任团长，IAEA 官员 Mr. Gest 担任副团长。成员有法国、比利时、英国、瑞典、瑞士、美国、德国、斯洛伐克、匈牙利、荷兰等国的专家和来自芬兰和斯洛伐克的两位观察员。按照惯例，设置电站协调接口人（HPP）作为电站与专家之间的桥梁，帮助评审员理解电站有关问题。岭澳核电站二期 Pre-OSART 评审于 11 月 17 日至 12 月 3 日在岭澳核电站二期现场如期举行。

2009 年 11 月 17 日，Pre-OSART 评审活动举行开幕式。在随后的两周时间内，评审团对岭澳核电站二期生产准备的组织管理、培训、运行、维修、技术支持、辐射防护、经验反馈、化学、应急准备等 9 个方面进行了评审，包括听取电站各专业对口人的介绍和报告、面谈讨论、查阅文件、现场检查、观察运行操作和维修活动、与电站员工交流等。每天中午评审团内部召开会议，总结交流当天评议情况及关注问题，确定下一步的评议计划。第三周评议团专家编写各专题报告，并在集体讨论的基础上与电站各对口人讨论确认，达成共识。

12 月 3 日，评审活动举行闭幕仪式。评审团团长 Mr. Vamos 强调评审的目的是为了帮助电站改进，同时也要将良好实践推广到其他电站。

经过三周的深入评审，岭澳核电站二期生产准备 Pre-OSART 活动最终产生了 14 条纠正建议、12 条改进建议、5 条良好实践及多个接近良好实践的良好绩效事例。与岭澳核电站一期 Pre-OSART 评审结果（32 条纠正建议、11 条改进建议、12 条良好实践）相比，此次的改进项少了近一半。

4. 评审报告和问题跟踪管理

Pre-OSART 安全评审后，各相关部门对报告的内容进行深入研读，认真理解和识别报告中提出的缺陷性质、严重度。

各相关部门根据纠正建议和改进建议分别制订了纠正行动计划，按岭澳核电站 3 号机组装料前、临界前和 Pre-OSART 回访前共三个阶段的纠正行动计划，分别落实和消除全部缺陷。

6.2 阳江核电站生产准备

2009年是运营公司阳江分公司着实开展生产准备工作的第一年，阳江分公司按照“组队伍、建制度、留轨迹”的方针，以生产准备总体计划和管理计划统揽全局，围绕组织机构建设、人员准备与培养、程序编写、工程参与、重大项目、运营管理标准化等主线，成功实现了2009年生产准备各项工作目标。

1. 生产准备总体计划

总体计划采用项目管理方式，对生产准备各项工作进行整体规划和有效控制，它的良好执行是保证生产准备工作有效开展的前提条件。2009年，阳江分公司生产准备总体计划执行良好，年度平均完成率达到98%。详细数据见表6.2-1。

表6.2-1　2009年阳江分公司生产准备总体计划完成率　%

月　份	1月	2月	3月	4月	5月	6月	7月	8月	9月	10月	11月	12月
总体计划完成率	91	96	100	100	100	99	93	99	99	99.4	100	100

生产准备里程碑是控制生产准备整体工作进度的一级进度指标，标志着生产准备工作取得阶段性成就。2009年，阳江分公司生产准备7项里程碑全部按期实现，具体情况见表6.2-2。

表6.2-2　2009年阳江分公司生产准备里程碑完成情况

代　码	里程碑项目	计划完成时间	实际完成时间
M4	生产准备培训大纲批准生效	2009.04.15	2009.04.13
M5-1	完成技术程序文档管理规划	2009.06.15	2009.06.10
M5-2	启动运行程序编写	2009.08.15	2009.08.12
M5-3	启动安全程序编写	2009.08.15	2009.08.12
M5-4	启动维修大纲和程序编写	2009.09.15	2009.09.09
M5	全面启动技术程序编写	2009.12.15	2009.12.10
M6	启动管理程序编写	2009.09.30	2009.09.16

2. 组织机构建设

2009年，阳江分公司组织机构进一步健全，先后成立了培训委员会和安全委员会，建立了分公司党总支、团总支、青联分会及处级党支部、团支部和青联小组。同时，编制了54份临时管理规定，规范分公司日常运作。

为规划人员到岗，阳江分公司编制了阳江核电站1号和2号机组“三定”方案并获得批准，确定了组织机构、岗位规范等相关文件，之后编制完成了3号和4号机组的“三定”方案初稿。另外，阳江分公司编写了《CPR1000标准电站组织机构及人力资源配置方案》，并经集团发布生效，为运营公司后续的基地生产准备工作积累了良好经验。

为把握重点并以计划统揽全局，阳江分公司完成了2010年总体计划升版、2010年预算编制及 2010 年战略任务分解等工作。在运营公司综合信息系统的“指标管理”栏建立了阳江分公司指标应用平台，涵盖安全管理、人员准备与培养、生产准备、工程参与、重大项目和管理改进等 6 个领域的重要指标，加强生产准备的过程管理。

为保证各项工作有效开展，阳江分公司建立了稳定有序的组织运作制度。建立了分公司周会、月会制度及培训工程师月会制度；建立了专项委员会制度，每季度召开一次生产准备委员会、安全委员会、培训委员会会议；建立了周报、月报、季报、年报等报告制度。

3. 人员准备与培养

2009 年，阳江分公司人员队伍迅速壮大，员工人数从年初 187 人发展至 340 人（含总部派驻 6 人），其中包括总部派遣的 31 名管理和技术人员，社会招聘 15 人，毕业生 288 人。

执照人员培养是生产准备阶段重大项目之一。2009 年，阳江分公司组织两批共 16 人参加核安全局举办的反应堆操纵员考试，并全部通过，超过既定目标。同时，为保证阳江核电站首台机组装料需要，阳江分公司启动了人才加速培养计划，并通过社会招聘途径招聘 1 名持有反应堆操纵员执照的人员。在其他关键岗位人员授权方面，2009 年阳江分公司有 11 人取得隔离经理授权，122 人取得维修技术授权（MTA），3 人取得工程技术授权（ETA）。

在培训管理方面，阳江分公司正式成立了培训委员会，生效了培训委员会章程和《阳江生产准备人员培训大纲》。按照统一模板，阳江分公司编制生效了 44 个序列共 281 个岗位的培训大纲；编写了《生产准备人员培训与授权》程序；设计了培训质量指标和过程控制指标，并通过月度技术报告、定期技术交流、培训督导、培训工程师月会制度等措施加强培训管理；制订了核心岗位培训计划，以保证关键岗位人才需求。

2009 年，岭澳核电站二期生产准备进入关键时期，阳江分公司派出 12 名运行人员和 4 名维修人员参与岭澳核电站二期核岛冷试工作，并派出 3 名维修人员和 1 名质保人员分别跟踪 DCS 项目进展与 Pre-OSART 活动进展。

4. 程序编写

2009 年，阳江分公司程序编写工作全面启动。程序编写的主体任务包括运行程序、维修大纲与维修程序、技术支持程序和管理程序的编写。

在运行程序编写方面，按照标准化的工作要求，阳江分公司确定了运行程序编写模板，制订了程序编写计划和上游文件提交计划，与设计公司共同成立了程序编写协调小组，出台了《运行处程序组运作暂行规定》等 7 份暂行规定，审查了上游文件 120 份，提交审查意见共计 92 条，甄别出 7 条技术不同点。

在维修大纲与维修程序编写方面，制订了实施方案、维修大纲与维修程序编写计划，编写了 5 份项目管理程序和 6 个大类的培训教材与范本，编写了 15 份维修程序和 2 份维修大纲，维修程序按计划完成率为 150%，维修大纲按计划完成率为 100%。

在技术支持程序编写方面，全面梳理了需要编写的技术支持程序清单，制订了编写计划，编制了《技术支持程序编写项目实施方案》，完成了 14 份程序初稿编写，按计划完成率为 175%。

在管理程序编写方面，经过对管理标准体系及程序框架的梳理与分析，通过借鉴大亚湾核电站和红沿河核电站的成功经验，初步确定了管理程序框架，并完成 38 份管理程序编写，按计划完成率为 136%。

此外，阳江分公司研究了总分模式下的质量管理体系，按照最小最优原则和文件体系一致原则，建立了最小电站生产质量管理手册（PQOM）。

5. 工程参与

为规范与外部的接口关系，确保生产准备重大事项按计划进行，阳江分公司积极推进多方协调机制的建立；与工程公司、阳江核电有限公司（系业主公司）建立了三方协调机制，召开双月协调会，对工作中的重大问题进行协商；与业主公司联合成立了多层次的生产准备事务委员会和生产准备协调会，协调解决生产准备重大问题和关注事项；与设计公司和工程公司调试中心分别建立了协商机制，对上游文件审查和移交接产标准制定等专项事务进行协调。

积极参与工程设计与建设是生产准备人员熟悉核电站设备和系统的有效途径。为区分重点，集中资源，主动参与工程活动，阳江分公司编制了《阳江生产准备人员工程参与项目》。

2009 年，阳江分公司深入参与工程设计和工程设计采购工作，先后提交工程设计反馈意见636 条，工程方接受采纳495 条，工程设计反馈意见接受率达到77.8%。提交工程设计采购反馈意见 8 项，工程方接受采纳 6 项，设计采购反馈意见接受率达到77%。

工程文件审查是工程参与的主要工作之一，包含对各类工程文件的技术审查和完整性审查。为有效推进审查工作，阳江分公司采用了专项小组模式，成立了设备运行维修手册（EOMM）审查小组和系统设计手册（SDM）审查小组。在 EOMM 审查方面，阳江分公司编写了 EOMM 手册需求和编制计划，共审查 EOMM 手册 30 份。SDM 审查方面，阳江分公司编制生效了《SDM 审查临时管理规定》，完成了第一份 0SEA 系统手册的审查。LOT 包审查方面，编制了 LOT 包需求计划与审查计划，审查完成 81 份 LOT 包。

在工程生产经验反馈方面，阳江分公司共向工程方发出两批生产经验反馈清单，其中设计类288 项，设备类 129 项。另外，梳理了生产准备部提供的工程生产经验反馈项 697 条，识别出设备方面需要重点反馈项 131 条，设计方面重点反馈项 266 条。同时，每季度分别从设计、设备缺陷、安装、运行等方面，收集参考电站有价值的经验反馈，发文反馈给工程方。建立了经验反馈数据库，对反馈项目的进展情况进行记录和跟踪。建立了遗留项跟踪制度，保证重大技术问题不放过、不遗漏。

设备监造是工程参与的重要组成部分。阳江分公司制订了设备监造的方案和计划，确定了 27 个参与项目，并确定分批重点参与和长期参与相结合的工作方式，编制生效了《阳江项目设备监造参与细则》。

6. 重大项目

为保证生产准备工作扎实推进，阳江分公司建立了重大项目评审制度，并完成了模拟机建造、运行程序编写、执照人员培养、维修大纲与程序编写、合同包审查、实验室筹建、技术不同点等 7 个重大项目实施方案的评审和复审工作，其中执照人员培养、运行程序编写、维修程序与维修大纲编写、合同包审查 4 个项目已在前文说明。

模拟机建造项目：全范围模拟机成功建造是阳江核电站装料的前提条件。2009 年，阳江分公司积极依托总部力量，推动培训中心与工程公司沟通，就模拟机项目设计审查、详细设计、测试与验收期间的工作给予技术支持，并紧密跟踪项目进度。针对模拟机项目合同技术附件，阳江分公司参与了多次谈判，提出了技术澄清单。

技术不同点项目：运行技术不同点方面，签字生效了《运行技术不同点编写暂行规定》，编写了技术不同点教材、复习题和汇总模版，并规定了上游文件审查过程中甄别技术不同点的工作方法。维修技术不同点方面，编写完成了维修技术不同点编写指南，生效了维修技术不同点管理程序，并开展了数据库使用培训。

实验室筹建项目：完成了《化学实验室准备方案》的制定和评审，启动了《环境实验室、金属实验室和性能实验室建立方案》的编制工作。其中AL实验室项目通过了评审，完成了设计文件审查，编写了阳江核电站AL实验室与岭澳核电站一期、岭澳核电站二期的技术不同点。环境实验室项目完成了KRS系统设计规格书及《阳江核电站3号、4号机组环境影响报告》中相关章节的初步审查。

7. 运营管理标准化

运营管理标准化是有效落实运营公司专业化运营战略，打造专业化、标准化的阳江核电站的重要举措。2009年，阳江分公司完成了作业管理、培训管理、电厂运行、配置管理、设备可靠性、服务支持、安全质保、物质供应与服务等8大领域69个功能分析，共产生285个标准任务，并对各领域标准化产品包进行了评审，将作业管理与培训管理两个领域产品包提交领导小组审查。

6.3　防城港核电站生产准备

1. 组织准备

为实施运营公司专业化生产准备和专业化运营的战略，经2009年3月18日公司第25次董事会批准，防城港分公司于2009年3月26日正式注册成立，并于4月18日上午在防城港市举行防城港分公司成立暨揭牌仪式。防城港分公司负责防城港核电项目的生产准备和运营管理。防城港分公司的成立，标志着运营公司真正跨出广东，迈出跨投资主体区域运营的第一步。

根据工作需要，运营公司于2009年12月7日决定在防城港分公司下设立运行处、维修处、计划处、技术处、安全质保处、培训处和综合管理处等7个处级机构，并明确各职能处的工作职责范围。

为顺利推进将来属地员工落户南宁等后续人力资源工作，运营公司防城港分公司于2009年6月3日成立了防城港分公司南宁办事处。同时，根据国家政策和公司规定，协商并确定分公司人员社保点，分别为解放军303医院（南宁）、广西医科大学第一附属医院（南宁）、防城港市人民医院（防城港）。

2. 人员准备与培训

运营公司于2009年4月18日外派4人作为第一批外派人员到防城港分公司工作，于7月8日外派4人作为第二批外派人员到防城港分公司。

根据多基地生产准备核心岗位人员需求和配置策略，经与人力资源部讨论，于2009年9月24日确定防城港分公司人员外派规划。防城港分公司共外派59人，占分公司首次两台机组总人数的9.8%，其中管理干部16人，技术骨干43人；派遣高级反应堆操纵员持照人员22人，分别为运行处处长、副处长2人，值长、副值长14人，安全工程师4人，模拟机教员2人。与此同时，完成分公司2010年校园招聘112人，计划2010年社会招聘32人。

2009年7月，分公司共接收90名2009届新大学毕业生，其中88人分别赴北京、西安进行岗前培训，2人直接回大亚湾核电基地接受在岗培训。外培学员于11月底完成外培任务后返回大亚湾核电基地接受在岗培训。90 名新员工中，分到分公司运行处 64 人，维修处 11 人，技术处 8 人，计划处 4 人，安全质保处 1 人，另外 2 人辞职。

3. 计划与预算管理

自第一批外派人员到岗以后便着手编制 2009 年的工作计划，并于 2009 年 6 月 29 日签字生效。9 月开始着手编写生产准备总体计划，截至 12 月份，已经经过 7 次分公司内部讨论，并征求总部生产准备专业化办公室和业主公司的意见，基本具备签字条件。此外，2010 年度工作计划于 2009 年 11 月份完成编制。

经分公司计划处与财务部防城港派驻人员讨论，在明确生产准备预算中行政办公预算和生产预算工作边界和职责以及预算科目后，于 2009 年 11 月完成防城港分公司 2010 年度生产准备预算的编制，并报送公司总部财务部。

4. 工程参与和经验反馈

防城港分公司成立后主要的工作内容之一就是向工程进行经验反馈，参与防城港核电工程项目的设计文件审查和技术评标工作。分公司首先向防城港核电站设计单位提出生产经验反馈清单，并确定接口人，根据设计工作的开展情况讨论经验反馈落实情况。同时在岭澳核电站二期、阳江核电站的基础上，制订了防城港分公司的工程参与计划及项目。

从分公司成立至 2009 年底，分公司参与了设计公司组织的防城港核电项目主变压器 500 kV 出线方案评审，审核了核电站配套设施（BOP）非技术性厂房初步设计建筑面积，参与了业主公司电厂总平面布置图评审，参与了设计公司对消防和应急等方面问题的解答，参加了可行性研究报告评审和初步安全分析报告（PSAR）编制审查等项目前期工作，同时还参与了防城港核电通信网络规划方案讨论，并提出了生产准备、移交接产以及将来机组商运对通信网络的需求。此外，分公司还参与了 4 次防城港核电生活和办公基地的规划审查。

5. 程序编写与文档管理

为保证分公司前期的良好运作，在暂未全面进行管理程序编写的情况下，分公司着手建立分公司暂行管理规定，以规范各项工作有序开展。同时分公司与总部文档资料处共同讨论工程文档移交和分公司文档资料管理工作，并以阳江分公司为蓝本统一规范防城港分公司文档建设。在运营公司文档管理的框架下，经与业主公司、工程公司三方讨论，确定了防城港 PREE 文件分类编码表三级类目，同时建立了分公司与业主公司、工程公司的文档通信方式。

6. 工程生产协调机制建立

为快速解决生产准备和移交接产过程出现的相关问题，由业主公司牵头组织运营公司和工程公司召开三方联席会，主要讨论需要业主公司、工程公司和运营公司三方协商解决的重要技术、接口和管理等问题，会议周期为每月一次。此联席会为解决三方关心的问题提供了沟通交流的平台。

7. 其他

在党工团建设方面，为加强防城港分公司党组织建设，公司党委于 2009 年 4 月 27 日成立了防城港分公司临时直属党支部。鉴于外派人员的增减，分公司 2009 年 9 月选举成立首届党支部，并积极组织开展“纪律教育月”、企业文化、党的十七届四中全会精神学习等活动，为运营公司党员分散管理工作积累了一定的经验。基于分公司 2009 年新到应届毕业生较多，分公司还积极组织青年员工开展“敬业爱岗”等主题的文体活动。

在横向交流方面，为了在更高的基础上起步，防城港分公司积极与阳江分公司就分公司前期工作开展和相关工作经验反馈进行座谈交流，为防城港分公司前期各项工作开展提供借鉴。同时，分公司还与防城港常规电厂就维修技术、运行、计划、人才培养、后勤等事项进行交流，使核电工作人员对常规火电厂的管理和工作流程有一定了解，并可以对其部分工作领域的良好实践和管理经验进行借鉴。

在公关接待方面，为宣传核电良好的企业形象，分公司组织防城港市环保局、税务局等到大亚湾核电基地参观访问，并协助广西防城港市电视台来大亚湾核电基地以及大鹏镇进行核电知识宣传片、核电周边环境保护、周边经济发展及人物采访等的拍摄。与此同时，分公司为响应共青团防城港市委员会的号召，成立了志愿者服务队和青年突击队，定期组织社会公益活动，树立企业的良好形象。

第七章　公司治理与综合支持

7.1　专业运营

2009年7月9日，中广核集团核电运营管理研讨会在大亚湾核电基地召开。本次会议进一步明确了中广核集团专业运营的战略定位和发展方向，是集团在新阶段、用新视野谋划核电运营管理工作的一次重要会议，标志着中广核集团专业运营战略的确立，指引了专业运营的发展方向。

7.1.1　专业运营组织发展推进

1. 专业运营战略突破

运营公司严格贯彻落实集团各项要求，积极谋划和推进专业运营的各项行动，专业运营战略在2009年取得新的进展和重点突破。

继2008年4月18日运营公司走出大亚湾，成立阳江分公司，全面负责阳江核电项目的生产准备和运营管理，实现跨基地运营的突破之后，2009年，运营公司继续全面拓展专业化运营战略，4月18日，运营公司防城港分公司正式揭牌成立，标志着运营公司走出广东，实现了区域运营向专业运营的转变。

2009年，中广核集团公司正式决策湖北咸宁AP1000核电项目实施专业运营，标志着运营公司实现了跨主体（不同业主）、跨基地（不同地域）、跨技术路线（CPR，AP1000）的新跨越，标志着运营公司在落实集团专业化发展战略，推进专业化运营工作上迈出了坚实的一步。

为更好地推进生产准备专业化建设，运营公司于2009年11月设立了生产准备专业化办公室，负责统筹生产准备专业化建设。2009年，生产准备专业化办公室已就首批技术程序向阳江核电站移植进行了专题研讨，为更快、更好和更省地大规模移植铺平了道路。

除了机组运营管理之外，公司在运营管理高端服务的市场化拓展方面也迈出了卓有成效的一步。2009年，运营公司分别与宁德公司、红沿河公司签署了《核岛大修总承包框架协议》和《生产准备体系文件移植合同》，与台山公司签署《台山核电厂核岛大修总承包服务框架协议》，全面锁定了全集团核电项目的专业化大修市场。2009年5月，中国电力投资集团黄河水电公司35名中高层管理人员在大亚湾核电基地参加了为期3天的《核安全知识》培训，标志着运营公司圆满完成集团外的国内经营业务第一单。

2009年，运营公司逐步确立了中广核集团专业运营的战略地位，树立了核电站专业运营的品牌形象。2009年，运营公司对外经营收入达1.7亿，超额完成任务，实现了运营公司专业运营战略的新突破。

2. 公司股权调整

在公司股权结构调整方面，2009 年 9 月 8 日以前，运营公司股权由广东核电合营有限公司和岭澳核电有限公司共同持有，各持有 50% 股权。随着中广核集团在建核电项目陆续建成投产，为了通过市场化手段，最大化、最优化地推广集团核电运营经验，并解决运营公司发展过程中的生产关系问题。经集团决策，在中广核集团与香港中电集团最终持股比例不变、充分保证对香港稳定供电的前提下，运营公司开始股权调整工作。经过多轮谈判，各方达成一致意见，未来运营公司股权将由中广核集团与中电集团的专业投资公司持有，其中，广东核电投资有限公司持有运营公司 87.5% 的股权，中电核电运营管理（中国）有限公司持有运营公司 12.5% 的股权。9 月 8 日，随着运营公司工商注册变更登记结束，运营公司股权结构调整和注册资本增资工作顺利完成。股权调整后公司在决策机制上更加突出中广核集团的主导作用；资本实力得到增强；发展思路由成本中心转向利润中心，从零利润转向从市场要利润，原来的业主由股东方变为委托方。运营公司也改变了原来业主参与公司治理的模式，并由原来的国有独资企业变为中外合资企业。这是公司重大的治理结构调整，也是迈向自主经营与市场化发展的重大突破。

3. 公司组织与管控模式研究

在中广核集团发展战略的指引下，运营公司以成为世界一流的专业化核电运营企业为愿景，由单基地走向多基地、集约化、市场化、国际化运营。随着运营公司阳江分公司、防城港分公司的成立并开始运营，目前的公司组织管控模式已经不能适应公司的快速发展，需要进一步理顺公司总部与各分公司之间的关系，确定公司总部与分公司之间的职能分工与协作关系，确保建立一个运作高效、分工合理、责任分明、持续改进的核电运营企业制度，为提高公司核心竞争力，不断走向专业化、市场化的核电运营之路打下坚实的基础。

2009 年，运营公司组织与管控模式研究工作正式展开，项目组就未来公司总部与各个业务板块之间的职能划分与机构设置进行了研究和分析，公司审议并通过了“总部强管控”、“电厂全功能”、“大修专业化”、“管理标准化”等组织与管控模式调整原则。12 月 23 日，公司发展战略领导小组讨论通过了公司总分组织与管控模式调整方案初稿，之后，项目组与公司各个职能部门将进行下一步的研究与分析工作。

7.1.2 运营标准化建设

1. 运营管理标准化的概念

运营管理标准化是力求在核电站建设完成后，实现运营管理的统一制度、统一实践，形成一种语言、一种文化的载体，是电站生产活动的规范和规矩的集成。开展运营管理标准化工作的目的，就是通过标准化的语言、制度和实践，形成一种管理体系和文化，而不因为地域或公司治理结构的不同，造成安全生产核心价值观的差异。

运营管理标准化工作有两层含义：一是形成标准，即针对一个“标准电站”，确定其组织、运营管理、工作实践方面的要求，是电站核心业务领域的管理规范和作业规范的集合；二是标准的推广应用和发展，即通过移植、复制与适当的本地化调整，将上述规范应用到各运营基地，形成在共同价值观引领和共同实践基础上的经验反馈机制，完善、提高、发展这些标准。

2. 运营管理标准化建设工作思路

运营管理标准化建设以大亚湾核电站、岭澳核电站一期46堆·年的安全生产实践为基础，结合NEI提出的SNPM（standard nuclear performance model）模型，通过对这些安全生产实践和管理经验的总结、提炼、集成，按照标准的运作制度、作业流程以及统一的工作标准，在最大程度地传承大亚湾核电人长期形成的安全运作机制和良好企业文化的基础上，梳理形成共涉及8大核心领域的运营标准化产品，并将这些集成后的产品应用于CPR1000标准电站，达到提高机组安全运行水平，降低业主运营成本的效果。工作思路如图7.1.2-1所示。

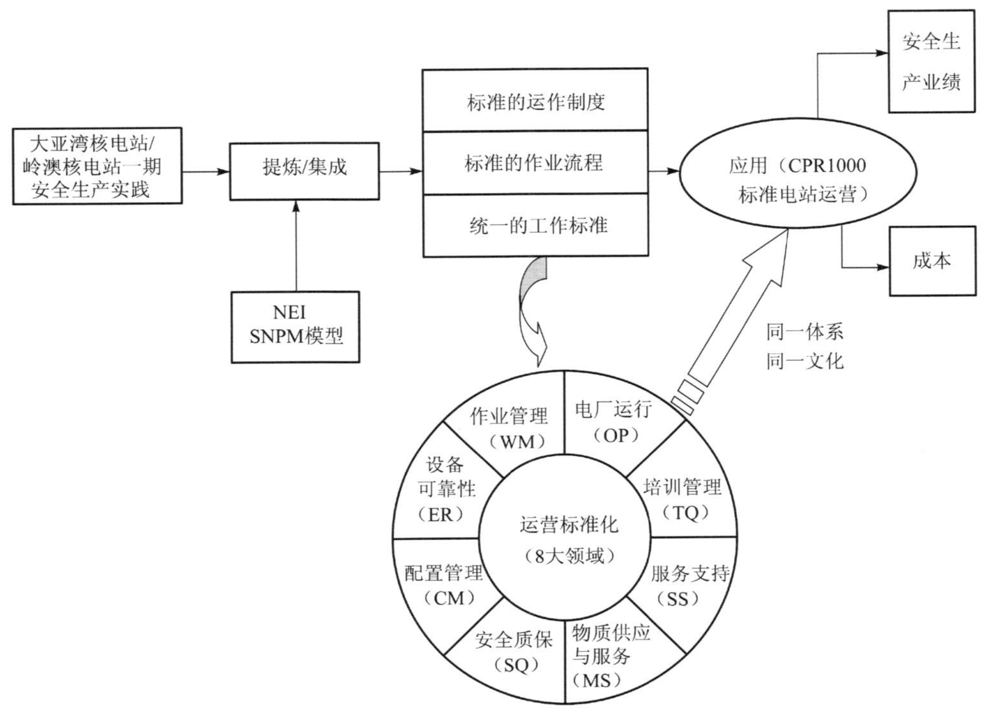

图7.1.2-1 运营管理标准化工作思路

3. 运营管理标准化建设项目组织

为了有效开展工作，充分挖掘、利用现有的资源和经验，运营公司组织各领域的专家积极参与，并组建了产品开发专家组。

专家组成立之后，开展了包括作业管理、电厂运行、培训管理、安全质保、物质供应与服务、服务支持等方面的生产运营标准化工作，并制订了详细的工作计划和目标。后续工作主要分为三个阶段：第一阶段主要是标准任务识别；第二阶段主要是完成标准任务的分析；第三阶段是完成生产运营标准化产品，即将经过实践证明的有效运营经验予以固化。

4. 运营管理标准化建设工作方法

（1）建立标准化任务清单

标准化产品的集合应当涵盖电站运营管理核心业务领域，并清晰地展示电站是如何运营的，电站的工作是如何开展的，生产任务是如何完成的。标准化产品分析采用剖析运营管理标准任务（简称“解密 DNA”）的方法，清晰地展现运营管理标准化产品的实质，保证未来复制的准确性。

运营标准任务，是指在覆盖电站安全运行的所有功能的前提下，将每项功能细化到以工作流程为基准的“标准任务”。

梳理运营管理标准化产品时，主要是识别那些具有某一共同特性的、采用相同的工作流程的任务，并在此线索下将运营活动进行分类归纳，形成标准任务清单。

（2）标准任务五要素分析

识别标准任务后，就可以从如何完成这个任务的角度，对任务进行剖析。剖析的结果至少包括以下 5 个要素：

1）有明显的开始与结束分界点且区别于其他任务的工作流程；

2）该流程各节点配置的岗位；

3）运转该流程中所必须使用的特殊工具、软件、数据库等；

4）该流程中所需要的技术程序；

5）该流程的各节点审批要求和因此产生的报告（表单）。

（3）标准化产品的生成

标准化产品的形成过程如图 7. 1. 2-2 所示。

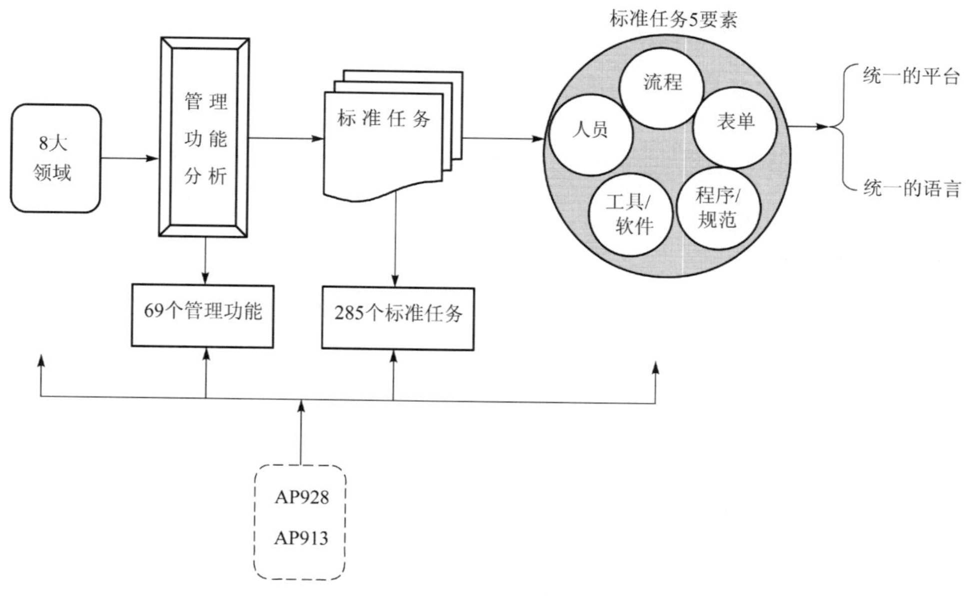

图 7. 1. 2-2 标准化产品的形成过程

5. 运营管理标准化工作成果及进展

根据《CE 路线运营管理核心领域标准化工作方案》及推进计划，2008 年 7 月，运营公司启动了作业管理领域专家组，后续相继成立了其他 7 个领域专家组。各小组在前期工作成果的基础上，对本领域的功能进行了分析，确定了标准任务，按照标准任务五要素分析方法，最终在小组内部完成了标准产品包分析。为保证标准化产品包质量，各小组在提交 CE 运营标准化工作领导小组审查前，特别组织了来自运营公司各相关专业的专家领导对产品包进行评审，评审完成的产品包提交 CE 领导小组审查批准。截至2009 年 12 月 15 日，已完成全部 8 个领域 69 个功能共 285 个标准任务分析，并组织专家评审，各领域标准任务分布见表 7. 1. 2-1。其中，作业管理领域及培训管理领域已于 12 月 2 日通过领导小组审查发布。

表 7. 1. 2-1　运营标准化工作各领域标准任务分布情况

标准领域	功能/个	标准任务/个
作业管理（WM）	7	22
培训管理（TQ）	1	8
物质供应与服务（MS）	6	21
支持服务（SS）	4	25
安全质保（SQ）	34	146
电厂运行（OP）	7	26
设备可靠性管理（ER）	5	17
配置管理（CM）	5	20
合计	69	285

7.2　规划经营

7.2.1　公司战略管理

2009 年，运营公司在战略管理改进、战略规划修订、专项规划、课题研究、行业对标等方面推进了一系列工作。

1. 战略管理改进

运营公司在战略情报、战略研究、专项规划、对标管理等方面进行了有益的尝试和实践，初步建立了战略研究制度、对标管理制度、专项规划管理制度等，这些制度将固化为相应的管理程序，为更好地开展战略规划工作打下坚实的基础。

2. 战略规划修订

2009 年，运营公司在对宏观环境、行业环境、中广核集团战略要求、核燃料市场等方面的情况进行分析的基础上，结合国际对标和科学发展观的调研情况，对公司中长期发展战略与五年发展规划进行了修订，确定了全面推进专业运营蓝图，加快市场化经营的决心和举措，积极推进 AP1000 的专业运营等重大方针。此外，根据形势变化和战略执行的情况，重点修订了公司主要业务发展规划和资源保障措施，包括生产运营、电站大修、生产准备、人才培训、人力资源、财务管理、供应平台、重大技术改进、老化及寿命管理、信息化、专业运营规划、综合支持、风险控制和核心能力建设措施等。

3. 专项规划制订

根据运营公司发展和战略执行的需要，2009 年启动了九大专项规划和两大专项研究，分别是大修专项规划、科技专项规划、长期资产管理规划、培训专项规划、行政后勤规划、信息专项规划、环保专项规划、人力资源规划、财务专项规划，以及物资管理专项研究、知识管理专项研究。2009 年完成全部专项规划和研究的调研报告初稿，并通过了初步评审，其中两个专项规划完成了最终评审。

4. 课题研究工作

为了分析公司内外部环境的变化并制定相应的对策，2009 年公司启动了一系列重要的课题研究。

（1）四大课题研究

为了支持运营公司的十二五规划，根据中广核集团战略规划部的部署，2009 年，运营公司完成了专业化运营平台研究、专业化运营的核心能力建设、市场化体制机制、运营对标管理体系建设和行业对标这四大课题研究。

（2）核电管理条例研究

根据国家能源局召集国内核电行业专家牵头起草国家《核电管理条例》的形势，为了更好地推进核电专业化运营，2009 年，运营公司完成了对国内外核电专业化运营发展形势的对比研究与分析，提出了核电站运营管理资质的要求，起草了《核电厂运营专业化与准入资质研究分析报告》。目前，专业化运营已经被写入国家《核电管理条例》初稿，将为大亚湾专业运营的推广与发展提供法律依据和参考。

（3）广东省核电产业链研究

为配合中广核集团关于广东省打造核电产业链和建设核电产业园区工作的规划，贯彻落实集团产业园发展的要求，运营公司就物资供应和运营管理技术服务领域的产业链构建、推动广东省省内企业发展及“广东省核电产业园区”的规划提出了方案建议，编写了《广东核电产业链及产业园运营服务专项方案》。

（4）AP1000 运营管理适应性分析研究

为了将运营公司 46 堆·年的核电站运营管理经验推广应用到 AP1000 机组，运营公司对国内外核电站专业运营经验进行了研究分析，有力地支持了公司运营管理 AP1000 机组的战略决策。

（5）运营旗舰模式研究

在中国核电快速发展的形势下，为了顺应国家鼓励核电专业运营的要求，厘清集团核电运营体系建设中遇到的问题，2009 年 7 月 9 日，集团公司组织相关单位召开了中广核集团核电运营管理研讨会。根据会议要求，运营公司牵头四大专业公司组成了一体化运作团队，形成了《关于打造核电运营旗舰的构想》。

（6）高端服务的推进研究

根据集团战略规划部的要求和推进市场化的形势需要，公司对未来有开发潜力的高端服务产品进行了初步的梳理和分析，提出了《DNMC 高端服务的推进设想》。

（7）三大专题研究

为了支持运营公司十二五规划的制订，2009 年启动了核电运营市场竞争策略研究、公司走出去战略研究、备件管理的经营模式研究这三大课题研究。

5. 行业对标工作

为了进一步明确自身和国际发达国家在电站运营各项指标表现之间存在的差距，为战略规划和指标的改进提供依据，2009 年，运营公司完成了《大亚湾核电运营管理有限责任公司行业对标研究报告》。通过对标，了解了公司在国际核电运营领域所处的水平和现状，如在核电站运营的业绩、安全与成本等关键方面与国际同行或国际先进水平之间存在的差异，了解了世界核电站运营的发展趋势，为公司战略规划和绩效考核提出指导性的参考依据。

7.2.2 市场经营管理

1. 对外支持服务项目的推进

2009 年，运营公司在立足大亚湾、立足广东省的基础上，积极向广东省外发展。在广西防城港成立了分公司，启动了对湖北咸宁核电运营模式的研究；对外支持服务主要集中在为中广核集团成员公司提供培训、生产准备委托、核岛大修总承包、体系文件移植等方面；在为集团发展充当人才培养基地、服务输出基地的同时，也为公司创造了一定的收益，为公司的可持续发展作出了贡献。

（1）生产准备委托项目的推进

2009 年初，运营公司向广西防城港核电有限公司进行了数次生产准备委托项目的推介，双方于 4 月草签了《生产准备委托协议》，使防城港核电项目生产准备人员的调派、招聘、培养得以顺利进行，对防城港核电项目的实施具有里程碑的意义。本着合作共赢的原则，公司后续就生产准备委托的遗留问题与广西防城港核电有限公司进行了谈判和磋商。

运营公司与广东阳江核电有限公司洽谈的阳江核电后续机组的生产准备委托费用事宜也稳步推进，双方就有关问题进行了深入交流、探讨与协商。

（2）体系文件移植项目的推进

通过对大亚湾核电站、岭澳核电站一期的运营，公司积累了丰富的运营管理经验，并就生产准备、运营、维修、大修形成了系统的程序文件体系。当前，中广核集团部分新建核电站项目已进入生产准备阶段，对体系文件移植的服务产品有很大的需求。2009 年，公司重点同步推进与福建宁德核电有限公司、辽宁红沿河核电有限公司洽谈的体系文件移植项目，完成了合同文本的起草工作。体系文件移植项目的实施，将对新建核电站的业主公司避免重复工作、快速掌握成熟的运营管理经验及节约资金等具有重要的意义。

（3）核岛大修总承包项目的推进

1 月，向广西防城港核电有限公司推介了核岛大修总承包项目。

4 月 16 日，与福建宁德核电有限公司签署《核岛大修总承包框架协议》。

3 月，与辽宁红沿河核电有限公司草签了《红沿河核电厂核岛大修总体支持与服务框架协议》。10 月 26 日，与辽宁红沿河核电有限公司正式签署该协议。

6 月 27 日，与广东台山核电有限公司签署了《台山核电厂核岛大修总承包服务框架协议》。

（4）培训服务项目的推进

8 月 5 日，与福建宁德核电有限公司签署了《宁德核电厂一期重要岗位培训服务合同》。

10 月 26 日，与辽宁红沿河核电有限公司签署了《红沿河核电厂重要岗位培训服务合同》。

11 月 2 日，与广东台山核电有限公司（现台山核电合营有限公司）签署了《广东台山核电厂运营人员培训服务合同》。

2. 经营项目的监督反馈

运营公司经营业务正处于快速发展时期，为了避免在追求速度的过程中忽视质量，保证业务持续稳健地开展，对项目进行监督与反馈尤为重要。

运营公司在 6 月组织阳江分公司、经营管理部、人力资源部、财务部、生产准备部等相关单位召开了阳江生产准备执行情况交流会，对阳江生产准备委托协议执行一年中遇到的问题、困难及解决方法进行了充分的交流，对公司生产准备及其他服务产品标准化、规范化建设起到积极的促进作用。

2009 年 12 月，公司对 2006 年 12 月至 2009 年 9 月所完成的经营项目进行了审计，以审查公司在经营方面的内部控制是否健全、有效，是否符合公司政策程序和成本效益原则。通过审计，对经营工作提出了 2 个审计意见和 3 个轻微提醒，发现了在销售业务审批与合同执行、市场经营业务规范方面还有需要继续完善的环节。

3. 公司经营发展情况

2009 年，运营公司根据公司长期发展战略进行经营工作，调整了公司股权结构，积极支持岭澳核电站二期的项目，对集团新项目推进专业化运营，在保证服务好集团各成员公司的前提下，积极对外拓展。

（1）与合营公司、岭澳公司签署 OMCA

2009 年，运营公司对股权治理结构进行了调整，与广东核电合营有限公司、岭澳核电有限公司重新签署了运营管理合作协议（OMCA），是运营公司在市场化道路上前进的又一个标志。

（2）实施专业化运营战略

广东阳江核电、广西防城港核电等项目，已由运营公司负责核电站的专业化运营；湖北咸宁 AP1000 核电项目，通过努力，也已纳入公司专业化运营范围；同时正在积极推动中广核集团新建项目按运营公司专业化运营进行布局安排。专业化运营既能使公司的专家队伍资源和管理经验得到充分利用，又能使业主公司专注于其投资的收益与发展。

（3）积极对外开拓以求发展

在着眼广东省内核电项目的同时，坚决贯彻“走出去”的战略。2009 年，运营公司已与辽宁红沿河核电有限公司、福建宁德核电有限公司签订了大修、培训等服务合同，“走出去”的战略已取得成果。

在满足中广核集团项目建设需要的前提下，运营公司同时注重集团外的市场拓展，以充分利用自身服务能力，为集团、为公司谋求更大的发展空间。通过对市场需求的敏锐把握，以市场化运作的方式，5 月份成功为黄河水电集团中高层领导提供了《核安全知识》的培训，在公司走出集团进行经营的道路上迈出了成功的一步。

（4）大力推进已有服务产品的市场化应用，积极开发新的服务产品

通过对大亚湾核电站、岭澳核电站一期多年来的安全运营，运营公司已完全具备了“二代”和“二代加”核电站的运营、大修、专业化培训等核心能力，并以此形成了专业化运营服务、大修服务、培训服务等成熟的服务产品。这些服务产品已经通过市场化的方式，正在或将要提供给集团相关公司，为各公司的稳步发展提供强有力的支持；与此同时，公司积极思考未来市场的需求，梳理和开发新的服务产品，探索“生产准备委托 + 运营委托”总包等新的服务模式，以使公司的服务产品能适应未来核电市场的需要。

2009 年，运营公司签署的主要经营类合同或协议包括集团外合同 1 个，集团内协议 16 个、合同 10 个，经营情况良好。

7.2.3 公司全面风险管理

2006 年，运营公司开始构建全面风险管理体系；2007 年，在进一步加强体系建设的基

础上开始风险评估工作，形成公司风险图谱和风险库，同时选取了5个比较迫切的重点风险开展管理解决方案的制订工作；2008年，进一步规范风险管理各项工作，开展了一系列具有自身特色的创新工作，风险管理信息系统建设在完成中广核集团固定任务的基础上，增添了具备自身特色的项目，同时加强了对风险管理工作的宣传和推广力度。

2009年是运营公司全面风险管理工作持续完善和提升的一年，围绕“提升风险管理水平，优化风险管控体系”这一主题主要开展了以下几个方面的工作。

1. 风险管理组织体系建设

为进一步推进运营公司全面风险管理体系的建设，促进全面风险管理体系与现有管理体系的进一步融合，公司将风险管理工作逐步落实到了各业务部门。2009年，开展了全面风险管理“公司—部门—处”三级管控体系的建设工作，各主要部门、分公司均完成了三级管控体系规范建设。

《部门全面风险管理体系建设规范》从目的、风险管理组织机构及职责、部门主导责任风险、重大风险监控指标、重大风险监管措施等方面，对部门的风险管理工作进行了规范。

2. 年度风险评估

运营公司严格按照全面风险管理工作的体系和方法开展年度风险评估工作，按时保质地完成了相关工作内容。

为了更好地开展风险评估工作，在2008年相关工作的基础上进一步扩宽了参评人员范围。2009年，运营公司各部门科级以上管理人员和风险管理业务相关推进人员全部参加了风险网上评估，参评人数约250名。为了给各部门提供评估过程中的技术支持，指定了统一的评估参考材料，先后与生产部、维修部、技术部、生产准备部、安全质保部、培训中心、人力资源部、经营管理部等部门的推进者和工程师进行了专门会谈与讨论，协助各部门开展风险评估工作。

2009年的风险评估工作整体取得了较好的效果，不仅风险因素识别范围较以前广泛，而且深度较以前加强。2009年，根据内外部环境的变化，着重辨识出电站运营共19项一级风险，设备可靠性共79项二级风险，重大设备突发故障共185项三级风险（风险事件），涵盖了公司生产、经营、管理等各个方面；通过加强对各类风险和风险事件的分析与评价，最终形成了运营公司风险评估报告，并于5月5日通过公司风险管理领导小组审批，在6月24日运营公司的第26次董事会上得到批准。

3. 调整公司风险管理策略

在制定运营公司风险管理策略方面，根据公司五年发展规划和年度资产经营考核指标，合理设定了年度风险管理目标，研究了重大风险对年度经营管理目标的影响路径和作用机制，设置了风险度量指标，界定了风险偏好和风险承受度，明确了重大风险的应对策略以及实现目标需要的资源配置。

4. 制订重大风险解决方案及监控指标

考虑到运营公司的经营性质以及在安全生产方面的各项基础工作，运营公司将风险管理的重点放在个别显性的、直接对公司收益有重大影响的风险（如设备可靠性、核安全等），或虽为隐性的，但对公司未来发展起关键作用或很可能成为发展瓶颈的风险（如区域运营模式下人才供应、组织管控等）方面。2009年，经过对公司风险的重新评估，本着重点管理的原则，结合公司经营发展的实际情况和2008年风险管控情况，商务流程、成本控制、财会法规、战略管理4项去年得到较好控制的重大风险转为日常监控，新增核安全、岭澳核电站二期移交接产、组织管控、燃料管理等4项重大风险的解决方案，关键岗位运行操纵员培养设施建设、设备可靠性、电网、岭澳核电站二期生产准备技术程序编写、人因、区域运营模式下人才供应、安全监督与控制、岭澳核电站二期DCS项目等8项解决方案在去年基础上进行完善，共形成了12项重大风险的管理解决方案。针对确定的12项重大风险，选择并制定了反映风险状态的指标和统计频率，对各项指标进行了详细量化，明确了黄报警值、红报警值及报警出现后的相关应对措施。

5. 风险监控、报告与预警

通过对识别出来的各类风险进行监控、报告和预警，并对监控报告进行统一优化和升版，同时制定重大风险管理监控表来加强对重大风险的监控，进一步提高了监控的水平。运营公司各部门风险监控工作得力，监控报告提交及时，整个监控报告与预警体系运转良好。

6. 风险管理的监督与考核

为加强监督与考核工作，2009年初制定了考核标准，实行“每月一考，年终综合”。各部门全年的风险管理工作完成及时，质量也较2008年有了进一步提升。

7. 风险管理培训与推广

全年组织了两次集团风险管理信息系统的应用培训工作，一次全面风险管理基础知识的培训工作。通过公司内页、《大亚湾核电专业化运营》、《核电人》等宣传渠道对风险管理重要工作进行宣传报道，从而推广风险管理工作。

8. 配合集团风险管理工作

2009年，运营公司作为组长单位，组织业主相关成员公司开展了两次全面风险管理业务交流活动。6月25—26日，运营公司、阳台公司、辽宁红沿河公司、福建宁德公司、合营公司和岭澳公司的全面风险管理工作人员代表在大亚湾核电基地召开了核电业主相关公司第一阶段交流会议，取得了较好的效果。8月11日，召开了核电业主相关公司全面风险管理工作总结及第二次交流会议，会议围绕全面风险管理日常工作的开展，专项风险和重大决策事项的风险管理，全面风险管理与日常工作的融合等关注问题进行了广泛而深入的讨论。

2009年，配合集团公司完成了中广核集团风险管理成熟度模型建设，通过项目的开展确定了适合衡量中广核集团及运营公司风险管理工作成熟度的模型；此外，积极参与集团公司组织的风险管理信息系统二期的建设工作，并完成了集团公司交办的其他事宜。

7.2.4　公司经营与管理计划

2009年，运营公司经营与管理计划执行情况良好。在业绩指标方面，公司各主要经营指标均达到预期，其中多项生产经营指标实现突破，如上网电量、WANO指标、机组连续安全运行纪录、营业收入、利润总额等。以WANO指标为例，大亚湾核电站和岭澳核电站一期四台机组共计36项WANO指标中有25项进入世界先进水平，平均每台机组超过6项，平均能力因子93.18%，达到世界先进水平，为历史最优。特别是大亚湾核电站2号机组，9项WANO指标全部达到世界先进水平。

在工作任务方面，运营公司较好地完成了计划确定的各项工作任务。截至2009年12月31日，计划中各项工作任务总体实际进度为99.62%。对于2009年未完成的项目，将在评估后延续到2010年执行。公司经营与管理计划的“保四、干二、带X”各类计划项目的具体情况如下。

1. “保四”方面

公司2009年持续改进，安全生产再上新台阶。安全方面，两电站四台机组自2003年后再次同时实现“零”非计划自动停堆，连续两年同时实现“零”工业安全事故，大亚湾核电站化学指标连续6年保持在世界先进水平，安全系统性能指标首次进入世界先进水平。发电方面，除两电站合计上网电量超过300亿kW·h外，大亚湾核电站还实现全年上网电量156.62亿kW·h，再创历史新高。年内完成的三次大修（L206/L107/D113大修）平稳有序、质量良好；局部窗口工期持续创优，工期比计划累计节省13.23天。工程改造项目未完成数量出现下降拐点，实现了完成数量大于新增数量的目标。公司成立了科技创新中长期规划领导小组、经验反馈协调组、人因事件独立调查组、机电仪老化项目小组、制定并实施了与合作伙伴高层交流协调方案，开展了岭澳核电站18个月换料和设备老化管理相关研究，进一步优化了经验反馈体系运作。“保四”部分年度计划项目执行情况见表7.2.4-1。

表7.2.4-1 “保四”部分年度计划项目执行情况

第一篇	年度计划项目	计划完成率/%	主要滞后项目
保四篇	安全文化	94	出版《核电厂运行安全手册》 组织召开安全文化研讨会
	安全管理	99	永久消防站投运 岭澳核电站一期敏感区域摄像机加装
	质量管理	100	无
	日常生产	100	无
	大修管理	100	无
	承包商管理	100	无
	电站老化与寿命管理	100	无
	科研项目	100	无
	重大工程改造项目	100	无
	备品备件与物项替代	100	无
	持照人员复训	100	无
	纠正行动管理改进	100	无
	组织管理	99	干部素质模型应用 紧缺核心岗位人才培养引进
	成本管理	100	无
	综合支持	100	无
	全员绩效行动	100	无

2. “干二”方面

2009年，岭澳核电站二期生产准备多个领域工作量超出岭澳核电站一期同期水平，但工作完成情况依然良好。5项生产准备里程碑全部按期或提前实现，配合工程公司提前14天攻克“3号机组冷试启动”里程碑，首炉核燃料到场及岭澳核电站3号机组热试前的准备工作有序进行。Pre-OSART评审和国际核共体风险查勘结果整体均优于岭澳核电站一期。遗留项清除率由2009年上半年的不足65%稳步提升至90%以上。累计完成程序编写总量的89.4%。“干二”部分年度计划项目执行情况见表7.2.4-2。

表7.2.4-2 “干二”部分年度计划项目执行情况

第二篇	年度计划项目	计划完成率/%	主要滞后项目
干二篇	生产准备里程碑	100	无
	人员培训与文件准备	100	无
	移交接产管理	100	无
	工程参与	100	无
	安全监督与管理	99	燃料接收和KX临时控制区建立 核岛控制区建立
	集团评估纠正行动与Pre-OSART评审	99	Pre-OSART评审纠正行动制定

3. “带X”方面

公司全年顺利实现了阳江7项生产准备里程碑。运营管理标准化完成了8大领域产品包评审，并发布了“作业管理”、“培训管理”两大领域产品包。生产准备集约化取得实质性进展，88类标准化产品包全部完成，并成立了生产准备专业化办公室。核岛大修总承包锁定集团内全部核岛大修市场，与红沿河、宁德、台山公司签署了核岛大修总承包协议。备品备件统一平台建设积极推进，明确了工作方案和“四统一”原则（统一分级、统一编码规则、统一编码、统一数据库）。区域运营培训逐步铺开，全年累计为分公司培训372人，其中运行人员213人，非运行人员159人，统筹培训流程日益完善。公司完成了股权与治理结构调整，与业主签订了新的营运管理合作协议（OMCA），标志着运营公司完成了由成本中心向利润中心的机制转变。“带X”部分年度计划项目执行情况见表7.2.4-3。

表7.2.4-3 “带X”部分年度计划项目执行情况

第三篇	年度计划项目	计划完成率/%	主要滞后项目
带X篇	阳江生产准备	100	无
	运营管理标准化	100	无
	生产准备标准化与专业化	97	生产准备专业化建设
	核岛大修总承包	100	无
	备品备件供应平台	100	无
	核心人才培养	100	无
	区域运营培训运作	99	技能训练中心二期土建项目
	ERP建设	100	无
	公司治理及组织管控	100	无
	公司经营管理	98	广西生产准备委托协议签订
	环保业务	99	环保公司未来运营模式研究

综上所述，2009 年公司各主要经营指标达到目标值，并较好地完成了计划确定的各项工作任务。

7.3 人力资源管理

7.3.1 全员绩效行动

1. 目的

在运营公司快速发展的新形势下，全面开展全员绩效行动（TOP）对于进一步提升企业执行力，强化各级领导干部带队伍能力，改进分配激励机制，最终促进企业与员工共同发展有着重要的战略意义与现实意义。

2. 员工绩效管理的定义

员工绩效管理是通过制订绩效计划把组织的目标转化为员工的行为，并进行全过程的沟通、辅导、跟踪及评估，以最终达成预期绩效结果的完整过程，目的是提升员工和组织的绩效水平，使员工和组织得到共同发展。

绩效管理主要包括三个阶段，计划阶段、执行阶段、评估阶段。

计划阶段包括制定绩效目标，确定岗位胜任素质及个人发展计划，并通过考核人与被考核人的沟通达成一致；执行阶段包括绩效记录、及时的反馈与辅导及阶段性回顾；评估阶段包括绩效结果的评估，明确被考核人的优势及需改进的方面。

3. 员工绩效管理的原则

员工绩效管理工作遵循以下原则：

（1）战略导向。绩效管理的目标分解体现战略导向，将中广核集团的重点战略任务和经营管理目标层层分解、落实责任，以确保集团战略目标的实现。

（2）全过程沟通与辅导。按照“谁负责考核，谁负责沟通与辅导”的原则，采用上级考核、隔级审定的办法。在绩效管理的计划、执行、评估的全过程中，考核人应主动开展沟通和辅导，解决执行过程中的问题，提升员工能力和绩效水平。

（3）绩效与激励一体化。员工年终绩效奖金与组织绩效关联；绩效结果与奖金发放、调薪、职位调整、培训发展、退出管理、任期考核等建立有效关联。

（4）客观公正。员工绩效管理工作坚持制度公开，目标制定科学，考核过程客观、实事求是，考核结果公正、公平。

4. 员工绩效管理的角色与责任

各级管理者是其所在单位的绩效管理第一责任人，负责在本单位贯彻、落实集团和本公司员工绩效管理的相关规定，并致力于营造高绩效的组织氛围。

在员工绩效管理中，有被考核人、考核人和审定人三种角色，考核人是被考核人的直接上级或授权人，审定人是考核人的直接上级或其授权人。各角色的责任如下：

（1）被考核人：了解本组织的年度绩效计划及本人相关的关键目标和重点战略任务；与考核人一起制订本人的年度绩效计划并签署绩效合约；积极与考核人进行绩效管理各环节的沟通，有效执行本人绩效计划和个人发展计划。

（2）考核人：将本人的年度绩效计划目标和重点战略任务分解到被考核人的绩效计划中（如有）；与被考核人一起制订被考核人的年度绩效计划并签署绩效合约，使被考核人清楚与之关联的组织绩效目标及个人年度工作任务；与被考核人主动沟通，开展绩效辅导工作，并根据绩效评估结果制订被考核人的个人发展计划。考核人可授权有关人员对被考核人进行绩效管理，但必须保证绩效计划的制订、绩效沟通、辅导和面谈、绩效评估为同一授权人。

（3）审定人：按照实事求是、公平、公正的原则对考核人做出的员工绩效结果进行审定。

5. 绩效管理流程

绩效管理的流程如图 7.3.1-1 所示。

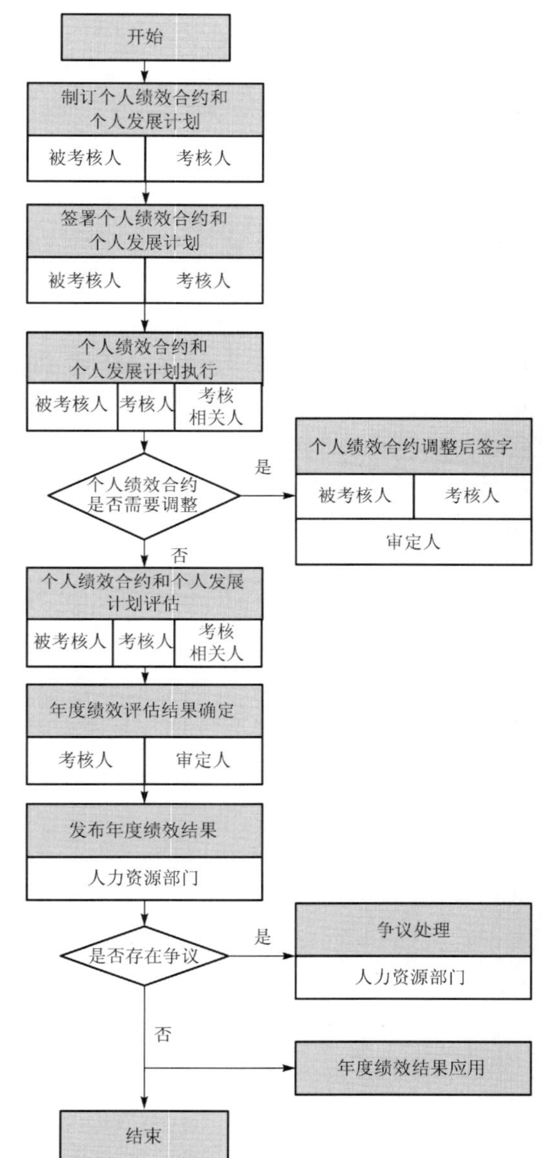

图 7.3.1-1　绩效管理流程

6. 组织绩效与个人绩效的关联

为了促使各级管理者、员工关注公司的整体绩效，形成“心往一处想、劲往一处使”的绩效导向，结合不同职位类别的特点及战略关联度的差异，将组织绩效与个人绩效进行有效关联。

组织绩效和个人绩效的关联主要是通过组织绩效权重、组织绩效系数、个人绩效权重、个人绩效系数体现。组织绩效结果对员工年终绩效奖金的影响，随岗位层级的升高而增大，即岗位层级越高，组织绩效权重越大。

7. 全员绩效行动推进组织机构

2009 年是中广核集团范围内推行 TOP 行动的“元年”，TOP 行动覆盖面广，改进行动多，实施难度大。为了推进落实这项行动，运营公司高度重视，成立了以总经理为组长的全员绩效行动领导小组，领导小组下设公司推进小组，组织推进公司 TOP 行动，各部门也指定了推进者协调推进本部门 TOP 行动。

8. 全员绩效行动的主要里程碑

在集团 TOP 行动办公室的指导下，运营公司推进小组有力推进了 TOP 行动的各项工作，主要包括：

（1）2008 年 12 月 16 日，公司全员绩效行动推进小组成立；

（2）2008 年 12 月 26 日，卢长申总经理针对运营公司副处以上管理干部进行全员绩效行动宣讲及动员，宣讲覆盖率达 98%；

（3）2009 年 1 月 14 日，公司 15 个部门（含 ERP 项目部）完成了公司战略任务和经营目标 DOAM 分解，并陆续进行了各部门全员宣讲及动员，总覆盖率达 95.6%；

（4）2009 年 1 月 16 日，公司高管（部门一把手及以上）完成了公司 2009 年经营管理目标与重点战略任务评审；

(5) 2009 年 1 月 16 日，公司副总经理与总经理完成了绩效合约签署前的沟通、面谈，并达成共识；

(6) 2009 年 1 月 16 日，公司高管（部门一把手及以上）与主管领导签订绩效计划，签署率达 100%；

(7) 2009 年 7 月，完成绩效计划中期调整工作；

(8) 2009 年 12 月 17 日，完成全年 TOP 行动标准课程授课；

(9) 2009 年按计划完成全年四个季度的沟通辅导工作；

(10) 2010 年 1 月 20 日，完成 2009 年度绩效评估工作。

9. 全员绩效行动开展的主要工作

2009 年，运营公司将 TOP 行动作为促进公司业绩提升的“利剑”，有序、扎实推进 TOP 行动各项工作，做到安全生产与 TOP 行动双促进。公司高质量地完成了计划、执行、评估阶段各项工作，在全年度集团 TOP 行动排行榜中（共 12 次），运营公司 11 次取得桂冠。在年度推进过程中，运营公司创新执行，被集团采纳的良好实践数量多达 19 个，位居集团各成员公司首位；运营公司积极承办集团 TOP 行动的各项工作，如制作 TOP 行动系列音像材料，开展 TOP 行动徽标、口号征集工作，承办 TOP 行动技能比武活动，完成绩效管理指引手册升版等，有力支撑了集团 TOP 行动的推进。此外还积极支持业主公司、风电公司、太阳能公司等兄弟公司开展 TOP 行动。

7.3.2 人力资源规划

2009 年，根据运营公司战略与人力资源配置情况，开展了公司人力资源中长期规划修订工作，形成了《大亚湾核电运营管理有限责任公司人力资源中长期规划（2010—2015 年)》；并按计划、预算、考核为一体的思路，完成了 2010 年人力资源工作计划，更好地保障了公司快速发展所需的人力资源需求。

1. 人员编制

2009 年，公司承担了大亚湾核电站和岭澳核电站一期四台机组的运营管理，岭澳核电站二期、阳江核电项目、防城港核电项目的生产准备，并且正在开展宁德、红沿河和台山等核电项目的培训、技术支持、核岛大修总承包准备等对外服务工作，各类编制人员共计 3 294 人。

2. 人力资源管理政策体系

人力资源部各项业务的管理要求、职责分工、业务流程通过规范的规定与程序予以明确，并根据国家法律法规、中广核集团政策要求，以及公司人力资源管理实际进行规定及程序的适时升版，确保人力资源工作的适宜性、规范性与有效性。

3. 人力资源管理体系重要改进工作

2009 年，围绕公司战略目标，人力资源管理工作向优化精细管理，加快体制适应性转变，强化执行推进。重要改进工作如下。

(1) TOP 行动，包括签订公司全员绩效合约，组织开展标准课程培训；推动各层级按要求实施沟通辅导，根据绩效合约组织实施个人培训，开展绩效行动典型交流，修订 TOP 行动相关制度，组织参与集团 TOP 行动技能比武活动，全员绩效行动各项工作按计划完成。

（2）ERP 项目，根据集团人力资源 ERP 项目组的统一安排，完成了组织、人事、劳资相关数据的整理，并将数据导入系统。U-eHR 一期系统于 4 月份顺利实现切换上线；U-eHR 二期绩效管理模块于 8 月中旬开展，完成了绩效管理模块和员工发展模块开发、关键用户及员工代表测试工作，完善了统一工作流管理系统（UPM）的流程。

7.3.3　人事管理

1. 干部任免

2009 年，根据工作需要，对相关行政管理岗位的干部进行了调整，全年科级及以上干部共晋升 139 人·次，免职 26 人·次（包括调离干部），干部晋升情况见表 7.3.3-1。

表 7.3.3-1　干部晋升情况

人

公司级	部门经理	副经理	经理助理	处长	副处长	科长	副科长	合计
2	8	9	6	16	48	40	10	139

2. 职称评定

2009 年，获得各种专业技术职称的人员情况见表 7.3.3-2。

表 7.3.3-2　职称晋升情况

人

正研级高级工程师	高级工程师	中级工程师	助理工程师	技术员	高级技师	技师	高级工	中级工	合计
4	35	91	334	60	3	0	0	0	527

3. 人员配备

人员配备情况见表 7.3.3-3。

表 7.3.3-3　人员配备情况

人

所在部门		大亚湾核电站、岭澳核电站一期四台机组	岭澳核电站二期生产准备	大修总承包	派驻人员	集团储备	专家支持	统筹培训人员	合计
生产部	经理室	8							8
	运行一处	186	3			10		3	202
	运行二处	171	12			8		7	198
	化学环保处	74	22			3			99
	执照申请处	19	7						26
	保健物理处	60				4		2	66
	设备管理处	57	20			7			84
	发电计划处	44	10			4			58
	综合管理处	25							25
	小计	644	74			36		12	766

续表

所在部门		大亚湾核电站、岭澳核电站一期四台机组	岭澳核电站二期生产准备	大修总承包	派驻人员	集团储备	专家支持	统筹培训人员	合计
维修部	经理室	7							7
	大修处	48	17	10		5			80
	静止机械处	99	27	60		5			191
	转动机械处	87	26	50		4			167
	电气处	88	25	31		8			152
	现场服务处	67	29	29		3			128
	仪表计算机处	116	60	20		7		1	204
	小计	512	184	200		32		1	929
技术部	经理室	5							5
	工程处	57	30			5			92
	合同供应处	56	26			5			87
	技术支持处	68	37			6			111
	土建处	30	5			4			39
	文档资料处	26	11			2			39
	口岸管理办公室	9							9
	小计	251	109			22			382
安全质保部	经理室	3							3
	核安全处	18	4						22
	质保处	19	5			3			27
	小计	40	9			3			52
生产准备部	经理室		6						6
	专业化办公室							8	8
	运行三处		192						192
	计划联络处		19						19
	综合技术处		63						63
	职业安全处		19						19
	小计		299				8		307
培训中心	经理室	6							6
	综合培训处	10	9					9	28
	运行培训处	34	4					13	51
	技能培训处	18	4					5	27
	小计	68	17					27	112

续表

所在部门		大亚湾核电站、岭澳核电站一期四台机组	岭澳核电站二期生产准备	大修总承包	派驻人员	集团储备	专家支持	统筹培训人员	合计
财务部	经理室	3							3
	成本处	8	4			1			13
	会计处	15				2			17
	资产处	12	3			1			16
	资金处	6				2			8
	阳江业务				4				4
	防城港业务				3				3
	小计	44	7		7	6			64
审计部	经理室	2							2
	综合审计处	3				1			4
	生产审计处	4				1			5
	小计	9				2			11
经营管理部	经理室	4							4
	秘书处	24							24
	公共关系处	15							15
	行政处	35							35
	规划经营处	13				1		1	15
	小计	91				1		1	93
党群工作部	经理室	1							1
	党群工作处	10	1						11
	纪检监察处	2							2
	党建处	4				1			5
	小计	17	1			1			19
人力资源部	经理室	2							2
	规划开发处	3				1			4
	劳资处	9				1			10
	人事处	10			3				13
	阳江业务								
	防城港业务								
	小计	24			3	2			29

续表

所在部门		大亚湾核电站、岭澳核电站一期四台机组	岭澳核电站二期生产准备	大修总承包	派驻人员	集团储备	专家支持	统筹培训人员	合计
公安分局	分局办公室	6							6
	政秘处	8							8
	治安科	7							7
	国保大队	3							3
	水上派出所	5							5
	防火科	4							4
	刑警大队	4							4
	小计	37							37
总经理部		7							
科技办		5							
环保公司		9							
防城港分公司	小计	96							
阳江分公司	经理室	3							
	运行处	153							
	维修处	75							
	计划处	17							
	技术处	59							
	质保处	11							
	培训处	7							
	综管处	9							
	小计	334							
合计									3 252

4. 员工学历和职称结构及专家名录

运营公司员工文化程度相对较高，具有大学本科及以上学历的人员占员工总数的74.8%，员工学历结构见表7.3.3-4。

表7.3.3-4　员工学历结构　　人

初中	高中	技校	中专	大专	本科	硕士	博士	合计
5	58	31	81	608	2 312	152	5	3 252

技术职称状况见表7.3.3-5。

表7.3.3-5　技术职称状况　　人

正研级高级工程师	高级工程师	中级工程师	助理工程师	技术员	高级技师	技师	高级工	中级工	合计
27	419	758	1 075	175	19	102	148	46	2 769

注：部分员工同时具有工程系列和技师系列技术职称。

1）享受国家政府特殊津贴名录

任俊生、周创彬

2）中青年专家名录（统计自2004年起）

黄辉章、黎志政、冯平、吕群贤、陈志林、黄文郁、黄祥君、辛成东、雷胜

3）研究员级高工名录

卢长申、郭利民、戴忠华、常宝盛、高歌、宫广臣、熊春华、池志远、刘道和、晏仲民、林贵清、黄世强、郑北新、王清泉、王永刚、杨俊武、黄红、夏子世、陈朝晖、吕群贤、王勤湖、方军、蔡康元、陈德淦、朱健

5. 年龄结构

运营公司员工平均年龄为30.98岁，年龄分布见表7.3.3-6。

表7.3.3-6　员工年龄分布　　人

≤30岁	31~40岁	41~50岁	>50岁	合计
1 907	856	348	141	3 252

7.3.4　劳资管理

1. 薪酬部分

运营公司员工薪酬由货币薪酬和非货币薪酬组成，货币薪酬包括基本工资、工龄工资、其他工资性收入、绩效奖金、专项奖金、津贴和福利；非货币薪酬包括公司为帮助员工个人能力的提升与达成事业成功而提供的职业发展机会，以及良好和谐的工作环境。

运营公司建立管理、技术和运行等三个薪酬系列，实行薪点制宽幅薪酬体系，以岗位责任、能力和业绩作为评价员工价值最根本的标准。公司根据员工的岗位责任和能力确定薪酬水平，建立绩效调资机制，为员工设计合理的薪酬增长空间，实现短期激励和长期激励的有机结合。公司建立了以业绩为导向的奖金分配机制，绩效奖金与基本工资脱钩，与公司各部门的综合绩效、个人的绩效，以及公司经营业绩目标的完成情况相关联，突出员工和团队贡献。通过建立专项奖金机制，奖励跨部门的项目工作，利用薪酬手段鼓励团队合作。公司明确将薪酬管理权限落实给直线管理者，管理者的绩效评价将影响员工的定薪、调薪和绩效奖金。

根据中广核集团和运营公司的规定，员工享受相应标准的津贴补贴，包括工作地点在基地的员工享受远郊补贴，员工每年享受一次年假包干费，员工每月享受通信费补贴、交通班车补贴、伙食补贴；运行人员和待命值班人员享受运行倒班津贴和待命值班津贴；加班加点的员工按《劳动法》规定享受加班工资或换休。

2009年3月，运营公司完成薪酬体系的调整，加大了部门以下员工固定薪酬的比例，对年功工资计算标准、加班倒班费标准、远郊补贴、年假费及年金缴费标准进行了相应调整。2009年5月，为适应公司多基地运营管理的需要，公司颁布了《外派人员管理规定》。规定中明确了凡根据派遣岗位计划由公司总部派遣到异地分公司（或新项目）的外派人员享受异地津贴及外派奖励，通过薪酬激励明确了鼓励干部、员工到异地创业的政策导向。

2. 福利与保险部分

运营公司依据国家和地方的法律法规和集团公司政策，对员工工作时间、假期、福利和计划生育等工作实施有效的管理，切实保障员工利益，调动员工工作积极性，维护公司持续稳定发展。

在员工劳动纪律管理方面，公司建立了全面的工作时间与假期管理制度。公司实行每天工作 7.5 小时，每周工作 37.5 小时的工时制度；公司保障员工依法享受法定节日、年休假、探亲假、病假、工伤假、丧假、婚假、产假、哺乳假、看护假、节育假等各种假期；员工休假均须提前办理请假手续，经相关领导或授权人审批后的请假单作为考勤的依据。2009 年，为保障员工身体健康，按照《劳动法》规定进一步加强了加班管理的力度，明确在非大修期间，加班严格按照 36 小时进行控制；在机组大修（抢修）期间，月度加班总时数也得到有效控制。

公司为员工建立了多层次的福利保障项目：包括法定福利和企业福利。法定福利（社会保险）包括基本医疗保险、基本养老保险、失业保险、工伤保险、生育保险、住房公积金等；企业福利包括企业年金、商业性保险（补充医保、团体重疾、团体意外、交通意外、定期寿险等）；员工福利活动方面包括节日活动费、节日慰问费、文体设施费、员工及子女教育费、抚恤及慰问金、看护费及其他福利项目。公司为员工提供基地宿舍及伙食补贴等福利。

公司依法组织实施人口与计划生育管理工作，成立计划生育领导小组及管理机构，与属地单位签订《计划生育任期目标责任书》，对员工进行计划生育政策宣传，落实计划生育政策。员工按相关政策和规定享受独生子女保健费和计划生育奖金。

7.4 财务管理

7.4.1 成本管理

1. 成本目标完成情况

2009 年，运营公司全面推行部门成本负责制，实行运行、维修业务标准成本和管理业务目标成本管理，推出成本控制考核与激励方案，借鉴与 EUCG（Electric Utility Cost Group）成本对标及与其他企业管理交流的成果，通过进行业务专项研讨、控制备件采购、清理闲置备件等手段，推进成本管理改进，优化成本，全面实现了公司的预算和成本管理目标。

对运营公司自身业务而言，2009 年，面对集团首次公开募股（IPO）改制，公司股权结构调整，经营与治理模式转变，业务领域不断扩大等复杂局面，公司积极推进各项组织与管理改进，经营状况良好。本年度公司的经营业绩超越 2008 年度，全年利润与 2008 年相比，增长幅度达 121%。

对于大亚湾核电站及岭澳核电站一期的托管业务而言，2009 年是运营公司成本控制非常艰难的一年。大亚湾核电站面临机组老化处理任务繁重的特殊情况，虽采取了多方面的成本控制措施，但实际执行中材料消耗及外部劳务仍严重超过目标值，可控成本总数也超过目标值；岭澳核电站一期为了使 2010 年的两次大修实现无低低水位，在 2009 年增加了大量的准备性工作，同时为了确保完成年度挑战性的发电任务，在设备维修等方面也采取了众多的特别措施，导致岭澳核电站一期的可控成本总数也超过了集团的控制目标值。在公司全体员工的共同努力下，2009 年，运营公司创造了良好的生产业绩，上网电量达到历史新高，最终两电站均实现了单位可控托管成本的控制目标值。

2. 成本管理改进情况

2009 年是全面推进成本管理改进的一年，公司推行了一系列的重要成本管理改进措施，包括但不限于：

（1）实施部门目标成本负责制，落实成本责任

长期以来，公司的成本指标主要落在总经理部和财务部，真正的用户部门没有承担起相应的责任，成本效益意识不够强。但面对市场的压力、集团的要求、同行的对比，成本管理是摆在运营公司眼前亟须开展的紧迫任务。

2009 年，财务部成本处将成本管理目标分解到各用户部门，让其意识到除了需要承担本部门业务责任外，同时还要承担成本责任，投入应该与产出联系起来考虑与平衡；同时研究并制定了成本节约奖罚细则，基本建立了成本控制考核激励体系，形成了机制合理、目标明确、奖惩分明、长期有效的激励机制；在成本执行过程中注意反馈，每月将各部的执行情况及时告知部门负责人，同时在 7—11 月份与重点用户部门进行座谈与沟通，了解其在成本执行过程中遇到的问题与难题，促进成本管理改进。

（2）完善标准成本体系，加强导向管理

运营公司标准成本建设工作始于 2006 年，目的是作为成本管理的依据，为预算的编制、执行和考核提供导向。历经 4 年的探索与建设，初步形成四级标准成本体系，内容涵盖核燃料、大修费用、日常运维费、行政管理费。2009 年，按照精细管理的原则，出于加强当前托管成本管控及未来运营公司大修总包业务发展的需求，成本处选取了大修费用来继续加强标准成本建设，主要包括制定公司自身承担大修项目的标准成本，以及在 2010 年预算编制中使用标准成本。在 2010 年的预算编制中，通过使用标准成本及目标成本，保持了 2010 年成本与 2009 年持平，抑制了成本持续上涨的趋势。

根据 2009 年完成的 L107 大修及 D113 大修的实际执行情况，财务部成本处与维修部商议选取了 10 个较有代表性的核岛大修项目，深入分析并制定了大修项目标准成本，主要包括：确定各项目中自身人员的工作内容与投入情况、标准人工工时、专用工具数量及金额、备件数量及金额，按这些基础数据编制大修成本模型。在编制 2010 年预算时，要求在外包项目中应用标准成本，大大降低了预算编制的难度，并提高了预算的效率和准确性。

（3）实施资本性预算的重大改进

资本性预算由于不直接进入当年的成本，一直以来没有给予足够的重视。根据世界上其他核电站的良好实践，公司在 2010 年的预算编制中对资本性项目的要求作了重大改进，包括对资本性项目按照性质进行分类，对资本性项目的说明也进行了要求，这些措施都收到了良好的效果。对重大资本性项目组织技术经济性评价，可以优化项目以实现科学决策，2009 年首次组织了专场技术评审委员会，会议对 2010 年的重大资本项目进行了必要性评价，推迟或取消项目 10 项，削减预算约 1.6 亿元。组织专场技术评审，一方面可以提高重大资本性项目决策的科学性；另一方面，还可以增强决策人员的经济意识，实现技术经济性的统一。

（4）继续成本对标工作，寻求提升空间

2009 年是运营公司成本对标全面推进和取得突破性进展的一年。成本处进一步扩展了对标工作的范围与深度，分别与黄河水电、国电公司等进行了对标与交流；参加了 EUCG 年

会，了解其他企业的财务管理经验；按公司核算口径整理了 EUCG 数据，对成本指标进行了更明晰的对比与差异查找；在财务部管理研讨会、财务委员会及相关场合汇报对标情况，提高了大家的成本意识。公司财务部通过不断寻找新的标杆，借鉴他人的先进管理经验，努力探求持续创优的可能性与途径。针对对标发现的差异，组织了对备件消耗和外部劳务进行专项成本分析，在全公司及集团均得到了积极的评价。

（5）参与制定生产准备费用行业标准及集团标准，奠定标准化基础

2009 年，公司积极参与制定工程建设其他费用行业标准、集团标准，投入力量对岭澳核电站二期生产准备费用进行数据的收集、整理、分析，查阅岭澳核电站一期的工程文档资料，与标准制定单位、中核集团、宁德核电公司、红沿河核电公司、防城港核电及阳江核电等进行充分的交流沟通，厘清了各费用科目的定义、边界，提出了生产准备费用标准的建议，为核电项目审批、集团内部分工、生产准备工作的标准化和模块化夯实了基础。

（6）加强成本文化宣传

2009 年，财务部成本处结合集团 IPO、公司股权改制、公司由成本中心转向利润中心的良好契机，加强成本文化宣传，树立成本是责任、成本是效益、成本是竞争力的成本文化理念，构成公司企业文化的核心要素之一。财务部成本处在每季度财委会上增加了一个成本管理改进议题，向公司高层领导宣传成本管理与控制的紧迫性与重要性；与各业务部门深入沟通，加强各业务部门对成本管理和控制与安全生产之间关系的认识，将成本指标分解落实到部，推动业务部门优化生产作业流程；发动成本文化征文，并收到 20 多篇优秀文章；召开两次预算协调员及负责人会议，宣传成本控制对于专业化运营的意义，并提高其自身预算管理的意识和技能。

（7）将成本管理纳入公司及各部门的战略任务

为了推进成本管理，财务部成本处力争将成本管理作为公司 2010 年的战略任务之一，使成本指标成为公司 2010 年部门考核的主指标并占有重要比重，同时制定了公司的成本管理措施并纳入公司的战略任务。财务部成本处制定了公司成本战略框架，与各部门商讨成本管理改进方向，推动各部门制定 2010 年成本管理改进措施。

7.4.2 会计核算及内部控制

2009 年，运营公司财务部组织研究专业化运营的财务管控模式、要点和核算特点，对财会组织岗位设置进行了适应性调整，并建立了相应总分模式下的财务管控制度框架；加强了对报表的管理，不断优化报送内容，在集团内报表评价获得第一名；针对运营公司业务发展对会计核算和税务的影响，组织了税务健康检查和税务筹划，制定了应对措施；整合和健全了各主要业务的成本基础数据，同步完善了对外服务价格体系；全力配合集团 IPO 项目与公司股权调整工作，及时完成了相关审计、评估等工作。

1. 组织适应性调整

针对运营公司经营模式、治理管控模式的转变，财务部研究确定并不断改善组织机构：总公司财务部直接派驻财务机构至分公司，分公司财务机构在行政上同时接受总公司财务部和分公司的双重领导，业务上接受总公司财务的指导与监督。通过采用总公司统一的财务管理政策、制度和程序，以统一的授权机制为基准，对分公司按需授权，权责一致，相互制约，以此实现统筹兼顾，分级管理模式，从而充分发挥运营公司集约化的优势，确保分公司财务在总部的统一管控下高效运作。同时，积极组织总部员工轮岗，促使员工尽快了解及熟

悉公司各方面的财务工作，努力培养财会干部，满足各分公司对财务管理人员的需求。

2. 配合经营业务拓展

积极配合公司对外支持服务工作的开展，通过收集、整理公司近几年所有培训相关开支数据，分析外部培训市场的状况，以及预测未来公司培训投资、业务量的变化，建立了对外培训报价标准模块；开展了体系移植项目报价工作并参与了商务工作；及时完成了服务合同结算；积极参与阳江生产准备业务及大修总承包业务相关工作，为生产准备、大修总承包标准化工作做准备。

3. 自身业务成本控制

鉴于运营公司的业务特点，公司的费用开支除人工费用外，其他费用均属于集团重点管控的内容之一。而且，随着2009年公司股权结构的调整，不再实行实报实销的经营模式，需要自主经营、自负盈亏。2009年财务部积极推行部门目标责任制：强化预算编制工作，合理核定部门成本控制目标，并以该目标作为预算编制、执行、考核的基础，从而提高各级成本中心的成本意识，促使各级成本中心同时承担业务责任与成本责任；加强每月、每季的成本执行监督和反馈；加强对自身业务标准成本数据的梳理，提交了《自身业务标准成本报告》，提出了未来标准两台机组的运营标准成本初版，并将在2010年把成果应用至成本匹配核算及预算控制方面。

4. 参与股权调整项目

指派专人积极参与公司股权调整项目工作。从多方收集数据，预测未来公司财务经营状况，从而搭建了健全的财务模型，为高层决策提供数据支持；提出了资产收购方案、业绩激励方案，并参与了商业计划书的编写；积极推动OMCA的签订、股权挂牌交易、投资主管部门审批及工商变更登记等工作，确保了项目的如期完成。

5. 内部控制与税务管理

针对公司管控新变化，组织完成了对阳江分公司的首次稽核工作，对会计不相容岗位设置、财务授权制度、业务审核制度进行了更新；组织梳理程序并完成了总分模式程序框架实施方案，组织开展财务专项规划工作，进一步完善了财会风险管理体系框架；为进一步加强财务核算的基础工作监督，征集了全体财务人员的意见，优化了财务稽核工作；进一步推动合理税负工作，圆满完成了合营公司采购国产设备退税的一系列后续工作，退回税款近300万元；成功组织完成了防城港分公司人工费免营业税筹划工作；积极配合、参与国家高新技术企业资格认定申请，并享受了15%的税收优惠；协助集团公司解决了IPO土地、房产相关税务问题，同时在技术合同免营业税及研发费用归集工作方面也取得进展。

6. 资产状况、收支执行情况

2009年，公司根据经营管理模式的定位，进行了股权结构调整，重新确定了对托管业务的赢利模式及成本管理激励机制，并且进一步拓展了对集团内其他核电基地的生产准备、培训、技术支持等服务业务的成本控制和管理，使资产、所有者权益、营业收入、营业成本和利润总额均出现大幅增长，2009年各方面均取得了历史最好成绩。

截至2009年12月31日，公司的总资产较去年增长了188%，各主项所占比重分别为：流动资产68%，固定资产27%，无形资产和其他资产5%。其中，货币资金、应收账款、其他应收款、固定资产较2009年初有较大增长。公司的负债总额比2008年增加 144%。

2009 年，公司全年营业收入预算执行比率为 101%，营业成本预算执行比率为 97%，利润总额预算执行比率为 160%，实际分别比 2008 年增长 54%、56%、111%。全年人均管理费用比年度目标下降约 1%。

7.4.3 资产管理

2009 年，运营公司资产管理在健全资产制度与程序，加强资产构成期成本控制，建立重大项目经济性后评价制度，建立计量器具标准配置体系，进行区域运营共享资源的管理模式研究，在专项盘点工作及资产考核，提升库存成本控制能力及库存管理水平等方面加大了工作力度，完成了 2009 年综合绩效及各项业绩指标。

1. 固定资产管理与核算

（1）资本性预算管理

1）完成了《电站取水口加装鱼群驱赶装置改造经济分析》、《动态刻棒技术经济分析》、《大亚湾核电站 KZC 系统整体改造》等 20 份经济分析报告。

2）参与了核电综合会馆、PMC 技能训练项目、第四台模拟机采购、ERP PWC 项目谈判等所有重大资本性项目的招评标过程。

3）完成了基地共享资源平衡方案、第二条应急公路费用分摊方案，确保基地各业主资源平衡，保持公平的支出分摊比例。

4）发布了《关于预算审批流程增加 PEC 会审制度的备忘录》，试点建立了工程技术委员会（PEC）专家会审制度。

（2）固定资产、无形资产、其他长期资产的实物管理和财务管理

1）对《固定资产管理手册》、《资产赔偿制度》、《固定资产目录》等程序进行了升版。

2）联合维修部优化现场计量工器具管理，制定了计量器具标准化配置标准。

3）推进落实自盘点工作，2009 年完成 43 个成本中心的自盘点，完成对 12 个成本中心的抽盘。

4）针对大亚湾公安分局资产、餐厅资产、计量工器具、山海花园资产、专家村资产、无线网卡使用、长期未执行完毕合同清理等项目进行了专项盘点或例外检查。

5）负责大亚湾核电基地 IPO 数据整理工作，完成了多家主体房产调整合同的数据搜集及账务处理。

6）完成了辅助蒸汽生产系统（XCA）等固定资产报废审批及账务处理工作，对 XCA 系统组织专家现场评审，完成了资产处置情况税局备案工作。

7）论文《PSA 在核电站经济分析方面的应用研究及前景展望》获广东省电机工程学会年度优秀论文三等奖。

（3）会计核算与报告

1）完成了 2009 年度资本性预算执行，固定资产投资分析，在建工程分析，固定资产、无形资产和其他长期资产的年度、季度、月度管理报告和相关财务报表工作。

2）规范了重大项目的竣工决算和账务处理工作。完成了总部大楼、联检楼等重大项目的决算工作，完成了相关账务处理及资产建账工作。

3）配合公司审计部、外部审计师事务所、外部资产评估机构、公司监事会、国家审计署，完成了 2009 年度资产管理审计、资产评估工作。

2. 材料核算和管理

（1）材料采购预算管理

1）形成了定期向成本中心反馈上年库存材料预算执行情况的预算监督机制，协助完成了2010年度库存材料及战略性备品备件采购预算编制、库存材料及战略性备品备件采购现金流预测工作。

2）参加了“维修部采购与库存控制管理月会”、“技术部备件供应项目小组月会”，定期通报库存材料控制指标执行情况，协助各相关成本中心分析库存控制及管理状况，完成了“常规库存下降1%”的库存控制指标。

3）参加了内定子、励磁机、6.6 kV继电器卡件、第二批RCCA控制棒等重大项目的采购及谈判工作。参与了河南核净洁净技术有限公司过滤器零库存模式的建设工作，参加了施耐德备件采购、EMERSON核级备件采购等长期协议采购会，建立了合适的长期协议采购模式。

（2）材料管理

1）对备件互借进行流程梳理，制定了《交叉领料流程管理规范》；定期进行互借备件的归还及结算等清理活动。2009年，大亚湾核电站归还备件价值340万美元，岭澳核电站一期归还备件价值4 129万元人民币。

2）在2008年闲置备件初步清理的基础上，通过技术部门参与核实分析，盘活了部分异常库存备件。同时，加强了报废流程控制及报废合理性的分析，严格筛选出并处置了无使用价值的闲置备件。2009年，大亚湾核电站共处置203万美元，岭澳核电站一期共处置494万元人民币。

3）在资产处与合同处之间，建立了未清合同清理专人接口、定期清理的机制，持续进行未清合同的清理。2009年，两电站共关闭合同差异金额约505万美元。

4）完成了《库存备件共享现状及交易分析》、《关于AREVA NP备件采购管理费的处理建议》、《日常业务例外检查报告》等6份例外检查报告。

5）完成了《库存材料核算手册》程序升版工作，制定了《材料科备件报废审核工作导则》。

（3）材料核算与报告

1）完成了2009年度材料采购预算执行，库存材料年度、月度管理报告；进行了集团内部关联企业往来账核对。

2）配合IPO资料准备，完成了IPO改制材料核算相关报表、改制资产评估材料核算相关报表。

7.4.4　资金管理

2009年，运营公司安全准确地完成了自身及各托管业务的银行结算工作，在短期资金计划管理以及探索总分公司资金管理模式方面取得一定成效。

为严格落实集团资金集中管理制度，公司在月度现金申报系统建设方面开展了大量有成效的改进工作。建立和完善了资金管理信息平台，通过该平台，形成了多基地多主体统一的资金计划申报管理系统，加强了各公司短期资金预测的准确性，满足了总分公司和托管业务月度以及周现金流申报需求，圆满地完成了集团对成员公司提出的资金执行率、资金集中度、资金安全等多项考核指标。

2009年，公司积极探索和实践总分资金管理模式：初步明确了总分资金管控方式，以及总分机构之间资金管理职责与分工；确立了总分公司资金管理的程序框架，完成了《资金管理制度》、《投资与债务融资管理》、《银行业务结算监控程序》、《外汇业务操作程序》等6份程序的编制及升版工作。

7.5 审计

1. 运营公司内部审计简介

运营公司是中外合资公司，公司治理和内控管理体系源于广东核电合营有限公司，设置了审计部作为独立的内审部门。公司章程明确规定审计部在工作上对公司董事会负责，行政上接受公司总经理部的领导。章程同时规定了审计部的职权和人员聘任，明确规定总审计师由港方推荐，副总审计师由中方推荐，由董事会聘任，以保证人员和工作的独立性。

审计部现有编制人员11人，包括2位总（副）审计师及9位审计人员，审计部下设立了生产审计处和综合审计处。

2. 运营公司内部审计管理体系

（1）内部审计制度建设

按照《中华人民共和国审计法》、《中华人民共和国内部审计准则》和审计署《关于内部审计工作的规定》，参照国际内部审计协会准则，结合审计部多年的内部审计实践，运营公司审计部建立了比较完整和规范的审计工作管理体系，制定了较完善的内部审计管理程序。

运营公司的审计方法来源于香港中华电力公司的审计实践。从广东核电合营有限公司20世纪80年代成立之日起，就比较重视审计规章制度的建立。在审计部主导下，公司建立了《内部控制与审计》（包括内部控制标准）、《合同采购政策》、《管理授权》、《员工行为规范和纪律手册》等公司级政策程序，以及《内部审计计划制定》、《专项审计实施》、《专题调研》、《内部控制验证》、《采购项目过程监督》、《报告不正常事件》、《审计备忘录的跟踪》等与审计相关的执行程序。

（2）审计工作模式

运营公司的审计是全方位审计，审计范围涉及公司生产经营、财务后勤的所有关键业务。

审计的重点主要是围绕内部控制的健全性、有效性及其执行情况进行独立评价，并针对控制系统的薄弱环节提出建议。同时，也为公司的业务流程设计提供内控的咨询服务，为公司管理改进提供审计服务。审计部牵头制定了公司内部控制标准手册，引导公司管理层建立标准化与规范化的内控流程，改善内控体系的有效性。

审计部将公司所有业务活动分为若干个审计项目，根据对公司所有业务活动的风险分析，建立了循环审计制度。风险分析包括：金额、流动性、业务负责程度、业务敏感性、机构和人员变动情况、办公场所分散性、信息系统变化情况、上一轮审计结果（审计环境）等方面。根据风险分析的结果，每个审计项目在2～4年内循环进行一次。该循环审计清单每三年向董事会报告并获得批准。

根据循环审计方案和公司管理要求，审计部每年实施约12项专项审计。年度审计计划经总经理部报董事会批准。

对于具体的审计项目，从相关业务领域审查评估内部管理控制系统的完整性、有效性，主要包括管理目标、计划和预算，政策、程序、业务执行情况，组织机构、分工和授权，管理信息和记录，资产管理与效益，员工培训、素质，合同管理、成本分摊等。对相关审计范围内的控制关键点实施审计抽查，如果发现内部管理控制的薄弱环节，审计部将在相关审计报告中提出建议，要求职能部门经理制订改进行动计划并限期改正。

通过全方位的审计监督，可以确保公司内部管理控制系统的健全、有效，杜绝不正常事件的发生，保障公司生产和其他业务的正常开展。

审计对公司重大采购项目实施事前监督，发挥独立监督的作用。为提高审计的效益、效果，审计部针对金额2.5万美元以上的议标采购项目，20万美元以上的招标采购项目及所有资产报废处置项目，在采购过程中设置了审计关键点。审计人员通过参与合同采购会议进行事前评审，以及时、有效地降低经济风险，防止公司资产的流失，防范舞弊行为的发生。对于发现的不符合程序和公司利益的问题，建立异常跟踪系统，通过口头提出审计意见，由总审计师签发书面的“审计提醒”，以及直接进行“内部控制验证”调查等方式来纠正偏差。

3. 2009年审计主要完成的工作清单

见表7.5-1～7.5-4。

表7.5-1　2009年审计项目完成情况统计

审计项目类别	审计项目名称	审计备忘录数量/个	纠正行动数量/个
循环专项审计	公共关系管理	4	4
循环专项审计	采购与合同管理	5	5
循环专项审计	会计管理	4	4
循环专项审计	执照申请与经验反馈管理	7	5
循环专项审计	电厂保卫与消防队管理	3	3
循环专项审计	库存物资管理	8	8
循环专项审计	差旅费与交际应酬费	4	4
循环专项审计	技术支持管理	5	5
循环专项审计	阳江项目管理	8	8
循环专项审计	工程改造及物项替代	3	2
循环专项审计	电气、仪控检修	2	2
循环专项审计	规划经营	5	5
合营公司专项审计	资金管理、采购与合同管理、电力销售管理	3	3
内部控制验证	仪控处两台服务器的维护、更新及报废	—	4
内部控制验证	大亚湾核电站DEG制冷机改造备件报废与现场服务合同管理	—	2
内部控制验证	土建工程变更费用结算工作滞后	—	3
内部控制验证	基地第三责任区消防管理	—	2
合计	—	61	69

表 7.5-2　合同评审监督统计

内容	数量	金额
合同推荐审批	750 个	29.81 亿美元
商务采购会议	157 次	—
审计提醒	5 个	—

表 7.5-3　管理调研统计

项目名称	合理化建议
设备管理调研	5 个
WANO 纠正措施执行情况调研	6 个

表 7.5-4　内控文化推广活动统计

活动形式	内容或题目	参与对象
培训	《现代企业全面风险管理及内部控制体系的建立和实施》	公司副处级以上干部
培训	《内控警示教育——非常冲突》	公司相关廉政敏感岗位员工
培训	《合同采购政策》修订内容介绍	公司相关廉政敏感岗位员工
培训	《合同采购活动中的内部控制》	公司参与采购活动的技术部门员工
交流	公司管治及内控体制	总经理部成员
培训	6 次内审培训	新入职员工及新任干部

4. 管理改进

2009 年，审计部管理改进主要包括以下几个方面。

（1）优化专项审计工作管理

根据历年审计项目的执行情况和被审单位反馈意见，同时吸取外部审计的良好实践，审计部对专项审计工作模式进行了调整：

1）将原来每季度开展 3 个审计项目改为每两个月开展两个项目，实行项目负责人责任制，缩减审计项目的现场驻地时间，减少对被审部门的影响，挖掘审计部内部人力资源。

2）在条件允许的情况下，尝试审计项目直接进驻被审部门现场，及时获取审计资料。

3）规范审计工作底稿格式和层级审核机制。审计部对审计工作底稿中的测试报告、分项小结等模板进行了统一，并强化工作底稿层级审核机制的执行，使工作底稿的规范性和审计工作质量得到提升。

（2）加强对外同行交流

1）为了提高和改进审计工作水平，2009 年，审计部学习借鉴了工程公司、江苏核电、EDF、华为等公司的审计经验。

2）审计部选送的审计项目《秘书、外事、文印管理》被评为深圳市表彰审计项目并获得集团优秀内审项目三等奖。通过与同行审计项目的评比，审计部了解了国内及集团对审计工作的评价标准，从而确立了审计部改进的重点，明确了今后的改进方向。

（3）完善内审人员培训体系

1）完成了内审人员培训体系中要求的 14 门初级审计人员培训课程的课件及试题的编

写，为内部审计人员的培训奠定了基础。

2）为尽快提升内审人员内审理论水平和实践能力，2009 年，审计部共安排了 3 人·次到香港中华电力审计部进行在岗培训。

（4）推动完善公司内部控制机制

1）配合公司股权调整及公司经营模式的改变，通过与股权项目谈判小组的协同联动及沟通，对公司授权管理规定进行了修订升版工作，从而保证了公司内部控制机制与公司的经营管理战略目标步伐一致。

2）对公司《合同与采购政策》进行了升版，通过优化采购流程，不但对采购过程中的重大风险点加强了监督，而且使公司采购效率得到提高。

7.6 行政支持与后勤保障

7.6.1 公共关系

2009 年，运营公司公共关系工作以 TOP 行动为抓手，以“守住底线、局部增值、关注细节、经济公关”为指引，圆满完成推行职业公关、打造优秀团队、建立新形势下周边关系工作模式、建立五星级服务体系，以及完善危机公关管理体系等各项工作。

1. 建立新形势下的周边关系模式

2009 年，运营公司采用租赁的形式，与鹏城社区合作联合开发核电合作伙伴生活基地，一方面解决了大亚湾基地资源紧张的问题；另一方面大大支持了周边社区的经济发展，实现了和谐双赢，成为核电企业与社区互助共赢的典范，并为与周边建立长效合作机制打下基础。

同时，公司为进一步加强与社区的互动，策划了与社区的系列活动，包括组织周边居民代表走进核电站活动，“核电—鹏城”杯书画大赛活动，还利用春节、中秋、“八一”等重要节假日，对周边三个街道、四个社区及部队驻军、边检、口岸、消防、武警等进行新春联谊和慰问活动。

2. 安咨会管理

2009 年，公司召开了核安全咨询委员会（简称“安咨会”）第八届三次、四次工作会议，汇报了电站生产运营、工程建设、环境保护及集团发展等方面的情况。安咨会主席和部分委员多次率香港专业团体到大亚湾核电基地进行现场考察，此外，公司还组织安咨会成员、中联办及港澳办领导，考察了福建宁德、浙江三门核电项目，参加合营公司与中电合同续签仪式等活动，同时公司还以《工作简报》形式及时向安咨会通报电站安全生产及广东核电集团发展情况。

3. 基地接待外包项目管理

2009 年，公关处就接待外包项目管理工作制定出九大改进措施，实施了一系列改进行动，如通过网络系统实施接待满意度调查，建立五星级考核制度，完善接待信息化管理，建立定期的沟通机制等。2009 年，共完成接待任务 473 批，7 193 人·次,其中重要接待 247 批，3 169 人·次。

4. 积极开展 VIP 客户公关工作

为增进与公司核心价值领域和经营业绩有重要影响的客户之间的沟通交流，建立良好的合作伙伴关系，根据运营公司总经理部指示，经与各相关部门共同协商，公关处于2009年初制订出24项活动计划。2009年，公关处成功策划并完成26项VIP接待（其中新增13项）。

5. 推行职业公关，推展品牌形象

2009年，公关处组织召开关于公关职业化的专题研讨会，明确了业务能力提升与工作改进的方向。在具体工作层面，制订并完成了VIP客户公关营销计划；发挥了安咨会委员在不同领域的影响力，做好对港宣传工作；积极配合集团办公厅，开展与媒体的相关工作，提升了公司的品牌知名度和美誉度，为核电发展创造了良好的舆论氛围和和谐的外部环境。

6. 建立五星级服务体系

公共关系也是生产力。2009年，公关处建立了接待外包项目五星级服务监督机制，并通过实施监督项目组全员专业培训、收集客户信息、建立客户管理系统、建立视频新闻工作平台，以及策划个性化活动方案等途径，不断完善五星级服务体系。

7. 影像管理

2009年，公关处组织拍摄各类活动达百余次，其中重大活动十余次，大型合影二十余次，制作相册三十余本，制作各类型的宣传纪录片、DVD碟片十余部和视频新闻二十多条；拍摄制作了TOP行动、公司运动会、集团运动会、集体婚礼等大型活动的专题片，完成了运营公司视频新闻网开发工作及视频新闻编辑工作。

8. 公关数码港研发

“公关数码港”系统为建立共享的公关资料信息数据库提供了良好的平台。2009年，公关处开发并投运了VIP客户管理及接待满意度调查等功能模块。2009年12月，公关处协同集团公司共同完成了“集团公关数码港”系统的搭建工作，完成了《中广核公关数码港技术规范书》及《中广核公关数码港程序》的编写与审定工作。

9. 建立危机公关管理体系

2009年，公关处通过9起危机公关事件的处理，对从业人员进行了专项培训和演练，完成了《公关危机管理手册》的编写，进一步提升了危机公关的风险管理能力。

7.6.2 外事管理

运营公司外事事务包括因公出国证照管理、外国人士来华邀请函发放及外事接待等工作。

2009年，运营公司批准出访计划为85项，227人·次，314人·周，相关统计见表7.6.2-1～表7.6.2-2；全年邀请外国人士来华访问交流共计104人，主要来自法国、美国、德国、英国、南非等国家。

表7.6.2-1 2009年运营公司出访计划执行情况

月份	审批任务（批/人·次）	办理签证（批/人·次）	实际出访（批/人·次）	出访报告/份
1月	9/16	9/19	3/4	9
2月	7/15	3/4	4/6	8

续表

月份	审批任务（批/人·次）	办理签证（批/人·次）	实际出访（批/人·次）	出访报告/份
3月	10/27	4/10	5/6	4
4月	6/10	2/3	6/8	4
5月	6/9	11/21	11/21	1
6月	7/15	5/7	4/15	4
7月	8/14	6/17	7/15	5
8月	14/22	6/13	5/14	4
9月	8/18	17/35	7/18	7
10月	4/6	8/18	10/24	6
11月	4/8	6/8	5/12	8
12月	3/7	1/1	6/15	13

表7.6.2-2　2009年运营公司赴香港、澳门情况

项目	1月	2月	3月	4月	5月	6月	7月	8月	9月	10月	11月	12月	合计
审批赴港任务/（批/人·次）	4/4	5/13	2/11	3/12	0/0	3/5	1/2	2/7	0/0	4/5	5/16	2 /4	31/79
实际赴港/（批/人·次）	4/4	2/9	0/0	1/3	1/8	1/2	0/0	1/4	1/4	1/1	2/9	3/10	17/54
办理长证/（批/人·次）	1/1	1/1	1/1	0/0	0/0	1/1	0/0	0/0	0/0	1/1	1/2	0/0	6/7

7.6.3　信息支持服务

2009年，运营公司信息化建设在满足公司安全生产的基础上，专注于信息化治理和管控，为公司完成“保四、干二、带X”提供了信息技术保障。

1. 信息化治理与管控

（1）成立信息化领导小组

根据国资委对央企信息化工作的指导意见，以及集团信息化建设总体规划，2009年6月23日，运营公司信息化领导小组成立。12月25日，召开了第一次信息化领导小组会议，对《运营公司信息化领导小组章程》、《运营公司信息化管控方案（建议）》、《运营公司多基地部署方案》、《运营公司信息化规划总体概要》、《运营公司预算与计划》5个议题进行审议。

（2）完成信息化专项规划

2009年，运营公司启动了信息化专项规划的编制工作。信息专项规划项目同时也是中广核集团IT战略规划在运营公司的落地方案，目的是建立适合运营公司长远发展的信息化建设总体方案，并将成果应用于运营公司总分模式下分公司的信息化建设工作，完成运营分公司信息化建设的标准方案，以满足运营公司未来5年应用系统、网络建设、通信、应急通信、数据中心、信息安全、IT客户标准配置、IT管控等方面的信息规划。

（3）完成总分模式下的新基地信息化政策建议和部署方案

新基地部署方案参考了标杆企业总分模式的部署方式，确定了以集中部署模式体现总部

强管控思路、以配套安全措施确保电站安全运行的部署原则。

具体到应用系统部署层面，通过对岭澳核电站二期、阳江核电站及防城港核电站生产准备工作的研究，以生产准备里程碑为关键节点，以《应用系统集成方案》中整理形成的标准化产品套件为模板，拟定了应用系统的部署时间、部署原则及部署地点，作为今后的实施指导。

在基础设施建设层面，则主要基于中广核集团和运营公司多年信息建设标准化的积累，搭建出了满足总分模式需要的基础设施架构，并在 IT 基础设施、信息安全、通信系统及应急通信系统方面制定了 4 个大项、22 个子项的技术标准和建设标准，以满足各基地日常生产要求，有力支撑了新基地信息化建设工作的开展。

2. 提升信息安全水平

（1）实施安全准入项目

为了改进并加强运营网络与信息安全，根据集团安全保密工作的统一部署，在整个公司网络内部署 SEP（Symantec Enpoint Protection）网络准入系统，部分部署防水墙系统，实现了“安全准入全员覆盖，防水墙重点敏感岗位实施”的目标。项目完成后从根本上解决了外来终端非法接入所引起的安全问题，极大地提高了公司信息安全水平。

（2）完成大亚湾核电基地网络分区保护

项目实施前，运营公司内部网络没有分区、分级概念，生产网络与其他网络都是直接连接，中间没有安全防护，一旦网络中出现蠕虫爆发等网络安全事件，将对电站安全生产管理造成严重影响。2009 年实施了公司网络分区防火墙和防火墙双机项目，通过对公司网络进行分区保护，保障了网络之间的安全互联，将各网络分区之间的影响降到最低。

（3）完成日常信息安全工作

全年坚持病毒巡查，在全网范围内进行病毒预防和处理，提供及时有效的病毒预防和防病毒软件升级服务；在互联网出口部署了木马综合防范系统，及时发布重要安全更新，保证公司内网中的计算机处于健康状态，顺利完成了国庆 60 周年信息安保工作，全年未发生重大信息安全事件。

3. 推进 ERP 项目建设

2009 年是 ERP 建设认识不断深入的一年。公司逐步理清了核电 SAP（Systems Applications and Products in Data Processing）实施的方向、方法，找到了适合核电 SAP 实施的专家团队，而且坚定了进行管理变革以实现流程和 IT 系统整合的信心和决心。2009 年底，SAP 实施需要的领导力、专家、资金和员工时间等 4 个要素基本具备，为 ERP 项目的成功上线奠定了良好基础。

2009 年 1 月，运营公司项目组在集团项目部的指导下开展了对现有主要应用系统 FAMIS、COMIS、CBA、OAMS 和 AMS 等的功能分析，进一步理清了运营 SAP 实施的业务需求。ERP 项目组对意大利洛伐克核电 SAP 项目进行了考察学习，了解到了世界上核电 SAP 的成功案例和经验，以及正确实施核电 SAP 的方法和资源。

2009 年 5 月，普华永道美国核电 SAP 专家应邀来大亚湾核电基地，演示其基于过去成功经验总结而成的 SAP 核电 EAM 模板。

2009 年 7 至 8 月，普华永道美国核电 SAP 专家团队开展了项目调研活动，并向公司领导进行了“如何开展核电 SAP 实施”的汇报。公司决定聘用该团队进行后续 SAP 实施工作，借鉴其核电业务经验，优化公司的管理，并利用SAP实现流程标准化。

2009年10月，受集团公司委托，成立谈判小组开展与原顾问公司的合同结束谈判工作。

2009年11月，普华永道美国核电SAP专家团队开始进场开展运营业务的SAP实施工作，制订了详细的蓝图阶段计划、现状流程研讨会计划、项目章程、项目管理手册和组织结构图，并设置了Solution Manager等项目管理工具。

2009年12月，项目组在普华永道顾问的指导下，完成了现状流程的绘制工作，为后续流程优化奠定了基础。

4. 保障重要生产应用

(1) CBA系统分离、升级

2009年以前，大亚湾核电站和岭澳核电站一期CBA系统一直与COMIS系统共用一台服务器。该服务器使用已超过11年，设备出现老化。2009年，启动了服务器的改造工作，7月份顺利完成大亚湾核电站和岭澳核电站一期两套CBA系统服务器的切换和迁移工作。

在软件方面，对大亚湾核电站和岭澳核电站一期CBA应用程序进行了优化升级，分析、改造了CBA多处潜在风险点，开发出功能较完善的自动巡检程序。

在终端管理方面，对电站CBA终端进行了彻底清理，清理后终端管理更加严格规范。

(2) 制订COMIS备机方案

为了保证COMIS的稳定运行和防止系统宕机事件的发生，制订了COMIS后备服务器方案。根据COMIS系统底层软件的特殊性，通过借用外部服务器硬件，完成了COMIS新服务器的性能测试和用户集中测试，顺利验证了后备方案的可行性。

(3) CIS升级改造

CIS（运营公司综合信息系统）是公司内部信息化门户网站。2009年，对CIS首页进行了改版，增加了阳江分公司和防城港分公司。主页更新为适应主流计算机的1024×768像素页面。

(4) 完成最小生产网络环境的升级

2009年，对最小生产网络环境进行了升级改造，实现了最小网络和公司计算机大网的双网运行，完成了最小网络环境中CBA终端软件的安装部署。

(5) DAMI文档管理系统

完成了档案标引平台的开发，将相关文件、相关设备与记录的关联关系由文件级改为版本级；为适应阳江分公司的需要，重新修改了档案分类树功能，并开发了与IMS系统的接口。

5. 加强基地信息化基础设施建设

(1) 完成总部大楼数据中心机房和智能化项目建设

2009年10月，完成了运营公司新总部大楼机房及相应的智能化建设。该机房达到国家计算机机房规定的A类机房标准，为中广核集团和运营公司建设了一个实用性强、可靠性高和安全性强并具有可发展扩充性的大型信息技术数据中心。

(2) 安全平稳完成机房搬迁

搬迁设备涉及服务器、网络、语音通信、广播告警4个信息化专业领域，13个IT业务模块，200多台/套设备。面对设备老化、经验缺乏、搬迁风险高、搬迁压力大等诸多挑战，机房设备搬迁团队团结一心，提前51天完成机房设备搬迁项目，搬迁后所有系统安全稳定运行。

6. 提高信息化资源管理水平

（1）建设通信资源管理系统

大亚湾核电基地通信资源涵盖面广、设备系统繁多。由于历史原因，一直没有一个管理系统对通信资源进行统一的管理。2009年，为提高资源管理透明度和通信工作效率，启动了通信源管理系统项目开发。在第一期项目中，确定了与COL、OVSD、100号等系统接口的方案，2009年12月，系统一期已经上线试运行。

（2）规范信息化成本管理

2009年，对公司信息化投入进行了规范管理。加强了需求控制和可行性研究，制定了《软件开发管理规定》等规范性程序，确保信息化投入的必要性和合理性；优化了信息化预算结构，初步建立了信息化预算标准化体系，进一步加强了信息化投入的成本核算机制；制订了对成本中心的考核方案，建立了成本管理体系，进一步落实了信息化投入的成本责任。

（3）加强信息化资产管理

2009年，为了加强对信息资产的管理，进行了一次硬件资产盘点和软件系统梳理，共盘点硬件资产12 000多件、梳理软件系统122个。同时向信息技术支持方明确资产管理责任，将资产管理落实到人，并重新规范了资产管理和盘点制度。

7. 保障电网信息化需求

2009年，在电网通信系统运行维护、优化方面，更换了岭澳核电站一期两组通信直流电源蓄电池，改善了通信直流电源运行状态；敷设了岭澳开关站到坪核线102塔24芯光缆，作为岭鲲线光缆备用光缆；进行了保护接口设备和传输设备通道检查测试；优化了岭澳核电站一期的调度电话。

完成了大亚湾核电站、岭澳核电站一期调度数据网及二次防护系统建设项目，具备业务接入条件。对大亚湾核电基地通信网络进行了检查，顺利完成了电网迎峰度夏工作。分析了大亚湾核电站、岭澳核电站一期电网通信设备存在的N-1缺陷，制订并实施了整改计划。

2009年，完成了大亚湾核电站电量计费系统搬迁，敷设了400 kV核深线及大埔Ⅰ号、Ⅱ号线路保护设备光缆，完成了400 kV核深线保护设备改造采购及施工设计，完成了大亚湾核电站RTU接地调专线开通及原网络通道至数据网通道的切换；开通了岭澳核电站一期电量计费系统专线通道、PMU设备数据网通道、岭澳核电站一期RTU接地调专线；开通了岭澳核电站二期220 kV RTU接中调及地调专线。

8. 支持岭澳核电站二期生产准备和接产

完成了岭澳核电站二期厂内通信系统接产验收，最小网络环境部署，DTV系统运维手册和程序编写，KAF，KEG，KAL，KYA等厂房网络改造工作，增加了网络和电话信息点，保证了岭澳核电站二期现场人员的及时入驻；完成了多个应用系统的岭澳核电站二期适应性改造，包括运行日志，CPR1000现场巡视管理系统（CFPS），生产准备设备综合管理系统（EIP），EXCMS外部评审项目，广东核电放射性流出物排放管理系统（GREMS），移交接产信息管理系统等。

7.6.4　第三责任区安全管理

1. 大亚湾核电基地第三责任区各类事件统计

2009年，第三责任区发生交通、工业、消防、环境等各类事件33起，分类统计见表7.6.4-1～7.6.4-4。

表7.6.4-1　第三责任区交通事件分类　　起

分类	0级轻微交通事故	1级轻微交通事故	一般交通事故	合计
事件数	16	5	2	23

表7.6.4-2　第三责任区消防事件分类　　起

分类	0级火险事件	1级火险事件	0级轻微火灾	1级轻微火灾	合计
事件数	2	0	3	0	5

表7.6.4-3　第三责任区工业安全事件分类　　起

分类	0级工业安全事件	1级工业安全事件	轻伤事故	合计
事件数	2	1	1	4

表7.6.4-4　第三责任区环境污染事件分类　　起

分类	轻微环境污染事件	一般环境污染事故	较大环境污染事故	合计
事件数	1	0	0	1

2. 第三责任区安全管理组织机构与功能

大亚湾核电基地第三责任区通过成立安全委员会来统一协调、管理区内的安全工作，促进区内各单位落实安全责任制，预防事故发生。

第三责任区安全委员会是大亚湾核电基地安全委员会下设的分委员会，由运营公司经营管理部牵头组建。委员会成员分别来自运营公司在第三责任区有关部处、工程公司、大亚湾公安分局、研究院、核服东部分公司、环通公司、大亚湾保安公司、医疗中心、驻第三责任区各合作单位等。

第三责任区贯彻“大安全”理念，所指的安全包括日常作业安全、办公室安全、宿舍安全、运动安全、施工安全、消防安全、交通安全、环境保护、防灾减灾、社会治安。

3. 工业安全

2009年，第三责任区共辨识出危险源190项，评价出高风险项14项；日常安全检查发现并督促改进的安健环不符合项715项。

2009年，第三责任区安全委员会共发放第三责任区建设项目施工安全许可证（备案证）75份。2009年，区内施工工程量为：道路改造面积7 537 m^2，土建改造建筑面积10 550 m^2，新开工建筑面积26 386 m^2，上年度未完工建筑面积21 000 m^2，隧道开挖长度1 842 m，完工建筑面积24 016 m^2，拆除建筑面积4 500 m^2。

4. 消防

2009 年，在运自动消防报警系统 20 套，独立自动灭火系统 24 套，非独立自动灭火系统 18 套。因建筑改造或拆除报废灭火系统 5 套。因新楼投入使用增加自动消防系统 3 套。自动消防系统全年平均可用率保持在 99% 以上。

第三责任区共配置各类灭火器 1 626 具，室内消火栓 722 套，应急照明灯 162 套，疏散指灯 765 套，室外消火栓 64 套。推动完成了滨海花园 5 号楼、8 号楼增设应急疏散楼梯工作。启动了第三责任区消防联网监控管理系统项目。

5. 交通安全

运营公司牢固树立“安全第一、预防为主”、“安全掌握在每个人手中”的指导思想，每年都大力推进和开展各项交通安全宣传教育活动，以管理核电站的科学手段管理交通安全，连续 17 年被评为“深圳市道路交通安全先进嘉奖单位”。

2009 年，共组织交通安全宣传活动 2 轮。2 581 名员工签署了《车辆驾驶交通安全责任书》；11 月份举办的两次交通安全讲座，有运营公司员工、基地各单位车管负责人、职业驾驶员等 367 人参加。

2009 年，完成了核电大道、岭澳大道交通标志、标线更新，基地入口候检停车场建设，北区路口交通设施改造，岭澳大道至 38 米观景平台道路和交通设施改造等工作。

6. 三防工作

2009 年，升版了《第三责任区三防（防台风、防雷、防暴雨）应急预案》；邀请深圳市防雷中心对第三责任区重要建筑、重要系统进行了雷击灾害风险评估；组织开展了“莲花”、“浪卡”、“莫拉菲”、“天鹅”、“巨爵”、“凯萨娜”等台风的防抗工作。

7. 卫生防疫

2009 年，卫生防疫工作重点是预防甲型 H1N1 流感。4 月 29 日，运营公司对甲型 H1N1 流感疫情的防控工作进行了专门部署。基地安委会联合医疗中心等相关单位及时启动了甲型 H1N1 流感防控预案。2009 年底，公司部分重点岗位人员接种了甲型 H1N1 流感疫苗。

8. 安健环宣传

2009 年，共编印安健环宣传专刊 7 期；开始实施施工项目主要管理人员安全交底培训制度、作业人员基本安全知识培训制度。

全年组织召开各类安健环专题会议 33 次，发布第三责任区安健环月报 12 份，组织安全月活动 1 次、消防安全月活动 1 次、百日安全整改行动 1 次。

7.6.5 基地后勤服务

1. 基地规划管理

（1）日常土地资源管理

2009 年，基地规划办公室在大亚湾核电基地规划委员会的领导下，审议并下发了技能培训中心核燃料装卸贮存系统（PMC）项目、核服员工餐厅、核服园林中心办公楼、公安分局新建指挥中心、岭澳核电站一期主变中性点直流抑制装置房、岭澳核电站一期新建调速检修车间、岭湾施工准备用地、消耗材料库及承包商检修车间、南苑餐厅新建粗加工间及冷库等工程的用地红线；审议并批准了工程公司 LA 办公大楼、综合会馆、长湾警务工作站、核服员工餐厅、核服办公楼、技能培训中心 PMC 项目等项目的设计方案；审议并通过了长湾第二办公生活区规划建议、长湾核电学院规划设计方案、基地污水处理系统改造方案等；审议并通过了活动中心改造工程、培训中心南侧排水沟改造施工、南区给水管道更换项目、淮南宿舍区排水网等改造施工工程。这些规划工作的完成与实施，保证了基地内基建项目能够平稳有序地开工建设。

（2）IPO 上市配合

主要完成了以下任务：1）根据 IPO 工作的需要，重新调整了基地内的宗地红线，对新增内部红线点进行了初步测量，确定不同宗地的权属并上报深圳市规划与国土资源委员会；2）调整了基地部分海岸线红线，使之符合实际地形并取得了新增红线边界点的测绘报告；3）委托深圳市测绘大队龙岗中队对大亚湾核电基地内所有房产进行面积测量，该项工作还在按计划开展中；4）初步开始准备办理基地内房产的房产证。

（3）地下管网建设

2009 年，基地管网的规划建设方面主要完成的工作有：老南区供水管网改造，新 EA 楼电缆铺设，公司总部大楼进线电力电信电缆和给排水系统、长湾片区通信线管的埋设，CAB 管线迁移和 PMC 技能训练项目地下管网的改造，淮南营地排水管网改造的规划和设计，基地污水处理系统改造。

2. 行政后勤资源管理

2009 年 11 月，运营公司总部大楼建成并投用；2009 年 8 月底，岭澳核电站二期 KAF 维修大楼建成并投用，缓解了公司办公资源紧缺的局面。此外，还顺利完成山海花园宿舍的置换工作，缓解了大亚湾核电基地由于核电快速发展带来的基地后勤资源短缺的矛盾。

3. 交通运输管理

2009 年，交通运输组出车总公里数共计 472 129 km，完成了机组大修期间的各项交通运输任务。

（1）运输工作

2009 年，完成的重大设备运输任务有：新燃料接收转运 4 次；乏燃料运输支持 2 次；现场大型设备运输（拉伸机、假封头、主泵电动机等）25 次；环保公司核废物货包运输 3 个；电站内核废物金属桶运输 1 000 个；大修期间变压器油倒运约 600 t；大修前后脚手架运输约 200 趟次；D113 大修柴油机吊运 2 次；现场柴油倒运约 190 t；大修用集装箱运输往返约 450 趟次。其他特种吊装作业及运输有总部大楼机房设备搬迁；岭澳核电站一期柴油机房改造项目设备吊运；岭澳核电站一期出水口水泥盖板吊装；柴油机发电机运输；变压器储油罐吊运；消防训练基地用油运输；电站各种仪器仪表、电动机送检送修；分局反恐训练用快艇、船排吊装等。

（2）员工班车监管

2009 年，各类型员工班车运行情况良好，无重大交通事故发生。

4. 基地后勤服务

（1）基地后勤五星级服务体系建设

基地后勤五星级服务体系建设项目自 2009 年初启动，已完成五星级服务标准和实施方案。运营公司总部大楼作为五星级服务试点，各项工作正在稳步推行当中。

（2）基地错时上下班作息时间调整与实施

自 2009 年 8 月 3 日起，在大亚湾核电基地实施工程公司和运营公司错时上下班作息制度，使基地交通资源和就餐资源长期紧张的局面大大得以缓解。

（3）基地餐厅电磁炉更新改造

2009 年，开始进行基地主要餐厅使用新型电磁炉具替代燃油炉具的改造，整个项目预计在 2010 年全部完工。

第八章　企业文化及队伍建设

8.1　企业文化

运营公司企业文化建设工作的决策机构是企业文化建设领导小组，它负责制定企业文化建设的战略和指导方针，批准企业文化建设推进计划，保证企业文化建设活动的有效开展，由公司总经理、党委书记卢长申作为企业文化建设的第一责任人，担任企业文化建设领导小组组长。

企业文化建设领导小组下设企业文化建设推进小组，在企业文化建设领导小组的领导下，负责研讨、分析公司企业文化发展现状，制订企业文化推广计划，开展企业文化推进工作。企业文化建设推进小组组长为党群工作部经理，副组长由党群工作部和各部门分管企业文化工作的经理担任。企业文化建设推进小组成员为在公司范围内挑选的热心于企业文化建设、文字功底较深并富有工作热情的积极分子，选择时要适当考虑人员的部门分布。2009年，企业文化建设推进小组成员共计 18 名。

党群工作部是公司企业文化建设的职能部门，负责企业文化建设推进小组的日常工作，组织实施公司企业文化建设工作，指导协调公司各部门的企业文化建设相关工作。

8.1.1　企业文化建设

1. 企业文化现状调查

为了准确掌握公司企业文化的历史、现状以及未来的改进方向，公司企业文化建设推进小组组织开展了公司企业文化现状调查活动。调查的目的在于深入了解公司目前的文化理念状况，探寻公司精神文化的根源、核心、精髓，查找文化建设的重点、难点、盲点问题，对公司文化理念的组织适应性作出科学评价，并提出需要加快进行转变的文化元素。调查的对象为公司全体在册员工，调查方式以利用公司内部网络填写网上调查问卷为主，同时辅以电子邮件和纸质问卷相结合的方式进行。

公司于 2008 年 5 月 12 日至 16 日开展了企业文化现状调查，共有 586 人参加了答题，员工答题率约为 20%。2008 年 6 月 12 日，公司组织专家团队对咨询公司提交的诊断报告进行了初步评审，并提出根据答题人员分布情况需安排部分参与比例偏低的人群补做问卷。6 月下旬，公司企业文化建设推进小组安排了第二轮答题，通过邮件发送网络答题地址，并辅以纸质问卷回收的方式，又增加了 500 多份问卷，部门经理级以上领导干部全部填写了调查问卷。本次企业文化调研最终确定的有效问卷总数为 1 084 份，员工答题率达到 49%，且各组人数均在 30 人以上，符合样本量要求原则。

为了总结提炼公司企业文化的优势与不足，挖掘公司企业文化改进的机会与措施，并为本次企业文化咨询项目重点提供依据，在开展问卷调查工作的同时，还安排了面对面的企业文化访谈。其中管理干部采用一对一的方式进行访谈，员工代表座谈会分部门召开，邀请不同岗位层级的员工参加，共计 68 人参加了访谈，覆盖了公司各个层级和部门。

企业文化现状诊断主要结论为：迄今为止，运营公司已经形成了其特有的、以核安全文化为核心的企业文化价值体系。① 物质层面，丰富的物质为公司企业文化建设的开展提供了良好的基础。大亚湾核电基地经过长期的建设，形成了自然健康的主体基调、优雅洁净的生产环境以及完善配套的生活设施，为员工提供了良好的工作环境。② 行为层面，运营公司已经形成了严谨规范、认真负责的工作作风。工作中员工之间能够积极配合，体现出了较强的团队精神。在管理层面也形成了言行一致、以身作则的管理作风，并体现出了较强的领导力。③ 制度层面，运营公司已经形成了以核安全制度为核心的整套制度体系。在宏观规划层面，形成了目标明确、管理体系完备的制度控制体系。在制度的贯彻落实上，通过岗位责任体系把责任落实到人，基本建立了相对完善的制度执行体系。通过科学清晰的业务流程，形成了以安全为核心的完备的制度保障体系。通过适当的激励考核机制，建立了相对合理的制度支撑体系，并通过合理的人才使用机制，提高了员工的工作积极性和责任心。④ 精神层面，物质、制度和行为充分折射出运营公司特有的企业精神文化元素，如“创业、创新、创优”、安全、质量、团队、拔尖、较真、忍耐、责任、廉洁、社会责任感等文化元素，特别是“安全第一”、“以人为本”等理念已经深入人心，但是安全仍然是员工最为关心和最“担心”的。从本次调查结果的总体情况来看，在运营公司的诸多企业文化元素中，团队精神、公司形象、战略做得比较好，安全、文化、知识共享、保健因素仍有待改善，责任、创新、员工发展、领导力、考核激励、规章流程等方面有待提高，而服务意识、成本观念、透明度则亟待提高。

2. 企业文化建设大纲

企业文化现状评估工作基本完成后，党群工作部立即启动了《企业文化建设大纲》（以下简称“《大纲》”）修订工作，于 2008 年 8 月确定了《大纲》的具体内容。2008 年 8 月，运营公司发布了《运营公司企业文化建设大纲（2008—2012 年）》，内容包括企业文化建设的总体要求、建设规划，并在现状评估的基础上提出了企业文化建设的主要任务；明确了公司企业文化建设应坚持“统一领导、分工负责、相融共进、全员参与”的原则；明确了公司企业文化建设的目标是：紧密围绕公司发展战略，以区域运营战略实施为契机，以实现世界一流的核电运营企业为目标，整合公司文化资源，发挥优势、形成合力，不断完善企业文化管理体系，全面推进公司企业文化建设，让员工对企业价值理念和行为方式达成共识、取得认同并付诸实践，形成良好的企业文化建设氛围，确保公司各阶段战略目标的如期实现。

新版《大纲》在继承 2006 年颁布的《大纲》总体框架的基础上，根据公司企业文化方面的最新情况，对具体内容进行了较大幅度的修改，主要变化体现在以下四个方面：① 整体风格与集团保持一致；② 文化模型采用四层结构；③ 对企业文化元素进行整合；④ 突出工作任务的成果。同时发布的还有 2008—2012 年公司企业文化建设主要工作计划。

3. 企业文化理念体系

运营公司的企业文化建设包括形成期、转型期、提升期，现在所处的阶段是由转型期向提升期过渡。企业文化理念体系的基本框架如图 8. 1. 1-1 所示。这一基本框架以美国 Exelon 公司的企业文化体系框架为参照。

公司企业文化理念体系内容（核心理念）：

使命：一切为了客户、股东、员工和社会的利益，确保长期安全、环保、可靠和经济发电；提升核心能力，为中广核可持续发展培育人才、贡献技术和经验。

愿景：成为世界一流的专业化核电运营企业。

价值观：安全发电、诚信透明、团队合作、追求卓越。

安全发电：安全发电是我们生存和发展的基础。坚持“安全第一、预防为主”，将安全、质量与责任融为一体，完善管理制度，规范工作行为，巩固安全屏障，培育优秀的安全文化，一次把事情做对，提供安全、可靠、环保、经济的能源。

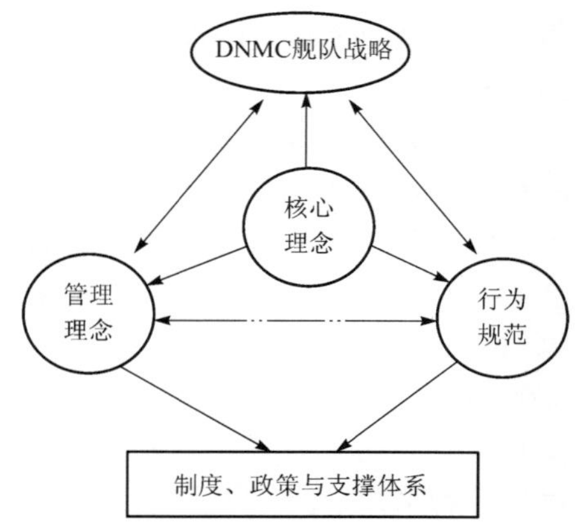

图 8. 1. 1-1　运营公司企业文化理念体系的基本框架

诚信透明：诚信透明是核电从业人员的基本行为准则。实事求是，坚持原则，科学决策；诚实守信，遵守承诺，言行一致；政策透明、决策透明、管理透明。

团队合作：团队合作是我们工作的行为取向。目标一致，服从大局；相互信任，主动沟通；客户导向，和谐共赢；知识共享，共同发展。

追求卓越：卓越是我们永恒的追求。没有最好，只有更好；始终以世界先进核电站为标杆，不断学习，超越自我，持续改进，提升业绩。

企业精神：更高、更严、更优。

更高：更高的目标；更高的业绩追求；更高的社会回报；更高的社会责任感和历史使命感。

更严：更严明的要求；更严格的管理制度；更严密的安全生产措施；更严谨的工作态度和办事作风。

更优：更优秀的人才；更优良的团队；更优质的服务；更优美的环境。

公司企业文化支撑体系包括安全文化、质量文化、经营文化、人才文化、成本文化。

安全文化：安全第一，纵深防御，保守决策，严谨的工作作风，质疑的工作态度，互相交流的工作习惯，人人都是一道屏障。

质量文化：质量是干出来的，一次把事情做对，一切都按程序办，零失误、零缺陷。

经营文化：客户导向、合作共赢；居安思危、持续发展。

人才文化：尊重人、培养人、鼓励人，促进员工与公司共同发展。

成本文化：全程控制，全员参与，资源集约，规模效益。

4. 企业文化宣传

2009 年初，公司在制订企业文化年度工作计划时明确提出，把企业文化核心理念的宣传推广作为全年工作的重点。为了帮助员工准确理解公司企业文化理念的核心内涵，2009 年 3 月份《核电人》刊发了企业文化核心理念的解读专题。此外，《核电人》还结合当期主题在扉页进行文化理念宣传，刊发总经理宣传企业文化的署名文章，多次优先刊登企业文化主题管理类文章，制作出版安全月活动专刊，配合安全文化“震撼”教育等大型活动开展宣传。通过编制出版《责任铸就辉煌——运营公司企业文化手册》、编制公司专业运营和安全文化经验论著，制作企业文化宣传牌，拍摄《光影大亚湾——运营公司企业文化宣传片》

和《运营公司企业文化教学片》，开展公司司歌歌词和企业文化征文活动等方式进行企业文化宣传。

企业文化手册获得了中国电力企业联合会2009年度全国电力行业企业文化优秀成果优秀奖，企业文化宣传片获得“国投杯”央企企业文化电视专题片大赛银奖、配乐奖，运营公司荣获2009年度广东省优秀企业文化单位，荣获中国企业联合会、中国企业家协会主办的第八届全国企业文化年会“全国企业文化优秀奖”。连续多年坚持每月出版企业内刊——《核电人》杂志，2009年，该杂志荣获深圳市出版业协会“企业报刊精英奖”，2009年度连续第六次获得深圳优秀内刊传媒奖“十佳企业期刊”。这些奖项的获得，既是对运营公司企业文化工作的肯定，同时也进一步提高了公司的社会知名度，提升了公司的品牌形象。

通过各级领导的率先垂范和身体力行，以及企业文化主管部门的策划组织和有力推进，2009年全员企业文化认知率达到了97.4%，远远超过了年初设定的90%的目标。这表明广大员工已经深刻理解了企业文化的实质内容，“安全发电、诚信透明、团结合作、追求卓越”的企业价值观已经深入人心，公司共同的价值取向已经基本形成。

2009年，公司还组织了首届运动会、安全文化小品大赛，利用这些群众广泛参与的集体活动，将企业文化理念巧妙地融入其中，让员工在轻松愉快的气氛中体验，取得了较好的宣传效果。此外，运营公司还积极参与各种大型社会活动，进一步宣传了企业形象。

8.1.2 安全文化建设

“安全第一、质量第一”是运营公司始终坚持的发展方针。2009年，运营公司持续深化安全文化建设，在安全文化小组的统一组织下，公司及各部先后开展了一系列以安全文化为主题、形式多样的企业文化活动。

(1) 5月19日，公司隆重举行“5·19”事件5周年反思教育活动，拉开了2009年度全员安全文化教育系列活动的帷幕。

(2) 5、6月份，由总经理部成员主讲，部门经理辅讲，在全公司范围内开展了6场覆盖全体员工的安全文化“震撼”教育活动。生产线各处处长结合自身实例，对本处员工进行安全文化“震撼”教育。

(3) 6月23日，举办了运营公司安全文化小品大赛。各部门以六张人因工具卡的实施应用为主题，寓教于乐，通过活泼幽默的小品形式，成功诠释了六张人因工具卡的内涵与价值，为电站学习和普及人因工具卡发挥了积极的作用。

(4) 组织出版《大亚湾核安全文化建设》。该书由公司资深干部员工编写审定，对大亚湾核电几十年来的核安全文化建设历程、经验、教训等进行了全面而深刻的总结，具有较高的历史参考价值。

(5) 生产部、维修部、技术部开展了安全文化班组建设工作。三部门以电站最小的组织单元——班组为单位，建立各层级的推进组织机构和考核评比制度。通过建立这样一个班组间进行良性竞争和交流沟通的平台，鼓励班组探索和积累使安全文化理念在执行层落地的良好实践，从而实现全员安全文化水平的持续提升。

(6) 10、11月份，安全文化小组开展了运营公司安全文化问卷调查活动。从整个公司来看，安全文化指数由2005年的13.80，2007年的14.07，提高至2009年的14.44，趋势良好。但调查中也发现了资源配置、自满度增加及程序优化等需要管理层予以关注的问题。

（7）在《核电人》杂志策划出版了一期安全文化宣传专刊，同时出版了《安全文化宣传手册》，分发近2000册。

（8）生产部、维修部、技术部分别举行了防人因失误技能比武活动，共500余名员工参与，在生产线员工特别是青年员工中产生了积极的影响。

（9）建立了行为训练课程体系。2009年，公司初步完成了防人因失误课程体系的建立；完成了6张人因工具卡共14个训练场景的开发，进行了1 800余人·次的演练；完成了针对运行人员和维修人员的行为训练课程的开发及相关培训工作。

8.2 党务管理与思想建设

8.2.1 党组织建设及党员管理

截至2009年底，运营公司党委按照党委、党总支、党支部三级管理架构，共设置了8个总支、70个支部。公司党委下设生产部、维修部、技术部、经营管理部、生产准备部、培训中心、公安分局、阳江分公司8个党总支，以及安全质保部、财务部、审计科技、人力资源部、防城港分公司、党群工作部、环保公司等7个直属党支部。生产部等8个总支下设运行一处一值等63个党支部。公司基层党组织机构设置如图8.2.1-1所示。

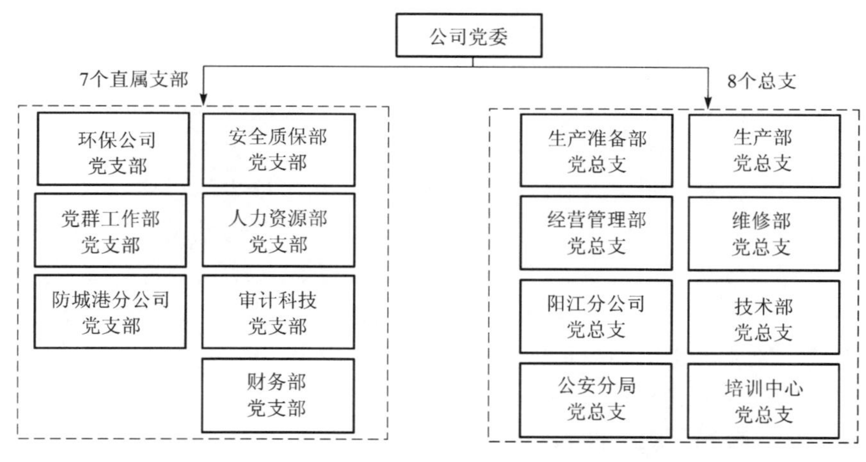

图8.2.1-1 2009年公司基层党组织机构设置

为加强党组织建设，使党建工作服务于企业中心工作，公司党委根据区域运营业务的发展和组织机构调整的实际情况，不断完善公司党组织的机构设置。2009年4月27日，根据党组织管理规定和防城港分公司的业务及人员发展情况，党委批准成立了防城港分公司临时直属党支部。2009年5月14日，为更好地促进审计部和科技委党支部的组织建设工作，公司党委批准成立审计科技党支部。2009年5月底至6月初，随着生产准备部业务的发展，原运行三处党支部拆分成运行三处一值、二值、三值、四值、五值、六值及第七党支部；原职业安全处和计划联络处联合党支部拆分为职业安全处党支部和计划联络处党支部。2009年7月3日，随着阳江分公司的发展壮大和党员人数的日益增多，公司党委批准成立了阳江分公司党总支，并进行了分公司第一届党总支委员选举。2009年8月3日，根据公司ERP项目组的行政隶属，以及ERP项目临时党支部组织建设的实际情况，将它由直属党支部调整为由经营管理部党总支管理。2009 年底，经营管理部交通运输中心的行政隶属关系划归经营管理部行政处，原交通运输中心党支部随之一并撤销。

基层党务工作者的素质决定着党建工作的质量。为进一步切实有效加强基层党建工作，公司党委加大了基层党务工作者的教育及培训力度。2009 年，共组织了 5 次党委中心组（扩大）理论学习，提升了广大党务工作者的理论素养。针对公司快速发展阶段党务工作者队伍变化频繁的实际情况，公司党委开展了 5 次支委以上党务工作者的业务培训，切实增强了新党务工作者的业务素质与技能。党委还组织召开了公司党建暨思想政治工作研讨会，加强了主要党务工作者之间的交流和学习，明确了党建工作方向。

同时，公司党委继续严格对照党员标准，积极开展党员发展工作。2009 年，发展新党员 30 人，预备党员转正 113 人，公司党员比例达到 53%，共 1 727 名党员在册。公司党员、基层党支部在 2009 年党员、党支部民主评议工作中，党员达标率达 99. 9%，党支部达标率达 95%。

2009 年，在集团公司党组组织的评先评优活动中，生产部运行一处五值党支部、生产部运行二处一值党支部、生产准备部运行三处党支部被评为集团先进基层党支部，有 6 人被评为集团优秀共产党员，4 人被评为集团优秀党务工作者。

8. 2. 2 纪检监察

运营公司按照集团总体部署，贯彻落实党风廉政建设责任制。2009 年初，公司党委书记、总经理与各领导班子成员之间，班子成员与分管的部门经理、总支书记之间，均签订了党风廉政建设责任书。公司党委制定下发了运营公司党风廉政建设责任制考核办法、考核评分标准和责任追究办法。3 月 3 日，公司召开了 2009 年度纪检监察工作会议。2009 年终，公司组织对各部门、各总支的党风廉政建设落实情况进行了检查与考核。

坚持预防与教育为先的原则，开展了一系列纪律教育和学习活动。3 月份，公司组织了全体副处以上干部和支部书记观看了“8·15”案件专题教育片《警钟》。5、6 月份，公司以处、支部为单位，在全员范围内组织观看了保密教育专题片。7 月份，公司结合绩效面谈，组织各单位党风廉政建设第一责任人进行了廉政谈话。8、9 月份，公司组织开展了以“加强队伍作风建设，确保公司健康发展”为主题的纪律教育学习月活动。

监督工作方面，按照上级文件和集团相关要求，2009 年公司监察室、审计部等部门分别针对公司“三重一大”制度执行情况、信访与维稳工作情况各开展了一次效能监察，查找了一些问题和不足，并提出了管理改进措施。公司纪委、监察室共收到检举信息 8 起，其中 3 起经监察室调查，没有发现违规违纪现象；另外 5 起经查实后，发现有 5 名员工存在违规违纪行为。公司分别对这 5 人做出了处理：一名处级干部因驾车违章肇事被通报批评；一名科级干部因赌博被行政拘留，受行政撤职处分；一名党员因非法使用人民币受行政警告、党内警告处分；一名党员干部因醉酒驾车被行政拘留，受行政撤职、党内留党察看处分；一名党员因醉酒驾车被行政拘留，受行政降级、党内留党察看处分。

从总的情况来看，2009 年没有发生直接侵害公司利益的经济类案件。但是，发生了 5 名员工在工作时间之外违法或涉嫌违法的不良事件。下半年，公司有针对性地加大了对员工，特别是党员、干部的法纪教育，并对违法违纪的党员干部进行了严厉处理，这些措施对及时纠正队伍中出现的不良苗头起到了积极作用。

8.2.3　思想政治工作

2009 年，运营公司以尊重人、理解人、关心人、爱护人为基点，紧紧围绕企业中心工作，积极主动引导舆论，充分利用宣传手段，采取员工乐于接受的方法开展思想政治工作，激发了员工的工作热情，全公司形成了健康向上的思想氛围。

2009 年，在筹备党建暨思想政治工作研讨会期间，公司开展了运营公司员工工作和健康生活有奖调查，通过座谈会、电话访谈、家庭面谈等多种形式，对公司员工群体进行了全方位的调研摸底，了解员工思想动态，最后形成专题会议报告。研讨会上，公司党委对“新形势下运营公司党建与思想政治工作的主要特点与思考”、“总分模式下的党组织建设思路”、“充分发挥党组织在企业干部管理工作中的监督保障作用”、“如何做好青年员工思想政治工作，引导青年员工岗位成才”、“新时期如何发挥老同志的作用”、“以人为本，做好特征群体员工的思想政治工作”、“如何更好地发挥基层党务工作者的作用”等七个专题进行了充分研讨，并在如何调动老同志的积极性，加大员工企业价值观的教育，党建工作、思想政治工作、企业文化建设如何为公司发展服务，如何加速青年员工的培养，及时发现潜在人才等方面达成了共识。

截至 2009 年末，公司 28 岁以下青年员工 1 769 人，占员工总数的 54. 4 %；35 岁以下青年员工 2 422 人，占员工总数的 74. 48 %。青年员工思维活跃，价值取向多元化。结合公司党建暨思想政治研讨会和集团团委青年员工思想动态调查等活动，公司组织召开多场次青年干部员工座谈会，新员工见面会、座谈会，定期开展员工思想动态调查，收集和反馈青年员工中热点、焦点问题，围绕青年员工关注的问题，从帮助青年员工认清公司发展形势、成长成才、勇于担当、甘于奉献等方面作为切入点，做好青年员工的思想教育和引导工作，建立了青年员工教育引导体系。

2009 年，为加强思想政治工作，公司进一步完善了包括“总经理信箱”、“合理化建议”、“实话实说”在内的员工沟通渠道网络。“总经理信箱”全年共收到信件 362 封，答复 321 封，答复率为 88. 7%；共收到“合理化建议”52 份，采纳 6 份。10 月份，公司对“总经理信箱”进行改版，将原“合理化建议”、“沟通与对话”合并，并新增了“数码信件”，可上载图片、视频等辅助板块。同时，增加了员工对信件答复或办理做出满意度评价的反馈机制。实现了系统流程全部电子化，评议、审核、审批各环节意见均能实时反馈到系统，有效提高了信件办理效率。借助网络渠道，公司实时听取员工对安全生产、企业管理、员工生活等方面的意见与建议，对定岗评级等与员工切身利益相关的重大事项，各级组织及时与员工沟通，化解矛盾，消除误会。

8. 3　公司宣传工作

运营公司宣传工作的指导方针是：把握大局，围绕中心，特色鲜明，形式多样。公司宣传工作关系如图 8. 3-1 所示。

2009 年，公司宣传工作的指导思想是：深入贯彻落实科学发展观，认真贯彻党的十七届三中全会和中央经济工作会议精神，以公司发展战略为统领，以公司的决策部署为指针，紧紧围绕 2009 年工作重点和中心任务，宣传公司“1331”工作目标，弘扬企业文化核心理念，增强宣传工作的导向性、计划性和系统性，不断巩固广大员工团结创业的共同思想基

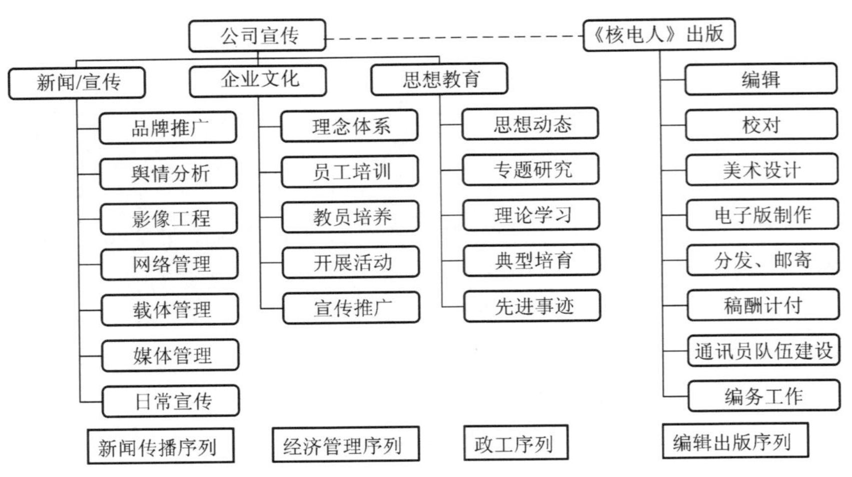

图 8.3-1　运营公司宣传工作关系

础；着力提高舆论引导能力，营造积极健康向上的舆论环境，提高公司软实力，提升公司品牌形象，统一思想、增强信心，为全面实现年度工作目标提供强有力的思想保证和舆论支持。

1. 组织领导和业务指导

根据运营公司 2009 年宣传工作要点及实施计划，明确了全年宣传工作的重点和方向，促进各项宣传工作有序开展；编写了《运营公司宣传工作管理制度》，明确了公司宣传工作政策；通过组织策划 TOP 行动、庆祝公司成立 6 周年、表彰公司年度奖获得者、安全月等重大专题活动，提高了宣传工作的导向性、目的性和计划性，指导业务部门有针对性地开展工作，全面、系统、深入地做好宣传；提出了宣传工作奖励方案，鼓励员工在《广东核电》报、《核电人》杂志和公司外网上发表文章，以调动宣传人员的工作积极性。

2. 科学发展观宣传

按照集团和公司深入学习实践科学发展观的总体部署，通过内部媒体、专题网站、活动简报等多种方式，认真开展深入学习实践科学发展观活动宣传工作。及时报道了公司学习实践活动的进展情况、成功经验和实际效果；及时报道了学习实践科学发展观的先进典型；重点关注公司践行科学发展观，破解难题，推动科学发展的实践经验；大力宣传公司在科学发展观指引下取得的新进展、新成就，充分展示了学习实践科学发展观活动与推动公司改革发展有机结合的重要成果。

3. 企业文化理念宣传

将企业文化宣传融入日常宣传工作，与党工团工作密切结合，充分利用公司现有宣传载体进行文化理念的解读，通过公司运动会、企业文化征文、司歌歌词征集等各种文化活动，宣传企业文化理念；近年来先后出版了《安全源于责任——运营公司员工责任心案例集》、《责任铸就辉煌——DNMC 企业文化手册》、《光影大亚湾》企业文化宣传片和《运营公司企业文化教学片》等有形产品，促进公司文化有序建设，确保企业文化核心理念深入人心。

以建国 60 周年、大亚湾核电站商运 15 周年、专业化运营 6 周年等重要事件为契机，面向公司年轻员工，进行公司发展历程和创业精神教育。围绕公司形势、任务，以各级管理干部为主要对象，大力宣传公司在运营空间、运营能力、运营角色、经营模式、管理模式方面的转变，以市场的眼光树立强烈的危机意识，以市场为导向树立经营理念。

4. 适度开展新闻宣传

充分利用EDF挑战赛获奖、防城港分公司成立、岭澳核电站二期生产准备关键里程碑等重大新闻点，加强事前谋划，掌握传播节奏，有目的、有计划、有重点地开展新闻宣传，持续提升了公司的品牌形象。完善了新闻发布和危机管理机制，在突发新闻事件应对处理方面加大了工作力度，“提前预警、应急处置”，及时处置危机公关事件，未发生因应对不当对公司造成重大负面影响的事件，切实维护了公司形象。通过举办记者招待会、媒体研讨会，加强与媒体的联系与合作，增强了公司的舆论引导力，为公司发展创造了良好的外部环境。

召开了两次核安全咨询委员会会议，组织香港专业团体到访基地、各核电相关产业项目考察，并以季度《工作简报》、不定期《情况通报》等形式及时通报电站安全生产及广东核电发展情况，对港澳社会的科教宣传发挥了积极作用。

5. 宣传载体管理

2009年初，《核电人》杂志成功扩版，版式进行了全新的设计。全年杂志共出版了16期（包括多期专刊、刊中刊），配合大修宣传连续出版多期纸质形式的《一线传真》大修增页，差错率全部在考核指标目标值以内；编前会召开情况正常，建立了杂志评刊制度，建立了杂志现场取阅点；按要求完成了杂志主办单位变更申请和年审申报；组织召开了杂志创刊十周年座谈会，与深圳特区文化研究中心、《宁核风》编辑部等单位进行了交流；参加了深圳市出版业协会组织的本年度内刊传媒奖评选，并获得“十佳企业刊奖”。

公司内、外部网站运作正常，CIS公司要闻、一线传真宣传栏目员工投稿积极踊跃。同时，积极组织向《广东核电》报和《集团之声》网页投稿，并获得集团“2009年宣传工作先进集体”称号；积极向《中国核能》杂志、《中国核能年鉴》提供运营公司宣传稿件；《大亚湾核电》按季度完成出版。

6. 宣传人员队伍建设

组织《核电人》编辑参加了广东省新闻出版局编辑业务培训，组织了《核电人》通讯员年度表彰及采风活动，积极参加《广东核电》报组织的各类培训和活动。与摄影协会联合组织了摄影培训交流活动。

7. 各类宣传稿件数量统计

统计数据见表8.3-1～8.3-2。

表8.3-1　2008年、2009年两年宣传稿件数量对比　　篇

<table>
<tr><th>年度</th><th>新闻媒体</th><th>百度搜索</th><th>广东核电</th><th>集团之声</th><th>公司外网</th><th>CIS要闻</th><th>核电人</th></tr>
<tr><td>2008</td><td>49</td><td>大亚湾核电：3 580</td><td colspan="2">204</td><td>69</td><td>472</td><td>285</td></tr>
<tr><td>2009</td><td>>50</td><td>大亚湾核电：4 100</td><td>84</td><td>47</td><td>110</td><td>484</td><td>295</td></tr>
</table>

表 8.3-2　2009 年度各部门宣传稿件详细统计数据

部门	《核电人》	《广东核电》	CIS 公司要闻	外网公司要闻	合计
总经理部	13	3	0	0	16
党群工作部	62	24	88	45	219
经营管理部	18	6	127	25	176
生产部	52	15	52	7	126
维修部	51	23	20	3	97
技术部	21	4	43	2	70
生产准备部	22	5	38	1	66
培训中心	16	2	30	12	60
人力资源部	13	1	28	2	44
安全质保部	13	0	15	1	29
阳江分公司	3	1	18	1	23
财务部	4	0	11	1	16
审计部	2	0	7	0	9
防城港分公司	2	0	4	0	6
环保公司	1	0	3	0	4
科技办公室	2	0	2	0	4
合计	295	84	486	100	965

8.4　工会及团委青联活动

8.4.1　工会

在促进员工技能提升方面，工会和团委、青联共同组织开展了员工技能比武和第三届生产线技能型优秀师傅评选活动，评选产生了生产线技能型优秀师傅金奖 5 人，银奖 15 人，铜奖 30 人。

在促进企业民主管理方面，公司二届一次职工代表大会的 6 项议案已全部完成；16 项提案，已完成 15 项，1 项正在处理中；24 项企务公开项目全部按期开展。2009 年，共收到 73 项合理化建议，采纳 8 项，占总数的 11%。

在促进企业文化宣传方面，工会以各种活动为载体，大力宣传企业文化。4 月，组织召开了运营公司运动会，企业文化方阵向广大职工展示了企业价值观。“大亚湾之恋”合唱团在深圳市、广东省及国家能源局组织的文艺晚会节目中，多次演唱企业歌曲，推广了企业品牌，宣传了企业形象。9 月 17 日，在广东省第四届企业文化节上，运营公司荣获“2009 年度广东省优秀企业文化单位”荣誉称号，公司选送的歌曲《白鹭》荣获“广东企业之歌大赛十大优秀企业歌曲”及“企业之歌大赛最佳金曲奖”。工会参与录制的反映公司企业文化理念的宣传片《光影大亚湾》，荣获“国投杯”中央企业企业文化活动电视专题片大赛银奖和最佳配乐奖。

在促进企业和谐发展方面，完成了南区足球场、篮球场、网球场和活动中心的扩容改造；组织了“健康伴我行”系列活动、“6 +1”新中国成立60周年系列爱国主义教育活动和中广核—香港中电“友谊杯”体育交流活动；承担了集团2009年运动会的竞赛组织工作，顺利完成既定任务。

8.4.2 团委、青联

在服务企业中心工作、青年成长成才方面，公司团委承办了以人因工具卡为主题的“安全文化小品大赛”，共收集原创剧本43个，完成9个小品剧本的编排，以晚会汇报演出的形式评出一、二、三等奖，为公司安全文化推广作出了积极贡献。同时，还组织了团员、青年员工技能比武，大修优秀青年负责人评选等活动，积极引导青年员工立足本职、岗位成才。2009年，技能比武活动总共完成立项98项，累计2 610人·次参赛,其中跨部门、跨专业技能比武达8个项目，阳江分公司团总支首次申报3个项目参赛；承办了集团团委TOP行动技能比武活动，运营公司代表团获得了第二名的佳绩，公司团委获得最佳组织奖。

在青年理想信念教育、丰富文化生活方面，承办了集团以“家·爱”为主题的集体婚礼、“中华情·核电魂”庆国庆60周年主题演讲比赛、“植发展树、做核电人”3·12植树活动等，举办了“青年文明号”创建工作总结暨交流会、“激扬青春欢唱2009”我爱麦克风迎新春晚会、第16届“团委杯”足球赛、与其他单位联谊等多种形式的交流活动，极大地丰富了公司团员青年的业余文化生活。

第九章　统计指标

9.1　WANO 性能指标

9.1.1　大亚湾核电站 WANO 性能指标

指标名称		1994 年	1995 年	1996 年	1997 年	1998 年	1999 年	2000 年	2001 年	2002 年	2003 年	2004 年	2005 年	2006 年	2007 年	2008 年	2009 年
机组能力因子/%	1 号机组	77.90	48.99	77.38	82.45	81.03	86.60	86.07	88.02	89.74	90.13	87.77	99.95	80.32	91.20	99.79	91.23
	2 号机组	99.40	81.47	67.75	70.60	84.21	86.10	88.00	90.89	82.02	84.79	73.91	79.76	99.88	88.80	86.25	99.99
	全厂	86.84	65.23	72.57	76.53	82.62	86.35	87.04	89.46	85.88	87.46	80.84	89.86	90.10	90.00	93.02	95.61
	先进值	88.74	88.94	88.96	88.95	90.82	90.00	91.99	92.06	91.63	91.52	92.23	91.46	91.20	91.99	91.54	94.39
	中间值	82.43	82.29	83.04	82.89	85.71	84.70	86.59	86.79	87.26	85.92	87.61	86.93	87.25	87.73	86.96	87.98
非计划能力损失因子/%	1 号机组	17.20	35.68	3.95	0.20	4.61	0.40	2.18	1.18	0.24	0.06	0.00	0.03	0.87	0.21	0.19	0.01
	2 号机组	0.50	2.03	8.18	1.50	1.32	0.40	0.18	2.91	14.84	1.13	16.56	0.02	0.05	2.27	4.73	0.00
	全厂	10.24	18.86	6.07	0.85	2.97	0.40	1.18	2.05	7.54	0.60	8.28	0.03	0.46	1.24	2.46	0.01
	先进值	0.60	0.60	0.60	0.30	0.20	0.30	0.30	0.26	0.18	0.35	0.42	0.24	0.23	0.28	0.23	0.08
	中间值	2.30	2.30	2.80	1.80	1.50	1.40	1.10	1.37	1.09	1.37	1.74	1.40	1.45	1.63	1.67	1.04
强迫能力损失率/%	1 号机组	—	—	—	—	—	—	—	—	—	0.06	0.00	0.03	1.08	0.23	0.19	0.02
	2 号机组	—	—	—	—	—	—	—	—	—	0.50	0.28	0.02	0.05	0.90	5.20	0.00
	全厂	—	—	—	—	—	—	—	—	—	0.28	0.14	0.03	0.57	0.57	2.70	0.01
	先进值	—	—	—	—	—	—	0.18	0.20	0.09	0.22	0.24	0.08	0.08	0.09	0.05	0.01
	中间值	—	—	—	—	—	—	0.89	1.12	0.76	0.99	1.08	1.01	1.06	0.92	0.71	0.55

7 000 临界小时非计划自动停堆次数	1 号机组	5. 39	4. 81	5. 01	0. 00	0. 00	0. 00	1. 00	0. 90	1. 70	0. 00	0. 00	0. 00	0. 00	0. 00	0. 00	0. 00
	2 号机组	0. 00	5. 75	1. 19	3. 22	0. 00	0. 00	0. 00	0. 90	1. 00	0. 00	1. 05	0. 00	0. 00	1. 76	0. 91	0. 00
	全厂	2. 70	5. 28	3. 10	1. 61	0. 00	0. 00	0. 50	0. 90	1. 35	0. 00	0. 55	0. 00	0. 00	0. 88	0. 46	0. 00
	先进值	0. 0	0. 0	0. 0	0. 0	0. 0	0. 0	0. 0	0. 0	0. 0	0. 0	0. 0	0. 0	0. 0	0. 0	0. 0	0. 0
	中间值	0. 9	0. 4	0. 8	0. 0	0. 0	0. 0	0. 0	0. 0	0. 0	0. 0	0. 0	0. 0	0. 0	0. 0	0. 0	0. 0
集体剂量[4)]/（人·Sv）	1 号机组	0. 201	0. 991	0. 827	0. 754	0. 669	0. 666	0. 565	0. 683	0. 366	0. 924	0. 909	0. 653	0. 602	0. 527	0. 413	0. 632
	2 号机组	0. 201	0. 991	0. 827	0. 754	0. 669	0. 666	0. 565	0. 683	0. 366	0. 924	0. 909	0. 653	0. 602	0. 527	0. 413	0. 084
	全厂	0. 201	0. 991	0. 827	0. 754	0. 669	0. 666	0. 565	0. 683	0. 366	0. 924	0. 909	0. 653	0. 602	0. 527	0. 413	0. 358
	先进值	0. 61	0. 73	0. 64	0. 58	0. 53	0. 52	0. 51	0. 30	0. 45	0. 34	0. 24	0. 34	0. 20	0. 21	0. 28	0. 28
	中间值	1. 24	1. 35	1. 15	1. 06	0. 93	0. 93	0. 86	0. 72	0. 77	0. 74	0. 63	0. 68	0. 60	0. 55	0. 59	0. 55
专设安全系统高压安全注入系统性能	1 号机组	—	—	—	0. 007 0	0. 003 0	0. 000 0	0. 003 0	0. 001 0	0. 000 0	0. 000 0	0. 000 0	0. 000 0	0. 000 0	0. 000 0	0. 000 0	0. 000 0
	2 号机组	—	—	—	0. 001 0	0. 024 0	0. 000 0	0. 003 0	0. 000 0	0. 000 0	0. 001 0	0. 000 1	0. 000 0	0. 000 9	0. 000 0	0. 000 0	0. 000 0
	全厂	—	—	—	0. 004 0	0. 013 5	0. 000 0	0. 003 0	0. 000 5	0. 000 0	0. 000 5	0. 000 1	0. 000 0	0. 000 5	0. 000 0	0. 000 0	0. 000 0
	先进值	0. 000 0	0. 000 0	0. 000 0	0. 000 0	0. 000 0	0. 000 0	0. 000 0	0. 000 0	0. 000 0	0. 000 0	0. 000 0	0. 000 0	0. 000 0	0. 000 0	0. 000 0	0. 000 0
	中间值	0. 001 2	0. 000 6	0. 000 6	0. 000 7	0. 000 6	0. 000 4	0. 000 8	0. 000 7	0. 000 6	0. 000 6	0. 000 7	0. 000 8	0. 000 6	0. 000 7	0. 000 5	0. 000 4
专设安全系统辅助给水系统性能	1 号机组	—	—	—	0. 001 0	0. 013 0	0. 002 0	0. 015 0	0. 001 0	0. 001 0	0. 002 0	0. 000 2	0. 000 2	0. 000 0	0. 000 4	0. 000 0	0. 000 0
	2 号机组	—	—	—	0. 001 0	0. 000 0	0. 001 0	0. 003 0	0. 001 0	0. 000 0	0. 001 0	0. 000 2	0. 000 2	0. 000 2	0. 000 3	0. 000 0	0. 000 0
	全厂	—	—	—	0. 001 0	0. 006 5	0. 001 5	0. 009 0	0. 001 0	0. 000 5	0. 001 5	0. 000 2	0. 000 2	0. 000 1	0. 000 4	0. 000 0	0. 000 0
	先进值	0. 000 0	0. 000 0	0. 000 0	0. 000 0	0. 000 0	0. 000 0	0. 000 0	0. 000 0	0. 000 0	0. 000 0	0. 000 0	0. 000 0	0. 000 0	0. 000 0	0. 000 0	0. 000 0
	中间值	0. 001 9	0. 001 1	0. 000 6	0. 000 8	0. 000 8	0. 000 8	0. 001 2	0. 000 6	0. 000 6	0. 001 0	0. 000 1	0. 000 7	0. 000 6	0. 000 6	0. 000 4	0. 000 2
专设安全系统应急交流电源系统性能	全厂	—	—	—	0. 014 0	0. 003 0	0. 011 0	0. 008 0	0. 001 0	0. 000 0	0. 002 0	0. 000 0	0. 000 8	0. 001 0	0. 000 4	0. 001 0	0. 000 0
	先进值	0. 000 9	0. 000 3	0. 000 2	0. 000 0	0. 000 1	0. 000 2	0. 000 2	0. 000 1	0. 000 0	0. 000 0	0. 000 0	0. 000 1	0. 000 1	0. 000 0	0. 000 0	0. 000 0
	中间值	0. 006 2	0. 003 1	0. 003 0	0. 002 7	0. 002 6	0. 003 1	0. 003 1	0. 002 4	0. 003 2	0. 002 0	0. 004 1	0. 003 4	0. 002 2	0. 002 7	0. 001 9	0. 001 6

续表

指标名称		1994 年	1995 年	1996 年	1997 年	1998 年	1999 年	2000 年	2001 年	2002 年	2003 年	2004 年	2005 年	2006 年	2007 年	2008 年	2009 年
燃料可靠性/(Bq/g)	1 号机组	96. 20	498. 60	0. 04	0. 04	0. 04	0. 04	0. 04	0. 40	0. 04	0. 04	0. 04	0. 07	0. 037	0. 037	0. 037	0. 037
	2 号机组	0. 04	72. 90	572. 20	0. 04	0. 04	0. 04	0. 04	0. 04	0. 80	1. 01	0. 08	0. 10	0. 149	0. 037	0. 037	0. 037
	全厂	48. 12	285. 75	286. 12	0. 04	0. 04	0. 04	0. 04	0. 22	0. 42	0. 53	0. 06	0. 09	0. 093	0. 037	0. 037	0. 037
	先进值	—	—	—	—	—	—	—	0. 059	0. 037	0. 037	0. 037	0. 037	0. 037	0. 037	0. 037	0. 037
	中间值	2. 20	2. 00	1. 10	0. 78	1. 20	0. 81	0. 96	0. 914	0. 629	0. 525	0. 385	0. 289	0. 266	0. 400	0. 198	0. 228
化学指标	1 号机组	0. 54	0. 59	0. 33	0. 21	0. 18	1. 00	1. 07	1. 00	1. 05	1. 01	1. 00	1. 00	1. 00	1. 00	1. 00	1. 00
	2 号机组	0. 46	0. 39	0. 23	0. 21	0. 19	1. 01	1. 02	1. 00	1. 03	1. 00	1. 00	1. 00	1. 00	1. 00	1. 00	1. 00
	全厂	0. 50	0. 49	0. 28	0. 21	0. 19	1. 01	1. 05	1. 00	1. 04	1. 01	1. 00	1. 00	1. 00	1. 00	1. 00	1. 00
	先进值	0. 17	0. 16	0. 15	1. 01	1. 00	1. 01	1. 01	1. 00	1. 00	1. 00	1. 00	1. 00	1. 00	1. 00	1. 00	1. 00
	中间值	0. 23	0. 25	0. 22	1. 05	1. 04	1. 08	1. 05	1. 01	1. 01	1. 01	1. 01	1. 00	1. 00	1. 00	1. 00	1. 00
20 万人工时员工工业安全事故率[5]	全厂	0. 432	0. 157	0. 319	0. 368	0. 132	0. 066	0. 137	0. 129	0. 124	0. 216	0. 074	0. 144	0. 070	0. 000	0. 000	0. 000
	先进值	0. 15	0. 00	0. 13	0. 13	0. 01	0. 01	0. 00	0. 00	0. 00	0. 00	0. 00	0. 00	0. 00	0. 00	0. 00	0. 00
	中间值	0. 64	0. 68	0. 52	0. 50	0. 41	0. 43	0. 33	0. 23	0. 15	0. 16	0. 11	0. 17	0. 03	0. 11	0. 08	0. 09

注:1）大亚湾核电站的统计始自 1994 年。
2）自 2001 年起,WANO 组织不再统计热性能和放射性固体废物量两项指标。
3）WANO 指标的先进值和中间值均为当年值。
4）自 2009 年起,两台机组集体剂量独立进行统计,不能分开则由两台机组均分,全厂值为两台机组平均值。
5）自 2007 年起,原 20 万小时工业安全事故率改为 20 万人工时员工工业安全事故率,以区别于承包商工业安全事故率。

9.1.2　岭澳核电站一期 WANO 性能指标

指标名称		2002 年	2003 年	2004 年	2005 年	2006 年	2007 年	2008 年	2009 年
机组能力因子/%	1 号机组	99.92	80.68	88.54	83.10	90.08	83.16	92.11	90.38
	2 号机组	—	90.44	80.43	91.22	92.44	87.73	85.24	91.09
	全厂	99.92	85.56	84.49	87.16	91.26	85.45	88.68	90.74
	先进值	91.63	91.52	92.23	91.46	91.20	91.99	91.54	94.39
	中间值	87.26	85.92	87.61	86.93	87.25	87.73	86.96	87.98
非计划能力损失因子/%	1 号机组	0.00	5.46	1.32	1.05	0.18	6.59	0.08	0.63
	2 号机组	—	0.07	1.72	0.82	0.03	3.55	0.17	0.01
	全厂	0.00	2.77	1.52	0.94	0.11	5.07	0.13	0.32
	先进值	0.18	0.35	0.42	0.24	0.23	0.28	0.23	0.08
	中间值	1.09	1.37	1.74	1.40	1.45	1.63	1.67	1.04
强迫能力损失率/%	1 号机组	—	6.34	0.98	1.25	0.20	0.02	0.09	0.69
	2 号机组	—	0.08	1.26	0.89	0.03	3.89	0.20	0.02
	全厂	—	3.21	1.12	1.07	0.115	1.955	0.15	0.36
	先进值	0.09	0.22	0.24	0.08	0.08	0.09	0.05	0.01
	中间值	0.76	0.99	1.08	1.01	1.06	0.92	0.71	0.55
7 000 临界小时非计划自动停堆次数	1 号机组	0.00	0.00	0.90	0.93	0.00	0.00	0.00	0.00
	2 号机组	—	0.00	0.00	0.86	0.85	0.89	0.00	0.00
	全厂	0.00	0.00	0.45	0.90	0.43	0.45	0.00	0.00
	先进值	0.0	0.0	0.0	0.0	0.0	0.0	0.0	0.0
	中间值	0.0	0.0	0.0	0.0	0.0	0.0	0.0	0.0
集体剂量[3)]/(人·Sv)	1 号机组	0.013	0.761	0.503	0.544	0.361	0.615	0.886	0.864
	2 号机组	0.013	0.761	0.503	0.544	0.361	0.615	0.886	0.667
	全厂值	0.013	0.761	0.503	0.544	0.361	0.615	0.886	0.766
	先进值	0.45	0.34	0.24	0.34	0.20	0.21	0.28	0.28
	中间值	0.77	0.74	0.63	0.68	0.60	0.55	0.59	0.55
专设安全系统高压安全注入系统性能	1 号机组	0.002 0	0.001 0	0.000 9	0.000 0	0.000 1	0.000 0	0.000 0	0.002 5
	2 号机组	—	0.000 0	0.000 3	0.000 0	0.000 0	0.000 0	0.000 1	0.000 0
	全厂	0.002 0	0.000 5	0.000 6	0.000 0	0.000 0	0.000 0	0.000 1	0.001 3
	先进值	0.000 0	0.000 0	0.000 0	0.000 0	0.000 0	0.000 0	0.000 0	0.000 0
	中间值	0.000 6	0.000 6	0.000 7	0.000 8	0.000 6	0.000 7	0.000 5	0.000 4
专设安全系统辅助给水系统性能	1 号机组	0.000 0	0.000 0	0.001 0	0.000 2	0.000 0	0.000 0	0.000 0	0.000 0
	2 号机组	—	0.001 0	0.000 0	0.000 3	0.000 0	0.000 0	0.000 0	0.000 0
	全厂	0.000 0	0.000 5	0.000 5	0.000 3	0.000 0	0.000 0	0.000 0	0.000 0
	先进值	0.000 0	0.000 0	0.000 0	0.000 0	0.000 0	0.000 0	0.000 0	0.000 0
	中间值	0.000 6	0.001 0	0.000 7	0.000 7	0.000 6	0.000 6	0.000 4	0.000 2

续表

指标名称		2002 年	2003 年	2004 年	2005 年	2006 年	2007 年	2008 年	2009 年
专设安全系统应急交流电源系统性能	全厂	0.009 0	0.001 0	0.000 0	0.000 4	0.000 6	0.000 3	0.000 4	0.000 1
	先进值	0.000 0	0.000 0	0.000 0	0.000 1	0.000 1	0.000 0	0.000 0	0.000 0
	中间值	0.003 2	0.002 0	0.004 1	0.003 4	0.002 2	0.002 7	0.001 9	0.001 6
燃料可靠性/(Bq/g)	1 号机组	0.07	0.16	0.04	0.20	0.04	0.04	0.142	0.037
	2 号机组	—	0.04	0.04	0.04	0.04	0.04	141.603	16.779
	全厂	0.07	0.10	0.04	0.12	0.04	0.04	70.873	8.408
	先进值	0.037	0.037	0.037	0.037	0.037	0.037	0.037	0.037
	中间值	0.629	0.525	0.385	0.289	0.266	0.400	0.198	0.228
化学指标	1 号机组	1.63	1.12	1.00	1.00	1.00	1.00	1.00	1.00
	2 号机组	—	1.57	1.02	1.02	1.00	1.02	1.00	1.00
	全厂	1.63	1.35	1.01	1.01	1.00	1.01	1.00	1.00
	先进值	1.00	1.00	1.00	1.00	1.00	1.00	1.00	1.00
	中间值	1.01	1.01	1.01	1.00	1.00	1.00	1.00	1.00
20 万人工时员工工业安全事故率[4]	全厂	0.00	0.00	0.00	0.00	0.00	0.11	0.00	0.00
	先进值	0.00	0.00	0.00	0.00	0.00	0.00	0.00	0.00
	中间值	0.15	0.16	0.11	0.17	0.03	0.11	0.08	0.09

注:1)岭澳核电站一期的数据是从 2002 年商运起开始统计,不包括调试阶段的值。

2)WANO 指标的先进值和中间值均为当年值。

3)自 2009 年起,两台机组集体剂量独立进行统计,不能分开则由两台机组均分,全厂值为两台机组平均值。

4)自 2007 年起,原 20 万小时工业安全事故率改为 20 万人工时员工工业安全事故率,以区别于承包商工业安全事故率。

9.2 电量销售及能耗

9.2.1 大亚湾核电站电量销售及能耗

分类	指标名称	1994 年	1995 年	1996 年	1997 年	1998 年	1999 年	2000 年	2001 年	2002 年	2003 年	2004 年	2005 年	2006 年	2007 年	2008 年	2009 年	累计
电量	发电量/（亿 kW·h）	122. 65	106. 14	121. 14	124. 06	129. 38	141. 01	147. 01	150. 00	147. 48	150. 03	139. 00	154. 51	155. 15	154. 41	160. 81	163. 74	2 266. 52
	上网电量/（亿 kW·h）	116. 28	100. 58	115. 30	118. 11	123. 09	134. 63	140. 63	143. 65	141. 16	143. 84	133. 11	148. 47	148. 58	147. 75	154. 30	156. 62	2 166. 09
	出口电量/（亿 kW·h）	78. 09	70. 04	73. 82	74. 53	75. 77	94. 24	98. 44	100. 55	98. 81	100. 69	93. 17	103. 93	104. 01	103. 43	108. 01	109. 63	1 487. 18
	内销电量/（亿 kW·h）	38. 19	30. 54	41. 47	43. 58	47. 31	40. 39	42. 19	43. 09	42. 35	43. 15	39. 93	44. 54	44. 57	44. 33	46. 29	46. 99	678. 92
能耗	发电标准煤耗率/［g/（kW·h）］	365. 39	363. 08	362. 63	364. 90	367. 04	364. 68	362. 00	362. 51	360. 93	362. 05	361. 41	360. 35	359. 82	360. 24	360. 31	359. 38	5 796. 72
	供电标准煤耗率/［g/（kW·h）］	385. 40	383. 15	381. 01	383. 30	385. 80	381. 29	378. 43	378. 53	377. 08	377. 62	377. 41	374. 99	375. 73	376. 48	375. 52	375. 73	6 067. 47
	发电厂用电率/%	5. 19	5. 24	4. 82	4. 80	4. 78	4. 36	4. 34	4. 04	4. 01	3. 85	3. 81	3. 64	4. 04	4. 02	3. 89	4. 05	—

注：1）大亚湾核电站的统计始自 1994 年。

2）2001 年起厂用电率的统计已不包括大修期间厂用设备用电量。

3）大亚湾核电站 1994 年的电量为调试电量和商业运行电量之和，如扣除调试电量，仅统计 1994 年商业运行期间的发电量、上网电量、出口电量、内销电量，分别为 113. 13 亿 kW·h、107. 67 亿 kW·h、71. 90 亿 kW·h、35. 77 亿 kW·h，故 1994 年至 2009 年商业运行期间的累计发电量、上网电量、出口电量、内销电量分别为2 257. 00 亿 kW·h、2 157. 48 亿 kW·h、1 480. 99 亿 kW·h、676. 50 亿 kW·h。

9.2.2 岭澳核电站一期电量销售及能耗

分类	指标名称	2002 年	2003 年	2004 年	2005 年	2006 年	2007 年	2008 年	2009 年	累计
电量	发电量/（亿 kW·h）	53.73	138.92	145.81	150.25	156.99	147.40	152.44	154.67	1 100.22
	上网电量/（亿 kW·h）	51.16	133.10	140.01	144.37	150.62	141.23	146.20	148.25	1 054.94
	内销电量/（亿 kW·h）	44.98	133.10	140.01	144.37	150.62	141.23	146.20	148.25	1 048.76
能耗	发电标准煤耗率/[g/（kW·h）]	365.58	362.95	361.75	361.41	358.85	359.93	360.62	361.04	2 892.13
	供电标准煤耗率/[g/（kW·h）]	380.19	378.83	376.75	376.13	374.01	375.66	376.00	376.42	3 013.99
	发电厂用电率/%	3.84	4.04	3.78	3.74	3.92	3.98	3.99	3.89	—

注：1）岭澳核电站一期的统计始自 2002 年。

2）2001 年起厂用电率的统计已不包括大修期间厂用设备用电量。

3）岭澳核电站一期 2002 年的电量为调试电量和商业运行电量之和，如扣除调试电量，仅统计 2002 年商业运行期间的发电量、上网电量，分别为47.67 亿 kW·h、45.84 亿 kW·h，故 2002 年至 2009 年商业运行期间的累计发电量、上网电量分别为1 094.15 亿 kW·h、1 049.62 亿 kW·h。

9.3 安全性能指标

9.3.1 大亚湾核电站安全性能指标

分类	指标名称		1994年	1995年	1996年	1997年	1998年	1999年	2000年	2001年	2002年	2003年	2004年	2005年	2006年	2007年	2008年	2009年	累计
核安全	反应堆临界运行非计划自动停堆次数	1号机组	6	3	5	0	0	0	1	1	2	0	0	0	0	0	0	0	18
		2号机组	0	6	1	3	0	0	0	1	1	0	1	0	0	2	1	0	16
		全厂	6	9	6	3	0	0	1	2	3	0	1	0	0	2	1	0	34
	专设安全系统高压安全注入系统性能	1号机组	—	—	—	0.007 0	0.003 0	0.000 0	0.003 0	0.001 0	0.000 0	0.000 0	0.000 0	0.000 0	0.000 0	0.000 0	0.000 0	0.000 0	—
		2号机组	—	—	—	0.001 0	0.024 0	0.000 0	0.003 0	0.000 0	0.000 0	0.001 0	0.000 1	0.000 0	0.000 9	0.000 0	0.000 0	0.000 0	—
		全厂	—	—	—	0.004 0	0.013 5	0.000 0	0.003 0	0.000 5	0.000 0	0.000 5	0.000 1	0.000 0	0.000 5	0.000 0	0.000 0	0.000 0	—
	专设安全系统辅助给水系统性能	1号机组	—	—	—	0.001 0	0.013 0	0.002 0	0.015 0	0.001 0	0.001 0	0.002 0	0.000 2	0.000 2	0.000 0	0.000 4	0.000 0	0.000 0	—
		2号机组	—	—	—	0.001 0	0.000 0	0.001 0	0.003 0	0.001 0	0.000 0	0.001 0	0.000 2	0.000 2	0.000 2	0.000 3	0.000 0	0.000 0	—
		全厂	—	—	—	0.001 0	0.006 5	0.001 5	0.009 0	0.001 0	0.000 5	0.001 5	0.000 2	0.000 2	0.000 1	0.000 4	0.000 0	0.000 0	—
	专设安全系统应急交流电源系统性能	全厂	—	—	—	0.014	0.003	0.011	0.008	0.001	0.000	0.002	0.000 0	0.000 8	0.001 0	0.000 4	0.001 0	0.000 0	—
	燃料可靠性/(Bq/g)	1号机组	96.20	498.60	0.04	0.04	0.04	0.04	0.04	0.40	0.04	0.04	0.04	0.07	0.037	0.037	0.037	0.037	—
		2号机组	0.04	72.90	572.20	0.04	0.04	0.04	0.04	0.04	0.80	1.01	0.08	0.10	0.149	0.037	0.037	0.037	—
		全厂	48.12	285.75	286.12	0.04	0.04	0.04	0.04	0.22	0.42	0.53	0.06	0.09	0.093	0.037	0.037	0.037	—
	电站运行事件数	1号机组	27	17	12	7	10	8	7	9	7	5	3	2	2	1	0	2	119
		2号机组	2	18	14	7	5	8	9	6	4	6	7	2	0	3	1	0	92
		全厂	29	35	26	14	15	16	16	15	11	11	10	4	2	4	1	2	211

续表

分类	指标名称		1994年	1995年	1996年	1997年	1998年	1999年	2000年	2001年	2002年	2003年	2004年	2005年	2006年	2007年	2008年	2009年	累计
核安全	第一组安全相关设备随机不可用总消耗比[3]	1号机组	13.49	6.11	12.63	4.47	7.03	8.21	7.40	3.85	7.39	8.13	10.64	9.14	9.87	5.19	3.76	3.75	—
		2号机组	9.58	13.69	16.28	8.18	7.28	8.62	9.44	6.74	4.41	6.63	8.39	9.15	6.72	8.25	3.66	5.73	—
		全厂	23.07	19.80	28.91	12.65	14.31	16.83	16.84	10.59	11.80	14.76	19.03	18.29	16.59	13.45	7.43	9.49	—
	GOR定期试验一次成功率/%	1号机组	—	—	—	99.30	99.78	99.40	99.10	98.90	99.17	99.60	99.50	99.46	99.20	99.62	99.43	99.74	—
		2号机组	—	—	—	99.20	99.47	100.00	99.03	99.30	99.35	99.50	99.50	99.74	99.56	99.72	99.54	99.70	—
		全厂	—	—	—	99.25	99.63	99.70	99.07	99.10	99.26	99.55	99.50	99.60	99.39	99.67	99.49	99.72	—
电网安全	机组与电网非计划解列次数[4]	1号机组	12	4	6	2	4	1	2	3	2	1	0	0	1	0	1	0	39
		2号机组	0	8	5	5	1	1	2	3	3	0	0	0	0	2	1	0	31
		全厂	12	12	11	7	5	2	4	6	5	1	0	0	1	2	2	0	70
	机组与电网非计划自动解列次数	1号机组	6	2	3	0	2	0	1	1	2	0	0	0	0	0	0	0	17
		2号机组	0	5	2	3	0	0	0	1	1	0	0	0	0	2	1	0	15
		全厂	6	7	5	3	2	0	1	2	3	0	0	0	0	2	1	0	32
工业安全	员工工业安全事故次数[5]	全厂	6	2	4	5	2	1	2	2	2	3	1	2	1	0	0	0	33
	承包商工业安全事故次数[5]	全厂	—	—	—	—	—	—	—	—	—	—	—	—	—	4	0	0	4
	工业安全未遂事件次数	全厂	7	40	34	42	30	23	24	16	13	13	13	10	3	5	2	2	277
	火灾事故次数	全厂	0	0	0	0	0	0	0	0	0	0	0	0	0	0	0	0	0
	火险事件次数[6]	全厂	2	2	14	12	15	7	12	8	4	15	0	3	5	2	3	1	105
	20万人工时员工工业安全事故率[7]	全厂	0.432	0.157	0.319	0.368	0.132	0.066	0.137	0.129	0.124	0.216	0.074	0.144	0.07	0.00	0.00	0.00	—

辐射防护[8]	全厂集体剂量/（人·Sv）	员工	0.117 3	0.308 6	0.285 8	0.427 8	0.420 5	0.378 6	0.311 6	0.284 1	0.170 6	0.267 8	0.243 0	0.194 7	0.217 6	0.281 1	0.247 9	0.207 1	4.364 0
		承包商	0.284 5	1.673 6	1.369 0	1.079 6	0.917 6	0.953 5	0.818 8	1.081 7	0.564 2	1.580 9	1.574 4	1.111 8	0.986 9	0.772 2	0.578 1	0.508 3	15.855 2
		合计	0.401 8	1.982 2	1.654 8	1.507 4	1.338 1	1.332 1	1.130 4	1.365 7	0.734 8	1.848 8	1.817 4	1.306 5	1.204 5	1.053 3	0.826 0	0.715 4	20.219 1
	控制区内工作时间/（人·h）	员工	—	68 703	62 932	75 112	55 054	55 335	64 476	57 320	42 317	58 035	61 246	55 772	66 807	83 317	70 061	54 323	930 810
		承包商	—	192 514	160 431	166 198	96 104	120 254	99 061	157 244	135 950	263 452	265 740	223 519	198 773	180 091	135 688	155 022	2 550 041
		合计	—	261 217	223 363	241 310	151 157	175 589	163 537	214 564	178 267	321 487	326 986	279 291	265 580	263 408	205 749	209 345	3 480 850
	最大年个人受照剂量/mSv	员工	3.15	4.38	3.83	10.64	8.36	7.97	7.07	17.32	4.22	5.69	4.32	2.82	3.12	3.60	3.18	3.03	—
		承包商	4.37	18.73	12.13	15.27	9.80	10.35	8.15	35.84	6.52	8.10	12.14	8.15	5.92	9.48	5.99	5.24	—
		所有现场人员	4.37	18.73	12.13	15.27	9.80	10.35	8.15	35.84	6.52	8.10	12.14	8.15	5.92	9.48	5.99	5.24	—

注：1）大亚湾核电站的统计始自 1994 年。

2）所有累计值均为自机组投入商运以来的累计值，其中大亚湾核电站的累计值始自 1994 年。

3）自 2004 年起，原第一组安全相关设备不可用总消耗比改为第一组安全相关设备随机不可用总消耗比。

4）自 2003 年起，原机组与电网解列总次数改为机组与电网非计划解列次数。

5）自 2007 年起，原工业安全事故次数改为员工工业安全事故次数，同时增加承包商工业安全事故次数。

6）自 2003 年起称为火险事件，包括零级火险事件和一级火险事件。

7）自 2007 年起，原 20 万小时工业安全事故率改为 20 万人工时员工工业安全事故率。

8）自 2009 年起，个人受照剂量包括 γ 照射剂量和中子剂量；员工集体剂量包括在电站进行学习培训的外部学员剂量。

9.3.2 岭澳核电站一期安全性能指标

分类	指标名称		2002 年	2003 年	2004 年	2005 年	2006 年	2007 年	2008 年	2009 年	累计
核安全	反应堆临界运行非计划自动停堆次数	1 号机组	0	0	1	1	0	0	0	0	2
		2 号机组	0	0	0	1	1	1	0	0	3
		全厂	0	0	1	2	1	1	0	0	5
	专设安全系统高压安全注入系统性能	1 号机组	0.002 0	0.001 0	0.000 9	0.000 0	0.000 1	0.000 0	0.000 0	0.002 5	—
		2 号机组	—	0.000 0	0.000 3	0.000 0	0.000 0	0.000 0	0.000 1	0.000 0	—
		全厂	0.002 0	0.000 5	0.000 6	0.000 0	0.000 0	0.000 0	0.000 1	0.001 3	—
	专设安全系统辅助给水系统性能	1 号机组	0.000 0	0.000 0	0.001 0	0.000 2	0.000 0	0.000 0	0.000 0	0.000 0	—
		2 号机组	—	0.001 0	0.000 0	0.000 3	0.000 0	0.000 0	0.000 0	0.000 0	—
		全厂	0.000 0	0.000 5	0.000 5	0.000 3	0.000 0	0.000 0	0.000 0	0.000 0	—
	专设安全系统应急交流电源系统性能	全厂	0.009 0	0.001 0	0.000 0	0.000 4	0.000 6	0.000 3	0.000 4	0.000 1	—
	燃料可靠性/(Bq/g)	1 号机组	0.07	0.16	0.04	0.20	0.037	0.037	0.142	0.037	—
		2 号机组	—	0.04	0.04	0.04	0.037	0.037	141.603	16.779	—
		全厂	0.07	0.10	0.04	0.12	0.037	0.037	70.873	8.408	—
	电站运行事件数	1 号机组	14	7	1	4	0	2	1	1	30
		2 号机组	5	5	4	1	2	4	1	0	22
		全厂	19	12	5	5	2	6	2	1	52
	第一组安全相关设备随机不可用总消耗比[3)]	1 号机组	2.88	9.89	3.99	2.20	3.42	2.72	1.37	2.82	—
		2 号机组	—	11.00	3.12	2.58	2.31	4.30	1.47	2.07	—
		全厂	2.88	20.89	7.11	4.78	5.73	7.02	2.84	4.90	—
	GOR 定期试验一次成功率/%	1 号机组	100.00	99.20	98.70	98.53	99.12	99.13	99.55	99.87	—
		2 号机组	—	99.20	99.80	99.27	99.54	99.81	99.85	100.00	—
		全厂	100.00	99.20	99.25	98.90	99.32	99.47	99.70	99.93	—
电网安全	机组与电网非计划解列次数[4)]	1 号机组	0	1	3	1	0	0	0	1	6
		2 号机组	—	0	0	1	0	1	0	0	2
		全厂	0	1	3	2	0	1	0	1	8
	机组与电网非计划自动解列次数	1 号机组	0	0	1	0	0	0	0	0	1
		2 号机组	—	0	0	1	0	1	0	0	2
		全厂	0	0	1	1	0	1	0	0	3
工业安全	员工工业安全事故次数[5)]	全厂	0	0	0	0	0	1	0	0	1
	承包商工业安全事故次数[5)]	全厂	—	—	—	—	—	0	0	0	0
	工业安全未遂事件次数	全厂	13	14	10	6	2	6	4	1	56

续表

分类	指标名称		2002 年	2003 年	2004 年	2005 年	2006 年	2007 年	2008 年	2009 年	累计
工业安全	火灾事故次数	全厂	0	0	0	0	0	0	0	0	0
	火险事件次数[6]	全厂	4	7	5	3	1	4	2	4	30
	20 万人工时员工工业安全事故率[7]	全厂	0	0	0	0	0	0. 112	0	0	—
辐射防护[8]	全厂集体剂量/（人·Sv）	员工	0. 011 7	0. 187 1	0. 153 5	0. 150 5	0. 159 0	0. 325 6	0. 484 1	0. 447 1	1. 918 7
		承包商	0. 014 4	1. 334 4	0. 852 5	0. 937 9	0. 562 8	0. 904 9	1. 287 9	1. 084 0	6. 978 8
		合计	0. 026 1	1. 521 5	1. 006 0	1. 088 4	0. 721 8	1. 230 6	1. 772 1	1. 531 1	8. 897 5
	控制区内工作时间/（人·h）	员工	46 964	54 808	47 689	54 947	59 976	84 916	102 923	80 678	532 901
		承包商	136 328	202 960	187 612	181 650	141 428	189 650	197 730	172 076	1 409 434
		合计	183 292	257 768	235 301	236 597	201 404	274 566	300 653	252 754	1 942 335
	最大年个人受照剂量/mSv	员工	0. 261	5. 072	3. 540	2. 720	2. 228	4. 076	5. 974	7. 811	—
		承包商	0. 213	11. 331	8. 050	8. 910	7. 155	8. 533	12. 169	10. 586	—
		所有现场人员	0. 261	11. 331	8. 050	8. 910	7. 155	8. 533	12. 169	10. 586	—

注：1）岭澳核电站一期的统计始自 2002 年。

2）所有累计值均为自机组投入商业运行以来的累计值，其中岭澳核电站一期的累计值始自 2002 年。

3）自 2004 年起，原第一组安全相关设备不可用总消耗比改为第一组安全相关设备随机不可用总消耗比。

4）自 2003 年起，原机组与电网解列总次数改为机组与电网非计划解列次数。

5）自 2007 年起，原工业安全事故次数改为员工工业安全事故次数，同时增加承包商工业安全事故次数。

6）自 2003 年起，称为火险事件，包括零级火险事件和一级火险事件。

7）自 2007 年起，原 20 万小时工业安全事故率改为 20 万人工时员工工业安全事故率。

8）自 2009 年起，个人受照剂量包括 γ 照射剂量和中子剂量；员工集体剂量包括在电站进行学习培训的外部学员剂量。

9.4 生产运行指标

9.4.1 大亚湾核电站生产运行指标

分类	指标名称		1994 年	1995 年	1996 年	1997 年	1998 年	1999 年	2000 年	2001 年	2002 年	2003 年	2004 年	2005 年	2006 年	2007 年	2008 年	2009 年	累计
因子	机组能力因子/%	1 号机组	77.90	48.99	77.38	82.45	81.03	86.60	86.07	88.02	89.74	90.13	87.77	99.95	80.32	91.20	99.79	91.23	84.77
		2 号机组	99.40	81.47	67.75	70.60	84.21	86.10	88.00	90.89	82.02	84.79	73.91	79.76	99.88	88.80	86.25	99.99	84.75
		全厂	86.84	65.23	72.57	76.53	82.62	86.35	87.04	89.46	85.88	87.46	80.84	89.86	90.10	90.00	93.02	95.61	84.76
	非计划能力损失因子/%	1 号机组	17.20	35.68	3.95	0.20	4.61	0.40	2.18	1.18	0.24	0.06	0.00	0.03	0.87	0.21	0.19	0.01	4.07
		2 号机组	0.50	2.03	8.18	1.50	1.32	0.40	0.18	2.91	14.84	1.13	16.56	0.02	0.05	2.27	4.73	0.00	3.61
		全厂	10.24	18.86	6.07	0.85	2.97	0.40	1.18	2.05	7.54	0.60	8.28	0.03	0.46	1.24	2.46	0.01	3.84
	计划能力损失因子/%	1 号机组	4.90	16.50	18.67	17.35	14.36	13.00	12.00	10.80	10.01	9.81	12.23	0.01	18.81	8.59	0.02	8.75	10.92
		2 号机组	0.10	18.70	24.07	27.90	14.47	13.50	11.71	6.20	3.14	14.09	9.53	20.22	0.07	8.93	9.02	0.01	11.47
		全厂	2.92	17.60	21.37	22.63	14.42	13.25	11.86	8.50	6.58	11.95	10.88	10.12	9.44	8.76	4.52	4.38	11.20
	负荷因子/%	1 号机组	77.20	45.20	76.10	75.30	73.76	81.17	85.18	84.92	89.55	89.57	87.24	99.80	80.31	90.85	99.61	90.20	82.91
		2 号机组	92.50	77.92	64.10	68.60	76.36	82.42	84.91	89.11	81.55	84.48	73.57	79.44	99.68	88.29	86.44	99.76	82.86
		全厂	84.85	61.56	70.10	71.95	75.06	81.80	85.05	87.02	85.55	87.03	80.41	89.62	90.00	89.57	93.03	94.98	82.89
	机组时间利用率/%	1 号机组	79.60	47.70	78.00	83.20	83.84	87.28	86.99	88.98	90.46	91.29	88.67	100.00	81.43	92.17	99.89	91.95	85.73
		2 号机组	100.00	81.90	65.30	71.80	83.36	86.69	89.38	91.23	82.72	85.94	74.90	80.78	100.00	89.72	87.28	100.00	85.37
		全厂	89.80	64.80	71.65	77.50	83.60	86.99	88.19	90.11	86.59	88.62	81.79	90.39	90.72	90.95	93.59	95.98	85.55
	反应堆时间利用率/%	1 号机组	81.00	49.80	79.50	84.10	84.76	88.41	87.17	89.72	91.56	91.26	89.26	100.00	82.03	93.29	100.00	92.41	86.54
		2 号机组	100.00	83.30	66.90	74.40	85.80	88.36	90.15	91.38	84.38	86.54	75.81	81.97	100.00	90.81	87.85	100.00	86.43
		全厂	90.50	66.55	73.20	79.25	85.28	88.38	88.66	90.55	87.97	88.90	82.54	90.99	91.02	92.05	93.93	96.21	86.49
	辅助设备消耗因子/%	1 号机组	4.80	6.30	4.60	4.90	4.80	4.42	4.34	4.44	4.21	4.23	4.34	4.05	4.24	4.15	4.01	4.07	4.41
		2 号机组	4.10	4.50	5.00	4.60	4.90	4.22	4.33	4.11	4.38	4.13	4.35	4.16	3.89	4.19	4.05	3.98	4.30
		全厂	4.45	5.40	4.80	4.75	4.85	4.32	4.34	4.28	4.30	4.18	4.35	4.11	4.07	4.17	4.03	4.03	4.36

能量	发电量/（GW·h）	1 号机组	6 090. 95	3 897. 53	6 577. 46	6 491. 23	6 356. 77	6 996. 42	7 362. 42	7 319. 64	7 718. 72	7 720. 50	7 540. 90	8 602. 75	6 922. 65	7 831. 06	8 609. 85	7 775. 33	113 814. 16
		2 号机组	5 222. 39	6 716. 81	5 536. 43	5 914. 84	6 580. 94	7 104. 10	7 338. 99	7 680. 73	7 029. 22	7 282. 18	6 358. 88	6 847. 85	8 592. 03	7 610. 44	7 471. 15	8 598. 92	111 885. 88
		全厂	11 313. 33	10 614. 34	12 113. 89	12 406. 07	12 937. 71	14 100. 52	14 701. 41	15 000. 37	14 747. 94	15 002. 68	13 899. 77	15 450. 59	15 514. 68	15 441. 50	16 080. 99	16 374. 25	225 700. 04
	辅助设备总消耗能量/（GW·h）	1 号机组	293. 91	245. 33	300. 35	317. 13	304. 25	326. 00	319. 64	324. 74	324. 94	326. 86	326. 92	348. 30	293. 51	325. 34	344. 87	315. 51	5 037. 59
		2 号机组	213. 12	301. 78	278. 35	269. 83	325. 70	315. 51	318. 02	315. 49	307. 90	300. 63	276. 56	284. 78	333. 94	318. 58	302. 73	342. 34	4 805. 27
		全厂	507. 02	547. 11	578. 70	586. 96	629. 95	641. 52	637. 66	640. 23	632. 84	627. 49	603. 48	633. 08	627. 45	643. 92	647. 60	657. 85	9 842. 85
	反应堆产生的热能/（GW·h）	1 号机组	18 011. 86	11 588. 25	19 447. 20	19 270. 22	19 105. 35	20 786. 17	21 667. 34	21 658. 05	22 694. 08	22 684. 05	22 165. 60	25 189. 68	20 290. 83	22 937. 59	25 274. 70	22 812. 85	335 583. 82
		2 号机组	15 398. 49	19 843. 56	16 313. 64	17 584. 05	19 553. 54	21 075. 44	21 658. 89	22 611. 00	20 640. 68	21 535. 82	18 729. 92	20 136. 93	25 157. 37	22 347. 89	21 897. 16	25 093. 65	329 578. 04
		全厂	33 410. 35	31 431. 81	35 760. 85	36 854. 27	38 658. 89	41 861. 61	43 326. 23	44 269. 05	43 334. 76	44 219. 87	40 895. 52	45 326. 61	45 448. 21	45 285. 48	47 171. 86	47 906. 50	665 161. 86
	从燃料获得的能量/EFPD	1 号机组	259. 24	166. 83	279. 92	277. 35	274. 98	299. 17	311. 85	311. 71	326. 63	326. 48	319. 02	362. 55	292. 04	330. 13	363. 77	328. 34	4 829. 99
		2 号机组	221. 63	285. 66	234. 80	253. 08	281. 43	303. 33	311. 73	325. 44	297. 04	309. 96	269. 57	289. 82	362. 08	321. 64	315. 16	361. 16	4 743. 53
		全厂	480. 86	452. 49	514. 71	530. 43	556. 40	602. 50	623. 58	637. 15	623. 66	636. 44	588. 59	652. 37	654. 12	651. 78	678. 93	689. 50	9 573. 52
	毛可用能量/（GW·h）	1 号机组	6 144. 55	4 222. 79	6 688. 07	7 106. 67	6 984. 94	7 467. 50	7 439. 84	7 586. 82	7 735. 80	7 769. 39	7 586. 45	8 615. 73	6 923. 24	7 861. 60	8 625. 24	7 864. 08	116 622. 70
		2 号机组	5 610. 36	7 022. 58	5 855. 64	6 085. 72	7 258. 34	7 419. 85	7 606. 19	7 834. 52	7 069. 75	7 308. 55	6 388. 57	6 875. 56	8 609. 13	7 654. 49	7 454. 92	8 618. 70	114 672. 86
		全厂	11 754. 91	11 245. 37	12 543. 71	13 192. 39	14 243. 28	14 887. 35	15 046. 03	15 421. 34	14 805. 55	15 077. 94	13 975. 02	15 491. 29	15 532. 37	15 516. 09	16 080. 16	16 482. 78	231 295. 56
	计划毛不可用能量/（GW·h）	1 号机组	386. 50	1 422. 27	1 613. 71	1 495. 61	1 237. 50	1 121. 34	1 014. 02	931. 08	863. 09	845. 54	1 056. 90	1. 23	1 621. 34	740. 47	1. 82	754. 49	15 106. 91
		2 号机组	5. 64	1 611. 91	2 081. 06	2 405. 25	1 247. 41	1 161. 44	1 021. 45	534. 34	270. 92	1 214. 29	823. 15	1 742. 58	6. 09	770. 05	779. 68	0. 79	15 676. 04
		全厂	392. 14	3 034. 18	3 694. 77	3 900. 86	2 484. 91	2 282. 78	2 035. 47	1 465. 43	1 134. 01	2 059. 83	1 880. 05	1 743. 81	1 627. 43	1 510. 52	781. 50	755. 27	30 782. 96
	非计划毛不可用能量/（GW·h）	1 号机组	1 356. 69	3 075. 26	341. 68	17. 56	397. 19	31. 00	18. 96	101. 94	20. 95	49. 09	0. 11	2. 88	75. 26	17. 77	16. 40	1. 27	5 524. 01
		2 号机组	28. 22	174. 98	706. 76	128. 87	114. 08	38. 55	15. 82	250. 98	1 279. 18	970. 03	1 431. 74	1. 70	4. 63	195. 30	408. 86	0. 355	5 750. 05
		全厂	1 384. 91	3 250. 24	1 048. 44	146. 43	511. 27	69. 55	34. 77	352. 92	1 300. 13	1 019. 12	1 431. 85	4. 58	79. 88	213. 07	425. 26	1. 63	11 274. 05

续表

分类	指标名称		1994 年	1995 年	1996 年	1997 年	1998 年	1999 年	2000 年	2001 年	2002 年	2003 年	2004 年	2005 年	2006 年	2007 年	2008 年	2009 年	累计
时间	机组总运行时间/h	1 号机组	6 384. 20	4 177. 00	6 852. 90	7 284. 30	7 344. 40	7 646. 00	7 641. 00	7 794. 80	7 924. 00	7 974. 00	7 789. 20	8 760. 00	7 132. 90	8 074. 00	8 774. 40	8 055. 0	119 608. 1
		2 号机组	5 736. 00	7 171. 30	5 739. 00	6 289. 70	7 302. 00	7 594. 00	7 851. 50	7 992. 00	7 246. 70	7 528. 10	6 579. 50	7 076. 30	8 760. 00	7 859. 50	7 666. 70	8 760. 0	117 152. 3
		全厂	12 120. 20	11 348. 30	12 591. 90	13 574. 00	14 646. 40	15 240. 00	15 492. 50	15 786. 80	15 170. 70	15 502. 10	14 368. 70	15 836. 30	15 892. 90	15 933. 50	16 441. 10	16 815. 0	236 760. 4
	反应堆临界时间/h	1 号机组	6 492. 50	4 366. 20	6 979. 90	7 365. 20	7 424. 50	7 744. 50	7 657. 00	7 859. 80	8 021. 10	8 005. 00	7 841. 00	8 760. 00	7 185. 90	8 172. 00	8 784. 00	8 095. 5	120 754. 1
		2 号机组	5 736. 00	7 295. 10	5 879. 40	6 518. 10	7 518. 00	7 740. 00	7 919. 00	8 004. 50	7 392. 70	7 581. 30	6 659. 50	7 181. 00	8 760. 00	7 955. 00	7 717. 10	8 760. 0	118 616. 7
		全厂	12 228. 50	11 661. 30	12 859. 30	13 883. 30	14 942. 50	15 484. 50	15 576. 00	15 864. 30	15 413. 80	15 586. 30	14 500. 50	15 941. 00	15 945. 90	16 127. 00	16 501. 10	16 855. 5	239 370. 8
	计划全部不可用停运时间/h	1 号机组	359. 90	1 303. 00	1 582. 80	1 464. 70	1 197. 00	1 104. 00	975. 00	906. 20	826. 50	763. 00	994. 80	0. 00	1 562. 10	644. 00	0. 00	705. 0	14 388. 0
		2 号机组	0. 00	1 391. 30	2 016. 00	2 380. 50	1 224. 00	1 098. 00	914. 50	504. 00	228. 00	1 171. 20	768. 00	1 683. 70	0. 00	684. 00	724. 20	0. 0	14 787. 4
		全厂	359. 90	2 694. 30	3 598. 80	3 845. 20	2 421. 00	2 202. 00	1 889. 50	1 410. 20	1 054. 50	1 934. 20	1 762. 80	1 683. 70	1 562. 10	1 328. 00	724. 20	705. 0	29 175. 4
	非计划全部不可用时间/h	1 号机组	1 271. 90	3 042. 50	328. 30	10. 50	218. 60	0. 00	198. 00	34. 50	9. 50	0. 00	0. 00	0. 00	43. 80	0. 00	9. 60	0. 0	5 167. 2
		2 号机组	0. 00	76. 40	641. 00	89. 80	115. 00	7. 50	0. 00	32. 00	1 285. 30	60. 70	1 436. 50	0. 00	0. 00	194. 00	393. 10	0. 0	4 331. 3
		全厂	1 271. 90	3 118. 90	969. 30	100. 30	333. 60	7. 50	198. 00	66. 50	1 294. 80	60. 70	1 436. 50	0. 00	43. 80	194. 00	402. 70	0. 0	9 498. 5
	反应堆在可用状态下的停运时间/h	1 号机组	1 211. 50	332. 10	541. 40	40. 80	103. 00	0. 00	198. 00	0. 00	0. 00	0. 00	0. 00	0. 00	0. 00	0. 00	0. 00	0. 0	2 426. 8
		2 号机组	0. 00	212. 30	1 153. 50	142. 80	102. 00	23. 00	0. 00	0. 00	1 196. 80	0. 00	0. 00	0. 00	0. 00	0. 00	0. 00	0. 0	2 830. 4
		全厂	1 211. 50	544. 40	1 694. 90	183. 60	205. 00	23. 00	198. 00	0. 00	1 196. 80	0. 00	0. 00	0. 00	0. 00	0. 00	0. 00	0. 0	5 257. 2

注：1）大亚湾核电站的统计始自 1994 年商业运行。

9.4.2　岭澳核电站一期生产运行指标

分类	指标名称		2002年	2003年	2004年	2005年	2006年	2007年	2008年	2009年	累计
因子	机组能力因子/%	1号机组	99.92	80.68	88.54	83.10	90.08	83.16	92.11	90.38	87.89
		2号机组	—	90.44	80.43	91.22	92.44	87.73	85.24	91.09	88.36
		全厂	99.92	85.56	84.49	87.16	91.26	85.45	88.68	90.74	88.13
	非计划能力损失因子/%	1号机组	0.00	5.46	1.32	1.05	0.18	6.59	0.08	0.63	2.02
		2号机组	—	0.07	1.72	0.82	0.03	3.55	0.17	0.01	0.91
		全厂	0.00	2.77	1.52	0.94	0.11	5.07	0.13	0.32	1.47
	计划能力损失因子/%	1号机组	0.08	13.86	10.14	15.85	9.75	10.25	7.81	8.99	10.09
		2号机组	—	9.48	17.85	7.96	7.53	8.72	14.59	8.89	10.73
		全厂	0.08	11.67	14.00	11.91	8.64	9.49	11.20	8.94	10.41
	负荷因子/%	1号机组	92.03	76.83	87.76	82.69	89.16	82.65	90.72	89.05	86.06
		2号机组	—	85.00	79.92	90.56	91.86	87.31	84.57	89.30	86.91
		全厂	92.03	80.92	83.84	86.63	90.51	84.98	87.65	89.18	86.49
	机组时间利用率/%	1号机组	100.00	82.88	89.75	84.76	90.92	83.84	92.90	91.28	88.99
		2号机组	—	87.21	81.30	92.18	93.20	88.99	86.26	91.91	88.72
		全厂	100.00	80.92	83.84	86.63	90.51	84.98	87.65	91.60	88.86
	反应堆时间利用率/%	1号机组	100.0	82.95	90.78	85.54	91.79	84.64	93.47	91.76	89.59
		2号机组	—	87.21	82.61	93.23	94.16	89.90	86.88	92.09	89.44
		全厂	100.00	85.05	85.53	88.47	92.06	86.42	89.58	91.93	89.52
	辅助设备消耗因子/%	1号机组	4.40	4.43	4.04	4.04	3.96	4.17	3.99	3.97	4.10
		2号机组	—	4.34	4.37	4.22	4.02	3.97	3.99	4.00	4.12
		全厂	4.40	4.39	4.21	4.13	3.99	4.07	3.99	3.99	4.11
能量	发电量/(GW·h)	1号机组	4 767.02	6 662.61	7 631.37	7 171.26	7 732.31	7 168.13	7 889.55	7 722.57	56 744.81
		2号机组	—	7 229.76	6 949.79	7 854.09	7 966.23	7 572.30	7 354.01	7 744.38	52 670.56
		全厂	4 767.02	13 892.37	14 581.16	15 025.35	15 698.54	14 740.43	15 243.55	15 466.95	109 415.37
	辅助设备总消耗能量/（GW·h)	1号机组	209.68	294.77	308.30	289.88	306.40	298.89	314.38	306.66	2 328.97
		2号机组	—	313.91	303.34	331.05	320.04	300.75	293.45	308.91	2 171.44
		全厂	209.68	608.68	611.64	620.93	626.44	599.64	607.83	615.57	4 500.42
	反应堆产生的热能/（GW·h)	1号机组	14 187	19 769.08	22 519.08	21 205.23	22 657.04	21 038.09	23 133.68	22 677.17	167 186.80
		2号机组	—	21 270.21	20 423.57	23 003.86	23 204.70	22 154.98	21 620.38	22 751.06	154 428.76
		全厂	14 187	41 039.30	42 942.65	44 209.09	45 861.74	43 193.07	44 754.06	45 428.23	321 615.55
	从燃料获得的能量/EFPD	1号机组	204.19	284.53	324.11	305.20	326.10	302.80	333.00	326.40	2 406.33
		2号机组	—	306.13	293.95	331.09	334.00	318.90	311.20	327.40	2 222.67
		全厂	204.19	590.66	618.06	636.29	660.10	621.70	644.20	653.80	4 629.00
	毛可用能量/(GW·h)	1号机组	5 175.72	6 996.98	7 699.76	7 206.55	7 811.77	7 212.25	8 009.69	7 838.19	57 950.90
		2号机组	—	7 693.30	6 994.54	7 911.18	8 016.84	7 608.31	7 412.65	7 900.04	53 536.86
		全厂	5 175.72	14 690.27	14 694.30	15 117.74	15 828.61	14 820.55	15 422.35	15 738.23	111 487.76
	计划毛不可用能量/（GW·h)	1号机组	3.96	1 201.59	881.53	1 374.46	845.23	888.59	679.09	779.72	6 654.17
		2号机组	—	806.599	1 552.47	689.92	653.20	756.18	1 268.70	771.09	6 498.15
		全厂	3.96	2 008.19	2 434.00	2 064.38	1 498.43	1 644.77	1 947.79	1 550.81	13 152.32
	非计划毛不可用能量/（GW·h)	1号机组	0.00	473.84	114.88	91.39	15.40	571.56	7.38	54.49	1 328.93
		2号机组	—	6.19	149.15	71.30	2.37	307.92	14.81	1.27	552.99
		全厂	0.00	480.02	264.03	162.69	17.76	879.48	22.19	55.76	1 881.92

续表

分类	指标名称		2002年	2003年	2004年	2005年	2006年	2007年	2008年	2009年	累计
时间	机组总运行时间/h	1号机组	5 232.00	7 260.50	7 883.80	7 424.90	7 964.60	7 344.70	8 160.50	7 996.5	59 267.5
		2号机组	—	7 493.50	7 141.00	8 074.60	8 164.40	7 795.20	7 576.90	8 051.5	54 297.1
		全厂	5 232.00	14 754.00	15 024.80	15 499.50	16 129.00	15 139.90	15 737.40	16 048.0	113 564.6
	反应堆临界时间/h	1号机组	5 232.00	7 266.50	7 974.30	7 493.70	8 040.70	7 414.50	8 210.70	8 037.8	59 670.2
		2号机组	—	7 538.00	7 256.20	8 166.80	8 248.50	7 875.20	7 631.90	8 067.5	54 784.1
		全厂	5 232.00	14 804.50	15 230.50	15 660.50	16 289.20	15 289.70	15 842.60	16 105.3	114 454.3
	计划全部不可用停运时间/h	1号机组	0.00	1 065.00	839.30	1 335.10	795.40	835.30	621.50	718.0	6 209.6
		2号机组	—	813.00	1 510.80	685.40	595.60	700.30	1 207.10	708.5	6 220.7
		全厂	0.00	1 878.00	2 350.10	2 020.50	1 391.00	1 535.60	1 828.60	1 426.5	12 430.3
	非计划全部不可用时间/h	1号机组	0.00	434.50	60.90	19.80	0.00	580.00	0.00	45.5	1 140.7
		2号机组	—	0.00	132.12	45.70	0.00	264.50	0.00	0.0	442.3
		全厂	0.00	434.50	193.02	65.50	0.00	844.50	0.00	45.5	1 583.0
	反应堆在可用状态下的停运时间/h	1号机组	0.00	428.50	0.00	0.00	0.00	0.00	0.00	0.0	428.5
		2号机组	—	21.50	333.50	39.30	0.00	0.00	0.00	0.0	394.3
		全厂	0.00	450.00	333.50	39.30	0.00	0.00	0.00	0.0	822.8

注：1）岭澳核电站一期的统计始自2002年商业运行。

9.5　三废排放与环境监测

9.5.1　大亚湾核电站三废排放与环境监测

分类	指标名称	1994年	1995年	1996年	1997年	1998年	1999年	2000年	2001年	2002年	2003年	2004年	2005年	2006年	2007年	2008年	2009年	累计
气体	惰性气体排放量/TBq	22.72	80.20	43.63	31.06	23.49	25.73	19.43	15.51	13.90	11.29	12.60	2.29	2.34	1.55	1.27	1.09	—
气体	占年限值/%	1.99	7.04	3.83	2.72	2.07	2.26	1.70	1.36	1.22	0.99	1.10	0.20	0.21	0.14	0.11	0.10	—
气体	卤素气态流出物排放量[2]/MBq	424.00	720.40	228.70	115.65	100.37	91.93	102.20	68.77	86.34	95.70	124.00	12.50	16.90	6.98	4.00	4.30	—
气体	占年限值/%	1.12	1.90	0.60	0.30	0.27	0.24	0.27	0.18	0.23	0.25	0.36	0.04	0.049	0.02	0.01	0.01	—
气体	气溶胶气态流出物排放量/MBq	—	—	—	—	—	—	—	—	—	—	1.18	5.48	5.11	3.94	2.46	2.61	—
气体	占年限值/%	—	—	—	—	—	—	—	—	—	—	0.03	0.14	0.13	0.10	0.06	0.07	—
液体	非氚核素废液排放量/GBq	89.20	26.94	10.24	11.29	2.49	4.69	2.59	2.18	2.29	1.43	1.47	1.27	0.896	1.08	0.56	0.50	—
液体	占年限值/%	12.70	3.85	1.46	1.61	0.35	0.67	0.37	0.31	0.33	0.20	0.21	0.18	0.128	0.155	0.08	0.07	—
固体	水泥桶桶数	41	100	78	78	66	66	62	44	47	36	31	47	32	52	44	43	867
固体	金属桶桶数[4]	134	328	266	287	257	281	320	242	176	386	503	322	360	100	132	132	4 226
固体	桶数合计	175	428	344	365	323	347	382	286	223	422	534	369	392	152	176	175	5 093
固体	水泥桶体积/m^3	72.00	183.00	138.40	146.40	124.00	125.66	119.20	82.40	90.00	64.00	51.60	90.80	58.40	97.60	81.60	82.00	1 607.00
固体	金属桶体积/m^3	28.00	69.00	55.86	60.26	53.97	59.01	67.20	50.82	36.96	81.06	105.63	67.62	75.60	40.00	52.80	52.80	956.59
固体	体积合计/m^3	100.00	252.00	194.26	206.66	177.97	184.61	186.40	133.22	126.96	145.06	157.23	158.42	134.00	137.60	134.40	134.80	2 563.59

续表

分类	指标名称	1994年	1995年	1996年	1997年	1998年	1999年	2000年	2001年	2002年	2003年	2004年	2005年	2006年	2007年	2008年	2009年	累计
AS1	环境监测站γ辐射剂量率年平均值[5]/(μSv/h)(两电站)	0.146 ±0.015	0.151 ±0.004	0.127 ±0.005	0.127 ±0.004	0.127 ±0.004	0.128 ±0.003	0.128 ±0.005	0.131 ±0.006	0.129 ±0.004	0.130 ±0.004	0.130 ±0.004	0.131 ±0.005	0.131 ±0.005	0.128 ±0.004	0.127 ±0.004	0.126 ±0.005	—
AS2		0.171 ±0.014	0.178 ±0.010	0.148 ±0.006	0.147 ±0.005	0.146 ±0.004	0.144 ±0.006	0.148 ±0.006	0.148 ±0.006	0.147 ±0.005	0.149 ±0.004	0.150 ±0.005	0.148 ±0.005	0.144 ±0.005	0.148 ±0.005	0.144 ±0.005	0.150 ±0.004	—
AS3			新	增	站	点	—	—	0.154 ±0.005	0.153 ±0.005	0.152 ±0.005	0.154 ±0.005	0.153 ±0.007	0.154 ±0.005	0.149 ±0.005	0.149 ±0.004	0.149 ±0.004	—
AS4		0.110 ±0.004	0.110 ±0.005	0.117 ±0.006	0.119 ±0.007	0.117 ±0.006	0.117 ±0.003	0.117 ±0.006	0.120 ±0.004	0.121 ±0.004	0.119 ±0.004	0.116 ±0.004	0.113 ±0.004	0.121 ±0.005	0.119 ±0.004	0.114 ±0.004	0.117 ±0.006	—
AS5		0.139 ±0.011	0.137 ±0.006	0.128 ±0.010	0.146 ±0.013	0.166 ±0.008	0.164 ±0.010	0.153 ±0.007	0.152 ±0.005	0.148 ±0.005	0.150 ±0.007	0.143 ±0.009	0.144 ±0.011	0.139 ±0.008	0.145 ±0.008	0.147 ±0.007	0.137 ±0.006	—
BS1		0.157 ±0.010	0.157 ±0.011	0.117 ±0.004	0.113 ±0.007	0.114 ±0.005	0.115 ±0.005	0.116 ±0.004	0.118 ±0.004	0.123 ±0.006	0.115 ±0.006	0.113 ±0.005	0.110 ±0.005	0.110 ±0.005	0.113 ±0.005	0.116 ±0.004	0.115 ±0.004	—
BS2			新	增	站	点	—	—	0.116 ±0.005	0.109 ±0.005	0.107 ±0.004	0.108 ±0.005	0.105 ±0.004	0.108 ±0.005	0.108 ±0.004	0.106 ±0.004	0.105 ±0.004	—
BS3			新	增	站	点	—	—	0.138 ±0.005	0.140 ±0.007	0.143 ±0.006	0.132 ±0.009	0.128 ±0.013	0.130 ±0.009	0.136 ±0.006	0.134 ±0.007	0.130 ±0.005	—
BS4		0.139 ±0.004	0.128 ±0.005	0.105 ±0.010	0.095 ±0.004	0.092 ±0.006	0.094 ±0.005	0.100 ±0.005	0.110 ±0.004	0.113 ±0.005	0.114 ±0.004	0.113 ±0.005	0.111 ±0.004	0.113 ±0.004	0.114 ±0.004	0.113 ±0.004	0.110 ±0.004	—
BS5		0.187 ±0.019	0.169 ±0.009	0.126 ±0.007	0.124 ±0.009	0.113 ±0.011	0.107 ±0.005	0.113 ±0.007	0.120 ±0.005	0.121 ±0.005	0.120 ±0.005	0.119 ±0.005	0.120 ±0.007	0.124 ±0.005	0.121 ±0.005	0.122 ±0.006	0.122 ±0.006	—

注：1）大亚湾核电站的统计始自1994年，岭澳核电站一期的统计始自2002年。
2）自2004年起，放射性气体排放的卤素气态流出物与气溶胶气态流出物排放量分开统计。2004年以前的卤素气态流出物统计数据包含了气溶胶气态流出物的统计值。
3）大亚湾核电站与岭澳核电站一期采用统一的环境监测系统。
4）自2007年起，放射性固体废物金属桶指400L型。
5）因从2002年以后运行的是10个监测站，在原7个站点的基础上站名做了些调整，如原BS2已更名为AS4，原AS3已更名为AS5，原BS3已更名为BS4，原BS4已更名为BS5。

9.5.2 岭澳核电站一期三废排放与环境监测

分类	指标名称	2002 年	2003 年	2004 年	2005 年	2006 年	2007 年	2008 年	2009 年	累计
气体	惰性气体排放量/TBq	6.67	5.49	11.10	1.80	1.90	1.38	5.85	1.11	—
	占年限值/%	0.58	0.48	0.97	0.16	0.17	0.12	0.51	0.10	—
	卤素气态流出物排放量[2]/MBq	39.15	49.10	65.90	7.39	6.00	5.65	26.10	12.46	—
	占年限值/%	0.10	0.13	0.19	0.02	0.018	0.017	0.076	0.036	—
	气溶胶气态流出物排放量/MBq	—	—	1.35	7.55	6.40	5.97	4.48	3.78	—
	占年限值/%	—	—	0.04	0.20	0.17	0.16	0.12	0.10	—
液体	非氚核素废液排放量/GBq	0.14	1.02	0.32	0.26	0.291	0.253	0.215	0.255	—
	占年限值/%	0.02	0.15	0.05	0.04	0.042	0.036	0.031	0.036	—
固体	水泥桶桶数	4	17	31	23	47	49	46	50	267
	金属桶桶数	37	219	220	287	190	115	143	115	1 326
	桶数合计	41	236	251	310	116	164	189	165	1 472
	水泥桶体积/m^3	4.80	23.60	51.60	38.80	90.80	87.60	75.20	88.80	461.20
	金属桶体积/m^3	7.77	45.99	46.20	60.27	25.20	46.00	57.20	46.00	334.63
	体积合计/m^3	12.57	69.59	97.80	99.07	116.00	133.60	132.40	134.80	795.83
AS1	环境监测站 γ 辐射剂量率年平均值[4] / (μSv/h)（两电站）	0.129 ±0.004	0.130 ±0.004	0.130 ±0.004	0.131 ±0.005	0.131 ±0.005	0.128 ±0.004	0.127 ±0.004	0.126 ±0.005	—
AS2		0.147 ±0.005	0.149 ±0.004	0.150 ±0.005	0.148 ±0.005	0.144 ±0.005	0.148 ±0.005	0.144 ±0.005	0.150 ±0.004	—
AS3		0.153 ±0.005	0.152 ±0.005	0.154 ±0.005	0.153 ±0.007	0.154 ±0.005	0.149 ±0.005	0.149 ±0.004	0.149 ±0.004	—
AS4		0.121 ±0.004	0.119 ±0.004	0.116 ±0.004	0.113 ±0.004	0.121 ±0.005	0.119 ±0.004	0.114 ±0.004	0.117 ±0.006	—
AS5		0.148 ±0.005	0.150 ±0.007	0.143 ±0.009	0.144 ±0.011	0.139 ±0.008	0.145 ±0.008	0.147 ±0.007	0.137 ±0.006	—
BS1		0.123 ±0.006	0.115 ±0.006	0.113 ±0.005	0.110 ±0.005	0.110 ±0.005	0.113 ±0.005	0.116 ±0.004	0.115 ±0.004	—
BS2		0.109 ±0.005	0.107 ±0.004	0.108 ±0.005	0.105 ±0.004	0.108 ±0.005	0.108 ±0.004	0.106 ±0.004	0.105 ±0.004	—
BS3		0.140 ±0.007	0.143 ±0.006	0.132 ±0.009	0.128 ±0.013	0.130 ±0.009	0.136 ±0.006	0.134 ±0.007	0.130 ±0.005	—
BS4		0.113 ±0.005	0.114 ±0.004	0.113 ±0.005	0.111 ±0.004	0.113 ±0.004	0.114 ±0.004	0.113 ±0.004	0.110 ±0.004	—
BS5		0.121 ±0.005	0.120 ±0.005	0.119 ±0.005	0.120 ±0.007	0.124 ±0.005	0.121 ±0.005	0.122 ±0.006	0.122 ±0.006	—

注：1）岭澳核电站一期的统计始自 2002 年。

2）自 2004 年起，放射性气体排放的卤素气态流出物与气溶胶气态流出物排放量分开统计。2004 年以前的卤素气态流出物统计数据包含了气溶胶气态流出物的统计值。

3）大亚湾核电站与岭澳核电站一期采用统一的环境监测系统。

4）因从 2002 年以后运行的是 10 个监测站，在原 7 个站点的基础上站名做了些调整，如原 BS2 已更名为 AS4，原 AS3 已更名为 AS5，原 BS3 已更名为 BS4，原 BS4 已更名为 BS5。

9.6 维修、改进与质量保证

9.6.1 大亚湾核电站维修、改进与质量保证

分类	指标名称	1994 年	1995 年	1996 年	1997 年	1998 年	1999 年	2000 年	2001 年	2002 年	2003 年	2004 年	2005 年	2006 年	2007 年	2008 年	2009 年	累计
维修工作票	预防性维修工作票数	1 713	1 529	2 110	2 421	4 004	5 167	5 719	6 773	6 751	6 802	6 556	6 359	6 067	5 815	5 851	5 864	79 501
	纠正性维修工作票数	11 687	8 682	6 584	5 699	5 994	7 088	7 195	7 548	8 910	6 322	4 092	3 964	4 735	4 536	5 053	7 847	105 936
	合计	13 400	10 211	8 694	8 120	9 998	12 255	12 914	14 321	15 661	13 124	10 648	10 323	10 802	10 351	10 904	13 711	185 437
	年末维修周转工作票	—	—	171	112	88	67	46	55	83	63	216	133	63	44	126	68	—
工程改进	NCR 发出数	386	421	87	40	80	127	99	289	262	391	500	242	168	194	117	103	3 506
	NCR 已关闭数	294	411	84	75	50	85	66	118	178	234	278	348	250	110	153	130	2 864
	NCR 未关闭数	62	68	63	30	45	54	173	296	300	444	686	432	350	361	325	304	—
	ESR 收到数	—	—	42	198	270	287	417	472	356	453	645	528	532	542	515	548	5 805
	ESR 关闭数	—	—	4	94	200	345	392	422	338	556	542	562	566	561	531	566	5 679
	ESR 未关闭数	—	—	38	142	98	154	168	197	194	91	194	140	96	99	35	29	—
	MR 收到数	229	153	106	49	48	67	67	50	77	65	58	49	52	50	44	21	1 185
	MR 完成数	21	70	72	62	34	40	46	29	21	24	34	30	33	31	19	52	618
	MR 撤销数	—	—	150	26	30	49	30	11	6	16	18	8	23	17	14	32	430
	MR 未关闭数	208	291	175	136	120	96	93	103	113	136	153	228	222	194	193	125	—
质量保证	CAR 签发数	265	134	178	94	55	70	40	50	111	83	84	68	61	68	116	62	1 539
	CAR 关闭数	185	138	185	127	61	77	55	52	109	74	77	56	74	76	91	55	1 492
	CAR 未关闭数	80	74	64	50	30	29	7	8	10	13	20	32	24	16	25	7	—

注：1）大亚湾核电站的统计始自 1994 年。

2）因 2004 年改进了 NCR 管理，今后不再统计“NCR 有条件释放数”，故自 2004 年起取消该指标。

3）CAR 的数据为两个电站的数据。

9.6.2 岭澳核电站一期维修、改进与质量保证

分类	指标名称	2002 年	2003 年	2004 年	2005 年	2006 年	2007 年	2008 年	2009 年	累计
维修工作票	预防性维修工作票数	3 291	8 903	5 821	5 992	6 104	6 004	6 095	5 992	48 202
	纠正性维修工作票数	6 793	9 213	4 713	4 768	5 538	9 185	7 814	9 325	57 349
	合计	10 084	18 116	10 534	10 760	11 642	15 189	13 909	15 317	105 551
	年末维修周转工作票	103	85	179	68	68	135	91	42	—
工程改进	NCR 发出数	98	489	547	237	137	148	172	109	1 937
	NCR 已关闭数	39	162	263	382	230	82	195	103	1 456
	NCR 未关闭数	81	335	737	472	379	286	263	279	—
	ESR 收到数	277	731	627	542	548	560	644	667	4 596
	ESR 关闭数	134	664	586	624	574	599	612	687	4 480
	ESR 未关闭数	174	172	213	154	95	86	40	33	—
	MR 收到数	46	25	29	23	30	53	39	22	267
	MR 完成数	4	5	16	14	9	27	24	34	133
	MR 撤销数	0	0	2	4	5	17	17	18	63
	MR 未关闭数	42	38	53	75	92	143	135	103	—
质量保证	CAR 签发数	—	—	—	—	—	—	—	—	—
	CAR 关闭数	—	—	—	—	—	—	—	—	—
	CAR 未关闭数	—	—	—	—	—	—	—	—	—

注：1）岭澳核电站一期的统计始自 2002 年。

2）因 2004 年改进了 NCR 管理，今后不再统计“NCR 有条件释放数”，故自 2004 年起取消该指标。

3）CAR 的数据为两个电站的数据，参见大亚湾核电站相关指标。

9.7 换料大修主要指标

大修代号[1]			D101	D201	D202	D102	D203	D103	D204	D104	D205	D105	D206	D106	D207
大修工期	解列日期		94-12-17	95-04-04	95-12-15[2]	96-03-31	96-12-10[2]	97-03-11	97-11-22	98-01-24	98-11-16	99-01-26	99-11-16	00-01-14	00-11-22
	并网日期		95-02-24	95-05-20	96-04-09	96-05-26	97-02-24	97-05-10	98-01-15	98-03-20	99-01-03	99-03-12	99-12-30	00-02-23	00-12-28
	达满功率日期		95-07-08	95-05-26	96-04-14	96-05-31	97-03-01	97-05-13	98-01-20	98-03-25	99-01-11	99-03-18	00-01-05	00-02-27	01-01-03
	解列至并网/天		69.2	46.9	111	56	65	59.6	54.5	55.4	48.6	45	45	41	36.5
	解列至满功率/天		203	52.2	116	61	71	64.1	59.6	60.5	56.1	51	51	45	41.9
核安全	RP 模式非计划停堆/次		—	—	—	—	—	—	—	—	—	—	—	—	—
	核电站运行事件(LOE)	人因	5	6	7	3	4	3	0	2	3	1	2	2	3
		设备	0	1	0	1	2	0	0	1	0	0	2	1	1
		设计	3	0	1	1	0	0	0	0	0	0	0	0	0
		事件总数	8	7	8	5	6	3	0	3	3	1	4	3	4
		其中:1 级事件	2	3	1	0	1	1	0	1	0	0	1	0	1
	内部运行事件[3](IOE)	人因	15	7	9	8	13	12	14	12	26	5	8	9	19
		设备	4	1	2	1	8	2	10	15	8	5	14	6	9
		设计	1	0	0	0	0	0	0	0	0	0	0	0	0
		事件总数	20	8	11	9	21	14	24	27	34	10	22	15	28
工业安全	重伤及以上事件		—	—	0	0	0	0	0	0	0	0	0	0	0
	人身轻伤		0	1	1	1	0	2	1	1	0	1	0	0	0
	未遂事件		16	8	13	12	6	10	3	4	6	4	8	0	4
	火灾事故		0	0	0	0	0	0	0	0	0	0	0	0	0
	火险事件[4]		6	2	2	2	1	2	1	2	2	0	0	1	1
辐射防护	集体剂量/(人·mSv)		1 018	534	829	807	511	551	474	544	573	603	572.5	491	489
	个人剂量大于 5 mSv 的人数[5]		—	—	—	—	—	—	—	—	—	—	—	—	—
	体表污染/(人·次)		5	4	3	2	3	6	3	1	3	3	2	3	2
大修质量	人因非计划停机/次		—	—	—	—	—	—	—	—	—	—	—	—	—
	人因重大设备损坏/起		—	—	—	—	—	—	—	—	—	—	—	—	—
	NI 再鉴定一次合格率/%		—	—	—	—	83	96.9	96.4	97	95	94	95	98.7	97.73
	CI&BOP 再鉴定一次合格率/%		—	—	—	—	76	86.5	90.55	86	84	93.5	84	94	98.09

续表

			D107	D208	D108	D209	D109	L101	L201	L102	D210	D110	L202	L103	D211
大修代号[1)]			D107	D208	D108	D209	D109	L101	L201	L102	D210	D110	L202	L103	D211
大修工期	解列日期		01-01-14	01-12-10	02-01-24	03-01-26	03-03-21	03-04-21	03-11-28	04-02-17	04-04-24	04-09-30	04-12-10	05-02-01	05-09-26
	并网日期		01-02-21	02-01-10	02-02-27	03-03-18	03-04-21	03-06-07	04-02-13	04-03-24	04-07-24	04-11-10	05-01-12	05-03-27	05-12-05
	达满功率日期		01-02-26	02-01-15	02-03-04	03-03-22	03-04-26	03-07-15	04-02-19	04-03-31	04-07-29	04-11-16	05-01-17	05-04-02	05-12-12
	解列至并网/天		38	31.4	34.4	51.4	31.23	46.3	77.4	36.6	91.85	41.5	33.8	54.8	70.15
	解列至满功率/天		43	36	39	55.7	35.88	84.5	82.9	43.85	96.35	47.26	38.53	60.41	76.85
核安全	RP 模式非计划停堆/次		—	—	—	—	—	—	—	—	—	—	—	—	0
	核电站运行事件(LOE)	人因	2	3	1	5	1	1	3	0	5	1	0	1	0
		设备	4	0	0	0	0	1	4	0	1	0	0	1	0
		设计	0	0	0	0	0	0	0	0	0	0	0	0	0
		事件总数	6	3	1	5	1	2	7	0	6	1	0	2	0
		其中:1 级事件	1	1	0	1	0	0	0	0	1	0	0	0	0
	内部运行事件[3)](IOE)	人因	15	8	12	21	10	20	19	9	17	10	7	6	12
		设备	11	8	12	12	7	10	12	8	4	14	9	13	6
		设计	0	0	0	0	0	0	0	0	0	0	0	0	0
		事件总数	26	16	24	33	17	30	31	17	21	24	16	19	18
工业安全	重伤及以上事件		0	0	0	0	0	0	0	0	0	0	0	0	0
	人身轻伤		0	0	0	1	0	0	1	0	1	1	0	0	3
	未遂事件		3	3	2	5	2	6	3	1	5	3	1	2	3
	火灾事故		0	0	0	0	0	0	0	0	0	0	0	0	0
	火险事件[4)]		2	1	1	4	1	0	2	0	0	1	0	0	1
辐射防护	集体剂量/(人·mSv)		555.2	712.3	548.3	1 011.57	677.576	579.343	1 105.3	324.6	705.232	978.639	503.86	668.665	1 187.702
	个人剂量大于 5 mSv 的人数[5)]		0	10	0	2	0	8	37	0	3	1	0	4	11
	体表污染/(人·次)		4	2	1	0	3	8	4	1	3	2	3	4	1
大修质量	人因非计划停机/次		—	—	—	—	—	—	—	—	—	—	—	—	0
	人因重大设备损坏/起		—	—	—	—	—	—	—	—	—	—	—	—	0
	NI 再鉴定一次合格率/%		98.13	98.75	100	98.3	98.73	98.5	97.9	98.9	91.94	98.19	98.3	98.38	98.87
	CI&BOP 再鉴定一次合格率/%		98.67	99.02	99.1	99	97.73	96.15	95.68	95.9	95.33	98.09	95.1	94.94	99.4

续表

		大修代号[1]	L203	L104	D111	L204	L105	D212	D112	L205	L106	D213	L206	L107	D113
大修工期		解列日期	05-12-17	06-01-27	06-03-09	06-12-28	07-02-10	07-04-27	07-10-18	08-01-15	08-03-10	08-11-01	08-12-09	09-02-25	09-04-12
		并网日期	06-01-21	06-03-01	06-05-13	07-01-30	07-04-10	07-05-31	07-11-15	08-02-11	08-04-05	08-12-01	09-01-11	09-03-27	09-05-11
		达满功率日期	06-01-31	06-03-06	06-05-19	07-02-05	07-04-14	07-06-05	07-11-20	08-02-17	08-04-10	08-12-06	09-01-16	09-04-02	09-05-16
		解列至并网/天	35.8	33.1	65.06	33.05	58.98	34.78	28.59	27.49	25.92	30.46	33.49	29.92	29.36
		解列至满功率/天	44.8	38.03	71.64	39.19	63.83	40.67	33.31	33.05	30.90	35.75	38.59	36.22	34.14
核安全		RP 模式非计划停堆/次	0	0	0	1	0	1	0	0	0	0	0	0	0
	核电站运行事件（LOE）	人因	0	0	1	3	0	2	0	1	0	0	0	1	0
		设备	0	0	0	0	2	0	0	0	0	0	0	0	0
		设计	0	0	0	0	0	0	0	0	0	0	0	0	0
		事件总数	0	0	1	3	2	2	0	1	0	0	0	1	0
		其中:1 级事件	0	0	0	1	0	1	0	0	0	0	0	0	0
	内部运行事件[3]（IOE）	人因	3	2	4	3	2	2	3	5	7	7	2	3	2
		设备	9	4	6	7	8	5	12	8	5	10	12	7	11
		设计	0	0	0	0	0	0	0	0	0	0	0	0	0
		事件总数	12	6	10	10	10	7	15	13	12	17	14	10	13
工业安全		重伤及以上事件	0	0	0	0	0	0	0	0	0	0	0	0	0
		人身轻伤	0	0	0	0	0	0	0	0	0	0	0	0	0
		未遂事件	1	0	0	0	3	1	1	2	1	0	0	0	2
		火灾事故	0	0	0	0	0	0	0	0	0	0	0	0	0
		火险事件[4]	0	0	0	0	1	1	1	0	0	0	0	2	0
辐射防护		集体剂量/（人·mSv）	500.587	385.298	1 052.635	584.285	552.517	397.435	456.433	528.44	572.25	637.67	545.521	740.294	546.183
		个人剂量大于 5 mSv 的人数[5]	0	0	0	0	0	0	0	0	2	0	1	0	0
		体表污染/（人·次）	5	0	0	3	2	0	0	2	0	0	4	1	0
大修质量		人因非计划停机/次	0	0	0	0	0	0	0	0	0	0	0	0	0
		人因重大设备损坏/起	0	0	0	0	0	0	0	0	0	0	0	0	0
		NI 再鉴定一次合格率/%	100	99.2	98.6	99.6	99.6	98.5	98.9	99.7	99.7	99.4	100	98.9	99.23
		CI&BOP 再鉴定一次合格率/%	100	99.5	99.07	99.4	98.9	98.2	99	98.9	98.9	99.4	100	99.2	99.47

注：1）大修代号中 D 代表大亚湾核电站，L 代表岭澳核电站一期。D101 表示为大亚湾核电站 1 号机组第一次大修，以此类推。

2）根据电网安排，D202 大修提前 5 天解列；D203 大修提前 12 天解列；两次大修的实际开工日期分别为 D202：1995-12-20；D203：1996-12-22。

3）D203 大修前称为安全事件，自 D203 大修起称为内部运行事件，其界定范围有所扩大，包括了辐射防护、工业安全等方面事件。

4）D209 大修前称为火灾未遂，自 D209 大修起称为火险事件，它细分为两级分别是零级火险和一级火险。

5）D208 大修前称为个人剂量在 7～20 mSv 的人数比/%，自 D208 大修更改为个人剂量大于 5 mSv 的人数。

6）2007 年度年鉴更新表单，增加 RP 模式非计划停堆、重伤及以上事件、人因非计划停机、人因重大设备损坏、NI 再鉴定一次合格率和 CI&BOP 再鉴定一次合格率 6 项指标。

9.8 安全生产重要事件

无。

9.9 电站运行事件

9.9.1 大亚湾核电站运行事件列表

事件编号及发生日期	事件分级	事件名称	事件简述	事件原因	主要纠正行动
D-LOER-1-20090001 2009-04-30	0级	参数修改导致硼表报警延迟触发	为解决D9LGR倒电对硼表产生瞬发性干扰的问题，2009年4月25日，在大亚湾核电站1号机组第十三次大修低低水位期间，仪表处专业人员修改了硼表的滤波参数，随后校验硼表合格，跟踪机组并网升到满功率，硼表运行正常。2009年6月15日，大亚湾核电站1号机组硼表再次因干扰指示向下波动超过50 mg/kg，但未能触发硼表报警D1REN055AA。调查后确认该现象为修改滤波参数所致，该修改导致硼表报警D1REN055AA较调整前出现延时触发。大亚湾核电站技术规范要求：RCS/MCS模式下硼表及其报警必须可用。该事件在RCS/MCS模式下违反了技术规范，界定为人因运行事件	1. 硼表内部参数未纳入电站定值手册管理。 2. 存在知识盲点。 3. 对厂家反馈缺乏足够质疑	1. 清理硼表参数并将关键参数纳入电站定值手册管理；完善Io相关设备参数修改论证流程。 2. 加强硼表内特性参数意义的学习，并编制反馈学习材料，进行内部学习反馈；升版硼表校验规程内部参数提示的相关内容

续表

事件编号及发生日期	事件分级	事件名称	事件简述	事件原因	主要纠正行动
D-LOER-1-20090002 2009-10-14	0级	D1/2LHP应急柴油机使用存在制造质量缺陷的连杆轴瓦	2009年10月14日，运营公司收到柴油机厂家Wartsila的正式邮件，告知厂家码为DLT141885的连杆大端轴瓦（由Miba公司生产）存在质量缺陷，可能影响柴油机的安全运行。鉴于这种随机失效发生的风险无法事先预测，Wartsila建议公司更换现场使用的DLT141885轴瓦。公司在收集、梳理相关信息后，于2009年11月18日至26日相继对使用了DLT141885轴瓦的D2LHP、D1LHP应急柴油机进行了轴瓦更换，在更换的18个轴瓦中有6个存在明显异常磨损，且均为该厂家码的轴瓦。该事件界定为设备运行事件	Miba公司部分批次的连杆大端轴瓦的生产工艺存在缺陷	1. 对使用了该厂家码轴瓦的应急柴油机（D1LHP002MO、D2LHP001/002MO）用合格备件更换轴瓦。 2. 退换库存中存在质量缺陷的轴瓦。 3. 跟踪Wartsila，Miba公司及EDF进一步的调查结果及相应的纠正行动。 4. 跟踪新型号轴瓦PAAG129161的5C/10C再鉴定试验结果，并根据试验结果对预防性维修大纲进行优化。 5. 调查其余3个批次轴瓦的厂家信息

9.9.2 岭澳核电站一期运行事件列表

事件编号及发生日期	事件分级	事件名称	事件简述	事件原因	主要纠正行动
L-LOER-1-20090001 2009-03-13	0级	L1PTR728VB关闭不严违反运行技术规范要求	2009年3月13日，岭澳核电站1号机组处于反应堆完全卸料模式，操作员关闭L1PTR728VB后，用L1PTR002PO为反应堆水池排水，当水位从19.5 m降到19.1 m时发现燃料输送池水位同步下降。立即停止排水，并将反应堆水池重新充水至19.5 m，开启L1PTR728VB，使燃料输送池水位高于19.3 m。事后确认燃料传输小车的尾部尚在传输管内，使得L1PTR728VB不能完全关闭，导致燃料输送池与反应堆水池水位同步下降，使燃料输送池水位低于19.3 m。期间燃料厂房正在进行燃料操作，反应堆水池闸板未就位，不符合运行技术规范要求。该事件界定为人因运行事件	1. 关闭L1PTR728VB与燃料传输小车的关系不清楚。 2. 工作临时变化未在大修主线计划中体现和跟踪	1. 关闭PTR728VB前由MGS人员确认传输小车在燃料厂房，并且燃料篮竖立后在运行的文件上签字；在4台机组PTR728VB操作现场贴上临时运行指令（传输小车在燃料厂房，并且燃料篮竖立才能关闭PTR728VB的提示和照片指示），并对运行人员进行培训。 2. 在大修参考计划所有涉及关闭PTR728VB的活动，增加先决条件检查确认及其责任部门

9.10 工业安全和消防统计

9.10.1 工业安全事件列表

2009年，大亚湾核电站和岭澳核电站一期均未发生轻伤及以上工业安全事件。

9.10.2 工业安全伤害事件列表

序号	事件时间	事件描述	电站
1	2009-03-29	在乏燃料水池旁进行D2KRT013/014MA工作时，一名KRT维修人员在攀爬竖梯时头部碰到顶部栅格，头皮被碰破后出血	大亚湾核电站
2	2009-11-12	为处理L9ASG151VD阀芯组件损坏故障，MSM员工在LAF检修车间试装配阀门，安装手轮期间因手轮较重及工作人员配合失误，导致另一员工右手食指被挤伤	岭澳核电站一期
3	2009-12-24	105所一名员工在L241搬运物品时，右眼眶碰到支架受伤	

9.10.3 工业安全未遂事件列表

序号	事件时间	事件描述	电站
1	2009-05-04	控制区北大门（D-NX264大门）处，MGS人员结束转运控制区废物工作后，在关闭此边界门时，“导链”连同“导轮”（约6公斤）一同坠落，落物与一名工作人员擦肩而过，未对当事人造成伤害	大亚湾核电站
2	2009-04-14	AF车间内立式台钻漏电，有人员误碰触电风险。确认原因为380 V动力电源其中一相对地绝缘已失效	
3	2009-11-18	执行L9JPD001PO电动机隔离检修工作时，突然落下半个巴掌大小的水泥块，险些砸到附近的工作人员	岭澳核电站一期

9.10.4 一级火险事件列表

2009年大亚湾核电站和岭澳核电站一期均未发生一级火险事件。

9.10.5 零级火险事件列表

序号	事件时间	事件描述	电站
1	2009-12-09	中国核动力研究设计院员工持工作票在D-QS大厅的SAS内进行威第尔（易燃品）空桶切割作业。因未按要求清理空桶内残余的易燃液体，导致在切割时产生火苗	大亚湾核电站

续表

序　号	事件时间	事 件 描 述	电　站
2	2009-03-07	岭澳核电站一期中间控制室 L1JDT003HI 闪发火警，现场检查发现在 L-AC 厂房 201 房间有工作人员检查主泵螺栓时，所用的磁粉机接地线击穿并冒烟，导致火警动作	岭澳核电站一期
3	2009-03-28	岭澳核电站一期主控制室出现 L1AGR101BA 油位低报警，现场检查 L1AGR101BA 油位从 8100 L 下降至 7 150 L，估算漏油约 1 000 L。后 MRM 人员检查确认为 L1AGR-A 的信号油回路 L1AGR114FI 泄漏所致	
4	2009-05-15	岭澳核电站一期中间控制室出现 L9LGR902AA（L1KIT 中报警为 2 号辅变 6.6 kV 侧失压），主控确认 L9LGR201TA 已经跳闸。随后接到现场电话告知 L9LGR201TA 冒烟，立即通知消防队、启动二级干预队，通知工业安全、医疗中心以及 MEE 应急值班人员，同时主控制室操纵员启动 L1JPP001PO 后，在中间控制室手动启动 2 号辅变消防喷淋系统。在随后的现场检查中，确认为 L9LGR201TA 出线低压侧母线排支撑绝缘子放电引起三相短路所致	
5	2009-12-19	LAF 电气维修间焊条烘箱冒出大量浓烟，现场无明火。随后岭澳核电站一期主控制室操纵员启动灭火干预组织，火情得到有效控制，烘箱内两个 L2GFR 新纸质滤芯被高温烘烤损坏，未造成人员伤亡及其他财产损失	

9.11　辐射防护事件列表

序　号	事件日期	类型	事 件 描 述	电　站
1	2009-06-17	WBC 监测发现异常	一名员工在进行年度 WBC 监测时发现^{60}Co核素。根据连续的监测数据和调查的情况，初步确定为体内摄入。通过估算，其待积有效剂量约为 0.84 mSv（未来 50 年内将受到的累积剂量）	大亚湾核电站
2	2009-06-30		一名员工在进行年度 WBC 监测时发现^{60}Co核素。根据连续的监测数据和调查的情况，初步确定为体内摄入，通过估算，其待积有效剂量约为 0.80 mSv（未来 50 年内将受到的累积剂量）	大亚湾核电站
3	2009-03-09	辐射水平异常	NC460 房间 L1RCV623VP 阀门处发现接触剂量率为 170 mSv/h 的热点，使得附近场所的环境剂量率从 0.25 mSv/h 上升至 1.6 mSv/h	岭澳核电站一期
4	2009-07-17		在进行岭澳核电站 1 号机组传输池去污时，位于 K212 房间的传输池下方管线剂量率大幅上升，管线的接触剂量率从 1 ~ 2 mSv/h 上升至 10 ~ 550 mSv/h。该房间的环境剂量率从 0.025 ~ 0.05 mSv/h 上升至 0.5 ~ 0.7 mSv/h	岭澳核电站一期
5	2009-05-01		在大亚湾核电站 1 号机组第十三次换料大修中，从堆芯内打捞出一块异物，该异物的最大接触剂量率为 1 210 mSv/h，1 米处的环境剂量率为 8.17 mSv/h	大亚湾核电站
6	2009-04-12		N280 房间进门口地面的环境剂量率异常上升，最大接触剂量率为 0.96 mSv/h，进门口墙拐角处的环境剂量率为 0.14 mSv/h	岭澳核电站一期

续表

序号	事件日期	类型	事件描述	电站
7	2009-03-10	辐射水平异常	L1KX 传输水池去污前测量时，发现倾翻机内存在接触剂量率为 1.188 Sv/h 的高剂量率热点，倾翻机附近场所的环境剂量率为 200 mSv/h	岭澳核电站一期
8	2009-07-17	个人剂量达调查值	对岭澳核电站 1 号机组传输池去污时，一名工作人员单日个人剂量达 1.364 mSv，超过电站管理程序规定的个人剂量调查水平	岭澳核电站一期
9	2009-12-15	颈部以上体表污染	在进行 L2RRA 系统阀门外观检查的一名人员嘴部右上角沾污，污染水平 120 Bq/cm^2，污染面积 1 cm^2，WBC 测量无异常	岭澳核电站一期
10	2009-12-15		一名参与 L2PTR602VB 安装人员左脸沾污，污染水平 74 Bq/cm^2，污染面积 1 cm^2，WBC 测量无异常	岭澳核电站一期
11	2009-12-26		一名人员在回装 L2RRA002RF 支管保温时面部沾污，污染水平 10 Bq/cm^2，污染面积 10 cm^2。WBC 测量无异常	岭澳核电站一期
12	2009-12-30		一名反应堆大盖工作人员面部沾污，污染水平 17.1 Bq/cm^2，污染面积 10 cm^2。WBC 测量无异常	岭澳核电站一期
13	2009-03-11		一名工作人员出 C2 门时发现头发污染，污染面积为 10 cm^2，污染水平为 204 Bq/cm^2	岭澳核电站一期
14	2009-12-12	其他	一名核服人员通过 LUA 去常用工具库归还吊带时，引起现场 γ 辐射监测仪报警。经辐射防护人员测量，该吊带有轻微固定污染	岭澳核电站一期
15	2009-12-15		一名人员穿气衣下 L2 号机组构件池底，准备打开 L2PTR404TW 盲板时，因气衣接头质量问题，导致气管接头突然脱落	岭澳核电站一期
16	2009-03-14		探伤工作组准备对探伤影响区域进行隔离时，误将两名工作人员锁在探伤隔离边界内。事后确认未造成人员误照射	岭澳核电站一期
17	2009-03-10	违反辐射防护规定	巡检发现 R448 房间射线探伤现场边界的值守人员脱岗	岭澳核电站一期
18	2009-09-15		工具库一名员工穿着控制区内的防护服，从热更衣室跨越三角闸进入冷更衣间	大亚湾核电站
19	2009-04-15		两名做贯穿件试验的工作人员走错房间，误从 W218 应急逃生门走到非控制区的 W225	大亚湾核电站

9.12 特许申请列表

序号	标题	申请内容	实施状态	技术规范	申请号	NNSA 批准号	批准日期	电站
1	关于两电站在 RCD 模式下一列配电盘预防性维修期间不启动 DVK 碘排放回路进行燃料操作的通用特许申请	由于技术规范的限制，应急配电盘（LHA 和 LHB）一般安排在 RCS 或 RCD 模式下进行预防性维修。当一列应急盘处于检修，而又有燃料操作活动时，就必须启动另一列可用的碘回路才能进行燃料操作，同时停运正常通风回路。 由于碘通风回路通风量很小，会使燃料厂房的温度和湿度均升高。较高的环境温度和湿度既不利于工作人员的健康又增加体表沾污风险，同时也会加速碘过滤器的老化，降低事故工况下的碘捕捉能力。当 KX 厂房温度和湿度达到一个限值时，就需要停止燃料操作，停运碘通风回路，启动正常通风回路，以降低 KX 厂房的温度和湿度，保证人员的作业环境。根据现场操作实践的反馈，一般工作 3 小时停 2 小时，可见这种限制条件的使用不利于现场持续有序的开展工作。 申请允许将《运行技术规范》关于一列应急配电盘及其辅助系统进行预防性维修时技术规范限制条件进行合理变更：在大亚湾核电站和岭澳核电站一期的机组换料大修期间，在 RCD 模式下进行 KX 厂房燃料操作时，对受配电盘停运影响的 DVK 碘排放回路实施再供电（其电源改由另一列应急配电盘供电）。两列碘排放回路停运备用，仍然保持 DVK 正常通风回路运行	反应堆完全卸料模式（RCD）	《大亚湾核电站运行技术规范》和《岭澳核电站运行技术规范》“反应堆完全卸料模式（RCD）”的第 4.2 节在配电盘及其辅助系统预防性维修的限制条件中，要求“如果 KX 厂房正进行燃料操作，DVK 通风应切换到碘排放回路运行”。 此外，《大亚湾核电站运行技术规范》和《岭澳核电站运行技术规范》“反应堆完全卸料模式（RCD）”的第 5 节要求，当 KX 厂房有燃料相关操作时，如果“DVK 碘过滤器排风回路部分或全部不可用”，则要求执行以下的缓解措施：1 小时内停止燃料厂房的燃料操作；如果 DVK 通风已预先切换至可用的碘回路运行，可以恢复燃料厂房的燃料操作；如果一列不可用，检修必须在 14 天内完成；如果两列不可用，检修必须在 3 天内完成	DNO-000242-LIC	NNSA 经审评认为电站需要对该通用特许申请相关的安全分析提供更充分的论证材料	鉴于后续要在较长时间内跟踪 EDF 外部经验反馈信息、开展进一步分析论证，电站将计划撤回该通用特许申请，待所需技术条件成熟后再另行申请	大亚湾核电站、岭澳核电站一期

续表

序号	标题	申请内容	实施状态	技术规范	申请号	NNSA 批准号	批准日期	电站
2	关于大亚湾核电站在换料停堆模式下抽出 R2 棒的特许申请	2009 年 4 月 12 日，大亚湾核电站 1 号机组按计划开始第十三次换料大修，当机组过渡到热停堆后，根据运行技术规范要求，在将控制棒下插到 5 步的过程中，R2 棒组的 4 束控制棒（F06/K06/F10/K10）卡在 32 步的位置，无法下插到 5 步。电站相关单位根据运行技术规范的要求，及时采取安全措施。 因为卸料机本身结构的限制，必须首先使用专用工具将 4 束 R2 棒抽出并传输到 K 厂房储存，之后才能进行正常的卸料操作。 申请允许在卸料之前，使用专用工具将 4 束 R2 棒抽出并传输到 K 厂房储存	换料停堆模式（RCS）	《大亚湾核电站运行技术规范》“换料停堆模式（RCS）”的第 1.2 节控制棒棒位要求：在换料停堆模式下，所有控制棒必须插入燃料组件中	DNO-100370-LIC	DNO-100225-LIC	2009. 04. 17	大亚湾核电站

9.13 改造项目汇总

序号	项目编号	电站	机组	系 统	项 目 描 述
1	MRMTS000046	大亚湾	X	ARE	ARE 给水调节阀定位器改造
2	MRMTS990020	大亚湾	0	KIS	KIS 系统改造
3	MROTS980026	大亚湾	X	DEG	更换 DEG 系统 SULZER 制冷机组
4	MRTCW080005	岭澳	X	CPA	CPA 腐蚀控制改造
5	MRTCW090001	大亚湾	X	CPA	CPA 腐蚀控制改造
6	MRTEN010002	大亚湾	0	JDT	4700 火警系统改进
7	MRTEN020007	大亚湾	0	GEW	GEW 系统断路器失灵保护继电器更换
8	MRTEN020032	两电站	0	DTV	DTV 广播电源改造
9	MRTEN020049	大亚湾	0	DWA	AC 厂房通风系统增加冷冻冷却系统
10	MRTEN030020	岭澳	X	KRT	KRT 系统增加 C-14 样品采集与测量装置
11	MRTEN030042	大亚湾	X	LK *	NILK * 系统母线低电压器改造
12	MRTEN030066	大亚湾	0	JPU	JPU 系统连至 AX，LAX，AS 间管段改造
13	MRTEN030071	两电站	0	KKK	大亚湾核电站与岭澳核电站一期统一用卡改造
14	MRTEN030074	大亚湾	X	KRG	SIP 实验台更换
15	MRTEN040002	大亚湾	X	MIS	电站热力性能在线监测与诊断系统
16	MRTEN040011	大亚湾	X	DVC	使 DVC011013ST 满足鉴定要求
17	MRTEN040013	岭澳	9	CTF	增加一个循环水处理系统的备用系统
18	MRTEN040020	大亚湾	X	DTL	增加一套主泵房闭路电视监视设备
19	MRTEN040021	两电站	X	JDT	将 JDT002AI 报警信号重质量显示在主控，增加监视器
20	MRTEN040025	两电站	X	JPH	将 JPH031/035/039VT 从手动启动改为遥控启动
21	MRTEN040033	两电站	X	DMW	柴油机厂房吊车加装水平轮和夹轨装置
22	MRTEN040034	岭澳	X	EAS	EAS 试验管线改造
23	MRTEN040045	岭澳	X	RCP	安全壳内外电气贯穿件导线与电缆连接方式改造
24	MRTEN040046	两电站	X	RCP	RRA 进口死管段改进
25	MRTEN040051	两电站	X	GEW	取消 D0GEW，L9LGR 和 L0XCA 系统中变压器压力释放阀跳闸
26	MRTEN040055	大亚湾	X	DAM	DAM（电梯）改造
27	MRTEN040061	岭澳	9	CTE	重新设计和布置 L9CTE 系统的酸洗回路和设备
28	MRTEN040065	大亚湾	0	GEW	GEW 系统Ⅰ，Ⅱ段母线过电压保护继电器换型改造
29	MRTEN040066	岭澳	X	CRF	CRF001/002 的差动保护继电器换型改造
30	MRTEN040067	大亚湾	X	KIT	KIT/KPS 更新改造
31	MRTEN040069	岭澳	X	DVC	使 DVC011/013ST 满足 K3 鉴定要求
32	MRTEN040081	岭澳	0	DWN	将 DWN050GF 更换为同型号的新的制冷机
33	MRTEN050003	岭澳	0	LSA	将 LSA 餐厅制冷机更换为同型号的新的制冷机

续表

序号	项目编号	电站	机组	系统	项目描述
34	MRTEN050007	两电站	X	RIS	RIS021BA 搅拌器改造
35	MRTEN050008	两电站	X	PTR	防止闸阀因为锅炉效应而无法开启或密封性受影响的改造
36	MRTEN050032	大亚湾	X	VVP	MSIV 执行机构设定参数的改进
37	MRTEN050042	大亚湾	1	SEP	厂区 SEP 饮用水系统改造
38	MRTEN050044	两电站	X	GRE	GRE 上位机改造
39	MRTEN050047	两电站	X	DSL	主控制室安全照明供电回路改造
40	MRTEN050050	岭澳	9	TES	QS 厂房放射性技术固体废物分拣设备改进
41	MRTEN050052	大亚湾	X	GSY	GSY 系统压缩空气站整体改造
42	MRTEN050054	岭澳	0	DWA	AC 厂房通风系统增加冷冻冷却系统
43	MRTEN060002	大亚湾	X	APA	APA006LP/S 联锁退出泵热备用逻辑修改
44	MRTEN060004	大亚湾	X	GEX	发电机前端内油挡加装密封垫片
45	MRTEN060006	大亚湾	9	KKO	KKO 系统改造
46	MRTEN060008	两电站	X	ASG	增加 ASG001BA 水温测量装置（MT）和主控制室 ID 指示
47	MRTEN060020	两电站	X	RRI	RRI001/002BA 液位变送器测量点改进
48	MRTEN060021	两电站	X	SEC	KIT 系统增加 SEC001/002MP 低值报警
49	MRTEN060031	大亚湾	0	SAP	SAP 系统制冷机组冷却水塔改造
50	MRTEN060034	两电站	X	ASG	ASG001BA 氮气覆盖压力定值调整
51	MRTEN060037	大亚湾	X	GPA	GPA 发生组保护改造
52	MRTEN060046	岭澳	9	ASG	ASG001BA 增加换热器改造
53	MRTEN060051	岭澳	X	PMC	PMC 升级改造
54	MRTEN060059	大亚湾	X	DEL	DEL001SD 定值改造
55	MRTEN060063	大亚湾	X	GSY	GSY005CR 机组效率试验箱改造
56	MRTEN070006	两电站	X	KRT	KRT036MA 380 V 供电方式改进
57	MRTEN070011	大亚湾	9	LGR	辅助变压器战略备件平台增加消防系统的改造
58	MRTEN070019	两电站	X	ABP	复式低加溢流管的密封注水管弯头管段改造
59	MRTEN070021	岭澳	X	JPV	JPV021/121VE 控制腔供水管改造
60	MRTEN070027	大亚湾	X	DVM	汽轮机厂房房顶通风器改造
61	MRTEN070029	两电站	X	RPN	RPN 中间量程通道负高压丢失报警定值修改
62	MRTEN070030	两电站	X	GST	大亚湾核电站与岭澳核电站一期 GST 系统增加在线氧表和水表
63	MRTEN070031	岭澳	X	ARE	ARE 给水流量调节阀大小阀切换定值调整
64	MRTEN070033	两电站	X	GEV	主变压器高压套管换型改造
65	MRTEN070034	大亚湾	X	AHP	AHPL001A006 支架调整
66	MRTEN070035	两电站	X	SEP	大亚湾核电站与岭澳核电站一期厂区洗眼器更换改造
67	MRTEN070036	两电站	X	ASG	ASG001TC 调速器增加在线压力测量点
68	MRTEN070046	两电站	X	KDO	主泵参数送 KDO 系统改造
69	MRTEN070053	两电站	9	LLS	LLS 加装测试端子箱
70	MRTEN070054	两电站	X	GEV	高压套管增加在线绝缘监测

续表

序号	项目编号	电站	机组	系 统	项 目 描 述
71	MRTEN070066	大亚湾	X	RIC	RIC011/012AR 显示器电源改造
72	MRTEN070072	两电站	X	JDT	JDT 系统压缩空气湿度高改进
73	MRTEN080001	岭澳	0	GEW	电能计量和遥测系统改造
74	MRTEN080005	岭澳	0	JPU	JPU/JPD 系统联网工程接口改造
75	MRTEN080014	大亚湾	9	LGR	辅助变压器差动保护换型改造
76	MRTEN080020	大亚湾	0	SBE	AC 厂房 SBE 系统改造
77	MRTEN080023	大亚湾	X	CEX	冷凝器“狗骨”防冲刷挡板改造
78	MRTEN080024	岭澳	X	CFI	L1/2CFI031/032TF 小齿轮轴套两端增加 O 形环
79	MRTEN080028	两电站	X	REN	调整两电站在线硼表量程
80	MRTEN080033	两电站	0	DTK	调度数据网组建
81	MRTEN080035	大亚湾	2	PTR	PMC755VD 上游 PTR 供水管线增加隔离阀
82	MRTEN080040	大亚湾	X	PMC	PMC 设计缺陷修正
83	MRTEN080054	岭澳	0	SHY	外购氢气接入系统改造
84	MRTEN080056	两电站	X	PMC	PMC401DC 燃料篮底部角切割改造
85	MRTEN080057	两电站	X	PTR	PTR601/602VB 上游盲板法兰改造
86	MRTEN080070	岭澳	0	XCA	取消 CA 电锅炉及在原址上新建 LOCA 实验室
87	MRTEN090009	岭澳	X	SEL	AMRI-KSB 蝶阀气动控制回路过滤器改造
88	MRTEN090013	两电站	2	PTR	阀门 RRI188VN 上方支架切割改造

注：1）自 2009 年起，年鉴不再对 SMR 项目进行统计。

2）表中“大亚湾”指“大亚湾核电站”，“岭澳”指“岭澳核电站一期”。

第十章　专题报告

电站工程改造总量实现下降的推进总结及改进

李书周

工程改造是运营核电站实现安全性和经济性战略目标的重要技术手段，是纠正机组不安全状态及提高设备可靠性的一种重要生产活动。近年来，随着服役时间的增加，设备老化以及原技术缺陷等问题逐渐威胁到了大亚湾核电站及岭澳核电站一期机组的安全稳定运行。为了解决此类问题并在两电站引入新的技术，工程改造成为了保稳定、求增长的一个重要手段。

自 2002 年岭澳核电站一期投入运行以来，电站未处理的改造项目总数开始不断攀升。最近几年，电站改造项目数每年有近三位数的增长。至 2008 年，电站改造项目申请数已经由 2002 年的 453 项上升到了 1 026 项，这个数值已经远远高于 500 项的合理状态。面对如此严峻的局面，电站工程处管理层自 2007 年开始通过多种手段对工程改造项目数进行控制。这两年多的时间里，在各部门的大力支持和工程处的不懈努力下，电站工程改造的总体形势终于在 2009 年得到了实质性的改变，实现了工程改造总量下降的目标。

2002 年至 2008 年，电站的改造总量数值平均每年增加 95 项，至 2008 年达到 1 026 项。截至 2009 年底，两电站累计提出了改造项目 3 076 项，其中正在处理的 876 项，关闭的项目 1 439项，取消的 761 项。自 2002 年以来的改造项目数统计见表 1。

表 1　2002 年以来的改造项目数统计　　项

年份	2002	2003	2004	2005	2006	2007	2008	2009
改造接收处理数	453	556	740	835	802	874	1 026	876
改造设计完成数（详细设计）	86	173	180	163	162	203	295	361
改造实施数（全部完工）	76	138	144	138	116	137	137	262

1. 电站改造总量控制改进

面对如此庞大的改造数量，工程处制定了一系列立体式管理控制措施，从源头开始控制改造项目的整体数量。一般而言，工程改造从提出到最后关闭，需要经过的流程为工程服务申请（ESR）接收→ESR 处理→提出改造→改造方案设计→改造方案审查→合同采购→实施

→关闭。

所谓立体式控制措施，指的是对改造所有的流程关键点进行跟踪，并落实相关人员责任，以达到最终控制改造项目数的目的。

（1）ESR 处理控制

立体化控制的第一个要点是 ESR 把关，从改造需求的源头进行控制。通过对 ESR OPEN 数、ESR 关闭时间大于 120 天的项目数和 ESR 申请不合格率三项指标进行跟踪和控制，有效地把改造需求控制在合理的范围。2009 年，工程改造申请数与 ESR 关闭数的比值为 22%。根据近六年的统计，此数值处于较低的水平，表明改造需求控制较为合理，控制的措施有效，见表 2。

表 2　ESR 状态统计　　项

年份	2005	2006	2007	2008	2009
接收数量	1 070	1 071	992	1 159	1 215
处理关闭数量	1 189	1 139	1 041	1 144	1 253
（S）MR 申请数量	252	257	256	362	271
比例（%）	21	23	25	32	22

（2）改造处理控制

立体化控制的第二个要点是改造的优先排序。工程处通过五个步骤保证重要改造实施的及时性。第一步，评分，从生产成本、机组可靠性及核安全三方面对改造项目进行评分，筛选出需要尽快完成实施的改造项目；第二步，征集各专业处意见，确定较紧迫的改造项目；第三步，电站审查，进一步确定紧迫的改造清单；第四步，将重要改造列入年度计划，保证实施进度；第五步，设立里程碑节点，落实责任，加强项目管理。

立体化控制的第三个要点是确定项目状态更新制度，加强项目跟踪。通过每月更新各专业项目状态清单并分发至各专业的方式跟踪改造项目进展，保证所有项目及时得到处理。对于改造项目的每一种状态，均制定相应的重点处理策略，尽快推动改造进度。这些措施的执行，可以使所有改造项目都被跟踪到位，使得工程处多项长期没有跟踪的项目在 2009 年得到合理处理，申请时间长且无跟踪的项目也大幅减少。

立体化控制的第四个要点是实行计划控制，使用指标盘对改造过程进行管理，对改造过程的每一节点设立指标跟踪控制。通过引进指标盘管理，并将指标落实到责任工程师，使指标与工程师的考核结合，加大改造的处理力度，从而提升了改造关闭速度，见表 3。

表 3　改造过程的指标控制

改造阶段	重点关注指标
设计	设计未完成项目数 年度计划项目初步设计执行率 年度计划项目详细设计执行率
设计审查	改造项目设计审查超期未返回项目数改造 C 类单超期未返回项目数

续表

改造阶段	重点关注指标
合同采购	年度计划项目设计采购立项执行率 年度计划项目设计合同签定执行率 年度计划项目设备采购立项执行率 年度计划项目设备合同签定执行率 年度计划项目设备到货执行率
改造实施	实施改造项目总数 年度计划项目现场实施执行率 委托实施项目未完成总数 2009 年前委托项目实施计划执行率
改造关闭	完工待关闭项目总数 可用性检查单未签完项目数 完工单未签完项目数 可提交卷宗项目数

通过这些指标控制措施，工程处在 2009 年最终实现了改造总体数量、未完成实施数量以及未完成设计数量三个主要节点指标的全面下降，见表 4。

表 4　工程改造数量变化统计　项

年份	设计完成数量	实施完成数量	取消数量	关闭数量	增加数量	设计未完成增加数量
2005	163	138	30	118	104	59
2006	162	116	69	223	-35	26
2007	203	137	71	103	82	-18
2008	295	137	63	156	143	4
2009	361	262	124	304	-157	-196

2. 改造团队建设

除了在制度上确立立体式的管理体制，工程处还加大力度进行改造团队建设，以求提高整个电站改造项目的管理水平。

首先，树立目标，凝聚人心，坚定信心。面对“节节攀升”的改造项目总量，工程处在 2007 年就提出了“控制改造总量下降”的目标，同时加强目标在处内的宣传力度，让员工认识到此任务的重要性。至 2009 年，此任务已经有了很高的认可度，调查显示，工程处所有员工均认同总量控制的必要性和紧迫性。

其次，改造团队管理方法的改进。其一，在“公平、公正、公开”理念上建立统一的考核体系，成功地在改造团队中营造出“多劳多得”，“唯绩效立论”，“不计老幼尊卑”的公平氛围和积极向上的工作风气；其二，管理干部的角色调整有效地提高了团队执行力。管理干部角色由“管理员工”调整为“帮助员工、支持员工、解决问题”，这有效地提升了改造团队的执行力，有力地推动了改造项目的执行。

再次，培训新人。电站工程改造队伍平均年龄仅 28 岁，其中有 3 年以上核电工龄的仅

30 人，有三年以下核电工龄的 61 人。针对这一现状，在行为习惯和专业知识方面加大了新人的培养力度。通过实际工作逐步培养工程师良好的行为习惯，及时纠正工程师不够合理的行为习惯及不够严谨的工作方法；此外，还定期组织在岗培训活动，增强员工技术知识技能。

最后，团结所有的合作队伍。一方面，调动各方资源，在设计上充分利用各合作伙伴的力量，协助完成部分改造设计工作；另一方面，也与改造的实施部门，特别是维修方面确立稳定的改造实施关系，由维修部门承接大部分小改造项目的实施任务。这种合作模式有效地进行了资源的分配，增加了改造团队的力量，是 2009 年实现下降“拐点”的重要因素之一。

3. 2009 年工程改造总量控制结果

2009 年，工程处的两大工作目标得以顺利完成。其一，改造总量下降，电站改造数量由 2008 年的最高 1 026 项，下降到年底的 876 项，下降了 15%；其二，改造设计完成数量大于新增数量，2009 年设计完成 361 项，新提改造共计 271 项，超出 33%。

此外，在 2009 年工程处还刷新了多项改造纪录：

1）单次大修实施改造项目：2009 年大亚湾核电站 1 号机组第十三次大修中改造项目达 102 项，首次突破百项；

2）年度实施改造项目数：2009 年实施完成 262 项，比 2008 年增加 90%；

3）年度改造设计完成数：2009 年设计完成 361 项，比 2008 年增加 22%；

4）年度关闭改造数：2009 年关闭 304 项，比 2008 年增加 97%。

而指标盘管理改造过程的引入，更是有效地推动了多项积压多年的改造，通过实时跟踪，工程处在 2009 年已经全部完成了大亚湾核电站所有 10 年前提出的改造：

1）16 米平台火警系统改造：1999 年提出，2009 年完成；

2）DEG 制冷机换型改造：1998 年提出，2009 年完成；

3）制氢站改造：2002 年提出，2009 年完成；

4）BOP 的 4700 火警系统改造：2001 年提出，2009 年完成；

5）ARE 主给水调节阀定位器改造：2000 年提出，2009 年完成；

6）500 kV 失灵保护改造：2002 年提出，2009 年完成。

4. 后续改进

改造总量控制的拐点虽然已经实现，但需要清醒的认识，整个电站的改造状态还没有得到根本的改善。现在距四台机组的改造总量控制在 500 项以内的理想状态还有较大的距离，工程处还需要持续改进工作，朝着这个目标继续前进。

（1）完善培训体系。年轻员工较多的特点在一定的时期内仍将存在。为保证工程改造队伍在未来保有持续的战斗力，必须建立一套完整的培训体系，系统地进行年轻工程师的培养。

（2）推进安全文化建设，提高员工的行为规范及透明度。规范行为对工程改造人员十分重要，否则将会把过多的风险引入到现场和设计工作中。在工程处内提倡透明度，营造活跃、积极向上的工作气氛，将有利于提高凝聚力，发掘工程师的工作热情和潜力。

（3）加强与国内核电同行的技术交流。当前国家大力发展核电，工程处也要抓住机会，加强与国内同行的交流，分享经验，相互学习和支持，寻求更加强大的合作团队。

（4）继续推进专业化细分，培养一支各方面全面成长的工程改造队伍。明确每个员工的发展方向，做到每一个专业的每一个小方向都有专家人选，各专业方向上都有工程师的人力配置。

岭澳核电站二期全范围模拟机项目进度滞后的应对策略

李劲光

1. 概述

岭澳核电站二期全范围模拟机是中国广东核电集团首台数字化控制系统（DCS）全范围模拟机。它以岭澳核电站3号机组为参考对象，全面模拟了实际机组核岛、常规岛、BOP及电气在内的239个系统，能够实时、准确地模拟实际机组的正常启停、故障、瞬态及事故处理等全过程。

作为岭澳核电站二期生产准备的关键路径之一，岭澳核电站二期模拟机项目于2005年上半年与法国AREVA/德国SIEMENS联队（简称“A/S联队”）签订了承包合同，由工程公司负责项目管理，计划2009年5月1日投入使用。受项目合同模式、参考电站数据及项目管理等因素影响，截至2008年底，岭澳核电站二期模拟机项目总体进度延期达11个月，M8-3生产准备里程碑——启动执照申请人员模拟机培训难以实现，将严重影响到电站DCS操纵员取照培训、首次取照考试及应急演习按期进行，进而影响电站装料许可证的申请。在此情况下，受工程、运营两公司委托，运营公司培训中心负责接管岭澳核电站二期模拟机项目的技术管理工作。

2. 项目的主要问题和困难

模拟机研制项目是集大型软件系统开发和模拟核电站主控制室设计和建造为一体的系统工程。项目移交后，通过风险分析与梳理，发现以下问题亟待解决：

（1）项目合同模式不合理、接口复杂

岭澳核电站二期模拟机项目采用工程总承包的合同模式，A/S联队作为总承包商（合同乙方）仅负责DCS开发、盘台/仪表采购，加拿大L3M作为A/S的分包商承担过程模型、接口与系统集成调试等大部分开发任务；工程公司作为合同甲方负责数据提交、项目三大控制及管理，运营公司作为最终用户，受工程公司委托负责验收测试、设计审查及技术支持。但是项目两大主力运营公司与L3M并无直接合同关系和相应的通信渠道，项目各方接口复杂，如图1所示。这增加了项目管理和各方协调开发的难度，严重影响了项目整体开发效率。

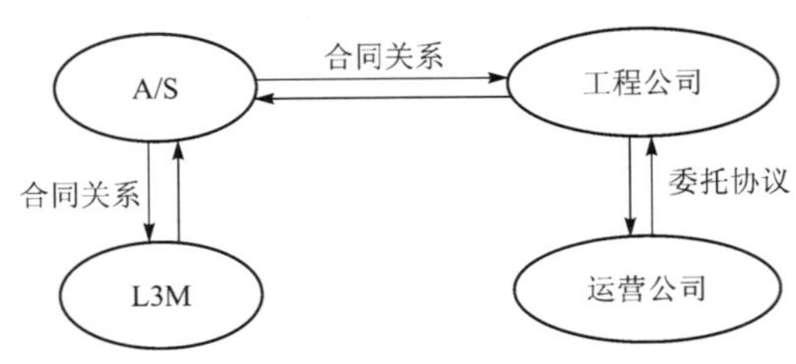

图1 岭澳核电站二期模拟机项目合同模式

（2）数据提交严重拖期且质量较差

世界上通常是先有核电站，后有模拟机，高质量的模拟机取决于高质量的参考电站数据。岭澳核电站二期模拟机建造和电站的建设是同步进行的，并首次采用DCS及半速机新技术。根据工程进度，模拟机需要在电站装料前12个月建成投入使用。

在项目执行期间，电站主要设计数据提交严重滞后，数据质量不高，尤其是常规岛数据和DCS数据。如DCS的LOT3数据提交拖期达15个月，考试用SOP配套画面拖期达16个月，这就给模拟机进度及质量带来相当大的困难，严重阻碍了模拟机的项目进展。

（3）承包商开发经验不足

岭澳核电站二期模拟机开发涉及DCS控制系统、过程模型以及两者的集成。A/S联队有DCS系统开发经验，L3M有成熟的模型开发经验，但无一家承包商可以全面掌控项目整体的设计与集成调试工作。

（4）项目工期压力大

到2008年底，合同已经执行了3年多，项目总体进度延期11个月。此时，距离M8-3里程碑已不足半年时间，而模拟机无一个系统和设备可以正常操作，项目进度压力非常大。

3. 采取的主要对策及措施

（1）主动发现问题、界定责任来推动和解决问题，争取项目的主动权

项目组从2008年9月起，派出系统集成专家及模型专家到加拿大L3M驻厂，对模拟机底层及模型的技术问题进行查找、分析根本原因，界定各方责任以推动问题解决。2009年3月，项目组与各承包商召开了4次不同层次的项目协调会，让A/S认识到模拟机项目存在的问题及各方责任，督促A/S派出有经验的技术专家到L3M驻厂，与项目四方一起解决技术问题。随着关键技术问题的相继解决，项目各方形成了合力，同时我方逐渐掌握了项目的主动权。

（2）优化项目合同模式，解决接口复杂问题

理顺与三家供货商的关系，优化了项目合同模式，如图2所示；同时，和工程公司组成项目管理联队，与项目开发主力L3M建立起直接的技术通信渠道，解决了项目接口复杂的问题，有效提高了项目整体开发效率。

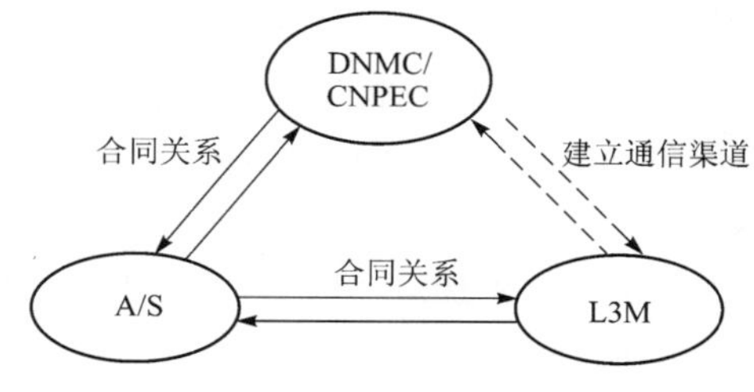

图2 项目合同模式优化后的各方关系

（3）主动采用“临时数据替代＋持续升版与改进”方案，缓解数据延误问题

成立了专门数据小组，负责模拟机设计数据的收集、分析、跟踪协调与替代研究工作。利用岭澳核电站一期模拟机开发经验及电站数据，主动寻找与研究临时数据替代方案，解决了数据提交延误带来的影响；同时向设计院澄清了设计数据问题，与承包商及时做好数据的升版与改进，以持续提升模拟机的性能与质量。

（4）我方主导模拟机集成与调试工作，弥补承包商开发经验不足

项目组全面介入项目，派出一支由责任心强、经验丰富的模拟机教员和技术过硬、善于钻研的模拟机维护人员组成的驻厂测试队，在250人·周的驻厂期间，共向承包商提出1 800多个模拟机偏差单，并且利用已掌握的技术能力深入分析问题根源，研究出让承包商信服的解决方案，经验证后提交给国外承包商，并推动对方实施。我方逐步主导了模拟机项目的集成与调试工作及关键技术问题的解决，使项目从技术层面由被动逐渐转变为主动。

同时，组织技术创新，自主开发岭澳核电站二期模拟机I/O对点专业工具，数倍地提高了项目开发期间I/O对点工作效率；自主搭建了2套DCS模拟机调试平台，使得“培训、

验收、调试与研究”多项工作得以并行开展，有效地推进了岭澳核电站二期模拟机项目。

（5）采取多项行之有效的措施，缓解项目工期压力大的问题

面对项目工期的巨大压力，在逐步掌握项目主动权的基础上，采取了多项行之有效的措施：

1）开创性地提出了“第四台模拟机采购方案”，并在短短5个月内完成了第四台模拟机的技术方案制定、合同谈判、采购和安装调试并投入培训，使并行开展模拟机培训与开发调试成为可能，大大减轻了项目整体工期压力。

2）灵活机动，果断地将出厂预验收、出厂验收与现场验收合并，将测试现场移至大亚湾核电基地，由我方主导3个阶段的验收测试，便于我方主导和掌控项目进度；同时，优化验收测试计划与内容，提高了测试效率，缩短了测试周期。

3）分步实施，各个击破。根据核电站执照人员培训规律及模拟机开发重要度，依次分为一回路、二回路及考试用SOP画面实现等阶段逐步实现项目里程碑。首先，集中力量攻克一回路集成与调试，满足一回路启停、故障培训；其次，通过一回路的集成与调试实践，培养了一支具备自主进行模拟机和DCS修改、调试与验证能力的队伍，所以在接下来的二回路集成调试阶段，仅用了2个月的时间就完成了二回路20多个重要系统的联调与测试，一回路系统状态也进一步得到提升；最后在2009年12月圆满完成考试用SOP画面实现。

4）建立四方项目经理电话周会制度，定期讨论项目当前关键技术问题及解决方案，确保模拟机项目开发按计划进行。

4. 项目取得的成果

岭澳核电站二期模拟机项目取得了突破性进展，项目管理由完全被动逐步转变为主动，成功挽回11个月的工期延期，使电站首批取照考试比原计划略有提前，应急演习在模拟机上按期进行，为岭澳核电站二期电站首次装料许可创造了条件。

2009年4月28日，第四台模拟机投入电站DCS操纵员取照培训，提前实现了生产准备M8-3关键里程碑。

2009年8月15日，岭澳核电站二期模拟机安装调试完毕，投入一回路培训。

2009年10月，岭澳核电站二期模拟机二回路集成调试成功，具备二回路培训的条件。

2009年12月底，完成一、二回路联调，考试用SOP画面实现，以及影响取照考试的关键偏差清理等任务，模拟机性能可满足岭澳核电站二期DCS操纵员培训及取照考试的需求。

2010年1月初，岭澳核电站二期模拟机完成首次执照考试的任务。

2010年2月初，岭澳核电站二期模拟机完成首次装料前应急演习的任务。

除此之外，岭澳核电站二期模拟机还成为世界上首台由用户主导解决技术问题、进度走在核电站DCS前面的模拟机。

5. 项目经验总结

通过岭澳核电站二期模拟机项目实践，总结几点经验以供未来新建模拟机项目借鉴。

（1）模拟机项目合同模式尽量简洁

模拟机项目合同模式决定了项目各方接口、通信渠道及项目三大控制管理难易程度等众多方面，是模拟机项目成功的前提之一。建议新建模拟机项目时选取尽量简洁的合同模式。

（2）模拟机项目建设需要一支精干、专业化的队伍

这支队伍应包括项目管理人员、测试人员、软件和硬件维修人员、各专业的技术专家。模拟机项目最终需要较量的是实力，只有具备核心技术能力的队伍，才能掌握项目的主

动权。

（3）采购预培训模拟机缓解项目工期的压力

岭澳核电站二期模拟机项目中，采购的第四台模拟机其实就相当于一台预培训模拟机，具备了电站操纵员预培训作用，缓解了项目工期紧的压力。

岭澳核电站二期模拟机顺利投入培训，并最终完成 2010 年 1 月举行首次执照考试和装料前应急演习等多项重要任务，为岭澳核电站二期机组首次装料许可创造了条件。同时，低成本配置的第四台模拟机为集团大批量培养 CPR1000 操纵员提供了设施保障。未来，这两台 DCS 模拟机还将在电站 DCS 人机界面优化/修改、运行规程验证等方面发挥重要的作用。

提高应急柴油机可靠性的改进策略研究

张兰岐

2005 年至 2008 年期间，大亚湾核电站和岭澳核电站一期应急柴油发电机组频繁出现设备缺陷，严重影响了系统设备可靠性和可用率，WANO 业绩指标应急交流电源系统性能一直处于中间水平。为此，电站管理层和技术层加大了应急柴油机系统可靠性的管理，指定责任经理以柴油机小组为基础，开展和推动各项工作。柴油机小组融合了转机处、仪控处、电气处、设备管理处、工程改造处、技术支持处、运行处、化学处和核安全处等部门专业人员，发挥大团队的协作精神，按照有序的可靠性改进策略，逐步提高应急柴油机系统的可靠性。实践结果证明，两电站柴油机系统的可靠性正在逐步得到提高。2009 年，大亚湾核电站 1、2 号机组，岭澳核电站 2 号机组均未发生柴油机非计划第一组 Io，大亚湾核电站两台机组安全系统性能指标均进入 WANO 先进水平。

1. 重大缺陷处理

应急柴油机系统设备的重大缺陷，不仅造成安全系统可用性降低，而且对系统的可靠运行带来隐患。其中，有些问题出现会立即造成设备出现较大损坏，系统不可用；有些缺陷则是共模故障，影响面更加广泛；而部分缺陷并未立即造成系统不可用，但给系统长期可靠运行带来隐患。为此，电站将应急柴油机出现过的每一个重大缺陷均作为攻关重点，寻求解决方案。部分重大缺陷的处理情况如下：

（1）柴油机缸头水套漏水：2008 年以来，两电站共发生 5 次水套渗漏事件。该缺陷属于备件质量共模缺陷，将通过备件物项替代解决。目前，国产化水套已制造完成，并完成初步老化鉴定，至少可以稳定使用 8 年。L207 大修中在 L2LHQ 柴油机上试用了 5 套水套，最终测试合格后，将进行水套的整体替代。

（2）柴油机 DN40 软管渗漏：两电站多次出现批次的质量缺陷，已将 DN40 软管替代为膨胀节。

（3）预热水喷射管与主管道焊缝处裂纹漏水：D1LHP001MO 出现过两次该问题，属于管路设计缺陷。已优化设计，将软管和阀门对调，并将 DN40 软管更换为 DN50 软管。

（4）柴油机本体附属管道振动治理：完成柴油机本体上管道支架减振方案测试，处理方案已通过电站内部审查，正在向国家核安全局（NNSA）报批，计划于 D114 大修中实施该改造方案。短期措施是通过热态调整管道支架来控制该问题。

（5）柴油机连杆大端轴瓦烧毁：备件质量共模缺陷，已采用新的轴瓦备件替代。新轴瓦已完成 5 年鉴定试验，结果显示状态良好，将继续进行 10 年品质鉴定。

（6）D1LHP002MO 柴油机 A 侧中间传动齿轮轴断裂：明确存在制造缺陷，并用合格备件更换。

（7）L2LHQ001MO 柴油机 A4 缸进气阀导管断裂导致拉缸：缸头备件翻新中因工具使用

不当造成初始裂纹，运行中阀杆振动导致导管断裂。已优化缸头翻新中专用工具的安装方式，消除对导管口的冲击。

（8）柴油机电仪设备老化：该问题在大亚湾核电站应急柴油机系统中尤为突出，已完成两电站柴油机系统电仪设备老化分析，并进行对比和统一优化。另外，正在进行速度负荷控制系统升级改进调研论证。

（9）L2LHQ 柴油机启动超时：2009 年 2 月 2 日，执行定期试验 PT2LHQ001 试验时发现 L2LHQ 显示的启动时间达到 33.4 s，实际启动时间仍小于 10 s。项目组对所有柴油机电仪回路接线端子紧固情况进行检查，并更换 L2LHQ 频率和电压继电器。

（10）L2LHP401UP 不明原因跳闸：2009 年 12 月 28 日，执行定期试验 PT2RIS001 试验时，在 L2LHP413CC 从 3 位置切换到 1 位置的过程中，L2LHP401UP 跳闸。已明确是转换开关选型不当，正在进行物项替代。对 L2LHP413CC 已采取临时措施，避免开关内部短路而导致电源异常跳闸。

（11）启动空气罐疏水阀内漏且无备件：完成物项替代，并用替代产品更换所有泄漏阀门。

通过这些重大问题的分析处理，应急柴油机系统设备的主要故障风险得到控制或解决，电站将继续推进这些遗留问题后续措施的执行。

2. 技术改进升级

由于大亚湾核电站、岭澳核电站一期应急柴油发电机组设备设计较早，部分产品已无备件提供，或是产品自身升级换代，另外一些技术问题的处理方案也落到了系统和设备的设计改进上。为此，在柴油机系统管理过程中，技术改进升级就显得尤为重要。

柴油机较多重大问题的处理方案，最终也落脚于设计改进或物项替代。如缸头水套共模漏水、预热水波纹管渗漏、柴油机本体管道振动偏高等问题。

3. 维修策略优化

柴油机作为重要的应急电源供电系统，为了确保可用性和可靠性，不能采用纠正维修策略。受状态监测手段限制和故障后果影响，电站对状态维修仍在探索中，目前主要采取的是预防维修策略。

采取预防维修策略不能过度维修，以免成本增加，甚至设备被修坏；也不能维修不足，设备超期服役导致设备可靠性下降。电站对柴油机系统的预防维修策略做了大量分析和优化工作。目前，两电站柴油机系统均完成以可靠性为中心的维修策略分析（RCM），对设备功能、故障模式和故障后果做了大量分析，在计算的基础上给出相对符合电站实际情况的维修策略。并根据设备运行经验、外部反馈等信息，不断对维修大纲进行升版。2009 年，电站重点完成柴油机系统电仪设备老化分析，对维修策略进行了统一和优化。

4. 备件缺陷管理

近几年，柴油机的备件质量缺陷问题日益突出，电站就此与厂家多次沟通，明确了厂家在进行备件替代或是工艺变更时，需要知会电站，并将这一要求体现在采购合同中。另外，关于备件的质保等级不统一问题，电站要求厂家提供一份备件质保等级推荐清单及其内部质量控制文件信息；电站根据 EDF 反馈和电站自身经验，重新制作一份备件清单，便于后续采购和质量控制。在重要备件的采购或是翻新过程中，电站派专人设立质量控制点，直接到现场检查验证。同时，电站根据备件使用情况和可检查程度，制定了部分备件场内验收要求和方案。例如针对 DN40 波纹管质量批次不稳定问题，现场增加了气压试验，并解剖一根软管验证内部结构是否符合标准要求。在备件使用前，维修负责人也将核对备件参数和外观，符合要求之后才能最终使用到现场设备中。

5. 状态性能监测

系统设备保持良好的运行状态，需要持续的状态监测手段，及时了解系统设备状态，提前发现缺陷征兆。电站根据多年的运行、维修、设备管理经验，制定了系统的状态监测方案：

（1）日常巡检：运行、维修、技术人员按照各自的周期和关注重点开展柴油机系统的巡检。

（2）月度试验：月度部分负荷定期试验期间，运行、维修、技术人员对柴油机系统设备、监测仪器结果、参数变化趋势等进行重点监测。

（3）化学分析：每半年对柴油机润滑油、燃油和冷却水进行取样分析。

（4）年度大修：首先，监测柴油机设备解体后表面状态，检查部件参数是否异常；之后，就是监测柴油机再鉴定试验参数，确认满负荷工况下柴油机状态和各参数均符合规范要求。

（5）根据经验，在柴油机运行过程中应用红外成像设备进行本体状态监测，以发现温度分布或梯度异常现象。

在此基础上，电站仍在不断探寻新的监测手段和方法，并正在开发柴油机状态监测和故障振动平台，并将通过这些平台和规范的运作制度，尽早发现缺陷征兆。

6. 内外经验交流

柴油机系统如果是“闭门造车”式管理，不能保证有效的管理，电站不能接受“碰了南墙再回头”这种管理方式，这就需要加强内外部经验反馈工作。

电站内部采取统一的管理体系，各台机组上的系统设备经验可以做到“热反馈”。另外，电站广泛借助多个平台进行外部经验反馈，如 WANO、EPRI-NMAC、EDF-CID 经验反馈数据库、INPO、SNSOB 核保险检查、FROG 业主协会柴油机小组例会、国内核电站技术交流等。同时，与韩国蔚珍核电站、西班牙 ALMARAZ 核电站、EDF、柴油机瓦锡兰制造厂家等开展点对点的技术和经验交流。

7. 维修质量改进

2002 年以来，两电站发生多起因维护质量控制不到位导致的柴油机组不可用事件，如中间轴断裂、气阀导管裂纹、跑冒滴漏等。控制维护质量、减少人因失误也是提高柴油发电机组可靠性的重要手段。

（1）维修方法改进。如针对柴油机系统跑冒滴漏问题，采取了在纸垫片密封面上涂抹密封胶，增加高压燃油泵底座橡胶 O 形环直径，进行管道对中调整；密封件安装时涂抹凡士林，避免安装过程中摩擦导致形位变化。另外，维修人员技能也不断提高，尤其是年轻维修人员，经过内外部培训和现场实践锻炼，工作能力得到较快的提升。

（2）维修过程控制。柴油机所有维修工作均参照工作文件执行，重要工作配套质量计划和 QC 监督。重大设备外送检修电站均安排专人全程跟踪，质量监督控制，确保所有活动均在可知可控范围内。项目组内部也不断总结经验，重大检修活动更要召开项目评审会和技术交底会。

8. 承包商管理

近年来，电站关注到了柴油机维修承包商在只此一家的情况下，其内部管理在减弱，出现了多起检修质量相关事件，如螺栓未紧固、未按程序执行，另外还有工作效率下降、违规违章事件的发生。

为此，电站在协助其加强内部管理的同时，提高了项目管理和监督的力度，严格执行程序和质量监督，杜绝柴油机系统检修后人因事件或人员技能不足导致的设备损坏事件的发生。

另外，在原来一家检修承包商的基础上，引进了第二家检修公司，在相互借鉴检修良好实践的基础上，良性竞争促进了正向激励，激发了检修人员的主观能动性和质量意识。

9. 团队协作

柴油机小组成立已有10年以上的历史，由最初的四五个人，发展到现在跨部门、跨专业的大团队专业技术管理小组。柴油机小组成员主动发挥各专业技能专长，针对各个疑难杂症和专项活动，按照规范的问题分析和处理思路集中开展工作。

小组采取例会制和专项会议制两种方式进行规范运作。另外，由维修经理亲自负责指导柴油机小组的运作，为柴油机小组运行提供了制度上的保障和强大的组织支持。

结束语

应急柴油机系统是核电站安全系统的重要组成部分，电站工作人员为保证其可靠性做了大量工作，研究出行之有效的改进策略。2009年的柴油机系统可靠性水平来之不易，要保持WANO先进水平更是挑战。电站将一如既往推进后续工作的开展，提高措施有效性，消除设备隐患，保持柴油机系统长期处于先进水平，为机组长期稳定运行提供应急电源保障。

防人因失误课程开发及培训初探

董晓祥

1. 意义

核电站人因失误是指人员无意识的错误，导致运行、安全或管理出现问题，或者违反了核电站的步骤、政策或管理预期。从美国PII公司的统计结果和世界核电同行的经验来看，人因失误导致的事件比例占到所有事件的50%～80%，而人的不安全行为是导致这些人因失误最重要、最直接的原因。

运营公司在分析借鉴国内外同行良好实践的基础上，结合电站自身特点，逐渐摸索出一套规范工作方法和人员行为的安全理念和行为准则，并以“人因工具卡”的形式，在公司范围内予以推广使用。目前已经开发了“工前会”、“使用程序”、“明星自检”、“监护操作”、“三段式沟通”、“质疑的态度”6张工具卡，较好实现了防人因失误理念与具体实践两者的统一。为进一步在现场工作过程中落实安全文化的基本理念和要求，公司分析了国内外同行人因失误事件，总结典型岗位的人因失误模式，建立了运行、维修、工程技术领域的行为规范。

人因工具卡和各专业行为规范的制定，为电站安全文化建设奠定了良好的基础。如何让这些理念和方法为广大员工自觉接受，并在实际工作中推广应用？这成为公司管理层关心的问题。为此，运营公司培训中心有针对性地建立了6个人因训练室，开发了14个训练场景。通过实施体验式教学，培养员工规范的工作方法和习惯；此外，还针对各类人员的工作特点，模拟实际工作环境开展综合训练，让工作人员能综合应用所有防人因失误的方法，提高工作人员现场工作的正确性和规范性，保证安全作业。

2. 防人因失误训练课程体系框架设计

防人因失误训练作为电站培训工作的一部分，必须遵从循序渐进的教学规律，其课程设计也需要从成人教育的特点出发。根据防人因失误训练的主要内容及其内在逻辑关系，防人因失误训练课程体系框架的设计如图1所示。

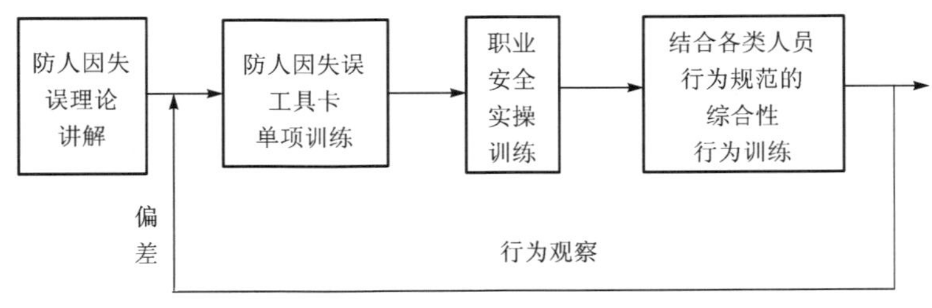

图1　防人因失误训练课程体系框架

首先，新员工和部分老员工对于“防人因失误”的内涵较为陌生，因此有必要向其介绍该方面的基础理论，例如容易导致人出错的“陷阱”和防人因失误理念等。之后，可以为员工开展针对各张人因工具卡的单项训练，该课程内容为通用性的，对员工的专业和工作经验不作要求。

在核电站现场工作中，个人防护用品的使用及安全意识的提高是非常重要的，它是保护员工安全、预防人身伤害最直接、最基本的手段。因此员工必须接受相应的培训。但长期以来，此类培训多是采用理论讲授的方式进行，员工只参加部分基本训练，一旦工作中发现异常，则员工很难采取正确的应对行动。

培训内容采用实操训练的方式，员工亲身体验上述用品的保护作用，实际动手掌握如何应用，这可以有效提升员工的有关技能和安全意识。最后，通过在实验室建立综合性的作业场景，将上述知识、技能及各类人员的作业规范融合在一起，进行综合性的行为训练。由于员工面临的任务和现场作业一致，所学的可立即应用到现场实际，回到工作中不再需要“过渡、消化”过程，故该训练可以直接提高员工现场执行的安全性，减少电站人因事件的发生。

3. 防人因失误训练课程设计

（1）课程开发流程

参考 IAEA 推荐的系统化培训方法（SAT），一门课程开发的主要环节包括：需求调查及分析、课程设计、教材教案编制、培训实施、效果评价及反馈改进。利用该方法进行课程开发和设计，有利于保证课程质量，实现课程的规范化和持续改进。

将防人因失误训练课程开发与 SAT 五阶段相结合，则该课程开发的流程如图 2 所示。因为该课程的培训目标是强化员工的正确行为规范，并纠正错误习惯，因此“需求调查及分析”环节的内容输入为防人因失误工具卡、各专业行为规范、电站典型案例等。

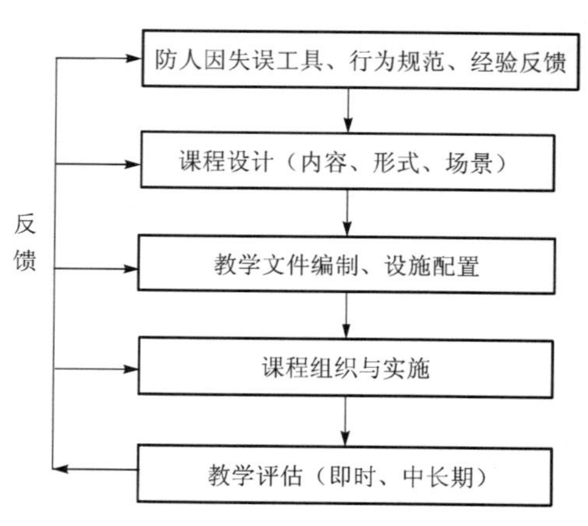

图 2　防人因失误课程的开发流程

（2）训练方式的选择

按照教育学 KSA 模型，培训效果大致可以分为三个层次：第一层次为知识（Knowledge），培训学员能够说出、写出或识别；第二层次为技能（Skills），例如学员能够操作或拆装某个设备；第三层次为态度和习惯（Attitude），经过培训，期望改变学员对某个问题的思维方式或从事某种工作的习惯。防人因失误训练是属于第三层次的培训，难度较大。为了让学员留下深刻印象并从此有所改变，该课程中必须有一个“省察自身”的环节，让学员自觉接受有关防人因失误方法和行为规范。

一期完整的防人因失误课程应包括行为规范介绍、实境演练和效果点评三部分。首先应针对培训对象简要介绍其岗位工作规范、典型错误行为及危害、典型案例，让其奠定一定的理论基础。其后进行实境演练，将员工本来固有的、潜藏的不良行为习惯暴露出来，并让其引起“后果”，则学员就会留下持久的记忆。在训练时，教员通过监视器和麦克风等监视学员的操作，监听其沟通方法，进行录像、录音和剪辑，在训练过程结束后，进行效果点评。

此举的意义在于让学员从旁观者的角度重新审视自己的行为，尤其对于那些难以自查发现的错误行为。最后，可以再次安排一项实操，学员吸取刚才的教训，主动运用正确方法，把任务顺利完成，最后一个环节可以被视作正面强化。

（3）训练场景的设计

关于6张防人因失误工具卡的场景设计，由于其内容是通用性的，不涉及专业性的工作，可以开发专门的训练设备（如STAR模拟机），也可以采用通常的玩具作为道具。

关于综合性行为训练场景设计，则较为复杂。该课程的最大特点是需要模拟核电站现场环境进行演练。因此，必须配置与电站现场环境近似的作业环境，使用和现场一致的工作文件，包括环境噪声、温度、湿度等环境条件也是与现场实际情况越相像越好。训练设施的设置是伴随着课程内容的设计进行的，即：硬件配备要为训练内容服务，根据需要设置。为了降低成本，可选用电站废弃不用的设备“构造”训练场景。

4. 培训实施

根据不同的训练课程，学员分组方式、教员配备和训练时间有所不同。

对于防人因失误理论培训，可以采取传统的课堂教学方式，每期不多于24人，分成4~5组，每期0.5天。教员讲解时充分运用视频、动画等多媒体教学，并安排若干练习和讨论。

针对6张人因工具卡的训练，目前有6个针对性的单项训练室，因此需要把学员分成多个小组，每组4~6人，每组配备一个教员。每个单项场景的训练时间为2小时左右。每个训练室都有工具卡和警示案例展板、训练道具和训练程序等，教员按照“讲解—实操—讨论—点评”的大致步骤授课。授课的效果与教员本人的工作经验、对人因卡的认识深度、组织能力有密切关系，因此同样的训练场景由不同的教员执教，其效果差别很大。

对于综合性行为训练课程，每期课程应安排2名教员为宜：一名教员在教控台利用摄像、麦克风等设备监控学员操作情况，并扮演各类角色；另一名教员则在“现场”，确保学员安全，及时排除课程训练内容之外的困难，并进行必要的角色扮演与配合，使训练顺利进行。

2009年，现场13个一线执行处员工共计1 608人全部接受了人因工具卡的行为训练。各处的管理层和高岗位人员担任兼职教员。现场领导亲自授课有其特别意义：由此清楚表达自己的管理期望，并亲自示范；现场领导运用自己的工作经验开展教学，贴近现场，效果更佳；作为管理人员，对防人因失误理论和行为规范需要不断钻研，借此可以促使各位管理人员主动提高自身水平。

5. 效果评估

培训效果是一门课程的生命力所在，因此训练结束之后有必要进行效果评估和反馈，对课程进行持续改进。评估分为即时评估和长效评估两部分，前者是在培训结束时发放调查问卷征求学员意见；后者则是在防人因失误行为训练结束一个月或三个月之后，可以安排专人走访学员和其部门领导，分析行为训练课程是否真的对学员养成良好作业习惯起到了作用。如果现场部门有明确的“行为观察”统计结果，则是对防人因失误训练最便利、最客观的效果评估，教员应根据该反馈对课程进行持续改进。

在2009年底，通过走访已经参加过6张人因工具卡行为训练的现场员工，大家普遍反映该课程对养成良好作业习惯作用明显。

防人因失误训练是运营公司安全文化建设的重要组成部分，运营公司防人因失误训练自2006年正式启动以来，一直在摸索中前进，其效果正在逐渐显现。电站的人因事件数也在逐年减少，人因IOE和LOE总数从2004年的78起，逐年递减，至2009年该指标减少到21起。

运营公司股权调整方案的制定与实施

丁 锐

1. 原股权与治理结构简介

2003 年，为适应大亚湾基地群堆管理的需要，广东核电合营有限公司（简称“合营公司”）和岭澳核电有限公司（简称“岭澳公司”）同比例投资组建了大亚湾核电运营管理有限责任公司（简称“运营公司”）。由于合营公司实质由广东核电投资有限公司和香港核电投资有限公司共同控制，作为其下属企业的运营公司，也实质由上述两公司所分别代表的中国广东核电集团（简称“中广核集团”）与中华电力有限公司（简称“香港中电”）共同控制。

为了提高核电站管理效率，依据运营公司与合营公司、岭澳公司之间的营运管理委托协议及公司章程，业主（指电站所有者）委托运营公司负责电站运营各项事务，除年度预算、合同变更等重大事项外，有关电站事务的诸多决策事项均授权至运营公司层面解决。

尽管运营公司成立伊始即为借鉴国际专业化核电运营企业成立，但是由于其业务局限于大亚湾核电站和岭澳核电站一期，出于减少交易成本的考虑，运营公司实行零利润模式，每年依据“实报实销”原则由两业主支付全部成本。

运营公司原来的股权模式如图 1 所示：

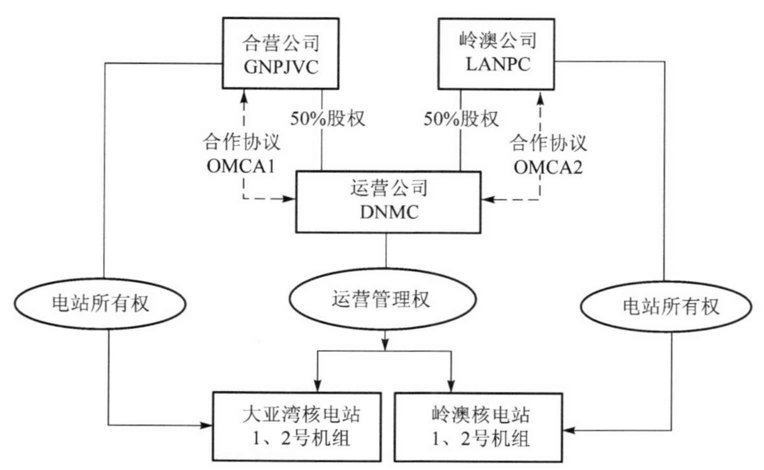

图 1 运营公司原来的股权模式

2. 股权调整背景

（1）中广核集团战略转变需要

2005 年以后，国家核电发展战略调整，中广核集团迎来前所未有的发展机遇。2005 年，岭澳核电站二期开始建设，运营公司开始负责该电站生产准备业务，业务领域尽管开始超出原来两座电站，但仍在大亚湾基地范围之内，且仍实行零利润模式。

2007 年，在经过红沿河核电站、宁德核电站两个电站的业主自主运营的大业主模式尝试后，中广核集团开始注意到人员稀释及未来竞争的压力，核电领域的发展战略由大业主模式向专业运营模式转变，原定为大业主模式的阳江核电站最终确定由运营公司运营。

对于稳定的不谋求扩张的企业而言，共同控制的体制无疑有利于保守决策，同时亦有利于充分保护小股东的利益。但是，当企业的战略定位发生转变，这种严苛的决策体系便不足以支撑企业在快速发展过程中有效决策的需要。

当越来越多的核电站可能由运营公司承接运营业务时，不可避免地产生四方面的后果：其一，就香港中电而言，利用原有资源为新的业主服务但没有任何利润，实际相当于其部分资产收益率为负。其二，就中广核集团而言，为服务集团战略，需要迅速有效地进行决策执行。其三，即使专业运营可以带来利润，由于香港中电同时参股大亚湾核电站并购买 70% 的电力，两者相较，其更为看重后者，甚至可以牺牲专业运营而专注大亚湾核电站的生产。其四，业主同时作为电站所有权人和运营者股东，必然倾向于维护其自身电站利益，不利于其他业主释放运营权。

（2）中广核集团上市需要

2008 年，中广核集团启动上市筹备，将运营公司纳入未来股份公司资产范围，对核心企业提出并表要求。同时，由于香港中电极有可能成为股份公司战略投资者。如果香港中电直接参股股份公司，单就运营公司股权结构而言，将与直接参股运营公司无异。

（3）运营公司发展战略需要

尽管运营公司由两集团共同控制，但是在战略发展上一直由中广核集团主导，运营公司未来的核心竞争业务将从运营管理、生产准备拓展至核岛大修。原有公司资源不足以支撑运营公司投向新的业务领域。

3. 股权调整思路

如上所述，为更好满足中广核集团专业化运营及上市需要，运营公司股权结构必须发生如下变化：其一，中广核集团应取得公司控制权；其二，业主应不再持有公司股权；其三，新股东应为公司战略发展提供支持。

如之前所述，运营公司原有“零利润”的经营模式是原有股权结构的必然结果，当该种共同控制的体系改变后，经营模式也必然发生改变。

因此，在股权调整中，需要解决好如下四个核心问题。其一，共同控制体制改变后以何种治理结构替代，以保持原有优良的内部控制体系；其二，在业主对运营企业没有控制权的情形下，如何在二者之间进行合理的权力分配以确保电站安全稳定运行；其三，在业主成为运营公司客户的情况下，如何确定运营管理服务的经营模式；其四，新股东应为公司提供多大的资金支持。

同时，股权调整将涉及多个行业主管部门，外部还需要处理好如下六个方面工作：其一，持照模式方面，在原有股权结构下建立的联合持照模式能否延续需要取得国家核安全局同意。其二，外资并购方面，外资并购需要得到外资主管部门审批。其三，国有资产转让方面，国有资产转让需要政府主管部门审批。其四，港府干预方面，大亚湾核电站管理模式变更可能需要香港政府相关部门审批。其五，外资入境方面，境外股东注资境内企业需要得到外汇主管部门审批。其六，工商执照方面，最终变更营业执照需要得到工商主管部门审批。

4. 股权调整过程

（1）股权结构

就原有公司股权结构而言，中广核集团与香港中电实质上分占87.5%和12.5%的股份。由于维持双方现有股比不变可极大减少股权转让过程中最为核心的股权定价问题，因此双方均最终确定整体方案为由原通过合营公司和岭澳公司间接持股转变为通过双方集团公司设立的全资子公司直接持股。同时，由于运营公司继续保有了香港中电的股份，也更有利于继续借鉴其优秀管理经验，继续保持良好的公司治理。

（2）权力分配

业主公司在退出运营公司的决策体系后，双方的关系仅为合同关系，双方原有的体现于运营公司内部管理授权的权力分配体制需要向合同形式转变。

就大亚湾核电站而言，由于香港中电同时是合营公司和运营公司的股东，故其权力在运营公司层面予以特别加强。

就岭澳核电站一期而言，由于其业主与运营公司的实质控制人相同，故更多地进行放权，双方的权力分配层次未发生实质性改变。

（3）经营模式

就经营模式而言，国内已有长江电力、深能源、赣能股份等一系列包括发电量包干、根据发电量按比例支付、托管费+发电量计提等多种模式，综合考虑运营公司现有风险承受能力，成本部分确定为风险最小的实报实销模式，利润部分确定为由业主另外根据发电业绩予以适当激励。

（4）注册资本

运营公司原有注册资本为人民币1亿元，由于未来运营公司将在核岛大修领域进行大量地前期投入，需要进一步增加注册资本。注册资本的增加额度主要取决于公司未来中长期的资金需求与股东回报。

5. 股权调整方案的确定

自2008年8月起至2009年9月，经过30多轮商谈，股权调整方案得以确定。

股权调整最终完成包括《运营公司合资合同》、《运营公司章程》、《股权转让协议》、《大亚湾核电站营运管理合作协议》、《岭澳核电站一期营运管理合作协议》、《岭澳核电站二期营运管理合作协议》、《三方相互支持协议》、《四方相互支持协议》、《大亚湾核电站管理授权过渡协议》、《大亚湾核电站管理授权过渡协议终止协议》等在内的十大文件。

就股权与治理结构而言，运营公司股权改由广东核电投资有限公司和中电核电运营管理（中国）有限公司按照87.5%和12.5%的比例持有；董事会成为公司最高权力机构，除法律规定一致同意事项外，采取少数服从多数决策；公司注册资本增至人民币5亿元。

就经营模式而言，发生如下四点变化：其一，增加了业绩激励金的规定，公司实现了从成本中心向利润中心的过渡；其二，明晰了业务和责权关系，运营公司自身业务与业主委托业务的管理授权分离并有所变化；其三，加强了业主对业绩监督的力度；其四，根据运营业绩，给予员工适当的安全发电奖励。运营公司未来对其他核电新项目的运作也将参照上述新的经营模式，经营模式的转变对运营公司的发展具有深远影响。第一，运营公司的角色发生了根本性的变化。这意味着告别“实报实销”，增收节支成为公司的生存法则；在抓好安全生产的基础上，要向经营要效益。第二，企业的发展主要依靠自身的收益积累。公司需要通过将业务做大做强、获取利润，满足未来发展所需投入，不断增强抵御风险的能力。

同时，运营公司的管控体系以原有股权结构和经营模式为基础，很多地方与利润中心的定位不一致。为此，公司还将逐步建立和推进相关配套政策和改革措施。

具体股权模式如图 2 所示。

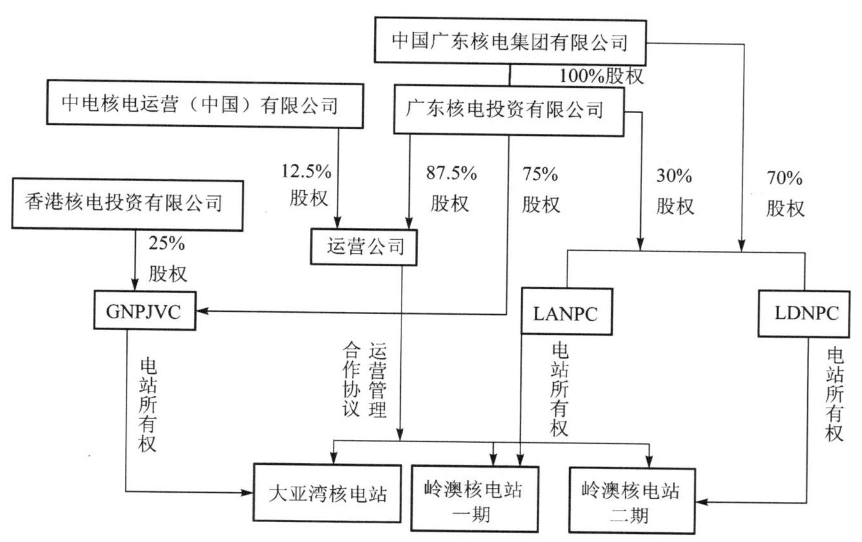

图 2 运营公司新的股权模式

6. 经验总结

在项目运作过程中，中广核集团各部门初期参与较少，到项目后期阶段的事项决策时需要重新了解情况。未来的类似重大事项运作时，需要及早建立与决策职能部门的沟通渠道。

在定价谈判过程中，就运营管理服务的价值问题，虽然此次双方达成一致，但实际运作中仍未能取得一个合理的估值方法，在未来的其他电站谈判中仍然需要面对此困难。

在报批文件准备过程中，开始阶段未能在材料准备上形成完整计划，导致最后报批阶段材料准备较为被动。更好的办法是从最终所要办理的工商执照所需文件入手，反向逆推，根据其要求相应逆向准备文件，以便项目实质谈判完成即可同步提请审批。

在行政审批办理中，项目组创造性地提出由外资主管部门先完成批准文件再提交报批文件的处理方案，为在集团上市办公室所提的时间要求下完成全部审批工作奠定了基础。

在项目谈判过程中，即使董事会议事规则已经明文规定且双方高层已经取得共识，但是在谈判小组内仍然经过多轮沟通才取得最终共识，香港中电团队的敬业精神值得钦佩。香港中电的内控体系一方面对内可以控制风险，另一方面也实质成为对抗对手的工具，在过渡协议终止协议的签署中体现出强烈的严谨态度，在此方面，也非常值得运营公司借鉴。

全员绩效行动推进工作回顾

马荣宝　刁立军

在中广核集团快速发展的新形势下，为了更加有效地落实集团战略，不断增强核心竞争力，促进集团整体业绩的持续提升，2009 年，集团全面开展了全员绩效行动（TOP），通过对集团经营目标和战略焦点进行逐级分解并有效承接，层层落实责任，进一步提升执行力；通过规范绩效管理全过程的沟通与辅导，强化干部带队伍能力；通过优化绩效激励一体化机制，强化绩效的激励作用，最终促进企业和员工共同发展。

运营公司积极响应集团要求，精心组织、扎实推进了 TOP 行动，有效落实了绩效计划、执行、评估各个阶段的各项工作，有力促进了公司经营目标的实现和战略任务的完成，并荣获集团唯一的“2009 年 TOP 行动优胜奖”。

1. 管理重视，精心组织保障有力

在公司范围内首次实施 TOP 行动具有覆盖面广、改进行动多、实施难度大的特点。为了推进这项行动的落实，运营公司成立了以总经理为组长的全员绩效行动领导小组，领导小组下设公司推进小组，组织推进公司 TOP 行动，各部门也指定了推进者协调推进本部门 TOP 行动，员工数量较多的部门还在下属各处指定了 TOP 行动推进者，为公司全面开展 TOP 行动奠定了基础。

2. 合理安排，有序推动 TOP 行动各项工作

根据集团 TOP 行动要求，结合运营公司实际情况，TOP 行动推进小组制订了 2009 年度 TOP 行动计划，按计划开展 DOAM 分解、DOAM 宣讲、绩效计划制订、定期沟通辅导、绩效评估等工作，定期召开推进者例会，解决 TOP 行动推进过程中存在的问题，推动后续各项工作的开展。

2009 年度，公司 TOP 行动宣讲覆盖率达 98.3%，员工签约率达 100%，全年沟通辅导按时完成率达 98% 以上。

在绩效合约的签约环节，为提高绩效合约质量，运营公司积极策划制作了《制定绩效计划典型问题解析》音像材料，为集团范围内各级管理者和员工提供了具体、全面的支持辅导。

为进一步提升公司管理干部和员工 TOP 行动知识和技能，公司按计划完成了《领导力精要》、《辅导员工取得进步》、《设定绩效要求》、《达成最佳绩效》等课程的培训，人均培训时间达到 32 课时。

在绩效管理执行阶段，要求各级管理者每年至少与员工进行 4 次系统的绩效面谈，与员工保持密切沟通，要求各级管理者不仅要关注员工的绩效目标完成情况，更要关注员工的个人发展。在绩效面谈时，除了跟踪工作进展外，还要指出员工的长处和不足，帮助员工解决

个人发展上的疑难问题。

TOP行动推进了分配机制的优化。通过建立相应的奖励和激励计划，实现绩效考核与绩效激励相统一，那些在团队工作中非常认真、贡献大、表现好的员工真正得到鼓励，同时通过员工绩效与组织绩效挂钩的办法，促进企业与员工共同发展。

3. 运用“TOP”与“DOAM”工具，强化任务落实

公司采用逐级承接分解法（DOAM）对组织目标进行分解。采用DOAM方法，详见图1，下一级组织的D/O承接上一级的A/M，并将重点战略任务和经营管理目标层层分解、传递，实现责任纵向到底、到人，保证所有员工目标和组织目标保持一致，在工作中形成合力。通过绩效计划的签订，实现了任务的逐级承接，提升了战略执行力。绩效目标自下而上逐级承诺，从“要我干”到“我要干”，进一步激发了员工的积极性和创造性，形成了“心往一起想、劲往一起使”的绩效导向。

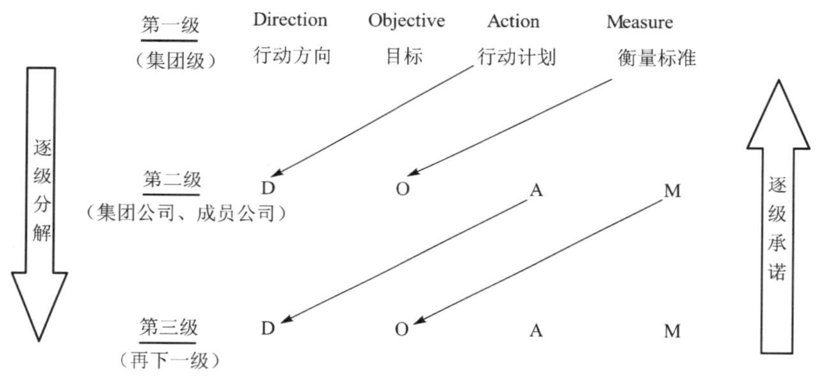

图1 DOAM分解法示意

2009年度，运营公司充分、细致地运用DOAM等工具，实现“任务全覆盖”、“管理精细化”，将各项工作做实，进一步强化了各级管理者绩效管理、带队伍的责任，提高了绩效考核的日常化、规范化程度。个人绩效合约（PPC）是“形”，DOAM是“法”，三位一体是绩效管理的完整载体，TOP要做实离不开这些基础工作。

DOAM方法的运用，使“责任不断链、行动不偏移、结果不落空”，有效促进了公司各项重点战略目标和任务的落实，这是公司2009年整体业绩获得提升的重要支撑。

4. 创新执行，TOP行动成果显著

TOP行动本身不是目的，而是为了更好地促进公司经营目标的实现和战略任务的完成。运营公司在完成集团要求的规定动作的基础上，自选动作有创新，年度内被集团采纳的良好实践多达19项，较好地解决了公司自身的个性化问题。

比如，2009年年初TOP宣讲，公司用一张“母图”将组织绩效与员工绩效、DOAM与PMR（员工年度绩效管理报告）之间的关系解释得十分清晰，见图2，为全年TOP工作的推进奠定了基础。

在2009年8月20日召开的运营公司质量、环境、职业健康安全“三合一”管理体系监督审核会议上，公司推进TOP行动被认定为良好实践。外部评审机构认为：“推行TOP行动，优化了目标的分解和落实，有利于贯彻质量、环境、职业健康安全管理体系方针。”

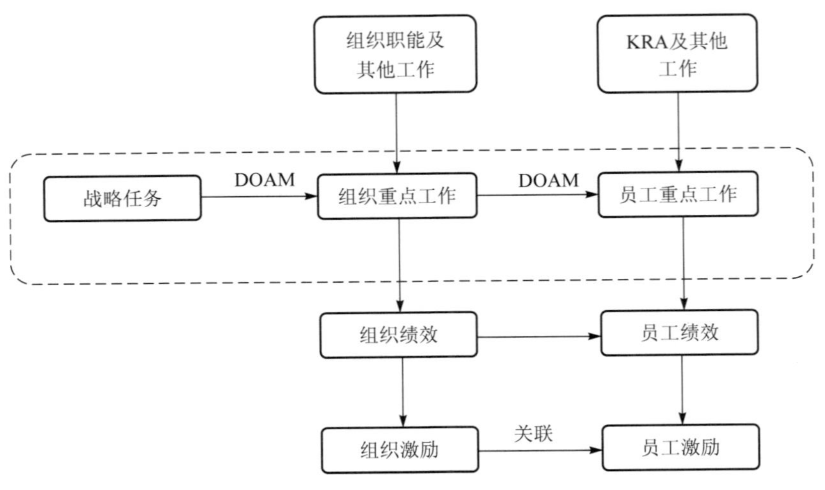

图2　宣讲阶段TOP母图

在岭澳核电站二期Pre-OSART评审中，公司实施的TOP行动是评审专家提炼的5条良好实践之一。

“全员行动、突出重点、融入日常、动态沟通；责任不断链、行动不偏移、结果不落空”是公司推行TOP行动的显著特点。通过推行TOP行动，集团及公司的各项任务得到有效落实，考核责任得到层层传递，各级干部员工劲往一处使，取得了2009年度各项业绩优异的好成绩。但TOP行动要深入转变还任重道远，真正使TOP行动做到“形神兼备”、“全员行动，共同发展”，仍需要公司各级管理干部和全体员工不断努力，持续提高。

运营公司企业文化建设概述

齐迎春

运营公司于2003年3月成立，是我国核电行业第一家专业化运营管理企业。运营公司坚持“安全发电、诚信透明、团队合作、追求卓越”的价值理念，注重建设以安全文化为核心的企业文化，努力向世界一流的专业化核电运营企业迈进。

1. 适应公司战略需要，及时更新理念体系

运营公司成立以来，公司党委和总经理部高度重视企业文化建设。当前，随着专业化运营战略的实施和股权结构调整，公司进入了快速发展和转型期，员工队伍扩充迅速，大量新人加入，必须加强企业文化建设，以统一思想，凝聚力量。

为了适应新的形势要求，2008年，运营公司对公司企业文化现状进行了全面调查，发放有效问卷1 000余份，员工答题率为49%，且各层面人数均在30人以上，符合样本量要求的原则。与此同时公司还安排了面对面的企业文化访谈，管理干部采用一对一的方式进行访谈，分部门召开员工代表座谈会，邀请不同岗位层级的员工参加，覆盖了公司各个层级和部门。通过对运营公司企业文化建设物质层面、行为层面、制度层面、精神层面的客观评价，诊断结论认为，运营公司已经形成了其特有的、以核安全文化为核心的企业文化价值体系。

在继承优良传统和借鉴国内外优秀企业文化成果的基础上，运营公司完成了企业文化梳理，以文化理念系统的建立为重点，立足于企业实际，注入新的内容，丰富了运营公司的企业文化内涵。根据现状调查结果和诊断分析情况，运营公司对企业文化理念进行了系统梳理，经党委、总经理部讨论，2008年底运营公司新版企业文化理念体系正式确定，基本框架见图1。在修订过程中，推进小组曾多次组织相关部门就相关内容进行讨论，参与调研的人员涉及公司各个层面，充分考虑了不同方面的文化诉求。新版企业文化理念体系以标杆企业（美国Exelon公司）的文化模型为参照，对文化理念体系进行了结构优化，对相关内容进行了大幅精简，基本符合公司外部环境、内部治理和发展战略的最新要求。

运营公司新版企业文化理念体系包括“核心理念”、“管理理念”、“行为规范”以及“制度、政策与支撑体系”四大部分。核心理念主要包括使命、愿景、价值观和企业精神等几项内容，其中价值观的表述在继承原版价值观内涵和行文风格的基础上进行了适当调整，强调了“诚信透明”的价值导向，以使核安全理念的精髓更加突显，并表达公司响应国家构建和谐社会号召的坚定决心。保留原有的“安全发电”，体现了运营公司的主营业务特点，以及员工的责任意识和企业担当的社会责任。而修改后的“团队合作”中，体现了对员工发展与激励的关注，以及对团队之间知识共享与合作共赢的价值导向。而新版的“追求卓越”概念中，还体现了公司持续改进，确保业绩一流，力争实现员工与企业共同成长

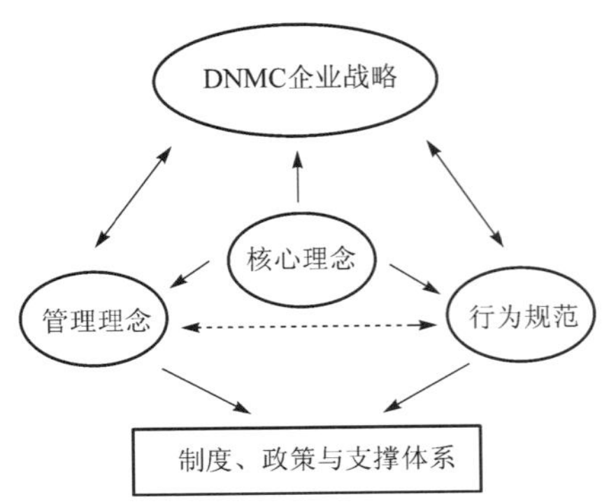

核心理念：
使　命：一切为了客户、股东、员工和社会的利益，确保长期安全、环保、可靠和经济发电；提升核心能力，为中广核可持续发展培育人才、贡献技术和经验。
愿　景：成为世界一流的专业化核电运营企业。
价值观：安全发电、诚信透明、团队合作、追求卓越。
企业精神：更高、更严、更优。

图 1　运营公司文化理念基本框架

的价值追求。新版企业文化理念体系明确将安全、质量、经营、人才、成本五方面内容作为公司企业文化体系的支撑，是对公司原有文化基础的继承和整合。

2. 丰富产品表现形式，大力进行理念推广

发展是生命的召唤，超越是人生的使命，文化是企业实现可持续发展的力量源泉。30年核电事业的发展同样也积淀了优秀的企业文化，而运营公司的企业文化正是源于此。2003年运营公司成立之时，员工由原合营公司整体划转。公司的身份和角色发生了根本性的变化，由“业主”变成了“承包商”。运营公司沿用了“蓝色、透明”的企业形象定位，并尽快建立了Ⅵ系统，确立了公司标志、吉祥物——白鹭，后又根据实际逐渐确立了公司旗帜、企业歌曲——《辉煌的大亚湾》，并形成了具有本企业特色的防人因失误工具卡。工具卡是运营公司自主研究、创建的一套操作工具，在工作现场非常实用，全套6张，分别为：工前会、使用程序、明星自检、监护操作、三段式沟通、质疑的态度。致力于“传承企业文化，精彩核电人生”，作为公司企业文化建设的主要宣传阵地的《核电人》内刊，连续多年坚持每月出版，截至2009年底已出版127期。

运营公司还出版了《安全源于责任——运营公司员工责任心案例集》。该项目于2007年10月份正式启动，商务程序和文本准备同步进行，全书按照责任心CDE模型的维度和要素划分编辑成集，将征集到的案例按照“案例回放”、“案例分析”、“专家点评”三个部分组织内容，邀请国内企业文化专家来做点评，力求客观、公正。在公司上下的共同努力下，这本案例集于2008年7月份问世，达到了“通过加强宣传、建立制度、明确奖惩，建设具有核电特色的责任文化，用深厚的文化塑造人”的出版目的。

2009年，运营公司通过出版《企业文化手册》，制作企业文化宣传牌，拍摄企业文化宣传片和教学片，开展企业文化征文活动，进行企业文化全员宣讲和安全文化震撼教育活动，多次利用大型社会活动进行宣传等方式，使得全员企业文化认知率达到97.4%。这表明广大员工已经深刻理解了新版企业文化的实质内容，“安全发电、诚信透明、团结合作、追求卓越”的企业价值观已经深入人心，公司共同的价值取向已经基本形成。特别是《大亚湾核安全文化建设》、《大亚湾核电专业化运营》两本书，系统总结了大亚湾运营15年来安全文化建设和专业化运营的经验，并将其上升为理论高度，成为当年企业文化建设的亮点。

通过坚持不懈地进行优秀企业文化培育，运营公司把员工的精神、思想和行动统一到了公司的发展战略上来，鼓舞干部员工以高度的责任心和舍我其谁的气魄，努力拼搏，无愧于时代使命。新的价值理念增强了企业凝聚力、向心力，树立了企业的良好形象，提高了公司

的管理水平，强化了企业优势，为公司2009年实现优异的生产业绩提供了强大的思想保障，有力地推进了企业的持续、快速、健康发展。

3. 广泛开展群众活动，促进文化落地生根

运营公司是在借鉴国外核电行业运营管理良好实践的基础上建立起来的，是中广核集团对核电站实施专业化、集约化和科学化管理的探索和实践，也是对国家进一步深化改革、实现产权和运营管理权分离的有益尝试。运营公司成立了企业文化推进组织，出版了公司《企业文化建设大纲》，将企业文化管理工作列入年度工作计划进行推动。经过6年时间的适应与磨合，广大员工已经从思想和行动上做出了响亮的回答。

运营公司每年都开展一系列丰富多彩的企业文化活动。2009年，运营公司开展了下列活动。第一类是安全月活动，要求公司全员参与，如组织总经理部成员轮流授课，切尔诺贝利事故20周年纪念活动，“5·19”事件反思活动等。第二类是技能比武活动，也要求全公司参与，涵盖运行、维修等各个专业。第三类是文娱活动，如迎国庆合唱比赛，“五四”青年文化节，卡拉OK大赛，春节联谊活动，公司迎新春晚会等。第四类是体育活动，如运营公司运动会，“友谊杯”体育活动，健康伴我行活动，长跑日活动等。利用这些群众广泛参与的集体活动，将企业文化理念巧妙地融入其中，让员工在轻松愉快的气氛中体验，取得了较好的宣贯效果。此外，运营公司还积极参与各种大型社会活动，进一步宣传企业形象。

2009年，运营公司专业化运营战略获得集团批准，公司正大踏步从单基地向多基地、从成本中心向利润中心快速转变。公司的企业文化已走过了形成期，正由转型期向提升期过渡。在波澜壮阔的中国核电发展大潮中，运营公司必须坚持更高、更严、更优的企业精神，打造以核安全和诚信透明为特征的“核电运营人”品牌。通过全面提升员工文明行为，使公司员工成为具有科学精神，富有知识修养和文化底蕴的人，造就一支有理想、有文化、有纪律的中广核核电运营队伍，实现核电运营管理生产效益的最优化、最大化，实现企业与员工的共同发展，为中广核集团的健康稳定发展奠定厚实的经济和文化基础，实现公司在追求卓越的道路上再创辉煌的目标。

附录一　基本系统名称

Elementary System Codification

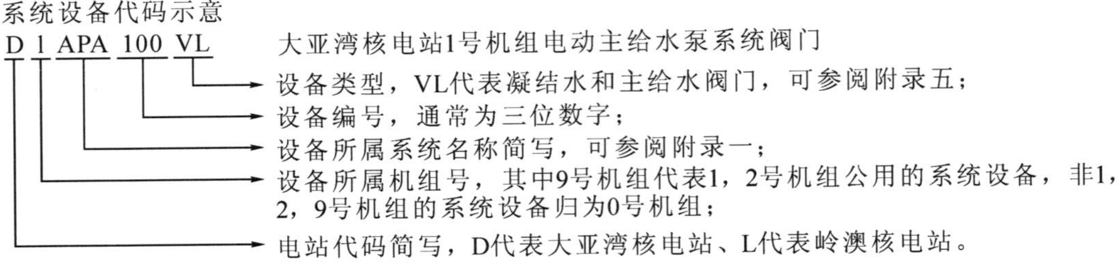

1. 大亚湾核电站基本系统名称

图例	说明
■（深灰）	Quality and nuclear safety related system 完全与质量和核安全相关系统
■（浅灰）	Partially quality and nuclear safety related system 部分与质量和核安全相关系统
░（网点）	Quality related system 与质量相关系统
□（白）	Non quality related system 与质量无关系统

代码	系统名称
A	Feedwater Supply 给水供应
ABP	Low Pressure Feedwater Heater 低压给水加热器系统
ACO	Feedwater Heaters Drain Recovery 给水加热器疏水回收系统
ADG	Feedwater Deaerating Tank and Gas Stripper 给水除气器系统
AET	Feedwater Pump Turbine Gland 主给水泵汽轮机轴封系统
AGM	Motor-Driven Feedwater Pump Lubrication 电动主给水泵润滑系统
AGR	Feedwater Pump Turbine Lubrication and Control Fluid 主给水泵汽轮机润滑油及调节油系统
AHP	High Pressure Feedwater Heater 高压给水加热器系统
APA	Motor-Driven Feedwater Pump 电动主给水泵系统
APG	Steam Generator Blowdown 蒸汽发生器排污系统
APP	Turbine-Driven Feedwater Pump 汽动主给水泵系统
APU	Feedwater Pump Turbine Drain 主给水泵汽轮机疏水系统
ARE	Feedwater Flow Control 给水流量控制系统
ASG	Auxiliary Feedwater 辅助给水系统
C	Condenser（Condensation-Vacuum-Circulating Water） 凝汽器（冷凝-真空-循环水）

CAR	Turbine Exhaust Water Spraying 汽轮机排汽口喷淋系统
CET	Turbine Gland 汽轮机轴封系统
CEX	Condensate Extraction 凝结水抽取系统
CFI	Circulating Water Filtration 循环水过滤系统
CFM	Condenser Debris Filter 凝汽器精滤器系统
CGR	Circulating Water Pump Lubrication 循环水泵润滑系统
CPA	Cathodic Protection 阴极保护系统
CPP	Condensate Polishing Plant 凝结水精处理系统
CRF	Circulating Water 循环水系统
CTA	Condenser Tube Cleaning 凝汽器清洗系统
CTE	Circulating Water Treatment 循环水处理系统
CVI	Condenser Vacuum 凝汽器真空系统
D	Ventilation-Handling Equipment-Communications-Lighting 通风-装卸设备-通信-照明
DAA	Hot and Cold Workshops and Warehouse Elevators 冷、热机修车间和仓库的电梯
DAB	Administration Building Elevators 办公楼电梯
DAI	Nuclear Island Building Elevators 核岛厂房电梯
DAM	Turbine Hall Elevators 汽轮机厂房电梯
DEB	Administration Building Chilled and Hot Water 办公楼冷、热水系统

DEG	Nuclear Island Chilled Water 核岛冷冻水系统
DEL	Electrical Building Chilled Water 电气厂房冷冻水系统
DMA	BOP Handling Equipment BOP 装卸搬运设备
DME	Main Switchyard Handling Equipment 主开关站装卸搬运设备
DMH	Miscellaneous Hoists and Lifting Equipment in BOP Buildings and Areas BOP 厂房和 BOP 区域内的各种起吊设备
DMI	Drum Long Term Storage Handling Equipment 混凝土桶长期存放用的装卸搬运设备
DMK	Fuel Building Handling Equipment 核燃料厂房装卸搬运设备
DMM	Turbine Hall Mechanical Handling Equipment 汽轮机厂房机械装卸设备
DMN	Nuclear Auxiliary Building Handling Equipment 核辅助厂房装卸搬运设备
DMP	Circulating Water Pumping Station Handling Equipment 循环水泵站装卸搬运设备
DMR	Reactor Building Handling Equipment 反应堆厂房装卸搬运设备
DMW	Handling Equipment for Reactor Building Gantry and Peripheral Rooms 反应堆厂房龙门架及其外围厂房装卸搬运设备
DN	Normal Lighting 正常照明系统
DSI	Site Security System 厂区保安系统
DS	Emergency Lighting 应急照明系统
DTL	Closed-Circuit Television 闭路电视系统

DTV	Communication 厂区通信系统
DVA	Cold Workshop and Warehouse Ventilation 冷机修车间和仓库通风系统
DVB	Administration Building Ventilation 办公楼通风系统
DVC	Control Room Air Conditioning 主控制室空调系统
DVD	Diesel Buildings Ventilation 柴油机房通风系统
DVE	Cable Floor Ventilation 电缆层通风系统
DVF	Electrical Building Smoke Exhaust 电气厂房排烟系统
DVG	Auxiliary Feedwater Pump Room Ventilation 辅助给水泵房通风系统
DVH	Charging Pump Room Emergency Ventilation 上充泵房应急通风系统
DVI	Component Cooling Room Ventilation 设备冷却水房间通风系统
DVK	Fuel Building Ventilation 核燃料厂房通风系统
DVL	Electrical Building Main Ventilation 电气厂房主通风系统
DVM	Turbine Hall Ventilation 汽轮机厂房通风系统
DVN	Nuclear Auxiliary Building Ventilation 核辅助厂房通风系统
DVP	Circulating Water Pumping Station Ventilation 循环水泵站通风系统
DVQ	Waste Auxiliary Building Ventilation 废物辅助厂房通风系统
DVS	Safety Injection and Containment Spray Pump Motor Room Ventilation 安全注入和安全壳喷淋泵电机房通风系统
DVT	Demineralization Plant Ventilation 除盐水车间通风系统
DVV	Auxiliary Boiler and Compressor Building Ventilation 辅助锅炉和空压机厂房通风系统
DVW	Peripheral Rooms Ventilation 安全壳外贯穿件房间通风系统
DVX	Lubrication Oil Transfer Plant Building Ventilation 润滑油输送装置厂房通风系统
DWA	Hot Workshop and Warehouse Ventilation 热机修车间和仓库通风系统
DWB	Restaurant Ventilation 餐厅通风系统
DWE	Main Switchyard Ventilation 主开关站通风系统
DWG	Miscellaneous BOP Buildings Ventilation System (UA Building) 其他 BOP 厂房通风系统（UA 厂房）
DWL	Hot Laundry Ventilation 热洗衣房通风系统
DWN	Site Laboratory Ventilation 厂区实验室通风系统
DWR	Security Building Ventilation 应急保安楼通风系统
DWS	Essential Service Water Pumping Station Ventilation 核岛重要生水泵站通风系统
DWX	Oil and Grease Storage Area Ventilation System (FC Building) 油及润滑脂贮存区通风系统（FC 厂房）
DWY	Electrochlorination Plant Ventilation 制氯站通风系统
DWZ	Hydrogen Production Plant Ventilation 制氢站通风系统
E	Containment 安全壳

EAS	Containment Spray 安全壳喷淋系统
EAU	Containment Instrumentation 安全壳仪表系统
EBA	Containment Sweeping Ventilation 安全壳换气通风系统
EIE	Containment Isolation 安全壳隔离系统
EPP	Containment Leakage Monitoring 安全壳泄漏监测系统
ETY	Containment Atmosphere Monitoring 安全壳内大气监测系统
EVC	Reactor Pit Ventilation 反应堆堆坑通风系统
EVF	Containment Cleanup 安全壳内空气净化系统
EVR	Containment Continuous Ventilation 安全壳连续通风系统
G	Turbine Generator 汽轮发电机
GCA	Turbine and Feedheating Plant Preservation During Outage 汽轮机和给水加热装置停运期间的保养系统
GCT	Turbine Bypass 汽轮机旁路系统
GEV	Power Transmission 输电系统
GEW	Main Switchyard-EHV Switchgear 主开关站-超高压配电装置
GEX	Generator Excitation and Voltage Regulation 发电机励磁和电压调节系统
GFR	Turbine Control Fluid 汽轮机调节油系统

GGR	Turbine Lubrication Jacking and Turning 汽轮机润滑、顶轴和盘车系统
GHE	Generator Seal Oil 发电机密封油系统
GME	Turbine Supervisory 汽轮机监视系统
GPA	Generator and Power Transmission Protection 发电机和输电保护系统
GPV	Turbine Steam and Drain 汽轮机蒸汽和疏水系统
GRE	Turbine Governing 汽轮机调节系统
GRH	Generator Hydrogen Cooling 发电机氢气冷却系统
GRV	Generator Hydrogen Supply 发电机氢气供应系统
GSE	Turbine Protection 汽轮机保护系统
GSS	Moisture Separator Reheater 汽水分离再热器系统
GST	Stator Cooling Water 发电机定子冷却水系统
GSY	Grid Synchronization and Connection 同步并网系统
GTH	Turbine Lube Oil Treatment 汽轮机润滑油处理系统
GTR	Turbine Generator Remote Control 汽轮发电机远方控制系统
J	Fire Protection（detection-fire fighting） 消防（探测-火警）
JDT	Fire Detection 火警探测系统
JPD	Fire Fighting Water Distribution 消防水分配系统

JPH	Turbine Oil Tank Fire Protection 汽轮机油箱消防系统
JPI	Nuclear Island Fire Protection 核岛消防系统
JPL	Electrical Building Fire Protection 电气厂房消防系统
JPP	Fire Fighting Water Production 消防水生产系统
JPS	Mobile & Portable Fire Fighting Equipment 移动式和便携式消防设备
JPT	Transformers Fire Protection 变压器灭火系统
JPU	Site Fire Fighting Water Distribution 厂区消防水分配系统
JPV	Diesel Generator Fire Protection 柴油发电机灭火系统
K	Instrumentation and Control 仪表和控制
KBS	Thermocouple Cold Junction Boxes 热电偶冷端盒系统
KCO	Common Control Cabinets for Conventional Island 常规岛共用控制机柜
KDO	Test Data Acquisition 试验数据采集系统
KIR	Loose Parts and Vibration Monitoring 松动部件和振动监测系统
KIS	Seismic Instrumentation 地震仪表系统
KIT	Centralized Data Processing 集中数据处理系统
KKK	Site and Building Access Control 厂区和办公楼出入监督系统
KKO	Energy Metering and Perturbography 电能表和故障录波仪
KME	Test Instrumentation 试验仪表系统
KPR	Remote Shutdown Panel 应急停堆盘系统
KPS	Safety Panel 安全监督盘系统
KRG	General Control Analog Cabinets 集中控制模拟量机柜
KRS	Site Radiation and Meteorological Monitoring 厂区辐射气象监测系统
KRT	Plant Radiation Monitoring 电站辐射监测系统
KSA	Alarm Processing 警报处理系统
KSC	Main Control Room 主控制室系统
KSN	Nuclear Auxiliary Building-Local Control Panels and Boards 核辅助厂房——就地控制屏和控制盘
KSU	Security Building Control Desk 应急保安楼控制台系统
KZC	Controlled Area Access Monitoring 控制区出入监测系统
L	Electrical Systems 电气系统
LAA	Uninterrupted 230 V DC Power System (LNE) Inverter Power Supply 230 V 不间断直流电流系统、逆变电源系统（电气厂房 LNE）
LAB	Turbine Generator Continuous Lubrication Pump Power Supply 汽轮发电机不间断润滑油泵电源系统（汽轮机厂房）
LBA	125 V DC Power Supply—Train A 125 V 直流电源系统——系列 A
LBB	125 V DC Power Supply—Train B 125 V 直流电源系统——系列 B
LBC	Inverters Power Supply for Protection Group Ⅰ 第一保护组逆变电源系统
LBD	Inverters Power Supply for Protection Group Ⅱ 第二保护组逆变电源系统

LBE	Inverters Power Supply for Protection Group Ⅲ 第三保护组逆变电源系统
LBF	Inverters Power Supply for Protection Group Ⅳ 第四保护组逆变电源系统
LBG	125 V DC Power Supply (Nuclear Auxiliary Building) 125 V 直流电源系统（核辅助厂房）
LBJ	125 V DC Power Supply (6.6 kV Breakers) 125 V 直流电源系统（6.6 kV 断路器）
0LBK	125 V DC Power Supply (Demineralization Plant and Auxiliary Boilers) 125 V 直流电源系统（除盐水车间和辅助锅炉）
LBL	125 V DC Power Supply (EG Building) 125 V 直流电源系统（EG 厂房）
LBM	125 V DC Power Supply (Switchgear Control) 125 V 直流电源系统（开关控制）
0LBM	125 V DC Power Supply (Main Switchyard) 125 V 直流电源系统（主开关站）
0LBN	125 V DC Power Supply (Main Switchyard) 125 V 直流电源系统（主开关站）
LBP	125 V DC Power Source and Distribution System 125 V 直流电源和分配系统
LCA	Unit 48 V DC Power Supply—Train A 机组 48 V 直流电源系统——系列 A
LCB	Unit 48 V DC Power Supply—Train B 机组 48 V 直流电源系统——系列 B
LCC	48 V DC Power Source and Distribution System Decoupling 48 V 直流电源和配电去耦系统
LCD	Common 48 V DC Power Supply (Nuclear Auxiliary Building) 公用 48 V 直流电源系统（核辅助厂房）
0LCK	48 V DC Power Supply (Demineralization Plant and Auxiliary Boilers) 48 V 直流电源系统（除盐水车间和辅助锅炉）
LCL	48 V DC Power Supply (EC Building) 48 V 直流电源系统（除盐水车间和辅助锅炉）
0LCM	48 V DC Power Supply (Main Switchyard) 48 V 直流电源系统（主开关站）
LDA	30 V DC Power Supply (Analog Control) 30 V 直流电源系统（模拟控制）
LGA	6.6 kV Switchboard 6.6 kV 配电盘系统
LGB	6.6 kV Switchboard 6.6 kV 配电盘系统
LGC	6.6 kV Switchboard 6.6 kV 配电盘系统
LGD	6.6 kV Switchboard 6.6 kV 配电盘系统
LGE	Unit 6.6 kV Switchboard 机组 6.6 kV 配电盘系统
LGI	Common and Site 6.6 kV Switchboard 公用和厂区 6.6 kV 配电盘系统
LGM	6.6 kV Swichboard-Preoperational Boiler 6.6 kV 配电盘系统-调试锅炉
LGR	Auxiliary Power Supply 辅助厂用电源系统
LHA	6.6 kV AC Emergency Power Distribution—Train A 6.6 kV 交流应急配电系统——系列 A
LHB	6.6 kV AC Emergency Power Distribution—Train B 6.6 kV 交流应急配电系统——系列 B
LHP	6.6 kV AC Emergency Power Supply—Train A 6.6 kV 交流应急电源系统——系列 A
LHQ	6.6 kV AC Emergency Power Supply—Train B 6.6 kV 交流应急电源系统——系列 B
LHT	Changeover Interconnection Devices 6.6 kV 交流应急电源切换系统
LHZ	Low Voltage 380 V AC Generating Set (EC Building) 低压 380 V 交流发电机组（EC 厂房）
LK	LV AC Network-380 V 低压交流电源（380 V 系统）

LL	LV AC Emergency Network-380 V 低压交流应急电源（380 V 系统）
LLS	Hydrotest Pump Turbine Generator Set 水压试验泵汽轮发电机组
LMA	220 V AC Normal Power Source and Distribution System 220 V 交流电源和配电系统
LMC	220 V AC Power Supply（Cl Instrumentation） 220 V 交流电源系统（CI 仪表）
LMD	220 V AC Power Supply（Cl Instrumentation） 220 V 交流电源系统（Cl 仪表）
LNA	Vital 220 V AC Power（Protection Group Ⅰ） 220 V 重要负荷交流电源系统（第一保护组）
LNB	Vital 220 V AC Power（Protection Group Ⅱ） 220 V 重要负荷交流电源系统（第二保护组）
LNC	Vital 220 V AC Power（Protection Group Ⅲ） 220 V 重要负荷交流电源系统（第三保护组）
LND	Vital 220 V AC Power（Protection Group Ⅳ） 220 V 重要负荷交流电源系统（第四保护组）
LNE	Uninterrupted 220 V AC Power 220 V 交流不间断电源系统
LNF	Common Uninterrupted 220 V AC Power（N. A. B.） 220 V 交流公用不间断电源系统（核辅助厂房）
LNK	Uninterrupted 220 V AC Power（Demineralization and Auxiliary Boilers） 220 V 交流不间断电源系统（除盐水车间和辅助锅炉）
0LNL	Uninterrupted 220 V AC Power（EC Building）（Included In 0LBL S. D. M.） 220 V 交流不间断电源系统（EC 厂房）
0LNM	Uninterrupted 220 V AC Power（TC Building） 220 V 交流不间断电源系统（TC 厂房）
LNP	Uninterrupted 220 V AC Power for Train B KIT&KPS 220 V 交流不间断电源系统（系列 B KIT&KPS）

LSA	Test Loops 试验回路系统
LSI	Site Lighting 厂区照明系统
LTR	Grounding 接地系统
LYS	Batteries Test Loops 蓄电池试验回路
P	Pits 各种坑、池
PMC	Fuel Handling and Storage 核燃料装卸贮存
PTR	Reactor Cavity and Spent Fuel Pit Cooling and Treatment 反应堆和乏燃料水池冷却和处理系统
R	Reactor 反应堆
RAM	CRDM Power Supply 控制棒驱动机构电源系统
RAZ	Nuclear Island Nitrogen Distribution 核岛氮气分配系统
RCP	Reactor Coolant System 反应堆冷却剂系统
RCV	Chemical and Volume Control 化学和容积控制系统
REA	Reactor Boron and Water Makeup 反应堆硼和水的补给系统
REN	Nuclear Sampling 核取样系统
RGL	Full Length Rod Control 棒控系统
RIC	In-core Instrumentation 堆芯测量系统
RIS	Safety Injection 安全注入系统

RPE	Nuclear Island Vent and Drain 核岛排气和疏水系统
RPN	Nuclear Instrumentation 核仪表系统
RPR	Reactor Protection 反应堆保护系统
RRA	Residual Heat Removal 余热排出系统
RRB	Boron Heating 硼加热系统
RRC	Reactor Control 反应堆控制系统
RRI	Component Cooling 设备冷却水系统
RRM	CRDM Ventilation 控制棒驱动机构风冷系统
S	General Services 公用系统
SAP	Compressed Air Production 压缩空气生产系统
SAR	Instrument Compressed Air Distribution 仪用压缩空气分配系统
SAT	Service Compressed Air Distribution 公用压缩空气分配系统
SBE	Hot Laundry and Decontamination 热洗衣房和清洗去污系统
SDA	Demineralized Water Production 除盐水生产系统
SEA	Raw Water 生水系统
SEC	Essential Service Water 核岛重要生水系统
SED	Nuclear Island Demineralized Water Distribution 核岛除盐水分配系统
SEH	Waste Oil Inactive Water Drain 废油和非放射性水排放系统
SEK	Conventional Island Liquid Waste Collection 常规岛废液收集系统
SEL	Conventional Island Liquid Waste Discharge 常规岛废液排放系统
SEN	Auxiliary Cooling Water 辅助冷却水系统
SEO	Station Sewer System 电站污水系统
SEP	Potable Water 饮用水系统
SER	Conventional Island Demineralized Water Distribution 常规岛除盐水分配系统
SES	Hot Water Production and Distribution 热水生产和分配系统
SGZ	General Gas Storage and Distribution 厂用气体贮存和分配系统
SHY	Hydrogen Production and Distribution 氢气生产与分配系统
SIP	Process Instrumentation System 过程仪表系统
SIR	Chemical Reagents Injection 化学试剂注入系统
SIT	Feedwater Chemical Sampling 给水化学取样系统
SKH	Oil and Grease Storage 润滑油和油脂贮存系统
SLT	Transit Changing Room Ventilation 更衣室通风系统

SRE	Sewage Recovery (NI-Workshop-Site Laboratory) 放射性废水回收系统（核岛-机修车间-厂区实验室）
SRI	Conventional Island Closed Cooling Water 常规岛闭路冷却水系统
STR	Steam Transformer 蒸汽转换器系统
SVA	Auxiliary Steam Distribution 辅助蒸汽分配系统
SVE	Preoperational Test Steam Distribution 运行前试验用蒸汽分配系统
T	Waste Treatment 三废处理
TEG	Gaseous Waste Treatment 废气处理系统
TEP	Boron Recycle 硼回收系统
TER	Liquid Waste Discharge 废液排放系统
TES	Solid Waste Treatment 固体废物处理系统
TEU	Liquid Waste Treatment 废液处理系统
V	Main Steam 主蒸汽
VVP	Main Steam 主蒸汽系统
X	Auxiliary Steam 辅助蒸汽
XCA	Auxiliary Steam Production 辅助蒸汽生产系统
XCE	Preoperational Test Steam Production 运行前试验用蒸汽生产系统
XPA	Auxiliary Boiler Fuel Oil 辅助锅炉燃料油系统

2. 岭澳核电站一期基本系统名称

(dark grey)	Quality and nuclear safety related system 完全与质量和核安全相关系统
(light grey)	Partially quality and nuclear safety related system 部分与质量和核安全相关系统
(dotted)	Quality related system 与质量相关系统
(white)	Non quality related system 与质量无关系统
A	Feedwater Supply 给水供应
ABP	Low Pressure Feedwater Heater 低压给水加热器系统
ACO	Feedwater Heaters Drain Recovery 给水加热器疏水回收系统
ADG	Feedwater Deaerating Tank and Gas Stripper 给水除气器系统
ADS	LV AC Network 380 V (ET Building) 低压交流电源 380 V 系统（ET 厂房）
AET	Feedwater Pump Turbine Gland 主给水泵汽轮机轴封系统
AGM	Motor-Driven Feedwater Pump Lubrication 电动主给水泵润滑油系统

AGR	Feedwater Pump Turbine Lubrication Control Fluid 主给水泵汽轮机润滑油及调节油系统
AHP	High Pressure Feedwater Heater 高压给水加热器系统
APA	Motor-Driven Feedwater Pump 电动主给水泵系统
APD	Start-up Feedwater System 启动给水系统
APG	Steam Generator Blowdown 蒸汽发生器排污系统
APP	Turbine-Driven Feedwater Pump 汽动主给水泵系统
APU	Feedwater Pump Turbine Drain 主给水泵汽轮机疏水系统
ARE	Feedwater Flow Control 给水流量控制系统
ASG	Auxiliary Feedwater 辅助给水系统
ATE	Condensate Polishing Plant 凝结水净化处理系统
C	Condenser （Condensation-Vacuum-Circulating Water） 凝汽器（冷凝-真空-循环水）
CAR	Turbine Exhaust Water Spraying 汽轮机排汽口喷淋系统
CET	Turbine Gland 汽轮机轴封系统
CEX	Condensate Extraction 凝结水抽取系统
CFI	Circulating Water Filtration 循环水过滤系统
CGR	Circulating Water Pump Lubrication 循环水泵润滑系统
CPA	Cathodic Protection 阴极保护系统
CRF	Circulating Water 循环水系统

CTE	Circulating Water Treatment 循环水处理系统
CVI	Condenser Vacuum 凝汽器真空系统
D	Ventilation-Handling Equipment-Communications-Lighting 通风-吊装设备-通信-照明
DAA	BOP Elevator System BOP 电梯系统
DAI	Nuclear Island Building Elevators 核岛厂房电梯
DAM	Turbine Hall Elevators 汽轮机厂房电梯
DEG	Nuclear Island Chilled Water 核岛冷冻水系统
DEL	Electrical Building Chilled Water 电气厂房冷冻水系统
DMA	BOP Hot workshop and Warehouse Handling Equipment （AC Building） BOP 热机修间及仓库吊装设备（AC 厂房）
DME	Main Switchyard Handling Equipment （TB Building） 主开关站吊装设备（TB 厂房）
DMH	Miscellaneous Hoists and Lifting Equipment in BOP Buildings and Areas BOP 厂房和 BOP 区域内的各种吊装设备
DMK	Fuel Building Handling Equipment 核燃料厂房吊装设备
DMM	Turbine Hall Mechanical Handling Equipment 汽轮机厂房机械吊装设备
DMN	Nuclear Auxiliary Building Handling Equipment 核辅助厂房吊装设备
DMP	Circulating Water Pumping Station Handling Equipment 循环水泵站吊装设备
DMR	Reactor Building Handling Equipment 反应堆厂房吊装设备
DMS	Digital Monitor System 视频监控系统

DMW	Handling Equipment for Reactor Building External Gantry , Peripheral Rooms, Diesel Buildings, Waste Auxiliary Building 反应堆厂房外部龙门架及其外围厂房吊装设备
DNB	BOP Buildings & Area Normal Lighting BOP 厂房和区域内正常照明系统
DNK	Fuel Buildings Normal Lighting 核燃料厂房正常照明系统
DNL	Electrical Building Normal Lighting 电气厂房正常照明系统
DNM	Turbine Hall Normal Lighting 汽轮机厂房正常照明系统
DNN	Nuclear Auxiliary Building Normal Lighting 核辅助厂房正常照明系统
DNP	Circulating Water Pumping Station Normal Lighting 循环水泵房正常照明系统
DNQ	Waste Auxiliary Building Normal Lighting 废物辅助厂房正常照明系统
DNR	Reactor Building Normal Lighting 反应堆厂房正常照明系统
DSB	BOP Buildings & Area Emergency Lighting BOP 厂房和区域应急照明系统
DSI	Site Security System 厂区保安系统
DSK	Fuel Building Emergency Lighting 核燃料厂房应急照明系统
DSL	Electrical Building Emergency Lighting 电气厂房应急照明系统
DSM	Turbine Hall Emergency Lighting 汽轮机厂房应急照明系统
DSN	Nuclear Auxiliary Building Emergency Lighting 核辅助厂房应急照明系统
DSP	Circulating Water Pumping Station Emergency Lighting 循环水泵站应急照明系统

DSQ	Waste Auxiliary Building Emergency Lighting 废物辅助厂房应急照明系统
DSR	Reactor Building Emergency Lighting 反应堆厂房应急照明系统
DTK	500 kV Switchyard Communication System 500 kV 开关站载波通信系统
DTL	Closed-Circuit Television 闭路电视系统
DTV	Site Communication 厂区通信系统
DVA	AA/AF Building Ventilation AA/AF 厂房通风空调系统
DVC	Control Room Air Conditioning 主控制室空调系统
DVE	Cable Floor Ventilation 电缆层通风系统
DVF	Electrical Building Smoke Exhaust 电气厂房排烟系统
DVG	Auxiliary Feedwater Pump Room Ventilation 辅助给水泵房通风系统
DVH	Charging Pump Room Emergency Ventilation 上充泵房应急通风系统
DVI	Component Cooling Room Ventilation 设备冷却水房间通风系统
DVK	Fuel Building Ventilation 核燃料厂房通风系统
DVL	Electrical Building Main Ventilation 电气厂房主通风系统
DVM	Turbine Hall Ventilation 汽轮机厂房通风系统
DVN	Nuclear Auxiliary Building Ventilation 核辅助厂房通风系统
DVP	Circulating Water Pumping Station Ventilation 循环水泵站通风系统
DVQ	Waste Auxiliary Building Ventilation 废物辅助厂房通风系统

DVS	Safety Injection and Containment Spray Pump Motor Room Ventilation 安全注入和安全壳喷淋泵电机房通风系统
DVT	Demineralization Plant Ventilation 除盐水车间通风系统
DVV	Auxiliary Boiler and Compressor Building Ventilation 辅助锅炉和空压机厂房通风系统
DVW	Peripheral Rooms Ventilation 安全壳环廊房间通风系统
DVX	Lubrication Oil Transfer Plant Building Ventilation 润滑油输送装置厂房通风系统
DWA	Hot Workshop and Warehouse Ventilation 热机修车间和仓库通风系统
DWB	Restaurant Ventilation SA 餐厅通风系统
DWC	Training Center Ventilation (EA Building) 培训中心通风系统
DWD	Security Building Ventilation 保安楼通风系统
DWE	Main Switchyard Ventilation 主开关站通风系统
DWH	EC Building Ventilation System EC 厂房暖通空调系统
DWL	Hot Laundry Ventilation 热洗衣房通风系统
DWM	Emergency Center Ventilation System 应急中心通风系统（EM 楼）
DWN	Site Laboratory Ventilation (AL Building) 厂区实验室通风系统（AL 实验室）
DWQ	Garage & Laundry Ventilation 车库和洗衣房通风系统（AG/EL 厂房）
DWR	Cold Warehouses Ventilation (AB Building) 冷机修仓库通风系统（AB 厂房）
DWS	Essential Service Water Pumping Station Ventilation (PX Building) 重要厂用水泵站通风系统（PX 泵站）
DWT	Archive & Documentation Center Ventilation (AD Building) 档案馆通风系统（AD 楼）
DWU	Fire Fighting Training Center Ventilation (EB Building) 消防培训中心通风系统（EB 楼）
DWV	Oil Storage Area Ventilation (FC Building) 油料仓库通风系统（FC 厂房）
DWW	Laboratory Office Ventilation (XL Building) 性能实验室办公间通风系统（XL 厂房）
DWX	Compressors Building Ventilation (ZC Building) 空压机房通风系统（ZC 厂房）
DWY	Electrochlorination Plant Ventilation 制氯站通风系统（HX 厂房）
DWZ	Hydrogen Production Plant Ventilation 制氢站通风系统（ZB 厂房）
E	Containment 安全壳
EAS	Containment Spray 安全壳喷淋系统
EAU	Containment Instrumentation 安全壳仪表系统
EBA	Containment Sweeping Ventilation 安全壳换气通风系统
EPP	Containment Leakage Monitoring 安全壳泄漏监测系统
ETY	Containment Atmosphere Monitoring 安全壳内大气监测系统
EVC	Reactor Pit Ventilation 反应堆堆坑通风系统
EVF	Containment Cleanup 安全壳内空气净化系统

EVR	Containment Continuous Ventilation 安全壳连续通风系统
G	Turbine Generator 汽轮发电机
GCA	Turbine and Feedheating Plant Preservation During Outage 汽轮机和给水加热装置停运期间的保养系统
GCT	Turbine Bypass 汽轮机旁路系统
GEV	Power Transmission 输电系统
GEW	Main Switchyard-EHV Switchgear 主开关站—超高压配电装置
GEX	Generator Excitation and Voltage Regulation 发电机励磁和电压调节系统
GFR	Turbine Control Fluid 汽轮机调节油系统
GGR	Turbine Lubrication Jacking and Turning 汽轮机润滑、顶轴和盘车系统
GHE	Generator Seal Oil 发电机密封油系统
GME	Turbine Supervisory system 汽轮机监视系统
GPA	Generator and Power Transmission Protection 发电机和输电保护系统
GPV	Turbine Steam and Drain 汽轮机蒸汽和疏水系统
GRE	Turbine Governing 汽轮机调节系统
GRH	Generator Hydrogen Cooling 发电机氢气冷却系统
GRV	Generator Hydrogen Supply 发电机氢气供应系统

GSE	Turbine Protection 汽轮机保护系统
GSS	Moisture Separator Reheater 汽水分离再热器系统
GST	Stator Cooling Water 发电机定子冷却水系统
GSY	Grid Synchronization and Connection 同步并网系统
GTH	Turbine Lube Oil Treatment 汽轮机润滑油处理系统
GTR	Turbine Generator Remote Control 汽轮发电机远程控制系统
J	Fire Protection（Detection-Fire Fighting） 消防（探测－火警）
JDT	Fire Detection 火警探测系统
JPC	Low pressure Carbon Dioxide Fire Fighting 低压二氧化碳灭火系统（AA/AB/AF 厂房）
JPD	Fire Fighting Water Distribution 消防水分配系统
JPH	Turbine Oil Tank Fire Protection 汽轮机油箱消防系统
JPI	Nuclear Island Fire Protection 核岛消防系统
JPL	Electrical Building Fire Protection 电气厂房消防系统
JPP	Fire Fighting Water Production 消防水生产系统
JPS	Mobile & Portable Fire Fighting Equipment 移动式和便携式消防设备
JPT	Transformers Fire Protection 变压器灭火系统
JPU	Site Fire Fighting Water Distribution 厂区消防水分配系统
JPV	Diesel Generator Fire Protection 柴油发电机灭火系统

K	Instrumentation and Control 仪表和控制
KBS	Thermocouple Cold Junction Boxes 热电偶冷端盒系统
KCO	Common Control Cabinets for Conventional Island 常规岛共用控制机柜
KDO	Test Data Acquisition 试验数据采集系统
KIR	Loose Parts and Vibration Monitoring 松动部件和振动监测系统
KIS	Seismic Instrumentation 地震仪表系统
KIT	Centralized Data Processing 集中数据处理系统
KKK	Site and Building Access Control 厂区和办公楼出入监督系统
KKO	Energy Metering and Perturbography 电度表和故障录波仪
KLP	500 kV Line Protection 500 kV 线路保护系统
KME	Test Instrumentation 试验仪表系统
KPR	Remote Shutdown Panel 应急停堆盘系统
KPS	Safety Panel 安全监督盘系统
KRG	General Control Analog Cabinets 集中控制模拟量机柜
KRS	Site Radiation and Meteorological Monitoring 厂区辐射与气象监测系统
KRT	Plant Radiation Monitoring 电厂辐射监测系统
KSA	Alarm Processing 警报处理系统
KSC	Main Control Room 主控制室系统
KSN	Nuclear Auxiliary Building-Local Control Panels and Boards 核辅助厂房—就地控制屏和控制盘

KSU	Security Building Control Desk 应急保安楼控制台系统
KZC	Controlled Area Access Monitoring 控制区出入监测系统
L	Electrical Systems 电气系统
LAA	Uninterrupted 230 V DC Power System (LNE) Inverter Power Supply 230 V 不间断直流电源系统、逆变电源系统（电气厂房 LNE）
LAB	Turbine Generator Continuous Lubrication Pump Power Supply 汽轮发电机不间断润滑油泵电源系统（汽轮机厂房）
LBA	125 V DC Power Supply—Train A 125 V 直流电源系统——系列 A
LBB	125 V DC Power Supply—Train B 125 V 直流电源系统——系列 B
LBC	Protection Group Ⅰ Inverters Power Supply 第一保护组逆变电源系统
LBD	Protection Group Ⅱ Inverters Power Supply 第二保护组逆变电源系统
LBE	Protection Group Ⅲ Inverters Power Supply 第三保护组逆变电源系统
LBF	Protection Group Ⅳ Inverters Power Supply 第四保护组逆变电源系统
LBG	125 V DC Power Supply (Nuclear Auxiliary Building) 125 V 直流电源系统（核辅助厂房）
LBJ	125 V DC Power Supply (6.6 kV Breakers) 125 V 直流电源系统（6.6 kV 断路器）
LBK	125 V DC Power Supply (Demineralization Plant and Auxiliary Boilers) 125 V 直流电源系统（除盐水车间和辅助锅炉）

LBL	125 V DC Power Supply (UA/UD Building) 125 V 直流电源系统（UA/UD 厂房）
LBM	125 V DC Power Supply (Switchgear Control-Main Switchyard) 125 V 直流电源系统（开关控制、主开关站）
LBN	125 V DC Power Supply (Main Switchyard) 125 V 直流电源系统（TC 厂房主开关站）
LBO	125 V DC Power Supply (Auxiliary Switchyard) 125 V 直流电源系统（TC 厂房辅助开关站）
LBP	125 V DC Power Source and Distribution System 125 V 直流电源和分配系统
LCA	Unit 48 V DC Power Supply—Train A 机组 48 V 直流电源系统——系列 A
LCB	Unit 48 V DC Power Supply—Train B 机组 48 V 直流电源系统——系列 B
LCC	Unit Disconnection 48 V DC Power Supply 机组解列用 48 V 直流电源系统
LCD	Common 48 V DC Power Supply (Nuclear Auxiliary Building) 公用 48 V 直流电源系统（核辅助厂房）
LCE	Unit 48 V Power Supply System (Train A for CI) 48 V 电源系统（常规岛 A 列）
LCK	48 V DC Power Supply (YA Demineralization Plant and Auxiliary Boilers) 48 V 直流电源系统（除盐水车间和辅助锅炉）
LCL	48 V DC Power Supply (UA Building) 48 V 直流电源系统（UA 厂房）
LCM	48 V DC Power Supply (Main Switchyard) 48 V 直流电源系统（TC 厂房主开关站）
LDA	30 V DC Power Supply (Analog Control) 30 V 直流电源系统（模拟控制）
LGA	6.6 kV Switchboard 6.6 kV 配电盘系统
LGB	6.6 kV Switchboard 6.6 kV 配电盘系统
LGC	6.6 kV Switchboard 6.6 kV 配电盘系统
LGD	6.6 kV Switchboard 6.6 kV 配电盘系统
LGE	Unit 6.6 kV Switchboard 机组 6.6 kV 配电盘系统
LGI	Common and Site 6.6 kV Switchboard 公用和厂区 6.6 kV 配电盘系统
LGJ	Auxiliary Transformer 6.6 kV Switchboard 辅助变压器 6.6 kV 配电盘系统
LGR	Auxiliary Power Supply 辅助厂用电源系统
LHA	6.6 kV AC Emergency Power Distribution—Train A 6.6 kV 交流应急配电系统——系列 A
LHB	6.6 kV AC Emergency Power Distribution—Train B 6.6 kV 交流应急配电系统——系列 B
LHP	6.6 kV AC Emergency Power Supply -Diesel—Train A 6.6 kV 交流应急电源系统——柴油机系列 A
LHQ	6.6 kV AC Emergency Power Supply-Diesel—Train B 6.6 kV 交流应急电源系统——柴油机系列 B
LHT	Change Over Interconnection Devices-Site Emergency Power Distrbution System 转换联接装置、现场应急电源配电系统
LHX	Low Voltage 380 V AC Generating Set (TB Building) 低压 380 V 交流发电机组（TB 厂房）
LHY	Low Voltage 380 V AC Generating Set (EM/EC Building) 低压 380 V 交流发电机组（EM/EC 厂房）
LHZ	Low Voltage 380 V AC Generating Set (UA Building) 低压 380 V 交流发电机组（UA 厂房）
LKA	LV AC Network 380 V (NI Auxiliaries) 低压交流电源 380 V 系统（核岛辅助设备）
LKB	LV AC Network 380 V (NI Auxiliaries) 低压交流电源 380 V 系统（核岛辅助设备）
LKC	LV AC Network 380 V (NI Auxiliaries) 低压交流电源 380 V 系统（核岛辅助设备）

LKD	LV AC Network 380 V (BA Building-Electrical Building) 低压交流电源 380 V 系统(BA 楼、电气厂房)
LKE	LV AC Network 380 V (NI Auxiliaries - BX Building) 低压交流电源 380 V 系统(核岛辅助设备、BX 楼)
LKF	LV AC Network 380 V (CI Auxiliaries - TC Building) 低压交流电源 380 V 系统(常规岛辅助设备、TC 厂房)
LKG	LV AC Network 380 V (CI Auxiliaries) 低压交流电源 380 V 系统(常规岛辅助设备)
LKH	380 V AC Power Supply System (PX Building) 380 V 交流电源系统(PX 泵房)
LKI	LV AC Network 380 V (NX Building) 低压交流电源 380 V 系统(NX 厂房)
LKJ	LV AC Network 380 V (EL Building - NX Building) 低压交流电源 380 V 系统(EL 厂房、NX 厂房)
LKK	LV AC Network 380 V (Common Services) 低压交流电源 380 V 系统(公用设施)
LKL	LV AC Network 380 V (Fuel Auxiliary Building - UA Building) 低压交流电源 380 V(燃料厂房、UA 厂房)
LKM	LV AC Network 380 V (AC Building) 低压交流电源 380 V 系统(AC 厂房)
LKN	LV AC Network 380 V (Common Services - AL Building) 低压交流电源 380 V 系统(公用设施、AL 厂房)
LKO	LV AC Network 380 V (SA Restaurant) 低压交流电源 380 V 系统(SA 餐厅)
LKP	LV AC Network 380 V (Turbine Hall - Hot Laundry) 低压交流电源 380 V 系统(汽轮机厂房、热洗衣房)

LKQ	LV AC Network 380 V (BOP Auxiliary - TC Building - CI Auxiliaries) 低压交流电源 380 V 系统(BOP 附属设备、TC 厂房、常规岛辅助设备)
LKR	LV AC Network 380 V (Unit Auxiliaries 1B) 低压交流电源 380 V 系统(机组辅助设备 1B)
LKS	LV AC Network 380 V (Turbine Hall Ventilation - Waste Auxiliary Building) 低压交流电源 380 V 系统(汽轮机厂房通风装置、废物辅助厂房)
LKT	LV AC Network 380 V (Unit Auxiliaries 1C) 低压交流电源 380 V 系统(机组辅助设备 1C)
LKU	LV AC Network 380 V (Turbine Hall Ventilation - YA Building) 低压交流电源 380 V 系统(汽轮机厂房通风装置、YA 厂房)
LKV	LV AC Network 380 V (YA Building) 低压交流电源 380 V 系统(YA 厂房)
LKW	LV AC Network 380 V (VA/ZC Building) 低压交流电源 380 V 系统(VA/ZC 厂房)
LKX	LV AC Network 380 V (CI Condensate Polishing - VA/ZC Building) 低压交流电源 380 V 系统(常规岛凝结水净化系统、VA/ZC 厂房)
LKY	LV AC Network 380 V (AA Building - CI Condensate Polishing) 低压交流电源 380 V 系统(AA 厂房、常规岛凝结水净化系统)
LKZ	LV AC Network 380 V (AA Building) 低压交流电源 380 V 系统(AA 厂房)
LLA	LV AC Emergency Network 380 V—Train A 低压交流应急电源 380 V 系统——系列 A
LLB	LV AC Emergency Network 380 V—Train B 低压交流应急电源 380 V 系统——系列 B
LLC	LV AC Emergency Network 380 V—Train A 低压交流应急电源 380 V 系统——系列 A
LLD	LV AC Emergency Network 380 V—Train B 低压交流应急电源 380 V 系统——系列 B

LLE	LV AC Emergency Network 380 V—Train A 低压交流应急电源 380 V 系统——系列 A
LLF	LV AC Emergency Network 380 V（N. A. B. Lighting—Train A） 低压交流应急电源 380 V 系统（核岛辅助厂房照明——系列 A）
LLG	LV AC Emergency Network 380 V System（Diesel A Auxiliaries） 低压交流应急电源 380 V 系统（柴油机 A 辅助设备）
LLH	LV AC Emergency Network 380 V System（N. A. B. Lighting—Train B） 低压交流应急电源——380 V 系统（核辅助厂房照明——系列 B）
LLI	LV AC Emergency Network 380 V—Train A 低压交流应急电源 380 V 系统——系列 A
LLJ	LV AC Emergency Network 380 V—Train B 低压交流应急电源 380 V 系统——系列 B
LLM	LV AC Emergency Network 380 V System（NI Lighting）and Emergency Distribution Panel（TC Building） 低压交流应急电源 380 V 系统（核岛照明）和应急配电盘（TC 厂房）
LLN	LV AC Emergency Network 380 V System（Train A）and Emergency Distribution Panel（TC Building） 低压交流应急电源 380 V 系统（系列 A）和应急配电盘（TC 厂房）
LLO	LV AC Emergency Network 380 V—Train B 低压交流应急电源 380 V 系统——系列 B
LLP	LV AC Emergency Network 380 V—（Turbine Generator Emergency Auxiliaries） 低压交流应急电源 380 V 系统——（汽轮发电机辅助设备）
LLR	LV AC Emergency Network 380 V—（CI Lighting） 低压交流应急电源 380 V 系统——（常规岛照明）
LLS	Hydrotest Pump Turbine Generator Set 水压试验泵汽轮发电机组
LLW	LV AC Emergency Network 380 V—（Diesel B Auxiliaries） 低压交流应急电源 380 V 系统——（柴油机 B 辅助设备）
LLY	LV 380 V AC Distribution Emergency Panel（EM Building） 低压交流应急配电屏 380 V 系统（EM 厂房）
LLZ	LV 380 V AC Distribution Emergency Panel（UA Building） 低压交流应急配电屏 380 V 系统（UA 厂房）
LMA	220 V AC Normal Power Source and Distribution System 220 V 交流正常电源和配电系统
LMC	220 V AC Power Supply（Cl Instrumentation） 220 V 交流电源系统（常规岛仪表）
LMD	220 V AC Power Supply（Cl Instrumentation） 220 V 交流电源系统（常规岛仪表）
LNA	Vital 220 V AC Power（Protection Group Ⅰ） 220 V 交流重要负荷电源系统（第一保护组）
LNB	Vital 220 V AC Power（Protection Group Ⅱ） 220 V 交流重要负荷电源系统（第二保护组）
LNC	Vital 220 V AC Power（Protection Group Ⅲ） 220 V 交流重要负荷电源系统（第三保护组）
LND	Vital 220 V AC Power（Protection Group Ⅳ） 220 V 交流重要负荷电源系统（第四保护组）
LNE	Uninterrupted 220 V AC Power 220 V 交流不间断电源系统
LNF	Common Uninterrupted 220 V AC Power（N. A. B） 220 V 交流公用不间断电源系统（核辅助厂房）
LNK	Uninterrupted 220 V AC Power（Demineralization-Auxiliary Boilers） 220 V 交流不间断电源系统（除盐水车间、辅助锅炉）

LNL	Uninterrupted 220 V AC Power (UA/UD Building) 220 V 交流不间断电源系统（UA/UD 厂房）
LNM	Uninterrupted 220 V AC Power (Main Switchyard TC Building) 220 V 交流不间断电源系统（TC 厂房主开关站）
LNN	Uninterrupted 220 V AC Power (Auxiliary Switchyard TC Building) 220 V 交流不间断电源系统（TC 厂房辅助开关站）
LNP	Uninterrupted 220 V AC Power for Train B KIT&KPS 220 V 交流不间断电源系统（系列 B KIT&KPS）
LRT	Electrical Power Resupply in Outage 大修期间再供电系统
LSA	Test Loops 试验回路系统
LSI	Site Lighting 厂区照明系统
LSS	LOCA Surveillance LOCA 监测系统
LTR	Grounding and Lightning Protection 避雷接地系统
LYS	Batteries Test Loops 蓄电池试验回路
P	Pits 各种坑、池
PAMS	Post Accident Monitoring System 事故后监测系统
PMC	Fuel Handling and Storage 核燃料装卸贮存系统
PTR	Reactor Cavity and Spent Fuel Pit Cooling and Treatment 反应堆换料堆腔和乏燃料水池的冷却和处理系统
R	Reactor 反应堆

RAM	CRDM Power Supply 控制棒驱动机构电源系统
RAZ	Nuclear Island Nitrogen Distribution 核岛氮气分配系统
RCP	Reactor Coolant System 反应堆冷却剂系统
RCV	Chemical and Volume Control 化学和容积控制系统
REA	Reactor Boron and Water Makeup 反应堆硼和水的补给系统
REN	Nuclear Sampling 核取样系统
RGL	Full Length Rod Control 棒控系统
RIC	In-core Instrumentation 堆芯测量系统
RIS	Safety Injection 安全注入系统
RPE	Nuclear Island Vent and Drain 核岛排气和疏水系统
RPN	Nuclear Instrumentation 核仪表系统
RPR	Reactor Protection 反应堆保护系统
RRA	Residual Heat Removal 余热排出系统
RRB	Boron Heating 硼加热系统
RRC	Reactor Control 反应堆控制系统
RRI	Component Cooling 设备冷却水系统
RRM	CRDM Ventilation 控制棒驱动机构风冷系统

RVWLM	Reactor Vessel Water Level Monitoring System 反应堆压力容器水位监测系统
S	General Services 公用系统
SAP	Compressed Air Production 压缩空气生产系统
SAR	Instrument Compressed Air Distribution 仪表用压缩空气分配系统
SAT	Service Compressed Air Distribution 公用压缩空气分配系统
SBE	Hot Laundry System 热洗衣房系统
SDA	Demineralized Water Production 除盐水生产系统
SEA	Raw Water 生水系统
SEC	Essential Service Water 重要厂用水系统
SED	Nuclear Island Demineralized Water Distribution 核岛除盐水分配系统
SEH	Waste Oil and Inactive Water Drain 废油和非放射性水排放系统
SEK	Conventional Island Liquid Waste Collection 常规岛废液收集系统
SEL	Conventional Island Liquid Waste Discharge (QA Building) 常规岛废液排放系统（QA厂房）
SEN	Auxiliary Cooling Water 辅助冷却水系统
SEO	Station Sewer System 电站污水系统
SEP	Potable Water 饮用水系统
SER	Conventional Island Demineralized Water Distribution 常规岛除盐水分配系统
SES	Hot Water Production and Distribution 热水生产和分配系统
SGZ	General Gas Storage and Distribution 厂用气体贮存和分配系统
SHY	Hydrogen Production and Distribution 氢气生产与分配系统
SIP	Process Instrumentation System 过程仪表系统
SIR	Chemical Reagents Injection 化学试剂注射系统
SIT	Feedwater Chemical Sampling 给水化学取样系统
SKH	Lubrication Oil Transfer System 润滑油传输系统
SLT	Transit Changing Room Ventilation 更衣室通风系统
SRE	Sewage Recovery (NI-Workshop-Site Laboratory) 放射性废水回收系统（核岛-机修车间-厂区实验室）
SRI	Conventional Island Closed Cooling Water 常规岛闭路冷却水系统
STR	Steam Transformer 蒸汽转换系统
SVA	Auxiliary Steam Distribution 辅助蒸汽分配系统
SVC	Auxiliary Steam Connection Pipe System 辅助蒸汽联网管道系统
T	Waste Treatment 三废处理
TEG	Gaseous Waste Treatment 废气处理系统

TEP	Boron Recycle 硼回收系统
TER	Liquid Waste Discharge 废液排放系统
TES	Solid Waste Treatment 固体废物处理系统
TEU	Liquid Waste Treatment 废液处理系统
V	Main Steam 主蒸汽
VVP	Main Steam 主蒸汽系统
X	Auxiliary Steam 辅助蒸汽
XCA	Auxiliary Steam Production 辅助蒸汽生产系统

附录二　相关术语及组织机构缩写

1. 相关术语

AD　Administrative Procedure　行政程序
AIP　Advanced Information Package　预备文件包
ALARA　As Low As Reasonably Achievable　可以合理达到的尽量低的水平（或译：合理可行尽量低）（辐射防护用语）
AP1000　Advanced Passive Pressurized Water Reactor　先进非能动压水反应堆
ASME　American Society for Mechanical Engineers　美国机械工程师协会标准
ASSET　Assessment of Safety Significant Event Team　安全重要事件评价团
ASTM　American Society for Testing and Materials　美国材料与试验学会标准
ATR　Authorization Training Requirements　授权培训要求
ATWS　Anticipated Transient Without Scram　未能紧急停堆的预期瞬态
ATWT　Anticipated Transient Without Trip　未能紧急停机的预期瞬态
AVR　Auto-Voltage Regulator　自动稳压器
BHO　Building Hand-over　厂房移交
BOP　Balance of the Plant　电站配套设施
CAR　Corrective Action Request　纠正措施要求（质保用语）
CBA　Computerized Blocking Assistance　计算机辅助隔离
CCM　Critical Component Management　关键敏感设备管理
CCTV　Closed Circuit Television　闭路电视
CFT　Cold Functional Test　冷态功能试验（冷试）
CI　Conventional Island　常规岛
CINNO　China Information Network for Nuclear Operation　中国核电运行信息网
CIS　Corporate Information System　运营公司综合信息系统
CM　Corrective Maintenance　纠正性维修
COMIS　Company Operation&Maintenance Information System　公司生产管理信息系统
CPR1000　China Pressurized Water Reactor　中国改进型压水堆
CQOM　Company Quality Organization Manual　公司质量管理程序手册
CRDM　Control Rod Drive Mechanism　控制棒驱动系统
CRO　Computer Request to Order　自动采购申请
CT　Containment Test　安全壳密封性试验
CT　Current Transformer　电流互感器
CUW　Call Up on Warranty　要求（供货商）履行保证条款
CVT　Capacitor Voltage Transformer　电容式电压互感器
DAMI　Document-Archives Management Information System　文档管理信息系统
DCS　Digital Control System　数字化控制系统

DEC　事故诊断程序
DHP　Dynamic Hold Point Procedure　动态控制点程序
DOAM　Direction（行动方向）Objective（目标）Action（行动计划）Measure（衡量标准）目标逐级承接分解法的缩写
ECT　Eddy Current Test　涡流试验
EDG　Emergency Diesel Generator　应急柴油机
EESR　End of Erection Status Report　安装竣工状态报告
EFPD　Equivalent Full Power Days　等效满功率天
EOE　External Operating Event　外部运行事件
EOMM　Equipment Operation and Maintenance Manual　设备运行维修手册
EOP　Event Oriented Procedure　事件导向事故处理程序
EP　Emergency Preparedness　应急准备
EPR　European Pressurized Water Reactor　欧洲压水堆
EQAV　Equivalent Average　当量（平均）
ERP　Enterprise Resource Planning　企业资源计划
ESP　物资技术数据库
ESR　Engineering Service Request　工程服务申请
FAC　Final Acceptance Certificate　最终验收证书
FAC　Flow-accelerated Corrosion　流体加速腐蚀
FCL　First Core Loading　首次堆芯装料
FP　Full Power　满功率
FSAR　Final Safety Analysis Report　最终安全分析报告
FSS　Full Scope Simulator　全范围模拟机
F_{xy}　Radial Peaking Factor　径向功率峰因子
GOR　General Operating Rules　运行总则
GT　反应堆控制棒束导向管更换
HAF　核安全法规（中国发布）
HFT　Hot Functional Test　热态功能试验（热试）
HP　High Pressure Cylinder　高压缸
In-Core　堆内
INES　International Nuclear Event Scale　国际核事件分级（IAEA 用语）
Io　Inoperability　（系统设备）不可用
IOE　Internal Operation Event　内部运行事件
IOER　Internal Operation Event Report　内部运行事件报告
IP　Implementation Procedure　执行程序
IPM　Integrated Program Management　一体化大纲管理系统
IS　Industrial Safety　工业安全
ISI　In-Service Inspection　在役检查
ITP　Individual Training Program　个人培训计划
ITV　Inspection of Television　电视检查

KPI　Key Performance Indicator　关键绩效指标
KRA　Key Result Area　岗位主要职责范围
KSA　Knowledge, Skill and Attitudes　岗位技能分析
LOE　Licensing Operational Event　执照运行事件
LOER　Licensing Operational Event Report　执照运行事件报告
LOI　Low Operation Interval　低水位运行间隔
LP　Low Pressure Cylinder　低压缸
LSS　LOCA Surveillance System　失水事故监测系统
MAP　Mean Assembly Power　反应堆组件平均功率
MCR　Main Control Room　主控制室
MIS　用于反应堆压力容器无损探伤的装置名称，法国产品
MMI　Man-machine Interface　人机界面
MR　Modification Request　改造申请
MRO　Manual Request to Order　手动采购申请
NCR　Non Conformance Report　不符合项报告
NDE　Non Destructive Examination　无损检验
NDT　Non Destructive Test　无损检测
NI　Nuclear Island　核岛
NQR　Non Quality Related　与质量无关的
NS　Nuclear Safety　核安全
NSSS　Nuclear Steam Supply System　核蒸汽供应系统
OA　Office Automation　办公自动化
OAMS　Offline Assets Management System　生产离线固定资产管理系统
OBN　Observation Note　观察通知单（质保用语）
OJT　On-the-Job Training　在岗培训
OMCA　Operation Management Cooperation Agreement　运营管理合作协议
OQAP　Operations Quality Assurance Program　运行质保大纲
OSART　Operational Safety Assessment Review Team　运行安全评审团（IAEA）
OT　Operation Terminal　操作终端
P7　Permissive Signal P7　允许信号 P7（反应堆功率大于 10% FP）
PBA　Plan（计划）/Budget（预算）/Assessment（考核）（计划/预算/考核）三位一体
PCI　Pellet Cladding Interaction　芯块与包壳的相互作用
P_e　Power（Electricity）　电功率
PI　Intervention Permit　介入票（法语）
PM　Preventive Maintenance　预防性维修
P_n　Power（nuclear）　核功率
PPC　Personal Performance Contract　个人绩效合约
PQOM　Production Quality Organization Manual　生产质量管理手册（1998 年以前：Plant Quality Organization Manual 电站质量管理手册）

PQTR Personnel Qualification Training Requirements 专业技术和技能培训要求
PRA Probability Risk Analysis 概率风险分析
Pre-OSART Pre-Operational Safety Assessment Review Team 运行前安全评审团（IAEA）
PSA Probabilistic Safety Assessment 概率安全评价
PSAR Preliminary Safety Analysis Report 初步安全分析报告
PSI Pre-Service Inspection 役前检查
PT Periodic Test 定期试验
PT Power Tilt 堆芯象限功率倾斜因子
PT Potential Transformer 电压互感器
PWR Pressurized Water Reactor 压水反应堆
PX Exceptional Work Permit 特殊作业许可票
QA Quality Assurance 质量保证
QC Quality Control 质量控制
QDR Quality Deficiency Report 质量缺陷报告
QR Quality Related 与质量有关的
QSP Quality Safety Plans 质量安全计划
QSR Quality And Safety Related 与质量及（核）安全有关的
RCA Root Cause Analysis 根本原因分析
RCCA Reactor Control Cluster Assemblies 反应堆棒束控制组件
RCCM Design and Construction Rules for PWR Nuclear Islands 法国核设备制造规范
RCM Reliability-Centered Maintenance 以可靠性为中心的维修
RMS Repeated Maintenance System 重复性维修管理系统
RO Reactor Operator 反应堆操纵员
RP Radiation Protection 辐射防护
RPV Reactor Pressure Vessel 反应堆压力容器
RSEM In Service Inspection Rules for Mechanical Components of PWR Nuclear Power Plant 法国核岛机械设备在役检查规范
RVH Reactor Vessel Head 反应堆压力容器大盖
SAT Systematic Approach to Training 系统化培训方法
SCAR Significant Corrective Action Request 重大纠正行动要求（质保用语）
SDM System Design Manual 系统设计手册
SER Significant Event Report 重大事件报告
SG Steam Generator 蒸汽发生器
SMART Specific（具体），Measurable（可评估），Attainable（可实现），Relevant（相关联），Time-bound（有时限） SMART是确定年度绩效目标时应遵循的原则
SO Stretch-out Operation 延伸运行
SOER Significant Operation Event Report 重大运行事件报告
SOP State Oriented Procedure 状态导向事故处理程序
SR Substitution Request 物项替代
SRO Senior Reactor Operator 高级反应堆操纵员

STA　Safety Technical Advisor　安全技术顾问（安全工程师）

STAR　Situation（背景），Task（任务），Action（行动），Result（结果）STAR 是绩效反馈、辅导以及记录胜任素质行为事例的工具

TCA　Temporary Control Alterations　临时控制变更

TEF　Tranche en Fonctionnement　日常生产管理项目组

TLD　Thermo Luminescent Dosimeter　热释光剂量计

TOB　Take Over for Blocking　隔离移交

TOI　Temporary Operation Instruction　临时运行指令

TOM　Take Over for Maintenance　维修移交

TOP　Total Optimization of performance Program　全员绩效行动

TOTO　Take Over for Temporary Operations　临时运行移交

TSD　Temporary Special Device　临时专用设施（临时系统装置）

TSI　Temporary Surveillance Instruction　临时监督指令

UES　Unexpected Event Sheet　（调试）意外事件单

UT　Ultrasonic Test　超声试验

VT　Visual Test　目视检查

WR　Work Request　工作申请

2. 内部机构

CACG　Plant Corrective Action Coordination Group　电厂纠正行动协调组

CAP-Team　Corrective Action Program Team　电站内外部事件及纠正行动审查评议小组

CARB　Corrective Action Review Board　电站纠正行动评审委员会

DNMC　Daya Bay Nuclear Power Operations and Management Co., Ltd.　大亚湾核电运营管理有限责任公司

DNRB　Daya Bay Nuclear Review Board　公司核安全评审委员会

DTM　Direction Team Meeting　生产线领导班子会议

FINT　Fix it Now Team　快速响应小组

GNPS　Guangdong Nuclear Power Station　广东大亚湾核电站

GPRS　Group public relation system　集团公关数码港

LNPS　Guangdong LingAo Nuclear Power Station　岭澳核电站一期

LNPS-Ⅱ　Guangdong LingAo Nuclear Power Station Phase Ⅱ　岭澳核电站二期

MPT　Procedure Writing Group　规程编写组

OMC　Outage Management Committee　大修管理委员会

PEC　Plant Engineering Committee　电站工程技术委员会

PHC　Plant Health Committee　电站健康委员会

PISRC　Plant Industrial Safety&Radiation Protection Committee　电站工业安全和辐射防护委员会

PNSC　Plant Nuclear Safety Committee　电站核安全委员会

PTC　Plant Training Committee　电站培训委员会（现已更名为运营公司教育培训委员会）

BOD	董事会
GMD	总经理部
STC	科技办公室
OPS	生产部
OPO	运行一处
LPO	运行二处
OPC	化学环保处
OPH	保健物理处
OPE	设备管理处
OPL	执照申请处
OPP	发电计划处
OPA	综合管理处
MTD	维修部
MOT	大修处
MRM	转动机械处
MSM	静止机械处
MIC	仪表计算机处
MEE	电气处
MGS	现场服务处
TND	技术部
TTS	技术支持处
TEN	工程处
TCW	土建处
TCS	合同供应处
TDA	文档资料处
TIE	口岸管理办公室
SQD	安全质保部
SNS	核安全处
SQA	质保处
DPR	生产准备部
DPO	运行三处
DPT	综合技术处
DPL	计划联络处
DPH	职业安全处
DPP	生产准备专业化办公室
NTC	培训中心
NST	运行培训处
NPT	技能培训处
NGT	综合培训处
CBD	经营管理部

CSB　规划经营处
CSE　秘书处
CAB　行政处
CPR　公共关系处
HRD　人力资源部
HDB　规划开发处
HSB　人事处
HWB　劳资处
FND　财务部
FPC　成本处
FAC　会计处
FAM　资产处
FTS　资金处
AUD　审计部
AOB　生产审计处
AGB　综合审计处
CPD　党群工作部
COB　党建处
CPB　党群工作处
CSO　纪检监察处
DNY　阳江分公司
YPO　（阳江分公司）运行处
YPM　（阳江分公司）维修处
YPT　（阳江分公司）技术处
YPP　（阳江分公司）计划处
YSQ　（阳江分公司）安全质保处
YTC　（阳江分公司）培训处
YPA　（阳江分公司）综管处
DNF　防城港分公司
FPO　（防城港分公司）运行处
FPM　（防城港分公司）维修处
FPT　（防城港分公司）技术处
FPP　（防城港分公司）计划处
FSQ　（防城港分公司）安全质保处
FTC　（防城港分公司）培训处
FPA　（防城港分公司）综管处

3. 外部机构

ALSTOM　阿尔斯通公司（由通用电气阿尔斯通公司（GEC-ALSTHOM）1998 年公开上市后更名而成）

AREVA	阿海珐
CAEA	China Atomic Energy Authority　中国国家原子能机构
CGNPC	China Guangdong Nuclear Power Holding Corporation　中国广东核电集团有限公司
CJNF	China Jianzhong Nuclear Fuel Corporation　中核建中核燃料元件公司
CLP	China Light&Power Co., Ltd.　中华电力有限公司
CME	工程公司施工管理中心
CNEIC	China Nuclear Energy Industrial Company　中国原子能工业公司
CNNC	China National Nuclear Corporation　中国核工业总公司（中核集团）
CNPDC	China Nuclear Power Engineering Design Company Ltd.　中广核工程设计有限公司
CNPEC	China Nuclear Power Engineering Company Ltd.　中广核工程有限公司
CNPRI	China Nuclear Power Technology Research Institute　中科华核电技术研究院
EDF	Electricité de France　法国电力公司
EPRI	Electric Power Research Institute　电力研究院（美）
EUCG	Electric Utility Cost Group　电力行业成本协会
FMX	Framex　法马通海外检修公司
FRA	FRAMATOME　法马通公司
FROG	Framatome Owners Group　法马通业主协会
GEC-A	General Electrical-ALSTHOM Corp.　通用电气阿尔斯通公司（英、法）
GEPB	Guangdong Environmental Protection Bureau　广东省环保局
GNIC	Guangdong Nuclear Power Investment Co., Ltd.　广东核电投资有限公司
GNPJVC	Guangdong Nuclear Power Joint Venture Co., Ltd.　广东核电合营有限公司
GPHC	Guangdong Electric power Holding Co.　广东省电力集团公司
GRO	Guangdong Regional Office（NNSA）　国家核安全局广东监督站
HKNIC	Hong Kong Nuclear Power Investment Co., Ltd.　香港核电投资有限公司
HNMC	Huainan Nuclear Maintenance Company　深圳淮南核电检修公司
IAEA	International Atomic Energy Agency　国际原子能机构
ICRP	International Committee of Radiation Protection　国际放射防护委员会
INPO	Institute of Nuclear Power Operation　核电运行研究所（美）
KEPCO	Korea Electric Power Corp.　韩国电力公司
LANPC	LingAo Nuclear Power Company, Ltd.　岭澳核电有限公司
LDNPC	LingDong Nuclear Power Company, Ltd.　岭东核电有限公司
NEPA	National Environment Protection Administration　国家环境保护总局
NEPC	Northeast Electric Power Construction Co.　东北核电建设公司
NNSA	National Nuclear Safety Administration　国家核安全局
NPIC	Nuclear Power Institute of China　中国核动力研究设计院
NRC	Nuclear Regulatory Commission　核管理委员会（美）
RED	工程公司反应堆与安全分析所
RINPO	Research Institute of Nuclear Power Operation　核动力运行研究所（武汉）

SNSOB	Senior Nuclear Safety Oversight Board 核工业专家审查顾问组（美）
SUE	工程公司调试中心
TSNPC	Tai Shan Nuclear Power Company Ltd. 台山核电公司
WANO	World Association of Nuclear Operators 世界核营运者协会
WANO—AC	World Association of Nuclear Operators-Atlanta Center 世界核营运者协会——亚特兰大中心
WANO—CC	World Association of Nuclear Operators-Coordination Center 世界核营运者协会——协调中心
WANO—MC	World Association of Nuclear Operators-Moscow Center 世界核营运者协会——莫斯科中心
WANO—PC	World Association of Nuclear Operators-Paris Center 世界核营运者协会——巴黎中心
WANO—TC	World Association of Nuclear Operators-Tokyo Center 世界核营运者协会——东京中心

附录三 计量单位符号中英文对照

英文	中文	英文	中文
Bq	贝可	m	米
Bq/g	贝可/克	GW·h	吉瓦·时
Bq/kg	贝可/千克	kV	千伏
Bq/m^3	贝可/米^3	kW·h	千瓦·时
MBq/m^3	兆贝可/米^3	μg/g	微克/克
MW	兆瓦	g/L	克/升
MW·h	兆瓦·时	mm	毫米
MW·d/t	兆瓦·日/吨	cm	厘米
EFPD	等效满功率天	g/cm^3	克/厘米^3
h	小时	Ci/ m^3	居里/米^3
m^3	米^3	mCi/ m^3	毫居里/米^3
mSv	毫希［沃特］	m^3/h	米^3/时
μSv	微希［沃特］	MPa	兆帕斯卡
Sv	希［沃特］	mbar	毫巴
man·Sv	人·希[沃特]	MBq/t	兆贝可/吨
man·mSv	人·毫希[沃特]	L/h	升/时
μGy/h	微戈［瑞］/时	Hz	赫［兹］
μGy/month	微戈［瑞］/月	t/h	吨/时
d	天		

附录四　厂房和构筑物——代号和名称

厂房和构筑物可分为三大类

—辅助厂房和构筑物

—核动力区

—汽轮机厂房

Ⅰ. 辅助厂房和构筑物

辅助厂房和构筑物可分为 BOP、NI 和 CI 三大部分。

BOP:

—AA　Cold Workshops
冷机修间

—AB　Cold Warehouses
冷仓库

—AC　Hot Workshop and Warehouses
热机修间和仓库

—AD　Archive and Documentation Building
档案资料馆

—AF　Workshop and Warehouse
车间和仓库

—AG　Garage
汽车库

—AH　Garage-Petrol Station and Fire Station (Cancelled)
汽车库—加油站和消防站（取消）

—AL　Site Laboratory
厂区实验室

—AM　Radiation Measuring Devices Calibration Laboratory
辐射测量仪标定室

—AN　Oil and Grease Analysis Laboratory
润滑油和油脂分析实验室

—AO　Open Warehouse or Shed
露天仓库或棚库

—AP　Permanent Access-Roads-parking Lots-Tracks on Site
永久出入口—道路—停车场—厂区便道

—AX　Dangerous Products Warehouse
危险品库

—BA　Site Management Office
工程部办公楼（已改为生产部办公楼）

—BX　Administration Building
办公楼

—CA　Water Intake Structure
取水构筑物

—CB　Water Inlet Channel
进水渠

—CC　Outfall Structures
排水构筑物

—CD　Water Discharge Channel
排水渠

—CE　Breakwaters
防波堤

—EA　Training Centre
培训中心

—EB　Fire Fighting Training Building
消防培训站

—EC　Meteorological and Site Radiation Monitoring Station
气象和厂区辐射监测站

—ED　Waste Water Treatment Building
废水处理厂房

—EF　Iron Storage
钢材贮存库

—EG　Security Building
应急保安楼

—EH　Contractors' Building (Cancelled)
承包商办公楼（取消）

—EI　Information Centre (Cancelled)
接待中心（取消）

—EL　Laundry and Changing Building
洗衣更衣房

—FC　Oil and Grease Storage Area
润滑油和油脂贮存场地

—FD　Washing Area (Cancelled)
清洗场地（取消）

—FF　Fire Emergency Storage of Oil and Water
汽轮机事故排油坑

—FS　Sewage System Oil Separator
污水系统油分离器

—GB Technical Galleries and Gutters
技术管廊和管沟

—GD Circulating Water Inlet and Discharge Culverts (Outside Turbine Building)
循环水进水管和排水管（汽轮机厂房外）

—GE Yard Storm-Foul Sewage System and Buried Piping
雨水—污水系统和地下管理

—GS Essential Service Water Discharge Structure (Non-Safety Related)
重要厂用水排放构筑物（非安全有关的）

—HX Chlorination Plant
制氯站

—JX Auxiliary Transformer Area (220/6.6 kV)
辅助变压器平台

—OF Raw Water Filtration Plant
生水过滤装置

—OP Drinking Water Storage Tanks
饮用水贮存罐

—PS Pumping Station Annex
泵站附属建筑

—PX Combined Pumping Station
联合泵站
A further distinction is made for a specific subarea of the Pumping Station
联合泵站的某一特定部分可进一步用代号区分为·PA SEC-Well Area
表示重要厂用水系统的竖井区 PA

—QF Concrete Drum Fabrication Building (Cancelled)
混凝土桶制作厂房（取消）

—QT Solid Radwaste Long-term Storage
固体废物长期贮存区

—SA Restaurant
餐厅

—TB Main Switchyard Building (500 kV and 400 kV)
主开关站（500 kV 和 400 kV）

—TC Switchyard Control Building
开关站控制厂房

—TD Auxiliary Switchyard Area (220 kV)
辅助开关站（220 kV）

—TX Spare Transformer Compound Housing, 1TX (400 kV), 2TX (500 kV)
备用变压器平台

—UA Guardhouse
警卫检查站

—UB　Fencing
围墙

—UC　Unloading Quay with Mooring Equipment
设备码头

—UD　Access Control Post
出入控制口

—UE　Provisional Guardhouse
临时警卫室

—UF　Access Control Post
出入控制口

—VA　Auxiliary Boilers Building
辅助锅炉厂房

—VB　Fuel Oil Storage Tank
燃油贮存罐

—XC　Site Concrete Laboratory
现场混凝土实验室

—YA　Demineralized Water Production Plant
除盐水生产车间

—YB　Demineralized Water Storage Tanks
除盐水贮存罐

—ZA　General Gas Storage Area
厂用气体贮存区

—ZB　Hydrogen and Oxygen Production and Storage Plant
制氢站

—ZC　Compressor House
空压机房

—NI：

—ET　Transit Changing Rooms for Reactor Shutdown
停堆用更衣室

—EU　Connecting Tower
连接塔

—GA　Essential Service Water Intake Galleries
重要厂用水取水管廊

—GC　Liquid Waste Discharge Galleries (Safety-related Sections)
废液排放管廊（安全有关部分）

—QA　Liquid Waste Holdup Tanks
废液存留罐

—QS　Waste Auxiliary Building
废物辅助厂房

—CI：

—GD　Circulating Water Inlet and Discharge Culverts (inside Turbine Building)
循环水进水管和排水管（汽轮机厂房内）

—MO　Lubricating Oil Transfer Annex
润滑油传送间

—MP　Resin Regeneration Annex
树脂再生间

—MV　Turbine Ventilation Annex
汽轮机通风间

—TA　Main and Step-down Transformer Platform
主变压器和厂用变压器平台

—VC　Test Boiler Platform
试验锅炉平台

Ⅱ. 核动力区（NUCLEAR POWER BLOCK）

核动力区包括下列厂房：

—DX　Diesel Generator Building
柴油发电机房
必要时可将柴油发电机房区分为：
· DA Diesel Building A
柴油机房 A
· DB Diesel Building B
柴油机房 B

—KX　Fuel Building and Refuelling Water Storage
燃料厂房和换料水池

—LX　Electrical Building
电气厂房

—NX　Nuclear Auxiliary Building
核辅助厂房
核辅助厂房可用一列代号进一步分区：
· NA NAB sub-area A
NA 表示 NAB 中的 A 区
· NB NAB sub-area B
NB 表示 NAB 中的 B 区
· NC NAB sub-area C
NC 表示 NAB 中的 C 区
· ND NAB sub-area D
ND 表示 NAB 中的 D 区
· NE NAB sub-area E
NE 表示 NAB 中的 E 区

· NF NAB sub-area F
NF 表示 NAB 中的 F 区
and when necessary, in particular for civil documentation,
必要时，尤其在土建文件中可用：
· NL NAB sub-area common to NA and NB, also including 9LX
NL 表示 NAB 中的包括 9LX 在内的 NA + NB 区
· NR NAB sub-area common to NC + NE + NF
NR 表示 NAB 中的 NC + ND + NE + NF 区

—WX　Connecting Building
连接厂房

—RE　Auxiliary Feedwater Storage
辅助给水贮存罐

—RX　Reactor Building
反应堆厂房
Specific structures of the Reactor Building are distinguished by use of the following codes:
采用一列代号进一步区分反应堆厂房内的不同构筑物：
· RC Containment
RC 安全壳
· RF Cylindrical Part
RF 圆柱部分
· RG Reactor Pool and Cavity
RG 反应堆堆换料腔
· RP Reactor Building Gantry
RP 反应堆厂房龙门架
· RS Reactor Building Internal Structures (other than RF, RG, RV)
RS 反应堆厂房（RF，RG，RV 除外的）内部构筑物
· RV Reactor Pit
RV 反应堆堆坑

Ⅲ. 汽轮机厂房（TURBINE BUILDING）

—MX　Turbine Building
汽轮机厂房
Geographical sub-areas or specific structures of the Turbine Building are distinguished by use of the following codes:
汽轮机厂房可用下列代号进一步分区：
· MA Turbine Building Sub-area A.
MA 汽轮机厂房 A 区
· MB Turbine Building Sub-area B etc.
MB 汽轮机厂房 B 区等
· MT Turbine Pedestal
MT 汽轮机基座

附录五　设备名称代号

A		B		C		D	
AA	报警灯 可见报警信号	BA	储罐-稳压器	CA		DA	
AB		BB	喷雾器	CB		DB	
AC	电梯-升降机	BC	接线盒	CC	选择器开关或键盘	DC	核燃料装卸设备
AD	吸收器	BD	吊运转动台	CD	电容器	DD	
AE	空气加热器	BE	试验环路	CE	变频器或移相器	DE	除盐装置
AF	空气冷却器-冷却塔	BF	喷淋环路	CF	离心式净化器	DF	
AG	搅拌器-振动器	BG	气体钢瓶	CG	控制棒驱动	DG	拦污栅
AH		BH		CH	锅炉	DH	除油器
AI	消防柜	BI	消防栓	CI		DI	膜片-隔膜
AJ		BJ		CJ		DJ	
AK		BK	控制棒启动装置	CK	色谱	DK	爆破膜或爆破盘
AL	电源	BL	喷嘴、接管	CL	照明开关	DL	逆变器
AM	放大器模块	BM	试验箱	CM		DM	屏蔽容器-运输容器
AN	稳压电源	BN	端子板	CN	（液、水）柱	DN	去离子器
AO	阳极-正极	BO	插头	CO	压缩机或增压器	DO	
AP	发电机	BP		CP	（水力或机械）联轴器	DP	控制棒束换位架
AQ	安注罐	BQ	应急照明	CQ	机架	DQ	
AR	控制柜	BR	控制棒或停堆棒	CR	箱子-编组箱	DR	错油阀（用于油动机）
AS	燃料组件	BS	冷端盒	CS	凝汽器	DS	脱水器-干燥器
AT	自动化学监测和控制装置	BT	蓄电池	CT	印刷电路板	DT	检测器
AU		BU	防水堰水闸	CU	（水池）衬里	DU	
AV	雨水排放管的集水口	BV	灯具箱	CV	键锁机构	DV	
AW		BW		CW	容器	DW	
AX		BX		CX	搬运小车	DX	
AY		BY		CY		DY	二极管
AZ		BZ		CZ		DZ	除氧器

E	
EA	电磁铁
EB	
EC	屏蔽-计算机逻辑输入
ED	杂项设备
EE	啮合电磁铁
EF	常闭式先导电磁阀
EG	混合器
EH	
EI	堆内构件
EJ	喷射器
EK	
EL	（先导）电磁阀
EM	膜片或隔膜
EN	记录仪
EO	常开式（先导）电磁阀
EP	电动-气动转换器
EQ	放电间隙
ER	电动制动器
ES	照明设备
ET	
EU	计算机模拟输入
EV	蒸发器
EW	参考电报
EX	热交换器
EY	发往控制柜的通/断信号
EZ	灭火器

F	
FA	高效（通风）过滤器
FB	
FC	链式过滤器
FD	启动器过滤器
FE	
FF	（细）过滤器
FG	
FH	
FI	液体过滤器 电子过滤器 碘过滤器
FJ	
FK	
FL	
FM	
FN	
FO	
FP	（通风）预过滤器
FQ	
FR	
FS	砂床过滤器
FT	阻火器，消防栓
FU	熔化-小容量开关
FV	
FW	
FX	
FY	
FZ	化粪池

G	
GA	交流发电机
GB	
GC	直流发电机
GD	函数发生器
GE	功率发生器
GF	冷冻机组
GG	粗滤栅
GH	
GI	
GJ	
GK	
GL	通风管道
GM	泡沫发生器
GN	声(动)力电话装置
GO	
GP	
GQ	
GR	注油器
GS	
GT	漏盘、漏斗
GU	
GV	蒸汽发生器
GW	
GX	
GY	
GZ	贮气瓶

H	
HA	
HB	
HC	
HD	（数据贮存用）硬盘装置
HE	
HF	
HG	
HH	
HI	打印机-电传打印机
HJ	
HK	
HL	穿孔带或穿孔卡片读出器或打孔机
HM	磁带机
HN	
HO	
HP	扬声器
HQ	
HR	时钟
HS	
HT	
HU	加湿器
HV	荧屏显示器
HW	
HX	
HY	
HZ	

I		J		K		L	
IA	报警信息	JA	断路器	KA		LA	就地核测量（中子注量率或放射性）、照明灯
IB	插接式指示器	JB	母线	KB		LB	
IC	（机械式）流量指示器	JC		KC	计算机输出继电器	LC	就地速度测量
ID	电气指示器	JD	膨胀节	KD	一次流量测量元件-限流器	LD	就地流量测量
IE		JE		KE	排汽缸（汽轮机）	LE	就地声频测量
IF		JF		KF		LF	就地频率-相位测量
IG		JG		KG		LG	就地物理-化学分析
IH		JH		KH		LH	就地时间测量
II		JI		KI	粗滤器	LI	就地电流测量
IJ		JJ		KJ		LJ	火警探测
IK	计数率计	JK		KK	手动断路器	LK	就地应力测量
IL		JL		KL	喇叭-音响报警器	LL	就地亮度（不透明度）测量
IM		JM		KM		LM	就地位置-位移测量
IN	内部通信（电话）设施	JN		KN		LN	就地标高测量
IO		JO		KO	汽轮机汽缸	LO	
IP		JP	盲板	KP		LP	就地压力测量
IQ	放射性废物焚烧炉	JQ		KQ		LQ	就地无功功率测量
IR		JR		KR	冷冻器	LR	就地阻抗-电阻率或电阻-导电率测量
IS	隔离组件	JS	电源分区开关	KS		LS	就地保健测量
IT		JT		KT	一次测温元件	LT	就地温度测量
IU		JU		KU		LU	就地电压测量
IV		JV		KV		LV	就地振动-推力-胀差测量
IW		JW		KW		LW	就地有功功率测量
IX		JX		KX	与反应堆压力容器有关的设备	LX	其他机械数据的就地测量
IY		JY		KY		LY	其他物理数据的就地测量
IZ		JZ		KZ		LZ	其他物理数据的就地测量

M		N		P		Q	
MA	核测量（中子注量率或放射性）	NA		PA	绞盘车-卷扬机	QA	放射性计数器
MB		NB		PB		QB	
MC	速度测量	NC		PC	（凸轮式）机械程序执行机构	QC	转数计
MD	流量测量	ND		PD		QD	容积计数器
ME	声频测量	NE		PE	模拟燃料元件	QE	
MF	频率-相位测量	NF		PF	冷阱	QF	
MG	物理-化学分析	NG		PG	电磁泵	QG	
MH	时间测量	NH		PH	话筒	QH	时间计数器
MI	电流测量	NI		PI	碘捕集器	QI	
MJ	火警控测器	NJ		PJ	插座-插头-连接器	QJ	
MK	应力测量	NK		PK	故障记录示波仪	QK	
ML	亮度（不透明度）测量	NL		PL	轴承	QL	
MM	位置-位移测量	NM		PM	测量用电位计	QM	操作计数器
MN	标高测量	NN	成套设备(总承包)	PN	活塞-千斤顶	QN	
MO	电动机	NO		PO	泵	QO	
MP	压力测量	NP		PP	控制台或仪表盘	QP	
MQ	无功功率测量	NQ		PQ	压实机	QQ	无功能量计数器
MR	电阻-电阻率或阻抗-导电率测量	NR		PR	吊车-单梁吊车-旋臂吊车	QR	
MS	保健测量	NS		PS	坑	QS	
MT	温度测量	NT		PT	吊车-桥式吊车-环行吊车	QT	
MU	电压测量	NU		PU	蒸汽疏水器	QU	
MV	推力-胀差-振动测量	NV		PV		QV	
MW	有功功率测量	NW		PW	避雷器	QW	有功能量计数器
MX	其他机械测量	NX		PX	核燃料组件检验设施	QX	
MY	其他电气测量	NY		PY	预热元件	QY	
MZ	其他物理（如湿度等）测量	NZ		PZ	灌浆部件	QZ	

R	
RA	空气调节风门
RB	气瓶架
RC	自动控制、遥控、中间控制或整定值控制站
RD	整流器
RE	加热器
RF	冷却器
RG	模拟计算机模块
RH	
RI	莫里斯消防接头
RJ	消防水龙带
RK	继电器架
RL	储存架
RM	
RN	
RO	转子
RP	疏水冷却器
RQ	
RR	减速或半速齿轮箱
RS	电阻器-电加热器
RT	电抗器-电感器
RU	（废水排放沟上的）栅格盖板
RV	
RW	
RX	
RY	
RZ	

S	
SA	核测量（放射性或中子注量率）通/断信号
SB	
SC	速度测量通/断信号
SD	流量测量通/断信号
SE	声频测量通/断信号
SF	频率-相位测量通/断信号
SG	物理-化学分析通/断信号
SH	相对湿度测量通/断信号
SI	
SJ	火警探测通/断信号
SK	应力测量通/断信号
SL	亮度测量通/断信号
SM	位置-位移测量通/断信号
SN	标高测量通/断信号
SO	支架（不包括标准管道支架）
SP	压力测量通/断信号
SQ	
SR	电阻-导电率-阻抗测量通/断信号
SS	保健测量通/断信号
ST	温度测量通/断信号
SU	48 V 直流电压测量通/断信号
SV	推力-胀差-振动通/断信号
SW	
SX	其他机械测量通/断信号
SY	来自控制柜的其他电气测量通/断信号
SZ	其他物理测量通/断信号

T	
TA	辅助厂用变压器
TB	开关板-配电盘
TC	汽轮机
TD	连续式机械输送装置（螺杆输送、皮带输送等）
TT	遥控式断路器
TF	旋转滤网或滤筛
TG	凝汽器管子清洗套管
TH	
TI	电流互感器
TJ	称量料斗
TK	快速故障记录仪
TL	推旋式灯光开关
TM	装换料机
TN	电话设施
TO	按钮
TP	主变压器
TQ	电缆井
TR	电力变压器
TS	厂用变压器
TT	人孔盖板
TU	电压互感器
TV	电视设备
TW	贯穿件
TX	蒸汽变换器
TY	管道
TZ	传送带

U	
UA	报警器
UB	端子排组件
UC	控制器
UD	解列装置（电网） 去耦器（弱电回路）
UE	
UF	
UG	
UH	
UI	
UJ	接触器
UK	闪光器
UL	
UM	继电器
UN	继电器（RE3000）
UO	凸轮式程序执行机构
UP	电源通/断组件
UQ	
UR	继电装置
US	简化的控制器
UT	计时器
UU	
UV	显示器
UW	
UX	二极管矩阵器
UY	
UZ	

V	
VA	空气阀门
VB	（不同于一回路冷却剂阀门的）含硼水阀门
VC	循环水阀门
VD	除盐水阀门
VE	生水阀门
VF	燃料油阀门
VG	二氧化碳阀门
VH	油阀门
VI	
VJ	废气阀门
VK	废液阀门
VL	凝结水和给水阀门
VM	点火燃料阀门(丙烷重油)
VN	常规岛闭路冷却水阀门
VO	
VP	一回路冷却剂阀门
VQ	有机液体阀门
VR	试剂阀门
VS	排渣阀
VT	饮用水阀门
VU	
VV	蒸汽阀门
VW	
VX	SF_6阀门
VY	氢气阀门
VZ	氮气阀门

W	
WA	
WB	振动器
WC	
WD	贯穿件
WE	
WF	
WG	
WH	
WI	
WJ	
WK	
WL	
WM	（洗衣房用）洗衣机
WN	
WO	
WP	
WQ	
WR	
WS	
WT	
WU	
WV	快卸式接头
WW	（洗衣房用）烘干机
WX	
WY	
WZ	

X	
XA	止动继电器
XB	闭锁继电器
XC	脉冲接触继电器
XD	瞬时脱扣继电器
XE	瞬时动作继电器
XF	闭合继电器
XG	闭合继电器
XH	频率继电器
XI	电流继电器
XJ	
XK	故障继电器
XL	
XM	启动继电器
XN	
XO	断开继电器
XP	抗震继电器或压力继电器
XQ	
XR	（本表所列瞬时继电器以外的）其他瞬时继电器
XS	过载继电器
XT	辅助延时继电器
XU	电压检测继电器-整定值继电器-比较器
XV	
XW	功率继电器
XX	模拟试验继电器
XY	
XZ	接地检测继电器

Y	
YA	核测试（放射性-中子注量率）
YB	
YC	速度测试
YD	流量测试
YE	声频测试
YF	频率-相位测试
YG	物理-化学分析测试
YH	时间测试
YI	电流测量
YJ	
YK	应力测试
YL	亮度（不透明度）测试
YM	位置-位移测试
YN	标高测试
YO	
YP	压力测试
YQ	无功率测试
YR	阻抗-电阻率-导电率测试
YS	保健测试
YT	温度测试
YU	电压测试
YV	推力-胀差-振动测试
YW	有功功率测试
YX	其他机械测试
YY	其他电气测试
YZ	其他物理测试

Z	
ZA	
ZB	
ZC	扫描器
ZD	
ZE	分离器
ZF	加热器-再热器
ZG	
ZH	
ZI	消音器
ZJ	
ZK	同步器-连接器
ZL	选择器
ZM	伺服机或油动机
ZN	
ZO	电焊机
ZP	
ZQ	
ZR	干燥器
ZS	出入气闸-设备闸门
ZT	分流器
ZU	
ZV	风机
ZW	
ZX	
ZY	
ZZ	汽水分离器-再热器

《年鉴》各章节供稿人名单

郑超雄	1. 1；1. 3；1. 5
丁　锐	1. 2；5. 8. 7
石慧莹	1. 4；7. 3. 2
黄　电	1. 6
彭光卫	2. 1. 1
郭海静	2. 1. 2
黄　怡	2. 1. 3；5. 7. 1
何庆琼	2. 1. 4；3. 1. 4
周骁凌	2. 1. 5；3. 1. 5
陈　智	2. 1. 6. 1
江亚丰	2. 1. 6. 2
何　波	2. 1. 7. 1；3. 1. 7. 1
张树林	2. 1. 7. 2
段贤稳	2. 1. 8；3. 1. 8
杨树林	2. 1. 9；3. 1. 9
高　超	2. 1. 10；3. 1. 10
杨铁成	2. 1. 11
赵兵全、李　刚、尹佳林	2. 1. 12
郭建兵	2. 2. 1；3. 2. 1
吴坚军	2. 2. 2
李兴德	2. 2. 3；3. 2. 3
袁小林	2. 2. 4；3. 2. 4
李鸿飞	2. 2. 5；3. 2. 5
曾锦雄	2. 2. 6；3. 2. 6
劳　毅	2. 2. 7. 1；3. 2. 7
陈传令	2. 2. 7. 2
石玉明	2. 2. 7. 3；5. 8. 6
郗海英	2. 2. 8
陈　林	2. 3. 1；2. 3. 2；3. 3. 1；3. 3. 2
蔡　奇	2. 4；3. 4；9. 10. 3；9. 10. 4
伦振明	2. 5. 1；2. 5. 3；2. 5. 4；2. 5. 5；3. 5. 1；3. 5. 3；3. 5. 4；3. 5. 5；9. 11
张　涵	2. 5. 2；3. 5. 2
徐　涛	2. 6. 1；2. 6. 2
吕群贤	2. 6. 3；3. 6. 3；5. 1. 4
周建平	3. 1. 1

曹春圣	5. 4. 6
朱晓军	5. 5
朱少良	5. 6
张库国	5. 7. 2
顾晔艺	5. 8. 1
马　光	5. 8. 2
吴天华	5. 8. 3
苏林森	5. 8. 4
刘胜智	5. 8. 5
边守利	5. 8. 8
梁汉生	5. 8. 9
曹丽苹	5. 9
董永胜	5. 10. 1；5. 10. 2
邢永辉	5. 10. 3
樊　英	5. 10. 4
林　立	5. 10. 5
张　涛	5. 10. 6
雷明亮	5. 10. 7
邱　丹	5. 11
王红玫	5. 12
聂沈斌	5. 13
黄　俊	5. 14
余太平	6. 1. 1
陈士冈	6. 1. 2. 1
陈增兴	6. 1. 2. 2
刘瑞峡	6. 1. 2. 3
王　强	6. 1. 3
陈　亮	6. 1. 4
刘兴东	6. 1. 5. 1
王荣华	6. 1. 5. 2
郭茂雨	6. 1. 6
张晓峰	6. 1. 7
张生斌	6. 1. 8
何春常	6. 1. 9. 1
顾海荣	6. 1. 9. 2
余体伟	6. 1. 9. 3
韩　敏	6. 1. 9. 4
张同枫	6. 1. 10
曲明志	6. 1. 11
袁　松	6. 1. 12

彭仲意	6.2
赵俊杰	6.3
吕厚鑫	7.1.1
王先锋、吕厚鑫	7.1.2
宋　鸣	7.2.1
江建民	7.2.2
胡敬鹏	7.2.3
任　健	7.2.4
刁立军	7.3.1
周　源	7.3.3
孙　健	7.3.4
王本富	7.4.1
彭小华	7.4.2
王　浩	7.4.3
朱静春	7.4.4
黄景稂	7.5
黄忠明	7.6.1
王丽娜	7.6.2
荣　涛	7.6.3
朱传波	7.6.4
周　庆	7.6.5
齐迎春	8.1.1；8.3
杨　柳	8.1.2；9.5
朱　洁、郑永胜	8.2
马永强	8.4
王周莉	9.1
陈海斌	9.2；9.3；9.4；9.8
赵富华	9.6；9.7
白　弢	9.9
任　历	9.10.1；9.10.2
陈政文	9.12